U0965139

普通高等教育“十一五”国家级规划教材
普通高等教育农业部“十二五”规划教材
普通高等教育农业农村部“十三五”规划教材

汽车拖拉机发动机原理

第3版

辛 喆 主编

中国农业大学出版社
·北京·

内 容 简 介

本书为普通高等教育"十一五"国家级规划教材、普通高等教育农业部"十二五"规划教材、普通高等教育农业农村部"十三五"规划教材。

本书系统地讲述了发动机工作过程的基本理论，主要内容包括发动机的工作循环和性能指标、发动机的换气过程、燃料与燃烧、汽油机混合气的形成与燃烧、柴油机混合气的形成与燃烧、发动机排放与噪声、发动机特性、发动机的排气涡轮增压以及新能源与节能汽车动力系统。

本书可作为热能与动力工程、车辆工程、农业机械化、工程机械、交通运输工程等各相关专业本科生的教材，也可作为从事汽车拖拉机发动机领域研究工作的科技人员及研究生的参考书。

图书在版编目(CIP)数据

汽车拖拉机发动机原理/辛喆主编．--3 版．--北京：中国农业大学出版社，2022.1

普通高等教育"十一五"国家级规划教材 普通高等教育农业部"十二五"规划教材 普通高等教育农业农村部"十三五"规划教材

ISBN 978-7-5655-2666-4

Ⅰ.①汽… Ⅱ.①辛… Ⅲ.①汽车－发动机－理论－高等学校－教材 ②拖拉机－发动机－理论－高等学校－教材 Ⅳ.①U464 ②S219.031

中国版本图书馆 CIP 数据核字(2021)第 247382 号

书　　名 汽车拖拉机发动机原理　第 3 版
作　　者 辛　喆　主编

策划编辑 张苏明　童　云　　**责任编辑** 张苏明
封面设计 郑　川
出版发行 中国农业大学出版社
社　　址 北京市海淀区圆明园西路 2 号　　**邮政编码** 100193
电　　话 发行部 010-62733489,1190　　读者服务部 010-62732336
编辑部 010-62732617,2618　　出　版　部 010-62733440
网　　址 http://www.cau.edu.cn/caup　　**E-mail** cbsszs@cau.edu.cn
经　　销 新华书店
印　　刷 涿州市星河印刷有限公司
版　　次 2022 年 1 月第 3 版　　2022 年 1 月第 1 次印刷
规　　格 185 mm×260 mm　16 开本　21 印张　525 千字
定　　价 62.00 元

主　编　辛　喆（中国农业大学）
副主编　鲁植雄（南京农业大学）
　　　　　李淑艳（中国农业大学）
参　编　张学敏（中国农业大学）
　　　　　王海林（华南农业大学）

第 3 版前言

为了贯彻教育部有关文件精神，全面满足高等农林院校教学需求，培养优秀的农业科研、教学和推广人才，促进农业和农村经济快速健康发展，我们于 2009 年编写了普通高等教育“十一五”国家级规划教材《汽车拖拉机发动机原理》，并于 2015 年修订、出版了第 2 版(普通高等教育农业部“十二五”规划教材)，该书 2020 年被评为北京高校优质本科教材。本版为第 3 版，为普通高等教育农业农村部“十三五”规划教材。

第 3 版教材继承了第 2 版的核心内容，在第 2 版的基础上进行了调整和补充。在工程教育专业认证的背景下，各专业加强了热工基础等相关工程基础课程的教学，因此本版删减了原第一章中工程热力学基础的内容；根据现行法规、国际标准和国家标准，修改了排放要求的相应内容；在能源动力多元化的形势下，增加了介绍新能源动力的内容即第 9 章。此外，教材吸纳了可变配气正时技术、汽油机缸内直喷技术、柴油机电控系统、燃烧与排放控制技术、发动机增压技术等方面研究的最新成果，同时简要介绍了发动机均质混合气压缩着火等新的燃烧理论与方法。

本书由中国农业大学辛喆教授任主编，辛喆编写第 1、5、8 章，南京农业大学鲁植雄教授编写第 2、3 章，中国农业大学李淑艳副教授编写第 4、9 章，中国农业大学张学敏副教授编写第 6 章，华南农业大学王海林教授编写第 7 章。另外，在资料收集和图表绘制等方面，孙恩鑫、张聪生、谢根金、侯秀宁、李若晨、王小龙、江宇等研究生做了大量的辅助工作，在此表示衷心的感谢。在编写过程中参考了许多相关教材、内燃机专业期刊等的文献资料，在此对文献作者一并表示感谢。

由于编者知识水平有限，书中难免存在疏漏，敬请读者批评指正。

编　者

2022 年 1 月于北京

第 2 版前言

为了贯彻教育部有关文件精神，全面满足高等农林院校教学需要，培养优秀的农业科研、教学和推广人才，促进农业和农村经济快速健康发展，我们于 2009 年编写了普通高等教育“十一五”国家级规划教材《汽车拖拉机发动机原理》。该教材作为车辆工程、交通运输工程、农业机械化等各相关专业的本科生教材已使用 5 年，受到了用书院校广大教师和学生的欢迎和好评，但随着国内外汽车发动机技术的快速发展，许多内容需要更新和补充。

在“普通高等教育农业部‘十二五’规划教材”项目的支持下，我们认真总结近年来的课堂教学经验，合理筛选当代国内外发动机领域的新理论和新技术，广泛吸取同类教材的精华，对本教材进行了修订。

第 2 版教材继承了第 1 版中的经典理论内容，保持了第 1 版教材颇具特色和深受好评的一些特点，即充分考虑非热能与动力工程专业学生热工基础相对薄弱的特点，从热功转换的基本规律出发，围绕改善发动机性能这一中心，系统地阐述发动机工作过程的基本理论，同时注重表现当代汽车拖拉机发动机科技进步的最新成果。主要变化包括：将发动机的理论循环部分内容移至第 1 章，在扼要介绍了工程热力学基础理论之后，直接应用该理论进行发动机的理论循环分析，理论和实践结合更加紧密；更新、精减了各章节中较为陈旧的内容，加强了汽油机混合气的形成、缸内直喷汽油机、柴油机电控、燃烧与排放控制技术、发动机增压、发动机特性匹配等当前工程实际中急需的内容；同时简要介绍了发动机均质混合气压缩着火等新的燃烧理论与方法。

本书由中国农业大学辛喆教授任主编，辛喆编写第 1、2、6、9 章，南京农业大学鲁植雄教授编写第 3、4 章，中国农业大学李淑艳副教授编写第 5 章，中国农业大学张学敏副教授编写第 7 章，华南农业大学王海林教授编写第 8 章。

中国农业大学的顾瑊教授对本书进行了认真细致的通篇审阅，提出了很多宝贵意见，为提高本书的质量做出了重要贡献，在此致以真诚、深切的谢意。另外，在资料收集和图表绘制等方面，邹若冰、李亚平、李慧、余周、葛元月等研究生做了大量的辅助工作，在此表示衷心的感谢。本书引用了许多相关教材、内燃机专业期刊等的文献资料，在此对文献作者一并表示感谢。

由于本书内容涉及面广，加之编者水平有限，书中的错误和疏漏之处在所难免，欢迎广大读者批评指正。

编 者

2014 年 10 月于北京

第 1 版前言

本书是为了贯彻教育部有关文件精神，加强农业院校教材建设，培养优秀的农业科研、教学和推广人才，促进农业和农村经济快速健康发展，由中国农业大学出版社组织编写的普通高等教育“十一五”国家级规划教材。

发动机原理课程是热能与动力工程、车辆工程、交通运输工程、农业机械化及其自动化等专业学生的专业主干课程，现有各种发动机原理教材主要针对汽车类相关专业学生，而原中国农业大学出版社于 1998 年出版的《汽车拖拉机学——发动机原理》虽然内容涵盖适当，使用效果较好，但因其问世已有 11 年时间，在此期间，随着电子技术和控制技术的发展，以及全社会对节能与环保认识的不断加强，发动机技术有了很大进步，发动机在结构上得到不断完善，发动机的理论也得到进一步发展，因此亟须重新编写一本适合现代发动机技术发展水平的汽车拖拉机发动机原理教材。

本书针对非热能与动力工程专业学生热工基础相对较薄弱的特点，从热功转换的基本规律出发，围绕发动机性能控制这一中心，系统地讲述了发动机工作过程的基本理论，并注重表现现代汽车拖拉机发动机的新技术。全书共 9 章：第 1 章，工程热力学基础，扼要介绍了热功转换的基本定律；第 2 章，发动机的性能指标，主要介绍评价发动机动力性、经济性的指标及提高发动机性能的途径；第 3 章，发动机的换气过程，重点介绍评价发动机换气过程的性能指标以及完善换气过程的措施；第 4 章，燃料与燃烧，简要介绍常规燃料的使用特性及燃烧的基本理论，并简述了替代燃料问题；第 5 章，汽油机混合气的形成与燃烧，重点介绍汽油机的燃烧过程、混合气的形成特点、汽油机燃烧室以及汽油机燃烧系统的研究进展；第 6 章，柴油机混合气的形成与燃烧，重点介绍柴油机的燃烧与放热特点、燃油喷射过程、气流组织、燃烧室的比较与选型、柴油机电控燃油喷射系统以及柴油机燃烧系统的发展；第 7 章，发动机排放与噪声控制，主要介绍发动机有害排放物的生成机理、排气净化措施、排放法规及测试方法、发动机噪声及测量；第 8 章，发动机特性，主要介绍发动机在变工况、多工况条件下运行时的使用特性及台架试验方法；第 9 章，发动机的排气涡轮增压，简要介绍涡轮增压器的结构、增压器与发动机的匹配以及发动机为适应增压所做的调整等。

本书由中国农业大学辛喆副教授任主编，辛喆编写第 1、2、6、9 章，南京农业大学的鲁植雄教授编写第 3、4 章，华南农业大学的王海林教授编写第 8 章，中国农业大学的张学敏副教授编写第 7 章，中国农业大学的李淑艳老师编写第 5 章。中国农业大学的顾瑊教授对本书进行了认真细致的通篇审阅，提出了很多宝贵意见，为提高本书的质量做出了重要贡献，在此致以真诚、深切的谢意。

本书引用了有关教科书、内燃机专业期刊的许多资料，在此一并表示感谢。

本书可作为热能与动力工程、车辆工程、农业机械化、工程机械、交通运输工程等各相关专业的本科生教材，也可作为从事汽车拖拉机发动机领域研究开发的科技人员及研究生的参考书。

由于本书内容涉及面广，加之编者水平有限和时间仓促，书中的错误和疏漏之处在所难免，欢迎广大读者批评指正。

编　者
2009 年 7 月于北京

目　　录

第1章 发动机的工作循环和性能指标

发动机产品质量的优劣，是由一系列性能指标来综合评定的。发动机的性能指标很多，主要有动力性能指标（一般指发动机的功率、转矩和转速）、经济性能指标（一般指发动机的燃料和润滑油消耗率）、运转性能指标（一般指发动机的冷起动性能、噪声和排气品质）和耐久性、可靠性指标（大修或更换零件之间的最长运行时间和无故障长期工作能力）等。

上述性能指标中，前3项与发动机的工作过程密切相关，是本书主要涉及的内容。本章主要对发动机的理论循环和实际循环进行分析，阐明表征发动机动力性能指标和经济性能指标的各种参数及其相互关系，并找出提高发动机动力性能与经济性能的途径。

1.1 示功图与指示性能指标

1.1.1 示功图

内燃机是在气缸内将燃料的化学能通过燃烧转化为热能，再通过曲柄连杆机构将热能转化为机械能的动力装置。这种能量的转换过程是通过工质的热力循环来完成的。要研究内燃机的动力性能和经济性能，应首先对内燃机的一个工作循环中热功转换情况加以分析。

发动机气缸内部实际进行的工作循环是非常复杂的，为获得正确反映气缸内部实际情况的试验数据，通常利用燃烧分析仪来观察或记录活塞位置或曲轴转角 φ 变化时气缸内工质压力 p 的变化，所得结果用 p-V 图或 p-φ 图来表示，V 为缸内容积。p-V 图和 p-φ 图可以利用发动机曲柄连杆机构的运动学关系互相转换。图1-1为四冲程发动机实际循环的 p-V 图，图1-2为四冲程发动机实际循环的 p-φ 图。

p-V 图上曲线所包围的面积表示工质完成一个实际循环所做的有用功，该图称为示功图，而 p-φ 图则称为展开示功图。由示功图可以观察到发动机一个工作循环的不同阶段缸内压力的变化，通过示功图的数据处理，运用热力学知识，将它们与所积累的试验数据进行分析比较，可以对发动机整个工作过程或工作过程的不同阶段进展的完善程度作出判断。因此，示功图是研究内燃机工作过程的一个重要依据。

1.1.2 指示性能指标

指示性能指标是基于示功图的以工质在气缸内对活塞做功为基础的性能指标，直接反映由燃烧到热功转换的工作循环进行得好坏。一般用平均指示压力及指示功率评定循环的动力性，用指示热效率及指示燃油消耗率评定循环的经济性。

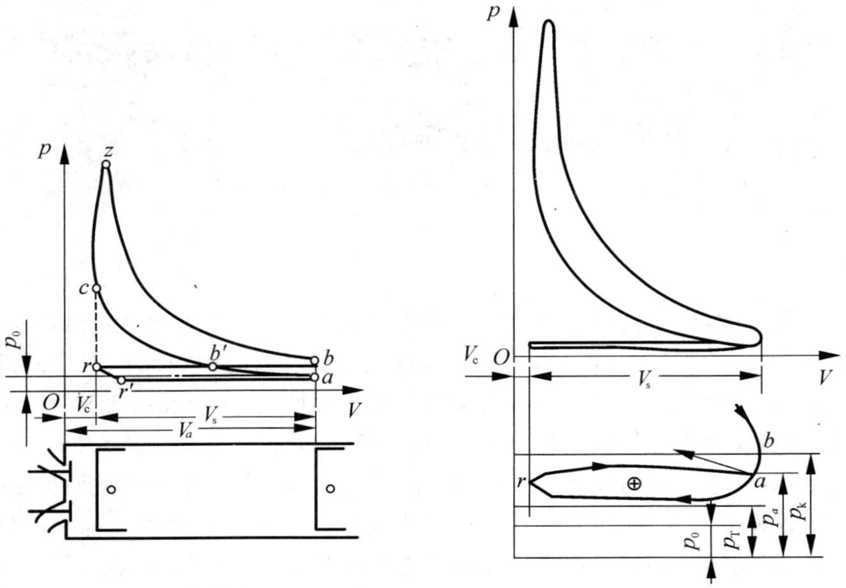

图 1-1　四冲程发动机实际循环的 *p*-*V* 图

V_a-气缸总容积；V_s-气缸工作容积；V_c-燃烧室容积；p_0-大气压力；p_a-进气终点的压力；p_k-增压压力（增压器压气机出口气体压力）；p_T-增压器涡轮机进口气体压力

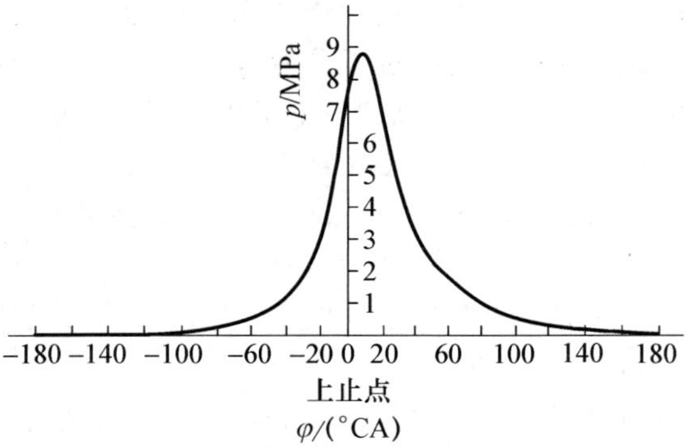

图 1-2　四冲程发动机实际循环的 *p*-*φ* 图

1. 指示功 W_i 和平均指示压力 p_{mi}

指示功是指气缸内完成一个工作循环所得到的有用功，也称循环指示功，用 W_i 表示。指示功的大小可以由 p-V 图中闭合曲线所包围的面积求得，图 1-3 所示为四冲程非增压(a)和增压发动机(b)以及二冲程发动机(c)的示功图。

如图 1-3(a)所示，面积 F_1 代表压缩、燃烧、膨胀行程中所得到的有用功，面积 F_2 代表进气、排气行程中消耗的功（即泵气损失），两者之差即为四冲程非增压发动机的指示功，即 $W_i = F_1 - F_2$。在四冲程增压发动机中[图 1-3(b)]，由于进气压力高于排气压力，在换气过程中工质是对外做功的，因此代表换气功的面积 F_2 应与面积 F_1 叠加起来，即指示功 $W_i = F_1 + F_2$。

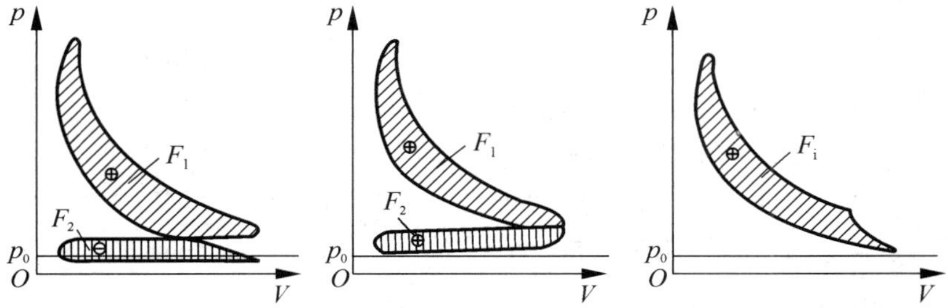

(a) 四冲程非增压发动机　(b) 四冲程增压发动机　(c) 二冲程发动机

图 1-3　由发动机的 p-V 图求取指示功

在二冲程发动机的示功图[图 1-3(c)]上，只有一块面积 F_i，它表示了指示功的大小。

W_i 可用燃烧分析仪通过采集缸内示功图(图 1-1)积分求得，即

$$W_i = \int p \, dV \tag{1-1}$$

对于四冲程发动机，积分范围为 0°～720°；对于二冲程发动机，积分范围为 0°～360°。

指示功 W_i 反映了发动机气缸在一个工作循环中所获得的有用功的多少，它除了和循环中热功转换的有效程度有关外，还和气缸容积的大小有关。为了比较不同工作容积发动机工作循环的热功转换有效程度，需要排除气缸尺寸的影响，因此引入平均指示压力(用 p_{mi} 表示，单位为 Pa)的概念。所谓平均指示压力，是指发动机单位气缸工作容积所做的指示功：

$$p_{mi} = \frac{W_i}{V_s} \tag{1-2}$$

式中：W_i 为发动机的指示功，J；V_s 为发动机气缸工作容积，m^3。

若 V_s 以 L 为单位，W_i 以 kJ 为单位，则 p_{mi} 的单位为 MPa。

按式(1-2)，指示功 W_i 也可以写成

$$W_i = p_{mi} V_s = p_{mi} \frac{\pi D^2}{4} S \tag{1-3}$$

其中 D 和 S 分别为气缸直径和活塞行程。

由式(1-3)可以引出平均指示压力的第二个意义，即平均指示压力是一个假想的、大小不变的压力，以这个压力作用在活塞顶上，使活塞移动一个行程所做的功，即为循环指示功 W_i，如图 1-4 所示。

平均指示压力是从实际循环的角度评价发动机气缸工作容积利用率高低的一个参数，p_{mi} 值越高，同样大小的气缸容积所做的指示功越多，气缸工作容积的利用程度越好。因此，平均指示压力是衡量发动机实际循环动力性能的一个重要指标。

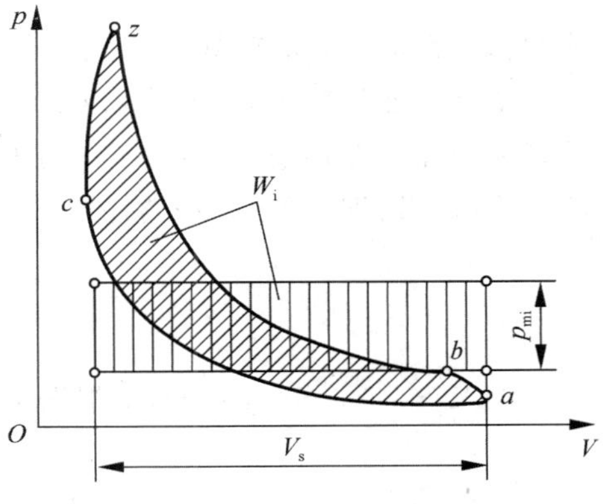

图 1-4　循环指示功与平均指示压力

一般发动机在标定工况下的 p_{mi} 值在下列范围内：

四冲程摩托车用汽油机	0.8～1.3 MPa
四冲程小客车用汽油机	0.8～1.5 MPa
二冲程小型汽油机	0.4～0.7 MPa
四冲程自然吸气柴油机	0.6～1.0 MPa
四冲程增压柴油机	0.9～2.6 MPa

2. 指示功率 P_i

发动机单位时间所做的指示功称为指示功率，用 P_i 表示。若一台发动机的气缸数为 i，每缸工作容积为 V_s(m^3)，转速为 n(r/s)，平均指示压力为 p_{mi}(Pa)，根据 p_{mi} 的定义有 $W_i = p_{mi}V_s$，则具有 i 个气缸的发动机的指示功率(每秒所做的指示功)P_i(W)为

$$P_i = 2p_{mi}V_s\frac{n}{\tau}i \tag{1-4}$$

式中：τ 为冲程数，对四冲程发动机 $\tau=4$，对二冲程发动机 $\tau=2$。

在实际应用时，一般采用 p_{mi}(MPa)、V_s(L)、n(r/min)、P_i(kW)，代入式(1-4)可得：

$$10^3P_i = 2\times10^6p_{mi}\frac{iV_s}{10^3}\frac{n}{60\tau}$$

$$P_i = \frac{p_{mi}V_sni}{30\tau} \tag{1-5}$$

对四冲程发动机
$$P_i = \frac{p_{mi}V_sni}{120} \tag{1-5a}$$

对二冲程发动机
$$P_i = \frac{p_{mi}V_sni}{60} \tag{1-5b}$$

3. 指示热效率 η_{it} 和指示燃油消耗率 b_i

指示热效率 η_{it} 是发动机实际循环指示功与所消耗的燃料热量的比值，即

$$\eta_{it} = \frac{W_i}{Q_1} \tag{1-6}$$

式中：Q_1 为得到指示功 W_i(J)所消耗的燃料热量，J。

指示燃油消耗率 b_i[g/(kW·h)]是指单位指示功的燃油消耗量，通常以每千瓦时指示功的燃油消耗量(g)来表示。对于一台发动机，当试验测得其指示功率 P_i(kW)以及小时燃油消耗量 B(kg/h)时，指示燃油消耗率

$$b_i = \frac{B}{P_i}\times10^3 \tag{1-7}$$

1 kW·h=3.6×10³ kJ，则根据 η_{it} 的定义可得

$$\eta_{it} = \frac{3.6\times10^3P_i}{BH_u} = \frac{3.6\times10^6}{b_iH_u} \tag{1-8}$$

式中：H_u 为燃料的低热值，kJ/kg。

η_{it}、b_i 是评定发动机实际工作循环经济性能的重要指标。一般发动机的 η_{it} 和 b_i 的大致范围是：

	η_{it}	b_i/[g/(kW·h)]
四冲程汽油机	0.25～0.40	210～340
二冲程汽油机	0.20～0.30	300～430
四冲程柴油机	0.40～0.50	170～210
二冲程柴油机	0.40～0.50	170～215

从统计范围可以看出，柴油机的指示热效率高于汽油机，四冲程汽油机的指示热效率高于二冲程汽油机。

1.2　有效性能指标

发动机的有效性能指标是以曲轴对外输出功率为基础的性能指标，它反映了发动机整机性能的优劣。

1.2.1　动力性能指标

1. 有效功率

1.1 节所讨论的指示性能指标只能评定工作循环进行得好坏，发动机发出的指示功率 P_i 扣除运动件摩擦所消耗的功率以及驱动风扇、机油泵、发电机等附件所消耗的功率后才能作为曲轴的有效输出。所有这些消耗功率的总和称为机械损失功率 P_m。指示功率减去机械损失功率才是发动机曲轴对外输出的功率，称为有效功率，用 P_e(kW)表示，即

$$P_e = P_i - P_m \tag{1-9}$$

利用各种形式的测功器和转速计分别测出发动机在某一工况下曲轴的输出转矩 T_{tq} 及在同一工况下发动机的转速 n，可计算得到发动机的有效功率 P_e。

2. 有效转矩 T_{tq}

由发动机曲轴输出的转矩 T_{tq} 称为有效转矩，它代表了发动机带负荷的能力。有效转矩 T_{tq}(N·m)与有效功率 P_e(kW)之间的关系是

$$P_e = T_{tq}\frac{2\pi n}{60}\times 10^{-3} = \frac{T_{tq}n}{9\,550} \tag{1-10}$$

式中：n 为发动机转速，r/min。

3. 平均有效压力 p_{me}

平均有效压力 p_{me}(MPa)是指发动机单位气缸工作容积一个循环所做的有效功。它从发动机实际输出功的角度来评定气缸工作容积的利用程度。与平均指示压力相似，平均有效压力也可看作一个假想的、不变的平均压力作用在活塞顶上，使活塞移动一个行程所做的功。

按照上述定义，如同式(1-5)所表示的 P_i 与 p_{mi} 之间的关系，列出有效功率 P_e(kW)与平均有效压力 p_{me}(MPa)之间的关系式：

$$P_e=\frac{p_{me}V_s ni}{30\tau} \tag{1-11}$$

$$p_{me}=\frac{30P_e\tau}{V_s ni} \tag{1-12}$$

式中:V_s 为每缸的工作容积,L;n 为发动机转速,r/min;i 为发动机的气缸数;τ 为冲程数。

应用式(1-10)和式(1-11)的恒等关系可得

$$T_{tq}=\frac{318.3p_{me}V_s i}{\tau} \tag{1-13}$$

或

$$p_{me}=3.14\frac{T_{tq}\tau}{V_s i}\times 10^{-3} \tag{1-14}$$

因此,对于一定气缸总工作容积(即 iV_s)的发动机,平均有效压力 p_{me} 反映了发动机输出转矩 T_{tq} 的大小,即

$$p_{me}\propto T_{tq}$$

也就是说,p_{me} 反映了发动机单位气缸工作容积输出转矩的大小。p_{me} 值大,说明发动机单位气缸工作容积对外输出的功多,做功能力强。因此 p_{me} 是评定发动机动力性能的一个重要指标。

p_{me} 的一般范围是:

四冲程摩托车用汽油机	0.78～1.20 MPa
四冲程小客车用汽油机	0.65～1.25 MPa
二冲程小型汽油机	0.40～0.65 MPa
农用柴油机	0.5～0.7 MPa
汽车用柴油机	0.7～2.0 MPa
强化高速柴油机	1.0～2.9 MPa

4. 转速 n 和活塞平均速度 C_m

提高发动机转速 n,即增加单位时间内的做功次数,可使发动机在气缸尺寸相同的情况下发出的功率增大,或在发出相同功率的情况下发动机的体积和质量减小。转速 n 增加,活塞平均速度 C_m 也增加,n(r/min)与 C_m(m/s)的关系为

$$C_m=\frac{Sn}{30} \tag{1-15}$$

式中:S 为活塞行程,m。

C_m 大,则活塞组的热负荷和曲柄连杆机构的惯性力均增大,磨损加剧,寿命下降。C_m 已成为表征发动机强化程度的参数。一般汽油机 C_m 不超过 18 m/s,柴油机不超过 13 m/s。

为了提高转速又不至于使 C_m 过大,由式(1-15)知,可以减小行程 S,即对于高速发动机,在结构上采用较小的行程缸径比(S/D)值。但 S/D 值小也会造成燃烧室高度减小,燃烧室表面积与容积的比(A/V)值增大,传热损失将相应增大。$S/D<1$ 时的行程常称为短行程。

n、C_m、S/D 值的大致范围是：

	n/(r/min)	C_m/(m/s)	S/D
小客车汽油机	5 000～8 000	12～18	0.7～1.0
载货车汽油机	3 600～4 500	10～15	0.8～1.2
车用柴油机	2 000～5 000	9～15	0.75～1.2
增压柴油机	1 500～4 000	8～12	0.9～1.3

1.2.2　经济性能指标

衡量发动机经济性能的重要指标是有效热效率 η_{et} 和有效燃油消耗率 b_e。

有效热效率 η_{et} 是发动机实际循环的有效功 W_e(J)与为得到此有效功所消耗的燃料热量 Q_1(J)的比值，即

$$\eta_{et}=\frac{W_e}{Q_1} \tag{1-16}$$

有效燃油消耗率 b_e[g/(kW・h)]是指单位有效功的耗油量，通常以每千瓦时有效功的燃油消耗量(g)来表示，即

$$b_e=\frac{B}{P_e}\times 10^3 \tag{1-17}$$

式中：B 为小时燃油消耗量，kg/h；P_e 为发动机的有效功率，kW。

同前述 η_{it} 推导方式，可得有效热效率和有效燃油消耗率的关系为

$$\eta_{et}=\frac{3.6\times 10^3 P_e}{BH_u}=\frac{3.6\times 10^6}{b_e H_u} \tag{1-18}$$

或

$$b_e=\frac{3.6\times 10^6}{\eta_{et} H_u} \tag{1-19}$$

可见，b_e 和 η_{et} 成反比，知道其中一值后，可求出另一值。

有效热效率 η_{et} 和有效燃油消耗率 b_e 是衡量发动机经济性能的重要指标，可根据发动机实测有效功率 P_e 和燃油消耗量 B 计算而得。

一般发动机在标定工况下的 η_{et} 和 b_e 值大致在以下范围：

	η_{et}	b_e/[g/(kW・h)]
四冲程汽油机	0.25～0.32	270～340
二冲程汽油机	0.15～0.22	380～550
高速柴油机	0.30～0.42	210～285

1.2.3　强化指标

1. 升功率和比质量

升功率 P_L(kW/L)是在标定工况下发动机每升气缸工作容积所发出的有效功率：

$$P_L = \frac{P_e}{iV_s} \tag{1-20}$$

式中：P_e 为发动机的标定功率，kW；i 为气缸数；V_s 为每气缸工作容积，L。

将式(1-11)代入式(1-20)可得

$$P_L = \frac{p_{me}n}{30\tau} \tag{1-21}$$

式中：p_{me} 为标定工况下的平均有效压力，MPa；n 为标定转速，r/min。

升功率 P_L 是从发动机有效功率的角度来衡量气缸工作容积利用程度的一个指标，它与 p_{me} 和 n 的乘积成正比。P_L 值越大，发动机的强化程度越高，发出一定有效功率的发动机尺寸越小。因此，不断提高 p_{me} 和 n 的水平以获得更强化、更轻巧和更紧凑的发动机，一直是内燃机工作者致力追求的目标。P_L 是评定一台发动机整机动力性能和强化程度的重要指标之一。

目前发动机的 P_L 值一般在下列范围内：

四冲程摩托车用汽油机	50～70 kW/L
四冲程小客车用汽油机	40～90 kW/L
二冲程小型汽油机	20～75 kW/L
农用柴油机	8～15 kW/L
汽车用柴油机	20～60 kW/L
强化高速柴油机	20～70 kW/L

比质量 m_e(kg/kW)是发动机的干质量 m 与标定功率之比，它表征发动机的质量利用程度和结构紧凑性。

$$m_e = \frac{m}{P_e} \tag{1-22}$$

m_e 的大致范围是：

四冲程汽油机	1.5～4.0 kg/kW
车用柴油机	4.0～9.0 kg/kW

2. 强化系数

平均有效压力 p_{me} 与活塞平均速度 C_m 的乘积 $p_{me}C_m$ 称为强化系数，它与活塞单位面积的功率成正比，其值越大，发动机的热负荷和机械负荷越高。由于发动机的发展趋势是强化程度不断提高，故 $p_{me}C_m$ 值增大也是技术进步的一个标志。

$p_{me}C_m$ 的大致范围是：

汽油机	8～14 MPa・m/s
小型高速柴油机	6～10 MPa・m/s
增压柴油机	9～15 MPa・m/s

1.3　发动机的理论循环和实际循环

发动机动力输出的过程，本质上是进入整机的燃料化学能转换为曲轴有效输出功的过程。发动机输出功率的大小，不仅与单位时间内加入整机的化学能的多少有关，即“量”的环节，还取决于化学能转换为有效输出功的效率，即“质”的环节。

发动机将燃料的化学能转换为曲轴输出功的过程中，其有效热效率是由燃烧效率、循环热效率和机械效率 3 个环节效率决定的。燃烧效率是指燃料化学能通过燃烧转化为热能的百分比，在正常燃烧条件下，燃料的化学能接近于全部释放，可以认为燃烧效率为 100%；循环热效率是核心，它反映了发动机在热力循环中热功转换的效率，是本节分析的重点；机械效率为有效输出功（指示功减去机械损失功）占指示功的百分比，对整机动力性、经济性有不可忽视的影响，将在 1.4 节讨论。

发动机工作过程的热力循环由热力过程和缸内工质两大因素决定。在发动机的实际热力过程中，工质的温度、压力、成分和流动状态等时刻发生着非常复杂的变化，难以对其进行细致的物理和化学分析，因此需要根据发动机工作循环的特点，将实际循环简化，即建立发动机的理论循环。此外，为深入理解和掌握发动机的热功转换过程，本节还将详细分析发动机的实际循环，并与理论循环进行比较。

1.3.1　发动机的理论循环

1.3.1.1　3 种基本循环

发动机的理论循环是将非常复杂的实际工作过程加以抽象简化、忽略次要因素后建立的最能突出发动机工作过程本质特征的物理模型，是一种便于定量分析的假想循环或简化循环。通过对理论循环的研究可以达到以下目的：

(1)用简单的公式来阐明内燃机工作过程中各基本热力参数间的关系，明确提高以理论循环热效率为代表的经济性和以平均有效压力为代表的动力性的基本途径。

(2)确定循环热效率的理论极限，以判断实际内燃机经济性和工作过程的完善程度以及改进潜力。

(3)有利于分析比较发动机不同热力循环方式的经济性和动力性。

最简单的理论循环是空气标准循环，其简化条件为：

(1)以空气为工质，并视为理想气体，在整个循环中工质（即空气）的物理及化学性质保持不变，比热容为常数。

(2)将燃烧过程简化为由外界无数个高温热源对工质进行等容、等压或混合加热的过程，将排气过程简化为等容放热过程。

(3)把压缩和膨胀过程简化成理想的绝热等熵过程，忽略工质与外界的热量交换及泄漏等的影响。

(4)忽略发动机的进排气过程，从而将实际的开口循环简化为闭口循环。

根据对燃烧过程即加热方式的不同假设，可以得到 3 种形式的理论循环，即等容加热循环、等压加热循环和混合加热循环。3 种理论循环可表示在 p-V 图及 T-S 图（温-熵图）上，如图 1-5 所示。图中 ac 为绝热等熵压缩，cz 为等容或等压加热，zb 为绝热等熵膨胀，ba 为等容放热。

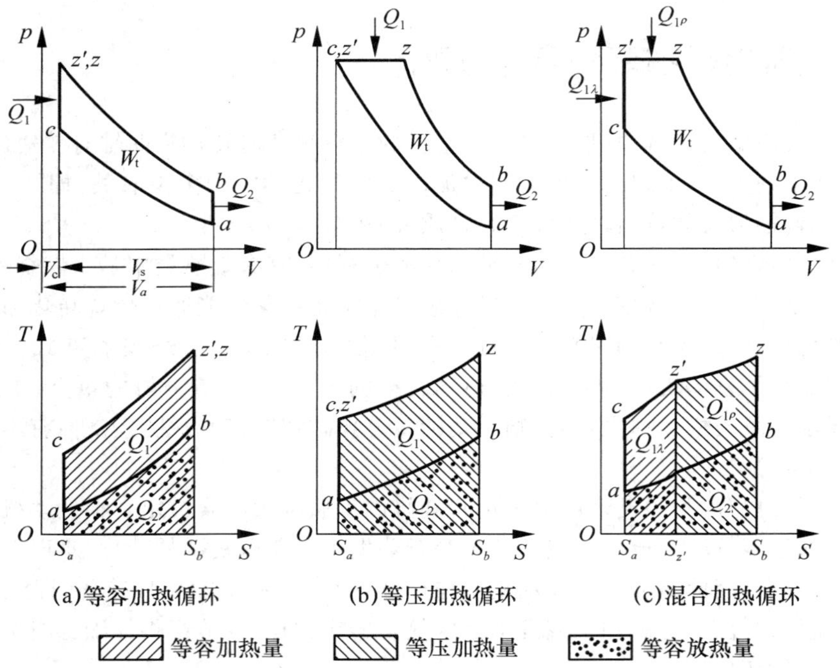

图 1-5 发动机的理论循环

把实际循环简化为理论循环,必须使理论循环尽可能符合实际循环的特点,尤其要符合加热过程的特点。例如,在汽油机中,混合气燃烧迅速,气缸内温度、压力增长很快,可以认为其燃烧过程基本上是在容积不变的条件下进行的,即可简化为等容加热循环;高增压和低速大型柴油机,由于受燃烧最高压力的限制,大部分燃料在上止点以后燃烧,燃烧时气缸内压力变化不显著,故可简化为等压加热循环;高速柴油机介于两者之间,其燃烧过程可视为等容、等压加热的组合,故近似为混合加热循环。

理论循环的经济性和动力性是用循环热效率 η_t 和循环平均压力 p_t 来评定的。

1.3.1.2 循环热效率 $\boldsymbol{\eta}_t$ 和循环平均压力 $\boldsymbol{p}_t$

由图 1-5 不难看出,等容加热循环和等压加热循环只是混合加热循环的特例,因此下面先以混合加热循环为例,应用工程热力学有关公式,得到各状态的基本状态参数、热力过程的热功交换量及循环热效率和循环平均压力,进而推广至等容和等压加热循环。

1. 循环热效率 η_t

循环热效率 η_t 是工质所做循环功 W(J)与循环加热量 Q_1(J)之比,用以评定循环经济性。

$$\eta_t=\frac{W}{Q_1}=\frac{Q_1-Q_2}{Q_1}=1-\frac{Q_2}{Q_1} \tag{1-23}$$

式中:Q_2 为工质在一个循环中放出的热量,J。

定义:压缩比 $\varepsilon=\dfrac{V_a}{V_c}$

压力升高比 $\lambda=\dfrac{p_{z'}}{p_c}$

预膨胀比
$$\rho=\frac{V_z}{V_{z'}}$$

则：按等熵过程 ac 有

$$T_c=T_a\left(\frac{V_a}{V_c}\right)^{\kappa-1}=T_a\varepsilon^{\kappa-1}$$

按等容过程 cz' 有

$$T_{z'}=T_c\left(\frac{p_{z'}}{p_c}\right)=T_c\lambda=T_a\lambda\varepsilon^{\kappa-1}$$

按等压过程 $z'z$ 有

$$T_z=T_{z'}\left(\frac{V_z}{V_{z'}}\right)=T_{z'}\rho=T_a\lambda\rho\varepsilon^{\kappa-1}$$

按等熵过程 zb 有

$$T_b=T_z\left(\frac{V_z}{V_b}\right)^{\kappa-1}=T_z\left(\frac{\rho V_{z'}}{V_a}\right)^{\kappa-1}=T_z\left(\frac{\rho}{\varepsilon}\right)^{\kappa-1}=T_a\lambda\rho^{\kappa}$$

循环中加入的总热量

$$\begin{aligned}Q_1&=Q_{1\lambda}+Q_{1\rho}=mc_v(T_{z'}-T_c)+mc_p(T_z-T_{z'})\\&=mc_v[(T_{z'}-T_c)+\kappa(T_z-T_{z'})]\\&=mc_vT_c[(\lambda-1)+\kappa\lambda(\rho-1)]\\&=mc_vT_a\varepsilon^{\kappa-1}[(\lambda-1)+\kappa\lambda(\rho-1)]\end{aligned}$$

上面各式中：带下标的 V、p、T 分别对应图 1-5 中各点气缸内工质体积、压力和温度；$Q_{1\lambda}$、$Q_{1\rho}$ 分别为等容加热过程 cz' 和等压加热过程 $z'z$ 中加入的热量，J；c_v、c_p 分别为工质的比定容热容和比定压热容，J/(kg・K)；m 为工质的质量，kg；$\kappa=c_p/c_v$，为比热(容)比，或称等熵指数。

等容放热过程 ba 中放出的热量

$$Q_2=mc_v(T_b-T_a)=mc_vT_a(\lambda\rho^{\kappa}-1)$$

将 Q_1、Q_2 代入式(1-23)可得混合加热循环的热效率

$$\begin{aligned}\eta_{\mathrm{tm}}&=1-\frac{Q_2}{Q_1}=1-\frac{mc_vT_a(\lambda\rho^{\kappa}-1)}{mc_vT_a\varepsilon^{\kappa-1}[(\lambda-1)+\kappa\lambda(\rho-1)]}\\&=1-\frac{1}{\varepsilon^{\kappa-1}}\frac{\lambda\rho^{\kappa}-1}{(\lambda-1)+\kappa\lambda(\rho-1)}\end{aligned}\tag{1-24}$$

以 $\rho=1$ 代入式(1-24)得等容加热循环热效率

$$\eta_{\mathrm{tV}}=1-\frac{1}{\varepsilon^{\kappa-1}}\tag{1-25}$$

以 $\lambda=1$ 代入式(1-24)得等压加热循环热效率

$$\eta_{tp}=1-\frac{1}{\varepsilon^{\kappa-1}}\frac{\rho^{\kappa}-1}{\kappa(\rho-1)} \tag{1-26}$$

由此可见,理论循环热效率 η_t 与工质的压缩比 ε、等熵指数 κ、压力升高比 λ 及预膨胀比 ρ 有关,即 $\eta_t=f(\varepsilon,\kappa,\lambda,\rho)$。影响 3 种理论循环热效率的因素分述如下。

1)压缩比 ε 的影响

随着压缩比 ε 的增大,3 种循环的热效率 η_t 都提高。这是因为提高压缩比 ε 可以提高循环平均吸热温度,降低循环平均放热温度,扩大循环温差。图 1-6 为等容加热循环中以等熵指数 κ 为参变量时 η_{tV} 随 ε 变化的曲线。一般来说,ε 较小时,随 ε 的提高 η_t 增长很快,但在 ε 较大时,ε 提高对 η_t 的影响就不显著了。因此,为提高 η_t 值,应在可能的条件下加大压缩比,但 ε 大到一定程度,如超过 15,η_t 提高的幅度有限。

实际上,受点燃式发动机爆燃和压燃式发动机最大爆发压力的限制,ε 的增大也有限。此外,ε 太大会增加机械摩擦损失。因此,ε 不是越大越好。一般地,非增压柴油机的压缩比为 14~22,最高爆发压力为 4.5~9 MPa;汽油机压缩比为 6~12,最高爆发压力为 3~6.5 MPa。

压缩比对循环热效率的影响可用 T-S 图加以说明。以等容加热循环为例,在图 1-7 中,$ac_1z_1b_1a$ 和 $ac_2z_2b_2a$ 分别表示不同压缩比的两个等容加热循环($\varepsilon_1<\varepsilon_2$)。从相同的压缩始点 a 进行绝热等熵压缩,必然有 $T_{c2}>T_{c1}$,于是等容加热线 c_2z_2 高于 c_1z_1。假设循环加热量 Q_1 相同,则 c_2z_2 曲线下方面积 $S_ac_2z_2S_{b2}S_a$ 应与 c_1z_1 曲线下方面积 $S_ac_1z_1S_{b1}S_a$ 相等,即 z_2 点必在 z_1 点左侧。所以 ε 提高后循环放出的热量 Q_2 减少了,减少量相当于图中面积 $S_{b2}b_2b_1S_{b1}S_{b2}$,这使循环的净功 $W=Q_1-Q_2$ 增加。所以压缩比 ε 增大后循环的热效率 η_{tV} 将提高。

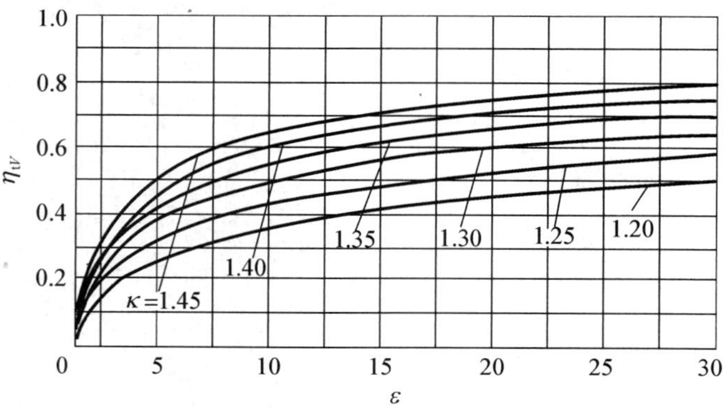

图 1-6 等容加热循环热效率 η_{tV} 与 κ、ε 的关系

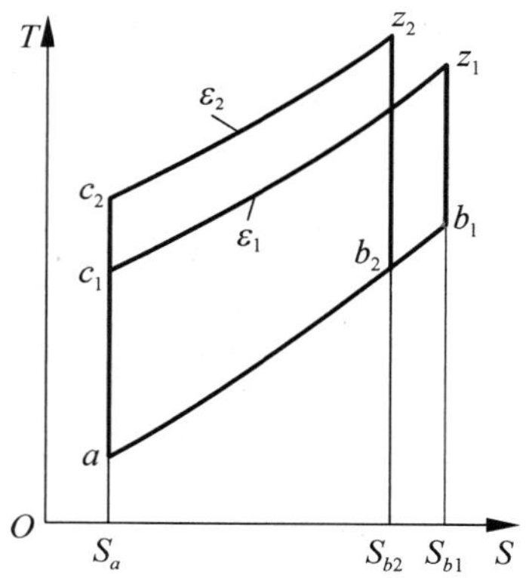

图 1-7 循环加热量相同时,提高压缩比对等容加热循环的影响

2)等熵指数 κ 的影响

等熵指数 κ 集中反映了工质特性对循环热效率的影响。理论分析表明,不论何种循环,κ 值越大则 η_t 越高。κ 对 η_t 的影响如图 1-6 所示。因此,保证系统工质具有较高的等熵指数是

提高 η_t 的措施之一。

等熵指数对循环热效率的影响可参考图 1-8 加以说明。由图 1-8 或 $c_p - c_v = R$（气体常数）和 $c_v = \frac{1}{\kappa - 1}R$ 的关系可知，R 不变时，等熵指数 κ 越大，则 c_p、c_v 越小。在相同加热量和压缩始点不变时，c_p、c_v 越小，工质的温度上升越高。由热力学第二定律可知，加热后工质温度越高，则能量的品质越高，热能转化为机械能的能力越强，相同循环的热效率就越高。

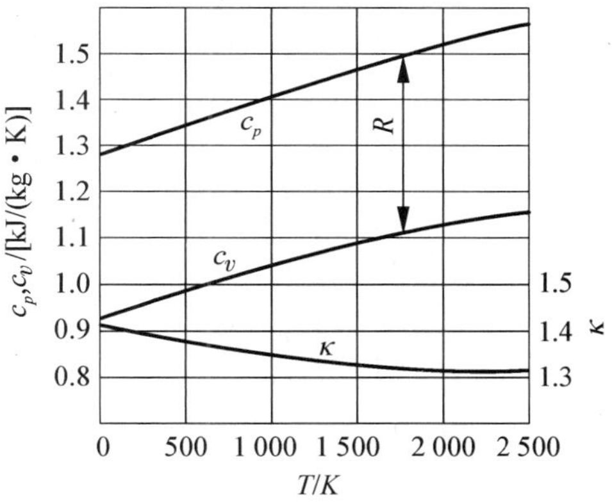

图 1-8 空气的 c_p、c_v 和 κ 值随温度 T 的变化曲线

3）压力升高比 λ 与预膨胀比 ρ 的影响

压力升高比 λ 和预膨胀比 ρ 是反映混合加热循环中等容加热量 $Q_{1\lambda}$ 和等压加热量 $Q_{1\rho}$ 多少的两个直观参数。由于两种加热模式对 η_t 的影响趋势和程度不同，所以在混合循环中需要将 λ、ρ 的影响综合起来分析。

依据混合加热循环热效率的表达式(1-24)，在 ε 和 κ 不变的条件下，可以在以 λ、ρ 为变量的图上，作出 η_t 的等值曲线族。图 1-9 是 $\varepsilon = 8.5$、$\kappa = 1.4$ 时的 η_t 曲线族。图中每一个点代表一种确定的 λ、ρ 混合加热模式。由图 1-9 可见：

(1)在 $\rho = 1$ 的等容加热循环条件下，η_t 为常数，不随 λ 值而变，即负荷（$Q_{1\lambda}$）变化时，λ 虽改变，但对 η_t 无影响。

这是因为在等容加热循环中，随着循环加热量 Q_1 的增加，λ 值呈正比增大。若 ε、κ 保持不变，则工质的膨胀比也不会变化。这样，循环放热量 Q_2 也相应增加，而 $\frac{Q_2}{Q_1}$ 不变，η_t 也不变。

(2)在 $\lambda = 1$ 的等压加热循环条件下，η_t 随 ρ 值增大而明显下降，这表明随着负荷（$Q_{1\rho}$）上升，ρ 值增大而 η_t 下降。

这是因为在等压加热循环中，随着加热量 Q_1 的增加，ρ 值增大。若 ε、κ 保持不变，因平均膨胀比 $V_b/[(V_z - V_c)/2]$（见图 1-5）减小（做功能力降低），放出的热量 Q_2 增加，η_t 下降。

(3)在 $\rho > 1$ 和 $\lambda > 1$ 混合加热循环条件下，总体上在 ρ 不变时，随 λ 上升 η_t 略有增加，但影响不大，λ 上升到一定数值后，η_t 已不再受其影响；而 λ 不变时 ρ 的影响却十分显著。这表明混合加热循环中 ρ 的影响是关键的。

这是因为在混合加热循环中，如果循环加热量 Q_1 和 ε、κ 保持不变，λ 值增大则 ρ 值减小（图 1-10），即循环中等容加热所占比例增加，等压加热部分相应减少，循环的最高温度和最高压力增加，图中的 $T_{z2} > T_{z1}$ 且 z_2 点位于 z_1 点左侧，相应的循环放热量 Q_2 减小，η_t 提高。

压力升高比 λ 与预膨胀比 ρ 对 η_t 的影响特性至少表明两点：一是在任何情况下为提高热效率都应该尽量减少等压加热部分而使其接近等容燃烧，这就是所谓的提高“等容度”的概念；二是在负荷变化时，若主要是 ρ 变化，则高、低负荷时 η_t 值的差别将加大，若主要是 λ 变化，则 η_t 值将保持大致不变。这一点对汽、柴油机不同负荷时 η_t 值的对比有理论指导意义。

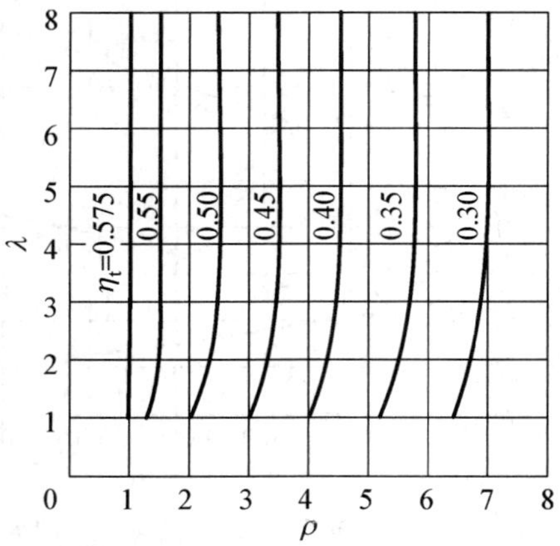

图 1-9 混合加热循环在不同的 λ、ρ 条件下的热效率 η_t 曲线族（$\varepsilon=8.5, \kappa=1.4$）

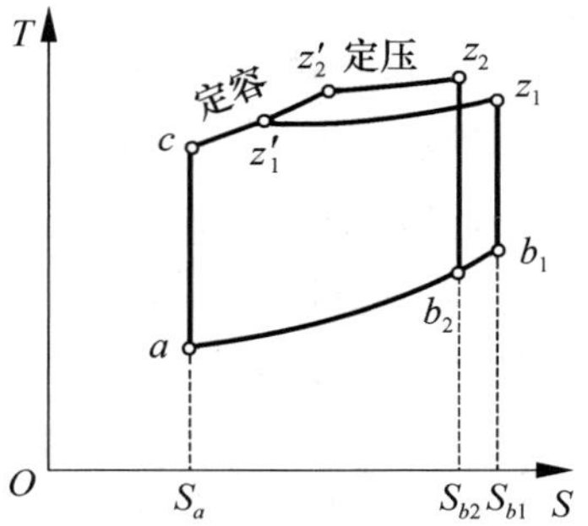

图 1-10 λ、ρ 对 η_t 的影响

2. 循环平均压力 p_t

循环平均压力 p_t(Pa)是单位气缸工作容积所做的循环功，用来评定循环的做功能力。

$$p_t=\frac{W}{V_s} \tag{1-27}$$

式中：W 为一个循环所做的功，J；V_s 为气缸工作容积，L。

因

$$V_s=V_a-V_c=V_a\frac{\varepsilon-1}{\varepsilon}$$

$$c_v=\frac{1}{\kappa-1}R$$

$$p_aV_a=mRT_a$$

故混合加热循环的平均压力为

$$p_{tm}=\frac{W}{V_s}=\frac{Q_1\eta_t}{V_s}=\frac{mc_vT_a\varepsilon^{\kappa}\eta_t}{V_a(\varepsilon-1)}[(\lambda-1)+\kappa\lambda(\rho-1)]$$

$$=\frac{\varepsilon^{\kappa}}{(\varepsilon-1)}\frac{p_a}{\kappa-1}[(\lambda-1)+\kappa\lambda(\rho-1)]\eta_t \tag{1-28}$$

式中：p_a 为压缩始点压力，Pa。

以 $\rho=1$ 代入式(1-28)得等容加热循环平均压力

$$p_{tV}=\frac{\varepsilon^{\kappa}}{(\varepsilon-1)}\frac{p_a}{\kappa-1}(\lambda-1)\eta_t \tag{1-29}$$

以 $\lambda=1$ 代入式(1-28)得等压加热循环平均压力

$$p_{tp}=\frac{\varepsilon^{\kappa}}{(\varepsilon-1)}\frac{p_a}{\kappa-1}\kappa(\rho-1)\eta_t \tag{1-30}$$

由此可见，提高循环热效率 η_t 和压缩始点压力 p_a 的措施，都有利于提高循环平均压力 p_t。

1.3.1.3　3 种理论循环热效率的比较

1. 当压缩初始状态相同，加热量 Q_1 和压缩比 ε 相同时

图 1-11(a)所示为 3 种理论循环的 T-S 图。acz_1b_1a 为等容加热循环，acz_3b_3a 为等压加热循环，$acz'_2z_2b_2a$ 为混合加热循环。3 种循环的加热量 Q_1 相同，即图中 3 种循环的加热曲线下面的面积相等，而放热过程均为等容放热过程，由图可知，3 种循环的放热量大小依次为

$$Q_{2V}<Q_{2\mathrm{m}}<Q_{2p}$$

根据热效率公式(1-23)，有

$$\eta_{\mathrm{t}V}>\eta_{\mathrm{tm}}>\eta_{\mathrm{t}p} \tag{1-31}$$

故在压缩比和加热量相同的条件下，欲提高混合加热循环的热效率，应增加等容加热部分所占的比例(即增大 λ)。

2. 当压缩初始状态相同，加热量 Q_1 和循环最高压力 p_z 相同时

由图 1-11(b)可看出，3 种理论循环放热量之间的关系为

$$Q_{2V}>Q_{2\mathrm{m}}>Q_{2p}$$

因此，由式(1-23)得

$$\eta_{\mathrm{t}p}>\eta_{\mathrm{tm}}>\eta_{\mathrm{t}V} \tag{1-32}$$

3. 当压缩初始状态相同，循环最高压力 p_z 和最高温度 T_z 相同时

如图 1-11(c)所示，在 T-S 图上，由于 3 种循环最高温度和最高压力相同，3 种循环加热终了状态都集中在 z 点上。在该点 3 种循环工质所处的热力状态相同，膨胀比(做功能力)相等，而且放热量也相同，即

$$Q_{2V}=Q_{2\mathrm{m}}=Q_{2p}$$

但是，满足最高温度和最高压力相同的 3 种循环的加热量却不相同，即

$$Q_{1p}>Q_{1\mathrm{m}}>Q_{1V}$$

所以，由式(1-23)，有

$$\eta_{\mathrm{t}p}>\eta_{\mathrm{tm}}>\eta_{\mathrm{t}V} \tag{1-33}$$

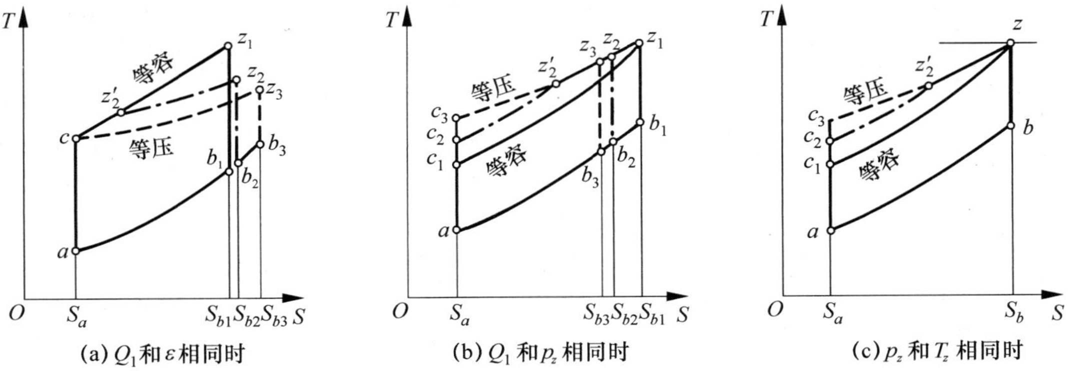

图 1-11　3 种理论循环的比较

因此，随着发动机强化程度的不断提高，发动机的机械负荷和热负荷也相应增加，当循环最高压力或最高温度受到限制时，适当提高压缩比，同时增大等压加热部分的热量，有利于提高循环热效率。

1.3.2 发动机的实际循环

四冲程发动机的实际循环由进气、压缩、燃烧、膨胀和排气 5 个过程组成，发动机的工作过程就是实际循环不断重复进行的过程。

1. 进气过程

为了使发动机连续运转，必须不断吸入新鲜工质，并把膨胀后的废气排出。吸入新鲜工质的过程即进气过程，如图 1-1(a)中 ra 线所示。进气过程中进气门开启，排气门关闭，活塞由上止点向下止点移动。首先是上一循环留在气缸中的残余废气膨胀，压力由排气终点的压力 p_r 降到 $p_{r'}$，然后新鲜工质才被吸入气缸。由于进气系统的阻力，进气终点的压力 p_a 一般小于大气压力 p_0 或增压压力 p_k，压力差 p_0-p_a 或 p_k-p_a 用来克服进气系统阻力。同时，因为气流受到发动机高温零件及残余废气的加热，进气终点的温度 T_a 也总是高于大气温度 T_0 或增压器出口温度 T_k。

一般进气终点的压力 p_a 和温度 T_a 的范围是：

	p_a/MPa	T_a/K
汽油机	0.080～0.090	340～380
柴油机	0.085～0.095	300～340
增压柴油机	(0.9～1.0)p_k	320～380

其中增压压力 p_k=(1.3～2.0)p_0。

2. 压缩过程

压缩过程如图 1-1(a)中 ac 线所示。此时进、排气门均关闭，活塞由下止点向上止点移动，缸内工质受到压缩，温度、压力不断上升，工质受压缩的程度用压缩比 ε 表示。

压缩过程的作用是提高循环的最高温度，增大膨胀过程的温差，以获得最大限度的膨胀比，提高热功转换效率，同时也为燃烧过程创造有利的条件。在柴油机中，压缩后气体的高温是保证燃料着火的必要条件。

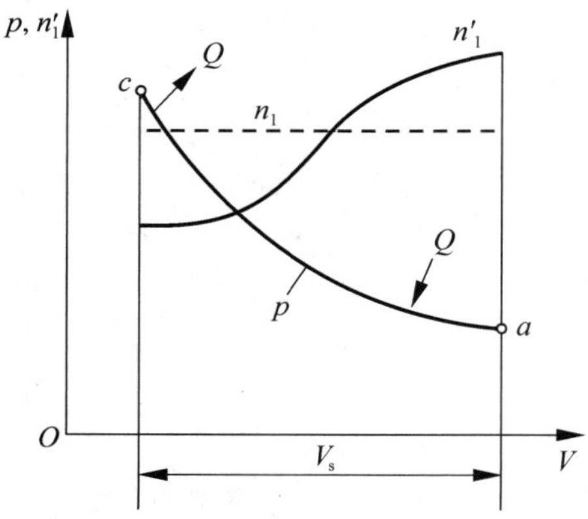

图 1-12 压缩过程及多变压缩指数

在理论循环中假设压缩过程是绝热的(κ=1.4)，实际上发动机的压缩过程是一个复杂的多变过程。在压缩初期，新鲜工质的温度较低，受缸壁加热，多变压缩指数 $n_1'>\kappa$；随着工质温度的上升，某一瞬间与缸壁温度相等，$n_1'=\kappa$；此后，由于工质温度高于缸壁，向缸壁传热，$n_1'<\kappa$。因此，在压缩过程中，多变压缩指数 n_1'是不断变化的，如图 1-12 所示。

在实际循环的近似计算中，常用一个不变的、平均的多变指数 n_1 来取代 n_1'，只要以这个多变指数 n_1 计算而得的多变过程，其始点 a 和终点 c 的工质状态与实际压缩过程的始点、终点状态相同即可。n_1 称为平均多变压缩指数，其大小主要受工质与缸壁间的热交换及工质泄漏情况的影响。

试验测定的 n_1 大致范围是：

汽油机	1.32～1.38
高速柴油机	1.38～1.40
增压柴油机	1.35～1.37

根据多变过程初、终态参数间的关系，压缩终点 c 的压力和温度可用下式计算：

$$p_c = p_a\left(\frac{V_a}{V_c}\right)^{n_1} = p_a\varepsilon^{n_1} \tag{1-34}$$

$$T_c = T_a\left(\frac{V_a}{V_c}\right)^{n_1-1} = T_a\varepsilon^{n_1-1} \tag{1-35}$$

p_c、T_c 的大致范围是：

	p_c/MPa	T_c/K
汽油机	0.8～2.0	600～750
柴油机	3.0～5.0	750～1 000
增压柴油机	5.0～8.0	900～1 100

压缩终点的压力 p_c 和温度 T_c 对发动机的性能影响很大，所以压缩比 ε 是发动机的一个重要的结构参数。在柴油机中，为保证喷入气缸的燃料及时自燃以及冷起动时可靠着火，必须使压缩终点有足够高的温度（比燃料的自燃温度高 200～300 ℃），因此要求较高的压缩比。在汽油机中，为了提高热效率，希望加大压缩比，但受到汽油机爆燃的限制，压缩比不能过大。

压缩比 ε 的大致范围是：

汽油机	6～12
柴油机	14～22
增压柴油机	12～15

压缩终点的压力还与气缸漏气情况有关，故在使用中应注意气缸的密封状况。密封不良将使压缩终点的工质温度、压力下降，甚至造成起动困难，功率下降。因此，在实际工作过程中，常以实测的压缩压力来检查发动机的技术状况，发现压缩压力降低时，应查明原因，如活塞环与缸套是否严重磨损、气门密封是否严密等，并及时检修，以保证发动机的正常工作。

3. 燃烧过程

燃烧过程如图 1-1(a)中 cz 线所示。此时进、排气门均关闭，活塞处在上止点前后。

燃烧过程是将燃料的化学能转变为热能的过程。燃烧放出的热量使工质的压力、温度升高，燃料燃烧越完全，放出的热量越多，放热时越靠近上止点，热效率就越高。

由于燃料燃烧不是瞬时完成的，因此，在汽油机中，汽油与空气形成的可燃混合气是在上止点前由电火花点火而燃烧[图 1-13(a)中 c' 点]，火焰迅速传播到整个燃烧室，工质的压力、温度急剧上升，整个燃烧接近于等容加热，如图 1-13(a)中 cz 段。

同理,柴油机应在上止点前就开始喷油[图 1-13(b)中 c'点],柴油液滴迅速蒸发而与空气混合,并借助空气的加热而自燃。开始燃烧速度很快,而气缸容积变化很小,所以工质的压力、温度剧增,接近于等容加热,如图 1-13(b)中 cz'段;接着是一边喷油一边蒸发混合一边燃烧,燃烧速度减缓,且随着活塞向下止点移动,气缸容积增大,所以气缸压力升高不大,而温度继续上升,该过程接近于等压加热,如图 1-13(b)中 $z'z$ 段。

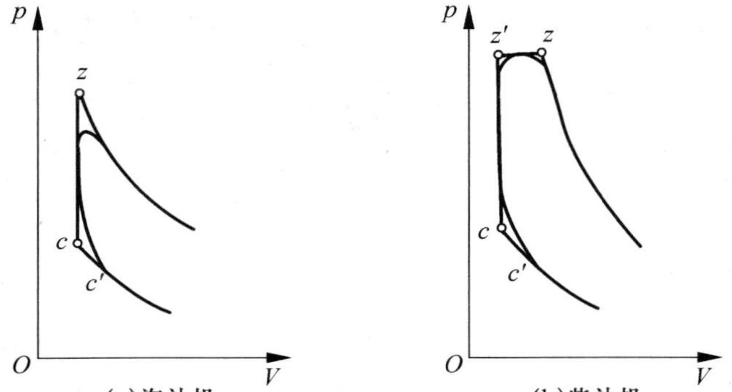

(a)汽油机　　(b)柴油机

图 1-13　发动机实际循环的燃烧过程

燃烧过程的最高爆发压力 p_z 及最高温度 T_z 的大致范围是:

	p_z/MPa	T_z/K
汽油机	3.0～6.5	2 200～2 800
柴油机	4.5～9.0	1 800～2 200
增压柴油机	9.0～14.0	

柴油机因压缩比大,燃烧最高压力 p_z 比汽油机高,但因相对于燃料的空气量大,即过量空气系数大,所以最高燃烧温度 T_z 反而比汽油机低。

4. 膨胀过程

膨胀过程如图 1-1(a)中 zb 线所示。此时,进、排气门均关闭,燃烧过程中产生的高温、高压燃气推动活塞由上止点向下止点移动而膨胀做功。随着气缸容积的增大,气体的压力、温度迅速降低。

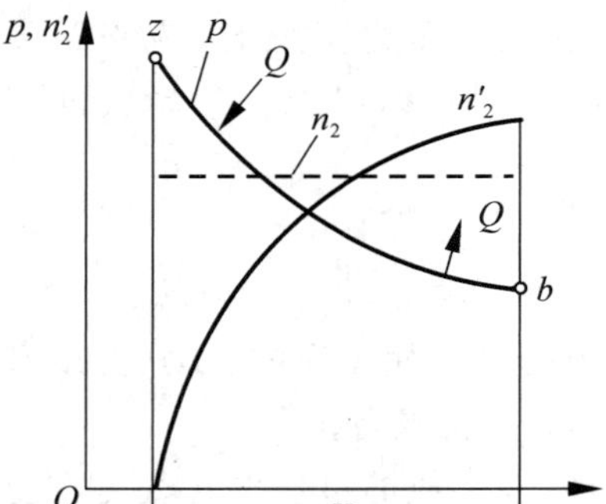

图 1-14　膨胀过程及多变膨胀指数

膨胀过程比压缩过程更为复杂,除有热交换和漏气损失外,还有后燃(即一部分没能及时燃烧的燃料在膨胀过程中继续燃烧)及缸内高温分解物质复合放热现象。因此,膨胀过程也是一个多变过程,而且多变膨胀指数 n_2'也是不断变化的。膨胀过程初期,由于后燃和复合放热,工质被加热,$n_2'<\kappa$;随着膨胀过程的继续,后燃和复合放热减少,到某一瞬时,对工质的加热量与工质向缸壁等的散热量相等,$n_2'=\kappa$;此后,工质向缸壁散热,$n_2'>\kappa$。多变膨胀指数 n_2' 的变化如图 1-14 所示。

同压缩过程一样,为简便起见,在实际计算中常用一个不变的平均多变膨胀指数 n_2 来取代 n_2',只要以 n_2 计算的

多变过程的始点 z、终点 b 的状态与实际膨胀过程始、终点状态相同即可。n_2 主要取决于后燃的多少、工质与缸壁间的热交换及漏气情况。

n_2 的一般范围是：

汽油机	1.23～1.28
柴油机	1.15～1.28

同样根据多变过程初、终态参数间的关系，膨胀终点 b 的压力、温度可用下式计算：

汽油机

$$p_b=p_z\left(\frac{V_z}{V_b}\right)^{n_2}=\frac{p_z}{\varepsilon^{n_2}} \tag{1-36}$$

$$T_b=T_z\left(\frac{V_z}{V_b}\right)^{n_2-1}=\frac{T_z}{\varepsilon^{n_2-1}} \tag{1-37}$$

柴油机

$$p_b=p_z\left(\frac{V_z}{V_b}\right)^{n_2}=\frac{p_z}{\delta^{n_2}} \tag{1-38}$$

$$T_b=T_z\left(\frac{V_z}{V_b}\right)^{n_2-1}=\frac{T_z}{\delta^{n_2-1}} \tag{1-39}$$

式中：δ 为后膨胀比，$\delta=\dfrac{V_b}{V_z}$。

p_b、T_b 的大致范围是：

	p_b/MPa	T_b/K
汽油机	0.3～0.6	1 200～1 500
柴油机	0.2～0.5	1 000～1 200

可见，由于柴油机膨胀比大，转化为有用功的热量多，热效率高，所以膨胀终点的温度和压力均比汽油机小。

5. 排气过程

排气过程如图 1-1(a)中的 br 线所示。当膨胀过程结束时，排气门打开，废气开始靠自身压力自由排出，之后活塞由下止点向上止点移动，将气缸内的废气排除，气缸压力下降。

排气过程中，由于排气系统有流动阻力，排气终点的压力(残余废气压力)p_r 大于大气压力 p_0，压力差 p_r-p_0 用来克服排气系统的阻力。排气阻力越大，排气终点的压力 p_r 越大，残留在气缸内的废气就越多。排气温度 T_r 的大小与发动机的负荷、转速、压缩比等都有关系。负荷增加，T_r 上升；n 提高，也使 T_r 上升；ε 大，则膨胀比大，T_r 下降。

从热功转换的关系来看，如燃烧的燃料量一定，转变为有用功的热量越多，则排气温度越低。因此，排气温度常用于检查判断工作过程进行得好坏和热负荷的高低。当发动机的排气温度超出正常范围时，应及时查明原因。

排气终点的压力 p_r、温度 T_r 范围如下：

	p_r/MPa	T_r/K
汽油机	0.105～0.120	900～1 100
柴油机	0.105～0.120	700～900
排气涡轮增压柴油机	(0.75～1.0)p_k	800～1 000

发动机的实际循环由上述 5 个过程组成。其中换气过程(进气过程和排气过程)和燃烧过程将在第 2～5 章中作进一步介绍。

1.3.3　发动机实际循环与理论循环的比较

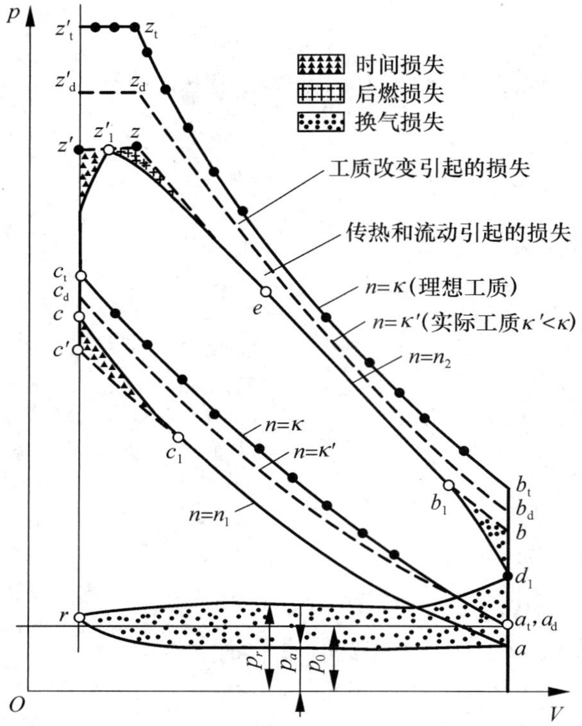

图 1-15　自然吸气压燃式发动机理论循环和实际循环 p-V 图的比较

与 1.3.1 中讨论的发动机理论循环相比,发动机的实际循环存在着许多不可逆损失,因而不可能达到理论循环的热效率和循环平均压力。分析这些不可逆损失,有助于掌握实际循环与理论循环之间的差异以及引起实际循环各项热损失的原因,从而为提高内燃机工作过程的完善程度指明方向。图 1-15 所示为以混合加热循环自然吸气压燃式发动机为例的理论循环与实际循环示功图,假设这两个示功图具有相同的热量输入,则引起实际循环热损失的各项因素可分析如下。

1. 实际工质的影响

理论循环的工质是纯空气,并假设其比热容为定值,而实际内燃机循环中的工质是空气与燃气的混合气。与理想工质相比,实际工质将对循环产生如下影响:

(1)实际工质的比热容随温度上升而增大,而其等熵指数 κ 则减小。也就是说,在加热量(燃料燃烧的放热量)相同的情况下,实际循环所能够达到的最高燃烧温度和气缸压力均小于理论循环的,其结果是使循环的有用功减少,热效率下降。

(2)燃烧前后工质的成分会发生变化。燃烧前的工质是由新鲜空气、燃料蒸气和上一循环残留废气等组成的混合气体,在燃烧过程中工质的成分及质量不断地变化,二氧化碳、水蒸气等三原子气体成分增加,使工质的比热容增大。

(3)工质会发生高温分解。当温度超过 1 000 ℃以后,实际工质的燃烧产物将陆续发生一定量的高温分解,高温分解需要吸收热量,使燃烧阶段的压力随温度升高而减小,其效果与工质的比热容增加一样,这部分热量虽在膨胀后期又部分释放出来,但利用率很小。

由于汽油机燃烧过程中的压力低于柴油机,而温度又高于柴油机,故汽油机中高温分解的倾向比柴油机严重。高温分解对柴油机的影响很小,可忽略不计。高温分解对汽油机热效率的影响也不大,仅在汽油机实际循环的精确计算时才需考虑。

(4)工质的分子数发生变化。燃烧前后气体的分子数会发生变化,但对循环的实际影响不大。

以上对实际工质特性的分析表明,工质比热容随温度上升而增大的特性对实际循环的影响最为显著,其他各项的影响相对较小。考虑实际工质的特性后循环热效率的下降幅度可通过这样一个例子来说明：对于一个压缩比为 18、过量空气系数为 1.5、最高循环压力为 8 MPa 的自然吸气混合加热循环，其理论热效率为 0.63，考虑到工质的实际特性，则其热效率将降为 0.51。

图 1-15 显示了工质热物性对实际循环的影响。由于比热容随温度的升高而增大，燃烧膨胀过程线 $z'_d z_d b_d$（虚线）低于理论循环的燃烧膨胀线 $z'_t z_t b_t$（带点实线），压缩过程线 $a_d c_d$（虚线）也低于理论循环的压缩线 $a_t c_t$（带点实线）。但因压缩过程温度较低，故工质性质对压缩过程的影响较小。上述虚线所围成的示功图面积小于理论循环（带点实线）所围成的示功图面积。

2. 传热损失

理论循环假设与工质相接触的燃烧室壁面是绝热的，两者之间不存在热交换，因而没有传热损失。但在实际循环中，缸套内壁面、活塞顶面、气缸盖底面以及活塞环、气门、喷油器等（统称壁面）与缸内工质直接接触的表面始终与工质发生着热交换。在压缩过程初期，壁面温度高于工质温度，工质吸热。在压缩过程后期，工质温度超过壁面温度，工质向壁面散热。其平均多变压缩指数 n_1 的值接近 κ，但偏低，说明在压缩过程中存在热量损失，使压缩过程的压力线低于绝热压缩过程线。此外，由于进气节流造成压力损失，进气终点的压力 p_a 低于大气压力，因此整个压缩过程线 ac' 处于压缩线 $a_d c_d$ 的下方（图 1-15）。在随后的燃烧、膨胀和排气过程中，工质大量向壁面传热，导致缸内压力不如绝热过程的高，使燃烧膨胀过程线 $z'zb$ 低于燃烧膨胀线 $z'_d z_d b_d$，在示功图上减少的有用功面积大于压缩线下增加的面积，其差值即为实际循环的传热损失。传热损失造成循环的热效率和循环的指示功都有所下降，同时增加了内燃机受热零部件的热负荷。

3. 换气损失

理论循环是封闭循环，没有工质的更换，也没有任何形式的流动损失。而在实际循环中，内燃机需要吸入空气、燃料等新鲜充量，燃烧后再排出废气，这是使实际循环得以周而复始进行所必不可少的。为了保证内燃机有较好的性能，排气门需要在膨胀过程接近下止点前提前开启，以排出更多废气，降低缸内压力，减少活塞强制排气的推出功损失。燃气在膨胀下止点前开始从气缸内排出，循环沿 $b_1 d_1$ 线进行，造成了示功图上有用功面积的减少（图 1-15 中阴影区面积 $b_1 d_1 b$），称为自由排气损失。在接着进行的强制排气和自然吸气过程中，气体流经进排气管、进排气道以及进排气门时，由于各种流动阻力损失，形成活塞推出功和吸气功损失（图 1-15 中阴影面积 $d_1 rad_1$）。上述排气门提前开启造成的自由排气损失、强制排气的活塞推出功损失和自然吸气行程的吸气功损失，统称为换气损失。换气过程的详细内容将在第 2 章中作进一步介绍。

4. 燃烧损失

根据理论循环对燃烧过程的处理，燃烧是外界热源对工质在等容和等压条件下加热的过程。而实际的燃烧过程非常复杂，如柴油机要经历着火准备、预混合燃烧、扩散燃烧、后燃等阶段，燃烧速度受到多种因素的影响，与理论循环相比有较大的差异，这种差异所造成的燃烧损失体现在以下两个方面。

1)时间损失和后燃损失

由于实际燃料的燃烧速度是有限的，着火燃烧过程总要持续一段时间，不存在理想的等容燃烧，所以图 1-15 中燃烧始点要略为提前（到 c_1 点），这样才能使燃烧在上止点附近完成，获得较高的等容度。由此引起图中面积 $c_1c'c$ 和 $z'z_1'$ 下面小块面积所示的时间损失。同时，由于供油系统供油不及时、混合气准备不充分、燃烧后期氧气不足等原因导致燃烧速度减慢，仍有部分燃油在气缸压力达到最高点后继续燃烧，这就是所谓的后燃现象。后燃期间加入热量的做功能力低，循环获得的膨胀功减少，产生后燃损失（图 1-15 中 $z_1'z$ 下面小块面积）。时间损失和后燃损失使循环的压缩负功增加，膨胀功减少。

时间损失的多少与实际燃烧始点相关。汽油机通过调整点火提前角，柴油机则通过调整喷油提前角来控制这一位置，任何工况都存在最佳提前角，此时时间损失并不大。但当提前角选择不当时，就会使性能恶化。所以提前角是发动机的一个很重要的性能调整参数，将在后文中详细论述。

2）不完全燃烧损失

理论上在空气充分的条件下燃料能够完全燃烧，释放出所有化学能，但实际上由于空气不足或混合气形成不良会使燃料燃烧不完全，部分燃料的热值得不到利用，造成燃料的不完全燃烧损失。

5. 缸内流动损失和节流损失

缸内流动损失是指实际循环中由于缸内气流运动（涡流、滚流或挤流等）形成的损失。对于分隔式燃烧室，工质在主、副燃烧室之间流进、喷出会引起强烈的节流损失。但这些损失可由气流运动对混合气形成和对燃烧过程的改善而得到部分弥补。

6. 工质泄漏损失

在发动机工作过程中，工质通过活塞环向外泄漏是不可避免的。正常情况下，工质泄漏很少，不超过排量的 1%。但在活塞环、缸套磨损后以及低速工况下，工质泄漏会明显增加，这是发动机使用多年后动力性、经济性乃至排放性能下降的主要原因之一。

以上分析表明，发动机的实际循环与理论循环相比存在多项损失，其中工质影响所造成的损失是人们无法改变的，其余各项损失中以气缸壁传热损失和燃烧损失所占比重为大。表 1-1 给出了各项损失使热效率下降的大致分配情况。

表 1-1 各项损失使热效率下降的幅度

产生损失的原因	汽油机	柴油机
工质比热容变化	0.10～0.12	0.09～0.10
燃烧不完全及热分解	0.08～0.10	0.06～0.09
传热	0.03～0.05	0.04～0.07
提前排气	0.01	0.01

由于上述各项损失的存在，实际循环热效率低于理论循环。发动机理论循环热效率和实际循环指示热效率值的范围如下：

	汽油机	柴油机
理论循环热效率 η_t	0.54～0.58	0.64～0.67
实际循环指示热效率 η_{it}	0.25～0.40	0.40～0.50

减少各项损失，提高实际循环热效率，改善发动机性能，是研究发动机循环的目的。由以上数据可以看出：

(1)汽油机理论循环热效率低于柴油机,其主要原因是汽油机的压缩比 ε 小,所以提高压缩比一直是提高汽油机热效率的主要方向。

(2)实际工质比热容变化引起的损失占有较大的比例。相比较而言,汽油机因空气量少,混合气较浓,缸内燃烧温度较高,故此项损失较柴油机大。

(3)对于汽油机,不完全燃烧损失主要是采用浓混合气造成的,所以应用稀混合气是汽油机减少损失的途径之一。对于柴油机,不完全燃烧主要是混合气形成及燃烧组织不完善引起的,这是柴油机应改善之处。

1.4　机械损失与机械效率

1.4.1　机械损失

如前所述,发动机的机械损失消耗了一部分指示功率,使对外输出的有效功率减少。为了提高发动机性能,需要详细了解机械损失的组成部分及其对机械损失的贡献程度。

内燃机的机械损失主要来自其内部相对运动件的摩擦损失、驱动附件的损失及换气过程的泵气损失。

1. 摩擦损失

摩擦损失主要包括活塞和活塞环对缸壁的摩擦、曲柄连杆机构轴颈与轴承的摩擦、配气机构的摩擦等造成的机械损失。其中,活塞和活塞环相对气缸的滑动面积大,相对速度高,润滑条件差,所以其摩擦损失在整个摩擦损失中占主要部分。曲轴的主轴承、连杆轴承及凸轮轴轴承等均采用压力润滑,所以摩擦损失相对较小,但随轴承直径的增大及转速的提高,这部分摩擦损失将增加。摩擦损失在整个机械损失中所占比例最大。

2. 驱动附件的损失

为了保障发动机正常工作,除曲柄连杆机构和配气机构以外,还需要冷却系统、润滑系统、燃料供给系统等。这些辅助系统是发动机连续可靠工作所必不可少的系统,其正常工作是发动机可靠运行的重要保证。因此,发动机工作时需要消耗一定的功率去驱动辅助系统中的各工作附件,如驱动风扇、水泵、机油泵、燃油泵、空气压缩机、发电机等。发动机转速升高和润滑油黏度增加,发动机驱动附件所消耗的功率也增加。

3. 泵气损失

泵气损失是指进、排气过程所消耗的功,如图 1-1(a)中的 $rr'ab'r$[或图 1-3(a)中的面积 F_2]所示,它反映了发动机在换气过程中所产生的能量损失。在前述指示功 W_i 的计算中已将相当于泵气损失功的部分扣除了,因此就定义而言这部分功没有包括在机械损失中的必要,但采用一般的机械损失测试方法所测得的数据中都包含泵气损失功,无法将其消除,于是人们干脆把泵气损失也归入机械损失中,那么在计算指示功 W_i 时则可认为示功图上的正功面积 F_1(图 1-3)即代表循环的指示功。

不同类型发动机上述各部分机械损失所占百分比差别很大,表 1-2 给出了机械损失分配的大致情况。

表 1-2 发动机机械损失分配情况 %

机械损失分类	占机械损失功率 P_m 的百分比	占指示功率 P_i 的百分比
摩擦损失	62～75	8～20
其中 活塞及活塞环	45～65	
连杆轴承、曲轴轴承	15～20	
配气机构	2～3	
驱动各种附件的损失	10～20	1～5
其中 水泵	2～3	
风扇	6～8	
机油泵	1～2	
电器设备	1～2	
带动机械增压器损失	6～10	
泵气损失	10～20	2～4
总功率损失		10～30

由表 1-2 可知，机械损失功率 P_m 占指示功率 P_i 的 10%～30%，是不可忽视的功率损失，而摩擦损失又占机械损失功率 P_m 的 62%～75%，因此降低机械损失，特别是降低摩擦损失，使实际循环得到的功尽可能转变成对外输出的有效功，是提高发动机性能的一个重要途径。

1.4.2 机械效率

在评定发动机的机械损失时，除了机械损失功率 P_m(kW)外，同平均指示压力、平均有效压力的定义相似，也可用平均机械损失压力 p_{mm}(MPa)——单位气缸工作容积一个循环所损失的功来表示。参照式(1-11)和式(1-12)可以写出 P_m 与 p_{mm} 的关系式为

$$P_m = \frac{p_{mm} V_s n i}{30\tau} \tag{1-40}$$

$$p_{mm} = \frac{30\tau P_m}{V_s n i} \tag{1-41}$$

由式(1-9)可知机械损失功率 P_m 和指示功率 P_i、有效功率 P_e 的关系是

$$P_m = P_i - P_e \tag{1-42}$$

结合式(1-5)、式(1-11)和式(1-40)得

$$p_{mm} = p_{mi} - p_{me} \tag{1-43}$$

为了比较各种不同发动机机械损失所占比例的大小，引入机械效率的概念。机械效率 η_m 是有效功率和指示功率的比值

$$\eta_m = \frac{P_e}{P_i} = \frac{p_{me}}{p_{mi}} = 1 - \frac{P_m}{P_i} = 1 - \frac{p_{mm}}{p_{mi}} \tag{1-44}$$

η_m 值越接近 1，即 P_e 越接近于 P_i，说明 P_i 中用于机械损失功率的比例越小，发动机的性能越好。所以尽量减少机械损失以提高 η_m，是提高发动机性能的一个重要方面。

一般发动机机械效率 η_m 的大致范围是：

自然吸气汽油机	0.81～0.78
增压汽油机	0.83～0.90
自然吸气柴油机	0.78～0.85
增压柴油机	0.80～0.92

1.4.3 机械损失的测定

发动机的机械损失可通过发动机试验来测定。常用的测试方法有示功图法、倒拖法、灭缸法和油耗线法。下面简要介绍这几种方法。

1. 示功图法

在发动机试验台架上，运用燃烧分析仪测录气缸的示功图，计算出指示功率 P_i，与此同时从测功器和转速计读数中得到该工况下发动机的转矩和转速，并由此计算出有效功率 P_e，进而得到 P_m、p_{mm} 及 η_m。这种直接测定是在发动机真实的工作情况下进行的，从理论上讲也完全符合机械损失的定义，但结果的正确程度往往取决于示功图测录的准确程度，以及 p-φ 图或 p-V 图上活塞上止点位置的标定误差。此外，在多缸发动机中，各个气缸多少存在着不均匀性，而在试验中往往只测录一个气缸的示功图用以代表其他各缸，这也会带来一定的误差。因此，示功图法一般在上止点位置可以精确标定时才能取得较满意的结果。

2. 倒拖法

在装有电力测功器的试验台上，将发动机与电力测功器相连。首先让发动机在给定的工况下稳定运转，当冷却水和机油温度达到正常值时，切断对发动机的供油(柴油机)或停止点火(汽油机)，同时将电力测功器转换为电动机，以原给定转速倒拖发动机，并尽量维持冷却水和机油温度不变，这样测得的倒拖功率即为发动机在该工况下的机械损失功率。

这种方法的缺点是必须使用平衡式电力测功器，而且倒拖时由于缸内熄火，气缸内的压力、温度均与实际工况不符，所测功率的数值往往偏大，在低压缩比发动机中误差大约为 5%，在高压缩比发动机中误差有时高达 15%～20%，因而此方法只在测定汽油机机械损失时得到较广泛的应用。

3. 灭缸法

此法仅适用于自然吸气式多缸柴油机。在发动机台架上，首先将发动机调整到给定工况稳定运转，测出其有效功率 P_e，然后在保持发动机原循环供油量不变的情况下，停止向某一气缸供油，并用减小测功器制动力矩的方法迅速将转速恢复到原来的数值，再次测定发动机的有效功率 $P_{e(1)}$。由于有一个气缸不工作，故第二次测得的有效功率比第一次测得的小，此时近似认为灭缸后其他各缸的工作情况和发动机总机械损失没有变化，则两者之差即为停油(或熄火)气缸的指示功率 P_{i1}。同法，依次使各缸熄火，并测得相应的有效功率 $P_{e(2)} \cdots P_{e(i)}$ 等，可得各缸的指示功率：

$$P_{i1} = P_e - P_{e(1)}$$

$$P_{i2}=P_e-P_{e(2)}$$

$$\vdots$$

$$P_{ii}=P_e-P_{e(i)}$$

将上列各式相加得到整台发动机的指示功率：

$$P_i=P_{i1}+P_{i2}+\cdots+P_{ii}=iP_e-[P_{e(1)}+P_{e(2)}+\cdots+P_{e(i)}]$$

式中 i 为气缸数。

因此整机的机械损失功率为

$$P_m=P_i-P_e=(i-1)P_e-[P_{e(1)}+P_{e(2)}+\cdots+P_{e(i)}]$$

由式(1-44)即可求出机械效率 η_m。

采用这种方法时，需要停止一缸的燃烧而不致引起进、排气系统的异常变化。对于非增压柴油机，在较好的情况下，其测量误差不超过 5%，但对于汽油机，由于灭缸影响了其他气缸的换气质量和充量系数，往往造成较大的测量误差。同样，对于增压发动机，由于排气压力波发生变化，往往得不到正确的结果。

4. 油耗线法

在发动机试验台架上，改变测动器负荷的大小，并相应调整发动机油量调节机构以保持发动机转速不变，测出小时燃油消耗量 B 随平均有效压力 p_{me} 变化的关系，绘制成如图 1-16 所示的曲线，此曲线称为负荷特性曲线。在曲线上找出接近直线的线段，并顺此线段作延长线，直至与横坐标相交，则交点到横坐标原点的距离即为该机在该转速下的平均机械损失压力 p_{mm} 的数值。此方法的前提是转速不变时 p_{mm} 和指示热效率都不随负荷增减而变化。

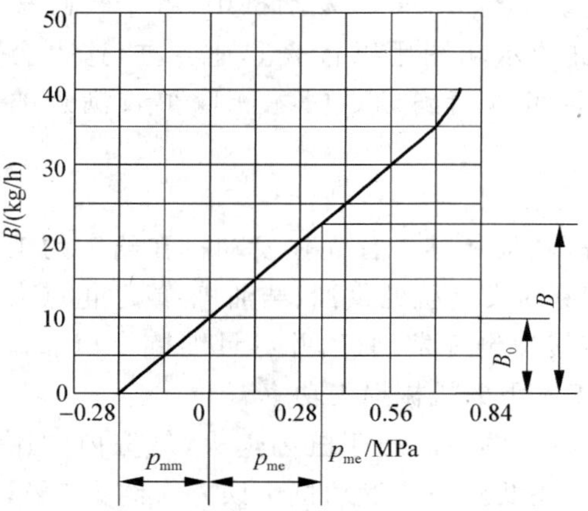

图 1-16 用油耗线法求柴油机的 p_{mm} 值

根据式(1-8)得

$$BH_u\eta_{it}=3.6\times10^3P_i=3.6\times10^3(P_e+P_m)$$

当发动机空转(无负荷)时有

$$B_0H_u\eta_{it}=3.6\times10^3P_m$$

两式相除，得

$$\frac{B}{B_0}=\frac{P_e+P_m}{P_m}=\frac{p_{me}+p_{mm}}{p_{mm}}$$

式中：B_0 为发动机空转时的小时燃油消耗量，kg/h。

当测得 p_{mm} 值后，其机械效率可近似地用下式估算：

$$\eta_m=\frac{p_{me}}{p_{mi}}=\frac{p_{me}}{p_{me}+p_{mm}}=1-\frac{p_{mm}}{p_{me}+p_{mm}}=1-\frac{B_0}{B}$$

式中：B 为欲测取 η_m 的工况的小时燃油消耗量，kg/h。

这个方法虽然只是近似的方法，但只要在低负荷附近燃油消耗量曲线为直线就相当可靠，即使没有电力测功器和燃烧分析仪也能进行测定。由于柴油机的工作接近这个假设，故此法适用于柴油机，但不适用于用节气门调节功率的汽油机。

以上所介绍的几种测定机械效率的方法中，倒拖法只能用于配有电力测功器的情况，因而不适用于大功率发动机，而较适用于测定压缩比不高的汽油机的机械损失。多缸非增压柴油机可用灭缸法。对于涡轮增压柴油机（p_k<0.15 MPa），由于倒拖法和灭缸法破坏了增压系统的正常工作，因而只能用示功图法、油耗线法来测定机械损失。对于排气涡轮中增压、高增压柴油机（p_k≥0.15 MPa），除示功图法外，尚无其他适用的方法。

1.4.4　影响机械效率的因素

影响机械效率的因素很多，除转速、负荷、润滑油品质和冷却液温度等运转因素外，还有气缸内的最高燃烧压力、气缸尺寸和数目、运动件的惯性质量、各运动摩擦副的结构与组合、各摩擦表面的加工精度、零件材料及热处理工艺、大气状态等结构与加工因素和环境参数。这里仅介绍运转因素对机械效率的影响。

1. 转速 n 或活塞平均速度 C_m

n 或 C_m 增大，各摩擦表面间的相对速度增加，摩擦损失增大；与此同时，曲柄连杆机构的惯性力增大，活塞的侧压力和轴承负荷均增大，摩擦损失也增大；转速增大，泵气损失、驱动附件消耗的功随之增加。因此，n 上升，机械损失功率增加，机械效率下降。由实测统计资料可知，一般平均机械损失压力 p_{mm} 大致与 C_m 也就是与转速 n 呈直线关系，如图 1-17 所示。机械效率 η_m 随转速 n 变化的大致关系如图 1-18 所示。随转速上升，摩擦损失所占比例有明显增大的趋势。

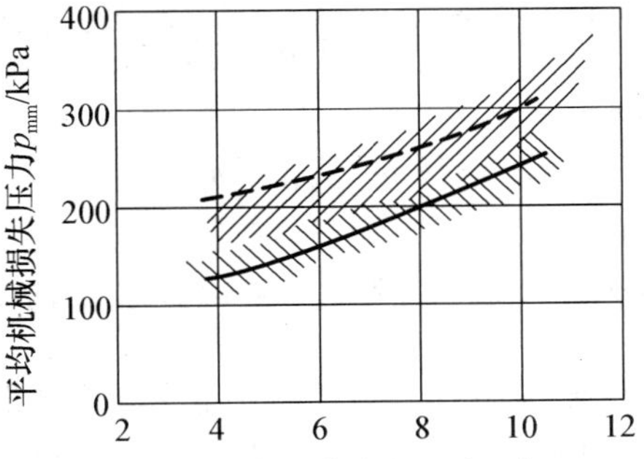

图 1-17　平均机械损失压力 p_{mm} 与活塞平均速度 C_m 的关系

虚线为 OM326 预燃室式，实线为 OM346 直接喷射式

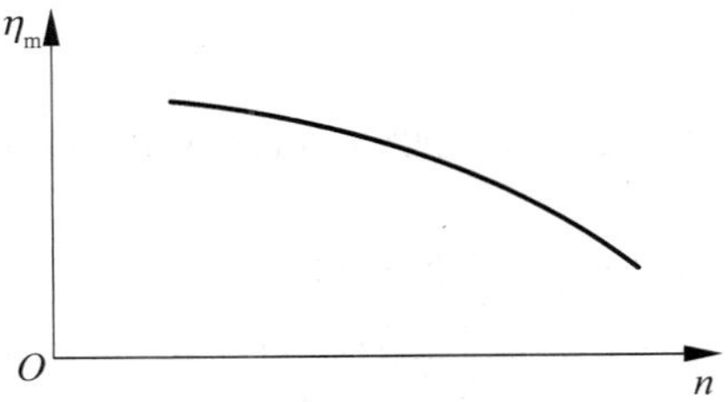

图 1-18　发动机转速 n 对机械效率 η_m 的影响

一般来说，由于柴油机压缩比大，气缸压力高，运动部件质量大，在功率和结构要素相近、转速大致相同的情况下，其摩擦损失大于汽油机。由于转速对机械损失有重要的影响，在用提高转速的手段来强化发动机动力性能时，η_m 的降低成为重要障碍之一。

2. 负荷

当发动机转速一定而负荷减小时（对汽油机是减少混合气量，对柴油机是减少供油量），平

均指示压力 p_{mi} 随之下降，但平均机械损失压力 p_{mm} 变化很小，因为 p_{mm} 的大小主要取决于各运动件摩擦副的相对速度和惯性力大小。根据公式 $\eta_m = 1 - (p_{mm}/p_{mi})$ 可知，随负荷减小，机械效率 η_m 下降，直到空转时，有效功率 $P_e = 0$，指示功率 P_i 全部用来克服机械损失功率，即 $P_i = P_m$，故 $\eta_m = 0$。如图 1-19 所示。

3. 润滑油品质和冷却液温度

在机械损失中，摩擦损失所占的比例最大，达70%左右，而润滑油（机油）黏度对摩擦损失的大小有重要影响。黏度大，机油的内摩擦力大，流动性差，摩擦损失增加，但其承载能力强，易于保持液体润滑状态。反之，机油黏度小，流动性好，消耗的摩擦功少，但承载能力差，油膜易破裂而失去完全润滑作用。

机油的黏度主要受油的品种和温度的影响。黏度随温度的变化程度常用黏度比即 50 ℃和 100 ℃ 时机油运动黏度的比值 ν_{50}/ν_{100} 来表示。黏度比越大，黏度随温度变化越大。一般希望黏度随温度变化小，以保证内燃机在各种热状态下都能工作良好。

选用机油黏度的基本原则是：在保证发动机正常工作时有可靠润滑条件的前提下，尽量选用黏度较小的机油，以减小摩擦损失，改善起动性能。图 1-20 给出了机油黏度（品种、温度）与摩擦损失的关系。

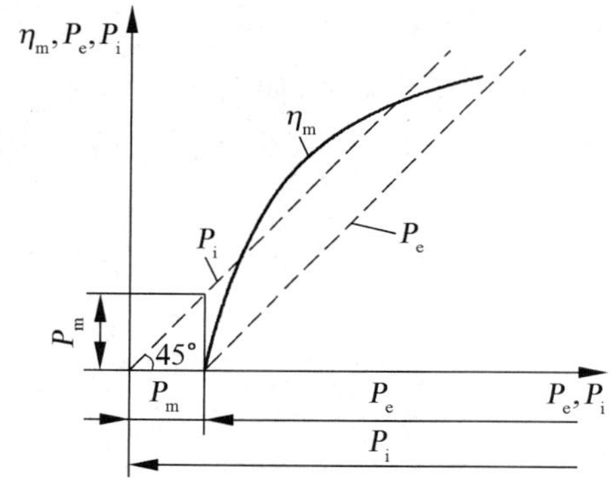

图 1-19　发动机机械效率随负荷变化的曲线

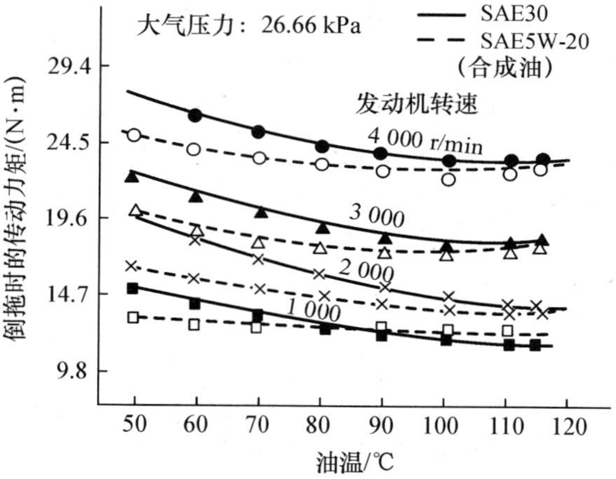

图 1-20　机油黏度（品种、温度）与摩擦损失的关系

一般来说，当发动机强化程度高、轴承负荷大时，要选用黏度较大的机油；当转速高、配合间隙小时，要求机油的流动性好，宜选用黏度较小的机油。发动机经过长期使用，轴承间隙变大后宜改用黏度较高的机油。拖拉机发动机经常在较高负荷下工作，可选用黏度较高的机油，而车用发动机则可用黏度较低的机油。

冷却液温度对燃烧过程和传热损失都有直接影响，同时也与机油温度密切相关，因此冷却液温度关系到机油黏度和摩擦损失的大小。在发动机使用过程中，应严格保持一定的冷却液温度和机油温度，从而使发动机在最适宜的温度范围内工作。水冷式发动机的冷却液温度多在 80～95 ℃，润滑油温度则在 85～110 ℃，高品质润滑油允许在更高的温度下工作。

发动机摩擦副的间隙较小，机油中的任何杂质都可能使零件表面损坏，增加摩擦损失，故使用中要注意机油滤清器的维护与保养，按时更换润滑油，保证发动机良好的工作状态。

我国规定的换油期一般在 5 000～10 000 km，拖拉机工作条件恶劣，机油变质快，换油期应短一些。

1.5　提高发动机动力性能和经济性能的途径

前面介绍了标志发动机动力性能和经济性能的主要指标，本节进而分析影响这些指标的各种因素，从而明确提高发动机动力性能和经济性能的途径。为此，首先推导发动机有效功率 P_e 和有效燃油消耗率 b_e 的表达式，找到影响 P_e 和 b_e 的各种因素。在推导前，先给出充量系数和过量空气系数两个重要概念。

充量系数 ϕ_c 是每循环实际进入气缸的新鲜充量与进气状态下充满气缸工作容积的新鲜充量的比值(详见第 2 章)：

$$\phi_c=\frac{m_1}{m_{sh}} \tag{1-45}$$

式中：m_1 为每循环实际进入气缸的新鲜充量的质量，kg；m_{sh} 为进气状态下充满气缸工作容积的新鲜充量的质量，kg。

过量空气系数 ϕ_a 是燃料燃烧实际消耗的空气量与燃料完全燃烧所需要的理论空气量的比值：

$$\phi_a=\frac{m_1}{g_b L_0} \tag{1-46}$$

式中：g_b 为每循环供油量，kg；L_0 为单位质量燃料完全燃烧所需要的理论空气质量，柴油 $L_0\approx14.3$，汽油 $L_0\approx14.8$。

由式(1-45)和式(1-46)得

$$g_b=\frac{m_1}{\phi_a L_0}=\frac{\phi_c m_{sh}}{\phi_a L_0}=\frac{\phi_c V_s \rho_s}{\phi_a L_0}$$

式中：V_s 为气缸工作容积，m^3；ρ_s 为进气管状态下的空气密度，kg/m^3。

而平均指示压力

$$p_{mi}=\frac{W_i}{V_s}=\frac{Q_1\eta_{it}}{V_s}=\frac{\eta_{it}}{V_s}\cdot g_b\cdot H_u=\frac{\eta_{it}\phi_c V_s\rho_s}{V_s\phi_a L_0}H_u=\frac{\eta_{it}\phi_c\rho_s H_u}{\phi_a L_0}$$

式中：W_i 为指示功，J；Q_1 为得到指示功所消耗的热量，J；η_{it} 为指示热效率；H_u 为所用燃料的低热值，J/kg。

由此，平均有效压力

$$p_{me}=p_{mi}\cdot\eta_m=\frac{\phi_c\eta_{it}\eta_m\rho_s H_u}{\phi_a L_0} \tag{1-47}$$

式中：η_m 为机械效率；p_{me} 的单位是 Pa。实际使用中，取 H_u、ρ_s 的单位分别为 kJ/kg、kg/L，则式(1-47)中 p_{me} 的单位为 MPa。

有效功率

$$P_e=\frac{p_{me}V_s ni}{30\tau}=\frac{\phi_c\eta_{it}\eta_m\rho_s H_u V_s ni}{30\phi_a L_0\tau} \tag{1-48}$$

这里 n 的单位是 r/min；V_s 的单位是 L；P_e 的单位是 kW。

对于内燃机，燃料的 H_u/L_0 之值变化不大，故式(1-48)可写成

$$P_e=K_1\frac{\eta_{it}}{\phi_a}\phi_c\eta_m\rho_s\frac{1}{\tau}iV_s n \tag{1-49}$$

式中 K_1 为比例常数。

升功率

$$P_L=\frac{P_e}{iV_s}=K_1\frac{\eta_{it}}{\phi_a}\phi_c\eta_m\rho_s\frac{1}{\tau}n \tag{1-50}$$

此外，为了找出影响有效燃油消耗率 b_e[g/(kW·h)]的各种因素，首先结合指示热效率、有效热效率和机械效率的定义，得出如下关系式：

$$\eta_{et}=\frac{W_e}{Q_1}=\frac{W_i\eta_m}{Q_1}=\eta_{it}\eta_m \tag{1-51}$$

由此可见，在 η_{et} 中已经考虑到实际发动机工作时的一切损失了。

再将式(1-51)代入式(1-19)得

$$b_e=\frac{3.6\times10^6}{\eta_{et}H_u}=\frac{K_2}{\eta_{it}\eta_m} \tag{1-52}$$

式中 K_2 为比例常数。式(1-52)说明，有效燃油消耗率与指示热效率和机械效率的乘积成反比。

式(1-49)和式(1-52)概括了影响发动机性能指标的因素，明确地指出了提高发动机动力性能和经济性能的基本途径。

(1)增大发动机的气缸直径、增加气缸数可以增大发动机的总排量，从而提高单机功率。但受结构等方面的限制，增大缸径和增加气缸数都有一定的限度。

(2)采用增压技术，增加进气密度 ρ_s。由式(1-49)可知，在保持过量空气系数 ϕ_a 等参数不变的情况下，增加吸进空气密度 ρ_s 可以使发动机功率按比例增长。这就需要在发动机上安装增压器，在进入气缸前对空气进行预压缩。增压不仅可以提高发动机的动力性，还是改善经济性、降低比质量、减少废气有害排放、减少排烟、节约原材料的一项非常有效的技术措施(详见第 8 章)。

(3)合理组织燃烧过程，提高循环指示热效率 η_{it}，并尽可能降低过量空气系数 ϕ_a，可以提高发动机的动力性能和经济性能。前面在研究发动机的工作循环时，已深入分析了在整个热功转换过程中各种热力损失的大小及分布，了解了各种因素对热力损失的影响程度，明确了减少这些损失的措施，其中最重要的一个方面就是对发动机燃烧过程的改进，在降低或者保持 ϕ_a 的基础上提高 η_{it}。合理组织内燃机燃烧过程一直是内燃机工作过程研究的核心问题之一，关于这方面的讨论详见第 3～5 章。

(4)改善换气过程,提高充量系数 ϕ_c。在相同的气缸容积和进气条件下,提高 ϕ_c 即吸入气缸的新鲜充量增加,则允许供入更多的燃料,在同样的燃烧条件下可获得更多的有用功。改善换气过程,不仅可以提高 ϕ_c,而且可以减少换气损失。为此,必须对换气过程进行深入研究,有关这方面的详细讨论见第2章。

(5)提高发动机的转速 n,可以增加单位时间内发动机每个气缸做功的次数,因而可以提高发动机的功率输出,发动机的比质量也随之降低,因此是提高发动机功率和减小发动机质量、尺寸的一个有效措施。但转速的提高在不同程度上受到燃烧恶化,充量系数 ϕ_c 和机械效率 η_m 急剧下降,零件使用寿命和可靠性降低,以及发动机振动、噪声加剧等因素的限制。

(6)提高发动机的机械效率 η_m 以减少发动机内部损耗的功率,如前所述,这是提高发动机性能的一个重要方面。

(7)采用二冲程提高升功率。由式(1-49)可知,在相同的条件下,采用二冲程相对于四冲程来说理论上升功率可以提高1倍。但二冲程发动机由于换气过程不完善,在相同的工作容积和转速下,p_{me} 往往达不到四冲程发动机的水平,升功率也只能提高50%～60%,而且热效率较差,目前多在大型低速船用柴油机和小型风冷汽油机(2.0 kW以下)中应用,其他领域仍以四冲程机型为主。但是高速车用柴油机采用二冲程直流换气、高压喷射、直喷燃烧室,汽油机采用二冲程缸内直接喷射,也是提高车用发动机升功率的技术措施。关于这方面的内容详见第2章。

1.6 发动机的热平衡

燃料在发动机气缸中燃烧所放出的总热量除部分转化为曲轴对外输出的有效功外,其余部分均以不同的热传递方式散失于发动机之外。总热量在有效功和各种损失上的数量分配情况称为发动机的热平衡,通常可通过发动机试验确定。研究发动机的热平衡可以掌握燃料热量分配关系,有利于分析提高发动机的热效率以及开展余热利用等,对发动机的节能减排具有重要意义。

某一工况下燃料热量的分配关系可由热力学第一定律进行描述,即

$$Q_T = Q_E + Q_S + Q_R + Q_B + Q_L \tag{1-53}$$

式中:Q_T 为该工况下单位时间内燃料燃烧所释放的总热量,kJ/h;Q_E 为单位时间内转化为有效功的热量,kJ/h;Q_S 为单位时间内冷却介质带走的热量,kJ/h;Q_R 为单位时间内排出废气带走的热量,kJ/h;Q_B 为单位时间内燃料不完全燃烧造成的热损失,kJ/h;Q_L 为单位时间内其他热损失,kJ/h。以下对燃料热量分配关系式中各项进行简要的分析。

1. 燃料燃烧放出的总热量 Q_T

内燃机气缸中放出的总热量是由燃料燃烧产生的。若试验测得发动机每小时的燃油消耗量为 B(kg/h),设燃料完全燃烧,则每小时所放出的总热量为

$$Q_T = BH_u \tag{1-54}$$

式中:H_u 为燃料的低热值,kJ/kg。

2. 转化为有效功的热量 Q_E

若试验测得发动机的有效功率 P_e(kW),则因为 1 kW·h$=3.6\times10^3$ kJ,所以

$$Q_E = 3.6\times10^3 P_e \tag{1-55}$$

3. 传给冷却介质的热量 Q_S

这部分热量中包括实际循环中工质向气缸壁传递的热量(传热损失)，排气流经排气道时传给冷却介质的热量，活塞与缸壁之间因摩擦产生并传给冷却介质的热量，以及从润滑油传给冷却介质的热量等。如果用平均的冷却介质进、出口温度来计算传给冷却介质的热量，则

$$Q_S = G_S c_{pS}(t_2 - t_1) \tag{1-56}$$

式中：G_S 为冷却介质的质量流量，kg/h；c_{pS} 为冷却介质的比定压热容，kJ/(kg·℃)；t_1、t_2 分别为冷却介质的进口和出口温度，℃。

4. 排气带走的热量 Q_R

排气带走的热量，可用发动机出口状态下工质具有的热量与进口状态下工质具有的热量之差来表示，即

$$Q_R = (B + G_K)(c_{pr} t_r - c_{pK} t_K) \tag{1-57}$$

式中：B、G_K 分别为每小时消耗的燃料量和空气量，kg/h；c_{pr}、c_{pK} 分别为排气和空气的比定压热容，kJ/(kg·℃)；t_r 为靠近排气门处的排气温度，℃；t_K 为进气管入口处工质的温度，℃。

5. 燃料不完全燃烧热损失 Q_B

在汽油机中由于采用富油的浓混合气，在柴油机中由于空气和燃料混合不均匀，都存在不完全燃烧，其热损失近似为

$$Q_B = Q_T(1 - \eta_r) \tag{1-58}$$

式中 η_r 为燃烧效率。燃烧效率是指燃料燃烧实际释放出的总热量与燃料完全燃烧所能释放的总热量之比。

6. 其他热量损失 Q_L

包括所有未计及的损失。由于不能分别准确计算，所以一般只能根据下式确定其总值：

$$Q_L = Q_T - (Q_E + Q_S + Q_R + Q_B) \tag{1-59}$$

热平衡通常还以上述各项热量占总热量的百分数表示，即

$$q_e = \frac{Q_E}{Q_T} \times 100\% \qquad q_s = \frac{Q_S}{Q_T} \times 100\% \qquad q_r = \frac{Q_R}{Q_T} \times 100\%$$

$$q_b = \frac{Q_B}{Q_T} \times 100\% \qquad q_l = \frac{Q_L}{Q_T} \times 100\%$$

由式(1-53)有

$$q_e + q_s + q_r + q_b + q_l = 100\%$$

发动机热平衡中各部分热量所占百分数大致如表 1-3 所示。

表 1-3　发动机热平衡中各项的数值范围　　%

发动机形式	q_e	q_s	q_r	q_b	q_l
汽油机	25～30	12～27	30～50	0～45	3～10
柴油机	30～40	15～35	25～45	0～5	2～5
增压柴油机	40～50	10～25	25～40	0～5	2～5

由表 1-3 可见，在燃料燃烧释放的总热量中，仅有 25%～50%的热量转变为有效功，其余 50%～75%的热量都损失掉了。其中主要部分由排气带走，其次传给冷却液，在某些汽油机中不完全燃烧损失的热量所占比例也不小。

冷却液带走的热量占总热量的 10%～35%，其中一部分是排气道中废气传给冷却液的热量，一部分是由摩擦产生的热量，真正由燃烧、膨胀过程散出的热量大约占冷却损失的 15%，若将这部分热量收回，指示功率可提高 3%～5%。

排气带走的热量占总热量的 25%～50%。回收这部分热量一直是人们十分关注的问题，人们曾做过大量研究工作，其中最为成功的是排气涡轮增压发动机的应用（见第 8 章），由表 1-3 可见，其有效热效率最高。

发动机的热平衡也可用如图 1-21 所示的热流图来表示，由热流图可直观地看出各项热量的分配与转移情况，此时未计入 Q_B 损失。图中：a 表示从残余废气和排气中回收的热量；b 表示由气缸壁传给进气的热量；c 表示排出的废气传给冷却液的热量；d 表示在摩擦热中传给冷却液的部分；e 表示从排气系统辐射的热量；f 表示从冷却系和水套壁辐射的热量；g 表示从曲轴箱壁和其他冷却部分辐射的热量。

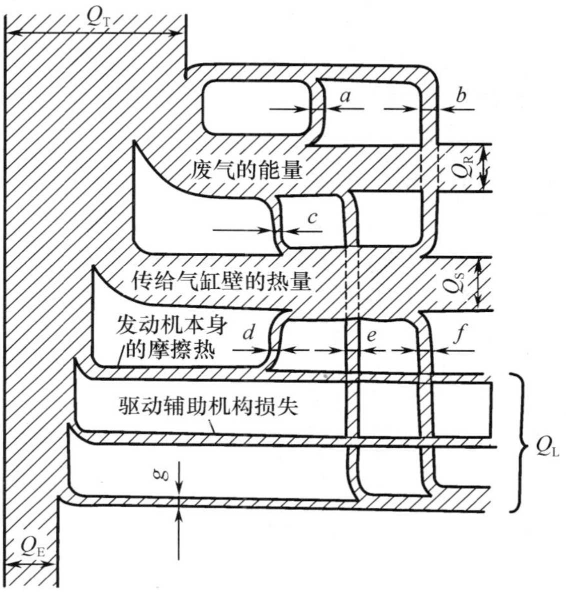

图 1-21　发动机的热平衡图

复习思考题

1. 简述发动机的实际工作循环过程。

2. 汽油机和柴油机燃烧过程的最高爆发压力和最高温度的大致范围是多少？对比分析其数值高低的原因。

3. 发动机排气温度偏高的原因可能是什么？

4. 画出四冲程发动机实际循环示功图，它与理论循环示功图有什么不同？说明指示功和平均指示压力的概念和意义。

5. 发动机的实际循环与理论循环相比存在哪些损失？试述各种损失的形成原因。

6. 提高发动机实际工作循环热效率的基本途径是什么？可采取哪些措施？

7. 为什么柴油机的热效率要显著高于汽油机？

8. 什么是发动机的指示性能指标？主要有哪些？

9. 什么是发动机的有效性能指标？主要有哪些？

10. 功率相同时，汽油机与柴油机相比，尺寸和质量哪个大？为什么？

11. 总结提高发动机动力性能和经济性能指标的基本途径。

12. 研究理论循环的目的是什么？理论循环与实际循环相比，主要做了哪些简化？

13. 分析压缩比 ε、等熵指数 κ、压力升高比 λ、预膨胀比 ρ 对理论循环热效率 η_t、循环平均压力 p_t 的影响。

14. 发动机的机械损失主要由哪几部分组成？

15. 什么是机械效率？机械效率的影响因素有哪些？

16. 为什么随着转速的升高，机械效率会降低？

17. 如何测定机械损失？各种方法的特点是什么？适用于汽油机的是哪种方法？

18. 研究发动机热平衡的意义何在？改善能量利用的途径是什么？

19. 已知一四冲程柴油机，缸数为 6，单气缸工作容积为 2 L，燃料热值为 44 100 kJ/kg，试计算当转速为 1 500 r/min、机械效率为 0.8、有效功率为 88.5 kW、燃油消耗量为 20.3 kg/h 时的指示功率、有效转矩、平均指示压力和平均有效压力、指示热效率和有效热效率、指示燃油消耗率和有效燃油消耗率。

20. 要设计一台六缸四冲程高速柴油机，设平均指示压力为 0.85 MPa，平均机械损失压力为 0.15 MPa，希望在 2 000 r/min 时能发出的功率为 73.5 kW。为将活塞平均速度控制在 8 m/s，缸径行程比取多大合适？为使缸径行程比为 1∶1.2，缸径与行程各取多大？

第 2 章　发动机的换气过程

发动机的换气过程是指从排气门开启到进气门关闭的整个过程，包括发动机排除本循环已燃废气的排气过程和为下一次循环吸入新鲜充量（空气或可燃混合气）的进气过程。

发动机换气过程的任务是：将气缸内的废气排除干净，并设法在一定的进气状态下，在有限的气缸容积内，充入更多的新鲜充量，同时功耗要少。

燃料在气缸内燃烧时需要按一定比例与空气配合。根据计算，1 L 汽油完全燃烧约需 9 000 L 空气，即汽油与空气的体积比约为 1∶9 000。对于柴油机，为了保证柴油完全燃烧，所需空气的比例更大。由此可见，在可燃混合气中燃料所占的体积很小，且是强制供给，多供一些燃料容易做到，而空气所占的体积很大，在有限时间和有限的气缸容积内，要更多地充入空气却很困难。如果能够使每循环进入气缸的空气量增多，就可以多供给一些燃料，使燃烧放出的热量增加，从而提高发动机的转矩和功率。

合理的换气过程应达到以下目的：

(1)保证标定工况和全负荷条件下，吸入尽可能多的充量，以获得更高的输出功率和转矩。这就是提高充量系数的问题，也是换气过程的核心问题。

(2)保证多缸机各缸的循环进气量的差异不超出应有的范围，以免对整机性能产生不利影响。这就是多缸机各缸进气不均匀性的问题。

(3)尽量减小不可避免的换气损失，特别是占最大比例的排气损失。

(4)进气后在缸内所建立的流场（旋流场与湍流场）能满足快速合理燃烧的要求。

换气过程的完善程度是决定发动机性能的一个重要因素。为了提高发动机的动力性能和经济性能指标，保证其工作可靠性和运转中的良好性能，就必须深入了解换气过程机理，分析影响发动机充气量的各种因素，从中寻找提高发动机充量系数和减少换气损失的一般规律并制定出相应的措施，改善发动机性能。

2.1　四冲程发动机的换气过程与换气损失

2.1.1　换气系统

换气过程中至少有一个气门开启并有工质的流动，此时，气缸加上进气系统和排气系统，对涡轮增压发动机还包括涡轮机和压气机，组成了一个以大气为边界的、流动的开式热力系统。

图 2-1 为四冲程自然吸气汽油机的换气系统和换气过程 p-V 图。图 2-2 为四冲程涡轮增压柴油机的换气系统和换气过程 p-V 图。

自然吸气发动机的进气压力一般小于排气压力，所以泵气过程做负功；增压发动机的进气压力一般大于排气压力，所以泵气过程做正功。

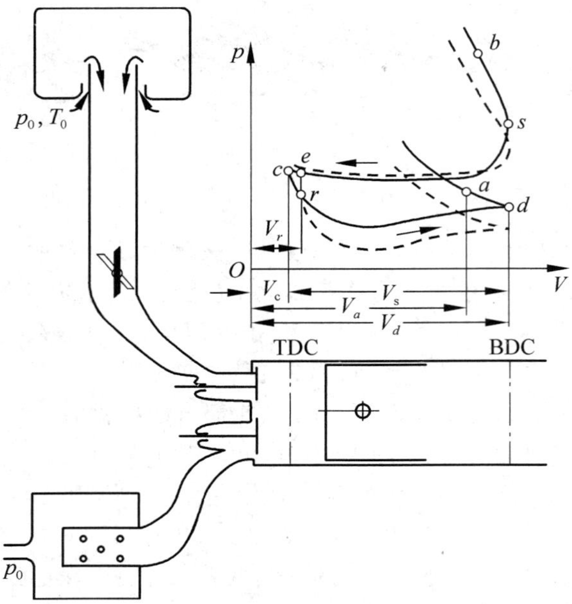

图 2-1　四冲程自然吸气汽油机的换气系统和换气过程 *p*-*V* 图

p_0、T_0 为大气条件，实线为节气门全开，虚线为节气门部分开启

TDC-上止点；BDC-下止点

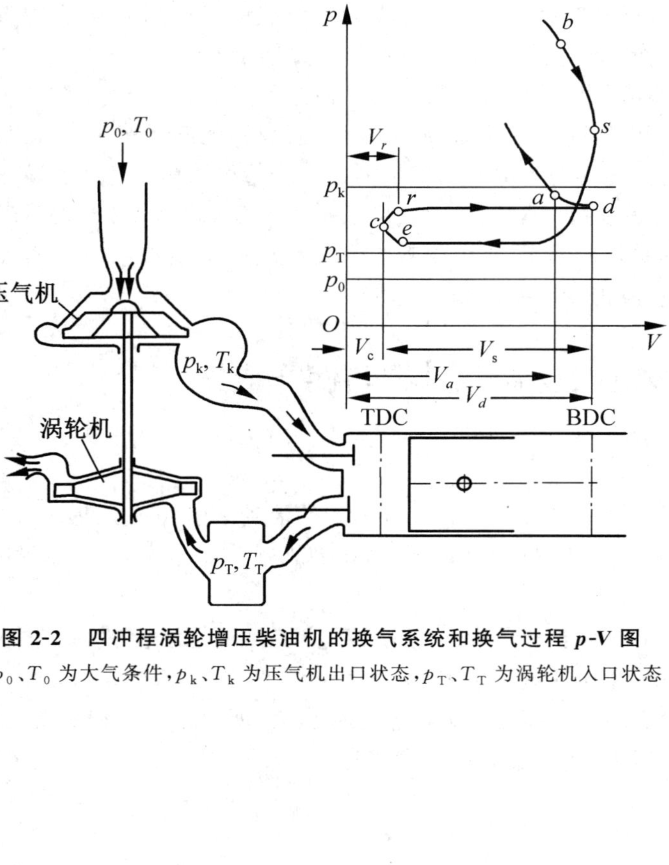

图 2-2　四冲程涡轮增压柴油机的换气系统和换气过程 *p*-*V* 图

p_0、T_0 为大气条件，p_k、T_k 为压气机出口状态，p_T、T_T 为涡轮机入口状态

汽油机的进气系统通常包括空气滤清器、节气门、进气总管、进气歧管、进气道、进气门等，排气系统则包括排气门、排气道、排气歧管、排气总管、后处理装置、消声器等。有的汽油机还加装废气再循环、二次空气喷射等装置。

排气涡轮增压柴油机的换气系统没有节气门，但增加了压气机、涡轮机、中冷器、后处理净化器等附属装置。由此可见，换气过程中换气系统是一个开式热力系统，远比热力过程中与外界无工质交换的闭式热力系统复杂得多。

2.1.2　换气过程

四冲程发动机的换气过程从排气门开启算起，直到进气门关闭为止，整个时期为 410°～480°曲轴转角(CA)。

换气过程之所以大于 360°CA，是因为进、排气门均提前开启、延迟关闭，以增加气门的通过能力，充分利用气流的流动惯性，减少换气过程的损失，提高发动机的性能。

实际循环换气过程进行的时间非常短暂，例如，当发动机转速为 6 000 r/min 时，其换气过程为 11～13 ms。由于结构和动负荷等原因，进、排气门的启闭不可能瞬时全开或全闭。换气时，充量(或工质)是在配气机构流通截面变化的情况下作不稳定流动，气缸内充量的温度和压力是随时间变化的，具有复杂的气体动力学现象。

对于柴油机和缸内直喷汽油机，充量(或工质)为新鲜空气；对于缸外喷射汽油机，充量为可燃混合气。

换气过程分为排气过程、进气过程和气门叠开期，典型的四冲程发动机的换气过程如图 2-3 所示。

2.1.2.1　排气过程(图 2-3 中的 af 段)

排气过程是指排气门打开至排气门关闭这一时期。排气过程对应的曲轴转角为 $\Delta\varphi_1=$ 240°～260°CA(af 段)。根据气体流动特点，可将排气过程细分为自由排气(ac 段)和强制排气(cf 段)两个阶段。

1. 自由排气阶段(图 2-3 中的 ac 段)

自由排气阶段是指从排气门打开到气缸压力 p 接近排气管压力 p_r 这一时期(ac 段)。其特点是利用缸内和排气管内的压差自由排出燃烧做功后的废气，而无须借助外力，即不必依靠活塞强行推出。由于配气机构惯性力的限制，若在活塞到达下止点时才打开排气门，则在气门开启的初期，开度极小，废气不能通畅流出，缸内压力来不及下降，在活塞向上回行时形成较大的反压力，增加排气行程消耗的功，所以有必要在活塞到达下止点之前打开排气门。从排气门开始打开到下止点这段时间对应的曲轴转角称为排气提前角。一般排气提前角为 30°～80°CA(图 2-3 中 ab 段)。

排气门打开后，气体的自由流动状态经历了超临界流动和亚临界流动两个阶段。

1)超临界流动排气阶段(图 2-3 中的 ab 段)

根据气体流动的性质，排气门打开后，气缸压力 p 和排气管压力 p_r 决定了气体的流动性质。根据流体力学孔口节流的规律，两者之比为(设缸内气体的绝热指数 $\kappa=1.4$)

$$\frac{p}{p_r}\geqslant\left(\frac{\kappa+1}{2}\right)^{\frac{\kappa}{\kappa-1}}=\left(\frac{1.4+1}{2}\right)^{\frac{1.4}{1.4-1}}=1.2^{3.5}\approx1.9 \tag{2-1}$$

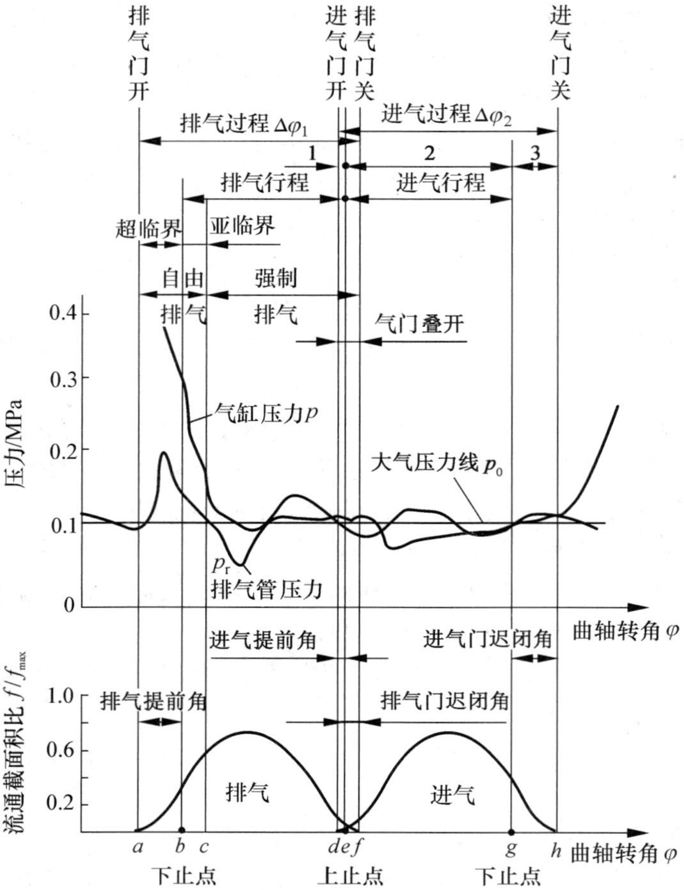

图 2-3 四冲程发动机换气过程中气缸压力 p、排气管压力 p_r、进排气门相对流通截面积比随曲轴转角 φ 的变化曲线

1-准备进气阶段；2-正常进气阶段；3-惯性进气阶段

此时，排气门喉口出现声速流动，排气处于超临界状态（ab 段），气体的流速等于在该处气体状态下的声速，即

$$u=c=\sqrt{\kappa RT} \tag{2-2}$$

式中：u 为气体流速，m/s；c 为当地声速，m/s；R 为气体常数，287 J/(kg · K)；T 为流经排气门的废气温度，K。

当排气初期废气温度 $T=700\sim1\,100$ K 时，声速可达 530～665 m/s。所以在超临界流动阶段，常伴有刺耳的噪声，这是发动机排气噪声的主要来源。在超临界排气时期，废气流量与排气管内压力 p_r 无关，只取决于排气门流通截面积和缸内气体的状态。

2）亚临界流动排气阶段（图 2-3 中的 bc 段）

当 $\frac{p}{p_r}<1.9$ 时，气体流动处于亚临界流动状态（bc 段），此时排气流量不仅与排气门流通截面积有关，还与排气门前后的压差有关。

当气缸内压力和排气管内压力接近时，到下止点后 10°～30°CA，自由排气阶段结束。

自由排气阶段虽然只占总排气时间的 1/3 左右，且排气门开启流通面积较小，但因流速很高，排出废气可达总量的 60%以上。

2. 强制排气阶段（图 2-3 中的 cf 段）

强制排气阶段是指从自由排气阶段结束到活塞上行强制推出废气至排气门关闭这一时期（cf 段）。

在强制排气阶段，气缸内废气被上行活塞强制推出，气缸内平均压力要比排气管内平均压力略高一些，一般高出 10～20 kPa，此压力差主要是排气门通道处节流的结果。流速越高，此差值就越大，耗功也越多。强制排气时间占总排气时间的 2/3，排出废气约为总量的 40%。

在强制排气阶段接近终了时，由于排气门开始关闭，产生较大的节流作用，在上止点附近气缸内压力再次上升。随着活塞接近上止点和气门通流面积缩小，气缸内压力增大，其结果是排气消耗功和残余废气量都增加了。因此，排气门的完全关闭不能恰好在活塞到达上止点之时，而应在活塞越过上止点之后，这就是所谓排气门迟闭。上止点到排气门完全关闭这段时间对应的曲轴转角，称为排气门迟闭角，一般为 10°～35°CA（ef 段）。此外，排气门延迟关闭，能利用排气管中气体的流动惯性，继续把气缸内的废气排出，以降低残余废气量和增加新鲜气体的充入量。排气门在气缸内废气停止外流时关闭应是最理想的。

2.1.2.2　进气过程（图 2-3 中的 dh 段）

进气过程是指进气门打开至进气门关闭这一时期。进气过程对应的曲轴转角为 $\Delta\varphi_2=230°\sim265°$CA。根据进气门开启与活塞运行特点，进气过程可分为准备进气、正常进气和惯性进气 3 个阶段。

1. 准备进气阶段（图 2-3 中的 de 段）

准备进气阶段是指进气门开始打开至活塞运行到上止点这一时期，即进气门提前开启时期，对应的曲轴转角称为进气提前角。

为了保证活塞下行时进气门开启面积足够大，使新鲜充量顺利流入气缸，进气门在上止点前就开始打开。进气提前角一般为上止点前 0°～40°CA。

2. 正常进气阶段（图 2-3 中的 eg 段）

正常进气阶段是指活塞由上止点运行到下止点这一时期，即 180°CA。

随着活塞从上止点向下止点移动，活塞上方的气缸容积增大，气缸内的压力降低到大气压以下，即在气缸内造成真空吸力，这样可燃混合气（或纯空气）便经进气管和进气门被吸入气缸。

3. 惯性进气阶段（图 2-3 中的 gh 段）

惯性进气阶段是指活塞运行到下止点至进气门关闭这一时期，即进气门推迟关闭时期，对应的曲轴转角称为进气门迟闭角。为了充分利用高速气流的动能，进气门也必须在下止点后关闭，从而实现在下止点后继续充气，增加进气量。进气门迟闭角一般为下止点后 40°～70°CA。

2.1.2.3　气门叠开期（图 2-3 中的 df 段）

图 2-3 中的 df 段是气门叠开期。在气门叠开期，进气管、气缸、排气管三者互相连通，可以利用气流的压差、惯性或进、排气管压力波的作用，来清除残余废气，增加进气量，降低高温零件的温度，但应注意不要产生废气倒流现象。

气门叠开期是排气门晚关、进气门早开的必然结果，后面将进一步讨论这一问题。

2.1.3　换气损失

理论循环与实际循环的换气功之差称为换气损失。换气损失由排气损失和进气损失两部分组成。

1. 排气损失

从排气门提前打开，直到进气行程开始，气缸内压力降到大气压力前循环功的损失称为排气损失(图 2-4 中面积 $W+Y$)。它可分为自由排气损失和强制排气损失。

1)自由排气损失

自由排气损失(图 2-4 中面积 W)是因排气门提前打开，排气压力线从 b 点开始偏离理论循环膨胀线，引起膨胀功的减少造成的。

2)强制排气损失

强制排气损失(图 2-4 中面积 Y)是活塞将废气推出所消耗的功。

如图 2-5 所示，随着排气提前角的增大，自由排气损失(面积 W)增加，而此时强制排气损失(面积 Y)减小，因而最有利的排气提前角应使面积之和 $W+Y$ 为最小。当排气门截面小、发动机转速高时，按曲轴转角计算的实际超临界排气时间延长，为减少排气损失，应适当加大排气提前角。

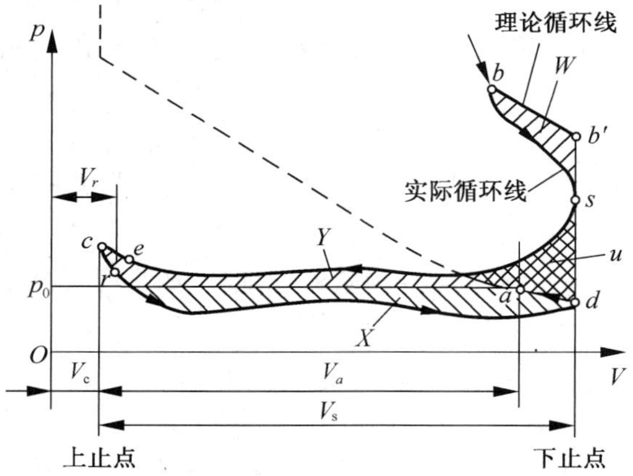

图 2-4　四冲程发动机的换气损失

V_r-排气门关闭时气缸内容积；V_c-燃烧室容积(或余隙容积)；V_s-气缸工作容积；V_a-进气门关闭时气缸内容积；b-排气门打开时刻；r-排气门关闭时刻；e-进气门打开时刻；a-进气门关闭时刻；$bsecr$-排气过程；$ecrda$-进气过程；ecr-气门叠开期

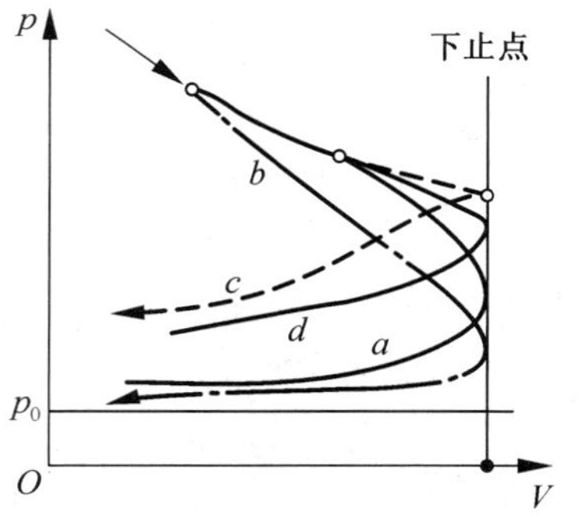

图 2-5　排气提前角与排气损失的关系

a-最合适；b-过早；c-过晚；d-排气门流通面积过小

减小排气系统阻力及排气门处流动损失是降低排气损失的主要办法。排气消声系统的结构和布置形式对排气阻力影响也很大，关系到排气管内的排气背压。排气背压是指发动机排气的阻力，主要是排气系统的气流受阻导致的。试验结果表明，排气背压每升高 3.39 kPa，增压柴油机燃油消耗率在各种负荷下平均增加 0.5%，而非增压柴油机平均增加 1%，因而，应在不降低消声性能的前提下最大限度地降低排气背压，以提高经济性。

2. 进气损失

由于进气系统的阻力，进气过程的气缸压力低于进气管压力(非增压发动机中一般设为大气压力)，损失的功相当于图 2-4 中面积 X，称为进气损失。与排气损失相比，进气损失一般较小。合理地调整配气正时，加大进气门的流通截面积，正确设计进气管道以及降低活塞平均速度可以减小进气损失。

3. 泵气损失

排气损失与进气损失之和称为换气损失，如图 2-4 中面积 $W+X+Y$。而实际示功图中将面积 $Y+X-u$ 表示的损耗称为泵气损失。

泵气损失主要指活塞在强制排气过程和进气过程中所造成的损失。这里需要指出的是，活塞在强制排气过程中的损失并不等于前述的强制排气损失 Y，而是其中的一大部分，即活塞真正推出废气所消耗的功。在下止点附近膨胀终了的缸内气体压力仍然大于排气背压，因此直到下止点后某一曲轴转角为止，缸内废气仍然靠自身的压力与排气背压之差自动排气，这一部分可减少强制排气损失。

减小泵气损失是改变发动机动力性和经济性，特别是提高升功率的有效措施。为此，应尽可能减小强制排气损失和进气损失，如合理匹配配气正时，尽可能加大气门流通截面积，减小进排气气管流动阻力，适当降低活塞的平均速度等，都有利于减小泵气损失。对量调节式电控发动机，通过采用排量可变技术，提高小负荷时的节气门开度，由此降低泵气损失，可有效改善发动机小负荷时的燃油经济性。

2.2 换气过程的性能指标

换气过程进气是否充分，排气是否彻底，一般用充量系数和残余废气系数来评定。

2.2.1 充量系数

1. 充量系数的定义

充量系数又称为充量效率，或容积效率，或充气效率，用 ϕ_c 表示。

如前所述，充量系数是指每循环实际进入气缸的新鲜充量 m_1(kg)与进气状态下充满气缸工作容积的新鲜充量 m_{sh}(kg)之比。其计算公式为：

$$\phi_c=\frac{m_1}{m_{sh}}=\frac{\rho_s V_1}{\rho_s V_s}=\frac{V_1}{V_s} \tag{2-3}$$

式中：m_1、V_1 分别为实际进入气缸的新鲜充量的质量(kg)和体积(L)；m_{sh}、ρ_s 和 V_s 分别为在进气状态下充满气缸工作容积的新鲜充量的质量(kg)、密度(kg/L)和气缸工作容积(L)。

对于非增压发动机，进气状态是指当时、当地的大气状态；对于增压发动机，进气状态是指增压机出口增压气体状态。

ϕ_c 值高，代表每循环进入一定气缸容积的新鲜充量多，则发动机功率和转矩可增加，动力性能好。

实际发动机充量系数可直接测定，用流量计在发动机进气总管上测出发动机每小时实际充气量 Q(m^3/h)，理论充气量 Q_{sh}(m^3/h)由下面的公式算出：

$$Q_{sh}=\frac{V_s i}{1\,000}\cdot\frac{n}{2}\cdot 60=0.03\,inV_s \tag{2-4}$$

式中：V_s 为气缸工作容积，L；i 为气缸数；n 为发动机转速，r/min。

充量系数的值可由 $\phi_c=\dfrac{Q}{Q_{sh}}$ 计算得到。充量系数 ϕ_c 的范围大致为：汽油机 0.70～0.85，柴油机 0.75～0.90，增压发动机 0.90～1.05。

2. 充量系数的解析式

假定进气门关闭时（图 2-4 中的 a 点）气缸内容积为 V_a+V_c，此时气缸内压力、温度、密度分别为 p_a、T_a、ρ_a，则气缸内气体的总质量 m_a 为

$$m_a=(V_a+V_c)\rho_a \tag{2-5}$$

假定排气门关闭时（图 2-4 中的 r 点）气缸内容积为 V_r，残余废气的压力、温度、密度分别为 p_r、T_r、ρ_r，则残余废气的质量 m_r 为

$$m_r=V_r\rho_r \tag{2-6}$$

充入气缸新鲜充量的质量 m_1 为气缸内气体总质量 m_a 与气缸内残余废气质量 m_r 之差，即

$$m_1=m_a-m_r$$

$$\phi_c V_s\rho_s=(V_c+V_a)\rho_a-V_r\rho_r \tag{2-7}$$

式(2-7)没有考虑混合气中燃油质量，没有考虑气门叠开期内进入气缸的少许新鲜充量，所以存在一定的偏差。对于具有强扫气功能的增压发动机，可能偏差更大些。

考虑进、排气门迟闭角对充量的影响，令 $k_1=\dfrac{V_c+V_a}{V_c+V_s}<1$（$k_1$ 为进气门晚关系数，即进气门关闭时的气缸容积与气缸总容积之比，$k_1<1$，k_1 越小，晚关角越大），$k_2=\dfrac{V_r}{V_c}>1$（k_2 为排气门晚关系数，即排气门关闭时的气缸容积与燃烧室容积之比，$k_2>1$，k_2 越大，排气门晚关角越大），$\varepsilon=\dfrac{V_c+V_s}{V_c}$（压缩比），则式(2-7)变换为

$$\phi_c=\frac{1}{(\varepsilon-1)\rho_s}(k_1\varepsilon\rho_a-k_2\rho_r) \tag{2-8}$$

假定残余废气与新鲜充量的气体常数 R 近似相等，并将气体状态方程 $\rho=\dfrac{p}{RT}$ 代入式(2-8)，则

$$\phi_c=\frac{1}{\varepsilon-1}\frac{T_s}{p_s}\left(k_1\varepsilon\frac{p_a}{T_a}-k_2\frac{p_r}{T_r}\right) \tag{2-9}$$

式中：T_s、p_s、ρ_s 分别为进气状态的气体温度、压力和密度，K，MPa，kg/m^3；T_a、p_a、ρ_a 分别为进气终了时的气体温度、压力和密度，K，MPa，kg/m^3；T_r、p_r、ρ_r 分别为残余废气的温度、压力和密度，K，MPa，kg/m^3；ε 为压缩比。

2.2.2　残余废气系数

残余废气系数是指每循环进气过程结束时气缸内的残余废气量 m_r 与实际充气量 m_1 的比值（质量比），用符号 ϕ_r 来表示，其计算公式为

$$\phi_r=\frac{m_r}{m_1}=\frac{m_r}{m_a-m_r}=\frac{V_r\rho_r}{(V_c+V_a)\rho_a-V_r\rho_r}=\frac{k_2V_c\rho_r}{k_1(V_c+V_s)\rho_a-k_2V_c\rho_r}=\frac{\rho_r}{\frac{k_1}{k_2}\varepsilon\rho_a-\rho_r} \quad (2\text{-}10)$$

残余废气系数 ϕ_r 表示缸内残余废气的比例，与充量系数 ϕ_c 的关系为

$$\phi_c=k_1\frac{\varepsilon}{\varepsilon-1}\cdot\frac{T_s}{p_s}\cdot\frac{p_a}{T_a}\cdot\frac{1}{1+\phi_r} \quad (2\text{-}11)$$

ϕ_r 的一般范围是：

四冲程非增压柴油机	0.03～0.06
四冲程增压柴油机	0～0.03
四冲程汽油机	0.06～0.16

2.3 影响充量系数的因素

由式(2-9)和式(2-11)可知，影响充量系数 ϕ_c 的主要因素有进气终了压力 p_a、进气终了温度 T_a、残余废气系数 ϕ_r、配气正时、压缩比 ε、进气(或大气)状态(T_s、p_s)等。

2.3.1 进气终了压力 p_a

进气终了压力 p_a 对充量系数 ϕ_c 影响很大。由式(2-11)知，p_a 值越高，则 ϕ_c 值越大。进气终了压力 p_a 的计算公式为

$$p_a=p_s-\Delta p_a \quad (2\text{-}12)$$

式中：Δp_a 为气体流动时克服进气系统阻力而引起的压降，Pa。Δp_a 一般又可写成

$$\Delta p_a=\lambda\frac{\rho_s v^2}{2} \quad (2\text{-}13)$$

式中：λ 为进气管道阻力系数；ρ_s 为进气状态下气体的密度，kg/m^3；v 为进气管道内气体的流速，m/s。

由式(2-13)可看出，Δp_a 的大小主要取决于各段进气管道阻力系数 λ 和进气管道内气体流速 v。Δp_a 是气体流过进气系统时所产生压降的总和，而进气门是进气系统中流通截面最小、流速最大之处，也是阻力最大之处。

汽车发动机的使用特点是转速和负荷都在很宽的范围内不断地变化。例如，当汽车沿阻力降低的道路行驶而节气门开度保持一定时，发动机转速升高，气体流速增加，Δp_a 显著增大(与 v 呈平方关系)，使 p_a 迅速下降(图 2-6)，充量系数降低。

若保持车速一定，当外界对发动机的阻力矩变化时，就需要改变油门来调节发动机转矩，以适应外界负荷的变化。由于汽油机和柴油机调节负荷的方法不同，进气终了压力 p_a 随负荷的变化也不一样。

对于进气管喷射汽油机，进入气缸的是空气和燃料的混合气，调节负荷是通过改变节气门开度来调节进入气缸的混合气量的多少，即所谓“量”调节。当汽车沿阻力减小的道路以一定

速度行驶时，通过关小节气门开度来保持转速一定，虽然转速不变，但节气门关小使节流损失增加，引起 p_a 下降。图 2-7 为汽油机在不同节气门开度时进气终了压力 p_a 随转速变化的关系，可以看出：

（1）当节气门开度一定时（图中某一条曲线），随转速增加，p_a 下降，充量系数降低。

（2）当节气门开度逐渐减小时（图中不同曲线），p_a 不仅下降，而且随转速的增加，p_a 下降的速度加快。

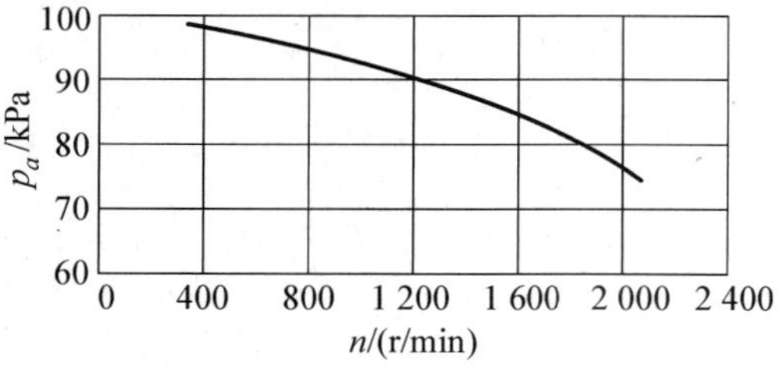

图 2-6　不同转速时的进气终了压力

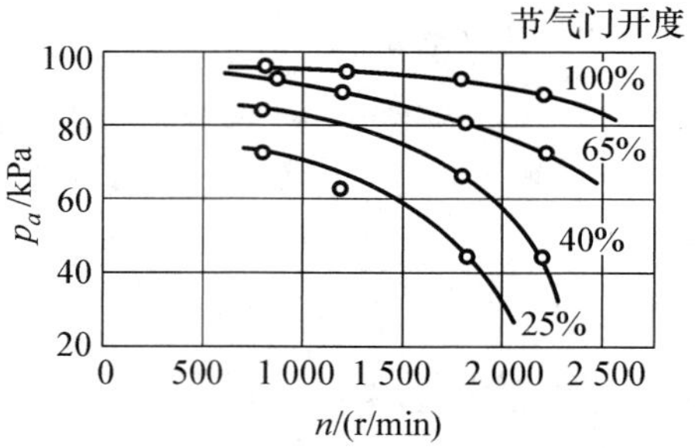

图 2-7　不同节气门开度、不同转速时的进气终了压力

在柴油机上，进入气缸的空气量基本不变，调节负荷的方法是改变进入气缸的燃料量，即所谓“质”调节。当汽车沿阻力减小的道路以一定的速度行驶时，可减少供油量以减小发动机转矩，保持车速一定。由于转速不变，进气系统又无节流装置，故流动阻力基本不变，进气终了压力 p_a 值也基本不变或随着负荷下降而略有上升，其原因是缸壁和热零件的温度有所下降。

总之，负荷变化时，汽油机和柴油机的进气终了压力 p_a 随使用工况（转速、负荷）的变化决定了 ϕ_c 的变化，也直接关系到发动机的使用性能。

2.3.2　进气终了温度 T_a

进气门关闭时，缸内气体温度 T_a 高于进气状态温度 T_s。引起 T_a 升高的原因是新鲜充量进入发动机与高温零件接触而被加热，新鲜充量与高温残余废气混合而被加热。T_a 值越高，充入气缸的充量密度越小，充量系数 ϕ_c 降低。因此，在条件允许的情况下应尽量降低 T_a 值。

影响进气终了温度 T_a 的主要因素有发动机转速、负荷、缸壁的冷却强度及进气温度等。当负荷不变而发动机转速增加时，由于新鲜充量与缸壁接触时间短，充量吸收热量少，T_a 与 T_s 相比稍有上升。当发动机转速不变而负荷增加时，缸壁温度升高，使进气终了温度 T_a 升高。进气温度越高，则缸壁与新鲜充量的温差越小，T_a 增加幅度也减小。

2.3.3　残余废气系数 ϕ_r

由式(2-11)知，残余废气系数 ϕ_r 增大则充量系数 ϕ_c 减小，气缸中残余废气增多不仅会使充量系数 ϕ_c 下降，而且使燃烧恶化，对发动机经济性能和排放性能也有影响。进、排气门的叠开角大、压缩比高，ϕ_r 值下降，故一般柴油机 ϕ_r 值较低。

排气终了时残余废气压力 p_r 高，说明残余废气密度 ρ_r 大，ϕ_r 上升，充量系数 ϕ_c 下降。p_r 主要取决于排气系统尤其是排气门处的阻力，而且转速越高，流动阻力越大，p_r 越高。

汽油机在低负荷运转时，因节气门关小，新鲜充量减少，ϕ_r 会大大增加，稀释可燃混合气，使燃烧过程缓慢，易造成汽油机低负荷工作不稳定，经济性能和排放性能变差。当前电控汽油发动机普遍采用废气再循环技术，根据不同的运行状态，发动机电子控制单元控制再循环废气的量，使 ϕ_r 在一定范围内变化，从而控制汽车尾气中 NO_x 的排放量。

2.3.4 配气正时

在配气相位中，对充量系数影响最大的是进气门迟闭角，其次是排气门迟闭角。这是因为，在充量系数计算公式 $\phi_c=\dfrac{1}{\varepsilon-1}\dfrac{T_s}{p_s}\left(k_1\varepsilon\dfrac{p_a}{T_a}-k_2\dfrac{p_r}{T_r}\right)$ 的括号中，前一项有 k_1（与进气门迟闭角有关），后一项有 k_2（与排气门迟闭角有关），设若有相同的 Δk_1 及 Δk_2，由于 p_a、p_r 相差不多，但 $T_r \gg T_a$，而压缩比 ε 又是 10 左右的大数，所以 Δk_1 引起的 ϕ_c 的变化是 Δk_2 所引起的 ϕ_c 的变化的数十倍。这正是在充量系数研究中注意力主要集中于进气系统的缘故。

进、排气门的延迟关闭一方面是为了减小进、排气损失，更主要的是为了利用气流惯性充分进气和充分排气。进气门迟闭角过小则不能利用气流惯性充分进气，但迟闭角过大容易造成已进入气缸的新鲜气体又被压出缸外，这两种情况都会使实际充气量减小，充量系数下降。排气门迟闭角过小则不能利用气流惯性充分排气，但迟闭角过大容易造成废气倒流，使残余废气量增加，实际充气量减小，充量系数下降。最佳的进、排气门迟闭角应根据进、排气流惯性来确定，而气流惯性取决于发动机的转速。

2.3.5 压缩比 ε

提高压缩比 ε，可以提高充量系数 ϕ_c。这是由于 ε 提高后燃烧室容积 V_c 相对减小，缸内残余废气量减少，进气初期残余废气膨胀后所占的空间减小，此外进入气缸内的新鲜充量受废气加热程度也会下降。

2.3.6 进气(或大气)状态

进气温度 T_s 下降，新鲜充量和气缸壁的温差随之增大，加热相对增加，由式(2-11)可知，充量系数会下降，但因新鲜充量密度增大，实际进气量是增多的。

进气压力 p_s 上升，若进气温度和进气系统的阻力不变，进气终了压力 p_a 随之上升，且 $\dfrac{p_a}{p_s}$ 的值基本不变，故对充量系数影响不大，但实际进气量增多。

由上述分析可知，T_s 下降、p_s 上升均使进气量增加，但却得出前者 ϕ_c 下降、后者 ϕ_c 基本保持不变的结果，原因在于 ϕ_c 是相对于进气状态而定义的。

2.4 提高充量系数的措施

提高充量系数、降低残余废气系数的主要措施有降低进气系统的进气阻力、合理选择配气相位、减小排气系统的排气阻力、减少对新鲜充量的热传导、采用可变进气技术等。

2.4.1 降低进气系统的进气阻力

降低进气系统的进气阻力是提高充量系数、减小进气损失的重要措施。

进气系统的进气阻力包括管道摩擦阻力(沿程阻力)和局部阻力。摩擦阻力主要与管道长度和粗糙度有关,发动机中由于进气管道不长,壁面较光滑,所以摩擦阻力不大。局部阻力损失是进气系统中的主要损失,它由一系列局部损失叠加而成,特别是气门开启截面处、空气滤清器和气道转弯处,局部阻力更为明显。摩擦阻力损失和局部阻力损失与阻力系数、流速平方成正比,要减小进气阻力,提高进气终了压力 p_a,可以从合理设计进气系统、改进流动性能,以及增加流通面积、降低进气充量的流速着手。

2.4.1.1 减少进气门处的损失

如前所述,在整个进气系统中,进气门处的流通截面最小,而且截面变化大,因此,增大此处的流通能力并减少流动损失,一直是人们关注的重点。为此,可采取如下措施。

1. 增大进气门直径,选择合适的排气门直径

增大进气门直径可以扩大气流流通截面积,降低平均进气马赫数,对提高充量系数 ϕ_c 有显著效果。

1)平均进气马赫数 M_{am}

平均进气马赫数 M_{am} 是进气门处气流平均速度 $\bar{v}_m$ 与该处声速 c 之比,即

$$M_{am}=\frac{\bar{v}_m}{c} \tag{2-14}$$

根据进气过程中缸内质量的平衡关系,即流过进气门开启通路的流量与流进气缸内的流量相等,有

$$F_m\bar{v}_m=F_p v_p \tag{2-15}$$

式中:F_m 为进气门平均有效开启通路面积;F_p 为活塞面积;v_p 为活塞平均速度,$v_p=2nS$,n 为发动机转速,S 为活塞行程。

将式(2-15)代入式(2-14),可得

$$M_{am}=\frac{\bar{v}_m}{c}=\frac{2nS}{c}\frac{F_p}{F_m} \tag{2-16}$$

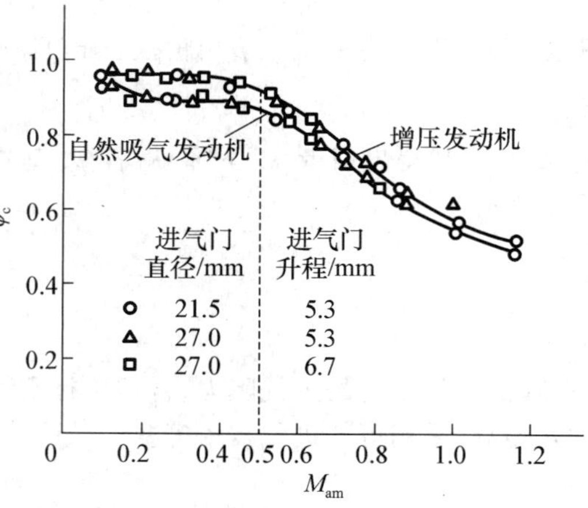

图 2-8 充量系数 ϕ_c 与平均进气马赫数 M_{am} 的关系

经近似推导,可得 $\frac{F_p}{F_m}\propto\left(\frac{D}{d_s}\right)^2$ 的关系。于是,式(2-16)可化为

$$M_{am}=\frac{2nS}{c}\frac{F_p}{F_m}=\frac{knS}{c}\left(\frac{D}{d_s}\right)^2 \tag{2-17}$$

式中:k 为比例常数;D 为活塞直径;d_s 为进气门直径(多进气门时,则是换算为一个气门时的当量直径)。

2)平均进气马赫数 M_{am} 对充量系数 ϕ_c 的影响

试验证明,在正常配气正时条件下,ϕ_c 是 M_{am} 的函数,即 $\phi_c=f(M_{am})$。当 M_{am} 超过 0.5 时,ϕ_c 便急剧下降,见图 2-8。这是因为,按气体

动力学孔口流动规律，当孔口上游滞止压力不变时，在孔口流速达到声速后，无论孔口下游的压力(对进气门口而言则为缸内压力)降到何等程度，孔口的流量都保持常数不变，此即气流的“堵塞”现象。对发动机来说，只要转速不断上升，缸内压力将不断下降，总会出现“堵塞”。此后，转速再增加，流量也不会加大，其结果是发动机功率不仅不会加大，反而因机械损失的增大而下降，转速的提高将失去意义。

平均进气马赫数 M_{am} 是不同气门升程(气门口通路截面)条件下马赫数的平均值。当 M_{am} 达到 0.5 左右时，虽然总体上未达声速，但某些小升程段的气流已接近“堵塞”。当 M_{am} 超过 0.5 时，充量系数将转而加速下降。所以 M_{am} 的进一步加大成了发动机提高转速、强化动力性能的障碍。可见 M_{am} 是决定气流性质、影响 ϕ_c 的重要参数，它与气门大小、形状、启闭规律及配气正时和最高转速等因素都有重要联系。

3)加大进气门直径 d_s 可减小平均进气马赫数 M_{am}

由式(2-16)可以看出，减小 M_{am} 值最有效的措施当属加大进气门直径 d_s，亦即增大气门口的有效通路面积。

目前在双气门(一进一排)结构中，进气门头部直径可达活塞直径的 45%～50%，气门和活塞的面积比为 0.2～0.25。实际上不得不通过适当减小排气门直径来加大进气门直径，一般可加大 15%～20%，其根据是适当增大进气门直径所带来的充量系数 ϕ_c 增益，比适当减小排气门直径所带来的损失要多。但是排气门的直径也不能太小，以免造成过大的排气损失和残余废气量。

2. 增加气门数目

增加气门的数目，采用三气门结构(2 个进气门、1 个排气门)、四气门结构(2 个进气门、2 个排气门)，甚至五气门结构(3 个进气门、2 个排气门)，都是增大进气门流通面积、减少进气损失的有效措施(图 2-9)。

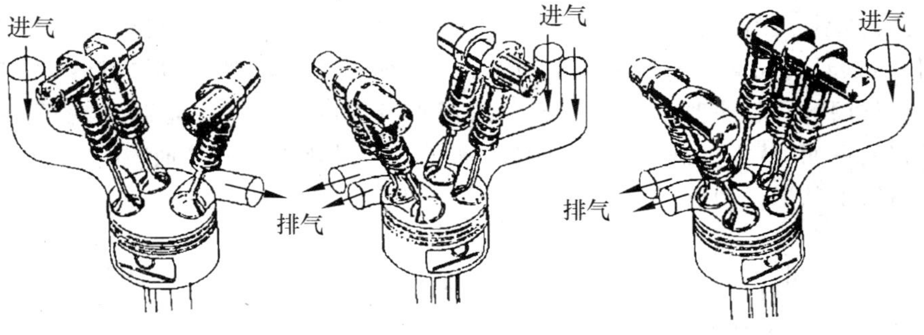

图 2-9　多气门结构

对于小排量发动机，考虑到火花塞或喷油器布置在中央，要占一定面积，四气门与五气门(3 进 2 排)方案相比，后者进气面积更大，气门机构惯量也小，性能反有提高。

多气门方案可使火花塞或喷油器垂直布置在气缸中心线上，有利于提高压缩比(汽油机)或混合气形成品质(柴油机)，还可减小系统运动件质量以适应转速提高的要求。两个以上进气门还适于灵活控制进气旋流，有利于燃烧的合理组织和排放控制。但是，多气门结构复杂，顶置凸轮结构会使发动机总高度增加。

采用 3～5 个气门的多气门方案，可使进气门总面积显著加大，四气门时可达活塞面积的

30%，比二气门方案大30%～50%。这不仅使充量系数 ϕ_c 增大，充量增加，发动机最大转矩也会提高。而且因平均进气马赫数 M_{am} 远离0.5的限值，标定转速允许进一步提高，结果使功率提高的百分比远超过转矩的增加量。另外，多气门机构能实现可变进气，改善低速、低负荷性能；燃烧室布置紧凑，火花塞（或喷油嘴）位于燃烧室中央，能改善燃烧，减小运动件质量，有利于高速化。因此，现代轿车大多采用多气门结构。

3. 改进配气凸轮型线

适当加大气门升程，改进配气凸轮型线，减小运动件质量，增加零件刚度，在惯性允许条件下使气门开闭得尽可能快，从而提高通过能力。最大进气门升程与进气门直径之比 $L_{v\,max}/d_s$（进气门相对升程）取0.26～0.28，可获得良好的充气量（图2-10）。

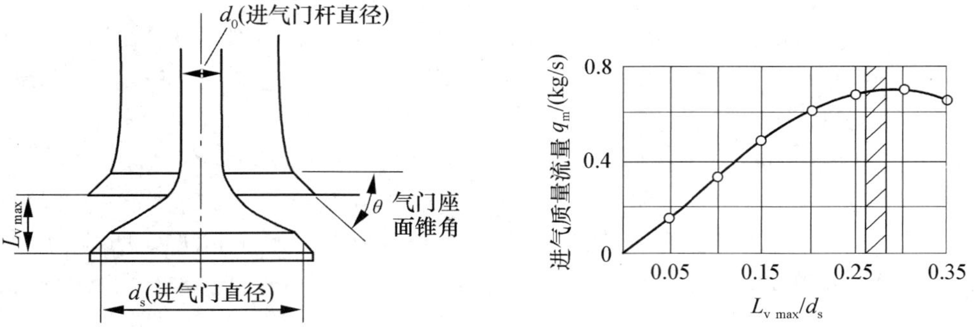

(a)进气门尺寸示意　　(b)关系曲线

图2-10　进气门尺寸及相对升程 $L_{v\,max}/d_s$ 与进气质量流量的关系

4. 减少气门处的流动损失

由于气流惯性与气体黏性的作用，气体通过进气门时有3种基本形式（图2-11）。气流的惯性作用使气体不可能沿着气门和气门座的锐边形状转弯，而是形成自由射流。在气门升程较大时[图2-11(a)]，气门座和气门的上边缘（1、2处）产生气流脱离，形成锥形射流。由于气体的黏性，在气门升程较小时[图2-11(c)]，射流夹着周围的气体一起运动，引起局部压力下降，使射流移向壁面，从而充满整个气门隙。在气门升程处于中间值时[图2-11(b)]，则上部脱离后又接触，下部形成射流。

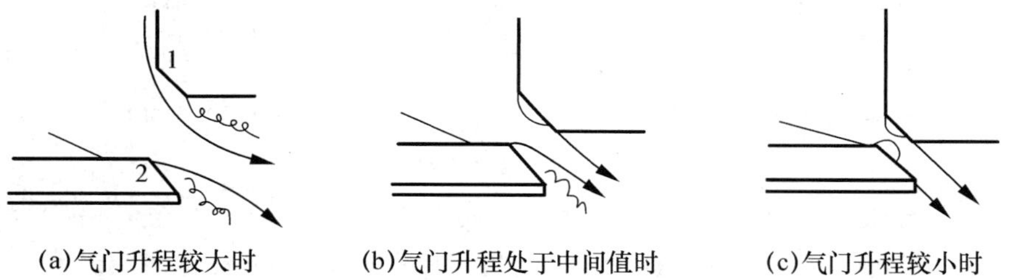

(a)气门升程较大时　　(b)气门升程处于中间值时　　(c)气门升程较小时

图2-11　进气门处的气体流动

试验证明，减小气门座密封锥面的宽度可减小进气的流动阻力，增大充量系数。同样，在一定升程范围内，对转角处进行修圆，如修圆气门座密封锥面上的棱角1和气门密封锥面上端的棱角2[图2-11(a)]，均可减少气流与气门和气门座的分离，增大有效流通截面，增大充量系数。

2.4.1.2　减小整个进气管道的流动阻力

在进气系统中，为了提高充量系数，除充分关注进气门处的流动损失外，还应减小整个进气系统中各段通路的流动阻力。

(1)减小进气道的流动阻力。气缸盖内的进气道形状复杂，因受气门导管凸台影响，截面形状急剧变化，进气阻力较大。对进气道除考虑尽量减小阻力，还要保证进气道的形状能够使新鲜充量在气缸内形成涡流，以利于混合气的形成和燃烧。减小阻力和形成进气涡流二者是矛盾的，同时满足十分困难。在设计进气道时，常常在专门的气道气体流动模拟试验台上进行试验。进气道应有足够的流通截面，表面光滑，拐弯小，多段通道连接对中。

(2)减小进气管的流动阻力。进气管应有足够的流通截面，表面光洁，避免急转弯和流通截面的突然变化。汽油机为了保证燃料的雾化和蒸发，需保证进气有较高的流速，同时为满足车用汽油机经常在低负荷下工作的需要，常需将进气管流通截面做得较小。多缸机中，进气歧管的结构与布局对充量系数 ϕ_c 及充量均匀分配有较大的影响，应给予注意。

(3)减小空气滤清器的流动阻力。空气滤清器阻力随结构的不同而变化。油浴式滤清器的原始阻力，小功率发动机的小于 980 Pa，中等以上功率发动机的则大于 980 Pa；随着使用时间的增加，阻力将增至 2 990 Pa。采用微孔纸质滤芯的，原始阻力不大于 980 Pa，但积尘以后阻力将增到 3 900～5 900 Pa。在保证滤清效果的前提下，应尽可能减小空气滤清器的阻力，措施有加大通过截面，改进过滤性能，设计、制造低阻高效滤清器等。在使用中要经常清洗滤清器，特别要避免油污堵塞纸芯，需要的情况下及时更换滤芯。

2.4.2　合理选择配气相位

合理选择配气相位，保证良好的进气效果，改善发动机性能，是非常重要的。在进气门和排气门的开、闭过程中，进气门迟闭角 β、排气提前角 γ、排气门迟闭角 δ、进气提前角 α 和进排气门叠开角 $(\alpha+\delta)$ 对充量系数 ϕ_c 均有较大的影响(图 2-12)。

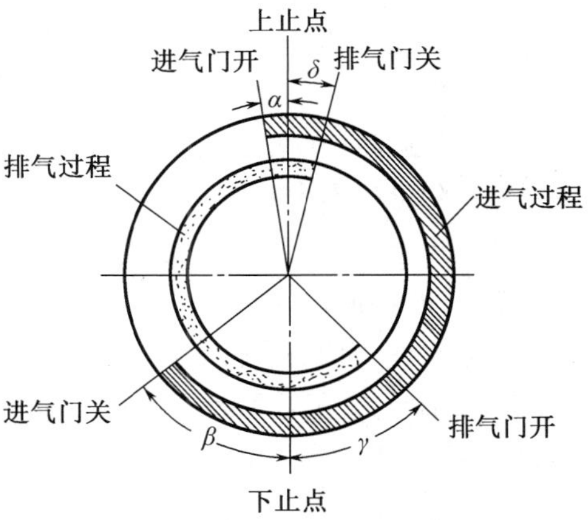

图 2-12　四冲程发动机的进、排气相位图

1. 进气门迟闭角 β 对充量系数 ϕ_c 的影响

进气门延迟关闭的主要目的是充分利用高速进气气流的惯性，增大进气充量。进气门若能推迟到气缸压力接近气门外背压时关闭，将获得最大的惯性利用。气流惯性取决于发动机转速。

(1)当发动机转速一定时，最佳的进气门迟闭角 β 也一定，迟闭角过大或过小均会使充量系数 ϕ_c 下降。图 2-13 为转速一定时进气门迟闭角对充量系数的影响。进气门迟闭角 β 为 25°CA 时，充量系数取得最大值，这说明该发动机在对应转速(1 500 r/min)时的最佳进气门迟闭角 β 为 25°CA。

(2)发动机的转速不同，气流惯性也不同，最佳的进气门迟闭角 β 应随转速的变化而变化。发动机转速变化时进气门迟闭角对充量系数和有效功率的影响如图 2-14 所示。

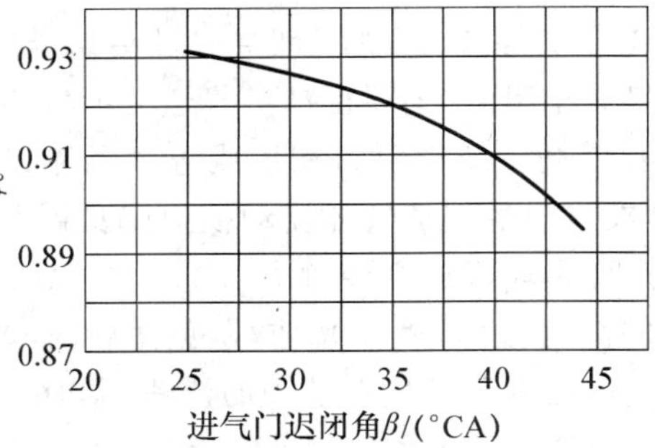

图 2-13 转速一定(1 500 r/min)时进气门迟闭角 β 对充量系数 ϕ_c 的影响

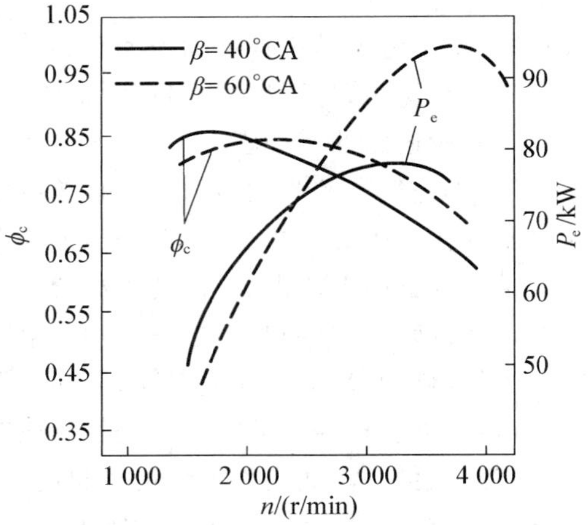

图 2-14 进气门迟闭角 β 对充量系数 ϕ_c 和发动机有效功率 P_e 的影响

分析图 2-14 中曲线可得如下结论：

①进气门迟闭角 β 一定时，仅在某一转速下充量系数和有效功率最高。高于此转速时，因气流惯性较大，进气门迟闭角相对不够大，不能充分利用气流惯性进气，所以充量系数和有效功率下降；低于此转速时，因气流惯性较小，进气门关闭相对过迟，在压缩过程中使部分新鲜气体被压回进气管，充量系数也减小。

②发动机转速变化时，在较低的转速时，采用较小的进气门迟闭角，可获得较高的充量系数和有效功率；在较高的转速时则采用较大的进气门迟闭角，也可获得较高的充量系数和有效功率。

③改变进气门迟闭角 β，可改变充量系数随转速的变化关系，从而改变发动机的速度特性。增大迟闭角，最大充量系数略有降低，但最大充量系数对应的转速提高，这对最大功率提高有利，但发动机中、低速性能和最大转矩会下降。反之，减小进气门迟闭角，可提高发动机中、低速性能和最大转矩，但最大功率下降。

2. 排气提前角 γ 对充量系数 ϕ_c 的影响

膨胀过程末期，缸内压力较高，如果到下止点才打开排气门，由于开启初期排气门上升缓慢，开度较小，加上气流因惯性而不会马上高速流出，会造成排气不畅，排气损失和阻力增大，并间接影响充气量。因此，要求排气门提前开启，这就出现了排气提前角 γ。

研究结果表明，排气损失占总换气损失的 75%～80%，所以合理选择排气提前角 γ 对减小泵气损失有较大意义。至于对充量系数的影响，一般较小。

(1)任何工况都存在一个排气损失最小的最佳排气提前角 γ。图 2-15 为转速不变、排气提前角 γ 不同时排气过程缸内压力线。

从图 2-15 可以看出，排气提前角减小时，自由排气损失减小而强制排气损失增大，泵气损失也增大，排气提前角增大时则相反。因此必然存在一个角度使总排气损失为最小。

(2)最佳排气提前角 γ 随着发动机转速的上升而相应增大。图 2-16 为排气提前角 γ 不变、转速不同时排气过程缸内压力线。γ=40°CA 对应的最佳转速为 2 000 r/min。

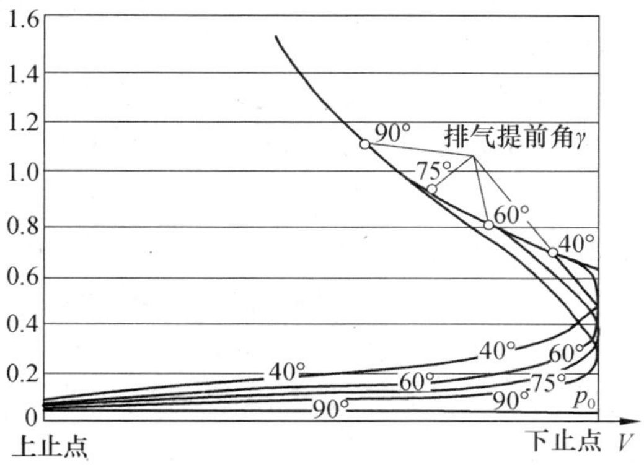

图 2-15　发动机转速不变时排气提前角 γ 对排气损失的影响

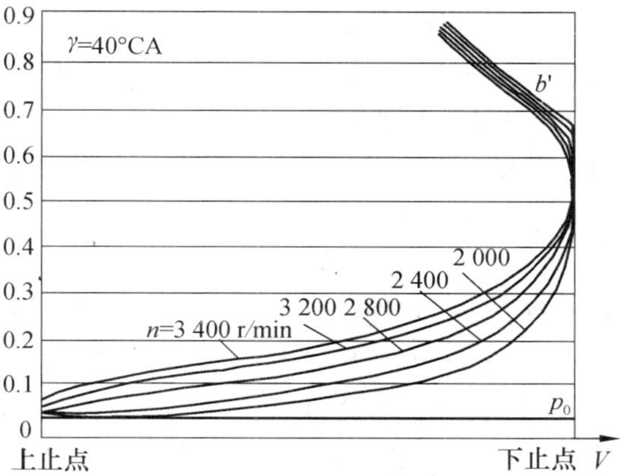

图 2-16　排气提前角 γ 不变时发动机转速对排气损失的影响

从图 2-16 可以看出，转速对膨胀线的影响不太大，所以 γ 不变时排气门开启点近似为图上同一点 b'，但是经历相同自由排气时间所对应的转角，必然是高转速时大而低转速时小。从曲线来看，高转速时压力下降缓慢，使转速高于 2 000 r/min 时的排气过程泵气损失明显加大。适当增大排气提前角 γ，会使总损失减小。

3. 排气门迟闭角 δ 对充量系数 ϕ_c 的影响

活塞位于上止点时废气还具有一定的向外运动速度，为充分利用惯性，增大排气量，可适当晚关排气门，大约在缸内压力接近排气门外背压时关闭排气门，则可获最大的排气功效。

同上分析，各工况的排气门迟闭角 δ 也有最佳值。δ 过小，则惯性利用不足；δ 过大，则因活塞下行较多，缸内压力小于缸外背压会使废气倒流回缸内，排气量也会减小。δ 的最佳值随转速上升而加大。

4. 进气提前角 α 对充量系数 ϕ_c 的影响

进气门若在上止点开启，因开启初期进气门上升缓慢、流通截面面积小，以及进气气流的加速需要一段时间等的影响，缸内真空度加大，进气量减少，而进气损失增大。所以要求进气门适当提前开启。

理论上，进气门早开时排气尚未结束，缸内压力要高于缸外背压，这样会造成废气倒流入进气管的回火现象。但事实上，进气门开启初期流通截面窄小，废气排出也有一定惯性，α 不大时，回火现象一般不会出现。更何况排气气流的引射作用，一定程度上也会降低缸内进气门附近的静压力。

进气提前角 α 也有最佳值，过大会回火，过小则进气不足。随着转速上升，最佳进气提前角 α 也应适当加大。

5. 气门叠开角对充量系数 ϕ_c 的影响

由于进气门在上止点前即开启，而排气门在上止点后才关闭，这就出现了在一段时间内进、排气门同时开启的现象，这种现象称为气门叠开，同时开启阶段对应的曲轴转角($\alpha+\delta$)称为气门叠开角。各种机型的气门叠开角范围有一定差别。

(1) 自然吸气汽油机对进气提前比较敏感，因为废气倒入进气管会现出回火。负荷越低，节气门开度越小，进气管内真空度会加大，更易出现回火。因此，汽油机叠开角一般均小于 40°CA。

如果进、排气是稳态流动过程，气门叠开时，新鲜混合气不可能由排气门流出，但实际上进气是动态过程，无法完全排除在气门叠开期间因进气管动态效应而有正压脉冲到达进气门端，这样就有新气排出的可能。这也是气门叠开角不宜过大的原因之一。

(2)对于自然吸气柴油机，由于充入气缸的是空气而不是混合气，新气排出以及废气倒入进气管的影响都不大；低负荷也没有进气管真空度加大的现象。所以叠开角可适当加大，一般 $\alpha+\delta=60°$CA 左右。

试验表明，叠开角在 40°CA 以下时基本没有燃烧室扫气作用，这时有叠开角比无叠开角的充量系数 ϕ_c 高，是进气门早开、排气门晚关使进气行程初期和排气行程后期的节流损失减小的缘故。

(3)对于增压柴油机，由于进气门外的压力高于排气背压，气门叠开期会出现扫气现象。扫气的优点很多，既可以扫除更多废气，降低残余废气系数，增加充气量，又可以冷却排气门、喷油嘴等高温零件，降低燃烧室壁温和热负荷，减少对充量的加热，有利于 ϕ_c 的提高。所以增压柴油机的叠开角要加大到 $\alpha+\delta=80°\sim160°$CA。

6. 合理确定配气相位的原则

配气相位是否合理应根据发动机的转速来决定，主要从以下几个方面综合评定：

(1)充量系数高，以保证发动机的动力性能。

(2)有必要的燃烧室扫气作用，以降低发动机高温零件的热负荷，使发动机运行可靠。

(3)排气温度合适。

(4)充量系数特性 $\phi_c=f(n)$ 良好，以适应转矩特性的要求。

(5)换气损失较小，以保证发动机的经济性。

目前大多数发动机的配气相位是不能改变的，因此最佳配气相位只能根据常用工况来确定，但在一些汽车中采用了电控可变配气相位机构，能实现在不同转速下的最佳配气正时。

2.4.3 减小排气系统的排气阻力

排气系统包括排气门、排气管道、消声器和三元催化装置等。尽管减小排气系统的排气阻力对提高充量系数 ϕ_c 的效果不如改进进气系统那样显著，但减小排气门、排气管道，特别是消声器的排气阻力，除有利于提高充量系数外，还可以减少换气过程的排气损失功。

在排气系统中，流通截面最小处是排气门座处，这里的气流速度最高，压降最大。如果将排气道的一部分做成扩压形，使排气管压力明显下降，从而增大气缸内与排气管内的压力差，使气缸内废气迅速流出，即可降低气缸内废气压力，减少残余废气量，达到提高充量系数 ϕ_c 和降低泵气功损失的目的。同时，选择良好的排气歧管的形状，避免排气道内截面突变、排气道急转弯和排气道内有凸台，有助于降低整个系统的流通阻力。此外，在满足必要的消声效果的前提下，应尽可能降低消声器的流通阻力。

2.4.4 减少进气温升

发动机工作过程中所产生的热量，不可避免地对进气系统中的新鲜充量造成影响。新鲜充量受到热传导引起的温升和很多因素有关。进气温升主要由下列 4 项组成：①进气过程中四周高温壁面传热所引起的温升；②进气过程中压力损失变为摩擦热引起的温升；③残余废气与新气混合引起的温升；④进气过程中燃料气化时吸收潜热所引起的温升。第一项即高温壁面传热对进气温升的影响最大。进气温升加大必然降低缸内工质的密度，从而降低 ϕ_c 值。为了降低进气温升，除了在设计上对热传导与传热损失作周密的考虑外，在运转条件方面，降低活塞、进排气门等零件温度以及减少其与新鲜充量的接触面积，都有利于减少热传导对新鲜充量的影响。

如前所述，进气管受热对提高充量系数不利，因此，柴油机的进气管要避免被加热，通常都将进气管与排气管分开布置于气缸体的两侧。增压发动机组织燃烧室扫气、采用油冷活塞等都是有效措施。

2.4.5 进气系统采用电子控制技术

2.4.5.1 可变进气管

由于进、排气管中存在压力波，在特定的进、排气管条件下，可以利用压缩波来提高进气门关闭前的进气压力，利用膨胀波来使排气过程后期的残余废气减少，提高充量系数，这种效应称为动态效应。而可变进气流量控制技术，可使发动机在较宽转速范围利用其动态效应来增加充气量，从而提高发动机在较宽转速范围的转矩和功率。

1. *动态效应*

为分析方便，将动态效应分为惯性效应和波动效应两类。

1)进气管惯性效应

进气管中某一点(包括边界点)向左、右两个方向以波速 c 传播的“扰动”称为压力单波。压力单波传到之处，其效果是该处的压力上升，这种单波称为压缩波，又称为密波。压力单波传到之处，其效果是该处的压力下降，这种单波称为膨胀波，又称为疏波。

如图 2-17(a)所示，当进气门开启时，由于活塞下行进气，进气门端出现向缸内流动的气流，使气门口管端压力 p_s 小于大气压力 p_0，即 p_s 相对 p_0 下降而出现右行膨胀波并以声速 c 向管口传播(因进气门管端气流速度 $v \ll c$，故压力波波速 $c-v \approx c$，此波经 L/c 时长到达管口，L 为进气管长)。

根据压力波传到不同边界都会产生性质或异或同的回向反射波的理论可知，当管端边界条件为封闭型($dv=0$)时，反射波与入射波性质相同；当管端边界条件为开口型($dp=0$)时，反射波与入射波性质相反。因此，右行膨胀波到达管口开口端后将产生反向压缩波，并再经 L/c 时长回到气门端。气门口由发出膨胀波到接收到反射压缩波所需时间 $t=2L/c$。

设气门开启有效时间为 t_s，则有两种情况：

当 $t>t_s$ 时，如图 2-17(b)所示，第一次返回的压缩波(点画线)到达气门端时，进气门已关闭，对进气不会产生任何影响。由于气门已经关闭，其边界条件为封闭型，故反射波与入射波的性质相同，图中虚线是气门口再次反射的波形，应为压缩波，实际上总会有一些衰减，故幅值稍小一点，此波对充气也无任何影响。

当 $t<t_s$ 时，如图 2-17(c)所示，第一次返回的压缩波(点画线)在进气后期到达，相应的虚线所示的再次反射的压缩波也处于进气后期。几次波形叠加出来的实线表示合成波，可见进气后期 p_s 值加大而使 ϕ_c 值加大。

在分析压力波形的持续变化时，应考虑到多次来回反射的影响。如图 2-17(c)所示，第一次返回的压缩波在气门口再次以压缩波反射后，该波到达管端又反射为膨胀波，即图中的点画线所示的第二次返回波。此波又在气门口反射而得到虚线所示的第二次返回的膨胀波，如此反反复复会出现第三次、第四次……返回波。最后得到以 $4L/c$ 为周期的合成波[图 2-17(d)]，直到摩擦阻力使此波消除为止。

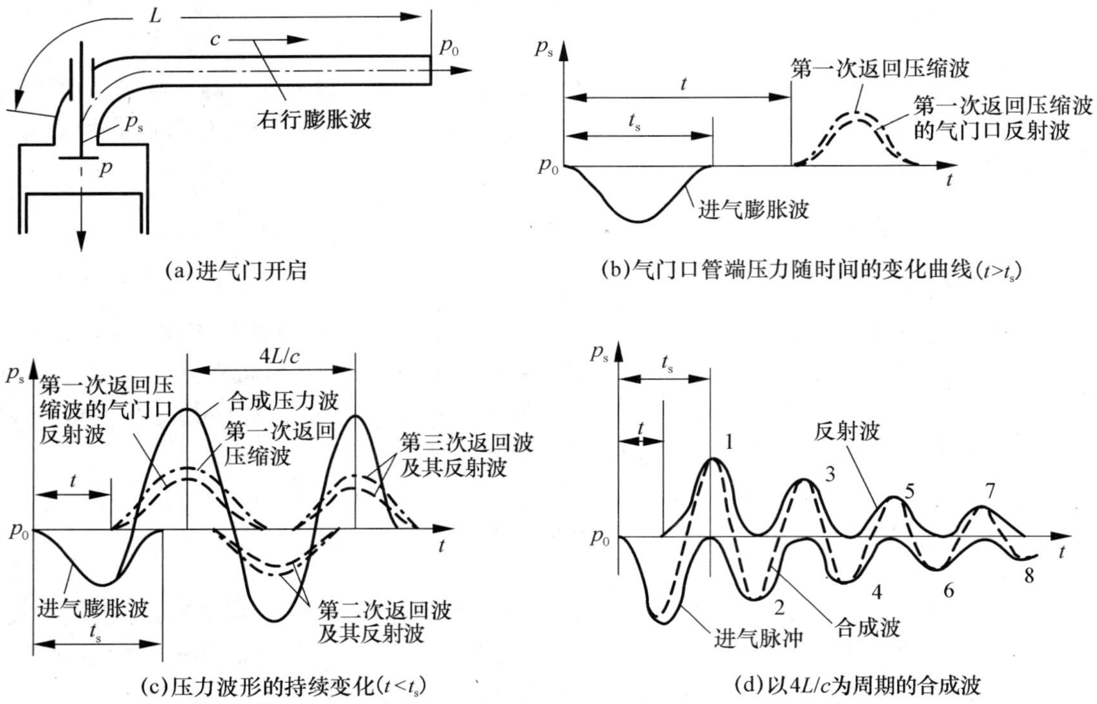

(a)进气门开启　(b)气门口管端压力随时间的变化曲线($t>t_s$)

(c)压力波形的持续变化($t<t_s$)　(d)以$4L/c$为周期的合成波

图 2-17　进气动态效应压力波示意图

为了使第一次反射压缩波在进气后期到达气门口，管长 L 和转速 n 要合理匹配。转速 n 不变时，如 L 太长，因 $t>t_s$，对 ϕ_c 无影响；如 L 过短，多次反射回的前后压缩波、膨胀波相互抵消，效果也不大。故只有在某一合适的进气管长度下，才会得到最大值。

由上述分析可知，惯性效应最大的条件是在进气有效持续时间 t_s 的后半部分，即后 $t_s/2$ 时间内能有一次压缩波到达，因而必须满足以下条件：

$$t=\frac{2L}{c}=\frac{1}{2}t_s$$

因进气门开启的有效持续角 $\varphi_{se}=6nt_s$，故有

$$\frac{2L}{c}=\frac{1}{2}\cdot\frac{\varphi_{se}}{6n}$$

或

$$L=\frac{c\varphi_{se}}{24n} \tag{2-18}$$

从式(2-18)可知，当 c、φ_{se} 为定值时，如转速上升，为获得最大惯性效应，进气管长度应随之减小；反之，如转速降低，则进气管长度应加大。

2)进气管波动效应

上一循环气门处的压力波动如果到下一循环进气时仍未消失的话，将会对下一循环进气产生直接的影响，此即为波动效应。显然，下一循环进气时刚好上一循环残余压缩波到达，则会产生有利效果，反之则出现不利影响。

已知进气门口压力波动的频率为 $f_1=\frac{c}{4L}$，四冲程发动机转速为 n 时进气门的开启频率为 $f_2=\frac{n}{120}$。定义 f_1 与 f_2 之比为波动次数 q，则

$$q=\frac{f_1}{f_2}=\frac{30c}{nL} \tag{2-19}$$

图 2-18 表示不同波动次数 q 时气门口相邻两循环间上循环压力波的波形。当 $q=1,2,\cdots$（为正整数）时，恰好在本循环进气之初上循环的残余膨胀波到达，即本循环进气门开启期间与上循环波动效应的负压力波相重合，使进气量减少，对 ϕ_c 值不利。当 $q=1.5,2.5,\cdots$时，恰好是残余压缩波到达，即本循环进气门开启期间与上循环的正压力波相重合，使进气量增加，对 ϕ_c 值有利。

如果长度 L 不变，则在不同的 n 处有类似的波峰、波谷出现，见图 2-19。此曲线正是经动态修正后的单缸发动机的真实进气速度特性线。

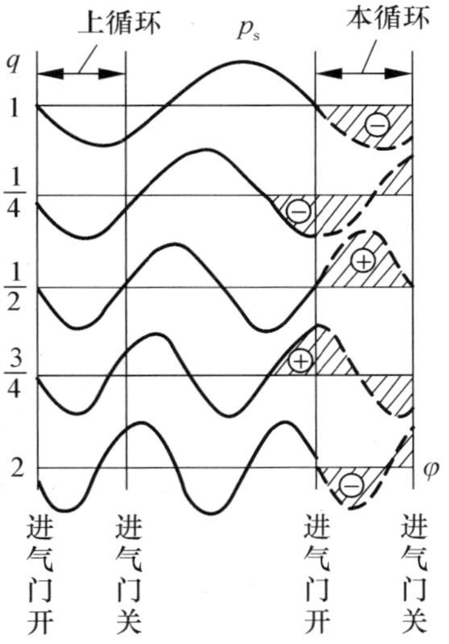

图 2-18　上一循环压力波的波动效应示意图

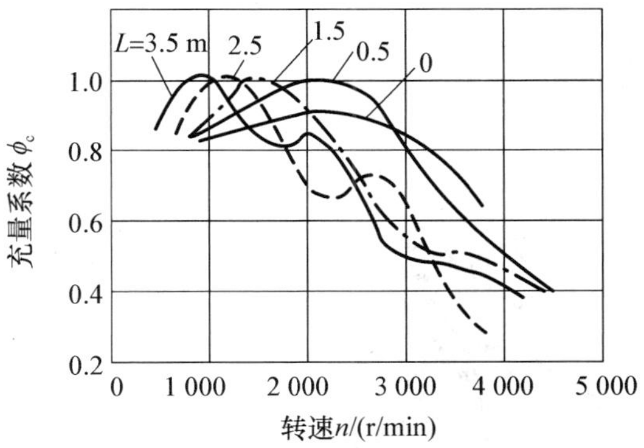

图 2-19　发动机充量系数 ϕ_c 与进气管长度 L 的关系

惯性效应的压力波动衰减小，振幅大，而波动效应的压力波是经过多次反射的波，衰减大，振幅小。因此，前者是主要的。

利用进气系统动态效应时，除了必须精心选择进气管长度外，还应对管径、管道的截面变化和弯曲方式、稳压室容积、节流位置等作周密考虑。在多缸机上应使各缸进气歧管长度相同并避免各缸气波之间互相干扰。

压力波在管道中的变化非常复杂，常根据管道中气体一元非定常流动的数值方法进行计算和优选方案，再通过试验最后确定进气管的结构尺寸。

2. 动态效应的应用

当发动机转速低时，进气速度必须高，以克服缸内的排气压力，需要采用长且细的进气管道；当发动机转速高时，进气已具有较高的速度，为了减小流动阻力，需要采用短且粗的进气管。

1)双进气通道

可通过每一缸使用两个进气通道来满足上述复杂的要求,一个主进气通道和一个副进气通道,副进气通道中装有一个圆盘阀,阀的位置由 ECU(electronic control unit,电子控制单元)根据发动机的转速进行控制,如图 2-20 所示。在发动机低速时控制阀保持关闭,迫使所有的进气经主通道高速地流入;在高速时控制阀保持全开,以减小进气的流动阻力;中等转速时阀微微开启,以免在两种运行方式变换时输出转矩发生突变。控制阀可通过电磁阀控制的真空膜片起作用,也可通过伺服电机起作用,后者的控制较精确。

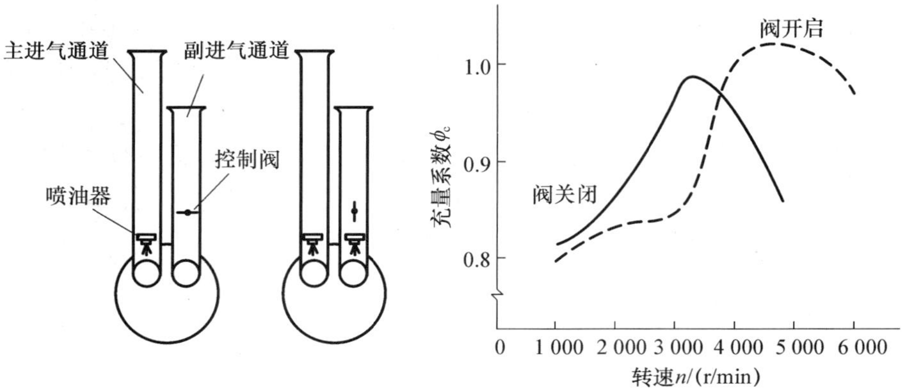

图 2-20 双进气通道可变进气流量控制及在各种转速下的充量系数示意图

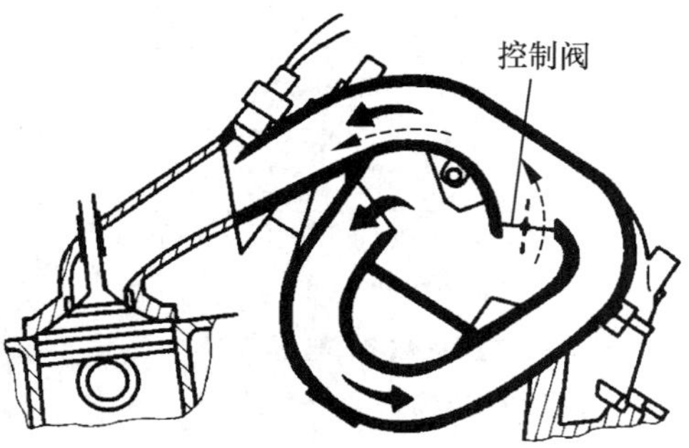

图 2-21 两级可变进气管长度

2)进气管长度可变

采用这种控制方法,在低速时进气管较长,进气的路径和控制阀的位置如图 2-21 中实线所示;在高速时阀门开启,进气管变短,进气的路径和控制阀的位置如图 2-21 中虚线所示。

三级可变进气管长度可使发动机在低速、中速和高速时都有较好的动力性(图 2-22)。当发动机低速转动时,控制阀 1 和控制阀 2 均关闭[图 2-22(a)],进气歧管最长,此时进气流速提高,进气惯性大,可提高发动机转矩[图 2-22(d)]。当发动机中速转动时,控制阀 1 仍关闭,控制阀 2 打开[图 2-22(b)],此时,控制阀 2 至进气口之间形成了一个大容量空气室,进气脉动压力波不能传播到此大容量空气室,缩短了压力波的传播距离,即缩短了进气歧管长度,进气阻力减小,充气量增加,提高了发动机的转矩。当发动机高速转动时,控制阀 1 和控制阀 2 均打开[图 2-22(c)],此时,控制阀 1 至进气口之间形成了一个更大容量的空气室,进一步缩短了压力波的传播距离,此时进气歧管长度进一步缩短,进气阻力进一步减小,充气量进一步增加,提高了发动机高速时的转矩。

最理想的方案是进气管长度能够随转速变化而变化,即进气管长度可无级变化,这种系统可充分利用动态效应,在发动机的所有转速范围内都有较好的动力性,但不容易实现。

2.4.5.2 可变气门正时(VVT,variable valve timing)

由前述已知,为获得最大的充量系数,减少泵气损失,比较理想的配气机构应满足以下

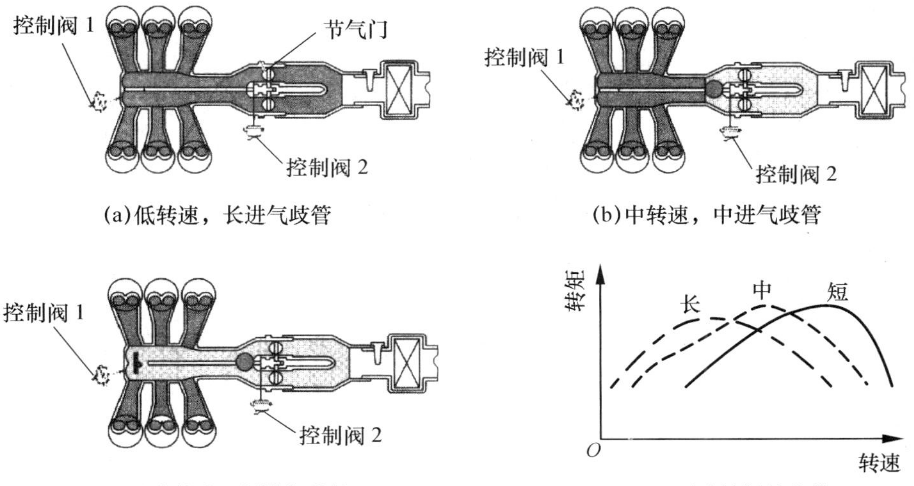

(a)低转速，长进气歧管　(b)中转速，中进气歧管

(c)高转速，短进气歧管　(d)转矩的改善

图 2-22　三级可变进气管长度与发动机外特性

要求：

(1)低速时,采用较小的气门叠开角以及较小的气门升程,防止出现缸内新鲜充量向进气系统的倒流,以便增加低速转矩,提高燃油经济性。

(2)高速时,应具有最大的气门升程和进气门迟闭角,以最大限度地减小流动阻力,并充分利用惯性充气,提高充量系数,满足发动机高速时对动力性的要求。

(3)配合以上变化,进气门从开启到关闭的进气持续角也应进行相应调整,以实现最佳的进气正时,将泵气损失降到最低。

在大负荷时,通过对叠开角的控制,实现机内的排气再循环(exhaust gas recirculation, EGR),增加残余废气量,稀释工质,降低燃烧温度,从而使 NO_x 排放量降低。合理控制进气门开启时间和排气门关闭时间,组织好气流,实现扫气,有利于新鲜的工质和激冷层的气体混合,可使碳氢化合物排放量下降。

总之,理想的气门正时和升程规律,是根据发动机的运转工况及时作出调整,气门驱动结构应具有足够的灵活性。

可变气门正时机构主要有改变凸轮轴相位型、变换凸轮型线型和无凸轮轴型 3 种。

1)改变凸轮轴相位的可变气门正时机构

对于双顶置凸轮轴发动机,由于进、排气门是用不同凸轮轴分别驱动的,而且一根凸轮轴不是通过另一根驱动,可以用图 2-23 所示的相位可变凸轮轴来达到改变配气相位的目的。凸轮轴的相位借助一个螺旋花键套的移动来改变。花键套内孔的直齿花键与凸轮轴端头的花键啮合,它的外螺旋花键与驱动链轮的螺旋花键孔啮合。当花键套在油压作用下克服复位弹簧的弹力轴向移动时,凸轮轴与驱动链轮产生相对角位移 $\Delta\varphi_c$。油压由电磁阀控制,机油通过中空的凸轮轴供给。

从图 2-24 可以看出,采用改变凸轮轴相位的可变气门正时技术可以使发动机的低速转矩得到大幅度提高。由于这种机构的凸轮型线及进气持续角均不变,虽然高速时可以加大进气门迟闭角,但气门叠开角减小,这是它的不足之处。

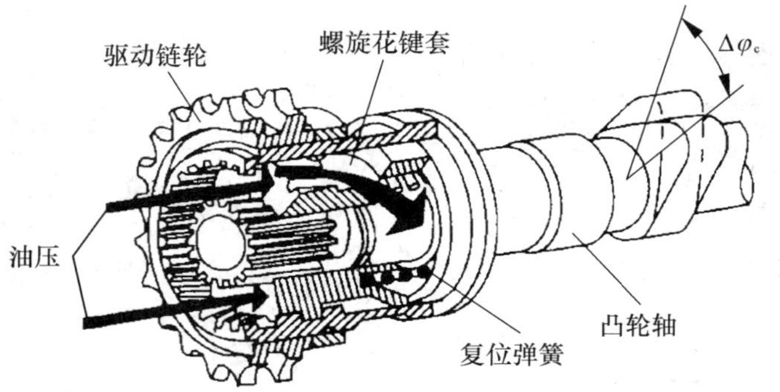

图 2-23 相位可变的凸轮轴

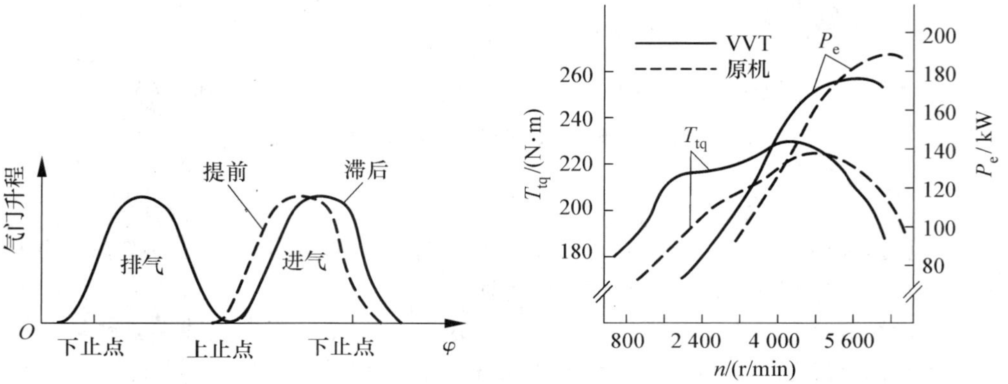

(a)VVT对配气相位和气门升程的影响

(b)VVT对有效功率及转矩的影响

图 2-24 可变气门正时(VVT)对发动机性能的影响

2)变换凸轮型线的可变气门正时机构

在低速时进气门的摇臂分别受各自的凸轮控制,高速凸轮空转;高速时两个进气门的摇臂由连接销连在一起,由高速凸轮控制摇臂运动。图 2-25 所示是本田公司开发的可变配气相位和气门升程电子控制系统(variable timing electronic control,VTEC)的构造与工作原理简图。

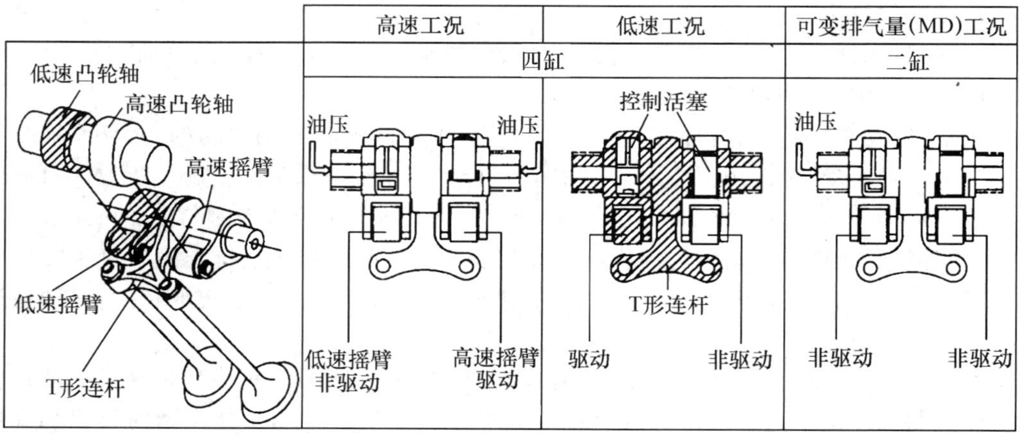

图 2-25 利用两组凸轮分别控制高、低速时的配气相位

图 2-26 所示为 VTEC 对发动机性能的影响。由图 2-26 可见，VTEC 系统不仅可以改变配气相位，而且可以改变气门升程，因而可以兼顾发动机高、低速性能，但其结构较为复杂。

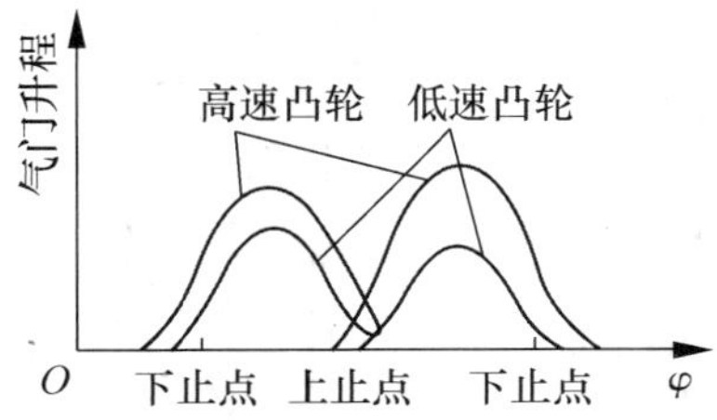

(a) VTEC 对配气相位和气门升程的影响

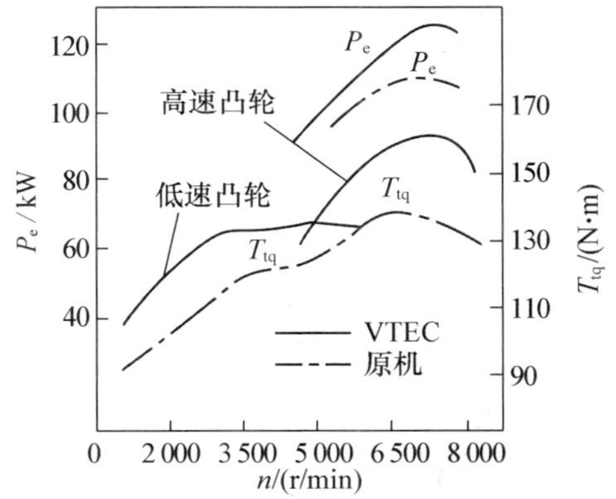

(b) VTEC 对有效功率和转矩的影响

图 2-26　VTEC 对发动机性能的影响

3）无凸轮轴的可变配气相位机构

理想的 VVT 是采用电磁阀控制气门，它既可改变气门升程曲线（配气相位），又可改变气门最大升程。如图 2-27 所示，上、下两个电磁铁不通电时气门在弹簧作用下处于中间位置，上面电磁铁通电即可关闭气门。利用下面电磁铁的不同通电状况，可改变气门的最大升程。电磁阀控制气门机构可取消凸轮轴，增加内部 EGR，降低 NO_x 排放量，泵气损失可降低 30%。这种机构简单，控制灵活，但气门运动规律不能精确控制，会受到气门落座的冲击；电磁铁效率低，需要大的驱动功率；尺寸大，布置有困难，成本高；电磁铁有升温现象，会影响驱动力控制。目前在汽车上尚未得到应用。

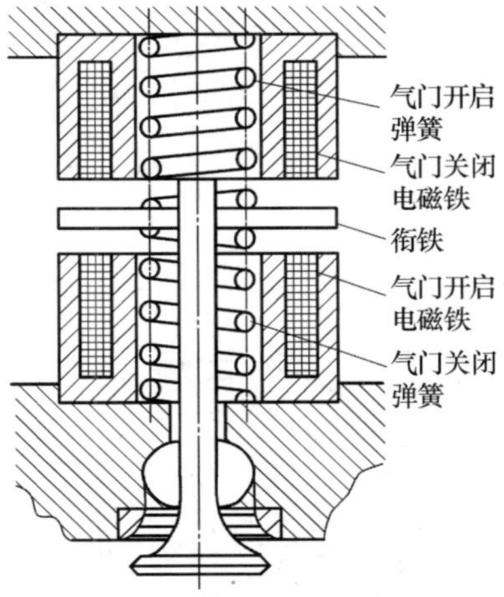

图 2-27　无凸轮轴的可变配气相位机构

2.5　二冲程发动机的换气过程

二冲程发动机是在曲轴回转一圈即活塞上、下两个行程内完成一个工作循环。与四冲程发动机的主要不同之处在于换气过程，二冲程发动机的换气过程比四冲程所占曲轴转角小，在整个换气过程中，几乎不存在活塞的吸排作用，而是利用废气能量排气，并用曲轴箱或单独的扫气泵将新鲜充量压入气缸，扫除缸内残余废气。二冲程发动机组织好换气过程是获得良好工作指标的关键。

2.5.1　二冲程发动机的换气过程及性能特点

1. 二冲程发动机的换气过程分析

图 2-28 为曲轴箱扫气二冲程发动机的工作过程。二冲程发动机工作气缸的下部开有排

气口和扫气口。当燃烧—膨胀过程开始时，活塞从上止点向下运动至下止点前活塞顶部开启排气口，膨胀过程即告结束。从排气行程开始[图 2-28(e)示功图上 b 点]到活塞至下止点后返回上行至其顶部遮闭排气口的期间，即示功图上 bda 段，为二冲程发动机的换气过程。根据气体流动情况，二冲程发动机的换气过程可分为自由排气、强制排气与扫气、额外排气 3 个阶段。

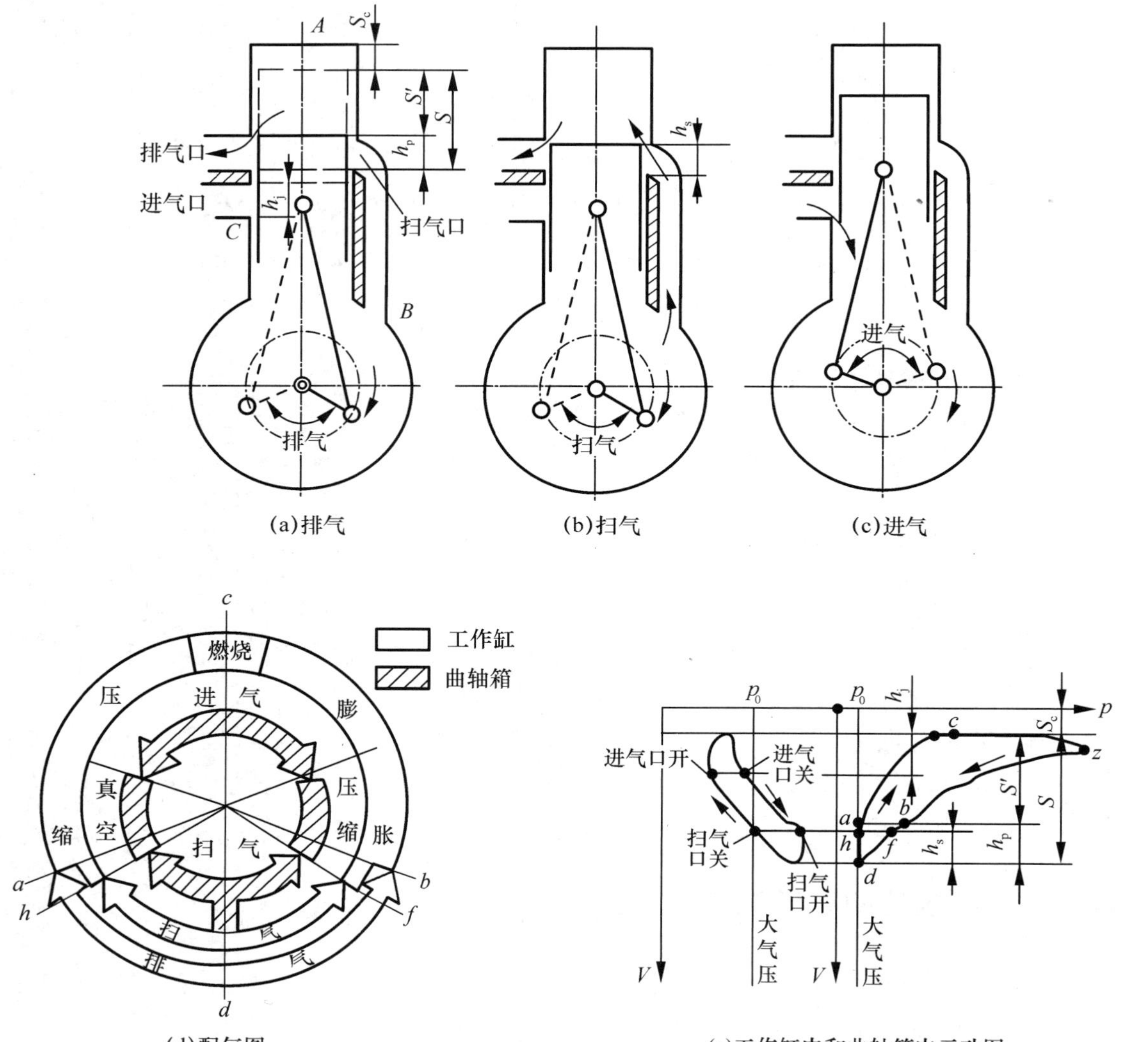

(a)排气　(b)扫气　(c)进气

(d)配气图　(e)工作缸内和曲轴箱内示功图

图 2-28　曲轴箱扫气二冲程发动机的工作过程

h_s-扫气口高度；h_j-进气口高度；h_p-排气口高度；

S-活塞行程；S'-活塞有效行程；S_c-燃烧室高度

1）自由排气阶段（bf 段）

从排气口开启（b 点）到扫气口开启（f 点），新鲜充量开始进入气缸。排气口开启时，气缸内废气压力较高，一般为 300～600 kPa，缸内压力与排气管内压力之比高于临界压比，废气以当地声速流过排气口，进入排气道，此时缸内压力迅速下降；当压比低于临界压比时，废气低于声速流出，处于亚临界状态。在自由排气的后期，由于排气流速很高，排气惯性作用将使气缸内压力急剧下降，甚至出现真空（负压）。通常认为气缸内废气压力等于换气新鲜充量压力时为自由排气的终点。自由排气阶段时间很短，但却排出废气总量的70%～80%。

2）强制排气与扫气阶段（fdh 段）

扫气口开启（f 点），提高了压力的新鲜充量进入气缸，并利用进入气体强制废气排出气缸外，既扫除废气又充入新鲜充量，直至活塞到下止点（d 点）后返回，上行将扫气口遮闭（h 点），扫气过程结束。这一阶段将剩余的20%～30%废气强制排出气缸，同时将新鲜空气充入气缸。

3）额外排气阶段（ha 段）

在扫气口关闭（h 点）之后，排气口还开着，这时由于活塞上行的排挤和废气气流的惯性而继续排出废气或新鲜充量与废气的混合气，直至排气口关闭（a 点）为止。

活塞继续上行，进行压缩过程（ac），到上止点（c 点）前开始喷油（或点火）燃烧，缸内压力迅速增长（cz）。接着活塞下行，膨胀做功（zb），重复新的工作循环。整个换气过程（bda 段）占130°～150°CA。

2. 二冲程发动机的压缩比

1）实际压缩比

从排气口开启到排气口关闭的整个换气过程，废气及新鲜充量不断从排气口流出，这部分气缸容积不能容纳新鲜充量，计为损失容积 V_e。二冲程发动机的有效工作容积为

$$V_s' = V_s - V_e = V_s(1-\psi) \tag{2-20}$$

式中：ψ 为冲程损失百分比，$\psi = \dfrac{V_e}{V_s} = \dfrac{h_p}{S}$，$h_p$ 为排气口高度（mm），S 为活塞行程（mm）；V_s 为气缸工作容积，L；V_e 为排气口部分所占气缸容积，即损失容积，L。

实际压缩比 ε 为考虑到损失容积的压缩比，即

$$\varepsilon = \frac{V_c + V_s'}{V_c} \tag{2-21}$$

2）几何（或名义）压缩比

几何（或名义）压缩比 ε' 是不考虑工作容积中的损失容积所得到的压缩比，即

$$\varepsilon' = \frac{V_c + V_s}{V_c} = \frac{V_c + V_s'}{V_c} + \frac{V_e}{V_c} = \varepsilon + \frac{\psi V_s}{V_c} = \varepsilon + \psi(\varepsilon' - 1) \tag{2-22}$$

则

$$\varepsilon = \varepsilon'(1-\psi) + \psi \tag{2-23}$$

3. 二冲程发动机的性能特点

根据对二冲程发动机换气过程的分析可知，二冲程发动机与四冲程发动机相比，具有以下性能特点：

（1）二冲程发动机进、排气重叠时期（扫气期）可长达换气时期的70%～80%，而换气过程总延续角又比四冲程发动机小得多，即二冲程发动机换气时间短而新鲜充量与废气掺混时间长，所以换气质量不高，残余废气系数 ϕ_r 较大，且有大量新气流失。

(2)二冲程发动机由于在下止点前 65°～75°CA 就开始排气,所以膨胀做功到此基本终止(只保持低压做功段)。这相当于有效工作行程减小,再加上扫气要耗费较多的能量,所以其指示热效率明显低于四冲程发动机,燃油消耗率较高。

(3)二冲程发动机变工况运行时,换气过程变化较大,易偏离优化匹配状态,所以二冲程发动机变工况运行时的性能较差。

(4)二冲程汽油机由于扫气时有新鲜混合气逸出,不仅经济性变差,也使 HC 排放量增多。

二冲程发动机的换气过程仅占 130°～150°CA,只有四冲程发动机的 1/3 左右,且进、排气过程又是同时进行的,利用新鲜充量来扫除气缸内废气,新鲜充量容易与废气相混排出气缸,造成损失,同时,缸内废气也不易扫除干净,因此,二冲程发动机换气困难是一个特有问题。

2.5.2 扫气

2.5.2.1 扫气系统的基本形式

由于二冲程发动机的进、排气过程是重叠进行的,利用新气扫除废气,必须设置扫气泵,提高进入气缸的新气压力。扫气系统大致有如下 3 种形式。

1. 曲轴箱扫气

当活塞向上止点运动时,曲轴箱压力迅速下降,上行至活塞下边缘打开进气口[图 2-28(c)],新鲜充量被吸入曲轴箱,该过程称为曲轴箱进气过程,直到活塞下行,活塞下边缘关闭进气口止;再下行,活塞开始压缩曲轴箱中的新鲜充量,使其压力升高,从而起到扫气泵的作用[图 2-28(b)]。压缩的最高压力与曲轴箱压缩比 ε_k 有关,曲轴箱压缩比 ε_k 等于曲轴箱最大容积与最小容积之比,即

$$\varepsilon_k=\frac{V_k+V_s}{V_k} \tag{2-24}$$

式中:V_k 为曲轴箱的最小容积,L。

由于曲轴箱容积大,其压缩比较低,一般范围为 1.3～1.55,故充量系数小,为 0.6～0.7,扫气压力仅为 110 kPa 左右。因此,要求尽可能增大进入曲轴箱的新气量。此种结构简单、紧凑,仅用于小型汽油机及单缸柴油机上。

2. 独立的扫气泵扫气

如图 2-29 所示,扫气泵大多用转子泵或离心泵,如往复式压气机、罗茨式压气机、离心式压气机、螺杆式压气机等。一般扫气压力达到 109～150 kPa。由于带动扫气泵要消耗发动机的有效功,应在尽量低的扫气压力和尽量少的扫气泵供气量的前提下,将废气清除干净和充入更多的新鲜充量。

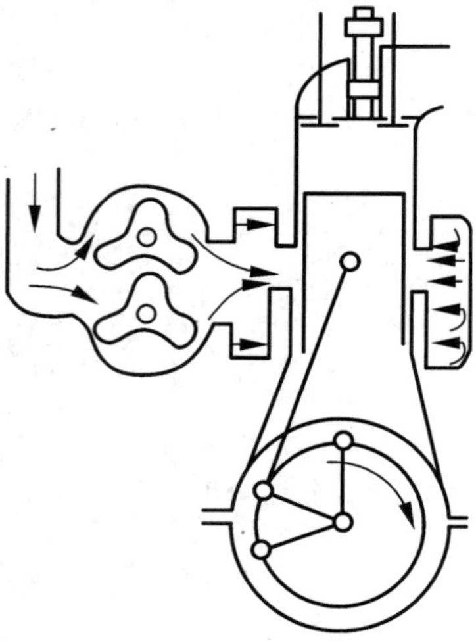

图 2-29 扫气泵

3. 排气涡轮增压扫气

这种形式的扫气压力为 140～200 kPa 甚至更高,详见第 8 章排气涡轮增压相关内容。

2.5.2.2 扫气的基本形式

根据新鲜充量在气缸中流动的方向,扫气形式可分为横流扫气、回流扫气和直流扫气 3 种。

1. 横流扫气

图 2-30 为横流扫气系统简图和气口开启高度图。横流扫气系统的扫气口与排气口布置在气缸圆周的相对侧。为使扫气进行得完善，扫气口在圆周和沿气缸中心线方向均有倾斜角，以控制气流方向。由于扫、排气定时对称，扫气口比排气口早关，产生额外排气，而且在 A 区易于残留废气，又可能在 B 区产生扫气短路现象（即新鲜充量直接由排气口流出），所以换气效果较差。

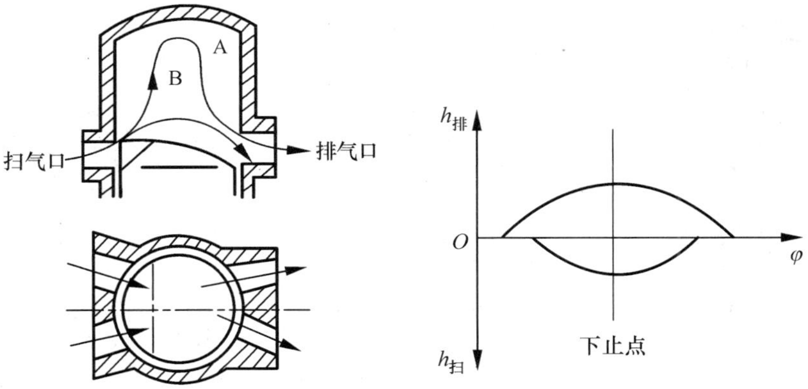

(a) 结构简图　　(b) 气口开启高度随曲轴转角 φ 的变化

图 2-30　横流扫气

2. 回流扫气

如图 2-31 所示，扫气口不正对着排气口，两者常位于气缸同侧。扫气口也在圆周和沿气缸中心线两个方向有倾斜角，使扫气气流沿活塞顶和气缸壁引向气缸上部形成回流，将废气由排气口挤出。这种形式部分克服了横流扫气中新鲜充量短路的现象，扫气效果比横流好，同时也有结构简单、制造方便的优点，因而在小型二冲程发动机上获得广泛应用。

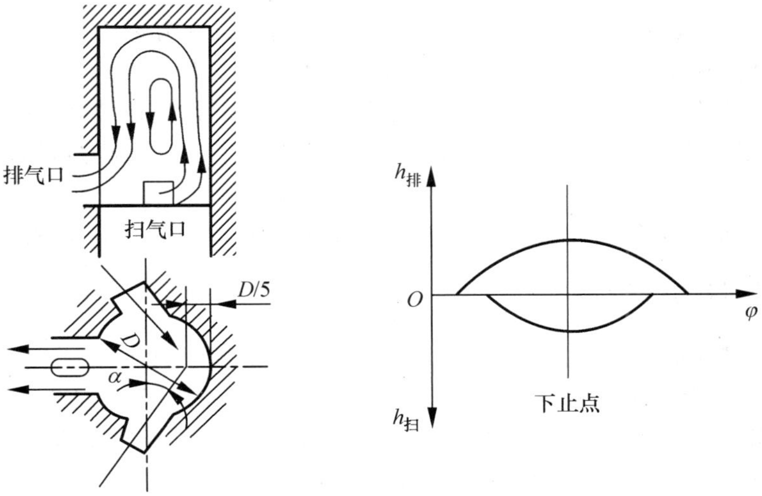

(a) 结构简图　　(b) 气口开启高度随曲轴转角 φ 的变化

图 2-31　回流扫气

3. 直流扫气

直流扫气的主要特点是，扫气气流沿气缸轴线由下向上运动，流过整个气缸断面，新鲜充量与废气的掺混较少，换气质量高。

直流扫气又分为气门气口式[图 2-32(a)]和对向活塞式[图 2-32(b)]两种形式。

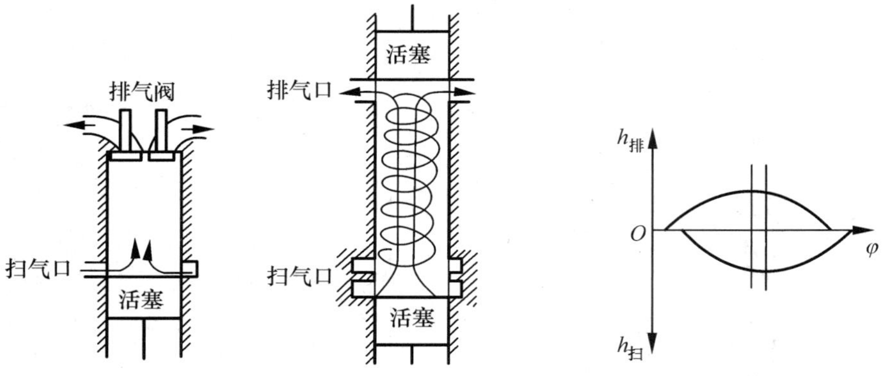

(a)气门气口式　(b)对向活塞式　(c)气口开启高度随曲轴转角φ的变化

图 2-32　直流扫气

(1)气门气口式直流扫气系统：扫气口在气缸下部圆周均匀分布，与所在位置处气缸半径方向呈一定角度，使扫气气流在气缸内形成旋转向上的气垫，避免与废气相混，并将废气从顶部的排气门推出。排气门传动机构和四冲程发动机的气门传动机构相似，由于排气门受凸轮轴定时控制，可实现非对称换气，并使排气门比扫气口早关，避免了新鲜充量损失，可实现过后充气。由于扫气口沿整个气缸圆周布置，可以缩小孔高，减少行程损失。该换气方式的缺点在于装置有排气门机构，使其结构复杂，且排气门的开闭频率比同转速四冲程发动机大一倍，因而气门机构的惯性力较大，气门弹簧容易损坏。

(2)对向活塞式直流扫气系统：扫气口与排气口分别布置在气缸的两端，扫气口与排气口的启闭由相反方向运动的两个活塞分别控制。这种发动机也称为对置活塞式发动机，两个活塞分别通过两套曲轴连杆机构传递功率，并通过齿轮传动机构联动。

通常排气口端的曲轴比扫气口端的曲轴超前 9°～15°CA，以使排气口比扫气口先开启，早关闭，从而造成过后充气。排气活塞领先，使其输出功率大于扫气活塞输出功率，领先角越大，两个活塞输出功率之差越大，一般排气活塞输出功率为整机功率的 60%～70%。这种换气形式的缺点是上、下曲轴的传动机构较为复杂，整机高度增加，且缸套热负荷较高。

2.5.3　换气质量的评价指标

理想的换气过程中新鲜充量将废气推出而又不相互混合，实际上废气一面排出，一面与新鲜充量混合；在换气过程中新鲜充量也会部分从排气口跑掉，对于柴油机仅损失一些空气，对于汽油机则要损失混合气，使经济性变差。二冲程发动机换气过程的好坏，可以用扫气系数、残余废气系数、过量扫气系数、充量系数等参数来评价。

1. 扫气系数和残余废气系数

扫气系数 ϕ_s 是换气后留在气缸内的新鲜充量的质量 m_1 与换气后气缸内气体的总质量

m_0 之比，即

$$\phi_s=\frac{m_1}{m_0}=\frac{m_1}{m_1+m_r}=\frac{1}{1+\phi_r} \tag{2-25}$$

式中：m_r 为扫气后缸内残余废气的质量，kg；ϕ_r 为残余废气系数。

扫气系数是衡量扫气效果优劣的重要指标，其值越大，说明留在气缸内的废气量越少，扫气效果越好。二冲程发动机不同扫气形式的扫气系数 ϕ_s 和残余废气系数 ϕ_r 如表 2-1 所示。

表 2-1　二冲程发动机不同扫气形式的扫气系数 ϕ_s 和残余废气系数 ϕ_r

扫气形式	ϕ_s	ϕ_r
横流扫气	0.72～0.80	0.25～0.40
回流扫气	0.80～0.92	0.08～0.25
气门气口式直流扫气	0.87～0.94	0.06～0.16
对向活塞式直流扫气	0.91～0.96	0.04～0.10

2. 过量扫气系数

过量扫气系数 ϕ_k 又称给气比，是扫气中所用新气总质量 m_k 与在大气状态下充满气缸工作容积 V_s 的新气质量 m_s 之比，即

$$\phi_k=\frac{m_k}{m_s} \tag{2-26}$$

过量扫气系数 ϕ_k 表示向气缸供给新气的多少，ϕ_k 小说明消耗的新气量少，扫气泵的功耗也小。好的换气系统应该在较小的过量扫气系数 ϕ_k 下保证较高的扫气系数 ϕ_s。通常，为了降低扫气泵的驱动功率，希望尽量降低 ϕ_k，但为了降低热负荷，扫气系数 ϕ_s 不致降低过多，ϕ_k 又不能取得过小。ϕ_k 值的大致范围为：

车用高速发动机	1.25～1.50
机车或船用高速发动机	1.25～1.30(非增压)，1.40～1.70(增压)
曲轴箱扫气发动机	0.50～0.90

3. 充量系数 ϕ_c

充量系数 ϕ_c 又称为充量效率、给气效率、容积效率等，其定义与四冲程发动机的充量系数相同。充量系数 ϕ_c 是指换气后留在气缸内的新鲜充量的质量 m_1 与每循环供给的新气质量 m_t 之比，即

$$\phi_c=\frac{m_1}{m_t} \tag{2-27}$$

二冲程发动机的充量系数 ϕ_c 和扫气系数 ϕ_s 的关系是

$$\phi_c=\frac{\varepsilon}{\varepsilon-1}\frac{p_a}{p_0}\frac{T_0}{T_a}(1-\psi)\phi_s \tag{2-28}$$

式中：p_0、T_0 分别为大气状态的压力和温度；p_a、T_a 分别为进气终了状态的压力和温度；ε 为压缩比；ψ 为冲程损失百分比。

2.5.4 二冲程发动机的应用

由于二冲程发动机曲轴每转一圈就做功一次，单位时间工作循环数提高一倍，所以在相同的功率下，二冲程发动机的外形尺寸小、质量轻，这是其重大优点。但因缸壁上开有气口，有部分无效行程，带动扫气泵也要消耗有效功，加上换气效果差，故在相同的 D、S、n 条件下，二冲程发动机的升功率只能比四冲程发动机高 50%～70%。

目前，在大功率、低速船用柴油机中二冲程的较多，最小燃油消耗率低至 160 g/(kW·h)。在要求升功率高、结构简单、轻巧的摩托车、赛艇以及喷雾、割草等小型农用动力机具上，广泛应用曲轴箱换气二冲程发动机，但其燃油消耗率甚高，一般均大于 300 g/(kW·h)。在其他领域仍以四冲程发动机为主。

复习思考题

1. 对内燃机换气过程的要求是什么？什么是自由排气？什么是强制排气？它们各自有何特点？
2. 四冲程发动机的换气过程包括哪几个阶段？这几个阶段是如何界定的？
3. 气门叠开角的大小对发动机换气过程有何影响？
4. 何谓发动机的换气损失？四冲程发动机的换气损失是怎样造成的？从哪些方面采取措施可以减少换气损失？
5. 何谓充量系数？试推导充量系数的解析式。
6. 残余废气系数与充量系数有何关系？
7. 试分析影响充量系数的主要因素。
8. 什么是进气马赫数？它对充量系数有什么影响？
9. 为什么说进气门迟闭角在配气正时中对充量系数影响最大？试分析之。
10. 提高充量系数的措施有哪些？
11. 在充量系数的研究中，为什么常把注意力主要集中于进气系统？
12. 简述发动机转速变化时充量系数的变化特征。
13. 通过提高转速来提高发动机功率时，从换气过程看会遇到哪些困难？有何措施防止充量系数下降？
14. 内燃机负荷对充量系数的影响在柴油机和汽油机上有什么不同？为什么？
15. 多气门机构有何功能及特点？
16. 何谓进气管的惯性效应？
17. 何谓进气管的波动效应？
18. 怎样利用进气管的动态效应来提高进气充量？
19. 可变气门正时有哪些方法？简述其应用机理。
20. 简述二冲程发动机的换气过程。
21. 二冲程发动机扫气有哪 3 种形式？各有何优缺点？
22. 评价二冲程发动机换气质量的参数有哪些？
23. 二冲程发动机换气过程与四冲程发动机换气过程有哪些主要差异？
24. 简述二冲程发动机的应用与发展前景。

第3章　燃料与燃烧

3.1　发动机的燃料及其使用特性

3.1.1　发动机的燃料

发动机的燃料可分为常规燃料和代用燃料。常规燃料是指汽油和柴油，代用燃料是指除汽油、柴油之外的燃料。

发动机的常规燃料，即汽油和柴油，是通过石油原油炼制而成的。

1. *石油原油炼制方法*

石油原油炼制是将原油加工精制成燃料油和润滑油等产品的工艺过程。通常是先将原油进行蒸馏，根据沸点的不同，依次蒸馏出汽油、煤油、柴油、重柴油、润滑油，这一过程为一次加工。将一次加工得到的产品，按照需要分别进行二次、三次加工，以得到不同成分和规格的燃料油和润滑油。

石油原油炼制方法主要有直馏法、催化裂化法、催化重整法、加氢裂化法等。

(1)直馏法：原油不经化学加工，经脱盐、脱水预处理后，在蒸馏塔(精馏塔)中加温直接蒸馏，经分馏得到各种产品。直馏法一般分为定压分馏和变压分馏两种，前者较为通用，是将原油先在管式炉中加热，再通入精馏塔内，分离为直馏汽油、煤油、柴油和重油等产品(图3-1)。小规模的直馏也可在简单的蒸馏釜中进行。

(2)催化裂化法：重油在有催化剂(如硅酸铝)的流化床反应器中加热，发生裂化反应，转变为裂化气、汽油和柴油，可以得到高辛烷值汽油、柴油等燃料。我国70%以上的汽油是采用催化裂化法得到的。

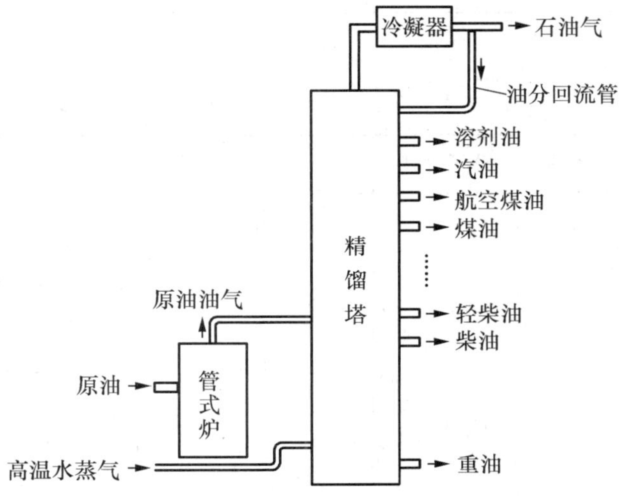

图3-1　石油原油的直接蒸馏炼制示意图

(3)催化重整法：以汽油馏分(石脑油)为原料，在氢气和催化剂存在的条件下加热，使汽油馏分进行结构重整反应，分子结构重新排列，把非芳烃转化成芳烃，再经精制，得到高辛烷值汽油和苯、甲苯、二甲苯等。

(4)加氢裂化法：以重油为原料，在氢气和催化剂存在的条件下，维持一定的温度和压力，发生裂化、加氢、异构化等复杂的化学反应，得到优质的轻油或润滑油。

2. 烃类燃料的成分与化学结构

石油原油的主要成分是碳、氢两种元素，含量占97%～98%，还有少量的硫、氧、氮等元素。石油产品是以多种碳氢化合物的混合物形式出现的，分子式为 C_nH_m，通常称为烃。烃分子中碳、氢原子数不同，则构成不同相对分子质量、不同沸点的物质。

对石油原油进行炼制，可得到沸点不同的馏分产品，即石油气、汽油、煤油、柴油、重油等烃类燃料。烃类燃料的成分与性质见表3-1。

烃分子中碳、氢原子的数目和排列位置对燃料性能影响很大，表3-2为烃分子按化学结构的分类。

表3-1　烃类燃料的主要成分及主要性质

燃料名称	主要成分		沸点/℃ (101.3 kPa)	密度(液)/(kg/L)，密度(气)/(kg/m³) (0 ℃，101.3 kPa)	相对分子质量	着火温度/℃	理化性质变化趋势
	碳原子数	碳、氢元素的质量分数/%					
石油气	C_1～C_5	83C，17H	−42～1	0.51～0.58(液) 2.0～2.7(气)	16～58	365～470	质轻↑　易发挥↑　黏度增大↓　氧化安定性变好↑　易自燃↓　易点燃↑
汽油	C_5～C_{11}	86C，14H	30～220	0.715～0.78(液)	95～120	300～400	
煤油	C_{11}～C_{19}	87C，13H	170～260	0.77～0.83(液)	100～180	250	
柴油	C_{16}～C_{23}	87C，13H	180～370	0.815～0.855(液)	180～200	250	
重油	C_{23} 以上		360 以上		220～280		

表3-2　烃分子的化学结构和性质

类别	分子通式	品　　种	性　　质
烷烃	C_nH_{2n+2}	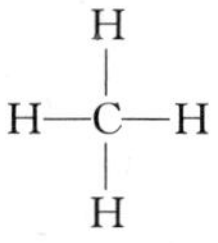 甲烷 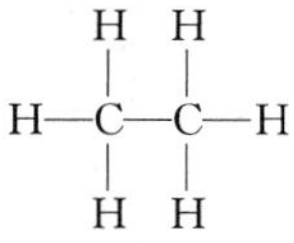 乙烷 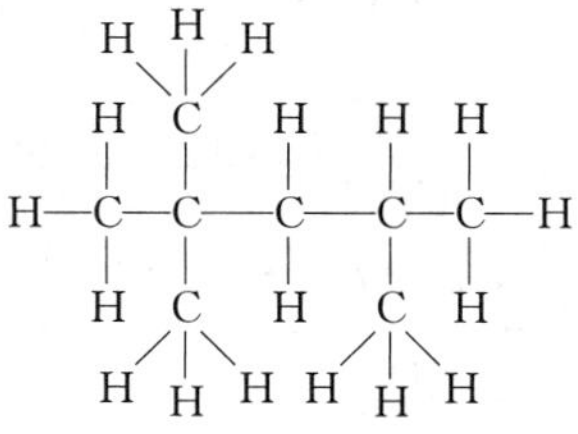 异辛烷	呈饱和的开链式结构，含碳原子越多，结构越不紧凑，常温下化学性质比较稳定，但热稳定性比较低，在高温下易分解，自发火的滞燃期较短，是柴油燃料的良好成分。支链式结构在高温下较稳定，是汽油中抗爆性好的成分

续表3-2

类别	分子通式	品　　种	性　　质
环烷烃	C_nH_{2n}	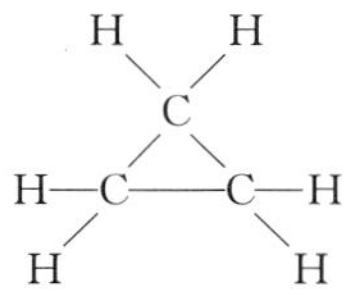 环丙烷 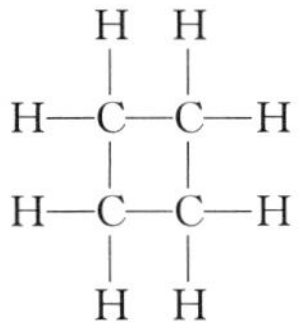 环丁烷 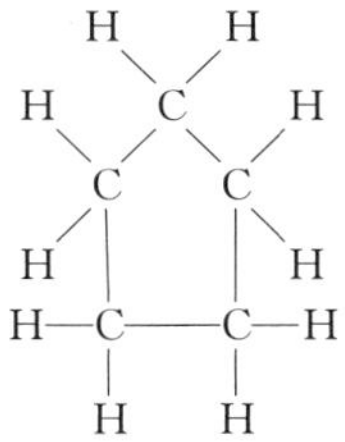 环戊烷	饱和的环状分子结构，不易分裂，热稳定性和自发火的温度均比直链烷烃的高。环烷烃多的燃油适宜做汽油机燃料，不适宜做柴油机燃料。环烷烃与烷烃都是石油的重要组成部分
烯烃	C_nH_{2n}	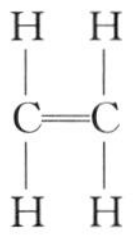 乙烯 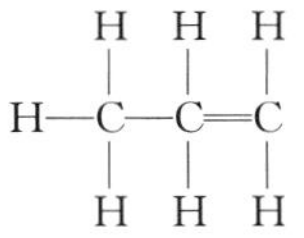 丙烯	非饱和开链式结构，有一个双价键，它比烷烃难以自行发火，是汽油中抗爆性好的成分，但常温下氧化安定性差，在长期储存中易于氧化生成胶质
芳烃	C_nH_{2n-6} 或 C_nH_{2n-12}	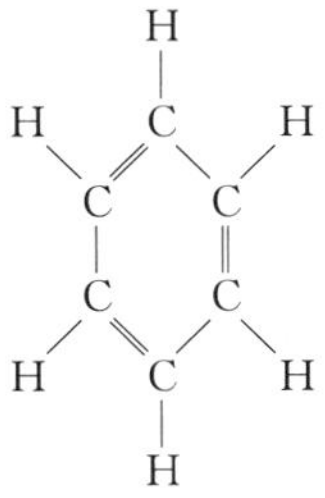 苯 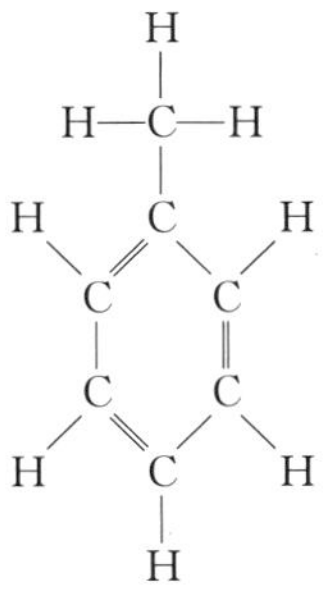 甲苯 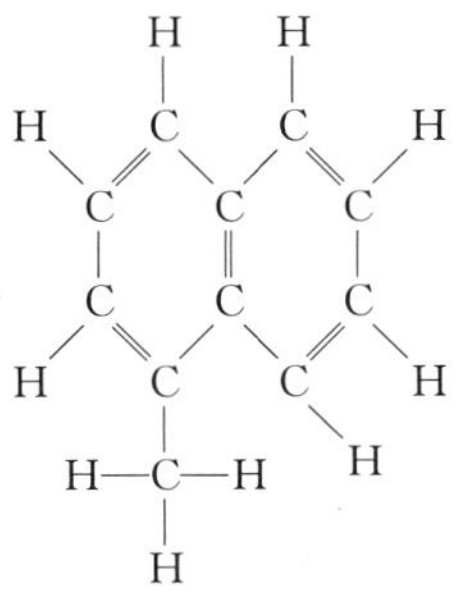 α-甲基萘	基本化合物是苯，所有芳烃都含有苯基的成分。在石油中含量较少，分子结构坚固，热稳定性比脂肪烃及环烷烃均高，在高温下分子不易分裂，氧化安定性较前者为高，是汽油中良好的防爆剂。近年的排放研究表明，芳烃对臭氧的形成影响较大，在燃料中的含量要加以限制

3.1.2 发动机燃料的使用特性

汽油和柴油作为汽车拖拉机发动机的主要燃料，对于发动机的性能、效率、耐久性、环保性等都有着重要的影响。汽车拖拉机工业的发展，对车用燃料的品质提出了越来越高的要求。了解燃油的使用性能及对汽车拖拉机使用的影响，了解燃油的牌号、规格、发展趋势及环保对燃油的要求，是正确、合理地选用燃油的前提。

3.1.2.1 汽油

通常将馏程在 30～220 ℃范围内、可含有适当添加剂的精制石油馏分称为汽油。根据其用途和品质的不同，汽油可分为航空汽油、车用汽油、工业汽油和溶剂汽油。习惯上将车用汽油简称为汽油。

汽油的性能对发动机的动力性、经济性、可靠性和使用寿命有很大的影响。车用汽油应具有良好的抗爆性、适宜的蒸发性、良好的氧化安定性，无腐蚀、无污染，不含机械杂质和水分等。

1. 车用汽油的性能指标

1)抗爆性

汽油的抗爆性是指汽油在发动机气缸内燃烧时抵抗爆燃(爆震)的能力。

在汽油机燃烧中，随着压缩比及缸内气体温度的升高，可能出现一种不正常的自燃现象，即爆燃。爆燃的产生受多种因素影响，其中汽油的抗爆性是影响汽油机爆燃的关键因素之一。汽油抗爆性的评价指标是辛烷值和抗爆指数。

(1)辛烷值：辛烷值是表示火花点燃式发动机燃料抗爆性的约定数值，在规定条件下的标准发动机试验中通过与标准燃料进行比较而测定。标准燃料通常由容易爆燃的正庚烷(辛烷值定为 0)与抗爆性好的异辛烷(辛烷值定为 100)按不同比例混合而成。测定的方法有马达法(MON)和研究法(RON)两种，不同方法测得的辛烷值也不同。汽油的辛烷值越高，其抗爆性越好。这两种方法的试验条件见表 3-3。

表 3-3 用马达法(MON)和研究法(RON)测定辛烷值时的试验条件

条件	方法	
	马达法(MON)(GB/T 503—2016)	研究法(RON)(GB/T 5487—2015)
转速/(r/min)	900±9	600±6
进气温度/℃	38±2.8	52±1
进气湿度/(g/kg)	3.56～7.12	3.56～7.12
进气混合温度/℃	149±1	混合气不预热
点火提前角	可变化	不变，上止点前 13°CA
压缩比	4～18	4～18
冷却液温度/℃	100±1.5	100±1.5
润滑油(100 ℃)运动黏度/(m^2/s)	$(9.3～12.5)\times10^{-6}$	$(9.3～12.5)\times10^{-6}$
润滑油压力/kPa	172～207	172～207
润滑油温度/℃	57±8	57±8
火花塞间隙/mm	0.51±0.13	0.51±0.13
空燃比	调整到爆燃最强	调整到爆燃最强

(2)抗爆指数：抗爆指数是研究法辛烷值(RON)与马达法辛烷值(MON)之和的 1/2，即

$$抗爆指数=\frac{RON+MON}{2}$$

抗爆指数能全面反映汽油的抗爆性，即抗爆指数越大，汽油的抗爆性越好。

2)蒸发性

汽油由液态转化为气态的性质称为汽油的蒸发性。汽油的蒸发性越好越容易汽化，与空气混合均匀，燃烧速度快，燃烧完全，可保证发动机在各种使用条件下(特别是寒冷冬季)易于起动、加速及正常运转，但蒸发性越好形成气阻的倾向性也越大。若蒸发性不好，则混合气形成困难，起动、加速性能变差，燃烧不完全，油耗增加。

汽油蒸发性的评价指标是馏程和饱和蒸气压。

(1)馏程：用石油产品馏程测定仪对 100 mL 油品蒸馏时，从初馏点到终馏点的温度范围和残留量称为该油品的馏程。汽油的馏程用 10%蒸发温度、50%蒸发温度、90%蒸发温度、终馏点和残留量等表示。

10%蒸发温度与汽油机的冷起动性有关。汽油机冷起动时，转速和空气流速都很低，而且壁面温度也低，所以雾化差，汽油蒸发量少。因此，一般供给浓混合气，只要其中有 10%左右的汽油蒸发就能顺利起动。10%蒸发温度越低，汽油机的冷起动性越好。但若此温度过低，汽油在管路中输送时易受发动机高温零部件的加热而变成蒸气，进而形成气阻现象，使发动机断油，影响正常运转。一般要求 10%蒸发温度小于 70 ℃。

50%蒸发温度标志汽油的平均蒸发性，直接影响发动机的暖车时间、加速性以及工作稳定性。50%蒸发温度低说明这种汽油的平均蒸发性好，在较低温度下可以有大量的燃料挥发并与空气混合，这样可以缩短暖车时间，而且从低负荷向高负荷过渡时，能够及时地供给所需的可燃混合气量。国家标准要求 50%蒸发温度小于 110 ℃。

90%蒸发温度标志燃料中难以挥发的重馏分的含量。90%蒸发温度过高，说明燃料含有较多的重质成分，在气缸中不易挥发而附在气缸壁上，燃烧时容易产生积炭，或者沿着气缸壁流入油底壳而稀释润滑油，同时不易完全燃烧，影响燃烧效率。国家标准要求 90%蒸发温度小于 190 ℃。

(2)饱和蒸气压：在规定条件下，油品在要求的试验仪器中气、液两相达到平衡时，液面蒸气所产生的最大压力称为饱和蒸气压。汽油常用雷德饱和蒸气压表示，其物理含义是：在 38 ℃测得的汽油与其蒸气的体积比为 1∶4 时的汽油最大蒸气压力。

此外，饱和蒸气压的大小也反映汽油蒸发性的好坏，标志抵抗产生气阻现象的能力。

3)氧化安定性

汽油抵抗大气或氧气的作用而保持其性质不发生本质变化的能力称为氧化安定性。汽油氧化安定性的评价指标是胶质含量和诱导期。

(1)胶质含量：胶质含量是指在规定条件下对汽油进行快速蒸发后蒸发残渣中正庚烷不溶物的量，以 mg/100 mL 表示。

(2)诱导期：诱导期是在规定的加速氧化条件下油品处于稳定状态所经历的时间周期，以分(min)表示。

提高汽油的氧化安定性的主要措施是在汽油中添加清净剂。

4)腐蚀性

汽油中引起腐蚀的物质主要是硫分、硫化物、有机酸、水溶性酸和碱等。这些成分对发动机燃料供给系中的许多金属零件会产生直接或间接的腐蚀作用,因此,国家标准中对汽油的腐蚀性有严格的要求,即汽油应对贮油容器和零件无腐蚀性。

评定汽油腐蚀性的指标主要是硫含量、硫醇含量、铜片腐蚀级别和水溶性酸或碱含量。

5)无害性

汽油的成分一方面直接影响汽车的排放,同时还关系到汽车排放污染控制装置的作用。所以,在生产车用汽油的过程中,对车用汽油的有害物含量也应严格控制。

汽油无害性的评价指标主要有铅、硫、苯、芳烃、烯烃、氧、甲醇、锰、铁等的含量。

6)清洁性

汽油中不应含有机械杂质和水分。水混入汽油中,会加速汽油的氧化,能与汽油中的低分子酸生成酸性水溶液,腐蚀零件;水直接对金属零件有腐蚀作用;水低温时易结冰形成冰粒堵塞油路。机械杂质会使汽油滤清器、喷油器堵塞;机械杂质进入燃烧室会使燃烧室沉积物增加,加速气缸活塞环的磨损。

2. 车用汽油的牌号

我国的车用汽油有强制标准,按照 GB 17930—2016《车用汽油》的规定,车用汽油(ⅥA)和车用汽油(ⅥB)按研究法辛烷值(RON)分为 89 号、92 号、95 号和 98 号 4 个牌号,分别满足国ⅥA、国ⅥB 排放标准要求。车用汽油(ⅥA)和车用汽油(ⅥB)的质量指标见表 3-4。

3.1.2.2　柴油

我国生产的柴油分为轻柴油、重柴油和农用柴油 3 类。高、中速柴油发动机使用的燃料是轻柴油,习惯上称为柴油。为保证柴油发动机正常工作,车用柴油应具备良好的燃烧性、良好的低温流动性、适宜的黏度和蒸发性、良好的安定性,无腐蚀性,不含机械杂质和水分等。

1. 车用柴油的性能指标

1)燃烧性

柴油的燃烧性包括发火能力与抗爆能力,其评价指标是柴油自燃点与十六烷值。

(1)自燃点:自燃点是指在规定条件下升高柴油的温度,当没有火源靠近而柴油自行着火燃烧时的温度。自燃点低,在着火落后期,燃烧室的局部易形成高密度的过氧化物,形成着火中心,故着火落后期短,整个燃烧过程均匀,气体压力升高平缓,最高压力较低。

(2)十六烷值:十六烷值是在规定条件下表示柴油着火性能的约定数值,在规定条件下的标准发动机试验中通过和标准燃料进行比较来测定。标准燃料由容易自燃的十六烷(十六烷值为 100)和最不容易自燃的 α-甲基萘(十六烷值为 0)按不同比例混合而成。当被测柴油的自燃性与所配制的标准燃料的自燃性相同时,标准燃料中十六烷的体积分数就定为该种柴油的十六烷值。

国外也经常使用十六烷指数作为柴油着火性能的评价指标。十六烷指数是根据燃料的密度和蒸馏特性数据计算得到的,不用进行发动机试验。

实际上,燃料的十六烷值与辛烷值是相逆的评价指标。十六烷值表征自燃性,而辛烷值表征抗自燃性,两者的大致关系可由下式表示:

$$辛烷值=120-2\times十六烷值$$

表 3-4 车用汽油(ⅥA)和车用汽油(ⅥB)的质量指标(GB 17930—2016)

<table>
<tr><th colspan="3" rowspan="2">项 目</th><th colspan="4">车用汽油(ⅥA)</th><th colspan="4">车用汽油(ⅥB)</th></tr>
<tr><th>89 号</th><th>92 号</th><th>95 号</th><th>98 号</th><th>89 号</th><th>92 号</th><th>95 号</th><th>98 号</th></tr>
<tr><td rowspan="2">抗爆性</td><td>研究法辛烷值(RON)</td><td>不小于</td><td>89</td><td>92</td><td>95</td><td>98</td><td>89</td><td>92</td><td>95</td><td>98</td></tr>
<tr><td>抗爆指数(RON+MON)/2</td><td>不小于</td><td>84</td><td>87</td><td>90</td><td>93</td><td>84</td><td>87</td><td>90</td><td>93</td></tr>
<tr><td colspan="2">铅含量/(g/L)</td><td>不大于</td><td colspan="4">0.005</td><td colspan="4">0.005</td></tr>
<tr><td rowspan="5">馏程</td><td>10%蒸发温度/℃</td><td>不高于</td><td colspan="4">70</td><td colspan="4">70</td></tr>
<tr><td>50%蒸发温度/℃</td><td>不高于</td><td colspan="4">110</td><td colspan="4">110</td></tr>
<tr><td>90%蒸发温度/℃</td><td>不高于</td><td colspan="4">190</td><td colspan="4">190</td></tr>
<tr><td>终馏点/℃</td><td>不高于</td><td colspan="4">205</td><td colspan="4">205</td></tr>
<tr><td>残留量(体积分数)/%</td><td>不大于</td><td colspan="4">2</td><td colspan="4">2</td></tr>
<tr><td rowspan="2">蒸气压/
kPa</td><td>11 月 1 日至 4 月 30 日</td><td></td><td colspan="4">45～85</td><td colspan="4">45～85</td></tr>
<tr><td>5 月 1 日至 10 月 31 日</td><td></td><td colspan="4">40～65</td><td colspan="4">40～65</td></tr>
<tr><td rowspan="2">胶质含量/
(mg/
100 mL)</td><td>未洗胶质含量(加入清净剂前)</td><td>不大于</td><td colspan="4">30</td><td colspan="4">30</td></tr>
<tr><td>溶剂洗胶质含量</td><td>不大于</td><td colspan="4">5</td><td colspan="4">5</td></tr>
<tr><td colspan="2">诱导期/min</td><td>不小于</td><td colspan="4">480</td><td colspan="4">480</td></tr>
<tr><td colspan="2">硫含量/(mg/kg)</td><td>不大于</td><td colspan="4">10</td><td colspan="4">10</td></tr>
<tr><td colspan="2">硫醇(博士实验)</td><td></td><td colspan="4">通过</td><td colspan="4">通过</td></tr>
<tr><td colspan="2">铜片腐蚀(50 ℃,3 h)/级</td><td>不大于</td><td colspan="4">1</td><td colspan="4">1</td></tr>
<tr><td colspan="2">水溶性酸或碱</td><td></td><td colspan="4">无</td><td colspan="4">无</td></tr>
<tr><td colspan="2">机械杂质及水分</td><td></td><td colspan="4">无</td><td colspan="4">无</td></tr>
<tr><td colspan="2">苯含量(体积分数)/%</td><td>不大于</td><td colspan="4">0.8</td><td colspan="4">0.8</td></tr>
<tr><td colspan="2">芳烃含量(体积分数)/%</td><td>不大于</td><td colspan="4">35</td><td colspan="4">35</td></tr>
<tr><td colspan="2">烯烃含量(体积分数)/%</td><td>不大于</td><td colspan="3">18</td><td>15</td><td colspan="4">15</td></tr>
<tr><td colspan="2">氧含量(质量分数)/%</td><td>不大于</td><td colspan="4">2.7</td><td colspan="4">2.7</td></tr>
<tr><td colspan="2">甲醇含量(质量分数)/%</td><td>不大于</td><td colspan="4">0.3</td><td colspan="4">0.3</td></tr>
<tr><td colspan="2">锰含量/(g/L)</td><td>不大于</td><td colspan="4">0.002</td><td colspan="4">0.002</td></tr>
<tr><td colspan="2">铁含量/(g/L)</td><td>不大于</td><td colspan="4">0.01</td><td colspan="4">0.01</td></tr>
<tr><td colspan="2">密度(20 ℃)/(kg/m^3)</td><td></td><td colspan="4">720～775</td><td colspan="4">720～775</td></tr>
</table>

注:①车用汽油(ⅥA)的质量指标自 2019 年 7 月 1 日起执行,2022 年 12 月 31 日废止。

②车用汽油(ⅥB)的质量指标将自 2023 年 1 月 1 日起执行。

2)低温流动性

柴油的低温流动性是指柴油在低温条件下具有一定流动状态的性能。评价柴油低温流动性的指标有凝点、浊点和冷滤点,我国采用凝点和冷滤点。

(1)凝点:在规定条件下柴油试样冷却到液面停止移动时的最高温度。我国柴油的牌号按凝点命名。

(2)冷滤点:在规定条件下柴油试样不能以 20 mL/min 的流速通过一定规格过滤器(363 目)的最高温度。

3)蒸发性

柴油蒸发性的评价指标是闪点和馏程。

(1)闪点:闪点有开口闪点和闭口闪点之分。柴油采用闭口闪点评定,发动机机油、汽车齿轮油则采用开口闪点评定。柴油的闪点既是柴油雾化和蒸发性的评价指标,也是柴油安定性的评价指标。闪点越低,柴油的雾化、蒸发性越强,柴油机工作越粗暴,储存、运输中越不安全。油品的危险等级就是按闪点划分的,闪点低于 45 ℃的为易燃品,闪点高于等于 45 ℃的为可燃品。

(2)馏程:柴油的馏程以 50%回收温度、90%回收温度、95%回收温度表示。50%回收温度表示柴油的平均蒸发性,90%和 95%回收温度表示柴油重馏分的含量。

4)黏度

黏度是液体流动时内摩擦力的量度,黏度大小说明液体流动的难易程度。

柴油的黏度是指 20 ℃时的运动黏度,单位是 mm^2/s[习惯上也用 cSt(厘斯),1 cSt = 1 mm^2/s]。

5)腐蚀性

柴油若含有硫及硫化物、水分以及酸性物质,会对零件产生腐蚀作用,而且会促进柴油机沉积物生成。

柴油腐蚀性的评价指标是硫含量、酸度和铜片腐蚀级别等。

6)氧化安定性

氧化安定性是在没有水、活性金属表面及污物存在的情况下,试样暴露于大气中时的抗氧化能力。

柴油氧化安定性的评价指标是总不溶物,以 mg/100 mL 表示。

总不溶物包括黏附性不溶物和可滤出不溶物两部分。黏附性不溶物是试验条件下试样在氧化过程中产生的黏附在管壁上且不溶于异辛烷的物质。可滤出不溶物是试验条件下试样在氧化过程中产生的能过滤分离出来的物质,它包括氧化后在试样中悬浮的物质和在管壁上易于用异辛烷洗涤下来的物质。

2. 车用柴油的牌号

随着汽车拖拉机工业的快速发展和环保要求越来越高,我国于 2003 年首次发布了国家标准《车用柴油》(GB/T 19147—2003),并于 2009 年、2013 年、2016 年分别进行了修订,改为强制性标准。2016 年颁布的 GB 19147—2016 中规定,车用柴油(Ⅵ)标准于 2019 年 1 月 1 日起执行。该标准按照柴油的凝点将我国车用柴油分为 5 号、0 号、−10 号、−20 号、−35 号和 −50 号 6 个牌号。车用柴油(Ⅵ)的质量指标见表 3-5。

表 3-5　车用柴油(Ⅵ)的质量指标(GB 19147—2016)

项　目		5 号	0 号	−10 号	−20 号	−35 号	−50 号
氧化安定性(以总不溶物计)/(mg/100 mL)	不大于	2.5	2.5	2.5	2.5	2.5	2.5
硫含量/(mg/kg)	不大于	10	10	10	10	10	10
酸度(以 KOH 计)/(mg/100 mL)	不大于	7	7	7	7	7	7
10%蒸余物残炭(质量分数)/%	不大于	0.3	0.3	0.3	0.3	0.3	0.3
灰分(质量分数)/%	不大于	0.01	0.01	0.01	0.01	0.01	0.01
铜片腐蚀(50 ℃,3 h)/级	不大于	1	1	1	1	1	1
水含量(体积分数)/%	不大于	痕迹	痕迹	痕迹	痕迹	痕迹	痕迹
润滑性 　校正磨痕直径(60 ℃)/μm	不大于	460	460	460	460	460	460
多环芳烃含量(质量分数)/%	不大于	7	7	7	7	7	7
总污染物含量/(mg/kg)	不大于	24	24	24	24	24	24
运动黏度(20 ℃)/(mm^2/s)		3.0～8.0	3.0～8.0	2.5～8.0	2.5～8.0	1.8～7.0	1.8～7.0
凝点/℃	不高于	5	0	−10	−20	−35	−50
冷滤点/℃	不高于	8	4	−5	−14	−29	−44
闪点(闭口)/℃	不低于	60	60	60	50	45	45
十六烷值	不小于	51	51	51	49	47	47
十六烷指数	不小于	46	46	46	46	43	43
馏程 　50%回收温度/℃	不高于	300	300	300	300	300	300
90%回收温度/℃	不高于	355	355	355	355	355	355
95%回收温度/℃	不高于	365	365	365	365	365	365
密度(20 ℃)/(kg/m^3)		810～845	810～845	810～845	790～840	790～840	790～840
脂肪酸甲酯含量(体积分数)/%	不大于	1.0	1.0	1.0	1.0	1.0	1.0

3.2　燃烧热化学

3.2.1　理论空气量

理论空气量 L_0 是指 1 kg 燃料完全燃烧所需的最低空气量。理论空气量是根据燃料中主要元素氧化燃烧的化学反应方程式及燃料与空气的组成成分而确定的。

组成发动机燃料的主要元素是碳(C)、氢(H)、氧(O),其他元素含量很少,计算时可略去不计。

设 1 kg 燃料中各元素的质量组成为

$$g_C + g_H + g_O = 1 \tag{3-1}$$

式中:g_C、g_H、g_O 分别为 1 kg 燃料中的 C、H、O 的质量(kg),即它们的质量分数。

燃料中的 C、H 完全燃烧,其化学反应方程式分别是

$$C + O_2 = CO_2 \tag{3-2}$$

$$H_2 + \frac{1}{2}O_2 = H_2O \tag{3-3}$$

空气中的主要成分是氧气(O_2)和氮气(N_2)。按体积计,O_2 约占 21%,N_2 约占 78%;按质量计,O_2 约占 23%,N_2 占 75%～76%。

按照化学反应的当量关系,可求出 1 kg 燃料完全燃烧所需的理论空气量。

按质量计算,可得

$$L_0 = \frac{1}{0.23}\left(\frac{8}{3}g_C + 8g_H - g_O\right) \quad (\text{kg/kg}) \tag{3-4}$$

按物质的量(摩尔)计算,可得

$$L'_0 = \frac{1}{0.21}\left(\frac{g_C}{12} + \frac{g_H}{4} - \frac{g_O}{32}\right) \quad (\text{kmol/kg}) \tag{3-5}$$

按体积计算(标准状况下),可得

$$L''_0 = \frac{22.4}{0.21}\left(\frac{g_C}{12} + \frac{g_H}{4} - \frac{g_O}{32}\right) \quad (\text{m}^3/\text{kg}) \tag{3-6}$$

将几种燃料中各元素的质量分数分别代入 L_0、L'_0、L''_0 的表达式,即可求得相应燃料的理论空气量,见表 3-6。

表 3-6　几种液体燃料的成分、热值及理论空气量

燃料名称	液态密度/(kg/L)	质量分数			相对分子质量	低热值/(kJ/kg)	理论空气量			混合气热值/(kJ/m³)
		g_C	g_H	g_O			(kg/kg)	(kmol/kg)	(m³/kg)	
汽油	0.70～0.75	0.855	0.145	0.000	114	44 000	14.8	0.515	11.54	3 750
轻柴油	0.82～0.88	0.870	0.126	0.004	170	42 500	14.3	0.500	11.22	3 750
甲醇	0.78	0.375	0.125	0.500	32	20 260	6.52	0.223	5.00	3 557
乙醇	0.80	0.522	0.130	0.348	46	27 000	9.05	0.310	6.95	3 660

3.2.2 过量空气系数与空燃比

1. 过量空气系数

理论上燃油完全燃烧所需的空气量等于理论空气量,实际上,发动机在不同工况运行时供给的空气量总是大于或小于理论空气量。为了评定发动机工作过程中所用空气量的多少,引入过量空气系数的概念。

发动机工作过程中燃烧 1 kg 燃油实际供给的空气量(L)与理论空气量(L_0)之比称为过

量空气系数，用 ϕ_a（或 λ）表示，即

$$\phi_a=\frac{L}{L_0} \tag{3-7}$$

过量空气系数可以大于 1（称为稀混合气）、小于 1（称为浓混合气），也可以等于 1（实际空气量与理论空气量相等，称为标准混合气）。

过量空气系数是反映混合气形成和完善程度及整机性能的一个重要参数，在保证完全燃烧的前提下，应力求使过量空气系数较小。

对于柴油机，其负荷是靠调节混合气浓度实现的（即质调节），ϕ_a 的变化范围很大。由于混合气形成不均匀，所以 ϕ_a 总是大于 1 的。一般车用高速柴油机 $\phi_a=1.2\sim1.6$，增压柴油机 $\phi_a=1.8\sim2.2$。

对于常规汽油机，由于燃烧时用的是预先混合好的均匀混合气，过量空气系数只在比较小的范围内变化（$\phi_a=0.8\sim1.2$）。当负荷变化时，ϕ_a 略有变化。在发动机运行过程中，可以遇到 $\phi_a<1$ 和 $\phi_a\geqslant1$ 的所有情况。

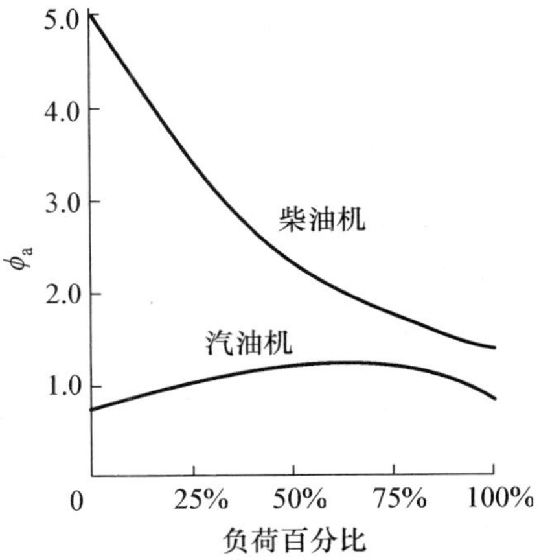

图 3-2　ϕ_a 随负荷的变化关系

ϕ_a 随负荷的变化见图 3-2。

2. 空燃比

除了用过量空气系数表示混合气浓度以外，也可用燃烧时空气量与燃料量的比例即空燃比 α 表示，通常按质量比计算，即

$$\alpha=\frac{空气量}{燃料量}=\frac{燃料量\times\phi_aL_0}{燃料量}=\phi_aL_0 \tag{3-8}$$

空燃比即每千克燃料燃烧时实际供给空气量（以千克为单位计）。汽油理论上完全燃烧时的空燃比 $\alpha=14.7$，$\alpha<14.7$ 的为浓混合气，$\alpha>14.7$ 的为稀混合气。

对于柴油机，当转速一定时，进入缸内的空气量基本保持不变，空燃比的大小取决于供油量的多少（质调节）。

对于电控喷射汽油机，节气门的开度仅控制进入气缸的空气量，电控单元根据进入气缸的空气量来调整喷油量（量调节）。

3.2.3　燃烧产物量

燃料在燃烧前后的成分和量均发生变化，下面主要分析 $\phi_a>1$ 完全燃烧时的情况。

1. 燃烧前混合气的量

对于汽油机，燃烧前新鲜混合气由空气和燃料蒸气组成，若燃料摩尔质量[1 kmol 燃料蒸气具有的质量（kg），在数值上等于燃料的相对分子质量]为 m_T，则 1 kg 燃料形成的混合气量 m_1（kmol/kg）为

$$m_1=\phi_aL'_0+\frac{1}{m_T} \tag{3-9}$$

对于柴油机，是在压缩终点向气缸内喷入液体状态的燃料，燃料体积不及空气体积的1/10 000，可忽略不计，认为燃烧前的工质是纯空气，即

$$m_1=\phi_a L'_0 \tag{3-10}$$

2. 燃烧后燃烧产物的量

在 $\phi_a>1$ 的情况下，完全燃烧的产物由 CO_2、H_2O、剩余的 O_2 及未参与反应的 N_2 组成。根据前面的化学反应方程式可知，燃烧后工质的量 m_2(kmol/kg)为

$$m_2=\phi_a L'_0+\frac{g_H}{4}+\frac{g_O}{32} \tag{3-11}$$

3. 燃烧前后工质量的变化

对于汽油机，燃烧前后工质的量的变化量为

$$\Delta m=m_2-m_1=\frac{g_H}{4}+\frac{g_O}{32}-\frac{1}{m_T} \tag{3-12}$$

对于柴油机

$$\Delta m=m_2-m_1=\frac{g_H}{4}+\frac{g_O}{32} \tag{3-13}$$

由于$\frac{1}{m_T}$很小，所以 Δm 是正值，即燃烧后分子数增多。由 Δm 的计算式可知，Δm 与 ϕ_a 无关，仅与 g_H、g_O 有关。

在 $\phi_a<1$ 的情况下，除上述多种完全燃烧产物外，还有 CO 生成，这种情况下燃烧前后工质的量的变化量 Δm 比完全燃烧时还大。

4. 分子变化系数

为了方便地比较燃烧前后工质的量(摩尔数)的变化，引入分子变化系数的概念，以表示工质的量的相对改变量。汽油机、柴油机的分子变化系数都大于1，表明燃烧后总分子数增多。这一因素对做功有利，会提高循环热效率。

1)理论分子变化系数

燃烧后工质的摩尔数 m_2 与燃烧前工质的摩尔数 m_1 之比称为理论分子变化系数，以 μ_0 表示：

$$\mu_0=\frac{m_2}{m_1}=\frac{m_1+\Delta m}{m_1}=1+\frac{\Delta m}{m_1} \tag{3-14}$$

对于柴油机，ϕ_a 在 1.2～2.0 范围内变化时，μ_0 将在 1.03～1.06 之间变化。

对于汽油机，ϕ_a 在 0.8～1.2 范围内变化时，μ_0 将在 1.07～1.12 之间变化。

2)实际分子变化系数

由于燃烧后气缸内总要残留部分废气，考虑残余废气的影响时，燃烧后工质的摩尔数与燃烧前工质的摩尔数之比称为实际分子变化系数，以 μ 来表示。

设 1 kg 燃料燃烧后在气缸中留下的残余废气量为 m_r，则燃烧前气缸中的工质总量为

$$m'_1=m_1+m_r=\phi_a L'_0+m_r \quad (\text{kmol/kg}) \tag{3-15}$$

燃烧后气缸中的工质总量为

$$m'_2 = m_2 + m_r \quad (\text{kmol/kg}) \tag{3-16}$$

实际分子变化系数为

$$\mu = \frac{m'_2}{m'_1} = \frac{m_2 + m_r}{m_1 + m_r} = \frac{\mu_0 + \phi_r}{1 + \phi_r} \tag{3-17}$$

式中：ϕ_r 为残余废气系数，$\phi_r = \frac{m_r}{m_1} = \frac{m_r}{\phi_a L'_0}$。

3.2.4 燃料与混合气的热值

1. 燃料的热值

单位量（固体和液体燃料为 1 kg，气体燃料为 1 m^3）的燃料完全燃烧时所释放出的热量叫热值。完全燃烧是指某化合物被氧气全部氧化，C 生成 CO_2，H 生成 H_2O，其他元素生成各种相应氧化物。其中，当生成的水（H_2O）为液态时所放出的热量称为高位热值，简称高热值（H_0）；当生成的水（H_2O）为气态时所放出的热量称为低位热值，简称低热值（H_u）。高位热值比低位热值大，其差值为水蒸气的汽化潜热。

无论是汽油机还是柴油机，燃料在气缸中燃烧生成的水（H_2O）均为气态，所以我们所用到的燃料的热值都是低热值（H_u）。

2. 混合气的热值

可燃混合气的热值是指燃料的低热值（H_u）与单位燃料形成的可燃混合气量（m_1）之比，以 H_m（kJ/kmol）表示，即

$$H_m = \frac{H_u}{m_1} = \frac{H_u}{\phi_a L'_0 + \frac{1}{m_T}} \tag{3-18}$$

由此可见，当发动机排量和进气条件一定时，每循环加给工质的热量取决于单位可燃混合气的热值，即取决于燃料的热值和过量空气系数 ϕ_a，而不仅仅与燃料的热值相关。

几种常见液体燃料的热值和所形成的可燃混合气的热值见表 3-6。

3.3 燃烧基本知识

3.3.1 燃烧现象

从燃料与氧化剂相互混合形成可燃混合气，直到燃烧终了形成燃烧产物为止的整个燃烧过程，要经历一系列的物理化学阶段。通常以形成火焰为分界，将燃烧过程划分为着火阶段和燃烧阶段两部分（图 3-3）。着火是指在一定的压力、温度和浓度条件下可燃混合气氧化反应速度突然加速，以致出现火焰的现象。燃烧是指燃料与氧化剂进行剧烈放热的氧化反应的过程。燃烧过程中往往伴有复杂的传热、传质、化学反应和流动现象。

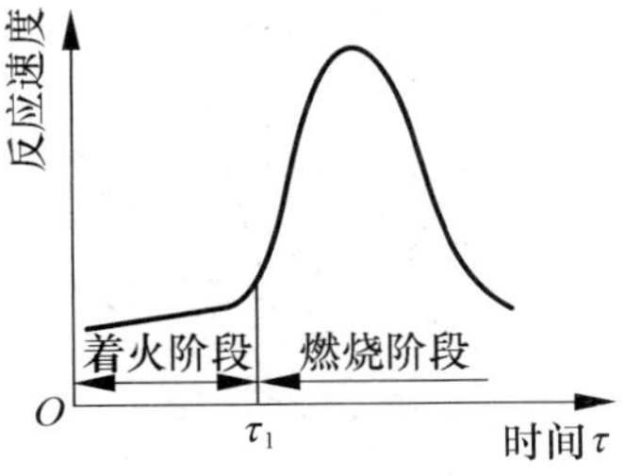

图 3-3 燃烧过程划分

图 3-3 中，$O\tau_1$ 是着火阶段，又称滞燃期，τ_1 以后则进入燃烧阶段或燃烧期。发动机中的燃烧是一种周期性的非稳定燃烧过程，随着时间和空间的变化，周而复始地进行混合气形成、着火、燃烧、后燃等，而着火往往对整个燃烧过程有极大的影响。

发动机燃烧也是一种高速燃烧现象，一般燃烧持续期小于 60°CA。若四冲程发动机转速为 1 000～5 000 r/min，则燃烧持续期为 10～2 ms。

3.3.2 着火方式与着火机理

3.3.2.1 着火方式

燃料和氧化剂混合形成可燃混合气后，其着火方式有两种，即自然着火（通常简称自燃或压燃）和强迫着火（简称点燃或点火）。

自燃是一定体积的可燃混合气被预热，在一定温度下混合气内各元素的化学反应速率会自动加速、急剧增大而产生火焰的现象。着火后，可燃混合气所释放的能量足以使燃烧过程自行继续下去。

点燃是在可燃混合气内的某一局部用火源引燃相邻一层的混合气之后形成的燃烧火焰自动地传播到混合气其余部分的现象。显然，点燃包括用点火热源在局部引燃和继之而来的火焰传播两个阶段。所使用的点火热源可以是电火花、电热丝、炽热物体和点火火焰等。

3.3.2.2 着火机理

可燃混合气的着火虽然是一个瞬时现象，但却是一个极其复杂的过程，至今仍有诸多问题尚不清楚。对发动机着火机理有多种解释，目前趋于两种着火机理，即热着火机理和链式反应着火机理。

1. 热着火机理（自燃）

热着火机理从热力学的观点来解释燃料的燃烧，认为燃料燃烧的原因在于热量的积累，具有适当温度、压力的可燃混合气，在没有外部能量引入的情况下，依靠混合气自身的反应自动加速，就能自发地引发火焰。

热着火机理从简单化合物反应中两个活性分子相互碰撞的机理出发，导出反应放出热量的速度与温度呈指数关系，而系统向环境散热的速度与温度是线性关系。在着火过程中，只有当放热速率$\frac{dq_1}{dt}$大于散热速率$\frac{dq_2}{dt}$的时候，有了热量积累，才可能着火。如图 3-4 所示，存在下列 3 种可能性：

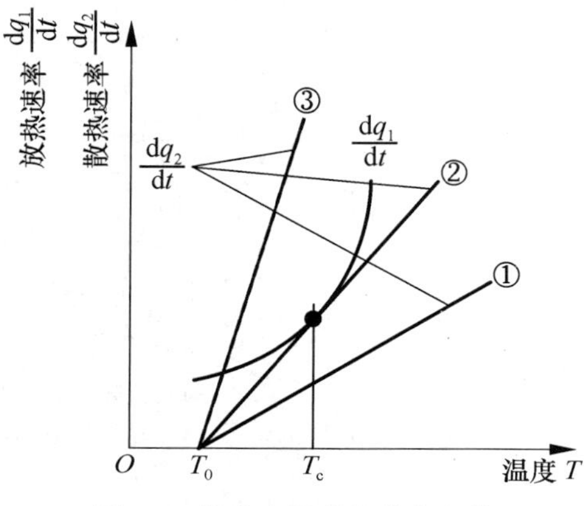

图 3-4 热着火机理的着火条件

（1）$\frac{dq_1}{dt}>\frac{dq_2}{dt}$时，必然着火，如图 3-4 中散热速率线①明显低于$\frac{dq_1}{dt}$。

（2）$\frac{dq_1}{dt}$与$\frac{dq_2}{dt}$相切时，存在临界着火条件，T_c 称为临界温度，见图 3-4 中散热速率线②。

（3）$\frac{dq_1}{dt}<\frac{dq_2}{dt}$时，不可能着火，见图 3-4 中散热速率线③。

因此，着火的临界条件应当是，反应放热曲线与散热曲线相切。反之，如果达不到这一条件，便不能着火。

用热着火机理来分析着火条件可知，影响燃料着火的因素有着火温度、临界压力和温度、可燃混合气的浓度等。

2. 链式反应着火机理(点燃)

链式反应着火机理认为，高温并不是引起着火的唯一原因，只要以某种方式(如辐射、电离)激发出活性中心就能引起着火。反应物分子受激首先产生活性中心，然后通过链式反应引起着火。

1)链式反应的分类

链式反应存在以下 4 种反应方式：

(1)直链反应：一个活性中心进行一次反应只产生一个新的活性中心，即整个反应以恒定速度进行。

(2)支链反应：一个活性中心进行一次反应产生两个或两个以上的活性中心，这样链式反应就发生了分支，即反应可加速进行。快速燃烧和爆炸可看作是支链反应的结果。

(3)退化支链反应：一个活性中心先通过直链反应产生一个新的活性中心和中间产物过氧化物或醛，当过氧化物或醛发生分解时，则引起新的支链反应。因此它的总反应速度比支链反应慢，但仍有自动加速的特点。

(4)断链反应：当活性中心与容器壁面或惰性气体分子碰撞时，其活化能被吸收，导致反应中断。

2)链式反应的着火规律

试验研究表明，烃类燃料的氧化反应过程中，在高温和低温条件下具有不同的着火规律，如图 3-5 所示。

(1)低温多阶段着火规律：在低温下特殊的着火规律，实际上就是退化支链反应引起的一种现象，通常称为“着火半岛”。通过光谱分析发现，烃类燃料低温下着火需经历 3 个阶段，即冷焰诱导阶段(τ_1)、冷焰阶段(τ_2)和蓝焰阶段(τ_3)，见图 3-6。

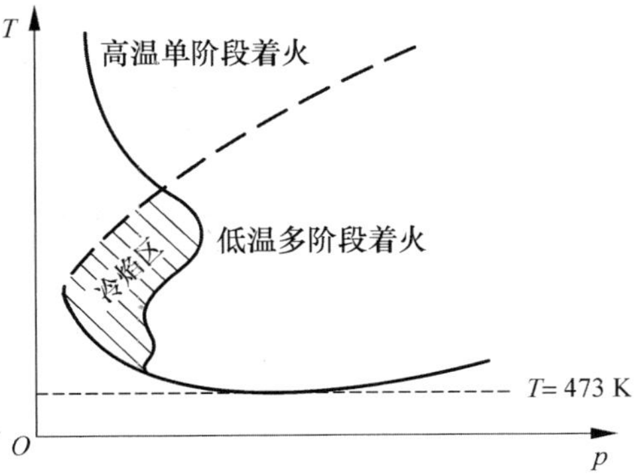

图 3-5　烃类燃料的着火特性

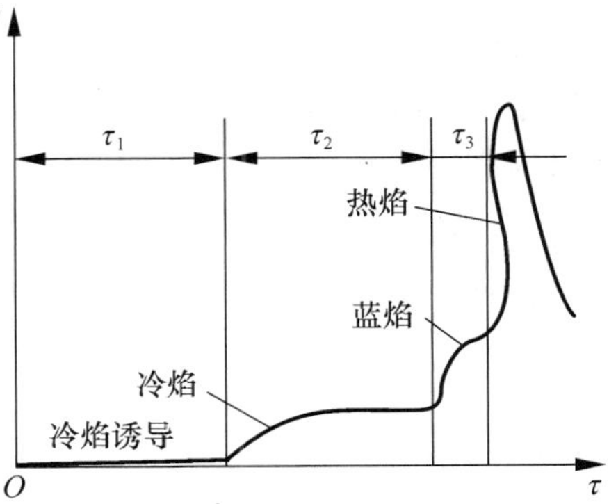

图 3-6　烃类燃料的低温多阶段着火过程

冷焰诱导阶段 τ_1：在较低温度下，烃分子经链引发后，只能进行直链反应，形成过氧化物及乙醛。该阶段释放的化学能极少，混合气压力和温度变化都不大。

冷焰阶段 τ_2：当过氧化物积累到临界浓度时，便以爆炸的形式分解出甲醛，大量甲醛的累积使混合气发出冷焰。此阶段释放出少量热量，混合气压力和温度均有所提高。

蓝焰阶段 τ_3：当甲醛到达临界浓度时，通过甲醛的支链反应产生CO，与氧结合，最终生成爆炸性的蓝焰。蓝焰持续的时间短，其辉光比冷焰强。此阶段混合气压力和温度比冷焰高，释放出大量热量而形成高温热焰，即燃烧开始。

(2)高温单阶段着火规律：在较高温度下，着火过程不经过冷焰而直接进入蓝焰—热焰阶段。由于冷焰诱导阶段和蓝焰阶段均很短，也很难区分，所以统称为高温单阶段着火。

柴油机的压缩着火和汽油机的爆燃具有低温多阶段着火的特点，而汽油机的火花点燃和柴油机着火后喷入气缸内的燃料着火具有高温单阶段着火的特性。

应该指出的是，发动机的着火过程是非常复杂的，有的资料上提出"链式热力着火"的说法，即开始是链式反应，当热量积累到一定程度后，按热着火过程进行。

3.3.3 燃烧方式

燃烧可分为气相燃烧和固相燃烧。气相燃烧是指燃料以气体状态与空气混合所进行的燃烧。固相燃烧是指固体燃料没有挥发而在表面与空气混合进行的燃烧。发动机中，汽油和柴油尽管都是液体燃料，但燃烧均是以气相方式进行的。

气相燃烧可分为预混合燃烧和扩散燃烧两类。

1. 预混合燃烧

在燃烧过程中，如果混合过程比燃烧反应快得多，或者在火焰到达之前燃料与空气已充分混合，这种可燃混合气的燃烧称为预混合燃烧。

在均质混合气的预混合燃烧中，混合气的过量空气系数是一个常数，燃料的着火界限和火焰传播速率均与混合气温度、压力、过量空气系数以及燃料特性等有关。由于火焰前锋面的推移，燃烧传播到整个燃烧室内，燃烧室内各处压力基本一致，而温度各不相同。在燃烧期间，燃烧室存在未燃混合气相和燃烧产物相两个相。

2. 扩散燃烧

扩散燃烧是指着火前燃料与氧化剂(空气)是相互分开的，着火后燃料边蒸发、边与空气混合、边燃烧。

在扩散燃烧中，燃烧室内产生自燃后，空气和燃料从各个方向连续导入，在反应过程中通过扩散、混合，混合气各处的过量空气系数都不同。当燃料与空气混合、燃烧并产生了燃烧产物后，必须设法将燃烧产物带走，并防止它将燃料与空气隔开，所采用的方法是组织空气与燃料的相对运动。在燃烧期间，燃烧室内将同时存在可燃气体(或可燃蒸气)相、空气相和燃烧产物相3个相。

发动机中所有燃烧(气体和液体燃料)均属于这两类燃烧中的某一类或这两类燃烧的组合。汽油机和气体燃料发动机的燃烧属于预混合燃烧方式；柴油机的初始燃烧，由于在着火落后期内喷入气缸的燃料在着火前已蒸发并与空气混合，属于预混合燃烧，燃烧后期属于扩散燃烧。

3.4 代用燃料及其特性

代用燃料可分为矿物质代用燃料和生物质代用燃料。

矿物质代用燃料是指从化石能源提取出来的燃料，主要有天然气、液化石油气、煤制甲醇、煤制二甲醚、煤制柴油、天然气制柴油等。

生物质代用燃料是指从植物、动物等提取出来的燃料，主要有各种植物油如菜籽油、豆油、棉籽油、棕榈油、椰子油、葵花籽油等，用植物或动物油脂加工成的酯类化合物(生物柴油)，生物燃料制柴油(BTL)，用植物或农作物制取的乙醇等。

3.4.1　天然气和液化石油气等低碳轻烃化合物燃料

天然气以压缩天然气(compressed natural gas，CNG)、液化天然气(liquefied natural gas，LNG)等方式应用，主要成分是甲烷 CH_4，可能还有乙烷、丙烷等轻烃和 H_2、N_2、CO_2、H_2S 等成分。天然气与空气的混合气有很宽的着火界限，可以稀薄燃烧；其理论混合气热值为 3.39 MJ/m^3，比汽油低 10%；燃烧时火焰传播速度为 33.8 cm/s，比汽油稍慢；着火温度 537 ℃，比汽油高，所以抗爆性好，可用合理的压缩比为 12；天然气在常温常压下呈气态，易与空气均匀混合而燃烧完全，燃烧温度较低，也可减少 NO_x 生成，燃烧后的积炭较少。但天然气液化需要较低的温度和较高的压力，要有较高技术和相应技术装备。

液化石油气(liquefied petroleum gas，LPG)是对石油伴生气处理后的轻烃产品，也可以在石油催化裂化的延迟焦化炼制过程中获得。LPG 主要成分是丙烷、丁烷，也可能有少量丙烯、丁烯等，烯烃为不饱和烃，易结胶，燃烧后易积炭，不宜作为内燃机燃料。LPG 在 690 kPa 左右可完全液化而便于携带，与空气的理论混合气热值比汽油低，其研究法辛烷值在 100 左右，着火温度比汽油高，火焰传播速度比汽油慢，燃烧温度较低，排放物中 CO、HC 和 NO_x 较少。

CNG 和 LPG 在内燃机上的应用有单一燃料、与汽油两用、与柴油配合使用 3 种类型。单一燃料类型的燃料供给系统是专为 CNG 或 LPG 设计的；与汽油两用时则需改装原汽油机，增加 CNG 或 LPG 燃料供给装置，内燃机可分别使用汽油和 CNG 或 LPG 两种燃料，燃料转换通过电磁阀或选择开关实现；与柴油配合使用的双燃料机以柴油为引燃燃料、以 CNG 或 LPG 为主要燃料，改装柴油机时要增加 CNG 或 LPG 供给系统。

3.4.2　醇类燃料和二甲醚

1. 醇类燃料

醇类燃料主要指甲醇 CH_3OH 和乙醇 C_2H_5OH，它们含 C 比烃类低得多，且都含氧而利于燃烧。

醇类燃料的辛烷值比汽油高约 20，所以可以加大压缩比；着火界限宽而利于稀燃；热值比汽油低近一半，但因含氧使理论空燃比可比汽油燃料下降很多，与汽油燃料用同样过量空气系数时混合气热值相当，使醇类燃料代用时内燃机动力性不致降低。醇类燃料的蒸发潜热比汽油高出近 2 倍，所以替代时要改善起动预热，保证低温起动性能，同时其蒸发潜热大又会给进气和形成混合气带来冷却作用而产生有利的影响，对 NO_x 污染物生成有抑制作用。醇类燃料分子没有 C—C 键，没有多环芳烃，排气中 HC、CO 和炭烟很低，未燃醇和醛类产物则稍多。醇类燃料沸点低，利于与空气混合，但也容易在管路中产生气阻。醇类燃料化学活性强，对 Cu、Al 等金属有腐蚀，对橡胶、塑料会产生溶胀，应注意防止。

醇类在内燃机上的替代应用可以是汽油或柴油掺醇或者单纯使用醇类做燃料。如 M15 表示甲醇体积分数为 15%的甲醇汽油，E10 表示乙醇体积分数为 10%的车用乙醇汽油。

2. 二甲醚

二甲醚 DME(dimethylether)是甲醇脱水后的产物：

$$2CH_3OH \longrightarrow CH_3OCH_3 + H_2O$$

可以从煤、天然气或生物质中制取，大规模生产时成本低且生产过程中还有很多热量可以优化利用。

二甲醚燃料无 C—C 键，只有 C—O 键和 C—H 键，含 O 量高；十六烷值 55～66，高于柴油；低热值为柴油的 2/3，但其理论混合气热值稍高于柴油，在加大循环供油量后可以实现升功率不低于柴油机；汽化潜热 410 kJ/kg，高于柴油，因而可以大幅度降低柴油机最高燃烧温度，减少 NO_x 生成；在 −24.9 ℃就汽化，所以输送管道要加压，而其雾化特性明显优于柴油；对金属无腐蚀性，但与某些合成橡胶不能共存。

发现二甲醚优良的排放性能后，国内外都进行了深入细致的研究，认为它作为柴油机替代燃料可以实现高效、超低排放和柔和燃烧，能够消除柴油机的炭烟，大幅度降低噪声，NO_x 可进一步降低。

3.4.3 生物柴油

生物柴油(biodiesel)泛指以大豆、油菜籽、棉籽等 100 多种油料作物，油棕、麻疯树、黄连木等油料林木果实，工程微藻等水生植物以及动物油脂、餐饮废油等为原料制成的液体燃料。生物柴油一般含氧而利于燃烧，不含芳烃类，含硫少，不含铅、卤素等有害物质，无毒性，十六烷值、着火性能与柴油相近，闪点较高，因此要加大喷油提前角；热值高于醇类、低于柴油，密度较大，体积热值接近柴油。常温时黏度大，但温度升高时黏度下降很快；有少量水分、灰分和杂质，缸内燃烧会产生积炭；重馏分多，挥发性差，但主要成分是不饱和脂肪酸(C 原子数 16～22 的烯酸)，因此氧化安定性差，容易变质。

植物油分子一般有 14～18 个 C 键，与柴油 C 键数(15 个左右)相近，但直接将植物油用在柴油机上性能不太理想。植物油的主要成分是甘油酯，通过酯化处理可转变成脂肪酸甲酯，这就是生物柴油的主要成分。生物柴油由于优良的环保性能和适于通用柴油机的燃料性能，已得到国际科技界、产业界的普遍认同，成为有发展远景的一类绿色燃料。

3.4.4 氢气

氢气(H_2)是清洁燃料，有人认为宜用作内燃机的替代燃料。但氢气需设法制取(用化学方法、热化学法、电解法、生物方法和光化学法等)，制取后需贮存、运输和充取使用，还有一系列复杂的工程困难。

氢气的单位质量热值高，但体积混合气热值偏低，其自燃温度很高，层流燃烧速度为汽油的 7.2 倍，点火能量很低，扩散很快，可燃范围很广，稀燃能力强，燃烧的有害排放只有 NO_x，后处理简单。

总体来看，氢内燃机替代虽很诱人，但其发展还有很大困难。尽管如此，在当今的汽车产业发展上，新能源汽车将成为主导，其中的燃料电池动力是关键的环节，第四代燃料电池汽车的核心是氢能源的质子交换膜燃料电池，它将成为未来氢能源的主要用武之地。

复习思考题

1. 汽油和柴油的牌号分别是根据什么指标来确定的？

2. 蒸发性不好和太好的汽油，在使用中各有什么缺点和可能产生的问题？

3. 试述汽油辛烷值和柴油十六烷值的意义。

4. 什么是过量空气系数？它与混合气浓度有何关系？

5. 燃料的燃烧热值与混合气热值有何不同？

6. 简述燃料的着火机理。

7. 为什么说柴油机的着火过程是低温多阶段着火，汽油机的着火过程是高温单阶段着火？

8. 发动机采用替代燃料的意义是什么？

9. 在汽油机上燃用纯甲醇时，可能会遇到哪些困难？如何解决？

10. 对柴油机性能有重要影响的柴油性能指标有哪些？

11. 对汽油机性能有重要影响的汽油性能指标有哪些？

12. 为什么正常燃烧时燃料燃烧后的工质摩尔数始终是增加的，而且增加的值仅与燃料中氢、氧含量有关，而与碳含量无关？

13. 对比汽油机和柴油机的燃烧方式有哪些不同。

14. 如不慎将柴油当成汽油在汽油机中使用，会出现什么结果？反之又会出现什么结果？

15. 求 1 kg 汽油完全燃烧时所需的理论空气量。

16. 求 1 kg 柴油完全燃烧时所需的理论空气量。

17. 求 1 kg 氢气完全燃烧时所需的理论空气量。

18. 某一种混合燃料由 15%(质量分数)C_2H_5OH 和 85%的 C_8H_{18} 组成，试计算该种混合燃料燃烧时所需的理论空气量。如要求空燃比为 16.5，则需要的空气量为多少？

第4章　汽油机混合气的形成与燃烧

燃烧过程对发动机动力、经济和排放等主要性能有重大影响，与噪声、振动、起动性能和使用寿命也有重大关系。

对燃烧过程的基本要求是：

(1)燃烧完全：进入气缸的燃料燃烧完全的程度，直接影响到热量产生的多少和排出废气的成分。燃料燃烧完全，可以保证充分利用燃油的热能，提高循环热效率和循环功，同时减少HC、CO等有害气体排放。

(2)燃烧及时：快速燃烧放热阶段持续时间(以曲轴转角计或时间计)或最高燃烧压力 p_{max} 出现的时刻，关系到循环压缩负功和等容度的大小。通常希望在上止点后10～15°CA达到最高燃烧压力，以保证循环负功最小，等容度最大，散热损失降低，循环热效率最高。

(3)正常燃烧：燃料在气缸内正常燃烧，保证发动机能够稳定、可靠地工作，避免发生爆燃和表面点火等不正常燃烧现象。

在20世纪80年代前，汽油机的混合气形成方式基本是采用气缸外部的化油器形成预制均质混合气。到20世纪80年代中期，随着排放法规的日益严格，绝大多数汽油机采用电控汽油喷射的方式，在气缸外部利用喷油器在节气门阀体处或进气道内喷入一定量的燃油形成预制均质混合气。近年来对节能和环保日益重视，汽油机追求高效率和低排气污染的目标，汽油机混合气形成和燃烧系统得到了进一步发展，除了缸外喷射汽油机采用的预制均质混合气燃烧外，缸内直喷的均质混合气燃烧和分层稀薄燃烧在汽油机上得到了广泛的应用。

本章从汽油机的燃烧过程、汽油机混合气的形成和缸内的气流运动、汽油机燃烧室、缸外喷射电控汽油喷射系统以及缸内直喷燃烧系统等方面进行介绍。

4.1　汽油机燃烧过程

4.1.1　火花点火过程与火焰传播

对于汽油机，在燃烧之前一定比例的燃油与空气经过雾化、蒸发、缸内气流运动等环节已实现充分混合，燃烧室内混合气浓度基本均匀，称为预制均质混合气。汽油机这种预制均质混合气的燃烧称为预混合燃烧，通常采用火花点火和火焰传播的燃烧方式。

4.1.1.1　火花点火过程

火花点火过程短暂而且复杂，点火系统提供的点火能量使火花塞电极间隙的混合气温度骤然升高，燃料和空气分子电离形成活性中心，最终在火花塞电极周围形成一个直径1～2 mm的稳定的火核，实现点火。图4-1为火花放电时电压与电流的变化情况，整个放电过程可分为击穿、电弧放电、辉光放电3个阶段。

(1)击穿阶段：火花塞电极在很高的电压(10～15 kV)作用下击穿电极间隙内的混合气，形成一个很细的(直径大约40 μm)圆柱状的离子化气体通道，通道内电阻急剧下降，温度升至

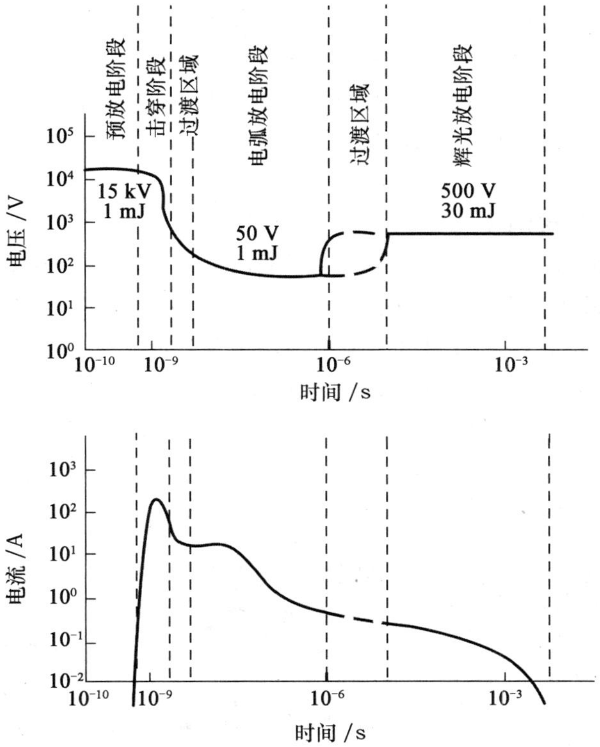

图 4-1　火花放电电压和电流随时间的变化

60 000 K，通过火花塞间隙的峰值电流高达 200 A。整个击穿阶段的时间很短，约 10 ns。

(2)电弧放电阶段：击穿阶段的末期形成了电极间的电流通道，因此电弧放电的电压较低(50～100 V)，但电流仍很大，电弧中心区温度下降至 6 000 K 左右。由于击穿阶段末期等离子通道体积膨胀，体外的热交换和扩散作用增强，电弧放电阶段火焰传播开始发生。这一阶段的持续时间约 100 μs。

(3)辉光放电阶段：辉光放电阶段的特征是电流低于 200 mA，在负极上有大的电压降(300～500 V)且温度较高，极间气体离子化程度很低(低于 0.01%)。绝大部分的点火能量在此时放出，持续时间可达数毫秒。但能量损失比电弧放电阶段更大，气体的最高平均温度下降到 3 000 K。

保证点火成功的最小点火能量受燃料特性、过量空气系数 ϕ_a、混合气温度和压力、气流运动、火花塞参数等多种因素的影响。存在一个最佳火花塞电极间隙对应的最小点火能量，火花塞电极间隙过大或过小，都会使最小点火能量增大。

在一定的温度或压力、散热条件下，实现着火的点火能量都对应一个着火浓度界限，即混合气浓度的上限和下限(浓限和稀限)。过浓的混合气缺乏氧气导致燃烧不完全，放热量少，而过稀的混合气由于热值低，燃烧放热量也少。因此，过浓和过稀的混合气都不能形成火焰的正常传播。通常点火能量对应的汽油机混合气浓度的下限为 $\phi_a=1.3$，上限为 $\phi_a=0.5$。当 $\phi_a=1.3$ 时，点火已不可靠，发动机运转出现不稳定，而实际汽油机怠速时 ϕ_a 在 0.6 以上；虽然稀燃混合气能够节能，但为了降低排放，汽油机大部分工况下依照三效催化转化器的要求，使用化学计量比混合气工作。因此，实际汽油机工作中着火浓度界限难以遇到。

在发动机运行条件下，对于静止的具有化学计量比的混合气，点火能量只需要 0.2 mJ；对于较稀或较浓的混合气，以及火花塞电极处混合气有较高流速时，点火能量需要 3 mJ。为保证发动机在各种工况下都能可靠点火，常规点火系统供给的能量一般为 30～50 mJ，高能点火系统可达 100 mJ。

4.1.1.2 预混合燃烧的火焰传播

在汽油机预制均质混合气中，点火过程中形成的火核先点燃火核周围的混合气，火核燃烧释放的化学能大于向外界的散热，火焰迅速发展并向四周传播，随着热量的释放，未燃混合气的温度和压力不断升高，燃烧逐渐加速。由于燃烧室各处混合气的浓度、温度和压力可以认为一致，因此火焰在各方向的扩展速度基本相等，燃烧主要在厚度为 δ 的火焰面（称为火焰前锋面，见图 4-2）内进行。火焰前锋面将燃烧室空间分为已燃区和未燃区两个区域（图 4-3），火焰前锋面的界面明显，以火核为中心呈球面波形式向周围扩展，这种燃烧现象称为火焰传播。根据混合气运动状态的不同，火焰传播方式可分为层流火焰传播和湍流火焰传播。

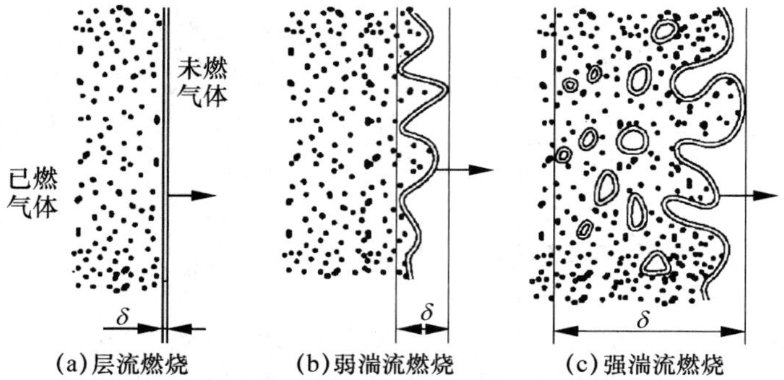

图 4-2 湍流对火焰前锋面形状和厚度 δ 的影响

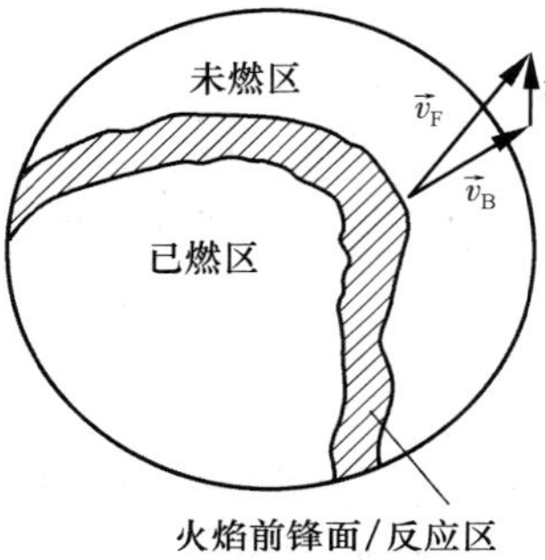

图 4-3 火焰燃烧速度与火焰传播速度

1. 火焰燃烧速度和火焰传播速度

火焰燃烧速度 $\vec{v}_B$ 的定义是火焰前锋面沿法线方向上相对于未燃混合气的移动速度。火焰传播速度 $\vec{v}_F$ 的定义是火焰前锋面相对于静止燃烧室壁面的运动速度。

火焰传播速度 $\vec{v}_F$ 和火焰燃烧速度 $\vec{v}_B$ 之间的关系为

$$\vec{v}_F=\vec{v}_B+\vec{v}_T \tag{4-1}$$

式中 $\vec{v}_T$ 为气流输运速度。

2. 燃料燃烧速率与燃烧放热速率

燃料燃烧速率是指单位时间（或单位曲轴转角）内燃烧的混合气量，即质量燃烧速率，单位为 kg/s 或 kg/(°CA)。燃烧放热速率是指混合气在单位时间（或单位曲轴转角）内的燃烧放热量，也称为瞬时放热率或放热率，单位为 kJ/s 或 kJ/(°CA)。

由于绝大部分燃料的化学能在火焰前锋面上释放，因而可根据火焰燃烧速度估算火焰前锋面内的燃料燃烧速率 dm/dt 和燃烧放热速率 dQ_B/dt：

$$\frac{dm}{dt}=v_B A_F \rho_m \tag{4-2}$$

$$\frac{dQ_B}{dt}=v_B A_F \rho_m H_{um} \tag{4-3}$$

式中：m 为混合气质量，kg；v_B 为火焰燃烧速度，m/s；A_F 为火焰前锋面的表面积，m^2；ρ_m 为未燃混合气密度，kg/m^3；Q_B 为混合气的燃烧放热量，kJ；H_{um} 为混合气热值，kJ/kg。ρ_m、v_B 是时间的函数。

利用式(4-3)计算燃烧放热速率，v_B、A_F 需要通过可视化发动机(或定容燃烧弹)和高速摄影实验获取。

由以上公式可见，汽油机的火焰传播式燃烧中，燃料燃烧速率和燃烧放热速率取决于火焰燃烧速度。

3. 层流火焰传播

在混合气静止或层流(laminar)状态下，火焰前锋面厚度 δ 通常在 1 mm 以下，尽管火焰前锋面很薄[图 4-2(a)]，但其上进行着剧烈的传热传质和化学反应，有着极大的温度梯度和浓度梯度，90%～95%的化学能在火焰前锋面上释放。

层流火焰燃烧速度 v_{BL} 主要受混合气温度、压力、过量空气系数 ϕ_a 以及燃料特性等因素的影响，实际发动机燃烧过程中还需考虑残余废气系数 ϕ_r 的影响。通常在混合气为功率混合气即 $\phi_{aP}=0.85\sim0.95$ 时(参见 4.1.2.2)，v_{BL} 达到最大值。

层流火焰燃烧速度很低，汽油机使用的烃燃料，其可燃混合气 $v_{BL}=0.4\sim0.5$ m/s。车用汽油机的转速一般在 5 000～8 000 r/min，燃烧持续时间仅 1～2 ms，这就需要有足够快的燃料燃烧速率，因而正常火焰燃烧速度需达到 30～70 m/s。层流火焰燃烧速度远远不能满足实际发动机燃烧的要求，因此实际汽油机中的火焰传播是以湍流火焰传播方式进行的。

4. 湍流火焰传播

湍流(turbulence)是指流体质点组成的流体微团所进行的无规则的脉动运动，是一种流动的属性。汽油机中的湍流主要是自由湍流，其形成的方式很多，既可在进气过程中产生，也可在压缩过程中利用燃烧室形状产生，还可因燃烧而产生，主要由许多不同长度尺度和时间尺度的涡组成。在气缸中可燃混合气的湍流运动可依靠活塞的运动速度、燃烧室形状以及组织燃烧室内适当的气流运动(如有组织的进气涡流或挤流等，详见 4.2.3)来实现。当雷诺数 $Re<2\,300$ 时为层流火焰，如图 4-2(a)所示，火焰前锋面薄并且平滑。$Re=2\,300\sim6\,000$ 时为弱湍流火焰，如图 4-2(b)所示，湍流使火焰前锋面发生折皱，表面积明显增大，湍流火焰前锋面较层流火焰明显增厚，同时火焰前锋面内的传热传质过程加速，化学反应速度加快，火焰燃烧速度大大提高，混合气的燃烧速率比层流时大为增加，湍流火焰燃烧速度与 $\sqrt{Re}$ 成正比。当 $Re>6\,000$ 时为强湍流火焰，如图 4-2(c)所示，强湍流运动使火焰前锋面严重扭曲，甚至分隔形成许多燃烧中心，湍流火焰燃烧速度与 Re 成正比。一定程度上提高混合气的湍流强度是改善汽油机燃烧的有效手段。

当缸内湍流强度不高时，可用经验公式表示湍流火焰燃烧速度 v_{BT} 与层流火焰燃烧速度 v_{BL} 的关系：

$$v_{BT}=v_{BL}(1+0.001\,97n) \tag{4-4}$$

式中：n 为发动机转速，r/min；v_{BT} 和 v_{BL} 的单位为 m/s。

需要注意的是：在实际发动机的燃烧过程中，火焰燃烧速度与湍流强度之间的关系不一定是线性的。湍流强度不高时，火焰燃烧速度与湍流强度之间呈线性关系，而当湍流增加到一定强度时，火焰燃烧速度随湍流强度的增加呈非线性增加趋势，如果湍流太强，火焰燃烧速度有可能随湍流强度的增加而降低。

因此，在汽油机中，组织适当强度的湍流有助于提高火焰燃烧速度，对燃烧过程有利，但太强的湍流不仅不利于提高火焰燃烧速度，反而会使传播中的火焰淬熄，这也是造成 HC 排放增加的原因。

4.1.2　汽油机正常燃烧过程

4.1.2.1　燃烧过程的进行情况

燃烧过程的研究常借助燃烧过程的展开示功图即 p-φ 图及燃烧放热率曲线（也称燃烧放热规律）。燃烧放热率曲线又分为瞬时放热率（apparent heat release rate，AHRR）曲线和累积放热率（cumulative heat release rate，CHRR）曲线。

由 p-φ 图可以获得燃烧始点、最大压力升高率、最高燃烧压力及其对应的曲轴转角等分析燃烧过程的重要参数，还可以计算燃烧放热率。

发动机中，燃料燃烧释放的热量一部分传给工质（即气缸中的气体），使工质的热力学能增加并对外做功，一部分传到燃烧室壁面散失到冷却水中，由热力学第一定律，有

$$Q_B = \Delta U + W + Q_W \tag{4-5}$$

式中：Q_B 为混合气燃烧放出的热量；ΔU 为工质热力学能的变化；W 为工质对活塞所做的机械功；Q_W 为工质通过燃烧室壁面散失的热量。

将式(4-5)对曲轴转角 φ 微分，得

$$\frac{dQ_B}{d\varphi} = \frac{d(mu)}{d\varphi} + p\frac{dV}{d\varphi} + \frac{dQ_W}{d\varphi} \tag{4-6}$$

式中：$dQ_B/d\varphi$ 为燃料燃烧的瞬时放热速率（放热率），kJ/(°CA)；m 为工质的质量，kg；u 为工质的比热力学能，kJ/kg；p 为气缸中气体的压力，Pa；V 为气缸的容积，m^3；$dQ_W/d\varphi$ 为工质对燃烧室壁面的传热速率（传热率），kJ/(°CA)。

已知瞬时放热率，则可以通过积分的方法获得瞬时放热率曲线面心对应的曲轴转角 φ_c，即

$$\varphi_c = \frac{\int_{\varphi_b}^{\varphi_e} \frac{dQ_B}{d\varphi}\varphi d\varphi}{\int_{\varphi_b}^{\varphi_e} \frac{dQ_B}{d\varphi} d\varphi} \times 100\% \tag{4-7}$$

式中 φ_b 和 φ_e 分别为燃烧的始点和终点，°CA。φ_c 越小，表明燃烧越靠近上止点，燃烧的等容度和热效率越高。

由燃烧始点 φ_b 至某一时刻 φ 为止，已发生的全部燃烧放热量与循环放热量 Q_{B0} 之比称为累计放热率 X_Q，或称累计放热百分比：

$$X_Q = \frac{\int_{\varphi_b}^{\varphi} dQ_B}{Q_{B0}} \times 100\% \tag{4-8}$$

图4-4为汽油机的缸内压力 p 随曲轴转角变化的展开示功图,及瞬时放热率和累计放热率曲线。依据缸内压力变化特点,一般将燃烧过程划分为3个阶段,分别称为滞燃期、急燃期和后燃期。

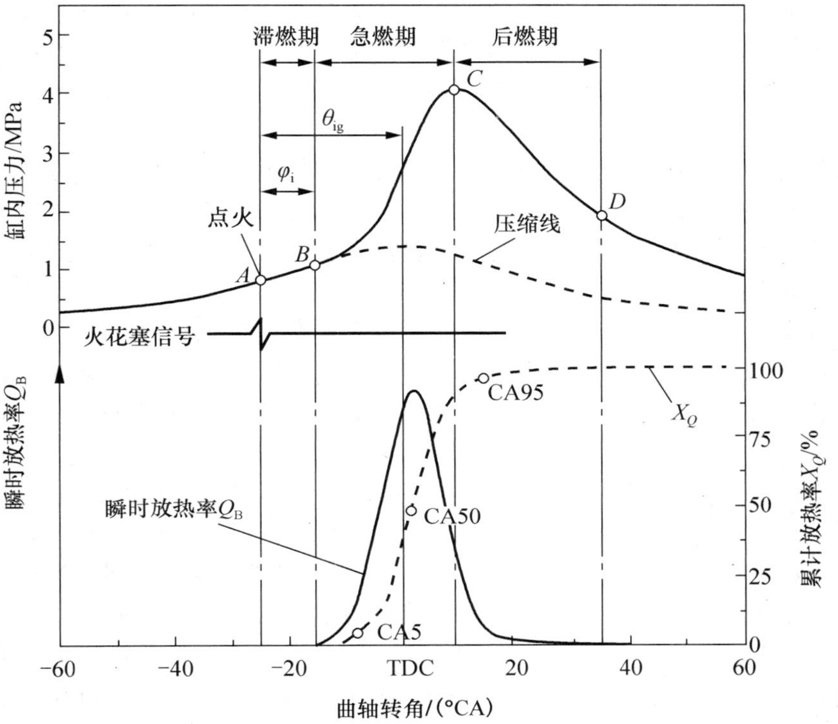

图4-4　汽油机燃烧过程展开示功图

1. 滞燃期

滞燃期是指由火花塞跳火的 A 点到气缸压力线脱离压缩线的 B 点的燃烧准备阶段(图4-4),也称着火落后期(或着火延迟期、火焰发展期)。其长短用着火落后时间 τ_i 或着火落后角 φ_i 来表示。

火花塞在上止点前 θ_{ig}(点火提前角)处点火,火花点火使局部混合气温度迅速升高,火花塞电极处的燃料和空气分子被电离形成活性中心,电极间的混合气被点燃,形成稳定的火焰核心,并以层流火焰方式向四周传播,燃烧过程开始,此时缸内压力、温度升高,缸内气体压力开始脱离压缩线,这标志着滞燃期结束。着火落后角 φ_i 基本在10°~20°CA范围内。

实际着火时刻可依据示功图、放热率判断,或通过火焰高速摄影等方法确定。通常取气缸压力线脱离压缩线的 B 点作为滞燃期终结的标志。从燃烧过程对发动机性能的影响上,以累计放热率1%~10%内某一数值作为确定滞燃期的标准,如图4-4中,以5%累计放热率对应曲轴转角(CA5)作为着火时刻。

影响滞燃期的因素主要有以下几点:

(1)燃料本身的分子结构和物理化学性能。

(2)开始点火时气缸内气体的压力、温度。压缩比高时,滞燃期短。

(3)过量空气系数 ϕ_a。试验表明,功率混合气(过量空气系数为0.85~0.95)滞燃期最短。

(4)残余废气量。残余废气量增加,τ_i 增加。

(5)混合气流动。气缸内混合气运动强,则 τ_i 稍有增加。

(6)火花能量。火花能量大,τ_i 减小。

需要说明的是,滞燃期长短对汽油机的正常燃烧影响不大,因为缸内混合气的着火时刻可通过控制点火提前角 θ_{ig} 来调整。对滞燃期的要求是 τ_i 稳定并尽可能小。一般 B 点出现在上止点前 12°~15°CA 较为合适,以保证燃烧最高压力 p_{max} 出现在上止点后最佳位置。

2. 急燃期

图 4-4 中,B 点到最高燃烧压力点 C 的阶段称为急燃期,也称为快速燃烧期。在此期间,火焰由火焰中心传播到整个燃烧室,燃烧放热主要在火焰前锋面进行,约 90%燃料被烧掉。急燃期是汽油机燃烧的主要时期。随燃烧的进行,缸内温度和压力很快升高,并达到最高燃烧压力 p_{max}。最高燃烧压力点 C 基本对应着 90%累计放热率,一般将此点作为急燃期终点。p_{max} 和压力升高率 $dp/d\varphi$ 是与发动机性能密切相关的两个燃烧特性参数。

汽油机最高燃烧压力 p_{max} 一般小于 5.0 MPa。p_{max} 高,会使循环热效率和循环功增加,但机械负荷和热负荷也会随之增加。p_{max} 出现的时刻(相位)也非常重要。如图 4-5 所示,MBT(minimum advance for best torque)为最佳转矩对应的点火提前角,若 C 点相对 MBT 到达过早,则混合气着火必然过早,从而引起压缩负功增加;相反,若 C 点相对 MBT 到达过迟,则等容度下降,循环热效率下降,散热损失上升。一般希望 p_{max} 出现在上止点后 10°~15°CA,保证瞬时放热率曲线面心靠近上止点位置,燃烧热效率最佳。如前所述,p_{max} 出现的位置可以通过点火提前角 θ_{ig} 来控制。

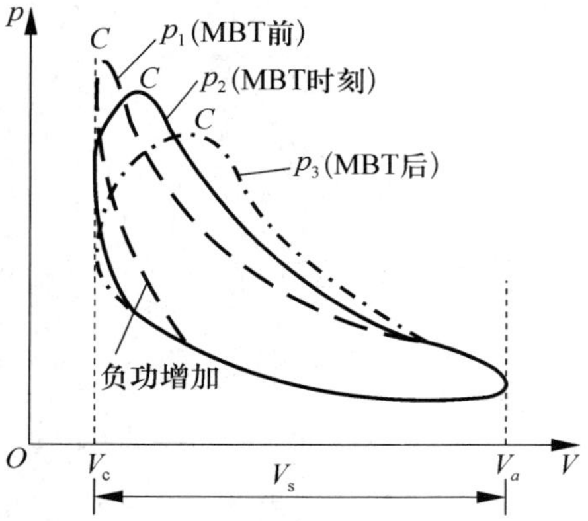

图 4-5 最高燃烧压力 p_{max} 出现位置对示功图的影响

p_1、p_2、p_3 为不同点火提前角 θ_{ig} 下的压力

压力升高率 $dp/d\varphi$ 有两种表示形式,一种是最大压力升高率 $(dp/d\varphi)_{max}$,一种是平均压力升高率 $\Delta p/\Delta\varphi$,定义 $\Delta p/\Delta\varphi=(p_c-p_b)/(\varphi_c-\varphi_b)$。$p_c$、$p_b$ 分别为 C 点和 B 点对应的气缸压力,φ_c、φ_b 分别为 C 点和 B 点对应的曲轴转角。

常用压力升高率表征发动机工作的粗暴程度、振动和噪声水平。压力升高率越高,最高燃烧压力出现的时刻越靠近上止点,汽油机的动力性、经济性越好,但可能导致工作粗暴,同时 NO_x 的排放量增加,对减少排污不利。为保证汽油机良好的综合性能,推荐 $\Delta p/\Delta\varphi=0.2\sim0.4$ MPa/(°CA),$(dp/d\varphi)_{max}=0.175\sim0.25$ MPa/(°CA)。

3. 后燃期

图 4-4 中,从 C 点到燃料基本燃烧完全的 D 点称为后燃期,又称为补燃期。

由于大部分燃料在急燃期燃烧完毕,在后燃期参与燃烧的主要是火焰前锋面扫过后未完全燃烧的燃料,以及贴附在气缸壁面上的未燃混合气层的燃料。此外,燃烧产物 CO_2、H_2O 高温裂解产生的 HO、CO 等成分,在膨胀过程中随温度下降又部分复合而放出热量。

由于后燃期燃烧放热率下降,燃烧又发生在做功行程的中后期,缸内压力很快下降,热量利用率低。为保证高的循环热效率和循环功,希望后燃期越短越好。

4.1.2.2　燃烧过程的影响因素

1. 点火提前角

保持汽油机节气门开度、转速以及混合气浓度一定时，汽油机功率、燃油消耗率等随点火提前角变化的关系称为点火提前角调整特性，对应曲线为点火提前角调整特性曲线。如图 4-6 所示，对于发动机的每一种工况，都存在一个最佳的点火提前角 θ_{ig}，使发动机功率最大、燃油消耗率最小，该最佳点火提前角通常指最佳转矩对应的点火提前角 MBT。

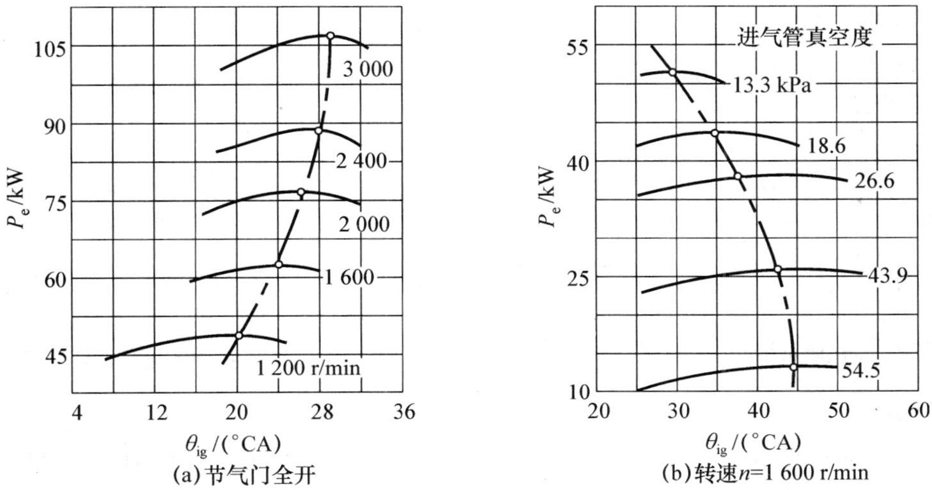

图 4-6　点火提前角调整特性

在节气门开度不变时，各转速下以秒计的滞燃期变化不大，但随转速增加，相同滞燃期所占曲轴转角成正比增加，导致高转速时着火落后角显著增大，为保证最高燃烧压力 p_{max} 出现位置基本不变（10°～15°CA），需要加大 θ_{ig}。在转速不变时，随节气门开度减小，进气管真空度上升，残余废气系数增加，燃烧速度下降，导致滞燃期和急燃期都加长，需增大 θ_{ig} 来保证瞬时放热率曲线面心接近上止点位置。

转速、过量空气系数、负荷、进气压力、冷却水温度、汽油辛烷值等因素都会影响汽油机的最佳 θ_{ig}，最佳 θ_{ig} 需要通过试验测定。电控汽油机的点火提前角 θ_{ig} 可通过电控系统调节控制（参考 4.4 节）。

2. 混合气浓度

在汽油机工况一定（转速、节气门开度保持不变）、点火提前角为最佳值时，功率、燃油消耗率等随过量空气系数 ϕ_a（或燃油消耗量 B）的变化关系称为汽油机燃料调整特性，对应曲线为汽油机燃料调整特性曲线，如图 4-7 所示。

汽油机在转速和节气门开度不变时，随着混合气浓度的加大（ϕ_a 下降），P_e 会增大，但存在一个最大功率对应的 ϕ_a 值，以 ϕ_{aP} 表示，此混合气称为“功率混合气”，此时空气能得到充分的利用而发出最大的功率。混合气过稀则燃料量少，功率减小，过浓则燃烧不完全，燃烧速率会下降，功率也下降。反之，随着 ϕ_a 的上升，存在一个最低燃油消耗率对应的 ϕ_a 值，以 ϕ_{ab} 表示，此混合气称为“经济混合气”，此时燃油会得到充分的利用。混合气过稀则燃烧效率变低，过浓又会出现燃烧不完全、燃烧速率下降等现象，导致燃油消耗率增大。

不同工况下的燃料调整特性不同，其 ϕ_{ab} 及 ϕ_{aP} 的值也是不同的（图 4-8）。通常功率混合

气 ϕ_{aP}=0.85～0.95，经济混合气 ϕ_{ab}=1.05～1.15。

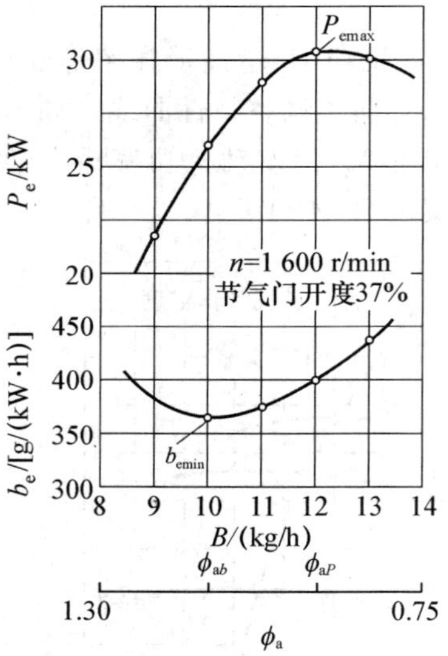

图 4-7 汽油机燃料调整特性

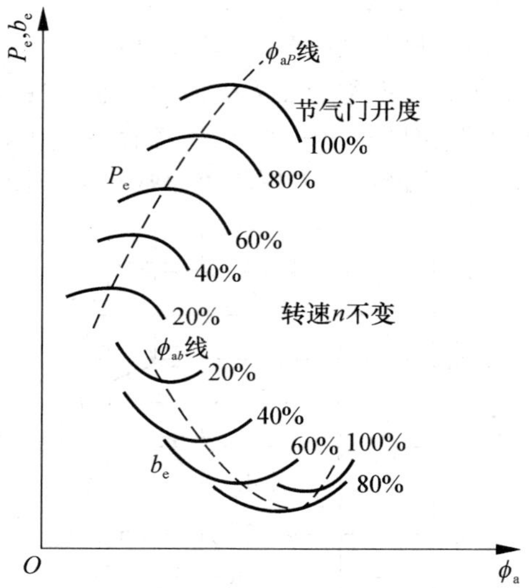

图 4-8 不同工况下汽油机燃料调整特性曲线族

3. 转速

在负荷一定（节气门开度不变）条件下，当转速增加时，气缸内湍流增加，火焰燃烧速度基本上与转速成正比增加，以曲轴转角计的急燃期变化不大。转速升高使进、排气阻力增加，气缸内残余废气系数增大，滞燃期变长。因此在负荷一定时，若提高转速，需要增大点火提前角 θ_{ig}。

4. 负荷

传统汽油机为量调节，其输出转矩的需求是通过改变节气门开度调节进入气缸的混合气量来实现的。转速一定时，随负荷减小即节气门开度减小，充量系数下降，而气缸内残余废气量不变，导致残余废气系数增大，滞燃期加长，火焰燃烧速度下降，急燃期延长；而因进气节流，泵气损失增大，气缸壁相对传热损失增加，冷却水散热损失相对增加，经济性也显著降低。因此，当汽油机转速一定时，随负荷减小，需要增大点火提前角 θ_{ig}（图 4-6），保证汽油机的动力性和经济性。

4.1.2.3 燃烧循环变动

汽油机在某一工况稳定运行时，各循环之间燃烧过程的进行情况不断变化，称为燃烧循环变动（也称燃烧循环压力变动）。燃烧循环变动是汽油机这类点燃式发动机正常燃烧的一大特征。

1. 燃烧循环变动现象及危害

各循环之间的燃烧差异主要是由燃烧的不稳定性引起的，表现为循环的压力变动。不同循环的气缸压力变化情况如图 4-9 所示。

由于存在燃烧循环变动，对于每一循环，点火提前角、空燃比等参数不可能都处于最佳值，因而会影响发动机的动力性和经济性。在混合气稀燃和小负荷、低转速运行时燃烧循环变动现象会加剧，导致发动机的转速和输出转矩产生波动，车辆驱动性能变差。对于燃烧慢的循环，燃烧不正常甚至失火的循环数逐渐增多，HC、CO 等不完全燃烧产物增多，影响发动机的

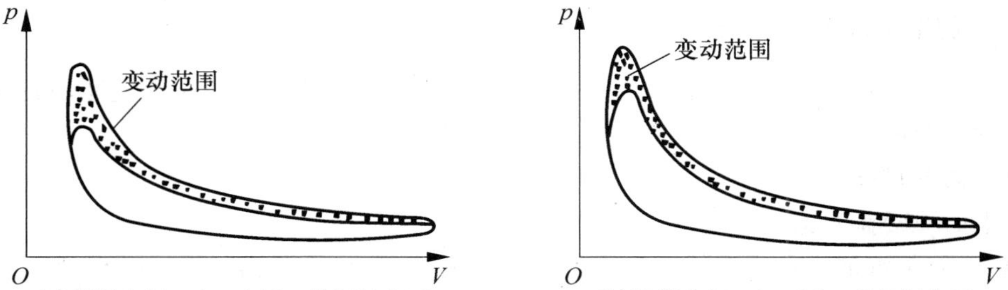

(a)稀混合气，ϕ_a=1.22，节气门全开
平均指示压力变动±4.5%，
最高燃烧压力变动±28%

(b)浓混合气，ϕ_a=0.8，节气门全开
平均指示压力变动±3.6%，
最高燃烧压力变动±10%

图 4-9　汽油机中典型的循环压力变动情况(n=2 000 r/min，ε=9)

排气再循环率或稀燃空燃比；对于燃烧快的循环，会增加 NO_x 排放，气缸最高燃烧压力和爆燃的趋势增加，振动及噪声增大，零部件寿命下降。燃烧循环变动使压缩比提高受限，并需要适当提高所用燃料的辛烷值。

2. 产生燃烧循环变动的原因

示功图分析结果表明，循环变动开始于燃烧初期，主要由各循环中火核形成前后到火焰前锋面充分发展之前的着火燃烧过程的差别引起。影响燃烧循环变动的主要因素有：

(1)气缸内气体运动状态：燃烧室内气体的流场特别是湍流强度分布是极不均匀的，火花塞附近微元气体的运动速度和方向，将对火核的形成和初始生长速率有重要影响。流速过低，不利于火核的初始生长；流速过高，散热加快，会使已生成的火核被吹灭。火核位置不同，也会使此后的火焰向整个燃烧室发展的进程以及燃烧速率发生较大的变动。

(2)气缸内混合气成分和量：虽然汽油机的燃烧方式被称为预制均质混合气燃烧，但由于发动机高速运行，空气、燃料、排气再循环和残余废气不可能在每一缸每一循环都相同，导致燃烧过程的循环变动。

(3)火花塞间隙附近混合气成分：气缸内混合气成分不均匀，使点火时刻火花塞电极间隙附近的混合气成分随时间不断变化，因而着火落后期的长短和火核初期生长过程随循环产生变动。

3. 燃烧循环变动的影响因素及改善措施

(1)过量空气系数 ϕ_a 的影响最大。通常比化学计量比略浓的混合气有助于抑制燃烧循环变动，在中等负荷工况以上循环变动较小，而混合气过浓或过稀都会使循环变动增大。这也是汽油机采用稀薄燃烧时须解决的问题。

(2)油气混合均匀程度对循环变动有重要影响。适当提高缸内气流运动速度和湍流强度，有助于改善混合气的均匀性。提高发动机转速，一定程度上可增强缸内湍流强度。而低转速时，由于湍流强度降低，循环变动会增大。

(3)充量中残余废气量高，则循环变动增大。小负荷时，残余废气量相对增多，循环变动更为明显。除合理控制残余废气量之外，可通过燃烧室合理设计和组织扫气，防止火花塞周围废气过浓。

(4)加大点火能量，采用高性能火花塞、高能点火或多点点火，可改善循环变动。

4.1.3 汽油机的不正常燃烧

汽油机设计或控制不当，偏离正常的点火时间或地点，就会导致出现爆震燃烧或表面点火等不正常燃烧现象。

4.1.3.1 爆震燃烧

1. 爆震燃烧的现象

爆震燃烧是汽油机最主要的一种不正常燃烧现象，常在压缩比 ε 较高时出现。如图 4-10 所示，发生爆震燃烧时，示功图压力曲线出现高频大幅波动（锯齿波），同时发动机发出高频尖锐的金属敲击声。爆震燃烧常简称为爆燃（knocking）。

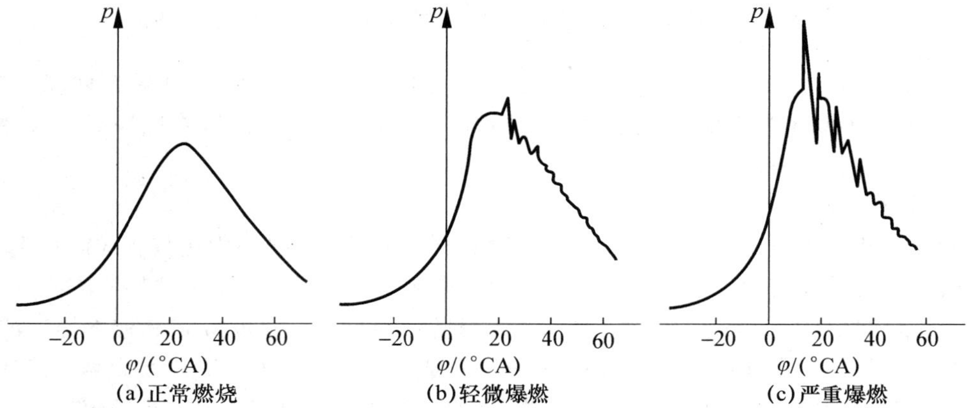

图 4-10 汽油机爆燃时的示功图

单缸机，排量为 381 cm^3，n=4 000 r/min，节气门全开，点火提前角由(a)到(c)依次加大

汽油机发生爆燃时的外部特征主要有：

(1)发出频率 3 000～7 000 Hz 的金属振音（俗称敲缸）。

(2)轻微爆燃时，发动机功率略有增加；强烈爆燃时，发动机功率下降，转速下降，工作不稳定，机身有较大振动，甚至整机出现重大故障。

(3)冷却系统过热，气缸盖温度、冷却水温度及润滑油温度均明显上升。

(4)爆燃严重时，汽油机甚至冒黑烟。

2. 爆燃的机理

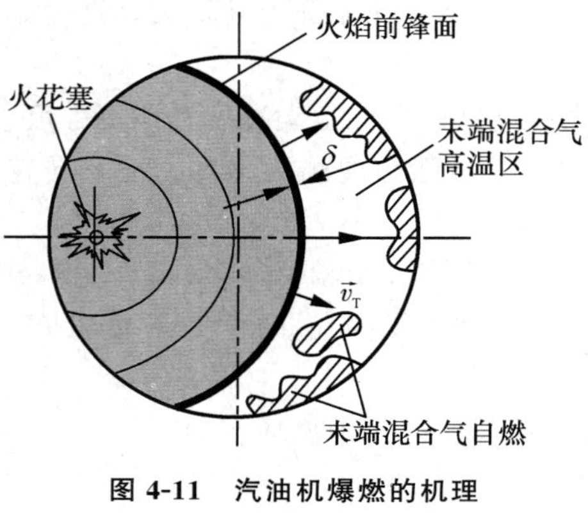

图 4-11 汽油机爆燃的机理

爆燃是燃烧室内末端混合气在火焰到达之前的自燃导致的。如图 4-11 所示，火花塞跳火后，火焰前锋面呈球面波形状以正常燃烧速度（30～70 m/s）向前推进，缸内温度和压力急剧升高，使得处于燃烧室边缘区域的混合气（即末端混合气）在压缩终点温度的基础上进一步受到压缩和热辐射，压力和温度上升，燃前化学反应加速，导致末端混合气在正常火焰前锋面到达前自燃，甚至是多个火焰中心同时着火燃烧，因而放热速率极快，局部压力和温度陡增。压力的骤变形成燃烧室内的压力冲击波，猛烈撞击燃烧室壁面，使壁面产生振动，发

出高频的敲缸声。爆燃发生时,火焰燃烧速度可骤然升高达到 100～300 m/s(轻微爆燃)甚至 800～1 000 m/s(强烈爆燃)。

3. 爆燃的危害

爆燃产生的原因已经从许多试验研究中得到了证实。汽油机的爆燃发生在急燃期的后期,爆燃最容易在燃烧室中距离火焰核心最远的地方和高温的地方(如排气门和积炭处)发生。

强烈爆燃给汽油机工作带来极大的危害,具体表现有:

(1)热负荷及散热损失增加。发生爆燃时,剧烈无序的放热使缸内温度明显升高,加之压力波的反复冲击破坏了燃烧室壁面层流边界层和润滑油膜,使燃气和燃烧室壁面之间传热速率增加,散热损失增大,冷却系过热,气缸盖、活塞顶面温度上升。局部过热使混合气产生表面点火(见 4.1.3.2),引起气缸热负荷进一步增加,最终导致铝合金气缸盖、活塞顶烧损或熔化。这种过热是爆燃带来的最大危害。

(2)机械负荷增大。发生爆燃时,最高燃烧压力和压力升高率都急剧增高,$(\mathrm{d}p/\mathrm{d}\varphi)_{max}$ 可达到 65 MPa/(°CA),受压力波的剧烈冲击,相关零部件所受应力大幅度增加,易使受力件损坏,严重时会造成连杆轴瓦破损。

(3)动力性、经济性恶化。轻微爆燃接近等容燃烧,发动机功率和热效率会有所提高;但强烈爆燃时,由于燃烧极不正常,散热损失大大增加,使循环热效率下降,发动机功率和燃油消耗率恶化。

(4)磨损加剧。由于压力波冲击缸壁表面,破坏了油膜层,导致活塞、气缸和活塞环磨损加剧。

(5)排气异常。爆燃时产生的高温会引起燃烧产物的热裂解加速,促使燃烧室壁面积炭形成,甚至排气产生黑烟。

4. 影响爆燃的因素

设 t_1 为正常燃烧火焰从火花塞传到末端混合气所需的时间,t_2 为从正常燃烧火焰开始传播到末端混合气发生自燃所需的时间。由于爆燃是在火焰前锋面未到达时末端混合气发生的自燃,因此不发生爆燃的充分必要条件是 $t_1 < t_2$。凡是使 t_1 减小和 t_2 增大的因素均可抑制爆燃倾向,反之均使爆燃倾向增加。

下面从燃料性质、运转因素和结构因素 3 个方面分析对汽油机爆燃的影响。

1)燃料性质

如前所述,燃料对发动机爆燃的抵抗能力称为燃料的抗爆性。评价汽油抗爆性能的指标是辛烷值。辛烷值高的燃料,t_2 增加,抗爆燃能力强。

为了提高汽油的辛烷值,常常在燃料中加入少量的抗爆添加剂。目前使用的无铅汽油常用醇类和醚类等含氧化合物作为抗爆添加剂,如甲基叔丁基醚(methyl tertiary butyl ether, MTBE)、甲醇(CH_3OH)、乙醇(C_2H_5OH)等。虽然 MTBE 具有较高的辛烷值,能与汽油很好地互溶,可促进碳氢化合物的燃烧,降低对人体有致癌作用的苯和芳烃的生成,并作为氧化剂可以减少汽油燃烧过程中 CO 和 NO_x 的排放,但由于 MTBE 极易溶于水,对水源有污染,自 2004 年起美国加州等地区已经禁用 MTBE。

烃的分子结构对抗爆性有一定影响。按烷烃、烯烃、环烷烃、芳烃的排列顺序,辛烷值依次增高。通过调整汽油中各类烃的比例,可以改变其辛烷值。如芳烃辛烷值最高,在国外普通汽油中的含量可达 40%,在高级汽油中的含量超过 52%,但近年来发现芳烃会导致排放物中有

毒的苯以及 CO_2 增加，所以其比例又有逐年下降的趋势。

另外，不同炼制工艺得到的汽油，其辛烷值也不同，如：直馏汽油的 MON 为 58～68，热裂化汽油的 MON 为 63～70，催化裂化汽油的 MON 为 78～80。

2）运转因素

（1）点火提前角：一般点火提前角 θ_{ig} 在上止点前 20°CA 时，汽油机出现轻微爆燃，随点火提前角 θ_{ig} 增大，爆燃强度增加。不同点火提前角时的 p-φ 图如图 4-12 所示。随点火提前角 θ_{ig} 的增大，示功图上偏离压缩线（大致相当于火焰中心形成）到最高燃烧压力出现（大致相当于火焰传播到整个燃烧室）的时间 t_1 减小。同时，随点火提前角 θ_{ig} 的增大，缸内压力增加，末端混合气受到的挤压作用大，温度升高，t_2 减小。根据试验，在实用的点火提前角范围内，t_2 减小起决定性作用，因此随点火提前角 θ_{ig} 增大，爆燃倾向加大。

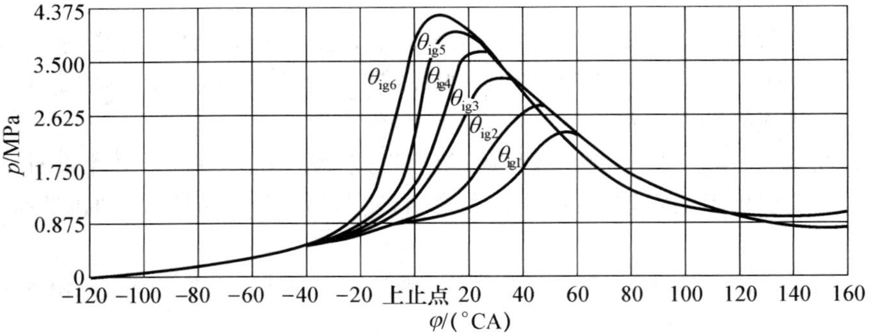

图 4-12 不同点火提前角时的 p-φ 图

θ_{ig1}、θ_{ig2}、θ_{ig3}、θ_{ig4}、θ_{ig5}、θ_{ig6} 分别为 10°、20°、30°、40°、50°、60°CA

（2）转速：转速增加时，气缸中湍流增强，火焰传播速度提高，t_1 减小；而转速增加又使进气损失加大，ϕ_c 下降，缸内压力下降，末端混合气温度也降低，t_2 增大。综合结果为转速增加时，爆燃倾向减小。

（3）负荷：在转速一定、负荷减小时，节气门开度减小，由于汽油机负荷调节是量调节，进入气缸的混合气量减少，而残余废气量基本不变，残余废气系数 ϕ_r 增大，气缸壁相对传热损失增加，缸内最高燃烧压力下降，末端混合气温度降低，t_2 增大，爆燃倾向减小。

（4）混合气浓度：当混合气为功率混合气时，火焰燃烧速度最高，t_1 最小，但此时末端混合气的滞燃期 t_2 也最小。试验表明，滞燃期起主要作用，因而在 $\phi_{aP}=0.85\sim0.95$ 时爆燃倾向最大，混合气过浓或过稀有助于减轻爆燃。

（5）燃烧室沉积物：在发动机工作过程中，燃烧室内壁产生一层沉积物，通常称之为积炭。沉积物温度较高，在进气、压缩过程中不断加热混合气，加之沉积物是热的不良导体，从而提高了末端混合气的温度。沉积物本身占有一定的体积，因而提高了压缩比。其综合效果是沉积物的存在使爆燃倾向增大。

3）结构因素

（1）气缸直径：气缸直径大，火焰传播距离长，t_1 增大，同时由于燃烧室表面积（冷却表面）与其容积之比即面容比减小，t_2 减小，因而爆燃倾向增大。

（2）火花塞位置：火花塞位置影响火焰传播距离，也影响末端混合气在气缸内所处位置，从而影响末端混合气的温度。例如,火花塞靠近排气门最不容易引起爆燃,但火花塞距离进气门过远,火花塞间隙中的废气不易清除,会影响到发动机低负荷运转的稳定性。

(3)气缸盖与活塞的材料:由于铝合金导热好,因而用铝合金活塞、气缸盖可抑制爆燃,提高压缩比。

(4)燃烧室结构:这是影响爆燃的最主要结构因素。燃烧室形状影响到火焰传播距离、湍流强度、向冷却介质的散热量以及末端混合气的量和温度。凡是能使火焰传播距离缩短、湍流强度和火焰传播速率提高的燃烧室结构均有助于减小爆燃倾向。

5. 抑制爆燃的方法

爆燃是限制汽油机功率提高和经济性改善的一个重要因素。为防止爆燃,汽油机的压缩比一般小于 11,这也是汽油机经济性始终比柴油机低的一个主要原因。依据爆燃产生的机理,可以从控制 $t_1<t_2$ 的角度提出抑制汽油机爆燃的技术措施。

推迟点火时刻、加浓混合气、降低进气温度、提高湍流强度、采用排气再循环(GER)技术等都可以减轻爆燃倾向。推迟点火时刻,即减小点火提前角,可同时降低末端混合气的压力和温度,从而使 t_2 增大,实现抑制爆燃,但点火过迟会使汽油机燃烧相位恶化,动力性和经济性受损。加浓混合气可以降低气缸内温度从而使 t_2 增大,抑制爆燃,同样也会带来发动机经济性恶化的问题,而且 HC 和 CO 排放增加。降低进气温度,可以使末端混合气温度下降,使 t_2 增大,抑制爆燃。提高湍流强度可以加快汽油机的火焰燃烧速度,缩短 t_1,抑制爆燃,但高湍流会加强点火时刻火花塞的传热,造成点火困难。EGR 技术可以降低末端未燃混合气的温度和反应活性,使 t_2 增大,抑制爆燃,并可以使发动机在更高负荷、更高压缩比下正常工作,结合点火时刻优化燃烧相位还可以改善发动机的性能。

研究表明,对于缸内直喷汽油机(详见 4.5),常以采用分层化学计量比混合气作为抑制爆燃的方法。整个燃烧室内的混合气总体保持理论化学计量比,火花塞附近为浓混合气,而在近燃烧室壁面处形成比较稀薄的混合气,使 t_2 增大,浓混合气用于加速早期火焰形成和传播,稀混合气用于抑制爆燃。

可变技术可以用来实现对爆燃的抑制。米勒或阿特金森循环通过采用可变气门正时技术(variable valve timing,VVT),可实现进气门早关或晚关,从而在低速大负荷时降低汽油机的有效压缩比,实现对爆燃的抑制,并可以提高发动机的热效率。可变压缩比技术也是一种理想的防止爆燃的方法,如日产公司开发的一种压缩比可变的活塞连杆机构,压缩比范围是 8~14,在中低负荷工作时压缩比 $\varepsilon=14$,可以显著提高热效率而不发生爆燃,随负荷增加而逐渐降低压缩比;高负荷时压缩比 $\varepsilon=8$,避免发生爆燃的同时,还可以使用增压技术,提高动力性。

实际工作中要在尽可能保证燃烧热效率的前提下减少爆燃,常采用的措施是适当减小点火提前角,降低压缩比,优化燃烧室设计(详见 4.3 节)、提高燃料抗爆性等。

4.1.3.2 表面点火

在汽油机中,不是靠火花塞点燃,而是由燃烧室内炽热表面(如排气门头部、过热的火花塞绝缘体或燃烧室表面积炭等)点燃混合气的现象称为表面点火。表面点火使汽油机燃烧过程变得不可控制,引发一系列不良后果。表面点火多发生在压缩比 $\varepsilon>9$ 的强化汽油机中。表面点火可分为非爆燃性表面点火和超级爆燃。

1. 非爆燃性表面点火

非爆燃性表面点火通常发生在发动机长时间高速高负荷运行后,由火花塞绝缘体、电极或排气门高温引起。非爆燃性表面点火分为早燃和后燃。

1)早燃的起因和危害

在火花塞正常点燃之前炽热表面点燃混合气的现象称为早燃(早火)。由于早燃使实际点火时间提前而且炽热表面点火面积远比火花点火时的大,使火焰传播速率加快,压力升高率增大,压缩行程末期的负功增多,向缸壁散热损失增多,这促使炽热表面温度进一步升高,更早点燃混合气。早燃可以诱发无爆燃正常燃烧、常规爆燃和超级爆燃等多种燃烧模式。汽油机早燃诱发的无爆燃正常燃烧的示功图如图 4-13 所示。在单缸汽油机上,早燃会导致停车;在多缸汽油机上,一个气缸的早燃不致停车,但压缩行程末期的高温、高压会引起发生早燃气缸的活塞和连杆受到较大的冲击而产生振动,易发生损坏,并导致气缸发出一种沉闷的低频(600～1 200 Hz)敲缸声及气门、火花塞、活塞等零件过热。

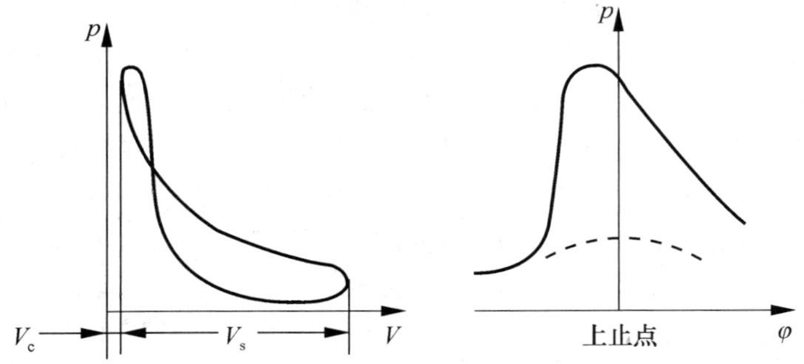

图 4-13 汽油机早燃时的示功图

2)后燃的起因和危害

表面点火出现在火花塞跳火后,并且形成的火焰前锋面仍以正常的火焰燃烧速度向未燃气体推进的现象,称为后燃(后火)。这种现象可在发动机断火后发现,发动机仍像有电火花点火一样继续运转,直到炽热点温度下降到不能点燃混合气,发动机才停转,因此这种现象也称为续走。后燃会使燃烧温度逐渐升高,有演化为早燃的可能。

3)影响表面点火的因素和防止措施

凡能促使燃烧室温度和压力升高以及积炭等炽热点形成的因素,都能促成表面点火。防止表面点火的主要措施如下:

(1)防止燃烧室温度过高,采用与降低爆燃倾向同样的方法,如降低压缩比和减小点火提前角等。

(2)合理设计燃烧室形状,保证排气门和火花塞等得到合理的冷却。

(3)选用低馏程汽油,减少重馏分(如芳烃等)形成的积炭。

(4)控制润滑油消耗率,选用成焦性较小的润滑油。

(5)采用消除或防止积炭的添加剂。

(6)在燃料中加入抗表面点火的成分,如异辛烷等。

2. 超级爆燃

1)超级爆燃现象

随着汽油机采用高增压技术,在低速全负荷工况,出现了由早燃诱发的一种不正常的低速早燃现象,称为超级爆燃(deto-knock)或低速早燃(low speed pre-ignition,LSPI)爆燃。图 4-

14(a)为一组典型的超级爆燃发生前后的连续缸压曲线，图 4-14(b)为正常燃烧、早燃导致的常规爆燃以及超级爆燃的缸压曲线，5 个代表性燃烧循环的火花塞点火时刻保持相同。末端混合气自燃形成的爆燃，即常规爆燃，压力振幅小于 0.5 MPa，而超级爆燃，压力振幅高出常规爆燃一个数量级，超过 1.5 MPa，其峰值压力甚至可以超过 40 MPa，压力振幅超过 20 MPa。早燃诱发的超级爆燃是一种偶发性和间歇性的强烈的发动机爆燃，是高功率密度汽油机的一种强烈的敲缸现象，所产生的巨大峰值压力和压力震荡是导致发动机出现致命性损坏的根源，可以一次性破坏发动机，必须被克服。

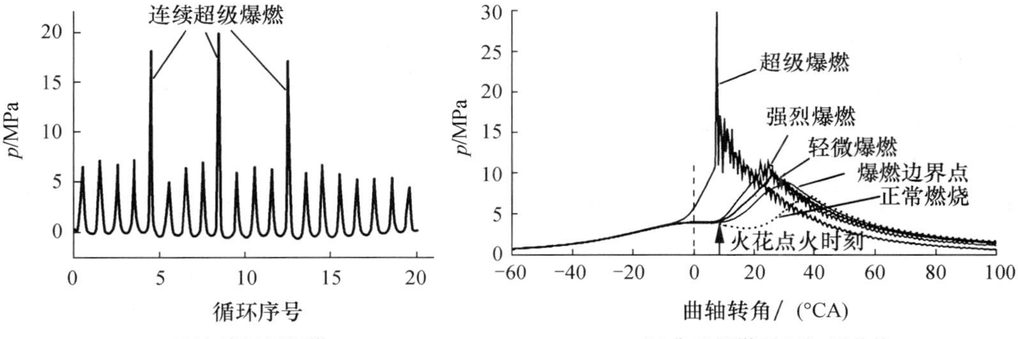

(a)连续超级爆燃　(b)典型爆燃循环缸压曲线

图 4-14　典型超级爆燃循环的压力曲线

常规爆燃的燃烧模式为“超声速自燃性爆燃”或“亚声速自燃性爆燃”。与末端混合气自燃产生的常规爆燃不同，超级爆燃的主要表现为：

(1)超级爆燃随机发生，自行消失，和正常燃烧循环交替出现，两者之间的转换没有征兆。

(2)超级爆燃循环压力过程不同，没有重复性。

(3)超级爆燃循环次数及间隔没有规律，而且出现的频次低，通常是数千或更多循环内出现一次。

2)超级爆燃产生的原因

超级爆燃发生的必要条件是有早于火花点火的着火点，由火花塞正常点火之前的早燃导致。当燃烧进行到上止点时，可能发生强烈的爆燃。燃烧室内的炽热点、燃烧室的沉积物以及燃烧室内窜入的润滑油(润滑油本身或其中钙基润滑油添加剂)等，都可能导致出现超级爆燃。目前对于早燃诱发的超级爆燃，其机理还没有一致性的结论。

低速早燃不一定导致爆燃，超级爆燃具有随机性，不能像末端混合气自然形成的爆燃一样通过推迟点火提前角而消除，也不能通过加强传热或采用高辛烷值汽油来避免。

4.2　汽油机混合气形成

汽油为低馏程的烃混合物，易蒸发、雾化并与空气形成均匀混合气。汽油机混合气的形成大都采用点火前预制均质混合气的方式。对采用预制均质混合气燃烧的汽油机，关键要解决如何在有限时间内完成燃料与空气的均匀混合。本节主要介绍预制均质混合气汽油机混合气形成的基本要求、混合气的形成方式以及发动机气缸内气流运动形式。

4.2.1 汽油机混合气形成的基本要求

为保证汽油机燃烧的高效稳定和汽油机的性能最佳，混合气应满足如下要求。

1. 形成均质混合气

燃油与空气混合越均匀，燃烧越充分、稳定，循环波动越小，热效率越高。因此，尽管汽油的初馏点低，具有良好的蒸发特性，但在汽油机中仍需要有合适的燃油雾化方式、足够的燃烧前雾化混合时间以及合理的气流运动，以保证形成尽可能均匀的混合气。

2. 具有良好的响应特性

由于汽油机主要用于轻型车和轿车，此类车辆大部分时间工作在变工况条件下，因此，要求汽油机混合气制备过程对于剧烈工况变化有很好的跟随特性，即良好的响应特性。

3. 适应不同工况的混合气浓度要求

汽油机燃料调整特性如图 4-7 所示。为满足车用汽油机动力性、经济性和排放的要求，不同工况时应使用不同浓度的混合气。汽油机在不同工况下对混合气浓度(空燃比)的基本要求为：

(1)在中、小负荷范围运行时，从经济性要求出发，应当供给经济混合气 ϕ_{ab}，即空燃比控制在 16～17 范围内。

(2)在大负荷或全负荷工况运行时，希望获得更大的功率以达到最大的动力性能，此时要求供给功率混合气 ϕ_{aP}，即空燃比控制在 12～14 范围内。

(3)为保证怠速稳定及过渡工况(起动和加速)良好的运行特性，应选择合适的混合气浓度，如怠速加浓、起动和加速补偿等。通常怠速工况时空燃比为 10～12。

(4)为使燃用均质混合气的车用汽油机的排放达标，在采用三效催化转化器(three-way catalyst，TWC)和氧传感器(λ-传感器)反馈控制的电控汽油喷射系统中，在从部分负荷到接近全负荷的大部分工况下，为保证三效催化转化器的正常工作，需要供给化学计量比 $\phi_a=1$(空燃比约为 14.7)的混合气。

4.2.2 汽油机混合气形成方式

早期汽油机的燃料供给采用化油器，目前汽油机燃料供给方式主要是电控汽油喷射(图 4-15)。电控汽油喷射系统依据喷油器喷射部位的不同，有进气道喷射和缸内直接喷射(gasoline direct injection，GDI)两种。

进气道喷射包括进气道的多点喷射(multipoint fuel injection，MFI 或 port fuel injection，PFI)和进气总管的单点喷射(single point injection，SPI 或 throttle body injection，TBI)。单点喷射只在节气门上游位置设置一个电磁阀喷油器给各缸供油，多点喷射各缸有单独的喷油器供油。单点喷射结构简单，但在进入各缸的燃油量的控制精度和混合气均匀性方面都不如多点喷射。多点喷射通常与电子点火相结合，使用同一电控单元综合控制喷油与点火，为复合功能的电控多点燃油喷射与点火系统。

汽油机缸内直接喷射(详见 4.5 节)是在气缸内部形成混合气。点火前，汽油以较高的压力直接喷入气缸，借助高压喷射雾化以及缸内空气运动，雾化的燃油与空气在气缸内部混合，形成可燃混合气，进行燃烧。目前电控汽油机缸内直喷主要有均质混合(homogeneous charge)和分层混合(stratified charge)两种形式。

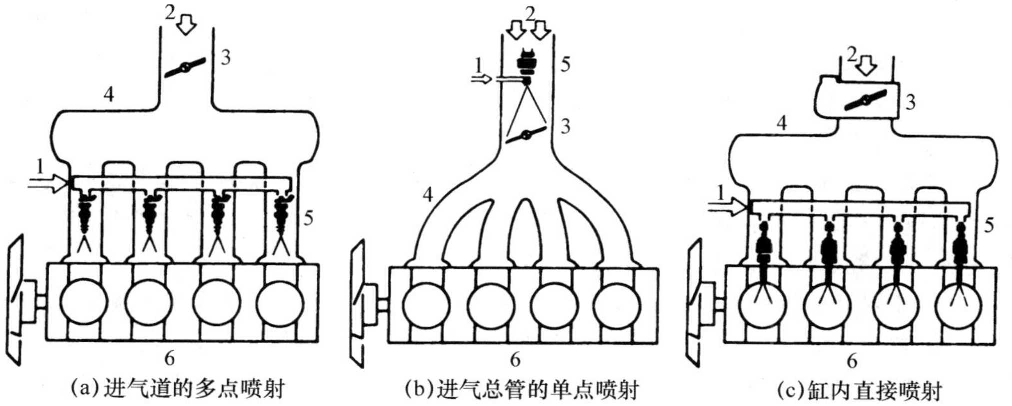

图 4-15　电控汽油喷射方式的分类

1-燃油；2-空气；3-节气门；4-进气道；5-喷油器；6-汽油机

化油器供油和进气道喷射在结构和供油方式上虽有不同，但它们都是在气缸外部形成均质混合气，通过控制节气门开度来调节混合气量，即以负荷量调节方式形成混合气。

1. 化油器供油混合气形成的基本工作原理

化油器是利用喉管处进气气流真空度引射汽油的方法形成各工况需要的混合气浓度。其工作原理如图 4-16 所示，由于喉管 2 的流通面积比进气管的小，进气气流流经喉管时在喉管处加速，引起局部压力下降，产生了一定的真空度，浮子室 5 内的燃料经主量孔 4 从燃油喷管 1 中吸出，在气流作用下破碎为液滴并蒸发，与空气形成可燃混合气进入气缸。

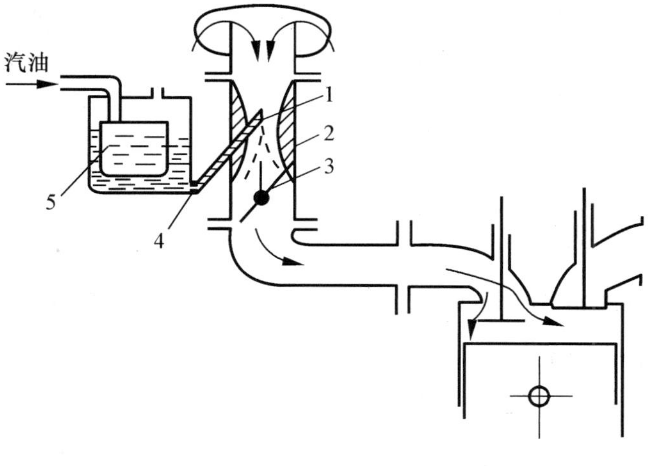

图 4-16　化油器式汽油机燃油供给系统简图

1-燃油喷管；2-喉管；3-节气门；4-主量孔；5-浮子室

由于化油器不能根据工况的不同精确控制混合气的空燃比，并有排污严重等问题，近年来已被电控汽油喷射系统所取代。目前除了摩托车与小型通用汽油机外，在车用汽油机领域几乎不再采用。

2. 进气道喷射混合气形成的基本工作原理

电控汽油喷射系统和传统化油器供油混合气形成系统的基本原理有很大差别。电控汽油喷射系统采用的是直接配供的方法，即电控单元(electronic control unit，ECU)根据实际循环进气量的多少，命令喷油器供给相应量的汽油(一定脉宽的供油时间)，以达到脉谱(MAP)图上混合气 ϕ_a 值的要求。

进气道喷射汽油机的喷油压力一般在 0.3～1.5 MPa，喷油器喷嘴有轴针型、孔型、双喷雾型，喷嘴的设计和选型根据燃油特性、气道形状、喷射位置、喷油时刻和喷油持续时间、气道内气体温度、压力等多种因素综合确定。

进气道喷射燃油控制系统的控制主要是根据汽油机的运行工况要求确定喷油器的喷油时刻。为确保混合气形成质量，在怠速中小负荷时，在进气门关闭状态喷射(闭阀喷射模式)；在低速大负荷时，在进气门开启状态喷射(开阀喷射模式)，使燃油在气缸内蒸发，降低缸内温度，获得最大进气充量；高速大负荷时，喷油器近似 720°CA 喷射，以满足喷油量的需求。而在特定工况下，在喷油结束后到进气门开启前，燃油控制系统会根据发动机的运行工况决定是否需要补喷一次燃油，以提高发动机加速时的动态响应，补喷燃油量较少，而且要在进气门开启前结束。

汽油机进气道喷射如图 4-17 和图 4-18 所示，混合气形成过程包括喷油雾化，液滴破碎、蒸发，油束碰壁，油膜蒸发、剥离、流动以及混合气的湍流流动等。

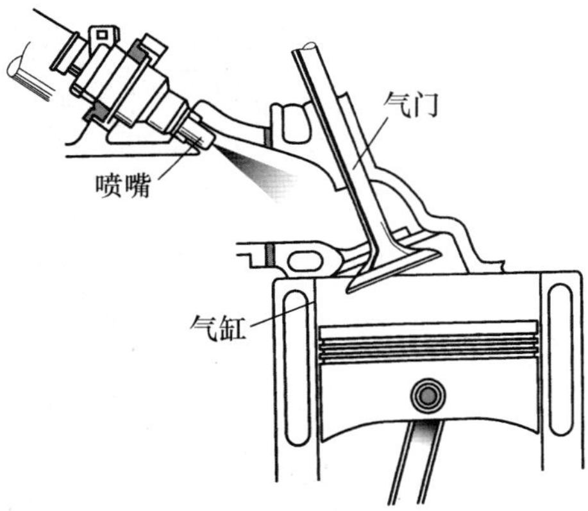

图 4-17 进气道喷射示意图

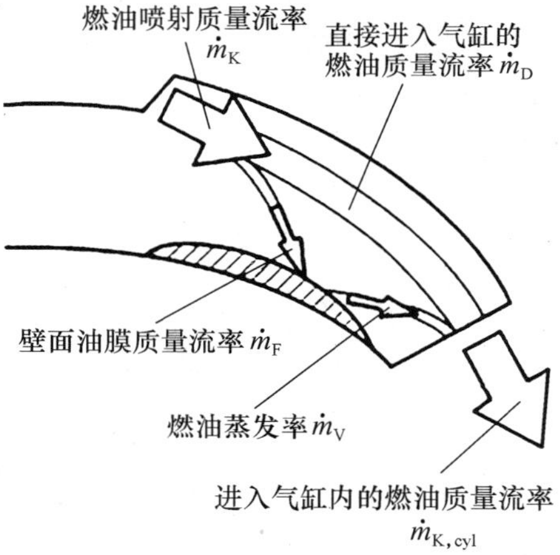

图 4-18 进气道中燃油喷射、蒸发示意图

汽油机采用闭阀喷射模式时混合气形成过程如下：

(1)进气道中燃油喷射、雾化与蒸发：如图 4-18 所示，在进气门关闭状态下，汽油被喷射到空气静止的进气道中。由于喷油压力较低，喷出的油束在较长时间内处于液柱阶段，在距离喷嘴较远处才出现破碎和雾化。燃油喷雾一部分散布在进气道空间里，一部分冲击到高温的进气门背面或进气道喉口内壁发生碰撞，在壁面形成油膜。进气行程开始前完成喷油，保证燃油有充足的汽化时间，同时利用进气道中高温和碰撞二次雾化，加快燃油雾化蒸发，获得良好的均质混合气。燃油喷射过程中，蒸发主要集中在喷雾周围，沿喷射方向的燃油浓度最高。喷油结束后，气门附近一直存在大量的油膜和油滴，进气门附近燃油蒸发浓度最高。在喷雾阶段燃油蒸发量主要来自散布于空间的油滴蒸发，约有 5%的喷油量在该阶段蒸发。喷油结束至进气门开启阶段，悬浮的油滴和油膜继续蒸发，因剩余燃油主要以油膜形式存在，在发动机热机状态下，进气门背面的温度超过 100 ℃，进气道壁面温度也比冷却液温度高，所以该阶段油膜蒸发起主导作用。

(2)缸内蒸发混合：进气门开启后，气门附近较浓混合气先随气流运动进入气缸内，缸内混合气浓度分布极不均匀。随活塞下行，缸内气流运动促进油气混合；随进气门开启，油膜蒸发速率明显提高；到进气下止点时，缸内混合气的均匀程度改善，同时由于进气惯性，进气道中的油气混合气继续顺进气门上沿流入气缸，靠近进气门侧的壁面混合气相对较浓。

进气门关闭后，随活塞上行，缸内温度升高，湍流程度也逐渐提高，加速了燃油的蒸发和混合。经过进气和压缩两个行程的混合气形成过程后，在点火前缸内混合气分布基本均匀。

4.2.3 缸内的气流运动

由进气过程形成的缸内气流运动对发动机混合气的形成和组织良好的燃烧过程有决定性的影响。发动机中常见的气流运动形式有涡流、挤流、滚流和湍流，可以分别应用或组合应用于不同的发动机燃烧系统。

4.2.3.1 涡流

涡流(swirl)是柴油机混合气形成的主要形式，近年来汽油机为实现稀薄燃烧也开始应用涡流。涡流强度用涡流比 Ω 评价，涡流比 Ω 即涡流旋转速度与发动机转速之比。

根据形成方法的不同，涡流可分为进气涡流和压缩涡流。

1. 进气涡流

进气涡流是指利用进气口和进气道的形状，在进气过程中形成的绕气缸轴线旋转的有组织的气流运动。进气涡流可以持续到燃烧膨胀行程，对混合气形成、燃烧、传热等都有重要影响。进气涡流强度主要由进气道形状和发动机转速决定。

产生进气涡流的方法一般有 4 种，分别采用导气屏、切向气道、螺旋气道(图 4-19)及组合进气系统。

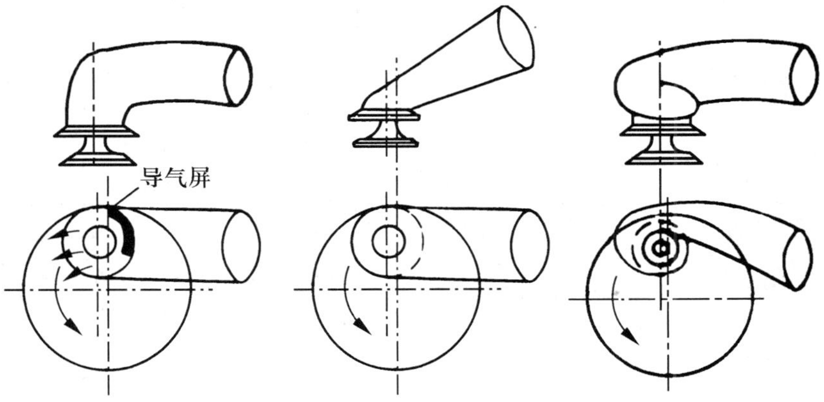

(a)导气屏 (b)切向气道 (c)螺旋气道

图 4-19 进气涡流产生方法示意图

导气屏[图 4-19(a)]设置在进气门上，导引进气气流以不同角度流入气缸，在气缸壁面的约束引导下产生涡流。导气屏结构简单，进气道不需要作特殊设计，涡流强度可调，但流动阻力大。这种方法已不在实际发动机中采用。

切向气道[图 4-19(b)]形状平直,在气门座前呈强烈收缩,使气流运动加速,并利用进气气流对气缸中心的动量矩,产生绕气缸纵轴旋转的进气旋流。切向气道形状简单,但气流对气道位置较为敏感。切向气道适用于对涡流强度要求不高的发动机。

螺旋气道[图 4-19(c)]是将气道内腔做成螺旋形状,一方面使空气在气道内就形成绕气门中心的旋转运动,并在进入气缸后继续保持旋转;另一方面,由于气门中心与气缸中心不重合,会产生空气沿气缸壁绕气缸中心的旋转运动。螺旋气道的形状复杂,涡流强度高,相同涡流比时的进气阻力小于切向气道。这种方法适用于对进气涡流强度要求较高的发动机,如中小型高速直喷式柴油机。

组合进气系统是指在有 2 个进气门的发动机上,采用 2 个不同类型气道,如一个切向气道和一个螺旋气道,或采用不同角度的进气道,通过组合设计得到需要的涡流强度。

为保证进气充量,一般汽油机不组织强进气涡流,低速、小负荷时进气涡流更弱,对急燃期影响较小,故在采用单进气道的情况下,仅依靠进气涡流的燃烧室较少见。对于柴油机,因为喷油时刻是在压缩上止点附近,涡流在上止点附近的状态对混合气形成具有重要影响,不仅应注意进气涡流的强度,更应关注压缩终点时燃烧室内的涡流强度。

2. 压缩涡流

在柴油机涡流室式燃烧室中,气体在进气过程中并不产生旋流,而在压缩过程中由主燃烧室经连通道进入涡流室时,形成强烈的压缩涡流(参见 5.3.2)。压缩涡流不会导致进气阻力增加和进气充量下降,但是在形成压缩涡流时会伴随不同程度的能量损失,使循环热效率降低。

4.2.3.2 挤流

挤流(squish)是指在压缩行程后期,活塞表面的某一部分和气缸盖底面彼此靠近时所产生的径向或横向气流运动。当活塞下行时,燃烧室中的气体向外流到顶部空间,产生膨胀流动,为逆挤流。

挤流对发动机的转速和负荷的依赖性较小,不会影响充量系数和造成进气流动损失。图 4-20 所示为柴油机的直喷式燃烧室,压缩行程中活塞接近上止点时,气缸内的空气被挤入活塞顶部的燃烧室凹坑内,产生挤流。挤流正好在上止点前达到最大,上止点后还有逆挤流运动。

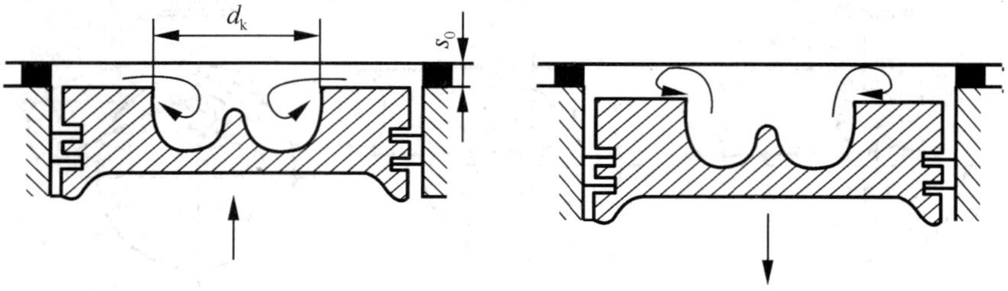

(a)无进气涡流或涡流不强时的挤流　　(b)逆挤流

图 4-20 挤流形成示意图

组织挤流的要素是挤气面积、挤气间隙和挤气面的布置。挤流强度主要由挤气面积和挤气间隙的大小决定,挤气面积越大,挤气间隙越小,则挤流越强。图 4-20 中燃烧室凹坑喉口直

径 d_k、活塞顶隙 s_0 越小，挤流强度越大。

挤流在汽油机上也有应用。如汽油机的楔形、浴盆形燃烧室(参见 4.3.2)，利用较强的挤流运动增强燃烧室的湍流强度，促进混合气的形成与燃烧。

4.2.3.3　滚流

滚流(tumble flow)是指在进气过程中形成的绕气缸轴线垂直线旋转的有组织的空气旋流，也称为横轴涡流。一般利用直立进气道与燃烧室的配合来产生适当的滚流，较适宜在四气门汽油机上使用。滚流在压缩过程中动量衰减较少，并可保留到压缩行程的末期。当活塞接近于上止点时，大尺度的滚流将破裂成众多小尺度的涡，使湍流强度和湍流动能增大，可大大提高火焰传播速率，改善发动机性能(图 4-21)。

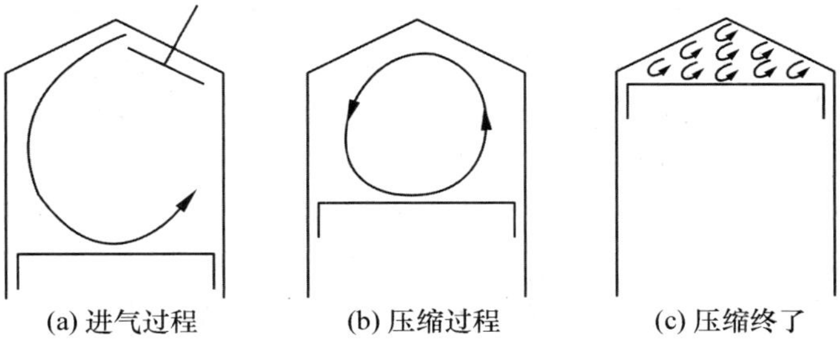

图 4-21　滚流形成的基本过程

滚流和涡流结合可形成斜轴涡流，它既有绕气缸轴线旋转的横向分量，也有绕气缸轴线垂直线旋转的纵向分量。在四气门汽油机中，在两个进气道中的一个进气道安装旋流控制阀，通过改变旋流控制阀的开度，即可形成不同角度的斜轴涡流。斜轴涡流充分利用了进气涡流和滚流的优点，在上止点附近能形成更强的湍流运动，提高混合气(特别是稀混合气)燃烧速率。

4.2.3.4　湍流

湍流是一种不规则的流动状态(湍流的基本概念见 4.1.1.2)。与涡流、挤流和滚流从宏观、大尺度角度描述气流运动不同，湍流是从微观、小尺度角度描述气流运动。

发动机中的燃烧都属于湍流燃烧。汽油机中，湍流促进火焰前锋面附近已燃气体和未燃气体的交换，扩大火焰前锋面面积，从而提高火焰传播速率和燃烧速率。柴油机中，湍流可以改善燃油与空气的混合，增强未燃 HC、CO 和炭烟颗粒的后氧化等。

湍流可以不同程度伴生在涡流、挤流和滚流中，也可单独存在，如在柴油机预燃室中由压缩生成的湍流、非回转体燃烧室中伴随涡流运动产生的边角处湍流等(参见 5.3.2)。

4.3　汽油机燃烧室

4.3.1　汽油机燃烧室的设计要求

燃烧室直接影响到充量系数、火焰传播速率、放热速率、传热损失及爆燃倾向、燃烧循环变动等，从而影响汽油机的各项主要性能，因此燃烧室设计是决定汽油机性能的重要一环。

对汽油机燃烧室的基本要求是：动力性能高，燃油经济性能好；排放污染少；能避免爆燃和表面点火等不正常燃烧现象；工作柔和，燃烧噪声小；起动性好；允许燃烧较稀混合气。同时满足这些要求非常困难。20 世纪 50 年代以前，燃烧室的设计主要着眼于提高发动机的经济性和动力性；20 世纪 70 年代，降低汽车排放、满足排放法规成为主要的影响因素；近年来由于排气净化研究的进展以及节约能源问题的提出，燃烧室设计的目标主要是在降低排气污染的前提下提高经济性能。

汽油机燃烧室设计主要从以下几方面考虑。

(1)结构紧凑。燃烧室的紧凑性用面容比 A/V——燃烧室表面积 A 与燃烧室容积 V 之比来表征，它与燃烧室形状及汽油机的主要结构参数有关。一般来说，A/V 大，火焰传播距离长，容易爆燃，HC 排放高(图 4-22)，相对散热面积大，热损失大。A/V 小，则燃烧室紧凑，具有的优点是：①火焰传播距离小，不易爆燃，可提高压缩比；②相对散热损失小，燃烧热效率高；③熄火面积小，HC 排量少。早期的侧置气门燃烧室的 A/V 大，目前的顶置气门燃烧室的 A/V 要小得多，即使在顶置气门中，不同形状燃烧室的 A/V 值也是有差别的。

(2)充气性能良好。对于充气性能，主要应考虑进气门、进气道的布置，保证有足够的进气流通截面积。增大进气流通截面，不仅可以提高充量系数，而且可以降低泵气损失。应有较大的进气门直径或进气流通面积，燃烧室壁面与气门头部要有足够的间隙，适于多气门布置；进气流线要短，转弯要少，使混合气尽可能平直、平顺地流入燃烧室。

(3)火花塞位置安排适当。火花塞的位置直接影响火焰传播距离，从而影响抗爆性，也影响火焰前锋面扩展速率和燃烧速率。在决定火花塞位置时还应考虑：①要能利用新鲜混合气充分扫除火花塞周围的残余废气，使混合气易于点燃，保证低速工作稳定性好，各循环间的燃烧波动小。②火花塞尽量布置在使末端混合气受热少的位置，如排气门附近。③应使由火花塞传播开的火焰前锋面变化分配合理，确保运转平稳。④火焰传播距离应尽可能短。图 4-23 所示为不同火花塞位置对燃料辛烷值要求的变化趋势。在压缩比相同的条件下，火花塞在进、排气门之间布置位置和数量不同，所需燃料辛烷值也不同。

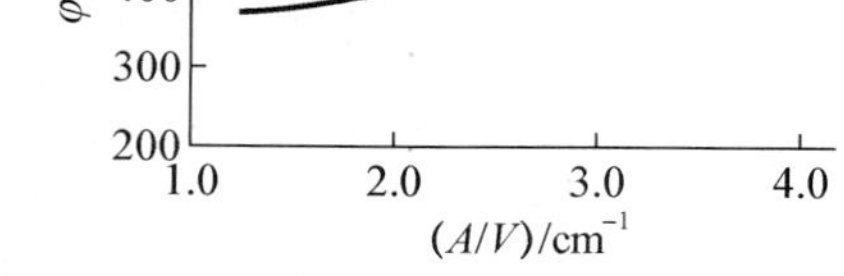

图 4-22　汽油机燃烧室的 A/V 与 HC 排放浓度的关系

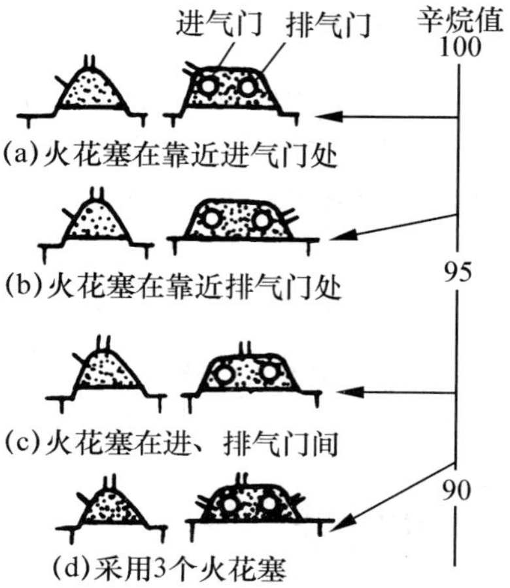

图 4-23　火花塞位置与辛烷值

(4)能组织适当的湍流运动。缸内气体湍流运动的优势是：①增大火焰传播速度；②冷却末端混合气区；③减少循环间的燃烧变动；④减小壁面淬熄层厚度，降低 HC 排放；⑤适应稀燃或层燃。当然，过强的湍流会使热损失增加，吹熄火核导致失火，使 HC 排放增加。

4.3.2 汽油机典型燃烧室

1. 浴盆形燃烧室

如图 4-24 所示，燃烧室的形状像一个椭圆形浴盆，高度一致，宽度允许略超出气缸范围，以加大气门直径，在双侧或单侧设置挤气面。要求气门头部外径与燃烧室壁面之间保持 6～8 mm 的距离，避免壁面对气流产生遮蔽作用，故气门大小受限制。此外，要求有一定的挤气面积。

浴盆形燃烧室的 A/V 较大，火焰传播距离较长，压缩比一般不超过 7.5，动力性、经济性不高，HC 排出量多而 NO_x 较少，工作柔和。但由于它的制造工艺性好，又便于维修，在载货汽车和轻型车上曾广泛应用。我国 6100Q 汽油机、BJ212 汽油机以及桑塔纳轿车 JV 型汽油机、奥迪 100 型 026BJW 型汽油机等均采用这种燃烧室。

2. 楔形燃烧室

如图 4-25 所示，这种燃烧室结构较紧凑，火焰传播距离较短；要求一定的挤气面积，并且末端混合气冷却作用较强，故压缩比可达 9.5～10.5；气门倾斜布置(6°～30°)，流通截面较大，气道转弯小，充气性能较好。这种燃烧室有较高的经济性和动力性。

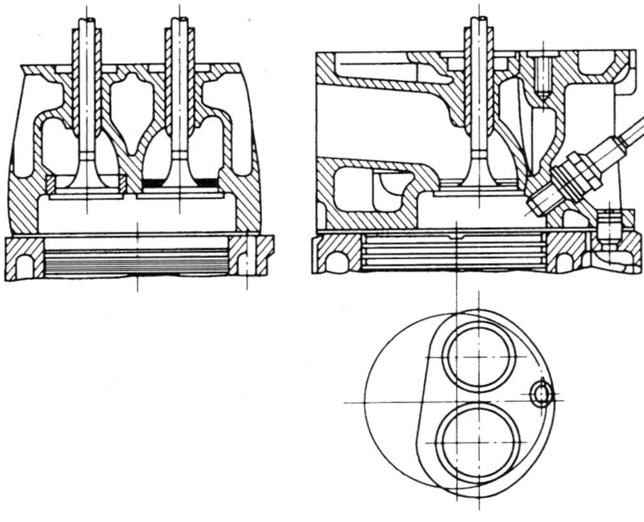

图 4-24 车用汽油机的浴盆形燃烧室

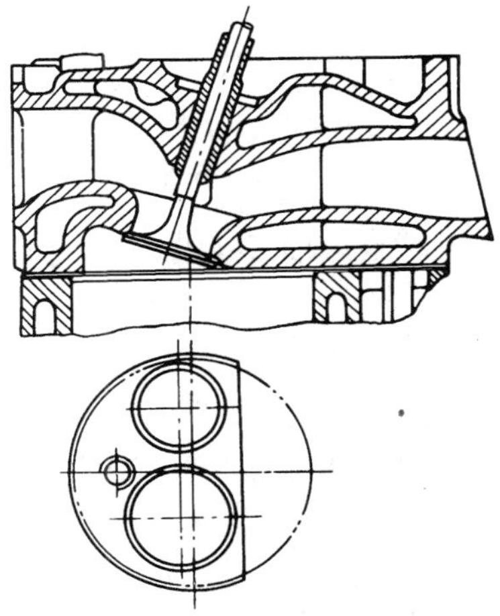

图 4-25 车用汽油机的楔形燃烧室

火花塞在楔形高处的进、排气门之间，有利于用新气扫除火花塞附近的废气，低速、低负荷性能稳定，但也使初期燃烧速度大，$dp/d\varphi$ 高，燃烧粗暴，NO_x 排出量较大。挤气面积大，所以 HC 排放较高，原因是挤气面积增大，挤气间隙减小，会使 A/V 值上升，挤气面内混合气受到强烈冷却，容易产生熄火现象，因此生成大量 HC 化合物。汽油机因此曾一度减小了挤气面积。不过挤流也使湍流加强，壁面熄火厚度变薄。

楔形燃烧室曾是车用汽油机采用比较广泛的一种，我国 CA-72 型小客车汽油机及 486(3Y)、491(4Y)、489(GM2.0)型汽油机均采用这种燃烧室。由于楔形燃烧室进、排气门只能单行排列，不便于采用多气门机构，故近年来在高性能轿车汽油机上较少应用。

3. 篷形燃烧室

这种燃烧室形状如帐篷，火花塞布置在中央，气门双行倾斜排列，如图 4-26 所示。燃烧室可全部机械加工。

在双气门(一进一排)发动机上,篷形燃烧室常称为半球形燃烧室(图 4-27),但需要火花塞偏置。还有一种与篷形燃烧室相似的多球形燃烧室,燃烧室顶面呈球面,气门及火花塞周围也各自呈球面,有更好的流体力学特征,但设计加工复杂。

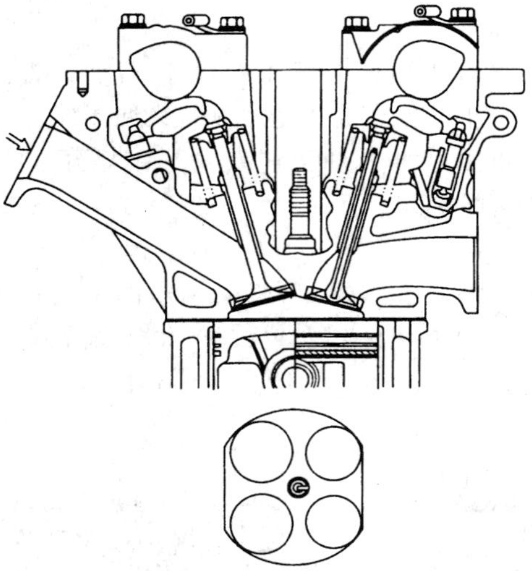

图 4-26 篷形燃烧室

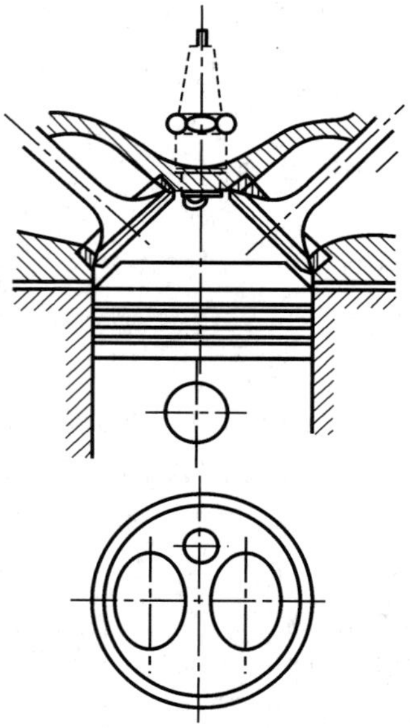

图 4-27 半球形燃烧室

篷形燃烧室结构紧凑,A/V 值比楔形和浴盆形燃烧室小,火焰传播距离最短,压缩比通常在9~11。由于四气门倾斜布置,可以有较大的气门直径和平直圆滑的进气通道,ϕ_c 值高,因此动力性、经济性好,HC 排放少,高速适应性好,在多气门和 6 000 r/min 以上的汽油机上应用广泛。

这种燃烧室一般不组织挤流,湍流较弱,但可以利用双进气道形成所需的进气涡流或利用进气道上翘的特点形成滚流。由于火花塞附近有较大的容积,$dp/d\varphi$ 较高,工作粗暴,噪声较大,NO_x 排放量较大。配气机构较复杂,一般采用双顶置凸轮轴。

4. 各种燃烧室特征及性能对比

表 4-1 比较了浴盆形、楔形、篷形燃烧室的特征和性能。

表 4-1 不同燃烧室的特征及性能对比

燃烧室类型	火焰传播距离	面容比	进排气门截面积	挤流强度	充量系数	压缩比	热效率	$dp/d\varphi$ 及 p_{max}	NO_x 排放	HC 排放
浴盆形	较长	较大	小	较强	低	低	低	低	低	高
楔形	较短	中	中	强	中	较高	较好	较高	高	高
篷形	短	小	大	弱	高	高	好	高	高	低

4.4 汽油机电控系统与控制技术

不论是汽油机缸外喷射还是缸内直喷,在汽油机正常工作条件下,燃料均易与空气形成均质混合气,因此,汽油机混合气的制备主要是满足在各种工况条件下混合气浓度(空燃比)的要求,即实现混合气浓度的控制,这需要通过控制策略实现。本节主要介绍汽油机电控系统工作原理以及控制技术,并对典型的进气道喷射控制系统进行分析。

4.4.1　汽油机电控系统工作原理

4.4.1.1　电控汽油喷射系统的组成

如图 4-28 所示,电控汽油喷射系统基本上都是由传感器及开关、执行器和电控单元(ECU)三部分组成的。

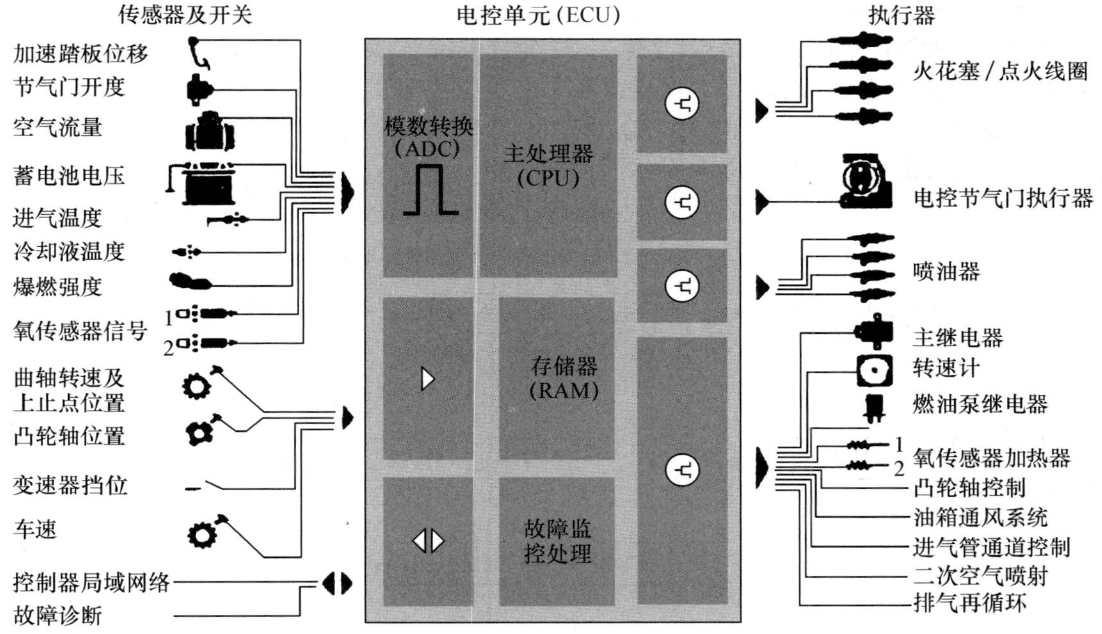

图 4-28　汽油机电控喷射系统组成示意图

电控系统的基本工作原理是:系统中的各种传感器及开关将各传感器有关的信息传输给 ECU,ECU 根据来自各个传感器的信号及开关信号,结合存储的各种标定数据与图表进行分析运算,求出对应于该工况应有的点火提前角、喷油持续时间(喷油脉宽)和点火闭合角等参数,再向系统的执行器发出各种控制指令,执行器产生相应的动作以实现所要求的控制。

在所有的传感器输入量中,发动机转速(曲轴转速)和表示发动机负荷的空气流量(或进气歧管绝对压力)是两个最基本的输入量,ECU 根据两者决定点火提前角和喷油脉宽的基本值,而冷却液温度、进气温度等则是用来对基本点火提前角和喷油脉宽进行修正的条件参数。曲轴(或凸轮轴)转角位置信号用来确定相对于各缸上止点的点火时刻和喷油时刻。节气门开度信号对于怠速工况判断、过渡工况喷油量补偿等都是必需的。爆燃传感器检测出的爆燃强度和频度则作为 ECU 决定推迟点火以避免爆燃的依据。根据发动机的具体情况,可能还配有其他传感器(例如增压压力、机油压力、汽车车速和蓄电池电压等)。

在所有执行器中,点火线圈、喷油器和节气门执行器是 3 个最基本的执行器。在 ECU 的控制下,点火线圈为发动机适时提供点火高电压,电磁阀控制的喷油器则适时保证精确计量的汽油喷射。对于进气量控制，在现有电控汽油喷射系统中多数仍采用人工控制节气门开度，而对冷起动、热机怠速和车辆减速工况，则用电控怠速执行器来调节通过怠速旁通孔的空气流量，以保证发动机稳定运转，但在新开发的电控喷射系统中采用电控节气门。此外，排气再循环阀用来控制排气再循环 EGR 率，一方面有效降低 NO_x 排放，另一方面避免动力性和燃料经济性损失过大。有些发动机的电动燃油泵的转速是由 ECU 根据发动机转速与负荷自动调整的，对于有可变截面涡轮增压器、可变进气系统等的发动机，其电子控制与管理系统也应配备相应的执行器。

4.4.1.2 电控系统的控制策略

电控系统有两种控制模式：一种为开环控制，如图 4-29(a)所示，执行器根据输入到 ECU 的信息直接按控制脉谱(MAP)图(参见图 4-34)的数值输出；另一种为闭环反馈控制，如图 4-29(b)所示，ECU 输出执行的结果再次反馈回 ECU 中进行误差判断，重新调整输出，经多次反复直到满足要求为止。采用闭环反馈控制的目的是纠正元件制造误差、元件老化、机械磨损等各种原因所形成的控制偏差，以保证较高的控制质量。

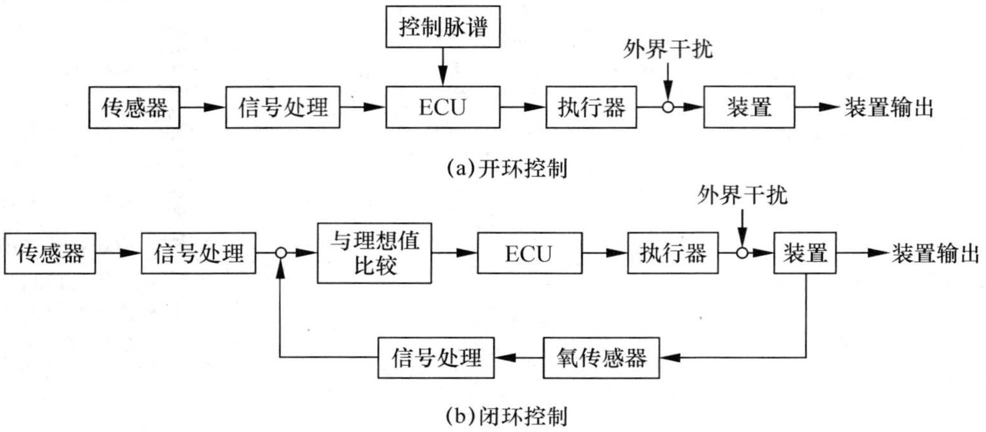

图 4-29 开环与闭环控制系统框图

为了满足日益严格的排放要求，越来越多的电控汽油喷射发动机安装了三效催化转化器(TWC)。为此，除了在起动、暖机、加速等过渡工况、超速/减速断油以及大负荷与全负荷工况混合气需要加浓以外，在其余中等负荷和大部分转速范围内，均采用闭环控制方式，对喷油量进行精确控制，以保证发动机能在化学计量比附近运转。如图 4-30(a)所示，利用分别安装在排气管处 TWC 前后的两个氧传感器检测排气中的氧含量，并将这一信号反馈至 ECU(传感器 3a 是必须安装的，作为检测氧含量的主传感器，加装的传感器 3b 用来检测催化转化器工作是否正常)，由 ECU 发出指令给喷油器，完成闭环控制。图 4-30(b)所示为采用闭环控制后有害排放物降低的情况，图中 $\phi_a=1$ 附近的狭窄范围即为 TWC 的高效工作窗口，也是闭环控制要实现的目标。但在反馈控制过程中，由于从喷油器喷油形成混合气开始，至氧传感器检测出排气中的氧含量为止，要经过进气、压缩、燃烧膨胀、排气及氧传感器响应等过程，需要一定的时间，因此，要绝对准确地保证空燃比为化学计量比实际上是不可能的，采用反馈控制也只能使混合气空燃比在化学计量比附近一个狭小的范围内波动。工作时氧传感器的输出电压在 0.1～0.8 V 之间不断变化，通过 ECU 控制喷油量，达到控制空燃比的目的。

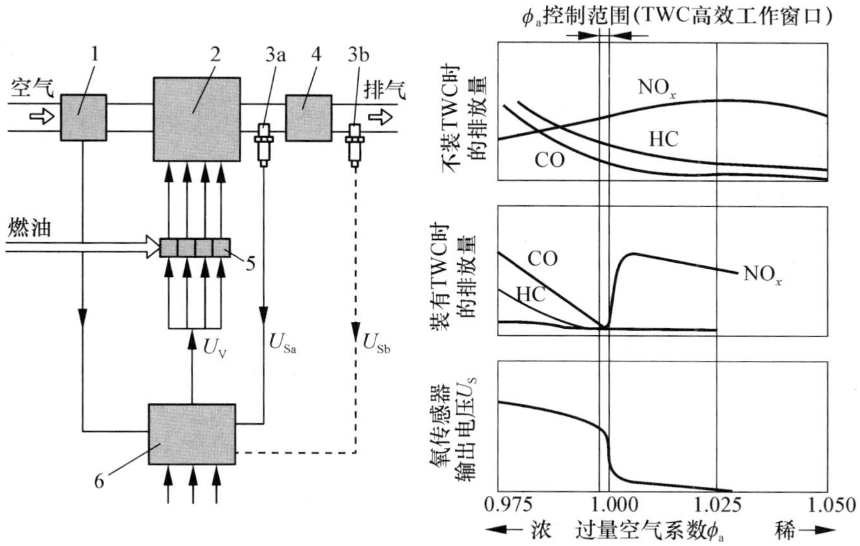

(a)闭环控制示意图　　(b)排放改善情况

图 4-30　采用三效催化转化器和两个氧传感器的闭环控制

1-空气流量计;2-发动机;3a 和 3b-氧传感器;4-三效催化转化器;5-喷油器;6-电控单元

U_S-氧传感器输出电压;U_V-控制喷油器的电压

4.4.1.3　电控系统的燃油喷射控制

燃油喷射控制指燃油喷射持续时间(喷油脉宽)的控制。图 4-31 为喷油脉宽计算过程示意图。ECU 计算喷油脉宽,理论上可以根据当前工况的实际进气量和预设的因工况而异的空燃比目标值计算出喷油器每次应喷出的燃油量,再根据电磁喷油器的流量特性确定相应的喷油持续时间,但由于大气状态、EGR 等对进气充量的影响,空燃比确定并不等于喷油量就不变;由于蓄电池电压变化等因素的影响,喷油量确定也不等于喷油脉宽就不变;加、减速等动态条件下油量也会有所变化。因此,对于稳定工况,ECU 根据每循环进气量和空燃比目标值针对标准使用条件计算出基本喷油脉宽,再根据各种与标准适用条件不同的具体情况,利用各种修正系数得到实际喷油脉宽,而在冷机起动时,由于进气量少而不稳定,ECU 甚至无法计算每循环进气量,这时的基本喷油脉宽直接表示为冷却液温度的函数。

计算空气流量的方式有两种。一种是速度-密度法(如德国博世公司的 D 型电控燃油喷射系统),采用进气管压力(manifold absolute pressure,MAP)传感器测出节气门后进气管内的绝对压力,作为电控单元计算喷油量的主要参数。该方法容易实现,成本较低,主要缺点是随发动机零部件老化,容易带来误差,引起控制精度下降。目前国内的电控汽油喷射系统多数采用此种方法测量空气流量。另一种是空气流量法(如博世公司的 L 型和 LH 型电控燃油喷射系统),采用热线(热膜)空气流量计测出进气质量流量 $\dot{m}_a$,或采用体积流量计测出进气体积流量 $\dot{V}_a$,作为电控单元计算喷油量的主要参数。该方法精度高,校正误差的速度也较快,在德国、日本的电控汽油喷射系统中得到广泛的应用。

1. 电控系统采用速度-密度法计算空气流量时基本喷油持续时间的确定方法

对采用进气管压力传感器的电控燃油喷射系统,理论上可根据进气压力 p_a(Pa)、进气温度 T_a(K)和发动机充量系数 ϕ_c 计算出每循环进气量(kg):

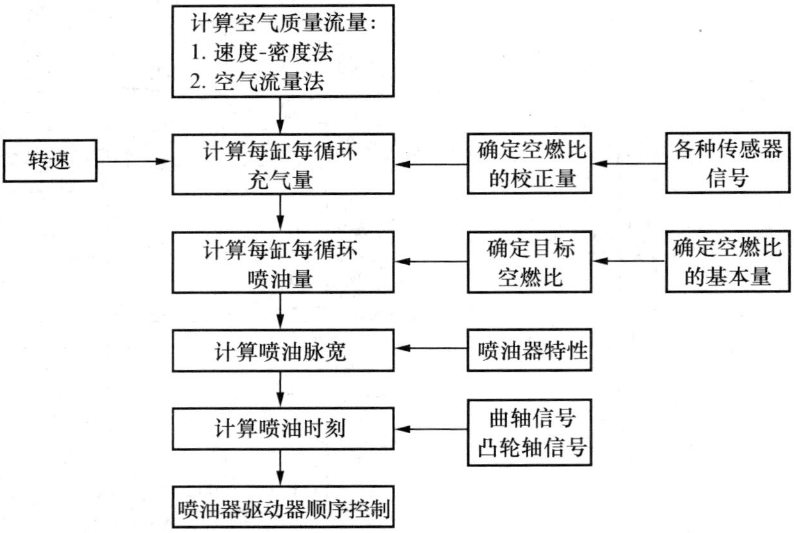

图 4-31 喷油脉宽计算过程示意图

$$m_{a,cyc}=zV_{sh}\phi_c\frac{p_a}{RT_a} \tag{4-9}$$

式中：V_{sh} 为单缸工作容积，m^3；z 为气缸数；R 为气体常数，J/(kg·K)。

根据发动机每循环进气量 $m_{a,cyc}$、预设空燃比 α、喷油器数目 z_n 和每个喷油器在发动机一个工作循环期间的喷油次数 i，喷油器每次喷出的基本喷油量(kg)为

$$q=\left(\frac{zV_{sh}}{z_n iR}\right)\frac{p_a\phi_c}{T_a\alpha} \tag{4-10}$$

电控喷油器的流量 q_f(kg/ms)有如下关系：

$$q_f=uf\sqrt{2\rho_f(p_f-p_a)}\times10^{-3} \tag{4-11}$$

式中：u 为喷油器流量系数；f 为喷油器的有效流通截面积，m^2；ρ_f 为燃油密度，kg/m^3；p_f 为供油压力(恒定)，Pa。

而基本喷油持续时间 t_{p0}(ms)与每缸喷油量 q、喷油器的流量 q_f 之间存在如下关系：

$$t_{p0}=\frac{q}{q_f} \tag{4-12}$$

以上公式中有 ϕ_c、p_a、T_a 3 个变量，其中 ϕ_c 是 p_a 和发动机转速 n 的函数。因此，喷油持续时间由 p_a、T_a、n 3 个变量所决定。为便于计算和设置存储数据，可以忽略次要因素 T_a。在发动机与喷油器等的结构一定的情况下，基本喷油持续时间 t_{p0} 的计算公式为

$$t_{p0}=k_1\times\frac{p_a}{T_a}\phi_c \tag{4-13}$$

式中：$k_1=\frac{V_{sh}}{R\alpha q_f}\cdot\frac{z}{z_n i}$，为修正系数，设定为常数。

2. 电控系统采用空气流量法计算空气流量时基本喷油持续时间的确定方法

同理，采用质量流量法和体积流量法时基本喷油持续时间 t_{p0} 可分别由式(4-14)和式(4-15)计算：

$$t_{p0}=k_2\times\frac{\dot{m}_a}{n} \tag{4-14}$$

式中：$\dot{m}_a$ 为进气质量流量，kg/min；n 为发动机转速，r/min；$k_2=\left(\frac{\tau}{2z_n i}\right)\frac{\dot{V}_{sh}}{q_f\alpha}$，为修正系数，设定为常数，其中 τ 为冲程数。

$$t_{p0}=k_3\times\frac{p_a\dot{V}_a}{T_a n} \tag{4-15}$$

式中：$\dot{V}_a$ 为进气体积流量，m^3/min；p_a、T_a 分别为进气压力(Pa)和进气温度(K)；$k_3=\left(\frac{\tau}{2z_n i}\right)\frac{\dot{V}_{sh}}{Rq_f\alpha}$，为修正系数，设定为常数。

3. 实际喷油持续时间的确定方法

发动机转速超过预定值时，考虑不同运行工况的特点以及相应的校正系数，采用式(4-16)计算电控系统稳定工况开环控制下的实际喷油持续时间 t_p：

$$t_p=t_{p0}\times k^*+k_{V0} \tag{4-16}$$

式中：k^* 为喷油修正系数，指各种修正系数之和(包括进气温度、大气压力等实际运转条件，发动机起动和暖机、加速等过渡工况，超/减速断油，空燃比修正等)；k_{V0} 为蓄电池电压修正系数。

4.4.1.4　多点电控汽油喷射系统喷油时序

电控汽油机各缸燃油喷射时间与顺序的安排方案有 3 种，如图 4-32 所示，分别为同时喷射(a)、分组喷射(b)和顺序喷射(c)。

(1)同时喷射：在汽油机一个循环 720°曲轴转角中，各缸喷油器同时喷油 1 或 2 次。它不需要各缸的判别信号，结构简单，容易控制。缺点是各缸喷油时刻距离进气时间的间隔差别较大，喷入的燃油在气道内停留时间不同，导致各缸混合气品质差异大，影响各缸工作均匀性。

(2)分组喷射：将多缸机的喷油器分为 2～3 组，各组在同一循环中同时喷射一次。它的结构及控制程序较同时喷射复杂一些，但各缸间的差异减小，各缸工作均匀性有所改善。

(3)顺序喷射：各缸按发火顺序的先后都在进气初期进行喷射。由于每缸需要单独的控制线路，其结构和控制方式比较复杂，但各缸混合气品质最均匀。该方式对喷油压力要求不高(250～400 kPa)，已实现和点火方式综合控制，降低了制造成本，获得了广泛的应用。

4.4.2　进气道喷射控制系统实例

图 4-33 为德国博世(BOSCH)公司的 M2-Motronic 电控多点进气道顺序喷射系统示意图。该系统为复合功能的电控多点燃油喷射与点火系统。

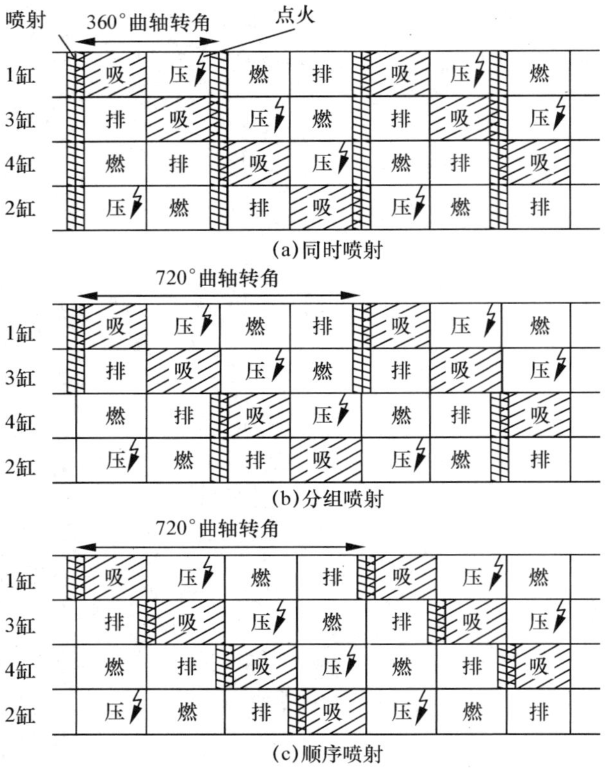

图 4-32 喷油时序方案示意图

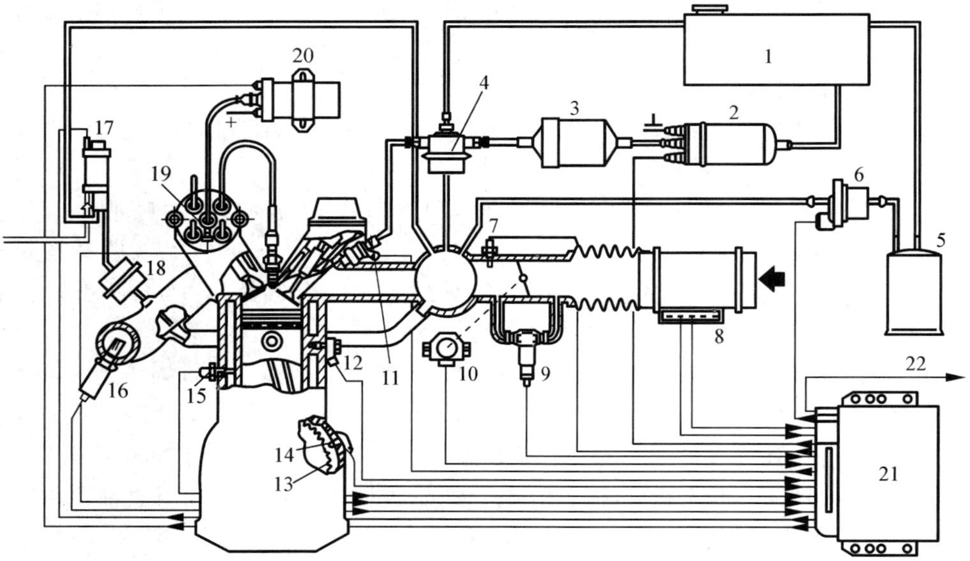

图 4-33 M2-Motronic 系统示意图

1-油箱;2-电动汽油泵;3-滤清器;4-燃油压力调节器;5-活性炭过滤器;6-油箱通风阀;7-进气温度传感器;8-热线空气流量传感器;9-怠速调节器;10-节气门位置传感器;11-喷油器;12-爆燃传感器;13-飞轮;14-转速传感器;15-发动机温度传感器;16-氧传感器;17-油压调节器;18-排气再循环阀;19-凸轮轴位置传感器;20-点火线圈;21-ECU;22-诊断信号

图 4-34 为该系统一些控制参数的 MAP 图，它是各工况对应的控制参数数值的曲面图形。而该系统的执行器就是图 4-33 中的电动汽油泵 2、喷油器 11、油箱通风阀 6、怠速调节器 9、点火线圈 20、油压调节器 17 和排气再循环阀 18 等元件。

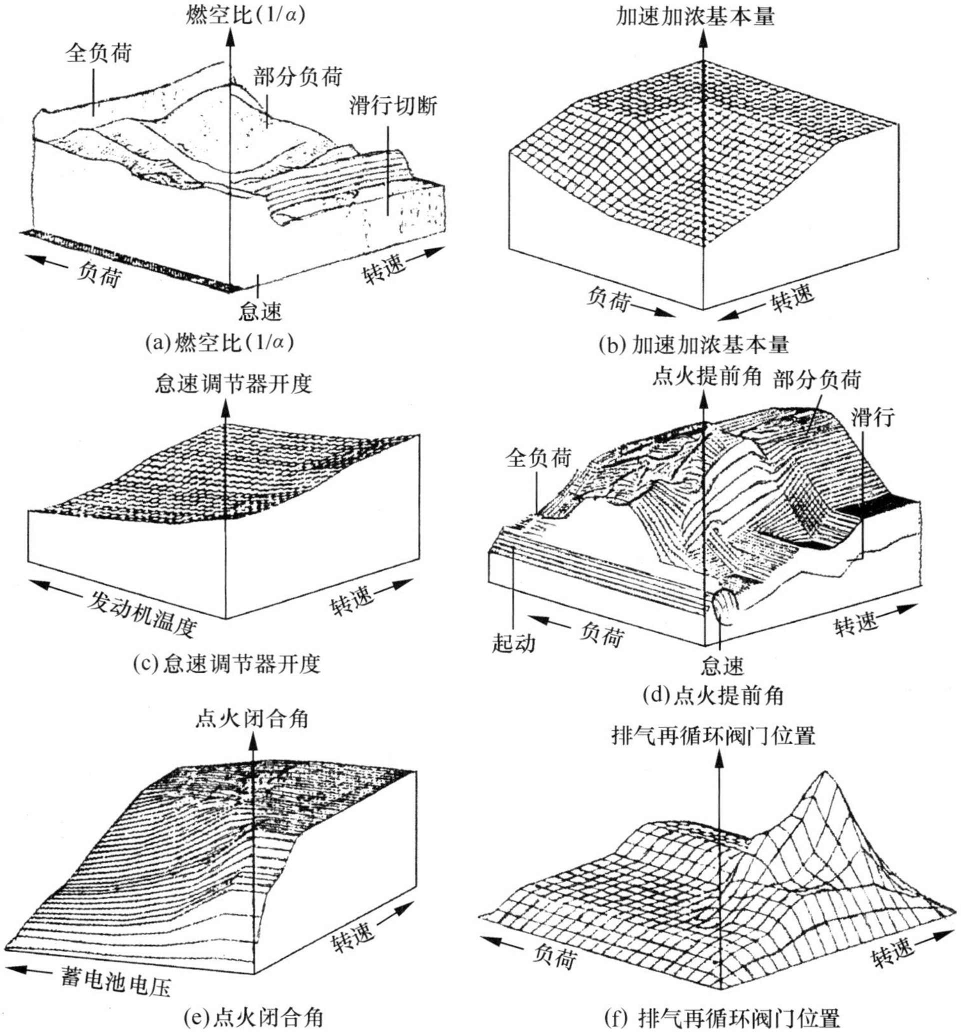

(a) 燃空比(1/α)　(b) 加速加浓基本量　(c) 怠速调节器开度　(d) 点火提前角　(e) 点火闭合角　(f) 排气再循环阀门位置

图 4-34　M2-Motronic 系统 MAP 图

M2-Motronic 系统正常行驶条件下喷油脉宽的控制采用闭环反馈控制，此时利用装于发动机排气管上的氧传感器 16 反馈排气中氧的浓度，ECU 据此计算出这一瞬间的真实空燃比，经过与所要求的理论值比较后对喷油量进行修正，其效果是使大多数工况的真实空燃比始终处于三效催化转化器所要求的范围之内，保证它有效的排气净化效果。

下面对 M2-Motronic 系统的主要控制功能进行介绍。

1. 燃油喷射控制

首先以在标准大气压力和进气温度 20 ℃状态下按化学计量比确定的循环喷油量为基本数据，ECU 通过各种传感器获得发动机运行工况的各种信息，根据这些信息对已经确定的基本喷油持续时间进行修正和如下调控。

1)稳定工况的供油控制

图 4-34(a)为稳定工况混合气燃空比 $1/\alpha$ 的 MAP 图。在进行氧传感器反馈控制的工况，燃空比为化学计量燃空比，其余为开环控制。开环控制的工况包括：大负荷和全负荷加浓；小负荷和怠速工况提供较浓混合气；超速断油。

图 4-34 中对起动工况未设定燃空比控制，而是按起动所需油量直接控制。

2)冷起动及起动后暖机时的供油控制

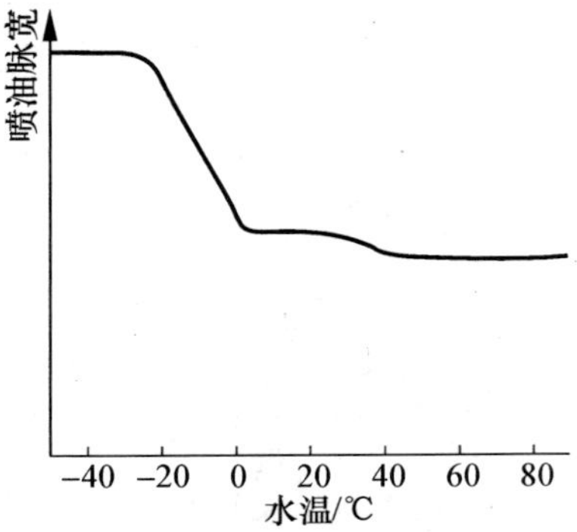

图 4-35　起动时冷却水温与喷油脉宽的关系

发动机起动后，点火开关(STA)已转到 ON(接通点火)位置或发动机转速已达到或者超过预定值，ECU 会额外地增加一定的喷油量，使发动机保持稳定运行。冷机时由于燃油蒸发性差，为了保证发动机能正常工作，必须供给较浓混合气。发动机起动时转速低，转速的波动也很大，空气流量计测得的进气量信号有很大误差，因而难以准确测定空气质量流量。所以起动油量(喷油脉宽)初始值根据冷却水温直接查表(存储于 ECU 软件)而得，如图 4-35 所示，起动后则以一定的速率降低喷油量，逐步达到正常值。此过程在起动后几十秒内完成。

暖机加浓量随冷却水温而变化，冷却水温低时增加的喷油量多。

3)加、减速工况的供油控制

在标准状态化学计量比喷油量基础上，随加、减速速率不同，供油需进行加量或减量控制。

(1)加速加浓或超速断油：ECU 将根据节气门开启速率来判断发动机处于何种加速状态。加速加浓的基本量见图 4-34(b)。加速加浓量还取决于发动机水温和加速持续时间(速率)，如图 4-36 所示。

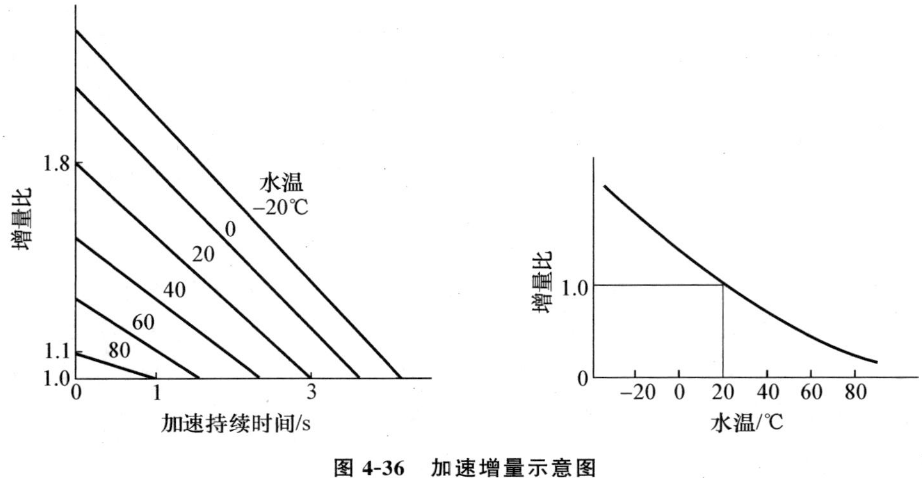

图 4-36　加速增量示意图

发动机超速断油是指发动机超过标定转速时停止供油，以免损坏发动机。

(2)减速减油或断油：发动机减速时应减少供油量，以避免混合气过浓。当加速踏板全松

(节气门关闭)、车辆滑行时,为了节油和避免排放恶化,还要中断燃油喷射,直到发动机转速降到某一定值以下时或节气门再度开启时,喷油器才重新开始喷油。

4)怠速转速与怠速油量控制

发动机怠速运转时节气门全关,进气量主要由图4-33中怠速调节器9所控制的旁通气道供给。节气门全关后,ECU不断接收发动机的转速信号,并与控制程序中设定的最佳怠速转速对比,向怠速调节器发出指令,调整旁通气道以控制怠速转速。图4-34(c)是ECU控制怠速调节器开度的MAP图。怠速油量则根据怠速转速、空燃比、大气状态及蓄电池电压等修正后提供。

5)大气状态及蓄电池电压引起的油量修正

对标准大气状态下计算的油量还要进行如下修正:

(1)大气压力修正:大气压力下降、空气稀薄要减油。这对高原行车有较大意义。

(2)进气温度修正:发动机进气密度随进气温度而变化,因此在电控燃油喷射系统中必须通过进气温度传感器准确地测量进气温度,根据进气温度修正喷油持续时间,以保证在此工况下运行时达到所需的空燃比。修正量与进气温度有关,以20℃作为进气温度信息的标准温度,修正系数为1,高于20℃要减油,低于20℃则要加油。增加或减少的最大修正量为10%。

(3)蓄电池电压修正:喷油器实际开启时刻比ECU控制的喷油时刻滞后,导致喷油器实际开启时间比ECU控制的开启时间短,实际循环喷油量减少,使实际空燃比比发动机所要求的空燃比大(即混合气较稀)。蓄电池电压越低,滞后的时间也越长,导致喷油量下降,故要增大喷油脉宽来补偿。ECU根据蓄电池电压的高低相应地延长喷油信号的持续时间,对喷油量进行修正,使实际喷油时间接近于ECU的计算值。

2. 点火控制

点火系统的控制主要包括点火提前角控制、点火闭合角控制和爆燃控制等。

(1)点火提前角控制:图4-34(d)为大量试验得到的发动机全部稳定工况范围内的点火提前角控制MAP图,但是实际运行时还要进行很多修正,包括水温修正、加减速修正、起动触发信号提示(按起动要求调整提前角)和辛烷值调节器设置(考虑汽油品质对爆燃及提前角的影响)等。

(2)点火闭合角控制:点火闭合角是指点火初级线圈通电的时间(角度),它直接影响初级线圈电流和点火能量的大小。闭合时间太短,产生的点火能量过低,而闭合时间太长会使线圈过热。对点火闭合角的控制不仅取决于发动机转速,还取决于蓄电池电压。图4-34(e)为ECU点火闭合角控制MAP图。

(3)爆燃控制:爆燃传感器安装在发动机机体上,见图4-33中爆燃传感器12。它能测取机体的声波,并向ECU发出相应的压电电压信号,爆燃的出现及爆燃强度都可由此信号加以判别。ECU接收此信号后,就会按一定程序自动推迟点火时刻。有了这种功能,就可以使用大一点的提前角以改善动力和经济性能,因为无爆燃控制时为防止爆燃,事先要留出较大的提前角裕量,即点火提前角总是调得小一些。

3. 其他参数的控制

(1)利用图4-34(f)所示的MAP图进行排气再循环控制。

(2)进行油箱通风调节。

(3)进行其他如凸轮轴控制(配气相位调整)、离合器控制、灭缸控制等。

4. 故障诊断系统

车载故障诊断(on-board diagnosis,OBD)系统是发动机管理系统中的标准配置。OBD对ECU的命令和系统响应进行实时监测,及时发现电控系统的故障,及时向驾驶员显示。在有故障但仍能运行时,允许使用某一固定的参数值或代用程序运行,保证车辆可驶到附近维修点进行检修。

4.5 汽油机缸内直喷燃烧系统

本节主要对汽油机缸内直喷(GDI)燃烧系统的发展及汽油机分层燃烧(stratified-charge mode)和均质燃烧(homogeneous-charge mode)缸内直喷系统进行介绍。

4.5.1 缸内直喷燃烧系统发展概述

20世纪80年代前的100多年中,所有商品化的汽油机都依靠化油器来实现油气混合,形成预制均质混合气,但由于不能精确控制,无法对混合气浓度进行调整和修正,导致经济性和排放性能均不太好,而化油器喉管本身对进气气流的阻碍,使动力性的提升也受到限制。进入20世纪80年代中后期以后,绝大多数汽油机采用电控喷射方式形成预制均质混合气,即在气缸外部利用喷油器在节气门阀体处或进气道内喷入一定量的汽油,与空气混合后进入气缸进一步形成预制均质混合气。这种电控喷射系统采用化学计量空燃比的混合气和三效催化转化器,利用氧传感器反馈控制大幅度降低了有害气体的排放,成为满足日趋严格的排放标准要求的关键手段。但是,这种节气门负荷控制方式,在部分负荷工况下泵气损失增加,在低速或大负荷工况下汽油机的爆燃倾向制约压缩比的提高;三效催化转化器要求在化学计量比的工况下运行,导致由于产生高浓度的CO_2和H_2O的聚合物,比热容降低;化学计量比条件下的燃烧导致NO_x排放增加,狭缝效应导致未燃HC排放增加;汽油机进气道喷射存在喷射压力低、壁面易形成油膜等问题,不利于发动机的瞬态过程控制。

以降低燃油消耗和排放为目标,缸内直喷汽油机混合气的形成和燃烧方式经历了3个技术发展阶段。

首先是初期发展阶段,为提高汽油机的压缩比和热效率,在20世纪50—70年代,欧洲和美国先后出现了缸内直喷点燃式汽油机,如1954年奔驰公司推出的搭载于300SL型轿车、排量为3.1 L的四冲程直立6缸M198缸内直喷式汽油机,1968年福特公司推出的PROCO(Programmed Combustion Process)缸内直喷汽油机,与采用化油器实现油气混合的汽油机相比,动力性和经济性都有显著提升,但由于电控技术尚不成熟、维护成本过高、NO_x排放不达标等,并没有得到进一步推广。

20世纪90年代之后,电控缸内直喷汽油机采用了新的燃油喷射系统,重新引起人们的重视。1996年,三菱(Mitsubishi)公司在对缸内气体流动、混合气形成和燃烧过程长期研究的基础上,应用现代汽油机电控技术和稀燃催化剂,推出了自己的汽油机缸内直喷技术。它采用低压共轨电控汽油喷射系统,喷射持续时间可以根据需要灵活调整,并具有良好的喷雾特性,以降低油耗为目标,采用分层混合气的稀薄燃烧系统(分层燃烧)。三菱公司的缸内直喷系统命名为GDI,装配在戈蓝(Legnum)4G93发动机上。此后,缸内直喷分层燃烧汽油机陆续出现在欧洲市场,但没有进入美国市场。分层混合气混合时,进气没有节流,形成的是稀空气-燃气混合气(稀混合气)。稀薄燃烧虽然可以节省燃油,但是会生成过多 NO_x,导致 NO_x 排放超标,因此分层燃烧汽油喷射系统需要采用 NO_x 吸附还原催化转化器(lean NO_x trap,LNT)进行排气净化。但汽油含硫量高会影响 NO_x 吸附还原催化转化器的催化效率;NO_x 后处理和炭烟生成等问题仍有待更妥善地解决。燃油成分和排放标准是影响分层喷射技术应用的关键因素。

2003 年底,采用均质当量比(化学计量空燃比)混合气燃烧的缸内直喷汽油机开始在日本上市,这种燃烧系统更易处理尾气排放,对汽油的含硫量要求不高。它燃用通过氧传感器反馈控制的均质当量比混合气,采用三效催化转化器进行排气后处理。燃用化学计量比混合气导致的燃油经济性方面的损失,通过可变气门正时(VVT)降低泵气损失和发动机增压减小排量得到弥补,虽然节油效果不如稀燃 GDI 明显,但可以兼顾降低油耗和满足排放要求两个目标。在同样转矩下平均有效压力增加,进气节流损失减小,混合气比热容增大,汽油机热效率提高,爆燃倾向降低,汽油机压缩比可以提高 1～1.5。例如大众公司的涡轮增压喷射(turbocharged supercharged injection,TSI)汽油机就是一款均质当量比混合气的增压直喷汽油机。以均质当量比为特点的第二代 GDI 汽油机在 NO_x 排放后处理方面的优势,使它逐渐成为缸内直喷汽油机的主流。自 2006 年起,市场上销售的所有缸内直喷汽油机车辆,基本上都采用了均质燃烧方式。

除了 GDI 分层混合和均质混合燃烧点燃式汽油机外,目前国内外还在广泛开展汽油机均质混合气压燃(homogeneous charge compression ignition,HCCI)模式的研究,将柴油机的压燃方式与汽油机的预制混合气方式结合,以实现汽油机的高效、低污染燃烧。

4.5.2　分层稀燃缸内直喷系统

4.5.2.1　分层稀燃 GDI 混合气形成和控制

GDI 燃烧系统提供的喷油方式,使汽油机混合气形成和燃烧过程的控制更加灵活,可以实现分层稀混合气和均质混合气两种混合气形成方式,不同工况下采用不同的混合气形成方式,如图 4-37 所示。在大负荷时[图 4-37(a)],在进气行程喷油(早喷),由于缸内喷射背压较小,喷雾呈现为中空扩散的圆锥形,不仅加快了喷雾在燃烧室内的扩散,而且使其与周边空气的接触面积进一步扩大,即使在比较低的喷射压力下,油束仍能保持原有的雾化水平,与进入气缸的空气形成有效的混合,点火时燃烧室内可以形成相对均匀的混合气。在中、小负荷时[图 4-37(b)],在压缩行程后期向缸内喷油(晚喷),并通过活塞顶部形状和气流运动来限制燃油扩散,缸内喷射背压大,喷油到点火时间短,喷雾油滴的扩散和蒸发被限制在缸内局部区域,点火时燃烧室内形成火花塞间隙附近浓而周围稀的分层混合气。分层燃烧混合气的平均空燃比为 30～50,远高于化学计量空燃比,实现了分层稀薄燃烧,即分层稀燃。

GDI 汽油机从喷油到点火的混合气形成时间比进气道喷射方式的时间短,同时压缩行程喷射时背压高,需要采用高压喷射。GDI 汽油机的喷油压力一般为 4～20 MPa,喷雾粒径 SMD 为 10～30 μm。

缸内直喷汽油机使用的喷油器喷嘴主要有多孔喷嘴、旋流喷嘴和外开式喷嘴三种形式,其基本结构和喷雾形态如图 4-38 所示。

多孔喷嘴喷出的各个油束在贯穿距离内是彼此分开的,油束方向由喷嘴设计决定,散开角度不受背压影响,贯穿距离随背压增大略有减小;贯穿距离和雾滴直径较大,容易形成不均匀

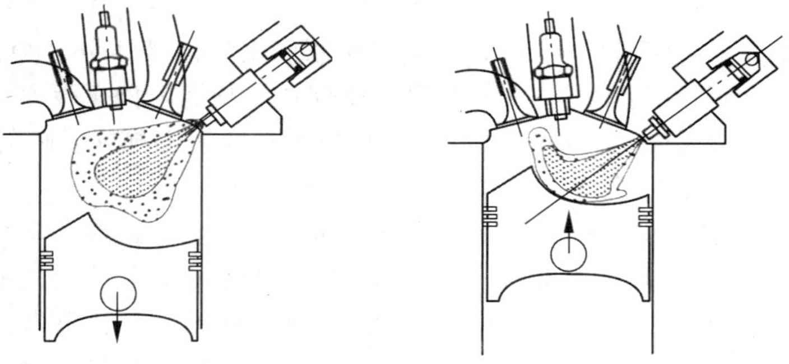

图 4-37 分层燃烧 GDI 混合气形成方式

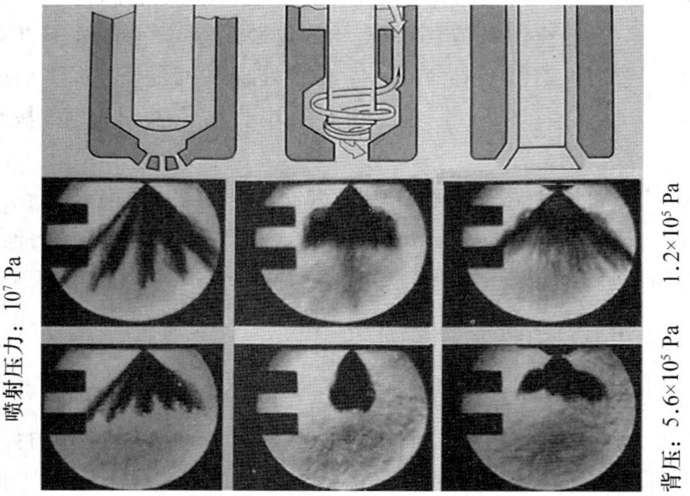

图 4-38 GDI 喷嘴形式和喷雾形态

混合气。但随着汽油机增压使缸内温度和压力提高，以及喷射压力的提高，多孔喷雾的混合性能得到改善。

旋流喷嘴喷射时，燃油在喷孔内部被引导作旋流运动，由于离心力和喷射的双重作用，燃油喷雾呈现为极薄的中空圆锥形的特殊形状，并伴有旋转运动，具有很高的扩散混合速度，可以弥补 GDI 汽油机混合气形成时间较短的影响。旋流喷嘴的喷雾贯穿距离受背压影响小，随背压增加，喷雾锥角会明显减小，导致伞状喷雾收缩和混合速度变慢，容易造成局部混合气过浓。

外开式喷嘴的喷雾锥角最大，喷雾锥角几乎与背压无关，而喷雾贯穿距离受背压影响很大。对于喷雾引导的燃烧系统，适合此区域布置火花塞。在喷雾锥的外缘形成环状回流区，有利于混合气的形成。

分层燃烧 GDI 需要进行更复杂的燃油喷雾、气流运动和燃烧室形状等的优化合理配合，以及喷油器、火花塞和进气门位置的选取，进气道的设计和布置，以掌握和控制混合气浓度在空间和时间上的分布。

在分层燃烧 GDI 汽油机发展过程中，混合气形成方法主要有壁面引导(wall-guided)、气流引导(air-guided)、喷雾引导(spray-guided)。

(1)壁面引导：如图 4-39(a)所示，依靠燃烧室壁面将燃料输送到火花塞附近形成可燃混合气。燃油从侧面喷入燃烧室，通过活塞顶部凹坑将燃油引导到火花塞附近。由于混合气形成时间短，需要较高的喷油压力，结合组织气流运动(强涡流或滚流)，以便缩短喷油时间和借助较高的燃油冲量实现与空气的能量交换，促进油气混合。这种方法的缺点是燃油受到活塞表面凹坑的限制，导致 HC 排放较高。大负荷时，大部分混合气区域是易于产生微粒的浓混合气。小负荷时，燃油冲量小，难以将分层混合气输送到火花塞附近，需要将空气节流，使燃油周围的空气密度降低。

(2)气流引导：如图 4-39(b)所示，依靠气流运动将燃油输送到火花塞附近形成可燃混合气。基本原理与壁面引导一样，但混合气形成有差别。喷油器与火花塞布置得有一定距离，喷油器不直接将油束喷向活塞凹坑，而是对准燃烧室的中心喷向火花塞(但不朝向火花塞电极)，利用缸内有组织的气流运动与油束相互作用，使发动机在大部分工况范围内都能实现恰当的充量分层和混合气均质化。由于避免了油膜的形成，可以降低 HC 排放，但低速时气流运动太弱，不足以输送混合气到火花塞附近。

(3)喷雾引导：如图 4-39(c)所示，依靠喷油器喷雾将燃油输送到火花塞附近形成可燃混合气。喷油器布置在燃烧室上部中央，燃油垂直向下喷射，火花塞位于喷油器的一侧，油束不偏转，喷射时，喷油器直接把燃油射向火花塞的电极，混合气制备时间极短，要求喷油压力高。该方法不会受到活塞凹腔、气流稳定性和小负荷气体需要节流的限制，燃油经济性好。由于火花塞与油束之间的距离过近，使得可供混合气生成的时间太短，火花塞容易被液态燃油沾湿而造成积炭和点火困难，缩短火花塞的使用寿命。

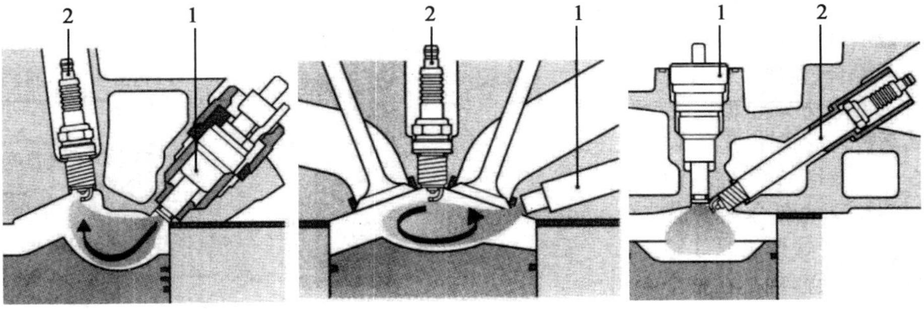

(a) 壁面引导　　(b) 气流引导　　(c) 喷雾引导

图 4-39　分层燃烧 GDI 混合气形成方法

1-喷油器；2-火花塞

分层燃烧 GDI 通常是根据大、小负荷不同的工作要求，采用不同的混合气形成和燃烧模式。分层燃烧 GDI 按工况分区的控制模式如表 4-2 所示。在中、小负荷工况，要求有良好的燃油经济性，采用推迟喷油、充量分层的控制模式(压缩行程中喷油，实现分层稀燃)，一方面可有足够的空气在短时间燃尽产生的黑烟，另一方面由于此时 GDI 放弃使用节气门节流，因而可以减少发动机的泵气损失，过量的空气还会吸收气缸壁上的热量，降低了热损失，从而改善燃油经济性。在大负荷工况，要求提高转矩和功率，同时为防止混合气加浓出现排放黑烟的情况，必须提早喷油，达到均质混合（进气行程中喷油，实现均质燃烧）。

表 4-2 分层燃烧 GDI 按工况分区的控制模式

工况	主要目标	空燃比	电子节气门	混合气	转矩调节	喷油正时	油束穿透	燃油雾化
中、小负荷	经济性	30～50	不节气（全开）	分层	质调节	大	浅	好
大负荷	动力性	14.7 左右	节气	均质	量调节	小	深	差

当发动机的转矩和转速在中、小负荷工况区域时，即加速踏板位移量较小时，电子节气门保持全开，发动机在保持进气量基本不变的情况下，通过改变空燃比来调节每循环的喷油量，进而对转矩实行控制，这时发动机采用的调节方式是与柴油机相同的"质调节"；当发动机的转矩和转速在大负荷工况区域时，即加速踏板位移量较大时，其空燃比被稳定在 14.7 左右，此时通过改变电子节气门的开度来调节进入气缸的空气量，进而改变喷油量，实现对转矩的控制，这时发动机采用的是"量调节"方式。

4.5.2.2 典型的缸内直喷分层燃烧系统

1. 三菱公司 GDI 分层燃烧系统

表 4-3 和图 4-40 给出了三菱汽车公司于 1996 年在世界上最先商品化的 GDI 发动机的主要设计参数和结构。与传统的进气道喷射汽油机不同，它采用了立式（upright）直进气道，以保证在缸内形成强烈的滚流及高的充量系数；滚流与单坡屋顶（flat-top）及弯曲顶面（curved-top）活塞形成的燃烧室配合，在火花塞周围形成浓混合气，火花塞至燃烧室空间形成由浓至稀的混合气分层现象。采用电磁式旋流喷油器，喷雾呈中空的伞状，喷雾锥角大（70°～80°），以保证充分的空间分布和油束扩散，贯穿距离短，以减少燃油碰撞活塞顶面。喷射压力 5.0 MPa，以保证良好的燃油雾化。

表 4-3 三菱公司同系列 GDI 发动机和传统 PFI 发动机主要设计参数对比

参数	型号	
	4G93 GDI	4G93 PFI
缸径/mm×冲程/mm	81.0×89.0	81.0×89.0
总排气量/mL	1 834	1 834
气缸数	直列 4 气缸	直列 4 气缸
进、排气门形式	DOHC	DOHC
气门数	进气门 2，排气门 2	进气门 2，排气门 2
压缩比	12.0	10.5
燃烧室	单坡屋顶形（弯曲顶面活塞）	单坡屋顶形
进气道	立式	普通
燃油喷射	缸内直接喷射	进气道喷射
喷油压力/MPa	5.0	0.33

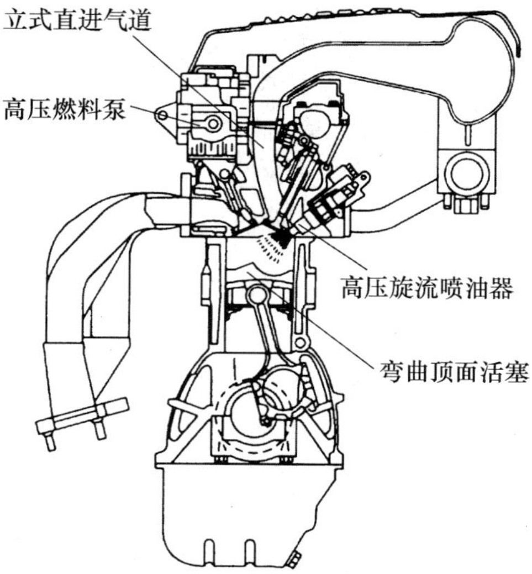

图 4-40 三菱公司 GDI 发动机结构示意图

该燃烧系统在中小负荷时采用分层混合气燃烧，以提高燃油经济性，燃油在压缩行程后期喷向半球形的活塞凹坑；大负荷时采用化学计量比或稍浓的均质混合气，燃油在进气行程的早期喷入气缸，以保证功率输出。中小负荷工况的空燃比达到 30～40，大负荷工况的空燃比为 13～14。

与三菱公司同系列的 PFI 汽油机相比，该 GDI 汽油机可以在空燃比 $\alpha=40$ 以上稳定运转，中小负荷燃油消耗率可降低 35%，NO_x 排放可降低 60% 以上；若同时采用 30% 的 EGR，NO_x 排放降低 90% 左右；如果再采用吸附还原型稀燃催化转化器，则 NO_x 将降低 97%。

2. 丰田公司 GDI 分层燃烧系统

丰田汽车公司于 1996 年开发成功并商品化的 D-4 缸内直喷分层燃烧系统如图 4-41 和图 4-42 所示。通过安装在进气道上的电子涡流控制阀（E-SCV），形成不同角度的斜向进气涡流。燃烧室为半球屋顶形，活塞顶部设有唇形深皿凹坑，与进气涡流旋向以及高精度的喷油时间和喷油方向控制相配合，在火花塞周围形成较浓的易点燃混合气区域。为抑制分层燃烧时产生的黑烟，采用高压（8～13 MPa）旋流喷油器，可实现高度微粒化（喷雾微粒直径小于 5 μm）。为控制分层燃烧时 NO_x 的产生，采用了电控 EGR 系统，装有紧凑耦合三效催化转化器（TWC）和稀燃 NO_x 吸附还原催化器（LNT）。

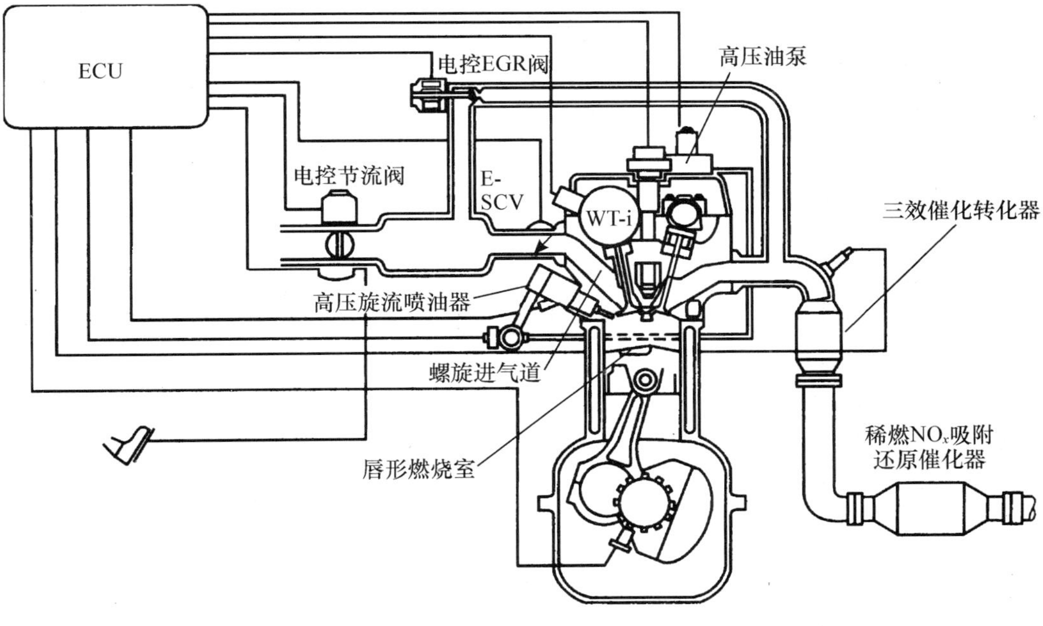

图 4-41　丰田公司 D-4 缸内直喷分层燃烧汽油机管理系统

D-4 缸内直喷分层燃烧汽油机通过采用灵活的电控喷油控制系统，保证所有工况都能稳定燃烧。如图 4-43 所示，低速小负荷时，在压缩行程后期喷油，形成明显的分层燃烧，而在高速大负荷时，进气行程就开始喷油，以形成完全的均质化学计量比燃烧。其余工况有弱分层燃烧和均质稀燃两种情况。

在装用 D-4 汽油机、车重 1 250 kg 的自动变速箱轿车上所做的日本 10-15 工况试验中，实现了 17.4 km/L 的低燃油消耗率，比同排量的传统汽油机轿车节油 35%。

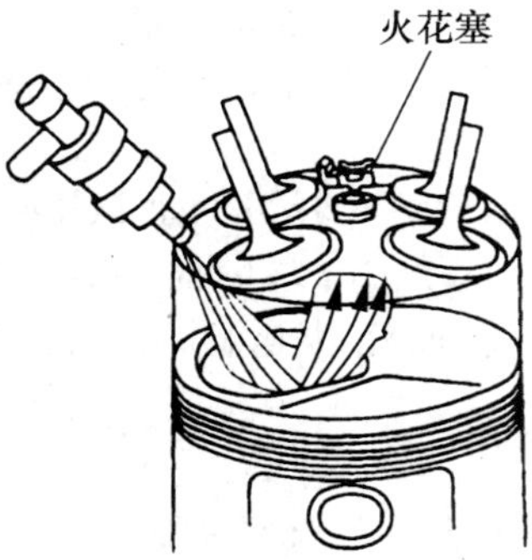

图 4-42 丰田公司 D-4 缸内直喷分层燃烧系统

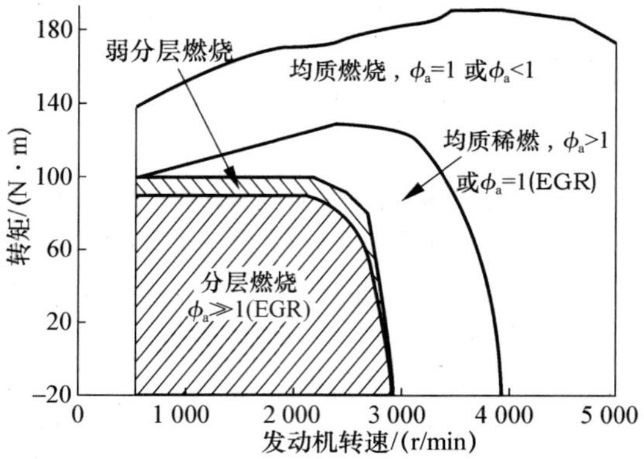

图 4-43 丰田公司 D-4 缸内直喷分层燃烧控制方法

3. 大众公司 FSI 分层燃烧系统

FSI(fuel stratified injection)是大众公司的缸内直喷分层燃烧技术。如图 4-44 所示，大众 FSI 汽油机的特点是利用滚流阀，使空气通过一个分流轨道，以改变缸内气体流动。滚流阀位于进气道下部，低速时关闭滚流阀，将进气道流通截面下半部遮挡，空气经进气道上部高速、直接进入气缸，产生强滚流，到压缩行程后期形成强湍流，加快了燃烧速度，提高了热效率；在中高转速时，滚流阀完全打开，空气可通过进气道整个流通截面，发动机获得高的气缸充气量来实现目标功率。

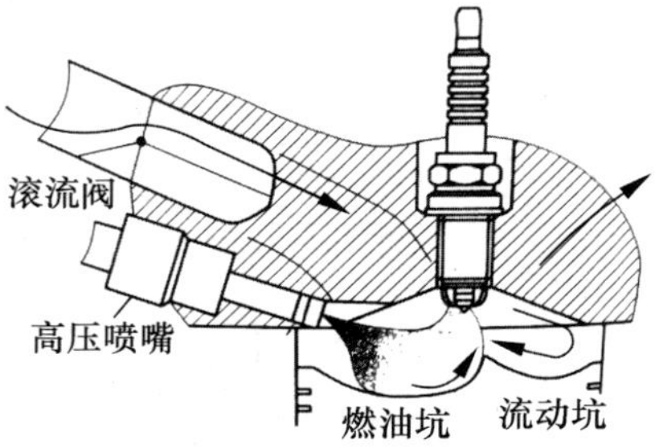

图 4-44 大众公司 FSI 分层燃烧系统

该系统采用多孔喷油器，喷油器布置在进气侧，每个油束的喷射方向单独设计，形成不同于传统旋流式喷油器的油束结构形状，可以避免在进气行程早期喷油沾湿已打开的进气门，有利于获得均质混合气，从而减少排放和循环波动。

FSI 燃烧系统的特点是采用双滚流混合气形成技术。低负荷时可燃混合气仅在进气门一侧的滚流区形成，中高负荷时喷油可到达包括排气门在内的区域，混合气在两个滚流区域都可形成。通过缸内空气的运动，在火花塞周围形成易于点火的浓混合气，空燃比达到 12 左右，外层逐渐稀薄。浓混合气点燃后，燃烧迅速波及外层。

4.5.3 均质燃烧缸内直喷系统

由于采用分层稀燃混合气在排放方面的局限性，采用化学计量比及均质混合气的均质燃烧 GDI 汽油机成为发展的主流。均质当量比 GDI 汽油机所有工况下均采用进气行程早喷的混合方式[图 4-37(a)]，以形成均质混合气，并保持化学计量比条件下工作，满足三效催化转化器的正常工作要求。

4.5.3.1 均质燃烧 GDI 混合气形成和控制

均质燃烧 GDI 汽油机依靠高压燃油喷射(5～10 MPa 甚至更高)和缸内产生的强涡流、滚流运动实现燃油的雾化、蒸发、混合，在缸内形成较为均匀的混合气。均质燃烧 GDI 汽油机在大部分工况都供给均质当量比混合气，以适应三效催化转化器的工作；在高速、大负荷工况供给均质浓混合气，以满足动力性要求，其空燃比控制和普通的电控汽油机类似。但在冷起动工况，一般采用两段喷射方式组织混合气（总过量空气系数为 1）的分层燃烧，并通过推迟点火加强后燃，从而达到缩短催化剂起燃时间、降低排放的目的。

均质燃烧 GDI 汽油机在进气行程将燃油喷入气缸，且一般依靠进气道产生强烈的滚流运动促进燃油与空气的混合。喷油器的布置主要有两种方案。一种是喷油器布置在进气侧的进气道下方，如图 4-45(a)所示，火花塞布置在燃烧室顶部中心，活塞顶部设计为平顶或浅形凹坑。这种布置方式可实现缸盖整体设计，易于保证喷油器工作在相对低的温度范围，避免缸内喷射沾湿火花塞。另一种是喷油器中央布置，如图 4-45(b)所示，其优点是燃油喷雾不易与进气门和气缸壁碰撞，对喷射时刻限制小，燃油喷到气缸壁面被稀释的可能性也比较小，适合喷雾引导的燃烧系统。由于火花塞和喷油器同时布置在顶部，缸盖设计复杂，喷嘴工作温度较高，易导致积炭。

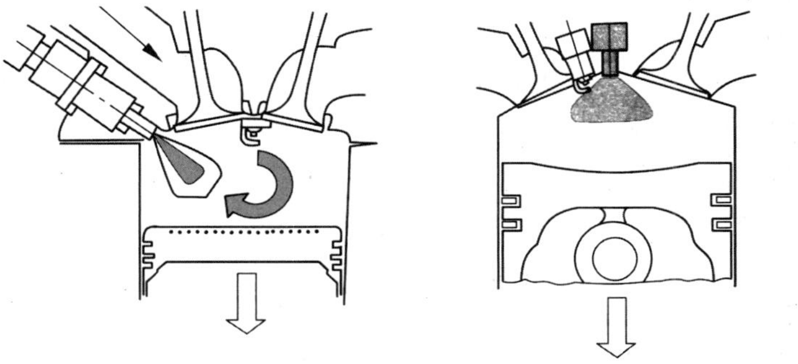

(a) 喷油器进气侧布置　　(b) 喷油器中央布置

图 4-45　均质燃烧系统喷油器布置示意图

以喷油器布置在进气侧的情况为例进行分析，见图 4-45(a)，在进气门开启期间，缸内形成顺时针方向旋转的滚流，燃油在进气行程早期从进气侧、与缸壁呈一定角度（约 45°）喷入气缸。在滚流作用下，油束被卷向进气侧气缸内壁，从而避免燃油液滴撞击气缸壁面而造成润滑油稀释或 HC 排放增加；滚流的作用也扩大了油束在缸内的分布区域，加快燃油汽化和空气混合速度。到进气行程下止点，缸内混合气在进气侧和活塞顶较浓，在排气侧和燃烧室顶较稀。随进气门关闭，活塞上行进入压缩行程，燃油和空气在滚流作用下在缸内顺时针旋转，逐渐混合均匀。随活塞继续上行压缩，缸内滚流被压扁、破碎，形成湍流，使油气混合更加均匀。在点火时刻到达前，缸内形成基本均匀的化学计量空燃比的混合气。

4.5.3.2　典型的均质燃烧缸内直喷系统

1. 丰田公司 GDI 均质燃烧系统

丰田公司 2005 年开发了新型 3.0 L V6GDI 汽油机（3GR-FSE），该 GDI 发动机采用均质混合气燃烧方式，被称为第二代 D-4 汽油机。其燃烧系统如图 4-46 所示。与第一代 D-4 汽油机相比，它的压缩比由 10 提高到 11.5，活塞凹坑的深度减小；采用双直气道，可实现高滚流比和高流量系数；采用狭缝喷嘴，喷油器位于进气道下方，利用进气行程中的扇形喷雾结合缸内强滚流形成均质混合气；结合进排气门双可变正时系统，获得动力、经济和排放性能的综合优化，在 6 200 r/min 时达到最大功率 183 kW，在 3 600 r/min 时达到最大转矩 312 N · m。

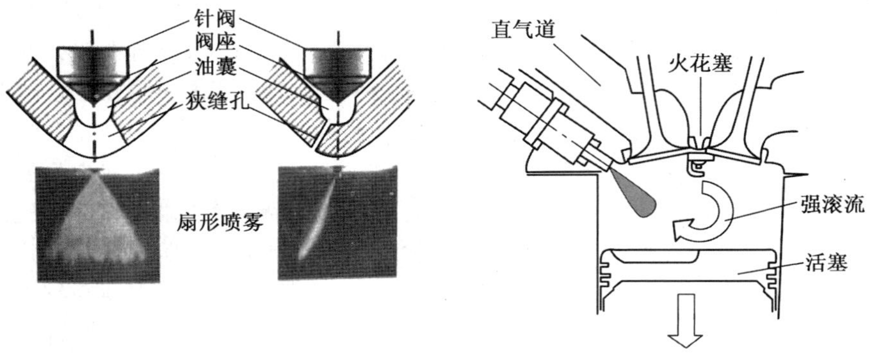

图 4-46　丰田公司 3GR-FSE 汽油机的均质燃烧系统

2. 博世公司 GDI 均质燃烧系统

通用公司的 2008 款凯迪拉克(Cadillac)CTS 和 STS 3.6 L 四气门双顶置凸轮轴 V6 汽油机，采用了博世公司 MED-9.6.1 汽油直接喷射系统，见图 4-47。该系统由供油模块(包括低压油泵)、高压油泵、燃油蓄压器、燃油压力传感器、燃油压力控制阀以及电磁高压涡流喷油器等组成。燃油由低压油泵输往高压油泵并由高压油泵提高压力，压力变化范围在 3～12 MPa，然后送往燃油蓄压器，最后通过电磁高压涡流喷油器喷入气缸。当燃油压力传感器检测到燃油蓄压器的压力超过燃油压力特性场中该工况下的设定值时，ECU 命令装在燃油蓄压器上的燃油压力控制阀让多余的燃油泄流，实现燃油压力闭环控制。为了尽可能减少油箱受热，多余的燃油不流回油箱。由于燃油压力很高，不必担心因燃油温度升高而形成气阻。

高压涡流喷油器喷嘴的头部设有一个特殊的涡流腔(图 4-47 右上角)，通过该腔可产生一股强涡流，不仅对喷油嘴喷孔有自洁作用，使其可靠性得到提高，而且能使油束的一部分动能直接转化为水平的旋转动能，从而降低油束的穿透力，避免其沾湿活塞和缸套壁面，而且它的喷雾锥角和射程主要依赖喷油压力和缸内背压，能根据不同负荷工况的要求提供所需的喷雾形状。

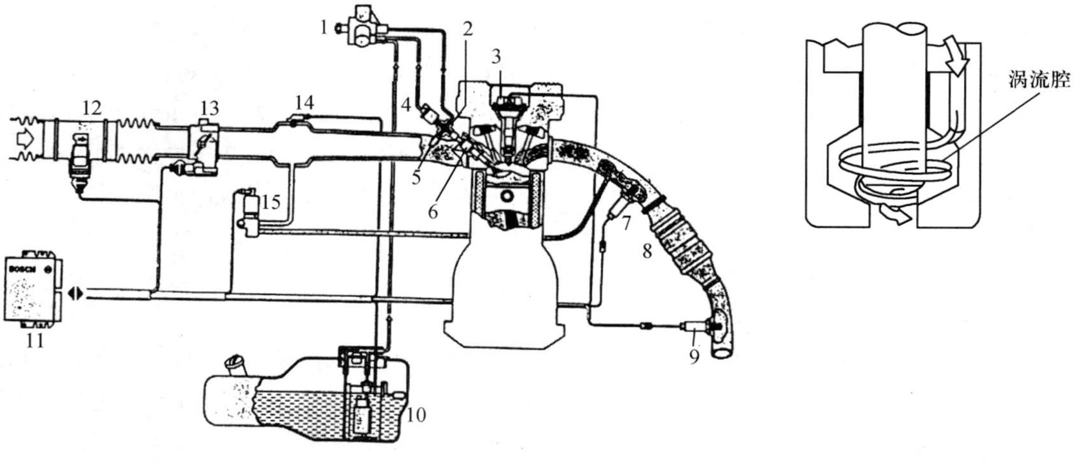

图 4-47　博世公司 MED-9.6.1 汽油直接喷射系统

1-高压油泵；2-燃油蓄压器；3-点火线圈；4-燃油压力控制阀；5-燃油压力传感器；6-电磁高压涡流喷油器；7-上游宽域氧传感器；8-NO_x 催化转化器；9-下游宽域氧传感器；10-供油模块(包括低压油泵)；11-ECU；12-空气质量流量传感器；13-电子节气门；14-进气歧管压力传感器；15-ERG 阀

该直喷发动机压缩比为 11.3，结合可变配气正时，在 6 500 r/min 时达到最大功率 223 kW，在 5 200 r/min 时达到最大转矩 370 N·m，与 PFI 汽油机相比，最大转矩和最大功率分别提高了 17%和 9%。

复习思考题

1. 简述汽油机火花点火过程的 3 个阶段。实现着火的最小点火能量受哪些因素的影响？

2. 简要分析湍流火焰燃烧速度大于层流火焰燃烧速度的原因。

3. 画出汽油机正常燃烧过程的 p-φ 图，并简述各个时期的主要特点及相应要求。

4. 什么是汽油机点火提前角调整特性？什么是最佳点火提前角？点火提前角对汽油机正常燃烧过程有何影响？

5. 什么是燃油调整特性？燃油调整特性对汽油机正常燃烧过程有何影响？

6. 分析转速和负荷对汽油机正常燃烧过程的影响。

7. 什么是汽油机的燃烧循环变动，什么条件下容易出现燃烧循环变动？分析燃烧循环变动的影响因素和改进措施。

8. 什么是汽油机的爆燃？爆燃的机理是什么？爆燃对汽油机有何危害？不发生爆燃的充要条件是什么？分析汽油机爆燃的影响因素和减小爆燃倾向的措施。

9. 什么是表面点火？如何区别判断爆燃和早燃？

10. 简述低速早燃爆燃现象的特征和产生原因。

11. 简述汽油机混合气形成的基本要求和混合气形成方式。

12. 试述进气道喷射混合气形成的基本工作原理

13. 缸内气流运动主要有哪几种形式？简要分析各种形式的气流运动对汽油机燃烧的影响。

14. 汽油机燃烧室设计的基本要求是什么？比较分析汽油机典型燃烧室的特点。

15. 简述电控汽油喷射系统的组成和各组成部分的主要作用。

16. 什么是电控系统开环和闭环控制？何时必须采用开环控制？

17. 电控汽油喷射系统喷油量如何确定？

18. 分层稀燃和均质当量比燃烧的缸内直喷汽油机各有何特点？

第 5 章　柴油机混合气的形成与燃烧

柴油机具有热效率高、可靠性好、适用功率范围广等优点，但也有振动噪声大，微粒（炭烟）和 NO_x 排放较为严重等缺点。与汽油机相比，柴油机所用燃料的理化特性决定了其燃料供给、着火与燃烧方式的不同。柴油机采用压燃着火，即在接近压缩行程终了时把柴油喷入气缸，使之与空气混合形成可燃混合气，并利用缸内空气压缩所形成的高温、高压使其自行发火燃烧。燃烧过程及燃烧特性对柴油机的动力性、燃油经济性、排放特性和噪声振动特性等性能都有重要影响。

本章首先介绍柴油机的燃烧与放热特点，继而介绍为实现合理的燃烧过程应如何进行燃油喷射和气流的组织以及燃烧室的选型，分析柴油机燃烧过程的影响因素，讨论优化燃烧过程的途径，最后介绍当今快速发展的各种柴油机电控燃油喷射系统以及新的柴油机燃烧模式。

5.1　燃烧与放热

5.1.1　着火与燃烧过程

5.1.1.1　着火现象

燃料高压喷入燃烧室后，分散成许多细小油滴。这些细小油滴经过加热、蒸发、扩散、与空气混合等物理准备及分解、氧化等化学准备阶段后，即自行着火燃烧。

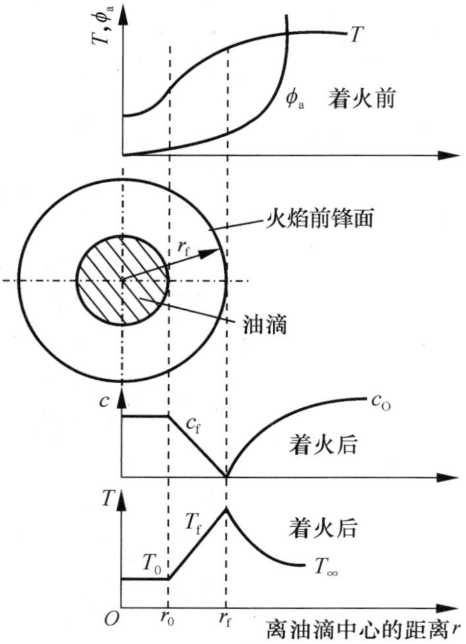

图 5-1　单个油滴的蒸发与燃烧模型

1. 单个油滴的蒸发与燃烧

1）静止空气中油滴的蒸发与燃烧

燃油的单个液滴在静止的高温高压空气中经历的蒸发与燃烧过程如图 5-1 所示。半径为 r_0 的单个油滴受周围高温高压空气的加热，温度升高，表面开始蒸发汽化，并向四周扩散，与空气混合形成可燃混合气。在未着火的滞燃期内，如图 5-1 中油滴上方曲线所示，自油滴表面向外，过量空气系数 ϕ_a 由 0 逐渐变为∞，而温度由油滴温度逐渐变为周围空气温度，形成很大的混合气浓度和温度梯度。

着火开始于混合气浓度合适而温度足够高的地方（$r=r_f$），于是在油滴周围形成一球面状燃烧区，即火焰前锋面，火焰前锋面上的混合气浓度一般接近化学计量比。此后，燃油蒸气不断由内侧向火焰前锋面扩散，氧气不断由外侧向火焰前锋面扩散，在火焰前锋面上进行混合燃烧，即静止空气中的液滴燃烧属于扩散燃烧。在火焰前锋面上，燃油浓度 c_f 和氧气浓度 c_O 均变为零，而温度达到最高，见图 5-1 中油滴下方 c 和 T 曲线。高温燃烧产物和热量向火焰前锋面两侧扩散，使油滴受热，加速其蒸发汽化过程。因此，油滴的扩散燃烧速度完全取决于燃油蒸气和空气向火焰前锋面扩散的速度。

2）强迫气流中油滴的蒸发

在有气流运动的场中油滴的蒸发现象如图 5-2 所示，它也适用于油滴以一定的速度飞入静止空气时的情况。随液滴与空气相对速度的增大，液滴周围的混合气浓度不再保持图 5-2(a)中所示的轴对称分布的形态，迎风面的混合气区域变薄，而背风面的变厚[图 5-2(b)]。在相对速度很大时，可能产生液滴与混合气区域脱离的状况[图 5-2(c)]。

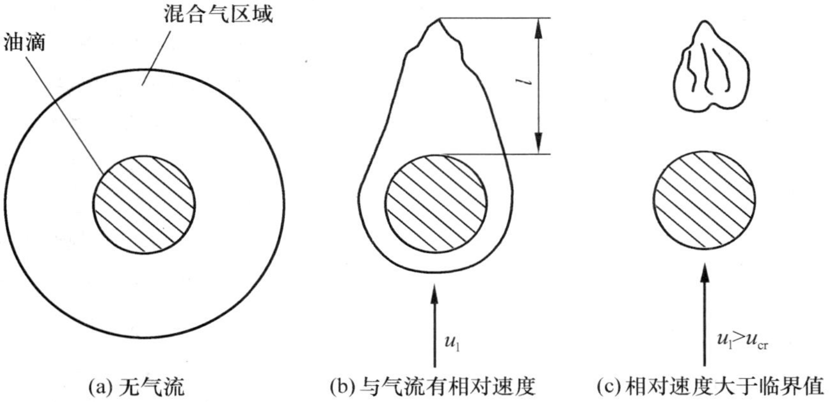

图 5-2　气流速度对液滴蒸发的影响

对比液滴在静止空气和非静止空气中的蒸发特性可以看出，在静止空气中，液滴燃烧呈扩散燃烧特征，火焰前锋面上形成的高温燃气包围着油滴和油蒸气区，造成了高温缺氧氛围，这是烃燃料裂解反应最有利的条件，易生成炭烟。而在非静止空气中，随液滴与空气相对速度的增大，燃烧特征向预混合燃烧发展，生成炭烟的趋势减弱。发动机燃烧室中的燃料高速喷射和气流运动都加强了燃料液滴与空气之间的相对运动。

2. 油束及油滴群的蒸发与燃烧

实际的喷雾燃烧要比理想的单个油滴在无限空间中的蒸发与燃烧过程复杂得多。喷雾中存在大小不等的油滴，相邻油滴之间存在着相互干扰，因此可将喷雾燃烧看作油滴群的燃烧。

油滴群的着火与整个燃烧室内的宏观空燃比无关，只要在油滴周围存在着混合气浓度合适而温度又适当的地方，就能在一点或多点同时着火。油束外围的油滴较小，往往较早地蒸发扩散形成过稀混合气，因而不会首先着火；油束中心部的油滴大且密集，这一区域也不会首先着火：因此，一般在油束核心与外缘之间混合气浓度适当的地方首先着火。如图 5-3 所示，在没有涡流

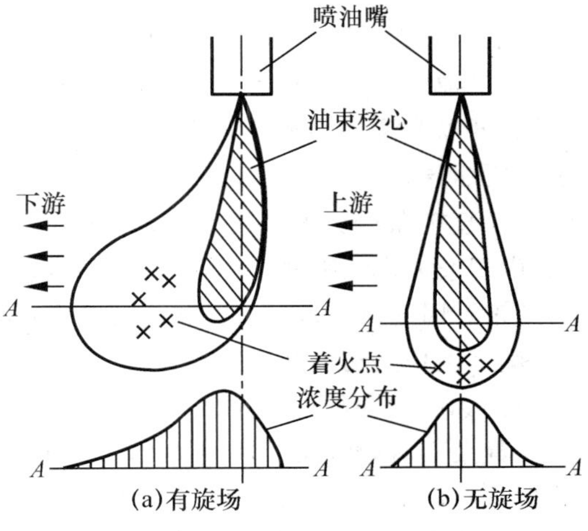

图 5-3　油束着火示意图

的情况下(无旋场),着火往往开始于油束头部,因为该处油滴喷出时间长,燃前物理化学准备较充分。而在有涡流存在的有旋场中,直径较小的油滴被吹到下游并容易形成可燃混合气,着火点往往出现在下游区域。

实验研究表明,当油滴直径在 10 μm 以下时,油滴在着火前均已蒸发完毕,着火后可以观察到蓝色的连续的火焰前锋面,这同前述的预制均质混合气中的火焰传播具有相同的燃烧方式。当油滴直径为 20～40 μm 时,在蓝色的连续的火焰中可以看到白色与黄色的亮点,这表明以每个油滴为中心形成的扩散燃烧和各油滴之间相连区域形成的预混合燃烧同时存在。当油滴直径在 40 μm 以上时,火焰前锋面已不连续了,各油滴独立燃烧,基本上是单个油滴的扩散燃烧。

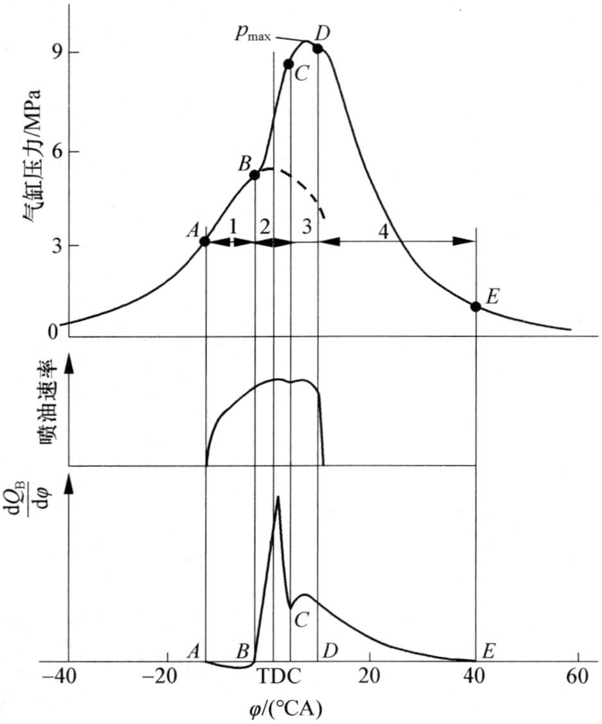

图 5-4 柴油机燃烧过程、喷油速率和放热规律

1-着火落后期;2-速燃期;3-缓燃期;4-后燃期

5.1.1.2 柴油机燃烧过程

柴油机采用喷雾扩散燃烧方式,其燃烧过程比汽油机复杂得多。利用示功图和燃烧放热率可以深入细致地分析燃烧过程。为便于分析,可将燃烧过程人为地划分为 4 个阶段,即着火落后期(滞燃期)、速燃期、缓燃期和后燃期,分别对应图 5-4 中的 1、2、3、4 阶段。

1. 着火落后期(滞燃期)

着火落后期为图 5-4 中的 AB 段,是指从喷油始点 A 到气缸压力线明显脱离压缩线(图中虚线,气缸内不进行燃烧时的纯压缩膨胀线)开始急剧上升的 B 点所对应的时期。随着压缩过程的进行,缸内空气压力和温度不断升高,在上止点附近气体温度超过 600 ℃,高于燃料在当时压力下的自燃温度。在 A 点被喷入气缸的柴油,经历一系列复杂的物理化学过程,包括雾化、蒸发、扩散、与空气混合等物理准备阶段以及低温多阶段着火的化学准备阶段,在空燃比、压力、温度以及流速等条件适宜处,多点同时着火,随着燃烧放热的进行,缸内压力、温度升高并脱离压缩线。

除直接在示功图上判断 B 点外,用放热速率曲线可以更精确地确定 B 点。如图 5-4 所示,由于柴油汽化吸热,在着火前 $dQ_B/d\varphi$ 曲线出现负值,一旦开始燃烧放热,$dQ_B/d\varphi$ 很快由负变正。因此可以取 $dQ_B/d\varphi$ 明显上升前第一个极小值点或 $dQ_B/d\varphi=0$ 点作为着火点。另外,用可视化发动机和高速摄影的方法可以直观地判定着火时刻。这 3 种确定着火时刻的方法中,$dQ_B/d\varphi$ 曲线法最精确。

着火落后期的长短可用着火落后时间 τ_i 或着火落后角 φ_i 来表示。一般柴油机的着火落后角 $\varphi_i=8°\sim12°CA$,着火落后时间 $\tau_i=0.7\sim3.0$ ms。

柴油机着火落后期的长短会明显影响该阶段内喷油量和预制混合气量的多少,从而影响柴油机的燃烧特性、动力性、经济性、排放特性以及噪声振动特性，必须精确控制。

2. 速燃期

速燃期为图 5-4 中压力急剧上升的 BC 段。由于在着火落后期内做好燃前准备的预混合气多点大面积同时着火，而且是在活塞靠近上止点时气缸容积较小的情况下发生的，因此速燃期内气体的温度、压力都急剧升高，燃烧放热速率 $dQ_B/d\varphi$ 很快上升并达到最高值。随着大量在着火落后期内生成的可燃混合气燃烧殆尽，放热速率下降，达到 $dQ_B/d\varphi$ 曲线的谷点 C，速燃期结束。

速燃期中缸内压力升高的急剧程度，即压力升高率，对柴油机性能有至关重要的影响。压力升高率一般有两种表示方式：一种是将缸内压力曲线对曲轴转角求导获得 $dp/d\varphi$ 曲线，如图 5-5 所示，并求得最大压力升高率 $(dp/d\varphi)_{max}$；另一种是用平均压力升高率 $\Delta p/\Delta\varphi$，其定义为

$$\frac{\Delta p}{\Delta\varphi}=\frac{p_C-p_B}{\varphi_C-\varphi_B}$$

式中：p_C、p_B 分别为 C 点和 B 点的压力，MPa；φ_C、φ_B 分别为 C 点和 B 点所对应的曲轴转角，°CA。实际工程中，为数据处理方便，有时也用 p_{max} 代替 p_C。

压力升高率是表征内燃机燃烧等容度和粗暴度的指标。压力升高率越高，则燃烧等容度越高，因而循环热效率越高，这对动力性和经济性是有益的，但同时也会使燃烧噪声及振动增大，即燃烧粗暴度增大。

如图 5-5 所示，一般柴油机 $dp/d\varphi$ 的峰值往往对应着 $dQ_B/d\varphi$ 的峰值，并且 $dp/d\varphi$ 并没有随负荷(循环供油量)减小而降低，这说明决定 $dp/d\varphi$ 高低的是预混合燃烧阶段的放热速率。当然在燃烧过分偏离上止点时，这种对应关系不明显。

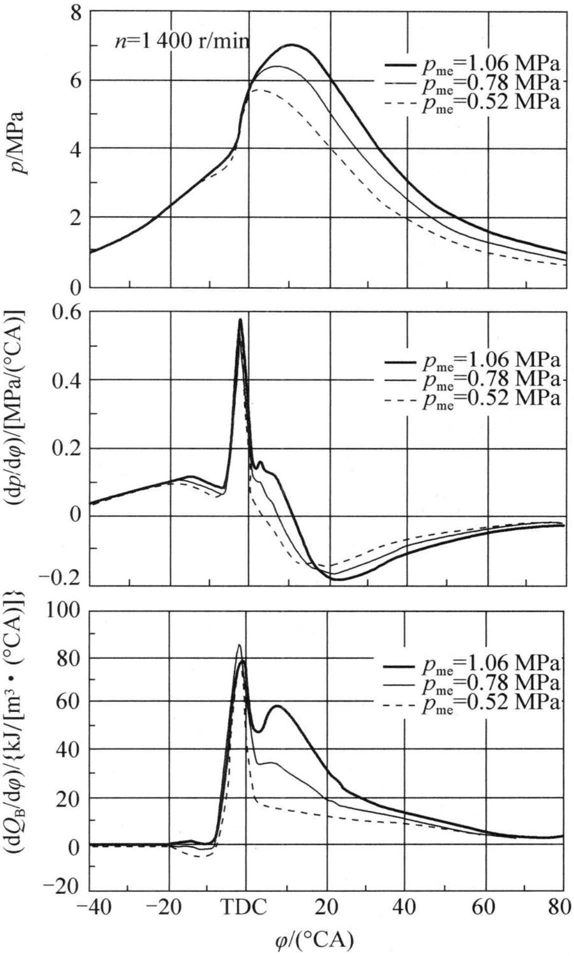

图 5-5　柴油机不同负荷时的燃烧特性

p_{me} 为平均有效压力

一般柴油机的压力升高率 $dp/d\varphi=0.2\sim0.6$ MPa/(°CA)，直喷式柴油机的较大，$dp/d\varphi=0.4\sim0.6$ MPa/(°CA)。从提高动力性和经济性的角度，希望 $dp/d\varphi$ 大一些，但 $dp/d\varphi$ 过大会使柴油机工作粗暴，噪声明显增大；运动零部件承受过大冲击载荷，影响其工作可靠性和使用寿命；过急的压力升高会导致温度明显升高，使 NO_x 生成量明显增加(见第 6 章)。为兼顾柴油机运转平稳性及抑制 NO_x 排放，$dp/d\varphi$ 不宜超过 0.4 MPa/(°CA)。

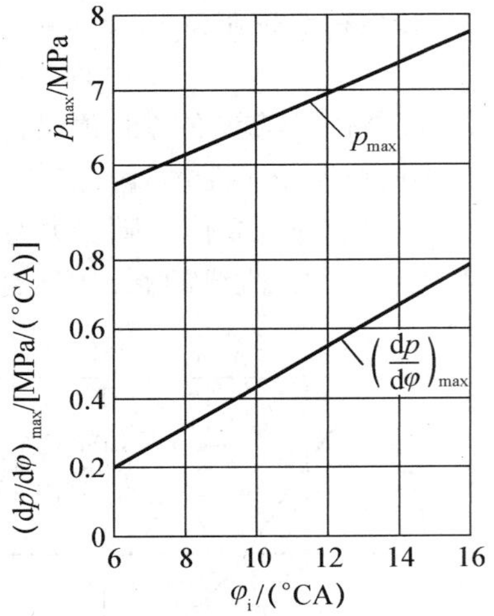

图 5-6 最大压力及最大压力升高率与着火落后期的关系

柴油机压力升高率的大小主要取决于着火落后期内形成的可燃混合气量，而可燃混合气的生成量要受着火落后期的长短、着火落后期内燃料喷射量的多少、燃料的蒸发混合速度、空气运动、燃烧室形状和燃料理化特性等多种因素的影响。图 5-6 是某非增压直喷高速柴油机的$(dp/d\varphi)_{max}$和最高燃烧压力(又称为最大爆发压力)p_{max}与着火落后期的关系，两者均随着火落后期的增长而线性增长。压力升高率和 p_{max} 的控制一直是柴油机的重要研究课题。

由于在速燃期中参与燃烧的主要是在着火落后期内形成的可燃混合气，所以也称这一时期为"预混合燃烧"阶段。应该指出的是，这种预混合气体是在极短时间内形成的，实际是一种非均质预混合气，即前面所介绍的油滴群，因此柴油机的"预混合燃烧"与汽油机的均质预混合气的燃烧并不完全相同。

速燃期中，燃料燃烧释放的热量随负荷不同而异，大负荷时约为循环总放热量的 20%～30%，小负荷时超过 60%。

3. 缓燃期

缓燃期为图 5-4 中的 CD 段，即从 C 点到最高燃烧温度(或最高燃烧压力)的 D 点。在此期间，参与燃烧的是速燃期内未燃烧的燃料和后续喷入的燃料，这些燃料边蒸发混合边以高温单阶段方式着火参与燃烧。由于气缸内温度急剧升高，蒸发混合速度明显加快，加之后续喷油速率上升，放热速率 $dQ_B/d\varphi$ 再次加速，出现柴油机特有的"双峰"现象。这一阶段燃烧放热速率的大小取决于油气相互扩散混合的速度，因此也称为扩散燃烧阶段。也就是说，$dQ_B/d\varphi$ 曲线第一个峰对应预混合燃烧阶段，第二个峰则对应扩散燃烧阶段。小负荷时由于喷油量少且在着火落后期内就停止喷油，因此扩散燃烧的比例降低，"双峰"现象逐渐变得不明显，如图 5-5 中不同负荷时 $dQ_B/d\varphi$ 曲线所示。

柴油机的最高燃烧压力 p_{max} 越高，一般表明燃烧放热速率越高，因而循环热效率越高。但同时也会使机械负荷、燃烧噪声以及 NO_x 排放增高，机械负荷过高时，甚至会由于机械效率降低，油耗反而恶化。最高燃烧压力的高低除了受燃烧过程的直接影响外，还主要与压缩比、压缩始点的压力等因素有关。一般柴油机的 p_{max} 为 5～9 MPa，增压柴油机有可能为 10～15 MPa。为获得好的动力性和燃油经济性，一般希望 p_{max} 出现在上止点后 10°～15°CA。p_{max} 的位置不仅取决于喷油时间的早晚，也取决于着火落后期和速燃期的长短。

随着燃烧过程的进行，缸内空气逐渐减少而燃烧产物不断增多，燃烧的进行也渐趋缓慢。缓燃期内，一部分燃料在高温缺氧的条件下进行燃烧，容易造成燃烧不完全和燃料裂解形成炭烟。因此，在缓燃期内加强空气运动，加速混合气形成，对保证混合气在上止点附近迅速而完全地燃烧，提高柴油机的经济性、动力性和排放性能有重要作用。实际循环中大部分燃料在缓燃期内燃烧。缓燃期结束时，放热量可达循环总放热量的 80%左右，燃气温度可达 1 700～2 000 ℃。

一般要求缓燃期不要过长，否则会使一部分燃料远离上止点进行燃烧放热，因而燃烧等容度下降，放热时间加长，循环热效率下降。即缓燃期不要"过缓"，而是越快越好。加快缓燃期燃烧速度的关键是加快混合气形成速率。

对于柴油机这种不均匀的混合气形成和燃烧方式，要组织完全燃烧，只能选择比较大的空燃比，亦即使柴油机在过量空气系数大于 1 的条件下工作，所以柴油机的气缸空气利用率低，这是其升功率小于汽油机的主要原因。

4. 后燃期(补燃期)

后燃期为图 5-4 中的 DE 段，即从缓燃期终点 D 到燃料基本燃烧完毕的 E 点。后燃期的终点很难准确确定，一般当放热量达到循环总放热量的 95%～99%时，就可以认为后燃期结束，也是整个燃烧过程结束。在柴油机中，由于混合气形成时间短，燃料和空气的混合又极不均匀，总有少量燃油不能及时形成可燃混合气，以致拖延到膨胀过程继续燃烧。特别是在高速、高负荷工况下，这种后燃现象就更为严重。由于后燃期内的燃烧放热远离上止点进行，热量得不到有效利用，并且随活塞下行燃烧室表面积增大，增加了散热损失，使柴油机燃油经济性下降。此外，后燃还会产生炭烟排放增加、活塞和气缸热负荷增加以及使排气温度升高等问题。因此，应尽量缩短后燃期，减少后燃燃料百分比。

柴油机燃烧时，总体上空气是过量的，只是混合不均匀造成局部缺氧。因此，加强缸内气体运动，可以加速后燃期的混合气形成和加快燃烧速度，而且会使炭烟及不完全燃烧成分加速氧化。

5.1.1.3　柴油机着火落后期(滞燃期)的影响因素

从上面对燃烧过程的分析中可以看出，着火落后期是燃烧过程的一个极为重要的时期，它对整个燃烧过程和柴油机各个方面的技术经济指标都有直接的影响。影响着火落后期的因素很多，在正常运转情况下，喷油初期燃烧室内工质的状态，即压缩温度和压力是影响着火落后期的主要因素。此外，喷油提前角、转速以及燃料品质等对着火落后期也有较大影响。

1. 压缩温度和压力对着火落后期的影响

图 5-7 显示了十六烷值为 56 的柴油的压缩温度和压力对着火落后期的影响。由图可见，压缩温度越高或压力越高，则着火落后期越短。压缩温度和压力是影响着火落后期的直接因素，其他一些因素是通过压缩温度和压力间接影响着火落后期的。例如，增大压缩比、增加进气的压力和温度都可以使压缩终了的温度和压力升高，从而缩短着火落后期。

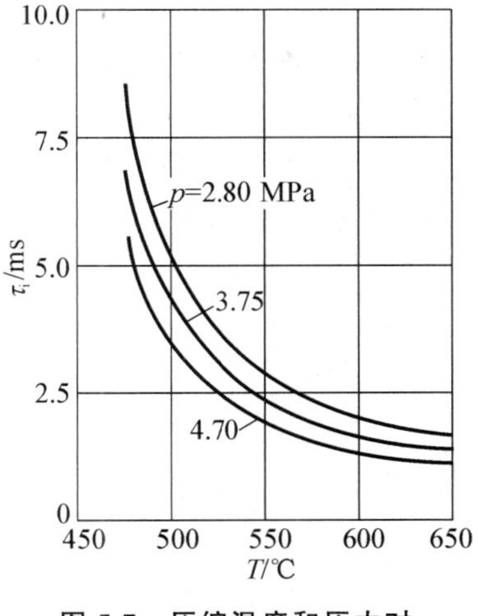

图 5-7　压缩温度和压力对着火落后期的影响

2. 喷油提前角对着火落后期的影响

喷油提前角对着火落后期有重要影响。由于压缩温度和压力随曲轴转角变化，如果喷油早，即燃料进入气缸时空气温度和压力较低，则着火落后期长；如果喷油迟，则缸内温度及压力均达压缩冲程中的较大值，此时着火落后期会减小；如果喷油过迟，虽然初始温度和压力升高，但作用时间短，可能在着火前活塞已开始下行，使缸内温度和压力降低，也使着火落后期变长。因此存在一个使着火落后期最短的喷油提前角，如图 5-8 所示。

3. 转速对着火落后期的影响

转速对着火落后期的影响是通过压缩压力和温度、喷油压力以及空气扰动等因素起作用的。转速升高时，通过活塞环的漏气损失和散热损失减小，使压缩温度、压力增高；转速升高会使喷油压力有所提高，使燃油雾化得到改善，促使着火准备过程加快；转速升高时燃烧室中空气扰动加强，促进燃料蒸发，不过在正常运转条件下，空气扰动对着火落后期只有次要的影响。上述这些因素都可提高混合气形成的速度，使着火落后期缩短。如图 5-9 所示，随转速增加，着火落后时间 τ_i 缩短，如以曲轴转角计，则着火落后角 $\varphi_i=6n\tau_i$，视 τ_i 减小的程度可能随转速的升高而增加，也可能随转速的升高而减小。

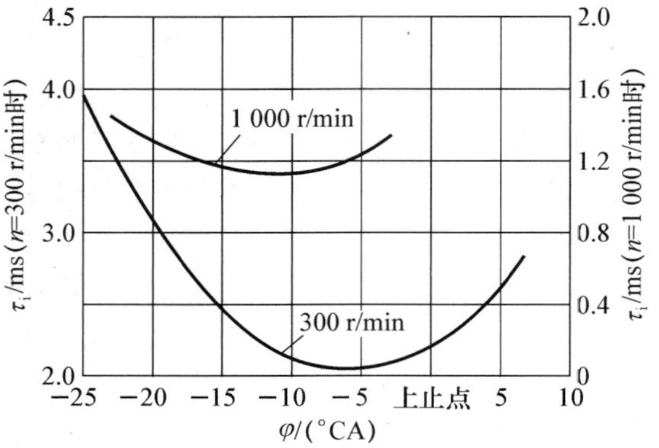

图 5-8 喷油提前角对着火落后期的影响

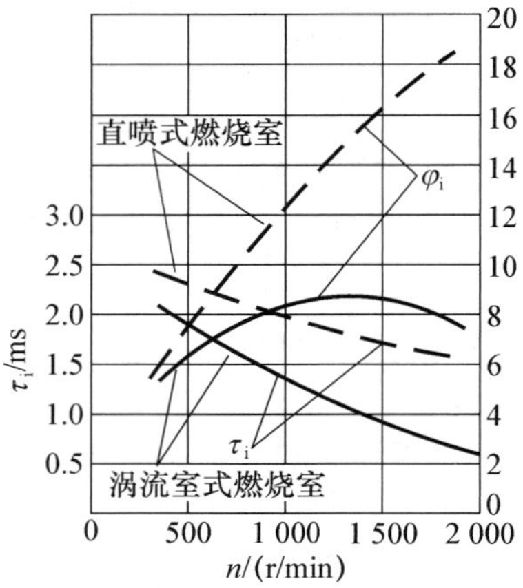

图 5-9 转速对着火落后期的影响

4. 增压压力、温度对着火落后期的影响

柴油机增压后，进入气缸的空气密度增加，而且随进气压力和温度的提高，压缩终了的压力和温度也升高。增压压力 p_k 对着火落后期的影响如图 5-10 所示。由图可见，随着增压压力提高，着火落后期显著缩短。当增压比为 2 时，不使用中冷器，进气温度约为 100 ℃；但高增压发动机一般采用中间冷却，可将进气温度冷却到 40～60 ℃，在这个温度范围内，进气温度 t_k 的变化对着火落后期的影响较小（图 5-11）。一般来说，增压可使着火落后期缩短，减缓初期燃烧速度，使压力升高率有所降低，对减小工作粗暴度有利，但燃烧持续时间要拉长一些。

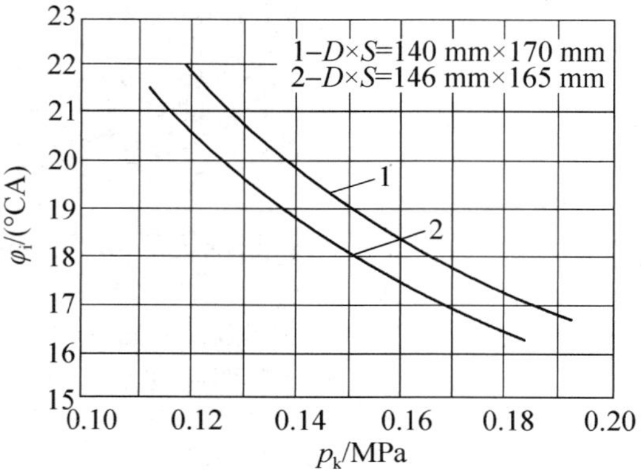

图 5-10 增压压力对着火落后期的影响

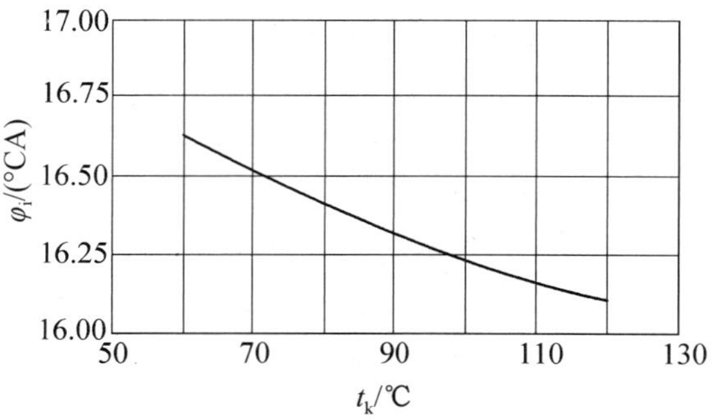

图 5-11 进气温度对着火落后期的影响

5. 油品对着火落后期的影响

如前所述,柴油的十六烷值是表示其着火性能的综合指标。十六烷值高的柴油自燃性好,着火落后期也较短。

6. 起动条件对着火落后期的影响

发动机起动时,由于转速及气缸中压力、温度较低,混合气形成的情况对着火落后期有较大的影响。因此,空气运动、喷嘴结构、燃烧室壁温等因素在起动条件下成为影响着火落后期的重要因素。

5.1.2　合理的燃烧放热规律

内燃机燃烧特性的优化主要体现在对放热规律(或放热率)的优化,尤其是柴油机的放热规律更呈现出曲线形状复杂以及对性能指标影响大的特点。对放热规律的分析可从燃烧放热始点(相位)、放热持续期和放热率曲线形状三方面即所谓的放热规律三要素入手,如图 5-12 所示。放热规律三要素既有各自的特点又相互关联,对其进行合理选择与控制是极为重要的。

1. 放热始点

放热始点决定了放热率曲线距压缩上止点的位置,在放热持续期和放热率曲线形状不变的前提下,也就决定了放热率中心(指放热率曲线包围面积的面心)距上止点的位置。如前所述,放热始点对循环热效率、压力升高率和最大燃烧压力都有重大影响。无论是汽油机还是柴油机,都希望放热始点的位置能保证最大燃烧压力 p_{max} 出现在上止点后 10°～15°CA。为此,柴油机通过调整喷油提前角 θ_{fj} 以及控制着火落后期长短来加以调控。

柴油机每个工况都有其最佳的喷油时刻。图 5-13 是柴油机喷油提前角 θ_{fj} 对有效功率 P_e 及有效燃油消耗率 b_e 的影响曲线,称为喷油提前角调整特性。在最佳 θ_{fj} 时,柴油机能获得最大有效功率和最小燃油消耗率。

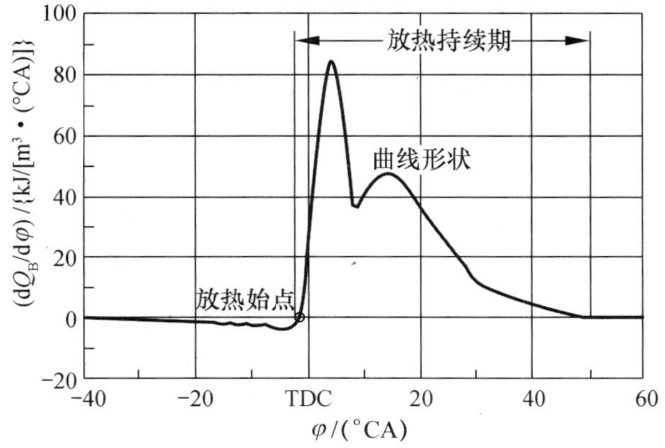

图 5-12　放热规律三要素

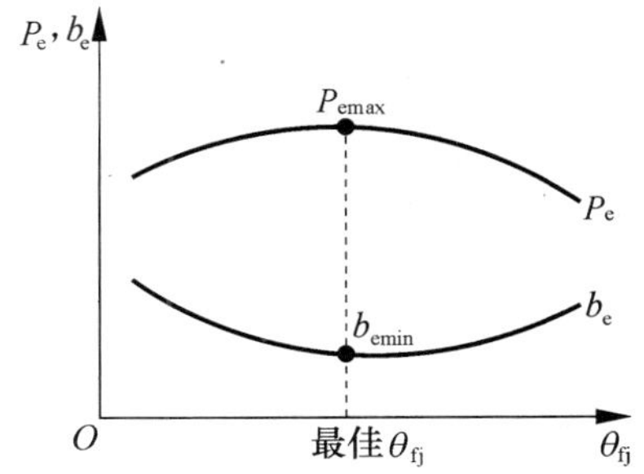

图 5-13　柴油机喷油提前角调整特性

转速 n、油量调节杆位置不变

为使喷油提前角在各种工况下都能达到最佳,柴油机喷油提前角的调节规律是:首先,要求随转速升高而提前。其原因与汽油机类似,即油量调节机构位置不变时,高转速的着火落后角要比低转速大得多,而且喷油持续角和相应的燃烧持续角也都加大(这是喷油和燃烧特性所决定的)，所以要求随转速升高而提前。其次，要求随负荷增大而提前。原因是转速不变、喷油量增多时(即负荷增大)，喷油持续角需加大，因此需要喷油适当提前，这一点与汽油机负荷减小时的真空提前正好相反。

传统的车用柴油机燃油喷射系统一般都装有自动喷油提前器来完成随转速提前的功能，因负荷提前量较小，一般未予控制。电控柴油机则可通过喷油定时脉谱(MAP)(见图5-61)进行二者的精确控制。

柴油机虽然可通过喷油提前角的调控而达到合理的着火位置，但同时也要求尽可能缩短着火落后期，以减少预喷射量。缩短着火落后期的主要方法是提高喷油初期燃烧室中的压力和温度。其他影响着火落后期长短的因素如前所述。

2. 放热持续期

放热持续期的长短，一定程度上是理论循环等压放热预膨胀比 ρ 大小的反映。这是决定循环热效率的一个极为关键的因素，对有害排放也有较大的影响。

放热持续期原则上是越短越好，柴油机一般小于40°～60°CA。柴油机放热持续期的长短首先取决于喷油持续角的大小，喷油时间愈长则扩散燃烧期愈长；其次也取决于扩散燃烧期内混合气形成的快慢和完善程度，喷油再快，混合气形成速度跟不上也不能缩短燃烧时间，混合气形成不完善就会拖延后燃时间。以上两个环节又受诸多因素的影响，将在后面混合气形成部分(5.3节)详加叙述。

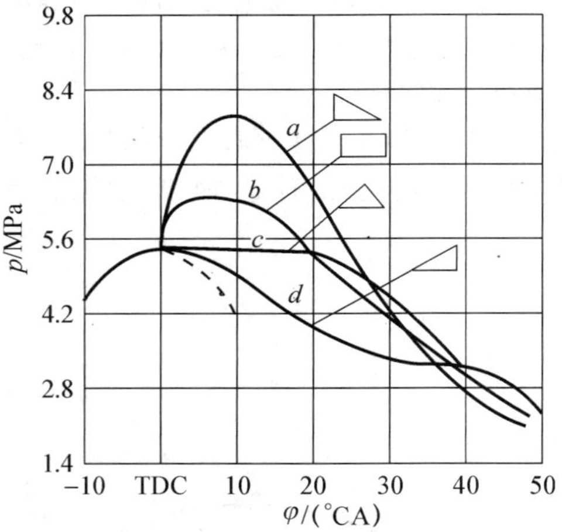

图 5-14 放热率曲线形状对示功图的影响

(图形符号)表示4种放热率曲线形状

3. 放热率曲线形状

放热率曲线形状决定了前后放热量的比例。在放热始点和放热持续期不变的条件下，放热率曲线形状的变化既影响放热率曲线面心的位置，也影响预混燃烧与扩散燃烧的比例，因而对循环热效率、噪声、振动和有害排放都有很大的影响。

影响放热率曲线形状的因素比较复杂。为便于定性分析，图5-14中给出了4种典型的放热率曲线形状及其对应的示功图曲线。图中，假定4种放热规律下都在上止点开始放热，放热总量相同，持续期均为40°CA。曲线 a 呈先快后慢的放热形状，初期放热多，导致 $\Delta p/\Delta\varphi$ 值最大，最高爆发压力 p_{max} 达8 MPa，此时的指示热效率为52.9%，是4种方案中的最高值。曲线 d 先慢后快的放热形状则相反，放热率前缓后急，$\Delta p/\Delta\varphi$ 和 p_{max} 都最低，指示热效率也最小，为45.4%。曲线 b 和 c 则介于二者之间。

实际发动机的放热率曲线形状取决于机型、燃烧室类型和混合气形成方式以及对性能的具体要求。图5-15为不同类型的非增压发动机在全负荷和中等转速工况下的燃烧放热规律的实例。为便于比较，图中纵坐标瞬时放热率为单位工作容积的瞬时放热率，单位为J/[L·(°CA)]。

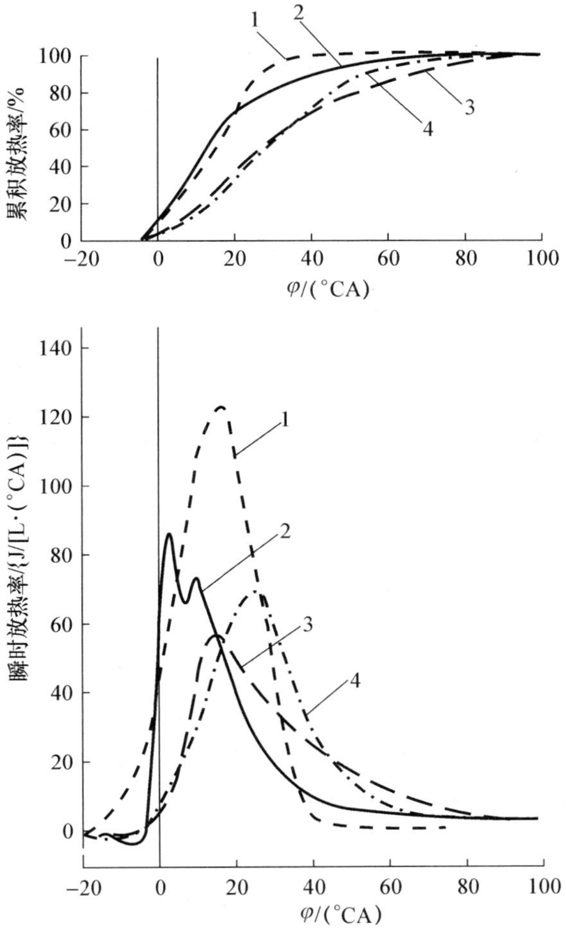

图 5-15　不同类型柴油机的燃烧放热规律比较

发动机类型	D/mm×S/mm	ε	n/(r/min)	p_e/kPa	ϕ_a
1-化油器式汽油机	75.0×72	8.2	3 600	810	0.91
2-直喷式燃烧室柴油机	85.0×94	22.0	2 800	730	1.39
3-涡流室式燃烧室柴油机	76.5×80	23.0	3 000	670	1.30
4-预燃室式燃烧室柴油机	91.0×92	22.0	3 200	708	1.34

由图 5-15 可以看出，直喷式燃烧室柴油机的瞬时放热率和累积放热率在燃烧的起始阶段上升最快，瞬时放热率很快就达到最大值，而且这一最大值比两种非直喷式燃烧室柴油机都高。此外，高速直喷式燃烧室柴油机的放热速率往往呈现双峰的特点。在燃烧的起始阶段，两种非直喷式燃烧室柴油机的瞬时放热率和累积放热率都上升得比较慢，放热率的最大值也较低，且燃烧过程持续较长，其中预燃室式燃烧室柴油机的这种特点更为明显。比较而言，汽油机的放热率最大值最高，燃烧过程持续较短，但在燃烧的起始阶段，放热率上升得并不太快，而在燃烧过程后期放热率却下降得极快。

一般来说，较理想的燃烧放热规律要求有合适的燃烧起点，同时燃烧应该是先缓后急。在开始放热阶段，不希望燃烧放热率上升过快，以降低压力升高率[不超过 0.4～0.6 MPa/(°CA)]，使柴油机的工作粗暴程度得到控制；随后燃烧应加速进行，使绝大部分燃料尽可能在上止点附近燃烧，一般燃烧持续时间不应超过 40°CA，以满足经济运转的要求。这样的放热规律在一定程度上可通过控制喷油定时、喷油持续期和喷油规律来实现。

5.2 燃油喷射和雾化

5.2.1 燃油喷射系统

5.2.1.1 对燃油喷射系统的要求

燃油喷射系统对柴油机混合气形成和燃烧的质量、进而对柴油机性能的好坏有着重要的影响。特别是直喷式柴油机，对燃油喷射系统的要求较高，一般应尽可能地满足下述要求：

(1)能产生足够高的喷油压力，以保证燃料雾化良好，具有合适的油束贯穿距离、喷雾锥角和较小的油滴直径，且油束应与燃烧室形状及缸内气流运动相匹配，以保证燃油与空气的混合尽可能均匀；

(2)实现所要求的喷油规律，以保证合理的燃烧放热规律和良好的综合性能；

(3)精确控制每个循环的喷油量和喷油时刻，且喷油量和喷油时刻能随工况变化自动调节，并保证多缸机各缸之间的均匀性；

(4)在各种工况下避免出现不利的异常喷射现象。

5.2.1.2 柴油机燃油喷射系统

早期柴油机的燃油喷射是借助高压空气实现的。1927 年德国博世公司研制成功并批量生产以螺旋槽柱塞旋转方式调节供油量的机械式喷油泵，这种喷油泵的工作原理一直沿用至今。图 5-16 为典型的柴油机机械式燃油喷射系统简图，其核心部分是由直列柱塞式喷油泵 3、喷油器 1(喷油嘴)和连接其间的高压油管 9 组成的高压油路，因此又称为“泵-管-嘴”系统。高

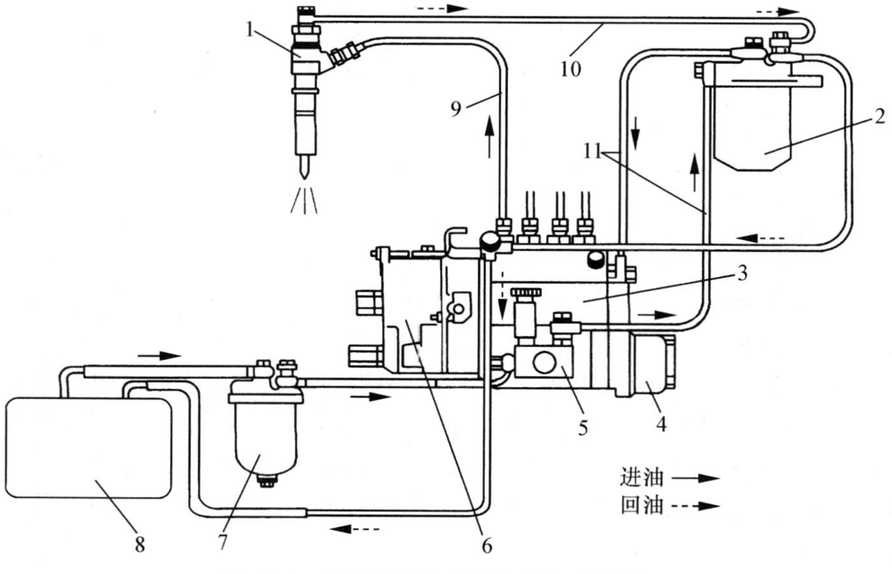

图 5-16 柴油机机械式燃油喷射系统简图

1-喷油器；2-燃油滤清器；3-直列柱塞式喷油泵；4-供油提前角调节器；5-输油泵；6-调速器；7-油水分离器；8-油箱；9-高压油管；10-回油管；11-低压油管

压油管的存在使喷油泵在柴油机上的布置比较灵活，但也降低了整个燃油喷射系统高压部分的液力刚性，且难以实现高压喷射和理想的喷油规律。此外，由于喷油泵直接由柴油机驱动，当柴油机转速降低时，喷油压力也相应降低，燃油喷射与混合气形成状况变差。机械式燃油喷射系统目前多用于非道路机械用柴油机。

为了满足柴油机功率指标不断强化以及节能和环保指标日益严格的要求，人们在大力改进传统的燃油喷射系统、努力提高其机械与液力刚度以满足高压喷射要求的同时，也在不断致力于研制与开发新型的高压喷射系统，如各种类型的电控燃油喷射系统，其中于20世纪90年代开始产业化的共轨式燃油喷射系统在车用柴油机中获得了最广泛的应用。有关柴油机的电控燃油喷射系统，将在5.5节中做简要介绍。

5.2.1.3 喷油泵

对于机械式燃油喷射系统，喷油泵的主要作用是定时、定量地经高压油管向各缸喷油器周期性地供给高压燃油。常见的柴油机喷油泵可以分为直列柱塞式喷油泵和转子分配泵两类。

直列柱塞式喷油泵(图5-17)一般以柱塞行程、泵缸中心距和结构特征为基础分成A、B、P、Z等系列，每个系列可以改变柱塞直径和缸数，以适应不同功率柴油机的需要。直列泵包括直列多缸合成泵和单体泵，多用于大中型车用柴油机。

转子分配泵有端面凸轮驱动的VE分配泵(图5-18)和内凸轮驱动的径向对置柱塞泵，多用于轿车和轻型车用柴油机。与直列泵相比，分配泵具有结构紧凑、体积小、质量轻、能在高转速下工作的优点，但难以达到较高的喷油压力，并且因分配泵的运动件要靠泵体内的柴油进行润滑和冷却，因此对柴油的清洁度要求很高。

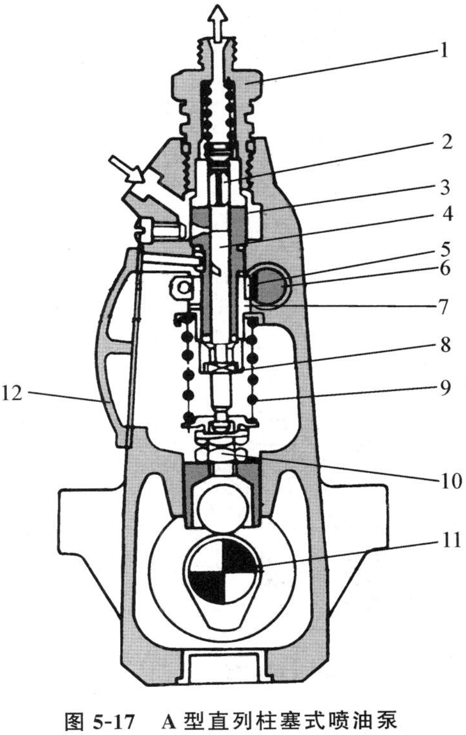

图5-17 A型直列柱塞式喷油泵

1-出油阀座；2-出油阀；3-柱塞套；4-喷油泵柱塞；5-齿圈；6-油量调节齿杆；7-控制套筒；8-柱塞控制臂；9-柱塞回位弹簧；10-调节螺钉；11-凸轮轴；12-侧盖

5.2.1.4 喷油器

喷油器的主要作用是将喷油泵供给的高压燃油喷入柴油机燃烧室内，使燃油雾化成微细的油滴，并按一定的要求适当地分布在燃烧室内。喷油器有孔式喷油器和轴针式喷油器两类，其头部结构如图5-19所示。

孔式喷油器[图5-19(a)和(b)]一般用于直喷式燃烧室，喷孔的数目、孔径及喷射角度等设计参数要视具体的燃烧室形状和空气运动而定。一般针阀升程为0.2～0.45 mm，在满足流通面积要求的前提下，应尽可能减小针阀升程。对缸径$D \leqslant 150$ mm又具有较强进气涡流的直喷式燃烧室，喷孔数为4～5，孔径为0.2～0.4 mm；而对缸径较大且不组织进气涡流的直喷式燃烧室，喷孔数为6～12。孔径小可使雾化质量提高，但加工困难，并容易引起积炭堵塞等故障。孔式喷油器开启压力为15～25 MPa。

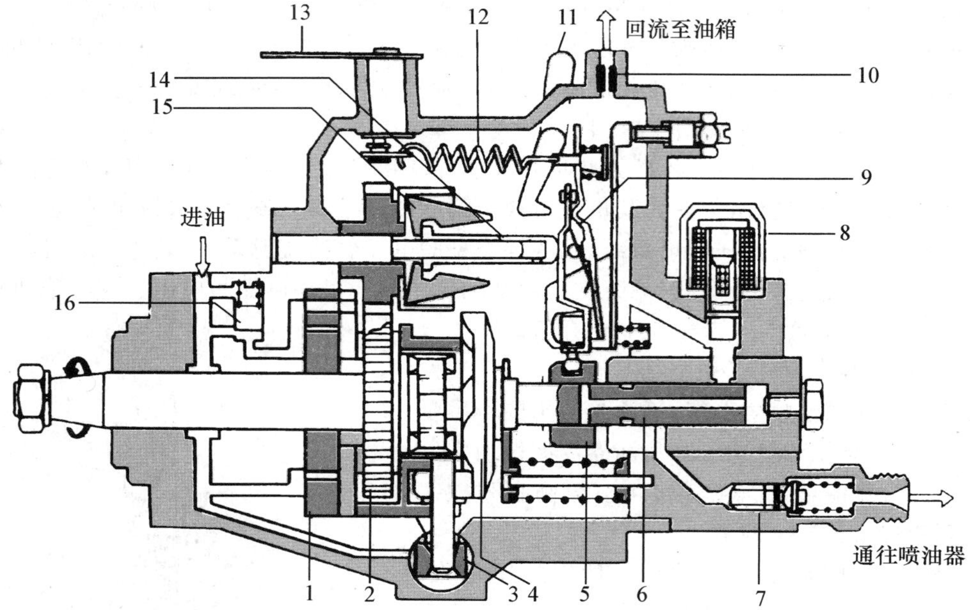

图 5-18 轴向柱塞分配泵(VE 分配泵)结构

1-滑片式输油泵;2-调速器驱动齿轮;3-供油提前器;4-端面凸轮;5-油量控制套环(溢流环套);6-轴向柱塞;7-出油阀;8-断油阀;9-调节杠杆组;10-溢流节流孔;11-停车手柄;12-调速弹簧;13-转速调节手柄;14-调速器滑套;15-离心飞块;16-调压阀

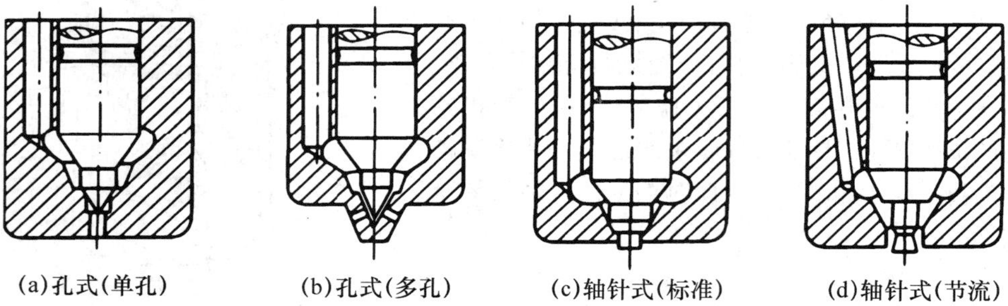

图 5-19 喷油器头部结构

轴针式喷油器一般用于非直喷式燃烧室,有图 5-19(c)所示的标准轴针式和图 5-19(d)所示的节流轴针式两种。针阀头部的轴针有圆锥和圆柱等不同的形状,通过针阀头部在喷孔内的上下运动(其间的环状间隙为 0.05～0.25 mm),可起到防止积炭堵塞的自洁作用。轴针式喷油器的孔径一般为 0.8～1.5 mm,针阀升程为 0.4～1.0 mm,开启压力为 11～14 MPa。

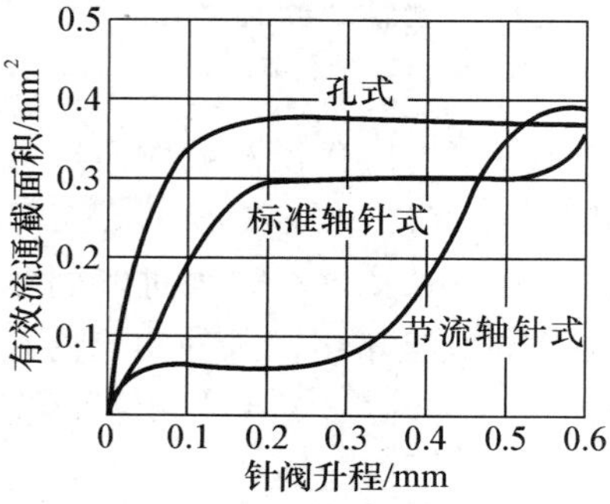

图 5-20 不同喷油器的流通特性

喷油器有效流通截面积与针阀升程的关系称为喷油器的流通特性。图 5-20 是不同喷油器的流通特性。由图可见,孔式喷油器的有效流通截面积随针阀的上升增长最快;标准轴针式较慢;节流轴针式喷油器因针阀头部圆锥部分的节流作用，开启初期的有效流通截面积最小，可大大减少着火落后期内的喷油量，因此对柴油机工作的平稳性有利，是比较理想的形式。

为满足车用柴油机的要求，近年来直喷式柴油机开始采用双弹簧喷油器，如图 5-21 所示，其结构特点是在喷油器体中串联地装有两个弹簧。喷油开始时，刚度小的弹簧首先被压缩，喷嘴针阀仅开启 0.03～0.06 mm(预升程)，产生少量的燃油预喷射，随喷油压力继续升高，刚度更大的弹簧被压缩，主喷油开始。这种喷油器的优点是能够产生靴形喷射，有利于改善柴油机低速与怠速稳定性，降低 NO_x 排放和燃烧噪声。

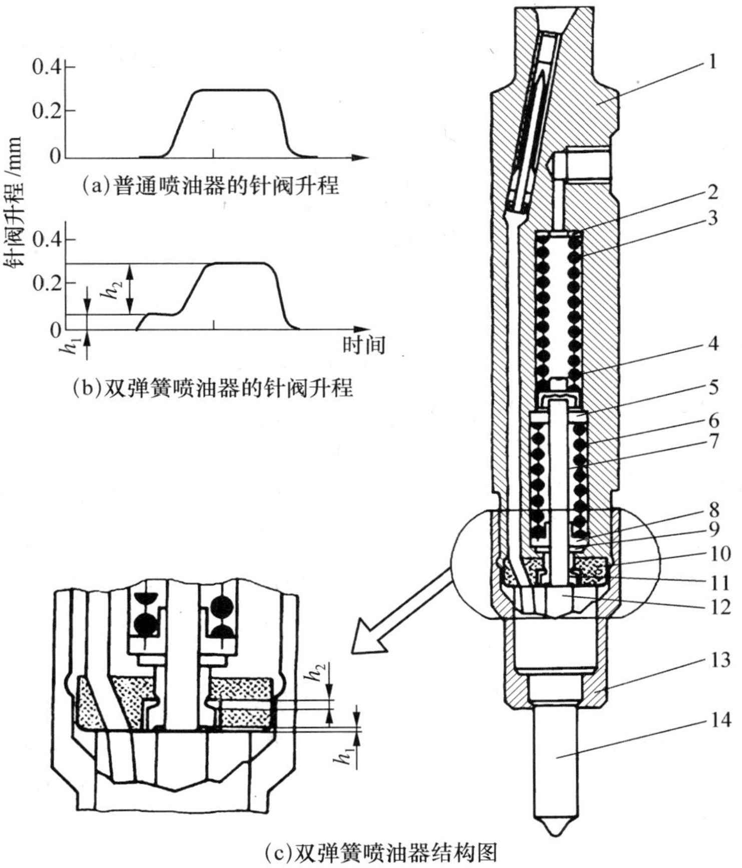

(a)普通喷油器的针阀升程

(b)双弹簧喷油器的针阀升程

(c)双弹簧喷油器结构图

图 5-21 双弹簧喷油器

1-喷油器体；2-调整垫片；3-第一个弹簧；4-压力销；5-导向盘；6-第二个弹簧；7-压力杆；8-弹簧座；9-调整垫片；10-中间盘；11-升程挡块；12-针阀；13-锁紧螺母；14-针阀座

h_1-预升程；h_2-主升程

5.2.2 燃油喷射过程

上述泵-管-嘴燃油喷射系统，喷油器和喷油泵之间有一定长度的高压油管，所以喷油泵的供油特性和喷油器的实际喷油特性不一致。电控化后虽然在喷射系统参数的控制上比机械式改善了许多，使柴油机的性能得到大幅度提高，但仍未能彻底解决以喷油泵控制为核心的泵-管-嘴喷射系统结构的固有问题。

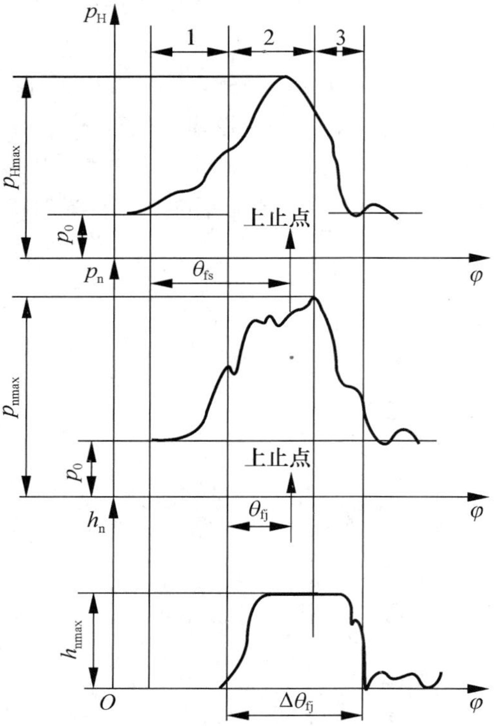

图 5-22 柴油机燃油喷射过程

1-喷射延迟阶段；2-主喷射阶段；3-喷射结束阶段

5.2.2.1 喷射过程

以图 5-16 所示的泵-管-嘴燃油喷射系统为例，分析燃油喷射过程。图 5-22 表示了具有代表性的柴油机高负荷时燃油喷射过程中喷油泵端燃油压力 p_H、喷油器端燃油压力 p_n 以及针阀升程 h_n 的变化情况。为便于分析，将整个喷射过程分为 3 个阶段，即喷射延迟阶段、主喷射阶段和喷射结束阶段。

(1)喷射延迟阶段：该阶段从喷油泵的理论供油始点(柱塞顶封闭进油孔)到喷油器的针阀开始升起(喷油始点)为止。该阶段中，喷油泵柱塞腔内受压缩的燃油打开出油阀，进入高压油管，产生压力波并以声速(约 1 200～1 300 m/s)沿高压油管向喷油器端传播。当喷油器端的燃油压力超过喷油器针阀开启压力(又称喷射压力)时，针阀升起，开始喷油。供油始点和喷油始点一般用供油提前角 θ_{fs} 和喷油提前角 θ_{fj} 来表示，两者之差称为喷油延迟角。发动机转速越高，高压油管越长，则喷油延迟角越大。

(2)主喷射阶段：该阶段从喷油始点到喷油器端压力开始急剧下降为止。由于喷油泵柱塞持续供油，喷油泵端压力和喷油器端压力都保持高的水平，同时喷油器针阀达到并保持最大升程，绝大部分燃油在这一阶段以高的喷射压力和良好的雾化质量喷入燃烧室，其持续时间取决于循环供油量和喷油速率。

(3)喷射结束阶段：该阶段从喷油器端压力开始急剧下降到喷油器针阀落座停止喷油为止。由于喷油泵的回油孔打开和出油阀减压容积的卸载作用，泵端压力带动喷油器端压力急剧下降，当喷油器端压力低于针阀开启压力时，针阀开始下降。这一阶段内还有少量燃油从喷孔喷出。由于喷油压力下降，燃油雾化变差，因而要尽可能缩短这一阶段，减少这一阶段的喷油量，即喷油结束时应干脆迅速。

5.2.2.2 供油规律与喷油规律

研究喷油过程主要研究供油规律和喷油规律。定义单位喷油泵凸轮轴转角(或单位时间)内由喷油泵供入高压油路中的燃油量为供油速率，单位喷油泵凸轮轴转角(或单位时间)内由喷油器喷入燃烧室内的燃油量为喷油速率，则供油规律是指供油速率随喷油泵凸轮轴转角(或时间)变化的关系，喷油规律是指喷油速率随喷油泵凸轮转角(或时间)变化的关系。

图 5-23 给出了供油规律和喷油规律的示例。喷油规律虽然由供油规律决定，但两者之间存在明显不同。首先，供油时刻和喷油时刻不同，喷油时刻相对供油时刻延迟(一般延迟 8°～12°)；其次，喷油器端的油压是通过喷油泵的供油规律间接控制的，所以喷油持续时间较供油持续时间长，最大喷油速率较最大供油速率低，且曲线形状有明显畸变，循环喷油量也低于循环供油量。由此可见，泵-管-嘴系统通过供油规律不能精确控制喷油规律。

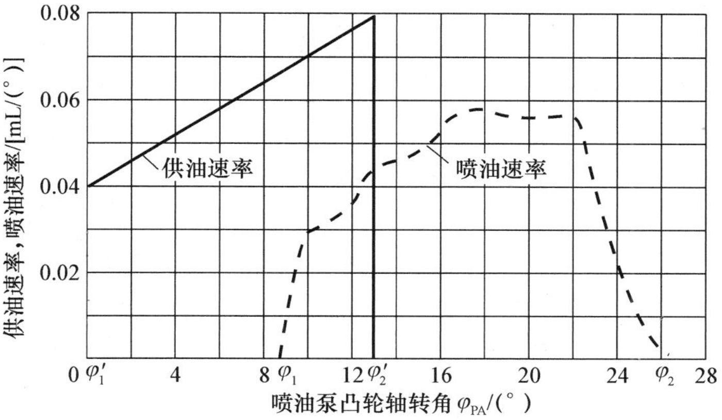

图 5-23 柴油机供油规律与喷油规律

由于喷油规律对燃烧放热规律有直接的影响，因而喷油规律一直是柴油机燃烧和性能优化研究的重要内容。

5.2.2.3 异常喷射现象与穴蚀

燃油喷射系统内的压力高、变化快，喷油峰值压力往往高达数十上百兆帕或以上，现代柴油机高压喷射系统甚至达 200 MPa，而谷值压力由于出油阀减压容积的作用往往接近零以致出现真空，如此剧烈的压力波动容易造成二次喷射、断续喷射、不规则喷射和隔次喷射及气穴等异常喷射现象，以及滴油现象。图 5-24 示出了各种异常喷射时针阀升程的变化。

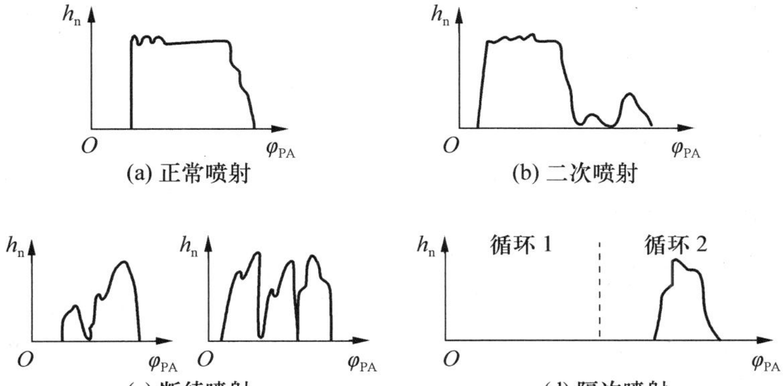

图 5-24 各种喷射情况下的针阀升程

(1)二次喷射：是指喷射终了针阀落座以后，在压力波动的影响下针阀再次升起并产生喷射的现象。由于二次喷射是在燃油压力较低情况下进行的，这时喷射的燃油严重雾化不良，使燃烧恶化，易产生炭烟。此外，二次喷射还使整个喷射持续时间拉长，进而使燃烧过程不能及时进行，造成柴油机经济性下降、零部件过热等不良后果。二次喷射易发生在高速大负荷工况。

(2)断续喷射：主要发生在低速低负荷工况，由于喷油压力较低，针阀往往不能完全升起而处于浮动状态。此时针阀周期性往复跳动，因而导致喷油断续，雾化不良，针阀偶件的磨损加速。

(3)不规则喷射和隔次喷射：是低速低负荷条件下压力波传播导致的丧失喷油静力稳定性的现象，表现为循环喷油量不断变动的不规则喷射，以及极端条件下的一次喷一次不喷的隔次喷射。这种现象会造成柴油机转速波动过大，工作粗暴，并限制柴油机的最低稳定转速。

(4)气穴与穴蚀：由于在高压容积内的压力波动，当高压油路中的压力极低(低于燃油的蒸气压)时，会产生油蒸气和空气的气泡，称为气穴。气泡在随后的高压下爆裂而产生冲击波，对金属表面形成冲击，这种现象多次出现会导致金属表面的疲劳破坏，称为穴蚀。穴蚀会影响到燃油喷射系统的工作可靠性和寿命。

(5)滴油：在喷油器针阀密封正常的情况下，喷油终了时，由于高压系统内的压力下降过慢使针阀不能迅速落座，出现仍有燃油缓慢流出的现象，也称后滴。这时由于燃油的流速及压力极低，难以雾化，易生成积炭并使喷孔堵塞。

为避免异常喷射现象，应尽可能缩短高压油管长度，减小高压容积，以减缓压力波动；合理选择燃油喷射系统的参数，如喷油泵柱塞直径、凸轮型线、出油阀结构及尺寸、出油阀减压容积、高压油管内径、喷油器喷孔尺寸、喷油器开启压力等。

5.2.3 喷雾特性与雾化质量

燃油的雾化是指燃油喷入燃烧室内后被粉碎分散为细小液滴的过程。燃油的雾化可以大大增加其与周围空气接触的蒸发表面积，加速从空气中吸热的过程和液滴汽化的过程，对混合气的形成、燃烧放热规律和着火点位置都有重要影响。液滴越细小，与空气的接触表面积越大。例如，假设 1 mL 的燃油为一个球体，其表面积约为 483.6 mm^2，若雾化为直径 40 μm 的均匀球状液滴，可产生液滴约为 3×10^7 个，其总的表面积约为 1.5×10^5 mm^2，为原来的 300 多倍。

燃油在喷油泵中被压缩后，经高压油管在极高的喷油压力(20～200 MPa)作用下，以极大的速度(100～400 m/s)在高度湍流状态下从喷油器的喷孔喷射入燃烧室内。燃油在高速流动中，在与燃烧室内高压空气的相对运动及湍流的作用下，被逐步粉碎分散为直径 2～50 μm 的液滴，大小不同的液滴组成油束。

图 5-25 为在静止的高压空气中喷射过程某一时刻的油束结构示意图。油束核心部分液滴非常密集且直径较大，液滴运动速度较高，空气极少；油束外围部分则与之相反，液滴稀少且液滴直径较小，液滴运动速度也较低。

油束特性可以从几何形状和雾化质量两个方面来描述。

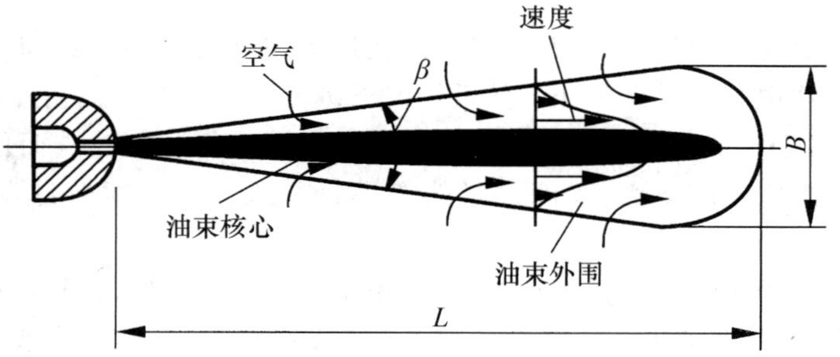

图 5-25 油束的几何形状和参数

5.2.3.1 几何形状

油束的几何形状参数主要包括油束射程(又称为贯穿距离)L 和喷雾锥角 β 或油束的最大宽度 B(图 5-25)。此外,贯穿率是常用的参数之一。贯穿率为相对值,是指喷油持续期内油束的贯穿距离与从喷孔沿喷孔轴线到燃烧室壁距离的比值。贯穿率若大于 1,则意味着有一部分燃油喷射到了燃烧室的壁面上。

柴油机燃烧时,希望油束尽可能到达燃烧室壁面附近,以使燃料分布区域扩大,特别是高负荷时,由于喷油过程一般要持续到着火以后,易产生"火包油"现象,这时希望油束有足够的贯穿力,穿透火焰到达周围空气区。对于直喷式柴油机,在静止气流或弱涡流条件下,一般贯穿率可小于 1,以避免大量燃油喷到壁面上;但在强涡流时,油束偏转[参见图 5-27(b)],呈不规则的阿基米德螺线形,为保证油束仍能到达燃烧室壁面附近,应使贯穿率大于等于 1。撞击喷雾可利用燃油油束在燃烧室壁面的反弹形成二次雾化,其贯穿率要大于 1。

一般喷雾锥角 β 过小,则燃油雾化程度会变差,并且不能有效地在燃烧室空间分布;而 β 角过大,贯穿距离会减小,火焰会变得短而粗。

影响油束几何形状的主要因素有喷油压力、缸内压缩压力、喷油器喷孔的长度直径比和空气与燃油密度比等。

5.2.3.2 雾化质量

油束的雾化质量一般是指油束中油滴的细度和均匀度。细度可以用油滴直径(喷雾粒径)来表示。油滴直径越小,意味着油束雾化得越细。油滴直径的大小受到多种因素的影响,一般减小喷油器喷孔直径、增大喷油压力(使喷射初速度增加)、增大空气密度以及减小燃油黏度和表面张力,都会使油滴直径减小。均匀度是指油束中油滴大小相同的程度以及油滴在油束内分布的均匀程度。

常用的评价喷雾粒径的指标有平均粒径、索特平均直径(SMD)和粒径分布。平均粒径指所有油滴直径的算术平均值,而索特平均直径则是根据所有油滴总体积与总表面积之比计算的。设直径为 d_i 的油滴数为 n_i,则有

$$\mathrm{SMD}=\frac{\sum(d_i^3 \cdot n_i)}{\sum(d_i^2 \cdot n_i)} \tag{5-1}$$

SMD 是发动机中最常用的粒径指标。一般柴油机喷雾粒径在 10~50 μm,SMD 为 20~40 μm。

粒径分布则既表示了油滴大小又表示了其均匀程度。如图 5-26 所示,有 3 种分布曲线:曲线 1 表示油滴细而匀,曲线 3 为粗而匀,曲线 2 则不均匀。显然曲线 1 表示的油滴的总表面积最大,雾化时间最短。一般随喷油压力的提高,喷雾粒径变细且均匀度也提高。

各种不同的燃烧室对油束的几何形状和雾化质量的具体要求有所不同。

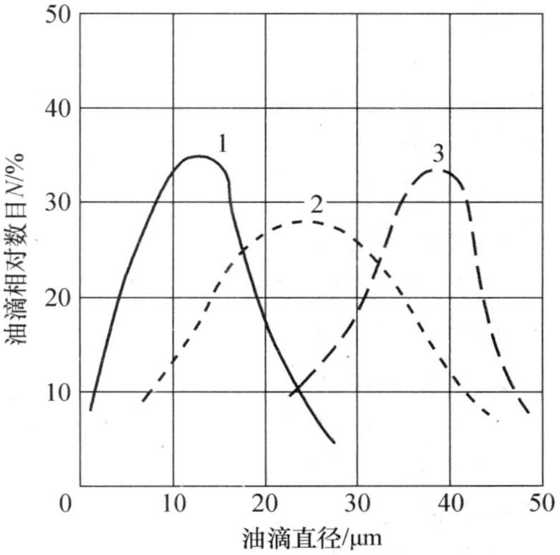

图 5-26 喷雾粒径分布的 3 种形式

5.3 混合气的形成和燃烧室

5.3.1 柴油机混合气形成特点和方式

5.3.1.1 混合气形成特点

柴油机所用燃料——柴油不易蒸发，因此柴油机是采用缸内混合的方式形成可燃混合气。燃料借助喷射系统在压缩行程接近上止点时高压喷射进入气缸后，在极短的时间(一般为 3～7 ms)内经历破碎雾化、吸热蒸发、扩散与空气混合等过程，形成可燃混合气并自行着火燃烧。由于柴油机混合气形成时间比汽油机短得多，而且柴油的蒸发性和流动性都较汽油差，柴油难以在燃烧前彻底雾化蒸发并与空气均匀混合，因而柴油机可燃混合气的品质较汽油机差。所以，柴油机不得不采用较大的过量空气系数($\phi_a>1$)，且需组织各种形式的气流运动，并依靠燃油喷射、气流运动以及燃烧室形状三者的合理匹配，来改善混合气的形成，使喷入燃烧室内的柴油能够燃烧得比较完全。混合气的形成过程是控制和决定柴油机燃烧过程的关键因素。

5.3.1.2 混合气形成方式

柴油机混合气形成方式从原理上来分，有空间雾化混合和壁面油膜蒸发混合两种。

1. 空间雾化混合

将燃油喷射到燃烧室空间进行雾化，通过燃油与空气之间的相互运动和扩散，在燃烧室空间形成可燃混合气的方式称为空间雾化混合。这时燃油与空气的相对运动速度是起主要作用的因素。相对运动速度越高，油滴与空气之间的摩擦和碰撞越激烈，分散后的油滴也越细小，混合气也越均匀。影响燃油与空气的相对速度的主要因素有喷雾特性和燃烧室内空气的密度(压力)、温度及流动特性。提高喷射压力以及组织适当的燃烧室内气流运动，是提高燃油与空气之间相对速度的有效途径；同时，提高空气密度和温度，不仅可以改善燃油与空气的相对速度，而且使油束贯穿距离缩短，喷雾锥角增大，使油束更稀疏，加之温度的提高，更有利于燃油蒸发，促进混合气的形成。混合气在这一过程中混有尚未蒸发汽化的液态油滴，不完全是气相的。

直喷式柴油机(除球形燃烧室)采用空间雾化混合方式，主要方法如图 5-27 所示。一种方法是采用多孔喷油器(6～12 孔)以高压将燃油喷入燃烧室中的静止空气中(更确切地说是有湍流无涡流)，通过多个油束均匀覆盖燃烧室的大部分空间以及高压喷油形成的高度雾化，形成可燃混合气，如图 5-27(a)所示。混合所需能量主要来源于油束，空气是被动参与混合的，因而是一种“油找气”的混合方式。由于无进气涡流，充量系数较高，但混合气浓度分布不均匀。在早期的柴油机和目前的大型低速柴油机中，一般过量空气系数 ϕ_a 较大，燃烧时间较长，采用这种混合方式尚能达到满意的效果，而在车用高速柴油机中，由于转速高，燃烧时间短，ϕ_a 又较小，这种混合方式不能保证迅速和完全的燃烧。

图 5-27(b)则表示油和气相互运动的混合气形成方法。在有旋的气流场中，用喷孔较少(3～5 孔)的喷油器将燃油喷到燃烧室空间内，在喷油能量和空气旋流的同时作用下，油束的扩散范围迅速扩大，能在短时间内形成大量可燃混合气。这时，涡流强度与油束的匹配是十分重要的，在理想的涡流强度下，相邻油束几乎相接，以使油雾尽可能充满燃烧室。涡流太弱，油

束扩散范围不够；涡流过强，如图 5-28 所示，上游油束的已燃气体（废气）会混入下游油束的未燃混合气区域，反而妨碍燃烧，这种现象也称为过强涡流现象。

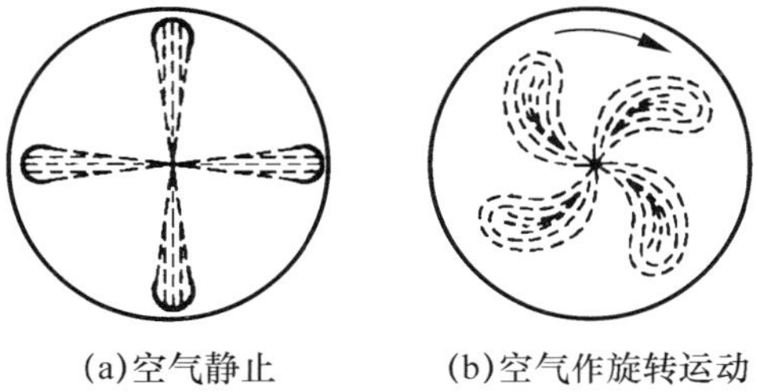

图 5-27　直喷式柴油机的混合气形成方式

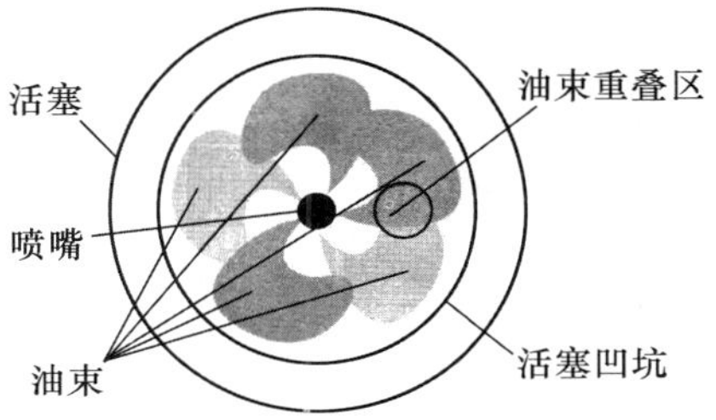

图 5-28　过强涡流现象

在非直喷式柴油机中，尽管也是空间雾化混合方式，但采用的是两阶段混合方法。第一阶段混合时，利用压缩涡流和较低压力的油束双方的能量，在副燃烧室中并不十分均匀的混合状态下进行着火燃烧。然后利用高温高压燃烧气体的射流和强扰动作用，在主燃烧室内进行第二阶段的混合与燃烧。因此，这种两段混合方法降低了对气流运动和喷雾特性的要求。

20 世纪 80 年代后出现的撞击喷射（将燃油高速喷向壁面产生撞击），基本上也是一种空间混合方式，油束对不同形状壁面的撞击和反弹，使油束的分布范围扩大，在涡流的作用下快速形成混合气。

2. 壁面油膜蒸发混合

以球形燃烧室（参见 5.3.2）为例，壁面油膜蒸发混合方式如图 5-29 示。燃油沿壁面顺气流喷射，在强烈的涡流作用下，在燃烧室壁面上形成一层很薄的油膜。在较低的燃烧室壁温控制下，表层油膜开始时以较低的速率蒸发，加上油束在空间的少量蒸发，形成少量的可燃混合气。着火后，随燃烧的进行，油膜受热逐渐加速蒸发，使混合气形成速率和燃烧速率加快。这一混合方式中起主要作用的因素是燃烧室壁面温度、空气相对运动速度和油膜厚度。混合气在这一过程中完全是气相的。

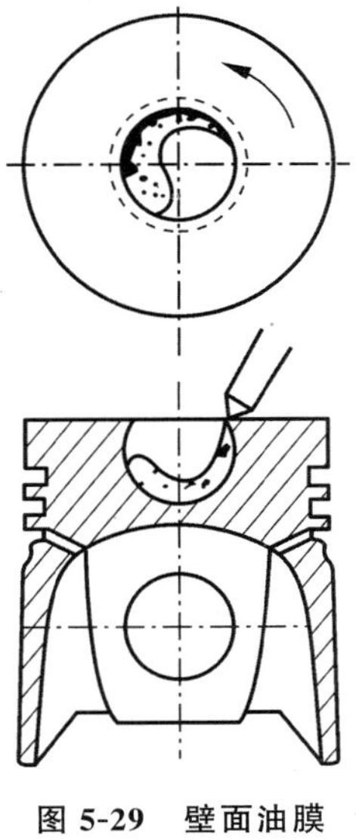

图 5-29　壁面油膜蒸发混合方式

3. 两种混合方式的对比

表 5-1 对比了空间雾化混合和壁面油膜蒸发混合的特点。在空间雾化混合中，燃油的喷雾特性对混合起决定性的作用，为提高混合气形成速率，往往要将燃料尽可能喷得很细，分布均匀。这样就会使较多的油滴受热蒸发，在着火落后期内形成大量的可燃气，造成初期放热速率过大，压力急剧升高，工作粗暴，NO_x 排放高。但如果减小着火落后期内混合气生成量，则势必造成大量燃油在着火后的高温高压下蒸发混合，容易因空气不足而裂解生成炭烟。因此，尽管空间雾化混合方式有较高的热效率，但炭烟和 NO_x 排放及燃烧噪声均较高。

表 5-1 两种混合方式的特点

空间雾化混合	壁面油膜蒸发混合
1. 绝大部分燃料以较高的压力被喷射到燃烧室空间内，散布于空气中 2. 燃料在空气中呈细小油滴状 3. 细小油滴以气相和液相方式与空气混合，形成不均匀混合气(气-液相混合) 4. 着火落后期内形成的可燃混合气量多，多点大面积同时着火 5. 初期燃烧放热速率很高，以后逐渐减小	1. 利用强烈的空气旋流将大部分燃料涂布到燃烧室壁面上 2. 燃料在壁面上形成油膜 3. 油膜蒸发，燃油蒸气与空气混合，形成相对均匀的混合气(气相混合) 4. 散布在空间的少量燃油，在着火落后期内形成少量可燃混合气，着火面积较小 5. 受油膜蒸发速率的影响，燃烧放热速率呈前低后高的规律

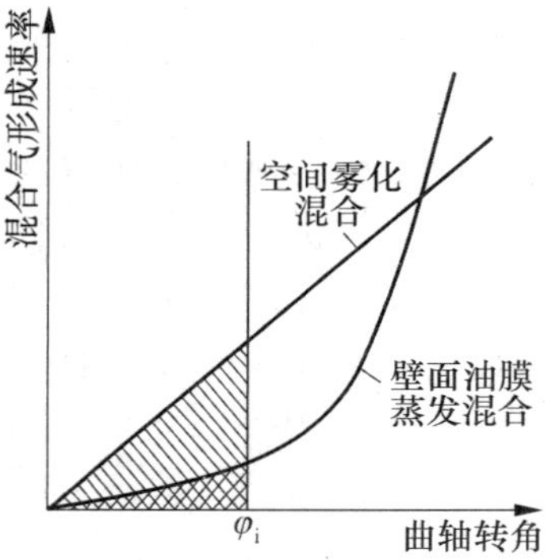

图 5-30 两种混合方式的混合气生成速率对比

壁面油膜蒸发混合的指导思想是利用燃油蒸发速率控制混合气生成速率，燃烧室壁面温度和空气旋流起主要作用。图 5-30 比较了两种混合方式的混合气生成速率。在着火落后期内喷入燃烧室的燃料量相同的条件下，由于油膜受热蒸发所需时间要比微小油滴长得多，加之燃烧室壁温较低，壁面油膜蒸发混合方式在着火落后期内生成的混合气量远小于空间雾化混合方式。随燃烧进行，在高温和火焰辐射作用下，油膜蒸发加速，混合气生成速率加快。另外，大部分燃料是在蒸发后以气体状态与空气或高温燃气接触，可以避免空间雾化混合时常有的液态燃油高温裂解问题，使炭烟特别是大颗粒炭烟排放减少。

由于油膜蒸发混合方式存在一些难以解决的问题，主要是冷起动性能差(起动时壁温低)，随工况变化性能差别大，对涡流强度十分敏感等原因造成工艺要求高等，所以在实际中应用不多。但它的提出打破了空间雾化混合概念的束缚，开阔了内燃机混合气形成和燃烧的思路，具有重要的理论意义。一些缸内直喷式汽油机已采用了这种壁面油膜蒸发混合方式就是一个很好的例证。

上述各种混合气形成方式在实际柴油机中并不是单一存在的，往往是多种方式并存，且需配合各种形式的气流运动。以中、小型车用直喷式柴油机为例，在以空间雾化混合为主的同时，到达壁面的燃油又存在撞击和油膜蒸发混合方式；气流运动则在以进气涡流为主的同时，还有挤流、微涡流乃至多气门时专门组织的滚流等方式。这充分反映了实际柴油机中混合气形成和燃烧的复杂性与多样性。

5.3.2 柴油机燃烧室

柴油机混合气的形成和燃烧与燃烧室关系密切。根据混合气形成和燃烧室结构特点，柴油机的燃烧室可分为两大类，即直喷式(direct injection，DI)燃烧室和非直喷式(indirect injection，IDI)燃烧室。

5.3.2.1 直喷式燃烧室

所谓直喷式燃烧室是指燃油直接喷入主燃烧室中进行混合和燃烧的各种燃烧室，整个燃烧室由气缸盖底面、活塞顶面及气缸壁所围成，常见的有代表性的结构形状如图 5-31 所示。

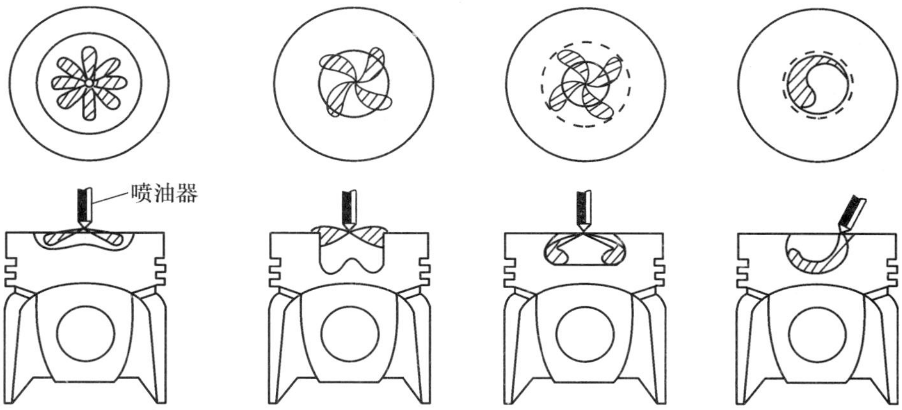

图 5-31 典型的直喷式燃烧室结构形状

根据活塞顶部凹坑的深浅，直喷式燃烧室可分为开式燃烧室和半开式燃烧室两类，开式燃烧室有浅盆形，半开式燃烧室有深坑形（包括 ω 形、挤流口式、各种非回转体形）和球形等。

1. 浅盆形燃烧室

如图 5-31(a)所示，浅盆形燃烧室的结构比较简单，在活塞顶部设有开口大、深度浅的燃烧室凹坑，d_k/D（凹坑口径/活塞直径）为 0.7～0.9，d_k/h（凹坑口径/凹坑深度）为 5～7。

浅盆形燃烧室一般不组织或只组织很弱的进气涡流，混合气形成主要依靠油束的运动和雾化，因此对喷雾质量也就是对喷射系统有很高的要求。一般采用喷孔数目较多（6～12 孔）和喷孔直径较小（0.12～0.25 mm）的孔式喷油器，喷油启喷压力较高（20～40 MPa），最大喷射压力可高达 100～200 MPa 及以上，并通过油束与燃烧室形状的配合，使燃油尽可能均匀地分布到整个燃烧室空间。为避免油束喷到燃烧室壁面上不能及时与空气混合燃烧并产生积炭，喷油贯穿率一般小于或等于 1。

由于采用高压和多孔喷油方式，浅盆形燃烧室在滞燃期内形成较多的可燃混合气，因而最高燃烧压力和压力升高率大，工作粗暴，燃烧温度高，NO_x 排放和排气烟度较高，噪声、振动及机械负荷较大。浅盆形燃烧室的空气利用率相对较低，一般均采用增压来保证较大的过量空气系数（ϕ_a 为 1.5～2.2），以实现完善的燃烧。然而，正是由于不组织空气运动，散热损失和流动损失较小，加之雾化质量好，燃烧迅速，因而其最大优点是经济性好，容易起动。

浅盆形燃烧室一般适用于缸径较大（≥120 mm）、转速较低（≤2 000 r/min）的柴油机，但随着喷油压力的大幅度提高，有往更小缸径应用的趋势。

2. 深坑形燃烧室

与浅盆形燃烧室主要依靠油束的运动和雾化形成混合气的方式不同，深坑形燃烧室采用燃油喷雾与气流运动相结合的方式形成混合气，以满足车用高速柴油机混合气形成和燃烧速度更高的要求。最有代表性的燃烧室是图 5-31 所示的 ω 形(b)和挤流口式(c)，后来发展起来的各种非回转体形燃烧室虽然尚未得到像前两种燃烧室那样的大量应用，但很有特色。深坑形燃烧室一般适用于缸径 D=80～140 mm 的柴油机，最突出的特点就是燃油消耗率较低，适应转速高（最高可达 4 500 r/min），并且起动性好，因此在车用中小型高速柴油机上获得了最广泛的应用。但因一般空气运动的强度随着转速的提高而增大，而涡流过强或过弱会造成油束贯穿不足或贯穿过度，均会影响混合气形成和燃烧，故深坑形燃烧室对转速的变化较为敏感。为了获得理想的综合性能指标，必须对涡流强度、流场、喷油速率、喷孔数、喷孔直径、喷射角度、燃烧室的各项尺寸进行大量的匹配优化工作，因而燃烧室的设计难度较大。

1)ω形燃烧室

ω形燃烧室[图5-31(b)]属于半开式燃烧室，其尺寸参数如图5-32所示，在活塞顶部设有比较深的ω形凹坑，凹坑中心的凸起是为了帮助形成涡流以及排除气流运动很弱的中心区域的空气而设置的。一般 $d_k/D=0.6\sim0.7$，$d_k/h=1.5\sim3.5$。采用4～6孔均匀分布的多孔喷油器中央布置(4气门时)或偏心布置(2气门时)，喷孔直径较浅盆形燃烧室的大(一般为0.20～0.35 mm)，油束贯穿率一般为1.05。空气运动以进气涡流为主，挤流为辅。进气涡流比 $\Omega=1.5\sim2.5$，介于浅盆形燃烧室与球形燃烧室之间，通过减小 d_k/D 和顶隙高度 s_0，可使挤流强度增大。由于利用燃油喷雾和空气运动两方面的作用形成混合气，ω形燃烧室比浅盆形燃烧室更容易形成均匀的混合气，对燃油喷射系统要求降低，空气利用率提高，一般可在过量空气系数 $\phi_a=1.3\sim1.5$ 的条件下(随机型而异)实现完全燃烧。

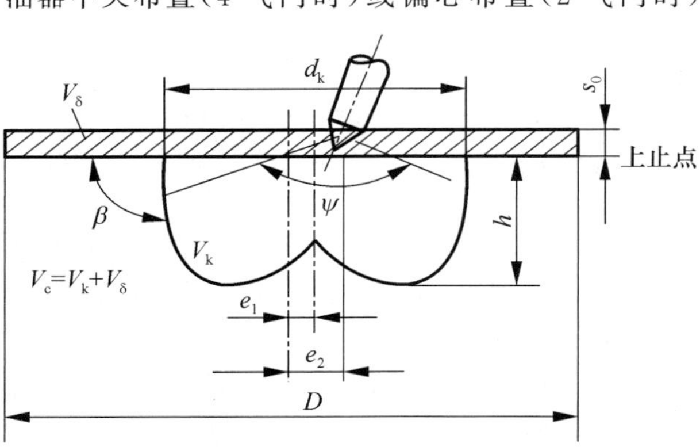

图5-32　ω形燃烧室结构尺寸

随着排放标准的不断提高，为控制排气中的颗粒(PM)排放，采用电控高压共轨喷射系统和泵喷嘴的柴油机越来越多，由于喷射压力高(满足国Ⅳ排放标准的柴油机要求喷油压力提高到160 MPa以上)，油气混合主要靠喷雾，从而降低了对涡流的要求(一般涡流比在1.5以下)，为提高雾化质量采用多喷孔(6～8孔)和小孔径(0.1～0.15 mm)的喷油器。而涡流比的减弱和喷射压力的提高，使喷雾的贯穿距离增大，燃烧室尺寸也须进行相应调整。

2)挤流口式燃烧室

20世纪80年代，由英国Perkins公司和奥地利AVL公司开发的挤流口式燃烧室是一种典型的缩口ω形燃烧室。其混合气形成原理与ω形燃烧室基本相同，最大区别就是采用了缩口形的燃烧室凹坑，这使得挤流和逆挤流运动更强烈，涡流和湍流能保持较长时间。从图5-33可以看出，挤流口式燃烧室初期放热速率显然比一般直喷式燃烧室(图中为ω形)要柔和得多，也低于非直喷式燃烧室，并且在放热速率峰值最低的同时，燃烧持续期也最短。主要原因是，在燃烧初期，挤流口抑制了凹坑内较浓混合气的充分燃烧和过早地流出燃烧室凹坑与新鲜空气进一步混合；而在燃烧中后期，涡流和湍流衰减慢的特点有助于促进混合

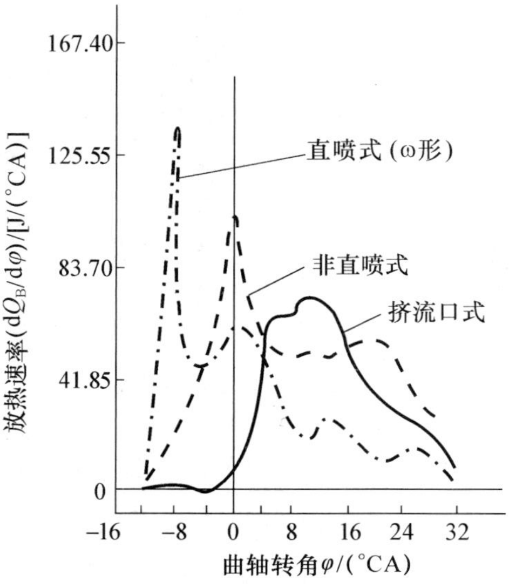

图5-33　不同燃烧室的放热速率比较

燃烧。因此，挤流口式燃烧系统具有压力升高率较低、燃烧柔和、NO_x 排放及燃烧噪声低的特点，而且在推迟喷油时，如图 5-34 所示，NO_x＋HC 排放进一步降低的同时，炭烟排放不但不恶化反而有所降低，燃油消耗率基本不恶化，低速性能改善尤为明显。但是，由于挤流口的节流作用，活塞的热负荷高，挤流口边缘容易烧损，制造加工也比一般 ω 形燃烧室复杂。

3)非回转体形燃烧室

涡流和挤流都是尺度较大的气流运动，为了促进燃油与空气的微观混合，适当组织微涡流或湍流是十分有益的。这类燃烧室中最具代表性的有日本五十铃公司在 20 世纪 70 年代开发的四角形燃烧室、日本小松公司的微涡流燃烧室（micro turbulence combustion chamber，MTCC)，也称为非回转体形燃烧室。

图 5-35 给出了微涡流燃烧室的工作原理，其上部（入口处）为四角形，下部仍为回转体。在气缸内作涡流运动的气体一边旋转一边进入燃烧室凹坑，在凹坑入口处和下部产生大涡流 A 和 C，在入口的四个角上产生微涡流，涡流随 R/R_0 减小而增强。同时，上部的低速涡流区（A 涡流）与下部的高速涡流区（C 涡流）的交界区域，由于两涡流的流速差产生湍流。将燃油喷向这些区域时，局部涡流和湍流可加快混合气形成和燃烧速度。

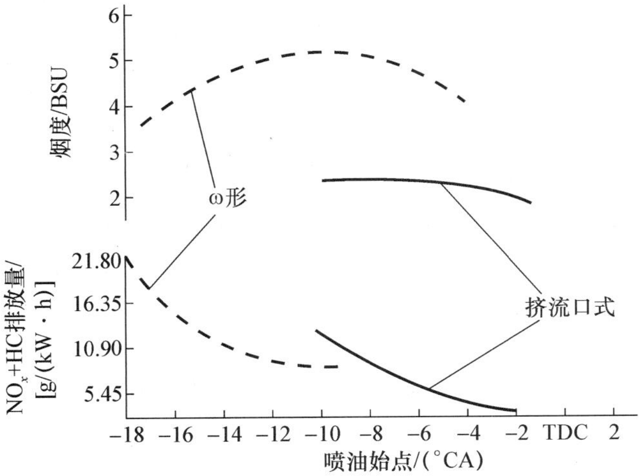

图 5-34　挤流口式燃烧室与 ω 形燃烧室排放特性对比

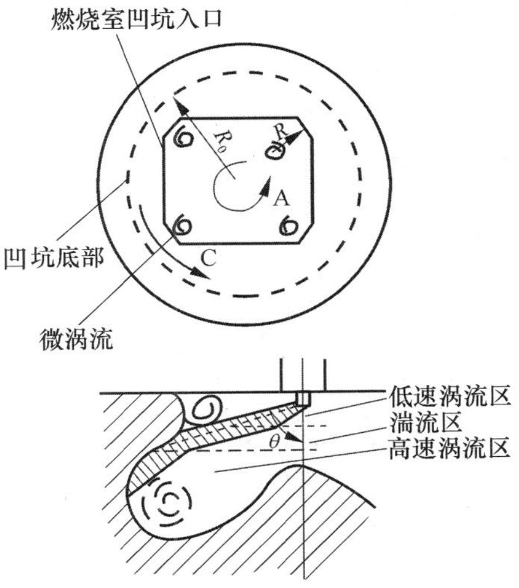

图 5-35　MTCC 燃烧室内的空气运动

非回转体形燃烧室形状各异，但是其基本特点是相同的，都是在 ω 形燃烧室的基础之上，利用燃烧室形状来产生微涡流，以改善混合气形成和燃烧。这种燃烧室可以改善一般直喷式燃烧室存在的低速时涡流太弱而高速时涡流太强的问题，可在较宽的转速范围内保持合适的气流运动强度，燃烧比较完善，因而炭烟排放和燃油消耗率均得到改善。图 5-36 是不同燃烧室的性能对比，显然，四角形燃烧室和微涡流燃烧室的性能均优于 ω 形燃烧室，以微涡流燃烧室的性能为最好。但这类燃烧室的缺点是加工相对复杂，一些凸出部分的热负荷较高，容易烧蚀或开裂。

3. 球形燃烧室

与上述各直喷式燃烧系统的空间混合方式不同，球形燃烧室以油膜蒸发混合方式为主，这种燃烧方式是由德国 MAN 公司的 J. S. Meurer 博士在 20 世纪 50 年代提出的，也称为 M 燃烧过程。如图 5-37 所示，活塞顶部的燃烧室凹坑为球形或近似球形，喷油器为 1～2 孔(单一

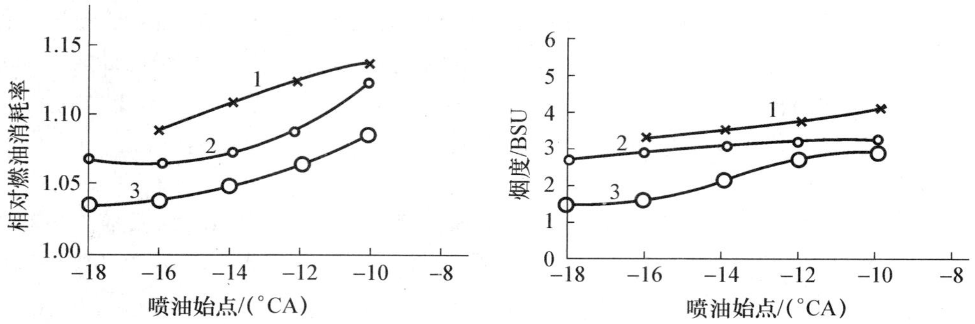

图 5-36 3种燃烧室的性能对比

1-ω形燃烧室；2-四角形燃烧室；3-微涡流燃烧室

喷孔，或一个主喷孔和一个副喷孔），启喷压力为17～19 MPa，低于其他直喷式燃烧室，油束沿球形燃烧室壁面顺气流喷射，燃油被喷涂在壁面上形成油膜。为保证形成很薄的厚度均匀的油膜，一般用螺旋进气道产生强烈的进气涡流（涡流比＞3）。在较低壁温（200～350 ℃）下，燃油在着火前以较低速度蒸发，在着火落后期生成的混合气量较少（参见图5-30），因而初期燃烧放热率和压力升高率低。随着燃烧进行，缸内温度和火焰热辐射强度提高，使得油膜蒸发加速，燃烧也随之加速。图5-38给出了ω形燃烧室与球形燃烧室的示功图、燃烧放热率 $dQ_B/d\varphi$ 以及累积放热率 X_Q 的对比，显然球形燃烧室预混合燃烧阶段的放热速率和压力升高率都得到了抑制。

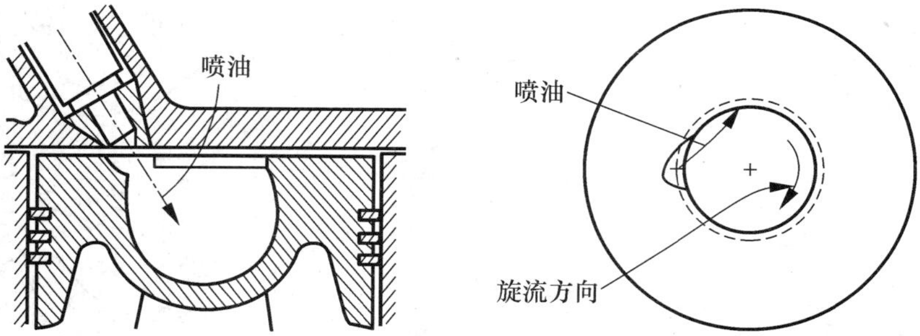

图 5-37 球形燃烧室工作原理

理想的M燃烧过程中，在强烈的涡流运动和适宜的壁面温度控制下，燃料油膜按蒸发、被气流卷走、混合、着火燃烧的顺序十分有序地进行混合燃烧，避免了较大的燃油颗粒暴露在高温下产生裂解。同时，空气利用率好，正常燃烧的最小过量空气系数 ϕ_a 可降至1.1。在早年柴油机喷油压力不高的条件下，球形燃烧室以轻声无烟而著称，动力性和燃油经济性能都较好，并能适应从汽油到柴油的各种燃料。但球形燃烧室也存在冷起动性能差（起动时壁面温度低）、随工况变化性能差别大、由于对涡流强度十分敏感因而工艺要求高等问题，目前已很少使用。

直喷式燃烧室虽然各具特色，但却具有一些共同的特点，简单归纳如下：

（1）由于燃烧迅速，故经济性好，有效燃油消耗率低。直喷式柴油机比非直喷式柴油机的有效燃油消耗率低10%～20%，经济性好是直喷式柴油机的突出优点。

（2）燃烧室结构简单，表面积与容积比小，因此散热损失小，也没有主、副室之间的节流损失，一方面可使冷起动性能较好，另一方面也是经济性好的主要原因。

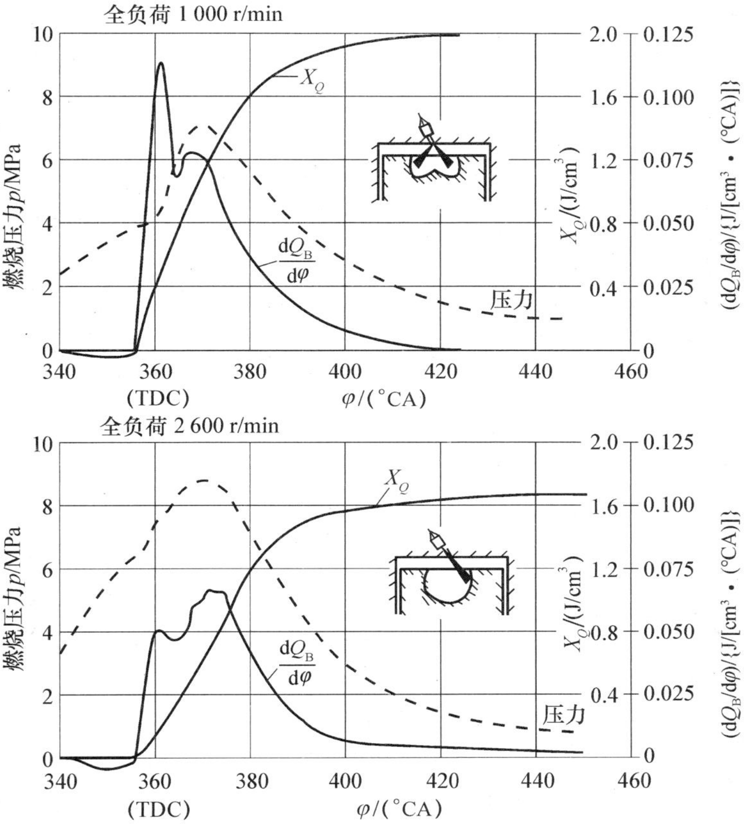

图 5-38　ω 形燃烧室与球形燃烧室的燃烧过程对比

(3)对喷射系统的要求较高,特别是开式燃烧室。半开式燃烧室对气道也有较高的要求。

(4)NO_x 的排放量较非直喷式燃烧室柴油机高,特别是在较高负荷的区域内,约高 1 倍。开式燃烧室的微粒排放量相对较低。

(5)对转速的变化较为敏感,特别是半开式燃烧室,较难同时兼顾高速和低速工况的性能,因而适用转速较非直喷式燃烧室柴油机低。

(6)压力升高率大,燃烧噪声大,工作较粗暴。

5.3.2.2　非直喷式燃烧室

非直喷式燃烧室也称为分隔式燃烧室,其结构特点是燃烧室分为两部分,一部分是位于活塞顶部的主燃烧室,另一部分是位于缸盖内的副燃烧室,两者之间有通道相连。燃油首先喷入副燃烧室内,进行一次混合燃烧,然后冲入主燃烧室进行二次混合燃烧。根据在副燃烧室内形成气流运动形式的不同,非直喷式燃烧室又分为涡流室式和预燃室式两种。

1. 涡流室式燃烧室

图 5-39 给出了涡流室式燃烧室的结构示例。作为副燃烧室的涡流室设置在缸盖上,其容积 V_k 与整个燃烧室容积 V_c 之比 V_k/V_c=0.5～0.7。涡流室的形状(图 5-40)有一些不同的类型,如近似球形的,上部为半球形、下部为圆柱形的等。活塞顶部的主燃烧室一般也有各种形状的导流槽或浅凹坑,如双涡流凹坑等(图 5-41)。涡流室与主燃烧室之间有一连接通道,其

截面积 F_k 与活塞截面积 F_p 之比 $F_k/F_p=0.01\sim0.035$，通道方向与活塞顶成一定的倾斜角度，与副燃烧室切向连接。该通道一般在涡流室下部的保温镶块内经机械加工而得。

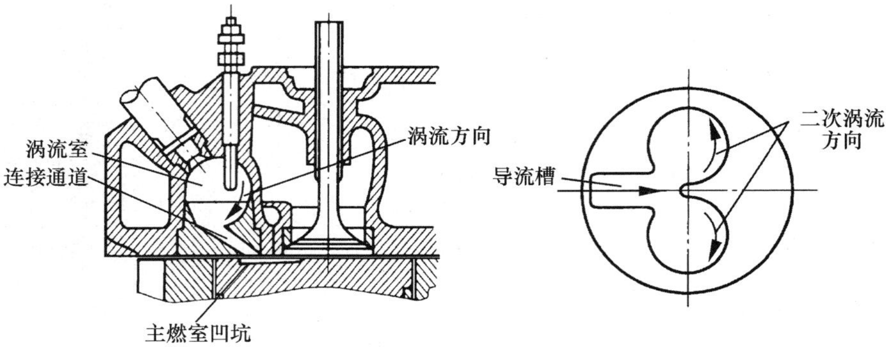

图 5-39 涡流室式燃烧室

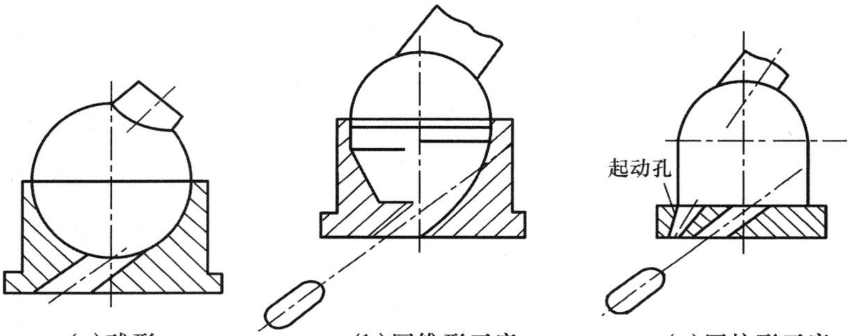

(a)球形 (b)圆锥形平底 (c)圆柱形平底

图 5-40 涡流室的形状

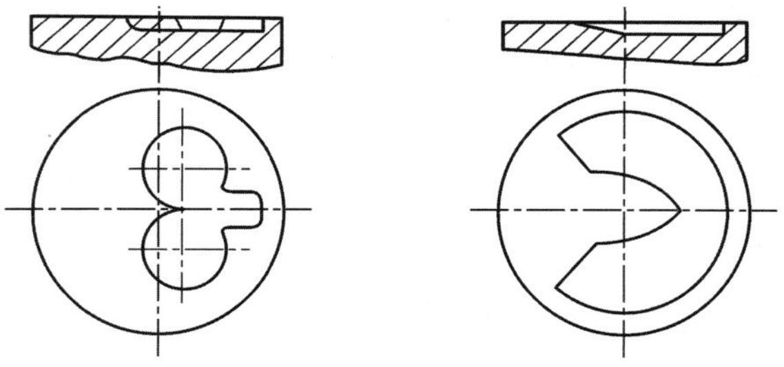

(a) 双涡流凹坑 (b) 双导流槽凹坑

图 5-41 主燃烧室的形状示例

在压缩过程中，受活塞挤压的空气通过连接通道由主燃烧室进入涡流室，形成强烈的有组织的压缩涡流(一次涡流)。燃油顺涡流方向喷入涡流室，迅速扩散、蒸发、混合。由于混合气形成主要依靠压缩涡流，因而对喷雾质量及喷射系统要求不高，一般采用轴针式喷油器，启喷压力为 10～12 MPa，远低于直喷式燃烧室采用的孔式喷油器的启喷压力。着火一般由喷雾的前端开始，火焰在随涡流作旋转运动的同时很快扩散至整个涡流室(一次混合燃烧)。随涡流室内温度和压力的升高，燃气带着未完全燃烧的燃料和中间产物经连接通道高速冲入主燃烧室，在活塞顶部导流槽或浅凹坑导引下再次形成强烈的涡流(二次涡流)，与主燃烧室内的空气进一步混合燃烧(二次混合燃烧),完成整个燃烧过程。

2. 预燃室式燃烧室

预燃室式燃烧室的结构如图 5-42 所示。整个燃烧室由位于气缸盖内的预燃室和活塞上方的主燃烧室组成,两者之间有一个[图(a)、图(c)]或数个[图(b)]孔道相连。根据气门数的多少,预燃室可以偏置于气缸一侧(对于二气阀),也可以置于气缸中心线上或其附近(对于四气阀)[图(b)]。预燃室的容积比 $V_k/V_c=0.35\sim0.45$,连接通道截面积比 $F_k/F_p=0.003\sim0.006$,均小于涡流室式燃烧室。

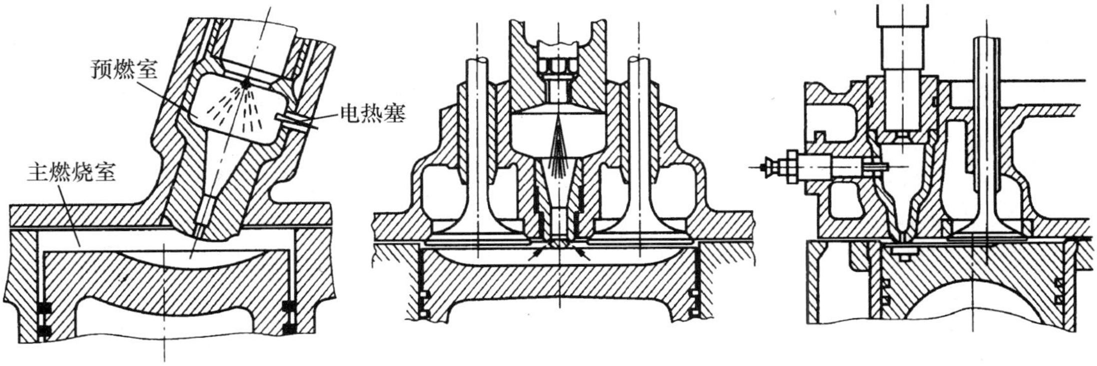

(a)预燃室倾斜偏置,单孔道　(b)预燃室中央正置,多孔道　(c)预燃室侧面正置,单孔道

图 5-42　预燃室式燃烧室

预燃室式燃烧室的工作原理与涡流室式燃烧室相似,都是先后在副燃烧室和主燃烧室进行两次混合燃烧。由于连接通道截面积很小,且不与预燃室相切,所以压缩行程期间在预燃室内形成的是无组织的湍流运动,这是与涡流室的主要区别。轴针式喷油器安装在预燃室中心线的附近,低压喷出的燃油在强烈的空气湍流中扩散混合。着火燃烧后,随预燃室内的压力和温度升高,燃烧气体经狭小的连接通道高速喷入主燃烧室,并在主燃烧室内形成强烈的燃烧涡流或湍流,促使其余部分的燃油在主燃烧室内进行二次混合燃烧。

非直喷式燃烧室具有下列特点:

(1)采用浓、稀两段混合燃烧方式,前段过浓(还原)气氛,抑制了 NO_x 生成和燃烧温度,而后段的稀燃(氧化)气氛和二次涡流又促进了炭烟的快速氧化,因而 NO_x 和微粒排放均低于直喷式燃烧室,但低负荷下的炭烟排放量较大。

(2)由于副燃烧室内的燃烧是过浓混合气的不完全燃烧,所以初期放热率低,因而压力升高率[约为 0.25 MPa/(°CA)]和最高燃烧压力均低于直喷式燃烧室,燃烧柔和,振动和噪声小。

(3)对于涡流室式燃烧室,压缩涡流随发动机转速升高而增强,即转速越高,混合气形成和燃烧速率越高,因此涡流式燃烧室适合于高速柴油机,其转速可高达 5 000 r/min。

(4)缸内气流运动自始至终比较强烈,空气利用率好,可在 $\phi_a=1.2$ 的条件下充分燃烧。

(5)对喷雾质量要求不高,可以使用轴针式喷油器,喷射压力较低;不需要进气涡流,进气道形状简单,加工制造成本低,同时充量系数提高。

(6)一般对燃油不太敏感,有较强的适应性。

(7)涡流室式燃烧室的最大问题是燃油消耗率比直喷式燃烧室高出 10%～15%,其主要原因是燃烧室面容比(表面积与容积之比)较大,加上强烈的空气运动影响,散热损失较大;连接通道节流造成流动损失较大;由于燃烧分两段进行,整个燃烧持续期拉长,等容度下降。预燃室式燃烧室由于通道节流损失更大,因而燃油经济性更差一些,通道的热负荷更高,易产生热裂等故障。

(8)由于散热损失大和喷雾质量不高,冷起动性能不如直喷式燃烧室。为改善冷起动性能,须采用高压缩比($\varepsilon=20\sim24$),这对热效率已无多大益处,反而对机械效率带来不利影响。在要求较高时(如轿车柴油机)一般都要安装电(预)热塞,用于在冷起动时提高燃烧室内的温度,保证顺利起动。

5.3.2.3　不同燃烧室的对比及选型

柴油机各种不同类型的燃烧室有着各自的特点和适用场合。在燃烧室的选用中,主要应结合各类燃烧室的特点并考虑柴油机的缸径大小、转速范围、具体使用要求和特点以及制造维修水平等。表 5-2 列出了常用燃烧室的主要结构参数和性能对比。表中数据一般是针对中小功率非增压柴油机而言的。应该说明的是,对于同一类型的燃烧室,增压柴油机与非增压柴油机比较,一般过量空气系数较大,压缩比较低,最高爆发压力较大而燃烧噪声较小,有效燃油消耗率也会有不同程度的降低,详见第 8 章。

表 5-2　常用柴油机燃烧室的比较

对比项目		直喷式燃烧室			非直喷式燃烧室	
		浅盆形	深坑形	球形	涡流室式	预燃室式
燃烧系统特点	混合气形成方式	空间雾化	空间雾化	油膜蒸发	两段混合	两段混合
	压缩比	12～15	16～18	17～19	18～22	18～22
	空气运动	无涡流或弱进气涡流	较强进气涡流及挤流	强进气涡流	压缩涡流及燃烧涡流	压缩湍流及燃烧涡(湍)流
	ϕ_a(全负荷)	1.5～2.2	1.4～1.7	1.3～1.5	1.2～1.6	1.2～1.6
	热损失和流动损失	小	较小	较小	大	最大
	喷油器	孔式,6～12 孔	孔式,4～6 孔	孔式,1～2 孔	轴针式	轴针式
	启喷压力/MPa	20～40	18～25	17～19	10～12	8～13
	燃料雾化程度	要求高	要求较高	要求一般	要求较低	要求低
主要性能	p_{me}/MPa	0.6～0.8	0.6～0.8	0.7～0.9	0.6～0.8	0.6～0.8
	b_e/[g/(kW·h)]	190～220	218～245	218～245	231～272	245～292
	NO_x	高	较高	较高～中等	低	低
	PM	较低	高	低	低	低
	HC	较低	高	高	低	低
	燃烧噪声	最高	较高	较低	低	低
	起动	容易	较容易	难	难	最难
	适应转速/(r/min)	≤2 000	≤4 000	≤2 500	≤5 000	≤3 500
	适应缸径/mm	≥120	≤150	90～130	≤100	≤100(或 160～200)

由前文和表5-2可以总结出以下几点：

（1）燃油经济性：直喷式柴油机的油耗明显优于非直喷式柴油机。在能源问题已成为全球性重大问题的今天，直喷式柴油机由过去主要用于中重型卡车、大型工程机械变为现在基本占据中小型卡车领域，并在轿车领域也有相当占比。缸径 $D>100$ mm 的高速柴油机基本都采用直喷式燃烧室，以直喷和增压为技术特征的TDI（涡轮增压直接喷射）轿车柴油机在欧洲轿车市场的占有率超过40%。

（2）排放特性：非直喷式柴油机在原理上是低 NO_x、低微粒排放的燃烧方式，比直喷式柴油机有优势，但近年来电控高压喷射和增压等技术的应用，使直喷式柴油机的 NO_x 和微粒排放有了显著的改善，缩小了在排放特性上与非直喷式柴油机的差距。

（3）功率密度：非直喷式柴油机的功率密度理论上高于直喷式柴油机，因为前者的空气利用率高（ϕ_a 小），并适应高转速。

（4）噪声振动性能：非直喷式柴油机比直喷式柴油机的噪声小，振动轻，因为前者的最高燃烧压力和压力升高率低于后者。

（5）制造成本：非直喷式柴油机具有制造成本低的特点，而且随着直喷式柴油机采用高压喷油等技术，两者在成本上的差距进一步增大。

由以上对比可以看出，尽管直喷式燃烧室目前在车用柴油机上占绝对优势，但非直喷式燃烧室仍有其不可忽视的优点，使其在部分轿车柴油机和非道路车用柴油机（包括农用运输车及小型拖拉机）上仍有应用，特别是高速性能较好的涡流室式燃烧室，而预燃室式燃烧室常用于一些要求噪声特别低的特殊场合，如在矿井或潜艇中使用。

5.4 燃烧过程的影响因素

柴油机的燃烧过程是极其复杂的，对燃烧过程有显著影响的因素很多，如燃油的物理化学性质（十六烷值、热值、组分、杂质等）、压缩气体状态（温度、压力、残余废气量）、喷油特性（喷油压力、喷油正时、喷油持续期、喷油规律）、油气混合组织（油束分布、贯穿率、气流运动）、燃烧室结构、运转条件等。这些因素之间既相互影响又相互制约，任何一个因素如不与其他因素合理地匹配都会造成燃烧过程的恶化。同时，针对车用柴油机工作范围宽的特点，希望不仅是在某一工况，而是在各种转速、负荷的工况下，都能有较好的性能。总之，组织良好的柴油机燃烧过程是一项难度较大的工作，这里主要从以下几方面简要分析燃烧过程的影响因素。

5.4.1 燃油喷射、气流运动与燃烧室形状间的配合

如前所述，由于柴油机采用扩散燃烧方式，其放热速率取决于混合气形成速率。在柴油机中，混合气形成要经历燃料喷射—蒸发—混合这样一个复杂的过程，而且还有燃烧中的再混合问题。这个过程不是越急越好，而是应根据动力、经济、排放以及噪声振动等性能的要求进行合理的控制，而这种控制是通过对燃油喷射系统、进气系统、燃烧室的合理设计以及三者之间的合理匹配实现的。

为使燃烧更完善、更柔和，损失更小，排气更清洁，实际上对柴油机燃烧过程的要求是多方面的，而且往往相互之间是矛盾的。例如，为提高柴油机经济性，应使燃油完全燃烧，希望有较大的过量空气系数，但这将导致气缸工作容积利用率即升功率降低，动力性变差。要保证在上止点附

近的迅速燃烧以提高动力性和经济性，但这又可能会使压力升高率和最大爆发压力都较高，工作平稳性变差，燃烧噪声增大，也会降低工作可靠性和使用寿命。此外，降低柴油机废气中的有害物排放量往往是以柴油机经济性降低、制造成本提高为代价的。降低柴油机废气中的各种有害物排放量，特别是柴油机废气中两种主要有害排放物（微粒和 NO_x）的控制，往往也会产生矛盾。

燃油喷射、气流运动与燃烧室形状间的良好配合，是获得满意的柴油机混合气形成和燃烧过程的基本条件。采用何种强度的涡流、何种喷油方式、何种形状的燃烧室，单独地看，并不存在最佳方案，但综合起来看，在一定的限制条件下，只要燃油喷射、气流运动和燃烧室形状三者能恰当配合，达到综合的优化性能指标，就是最佳方案。

燃油喷射、气流运动与燃烧室形状间的配合，目前仍以大量试验、反复改进为主要手段。近年来，一方面燃烧室内部的测试技术有了较大发展，通过激光测量、高速摄影和缸内取样等，可以深入了解混合气形成和燃烧过程，从而寻求最佳的配合；另一方面应用计算机对柴油机的工作过程进行模拟计算，利用三维燃烧模型研究柴油机燃烧与排放性能，也为柴油机设计改进提供了新的方法。

5.4.2 喷油特性对燃烧过程的影响

燃油喷射系统的喷油特性如喷油压力、喷油正时以及喷油规律等，对于柴油机燃烧过程的品质与整机性能有着十分重要的影响。

1. 喷油压力

提高喷油压力可以使燃油喷雾颗粒进一步细化，增大燃油与空气的接触面积，加速燃油与空气的混合。因此高压喷射技术（见 5.5 节）在直喷式柴油机上得到了广泛的应用。最高喷射压力由传统直喷式柴油机的 30～50 MPa 提高到 60～80 MPa，近年来已达到 150～200 MPa 甚至更高。喷射压力高，喷孔直径不断缩小，使喷雾的索特平均直径由过去的 30～40 μm 减小到 10 μm 左右。油气混合接触面积的显著增大，加上高速喷射出的油束对周围空气的卷吸作用，使混合气形成速度大大加快，混合气浓度分布更均匀，着火落后期缩短，燃烧迅速。高压喷射带来的高温高速以及混合能量很大的燃烧过程使微粒（炭烟）排放和热效率都有了明显的改善。但是对一定的喷射量，喷油压力越大则喷油速率越高，喷射时间越短，燃烧初期放热速率高，放热率峰值明显增大，这使缸内最高爆发压力增大。

2. 喷油（或供油）提前角，喷油持续期

前文已述，供油规律决定喷油规律，供油提前角（或喷油提前角）对柴油机的燃烧过程和放热规律、进而对其性能有很大影响。喷油提前角过大，燃油将喷入温度和压力相对较低的空气中，着火落后期变长，同时在着火燃烧后，活塞仍在上行，使压力升高率和最大爆发压力都较高，工作较粗暴，NO_x 的排放量也会由于燃烧温度的升高而增加。过早燃烧还会增加压缩负功，降低柴油机的经济性和动力性。喷油提前角过小，则会使燃油不能在上止点附近及时燃烧，也对柴油机的经济性和动力性不利，未燃碳氢化合物（HC）和微粒的排放量也会增加。对于每一种工况，均有一个最佳的喷油提前角，此时功率最大，有效燃油消耗率最低。但为了兼顾降低 NO_x 排放和燃烧噪声的需要，一般调节喷油提前角略小于最佳的喷油提前角。作为一个实例，图 5-43 给出了一台直喷式柴油机在不变的中等转速和中等负荷下喷油提前角变化所产生的影响。由图可见，NO_x 的排放量和燃烧噪声随喷油提前角减小而下降，故实际中常将推迟喷油作为降低 NO_x 排放和燃烧噪声的有效措施，但这往往也是以有效燃油消耗率和微粒排放上升为代价的。

如前所述，柴油机要求最佳喷油提前角随转速及负荷增加而增大。最佳喷油提前角随各种工况变化的准确调节只有通过电子控制才能真正实现。

由喷油开始至喷油结束之间的时间为喷油持续时间（可根据针阀升程或喷油规律曲线确定），若用曲轴转角来计量则称为喷油持续角 $\Delta\phi_j$。$\Delta\phi_j$ 过大，将导致后燃期变长，柴油机性能恶化，直喷式柴油机对此更为敏感。通常 $\Delta\phi_j$ 应控制在 20°～25°CA，其中轿车柴油机因转速较高（每度曲轴转角对应的时间较短）可达 25°～30°CA。

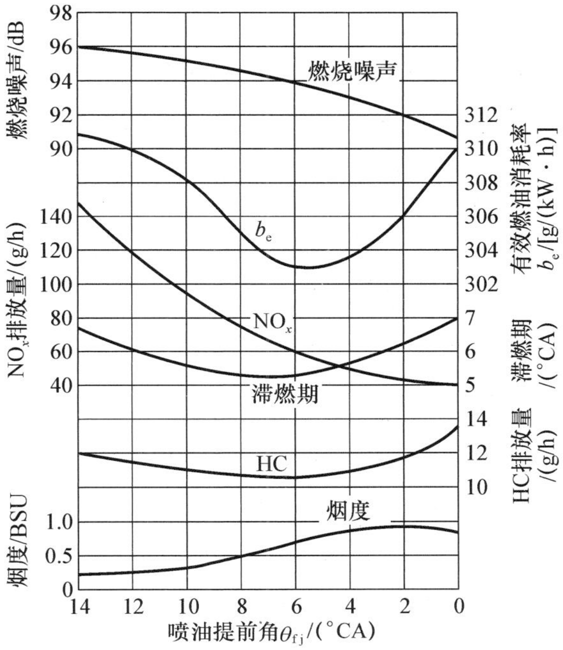

图 5-43 喷油提前角的影响

3. 喷油规律

喷油规律对柴油机性能具有重要影响，除了更高的喷射压力和喷油速率以及更短的喷油持续时间以外，喷油规律的形状合理也非常重要。为改善柴油机的动力性、经济性、有害排放和噪声水平等，应尽可能实现理想的喷油规律。

柴油机理想的燃烧方案如图 5-44 所示，虚线代表柴油机燃烧的实际情况，实线代表理想情况。若要实现理想的燃烧过程，就必须对放热速率进行有效的控制，即在初期，应控制燃烧速率，尽可能降低燃烧温度，从而降低燃烧噪声和 NO_x 排放；在中期，要保持快速和有效的燃烧，以提高动力性和经济性；在后期，要尽可能缩短扩散燃烧，以降低烟度和减少微粒排放。要实现这样的燃烧模式，喷油规律应为“先缓后急，断油迅速”，且应随发动机工况（转速、负荷）的变化而变化。

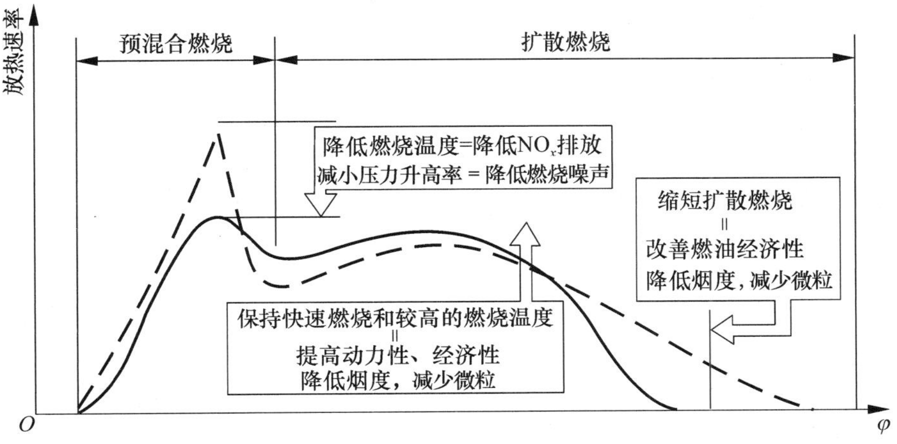

图 5-44 柴油机理想的燃烧方案

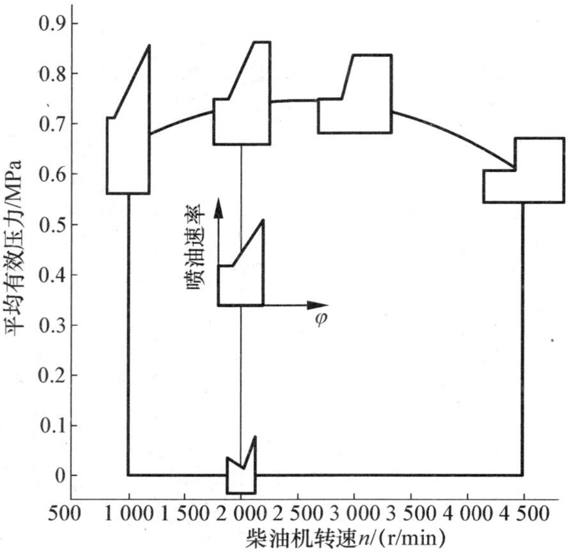

图 5-45 柴油机理想的喷油规律

图 5-45 为高速直喷式柴油机在不同转速和负荷下较为理想的喷油规律的示意图。由图可见：

希望喷油速率在喷射初期(即滞燃期内)较小，然后迅速加大，并且随着转速的增加，这一转变更为迅速，这主要是为避免高转速时喷油持续时间过长；随着负荷的下降，喷油持续时间相应缩短，这主要是喷油量减少的缘故。随着转速的下降，希望通过提高喷射压力来使喷油速率提高，喷油持续时间也相应缩短，这是为了保证低转速时的雾化质量。此外，在所有的工况下都希望在喷射结束阶段尽可能迅速地结束喷射，以避免低的喷射压力或低的喷油速率使雾化质量变差。

实际上，这样较为理想的喷油规律用常规的机械式喷射系统是难以实现的。随着电控喷油技术的发展，理想的喷油规律有可能通过高压喷射、多段喷射来实现(参见 5.5 节)。

5.4.3 运转因素对燃烧过程的影响

影响燃烧过程的运转因素主要有燃油的性质、发动机转速、负荷、冷却强度等。

1. 燃油的性质

燃油的十六烷值是衡量燃油自燃性的指标，对燃烧过程也有一定影响。十六烷值高的燃油，自燃性相对较好，即较易于着火自燃，使着火落后期缩短，因此速燃期内的压力升高率和最大爆发压力较低，从而使燃烧噪声和 NO_x 排放量也都降低，且对改善冷起动有利。但是十六烷值过高，则着火落后期内形成的预混合气量减少，扩散燃烧的比例增加，且在喷射过程初期喷射的燃油在喷油器喷口附近首先着火，而后续喷射的燃油喷在已燃烧的火焰面上，很容易造成高温缺氧的条件而导致排气冒烟加剧及燃油经济性下降。反之，如果十六烷值过低，则燃油自燃性差，不易着火，因此着火落后期变长，导致预混合燃烧的可燃混合气量增多，柴油机工作粗暴，NO_x 排放量增加。另外，十六烷值高的燃油分子量大，馏程高，蒸发性变差，黏度也大，因此燃油的十六烷值要适当。一般高速柴油机所用柴油的十六烷值为 40～50，馏程为 200～350 ℃。另外，一般直喷式燃烧室比非直喷式燃烧室对燃油的性质更为敏感。

2. 转速

转速升高时，散热损失和活塞环的漏气损失减小，使压缩终点的温度和压力增高；转速升高也会使喷油压力提高，缸内气流运动加强，可改善燃油的雾化和燃烧。一般转速过低或过高时，都会使燃烧效率降低。转速过低时，空气运动减弱，喷油压力下降，使混合气质量变差；转速过高时，燃烧过程所占的曲轴转角加大，充量系数下降，也会给燃烧效率带来不利的影响。

3. 负荷

柴油机的负荷调节方法是“质调节”，即在转速一定时，进入气缸的空气量基本上不随负荷变化，而只调节循环喷油量。负荷增大，循环喷油量也增加，过量空气系数减小，单位气缸工作容积内混合气燃烧放热量增加，引起缸内温度升高，着火落后期缩短，这有利于改善柴油机工作粗暴情况。若供油速率不变，循环喷油量增加将使喷油持续时间变长，燃烧过程相对延长，燃烧效率下降。当负荷过大时，因空气不能满足需要，将造成燃烧恶化，炭烟排放增加和经济性进一步下降。

4. 冷却强度

发动机机件的温度不仅随发动机的工作情况变化，而且随冷却水和环境温度变化。当机件温度升高时，因着火落后期缩短，发动机工作比较柔和。但温度过高或过低对发动机工作均不利。发动机依靠冷却系统来维持正常的热状态，冷却强度不足，则发动机过热，将造成气缸充气量下降和零件润滑不良；冷却强度过大，则会因着火落后期变长使发动机工作粗暴，因散热量增多而使热效率降低等。

5.5　柴油机燃油喷射系统的电子控制

随着对柴油机节能、排放与噪声方面的要求日趋严格，除了要提高喷油压力外，还必须在喷油量与喷油正时的控制以及喷油规律方面进行优化，以保证柴油机及其燃油喷射系统在各个工况下实现合理与精确的匹配。对于传统的机械式控制方式，尽管人们已在喷油泵与机械式调速器上采取了多种措施，但仍难以满足这些要求。为此，必须对柴油机及其燃油喷射系统实行电子控制(electronic diesel control，EDC)。

柴油机电控燃油喷射系统的发展根据其进展时间、控制对象及控制方式(原理)可以分为位置控制式、时间控制式和压力-时间控制式三大类。

5.5.1　位置控制式电控燃油喷射系统

位置控制式电控燃油喷射系统是在原机械控制系统的基础上发展起来的，属于第一代电控燃油喷射系统。这种系统的特点是不改变传统燃油喷射系统的基本结构和脉冲高压供油的原理，只是由电控装置(线性电磁铁或步进电机)取代机械调速器和提前器，对油量调节齿杆(直列泵)和溢流环套(VE 分配泵)的位置以及油泵主、从动轴的相对位置(发动机驱动轴和喷油泵凸轮轴之间的相位差)进行低频连续调节，实现对喷油量和喷油正时的控制，所以称为位置控制式电控燃油喷射系统。

位置控制式电控燃油喷射系统主要有基于直列泵和基于分配泵两种类型，具有代表性的有日本 Zexel 公司的 TICS 电控直列泵系统、日本电装公司的 ECD-V_1 型电控分配泵系统等。

图 5-46 是日本电装公司批量生产的 VE 分配泵用的 ECD-V_1 型位置控制式电控燃油喷射系统。该系统保留了 VE 分配泵上控制喷油量的溢流环套，取消了原来的机械调速机构，采用一个布置在油泵体上方的线性电磁铁(溢流环控制阀 1)，通过杠杆 3 来控制溢流环套 4 的位置，从而实现喷油量控制，并由溢流环位置传感器 2(电感式传感器)提供反馈信号，实现闭环控制。ECD-V_1 电控燃油喷射系统的喷油正时控制也保留了 VE 泵上原有的液压提前器，它用一个供油提前控制阀 7(TCV)来控制液压提前器活塞 8 两侧的压差，移动活塞与控制杆 6，使滚轮 5 转动以实现定时控制。同时，系统中还设置了供油提前器活塞位置传感器 9，形成喷油正时的闭环控制。

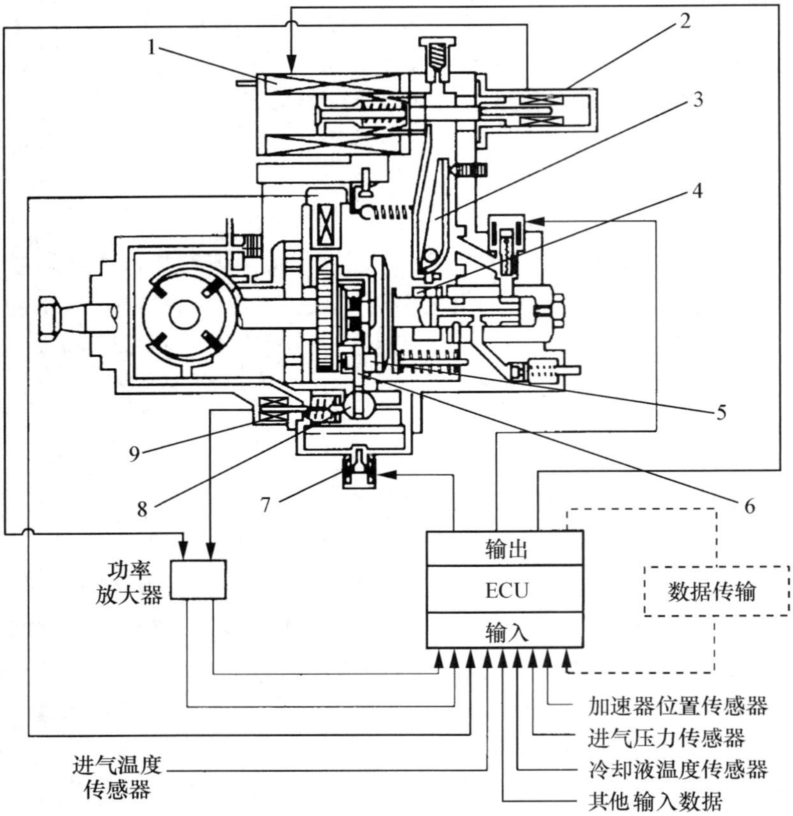

图 5-46　VE 分配泵用 ECD-V_1 型位置控制式电控燃油喷射系统

1-溢流环控制阀；2-溢流环位置传感器；3-控制杠杆；4-溢流环套；5-滚轮；6-滚轮环控制杆；7-供油提前控制阀；8-活塞；9-供油提前器活塞位置传感器

位置控制式电控燃油喷射系统对现有柴油机改动较少，生产继存性强，而且对作为执行器的电磁阀和旋转电磁铁等技术要求不高，安装方便，在西方国家已投产多年。但其缺点是改装后的柴油机控制自由度、控制精度与原系统相比提升不多，仍然保持原系统固有的喷射特性，喷射压力也很难大幅度提高。此外，由于位置控制式电控系统采用电控提前器和电子调速器间接控制喷油提前角和喷油量，造成中间环节多、控制响应慢，也难以做到各缸的单独控制。

5.5.2　时间控制式电控燃油喷射系统

为了进一步提高柴油机的整体性能，又发展了时间控制式电控燃油喷射系统即第二代电控燃油喷射系统。此类系统仍保持传统的柱塞往复运动脉冲高压供油方式，但传统喷油泵中的油量调节齿杆、溢流环套、柱塞上斜槽等油量调节机构和控制喷油正时的提前机构等全部取消，而通过控制安装在高压油路中的高速、强力电磁阀的开启时刻及开启持续时间来控制喷油正时和喷油量，故称为时间控制式电控燃油喷射系统。

时间控制式电控燃油喷射系统主要有基于分配泵的时间控制系统、电控泵喷嘴系统和电控单体泵系统。具有代表性的有日本电装公司 ECD-V_3 电控分配泵系统、美国 Detroit 公司的 DDEC 型电控泵喷嘴系统、德国博世公司的 EUP 电控单体泵系统等，后两种均为适应柴油机高压喷射而发展的新型燃油喷射系统，这里做一简要介绍。

1. 电控泵喷嘴系统

电控泵喷嘴系统(unit injector system，UIS)是直接将柱塞偶件(高压泵)和喷油器偶件集成在一个壳体内的一种新型柴油机燃料喷射系统，相当于在泵-管-嘴喷射系统中取消了高压油管，直接用凸轮机构驱动喷油泵的柱塞。由于无高压油管，所以柱塞泵油时所产生的高压燃油只需经很短的路径即进入喷油器的承压槽内。泵喷嘴系统通过高速电磁阀直接控制喷油过程，不仅可以对喷油规律进行更精确的控制，而且能实现预喷射。

图 5-47 所示为美国 Detroit 公司于 1985 年投入生产的 DDEC 型电控泵喷嘴的结构，主要由泵喷嘴体、驱动机构、电磁阀及控制阀等组成。图 5-48 为电控泵喷嘴的工作原理示意图。当发动机工作时，泵喷嘴柱塞在驱动凸轮和柱塞弹簧的作用下完成泵油过程。当凸轮 1 转过顶部向基圆部分运动时，柱塞 2 在柱塞弹簧 3 的作用下上移，柱塞腔 4 体积增大，此时电磁阀 9 的线圈断电，控制阀 5 保持开启状态，燃油从低压油路经控制阀充入柱塞腔；当凸轮机构克服柱塞弹簧力推动柱塞下移时，如果此时电磁阀线圈仍处于断电状态，控制阀仍保持开启，则柱塞腔内的燃油在柱塞的推动下经控制阀回流，所以不能建立高压，针阀不动，喷油器仍不喷射；在柱塞下移行程中某一时刻电磁阀线圈通电时，在电磁阀磁场力作用下阀芯(衔铁)被吸引，与阀芯一体的控制阀落座，回油孔被关闭，此时柱塞腔内的燃油在柱塞的推动下迅速进入喷油器针阀的承压锥面，立即建立油压，当油压超过喷油器的启喷压力时，针阀 11 升起，喷油器开始喷射；之后在柱塞继续压油的行程中，停止向电磁阀通电，则电磁阀磁场消失，阀芯在弹簧作用下复位，控制阀再一次开启，柱塞腔内的高压油迅速从控制阀泄压，喷油器针阀迅速落座而停止喷射。由此可见，电磁阀的接通时刻和通电持续时间(控制脉宽)决定喷油正时和喷油量，而电磁阀的接通和关闭时刻是根据发动机的工况由 ECU 直接控制的。

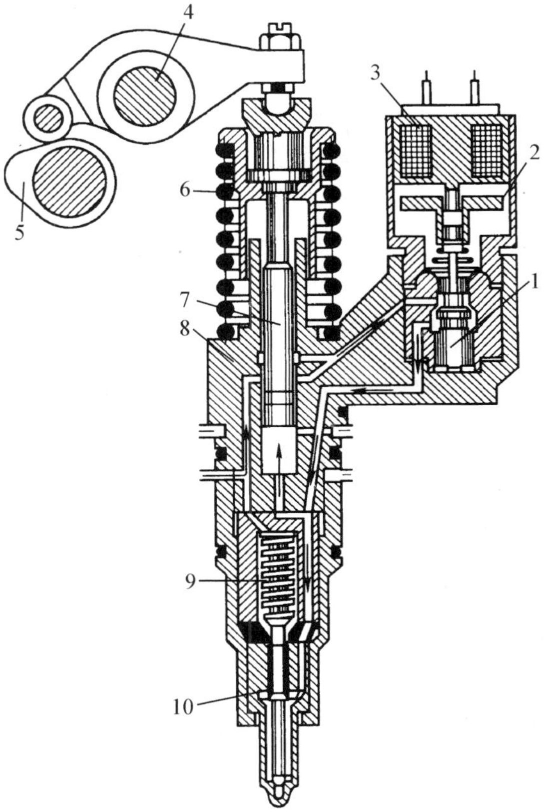

图 5-47　DDEC 型电控泵喷嘴

1-控制阀；2-衔铁；3-电磁阀；4-摇臂轴；5-凸轮；6-柱塞弹簧；7-柱塞；8-泵喷嘴体；9-喷油器弹簧；10-喷油器针阀

由于电控泵喷嘴系统取消了高压油管而将柱塞泵和喷油器合为一体，所以高压系统容积很小，大大增加了整个系统高压部分的液力刚度，可实现更高的喷射压力(电控泵喷嘴是目前喷射压力最高的燃油喷射系统)，同时减少了密封面和密封接头，避免了高压密封问题，具有良好的可靠性。但是由于通过顶置式凸轮轴来驱动柱塞泵，所以需专门设置摇臂轴，这使驱动系统结构复杂。

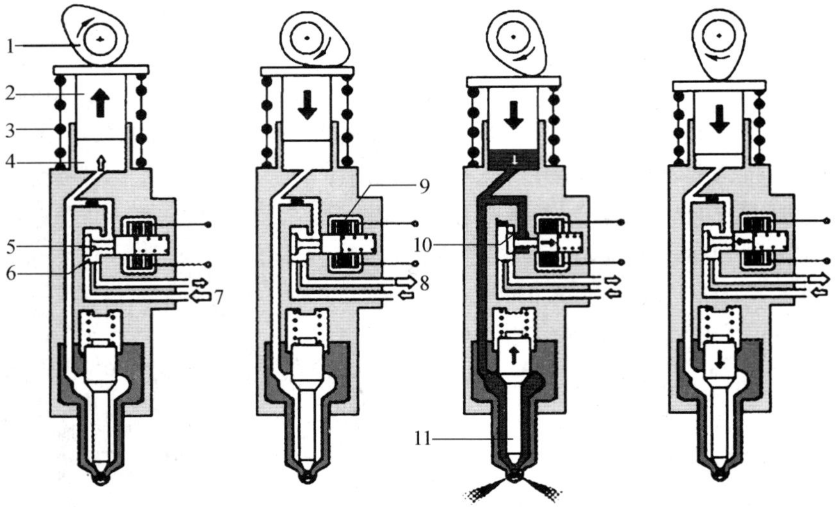

图 5-48 电控泵喷嘴工作原理示意图

1-凸轮；2-柱塞；3-柱塞弹簧；4-柱塞腔；5-控制阀；6-进油腔；7-进油孔；8-回油孔；9-电磁阀；10-阀座；11-针阀

电控泵喷嘴系统不仅用在沃尔沃、Caterpillar 等大型载货卡车柴油机上，也广泛应用在轿车柴油机上，最大喷油压力可达 200～220 MPa。

2. 电控单体泵系统

电控单体泵系统（unit pump system，UPS）是一种模块式结构的高压喷射系统，各缸柱塞泵泵体相互独立，其工作方式与泵喷嘴类似，但在结构上与泵喷嘴不同，单体泵的喷油器和喷油泵之间用一根很短的高压油管连接。与泵喷嘴一样，电控单体泵也是利用高压电磁阀来控制喷油器的喷射过程，不同点是并不直接控制喷油器，而是通过高压电磁阀控制喷油泵的供油过程和供油规律，由此间接控制喷射规律，而且因各缸单体泵相互独立，所以控制比较灵活。

图 5-49(a)所示为博世公司比较典型的 EUP 型电控单体泵的结构，主要由承担泵油和供油作用的机械液力系统以及由 ECU 控制的高压电磁阀等组成。当发动机工作时，在发动机机体内设置的凸轮轴直接驱动单体泵的滚轮挺柱 26，推动柱塞 10 完成泵油过程。电控单体泵上的高压电磁阀 16 装在油泵的出口处，将高压油路分成两段，高压电磁阀以下的单体泵部分只担任进油（柱塞下行）和加压供油（柱塞上行）的任务。高压电磁阀实质上是一个三通阀，通过针阀 6 来控制柱塞顶部高压腔 9 中的燃油压力。高压电磁阀断电时，阀芯在弹簧作用下回位，将旁通油路打开（同时将高压油路关闭）[如图 5-49(b)所示]，柱塞顶部高压腔与油泵体内回油道相通，这时即使柱塞处于上升阶段也不能建立高压；反之，若高压电磁阀通电，其针阀将旁通油路关闭[如图 5-49(c)所示]，使柱塞顶部高压腔与出油口相通，则随柱塞上移，柱塞顶部高压腔的油压迅速升高，高压燃油经很短的高压油管直接输送到喷油器，使喷油器立即建立高压而进行喷射，喷射持续期取决于由 ECU 控制的单体泵电磁阀的接通持续时间（控制脉宽）；经过控制脉宽之后高压电磁阀再断电，回油通道打开[如图 5-49(b)所示]，柱塞泵泵油室内的燃油和高压短油管内的燃油经回油道回油，喷油器内的燃油压力迅速降低，喷油器迅速停止喷射。由此可知，在电控单体泵系统中，供（喷）油量和供油正时均由高压电磁阀控制。

为了适应不断强化的排放法规要求，单体泵也不断向高压化发展，其最高喷射压力可达

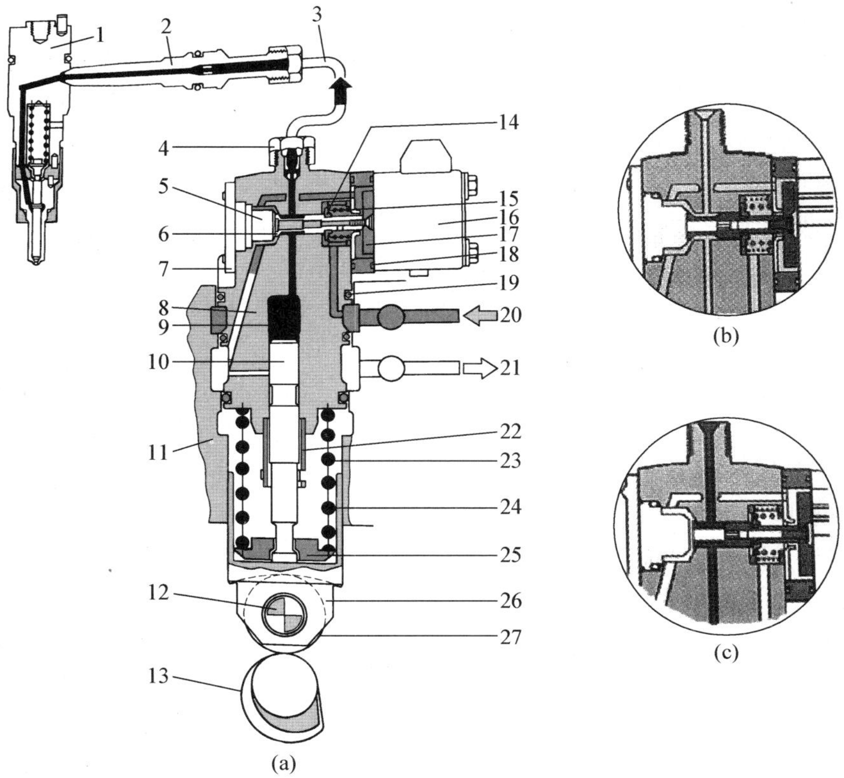

图 5-49　电控单体泵系统结构及原理示意图

1-喷油器；2-高压油管接头；3-高压油管；4-螺纹接头；5-行程限止器；6-针阀；7-盖板；8-泵体；9-柱塞顶部高压腔；10-柱塞；11-柴油机体；12-滚轮挺柱销；13-凸轮；14-弹簧座；15-电磁阀弹簧；16-高压电磁阀；17-衔铁板；18-中间板；19-密封圈；20-进油；21-回油；22-柱塞导向套；23-挺柱弹簧；24-挺柱体；25-弹簧座；26-滚轮挺柱；27-滚轮

160～180 MPa，而美国德尔福(Delphi)公司 2001 年推出的 EUP 200 型单体泵的最高喷射压力已达到 200 MPa。单体泵虽然在结构上没有高压共轨喷射系统(见 5.5.3)的高压油管长而带来的高压密封等问题，以及安装在气缸盖上的泵喷嘴体积大、结构复杂的缺点，但在控制特性上，由于采用高压短油管，通过喷油泵的供油特性间接控制喷油规律，所以高速响应特性及动态控制特性(控制精度)等方面不及高压共轨系统和泵喷嘴系统。

与位置控制式电控喷射系统相比，时间控制式电控喷射系统的控制自由度更大，精确度也更高，响应性能更好，并且实现了柴油机分缸平衡控制。同时，由于高压油泵结构的简化，泵体及柱塞刚度的加强，电控泵的承载能力增强，喷油压力最大可达到 200～220 MPa，十分有利于燃油雾化及混合气的形成，使与之匹配的柴油机能够达到严格的排放要求。但高压油泵的柱塞依然由凸轮轴驱动，即喷油压力的建立一定程度上仍受限于凸轮结构，这使得喷射系统的供油压力受转速影响较大，仍存在低速、低负荷时喷油压力降低及无法精确计量喷油量的问题，制约了性能的进一步改善。

5.5.3　压力-时间控制式电控燃油喷射系统

为了满足越来越严格的排放法规要求，20 世纪 90 年代初发展了第三代电控燃油喷射系统，其典型代表即柴油机高压共轨(common rail，CR)系统。高压共轨系统的特点是将产生高压燃油和进行喷油调节的功能分开，在高压油泵和喷油器之间加装一个油压稳定装置(共轨)，通过精确控制共轨中的燃油压力和喷油器的喷油脉宽，实现对喷油量的精确控制。由于喷油量的控制依赖于同时控制喷油压力和喷油持续时间这两个量，因此这种方式被称为压力-时间控制式。具有代表性的高压共轨燃油喷射系统有德国博世公司的 CR 系统、日本电装公司的 ECD-U2 系统、美国德尔福公司的 Multec DCR 系统。这里以德国博世公司的 CR 系统为例，简要介绍其结构及工作原理。

德国博世公司是柴油机燃油喷射技术的先驱和领导者，为了提高轿车柴油机的性能，满足欧洲越来越严格的排放法规要求，博世公司目前已向市场推出 4 代高压共轨燃油喷射系统。第一代于 1997 年 7 月批量投放市场，最高喷射压力达 135 MPa，主要应用于轿车柴油机。第二代于 2000 年开始批量生产，开始使用具有油量调节功能的高压喷油泵和经改进的电磁阀喷油器，可实现预喷、主喷和多次喷射等功能，最高喷射压力提高至 145 MPa，主要用于升功率在 55 kW/L 以下的轻型车用柴油机。第三代产品的特点主要体现在技术的复杂程度和精密程度上，不仅高压喷油泵的泵油量可调，还可实现共轨压力的闭环控制，最高喷射压力达到 160 MPa 左右，并采用响应特性更高的压电式喷油器代替电磁阀式喷油器，由此实现多段喷射，可满足欧Ⅳ排放标准要求。第四代产品在第三代压电式喷油器的基础上将最高喷射压力提高到 200 MPa 以上，以满足日益严格的排放法规要求。

图 5-50 所示为博世 CR 型高压共轨系统，主要由三缸“Y”字形径向布置的柱塞式带有压力调节阀的高压油泵、共轨、高压油管、电控喷油器、电子控制单元(ECU)及各种传感器等组成。高压油泵把来自低压输油系统的燃油加压后泵入一个公共油道(共轨)，通过设置于高压油泵上的电磁阀控制和调节共轨中的压力，然后通过精确控制安装于喷油器上的高压电磁阀的开闭，实现燃油的高压喷射。在电控高压共轨系统中，除了 ECU 和传感器外，高压油泵(高压供油)、共轨(高压贮油)和喷油器(高压喷油)为系统高压部分的关键部件，以下分别对它们做简要介绍。

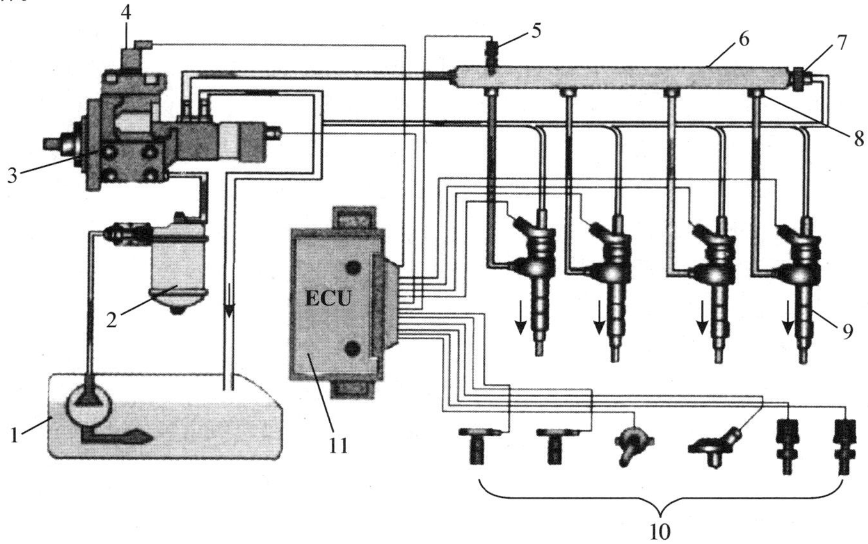

图 5-50 博世 CR 型高压共轨系统

1-油箱；2-燃油滤清器；3-高压油泵；4-断油阀；5-共轨压力传感器；
6-共轨；7-压力限制器；8-流量限制器；9-喷油器；10-其他传感器；11-ECU

1. 高压泵

高压泵的作用是在柴油机工作时向燃油共轨腔内(蓄压室)供应足够的高压燃油(最高压力 150～200 MPa)。目前在轿车柴油机中,多采用图 5-51 所示的带有 3 个柱塞径向压油的柱塞泵,3 个柱塞互成 120°夹角,凸轮轴每转一圈有 3 个供油行程。此外,在高压泵上还装有断油阀和调压阀,断油阀配合出油阀向油轨供油,调压阀配合轨压传感器实现轨压控制。

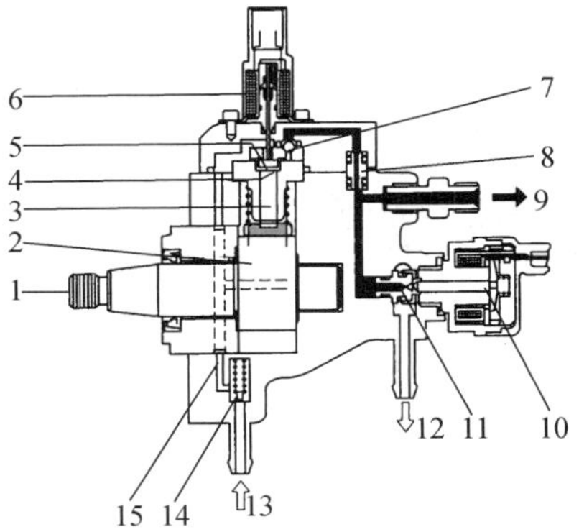

(a)纵剖面

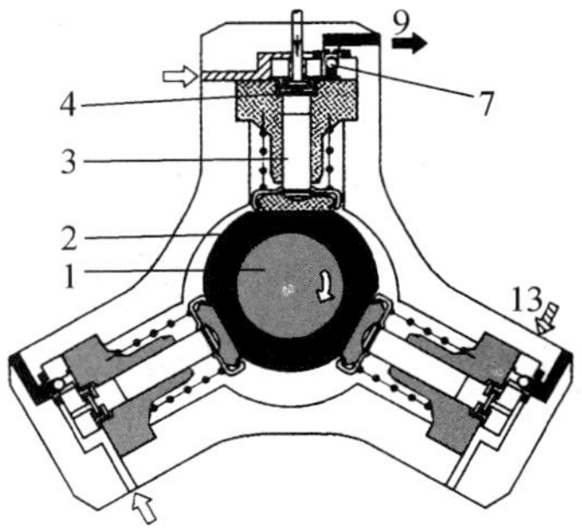

(b)横剖面

图 5-51 电控高压共轨系统的径向柱塞高压泵

1-驱动轴;2-偏心凸轮;3-径向柱塞;4-径向柱塞顶部空间;5-进油阀;6-断油阀;7-出油阀;8-密封件;9-高压泵出口;10-调压阀;11-球阀;12-回油路;13-进油孔;14-带节流孔的安全阀;15-低压油道

高压泵安装在柴油机通常布置分配泵的位置上,由凸链条或齿形带传动。工作时低压燃油经进油孔 13 进入,先经过带节流孔的安全阀 14 进入低压油道 15,再通过进油阀 5 流入油泵径向柱塞顶部空间 4,依靠与驱动轴 1 做成一体的偏心凸轮 2 的旋转,推动 3 个周向呈 120°均布的径向柱塞 3 依次向外运动,产生压油动作(回位靠弹簧),这时若调压阀 10 将旁通回油路 12 关闭,则柱塞顶部的高压燃油将推开出油阀 7 经过高压泵出口 9 流向共轨,完成高压供油任务。

由于高压泵的供油量必须保证在任何工况下柴油机工作所需的喷油量,故高压泵是按最大供油量设计的。第一代共轨系统高压泵总是保持在最高压力,导致能量的浪费和燃油温度很高。第二代可根据发动机需求而改变输出压力,控制高压泵的供油量,实现对轨压的控制。当偏心凸轮随驱动轴旋转一周时,3 个柱塞泵各压油一次,在怠速或小负荷工作时,循环喷油量小,如果将燃油全部压入共轨,则柱塞压缩燃油消耗的压缩功较大。为了减小这部分能量损失,配置了电磁式断油阀 6。当柴油机在怠速或小负荷工作时,ECU 控制对断油阀通电,断油阀中的可动铁心被电磁力吸引向下顶开进油阀,使柱塞腔内的燃油在柱塞压油行程中经进油阀返回低压油道而不受压缩,从而减少了功率损失。此外,高压泵每副柱塞偶件都有一个进油阀和一个出油阀,ECU 根据不同工况对轨压的要求,可以通过持续打开进油阀来切断某个柱塞偶件的供油,以降低高压泵的功率损耗,提高发动机的机械效率,实现稳定、可调的高压供油。

应该指出的是,共轨系统中高压油泵的供油不像一般燃料供给系统的高压油泵那样与喷油过程同步,而是连续进行的,因此它的驱动转矩峰值较低,消耗的功率也较小,对改善柴油机的燃油经济性也十分有利。

2. 共轨(高压油轨)

共轨实际上是个蓄压室,其功能是储存高压油泵提供的高压燃油,保持油压稳定并按一定的设定压力将高压燃油均匀分配(通过短油管)给各缸的电控喷油器。共轨为一管状厚壁容器,必须通过对整个高压系统的模拟计算和匹配试验来确定其尺寸和腔内容积。共轨内腔容积要足够大,以保证在喷油器喷油和高压泵脉动供油时轨内的燃油压力波动尽可能小(控制在5 MPa之下),但其容积又不能太大,要保证共轨有足够的压力响应速度以快速跟踪柴油机工况的变化,由此得出最佳的折中方案。图5-52所示为CR型高压共轨管的结构示意图。

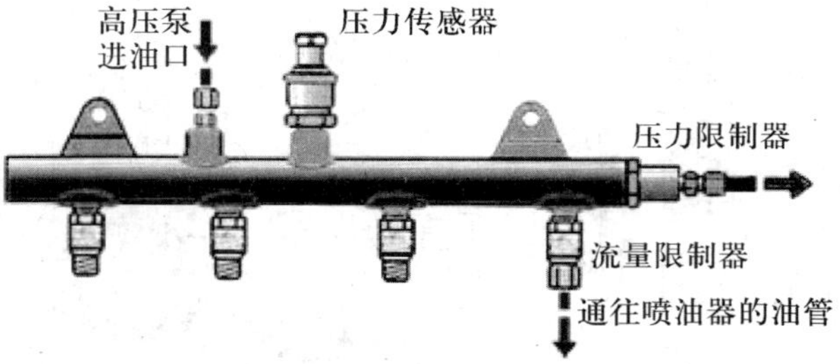

图5-52 CR型高压共轨管的结构

在共轨上装有压力传感器5(图5-50中编号,下同)、压力限制器(限压阀)7和流量限制器8。通过设置共轨压力传感器5可以实现对燃油压力的闭环控制——ECU根据发动机当前工况下相关传感器输入的信号,计算出目标轨压,并依靠共轨压力传感器检测当前实际轨压,将其与目标轨压进行对比修正,通过调节高压泵上调压阀(压力控制阀)(图5-51高压泵零件10)的开度向油箱回油来调节高压泵的供油量,实现轨压控制。共轨管一端的压力限制器(限压阀)7,可以保证共轨在出现压力异常时迅速将共轨中的压力释放,用于限制共轨的最高压力。连接共轨和喷油器进油管的流量限制器8,可以保证在喷油器出现燃油漏泄故障时切断向喷油器的供油,并可减小共轨和高压油管中的压力波动。

3. 喷油器

喷油器是电控高压共轨系统中最为关键的部件之一,其作用是按照ECU的指令控制电磁阀的接通和断开,将共轨中的燃油以最佳喷油定时和喷油速率,按确定的喷射量喷入燃烧室。博世共轨式电控喷油器的结构与工作原理如图5-53所示。其内部零件按功能可以分为下部的喷嘴、中部的油压控制柱塞9和上部的电磁阀3等部分。整个喷油器外形和安装尺寸与传统喷油器基本相同,故由传统燃料供给系统转为共轨系统时无须对气缸盖作较大改动。

图5-53(a)所示为待喷状态,这时电磁阀3在ECU的指令控制下断路,其衔铁头部的球阀5在弹簧的作用下关闭回油节流孔6,从高压油轨经接头进入喷油器体的燃油分成两路,一路经高压油道10流往针阀11的盛油槽,另一路经进油节流孔7流入控制柱塞9的上腔8。由于控制柱塞的顶面积大于针阀的承压面积,因此上下燃油压力虽然相等,但柱塞向下的压紧力要大于针阀的升起力,再加上针阀弹簧的作用,针阀11保持关闭,喷油器处于待喷即停止喷油的状态。图5-53(b)所示为喷油状态,这时电磁阀通电,其衔铁在电磁力的作用下被吸至上方,球阀将回油节流孔打开,控制柱塞上腔内的高压油则经此节流孔和回油道1卸压(流回油箱)。因为回油节流孔孔径大于进油节流孔孔径,故球阀打开后,进油节流孔前即油道内的压力仍大体保持共轨压力的水平,而柱塞上腔内的油压则迅速下降(下降速度取决于进、回油节流孔流量之差)。由于作用在柱塞顶面的油压降低,减小了对针阀的压紧力,当它与针阀弹簧的合力小于喷油器的开启力(即高压油对针阀承压锥面的作用力)时,针阀开启,实现高压喷油。此

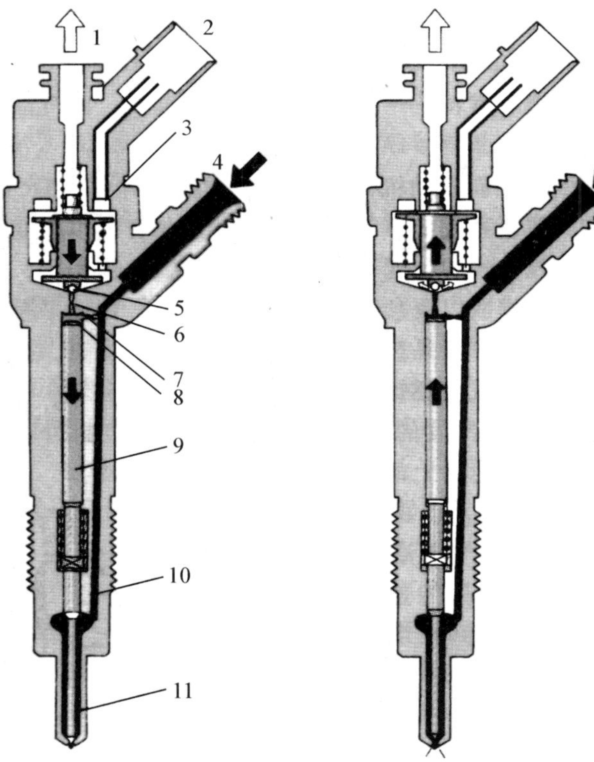

(a)喷嘴针阀关闭(待喷状态)　　(b)喷嘴针阀开启(喷油状态)

图 5-53 博世共轨式电控喷油器

1-回油道;2-电缆接口;3-电磁阀;4-高压进油(来自共轨);5-球阀;6-回油节流孔;7-进油节流孔;8-柱塞上腔;9-控制柱塞;10-高压油道;11-针阀

后,若电磁阀断电,失去对衔铁的吸力,球阀将在电磁阀弹簧的作用下关闭,电控喷油器又回到待喷状态。整个喷油过程包括喷油始点、喷油终点和喷油持续期均由 ECU 通过喷油器中的电磁阀来控制,喷油压力(取决于轨压)则由装在高压泵或高压燃油轨上的调压阀控制,喷油量取决于喷油压力、喷油持续期和喷孔的流通特性。而 ECU 根据各传感器的反馈信息以及内存的脉谱图,即可按柴油机工况的要求,对电控高压共轨系统的喷油量、喷油正时和喷油压力进行及时、有效和优化的控制,而且只要高压电磁阀的响应特性足够好的话,也不难实现预喷射或多次喷射。

为了更好地满足小型高速柴油机对燃油喷射的苛刻要求,克服高压电磁阀机件质量和惯性对其响应特性进一步提高的限制,需要响应速度更快,对于针阀升程、循环喷油量、喷油正时和喷油规律控制更为灵活的燃油喷射系统。目前已开发出用压电晶体来取代电磁阀的喷油器,利用压电晶体在通电后能够迅速产生变形的原理,直接或通过液压伺服机构控制喷油器针阀的开启。由于压电石英晶格的变形响应在 0.1 ms 以内,加上压电式喷油器可比电磁阀式喷油器减少约 75%的运动件和质量,喷油器的开关响应速度大大提高(响应时间为 150 μs 或更少),针阀启闭速度加快(最大喷嘴针阀运动速度可达 1.3 m/s),可实现每循环 5 次喷射,控制精度也更高。图 5-54 所示为一种带液压伺服机构的压电式电控喷油器结构简图。

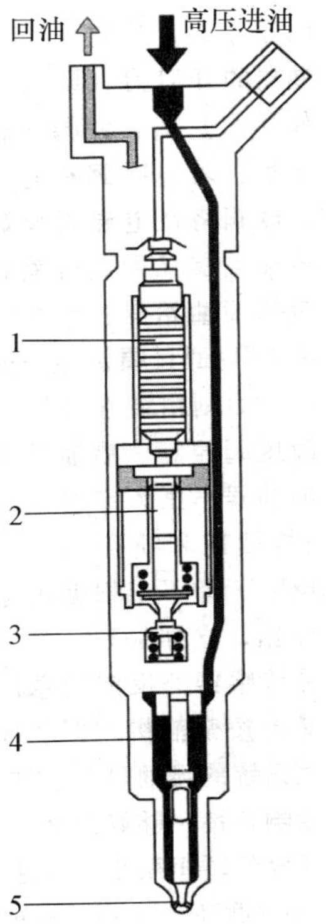

图 5-54 带液压伺服机构的压电式电控喷油器

1-压电晶体堆(执行器);2-液力传送器;3-控制阀;4-喷嘴;5-喷孔

与以往的电控燃油喷射系统相比,电控高压共轨系统主要有以下几方面的优点:

(1)高压喷射:高压共轨系统能实现高压喷射(150～200 MPa),且在喷射过程中喷油压力基本维持不变,超高压使燃油精细雾化,改善混合气的形成与燃烧,使微粒排放和燃油消耗明显降低。

(2)独立、柔性的喷油压力控制:共轨系统中高压的产生与喷油控制是分别独立进行的,喷油压力(共轨压力)与发动机转速无关,可柔性调节,并能根据柴油机工况的不同确定所需的最佳喷射压力,从而优化柴油机综合性能。

(3)精确、柔性的喷油时刻控制:可独立灵活控制喷油正时,控制范围宽,配合高喷射压力,柔性控制喷射时间,有利于降低 NO_x 和微粒(PM)排放,以满足排放法规要求。

(4)精确、柔性的喷油量控制:可根据发动机工况的要求自由调节喷油量,循环喷油量变动小,各缸喷射均匀,可大大减轻柴油机的噪声和振动并降低有害物排放。

(5)多次喷射:容易实现预喷射和多次喷射,可柔性控制喷油速率,实现理想的喷油规律,保证优良的动力性和经济性,有效控制排放,同时也易于与微粒捕集器等排气后处理系统协同工作。

(6)控制精度高:由高速电磁阀或压电晶体执行器控制喷油,其控制精度较高,高压油路中不会出现气泡和残压为零的现象,因此在柴油机运转范围内循环油量变动小,各缸供油不均匀可得到改善,从而减轻柴油机的振动,降低排放。

所以,随着排放法规的不断严格,在国内外车用柴油机上高压共轨式电控喷射系统逐渐得到广泛应用。

5.5.4 柴油机电控系统

5.5.4.1 控制系统

电控柴油机最重要的功能是对燃油喷射系统进行电子控制。到目前为止,电控系统不仅能够控制喷油量、喷油压力、喷油正时等喷油参数,甚至引入预喷、后喷、多段喷射的方法来灵活调节喷油规律,而且对怠速稳定性、起动可靠性、增压、EGR、各缸喷油不均匀性等均可实施控制。可以说,电控技术的研究已达到相当完善的程度,其中高压共轨与时间控制式电控燃油喷射系统则代表了目前柴油机燃油喷射的最新技术和今后内燃机控制技术的主要发展方向。

虽然电控燃油喷射系统的类型各不相同,但其基本组成都包括传感器、ECU 和执行器三个主要部分。传感器实时检测柴油机的运行参数,如发动机转速、加速踏板位置、进气温度和压力、燃油温度、油轨压力等,把它们同步地输入 ECU。ECU 首先根据发动机转速、加速踏板信息确定当前发动机工况,然后根据工况信息,从内置的控制参数表(喷油量、轨压和喷油定时等 MAP)查出当前状态发动机每循环的目标喷油量、目标轨压、喷油定时,按照其中的控制程序进行处理与计算后,将运行结果作为控制指令输出到喷油器的电磁阀、高压油泵电磁阀等执行器，执行器接收 ECU 送来的执行指令，调节喷油量、轨压、喷油规律和喷油时刻等，从而控制柴油机的运行状态。

下面以高压共轨柴油机为例，简要介绍其电控系统的主要控制功能。

5.5.4.2　主要控制功能

1. 喷油量的控制

在柴油机电控系统的控制功能中，最主要的是喷油量控制，其对柴油机的性能起着至关重要的作用。喷油量控制包括发动机每循环的总喷油量控制和多次喷射时每次喷射的油量控制，多次喷射的主要目的是改善发动机的燃烧和排放性能。ECU 根据发动机的工况信息确定总喷油量和喷油规律。总喷油量控制方式为：怠速工况时采用闭环控制，ECU 以总喷油量作为反馈变量来保持怠速的稳定性，其他工况都采用开环控制方式。喷油规律的控制过程比较复杂，在多次喷射时，主喷有且只有一次，而预喷和后喷的次数则要根据工况和转速信息进行选择。

1)各工况喷油量的控制

(1)起动喷油量的控制：起动过程是否迅速是柴油机的一个重要性能指标，直接影响柴油机的工作可靠性和使用寿命。在柴油机起动过程中，特别是冷起动过程中，气缸壁与燃烧室的温度较低，混合气与气缸壁之间的传热增多，而且起动转速很低，漏气量增加，使压缩终点的温度与压力均较低。另外，低温时燃油黏度增大，使燃油的蒸发与雾化恶化，影响了混合气的形成，这些将导致柴油机的起动困难。此外，润滑油流动性变差，各运动零部件阻力大，起动性能变得较差。因此低温起动时，柴油机必须加大喷油量，使柴油机发出的转矩大于自身的摩擦力矩，才能顺利起动。

电控系统起动时的喷油量主要是根据冷却水温和发动机转速来确定的。水温越低，摩擦阻力越大，需要的循环喷油量就越大；发动机转速很低时一般采用较大的喷油量，随转速升高，循环喷油量应相应增加，但因起动过程经历时间短，故循环喷油量随转速变化不宜剧烈；当转速增加到接近怠速值时，应逐渐减少喷油量至达到怠速状态。具体控制过程为：ECU 根据冷却水温和转速查询基本喷油量 MAP，再进行冷起动补偿，两者的综合结果就是起动喷油量。图 5-55 所示为某电控共轨柴油机起动过程循环喷油量 MAP。

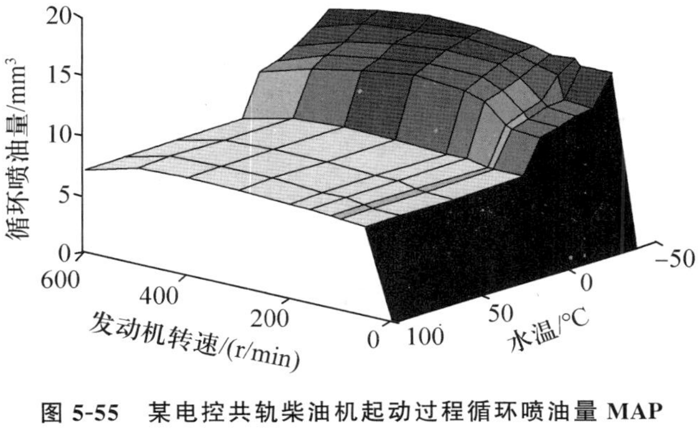

图 5-55　某电控共轨柴油机起动过程循环喷油量 MAP

(2)怠速喷油量的控制：当柴油机处于怠速状态时，柴油机温度较低，气缸漏气量大，使压缩温度、压力较低，因此燃油雾化不好，混合气形成不理想，燃烧不充分。另外，怠速时供油量较小，各缸供油量不同和每缸供油量的波动很大，在不同的冷却水温下保持稳定转速所需的喷油量不同，都会造成燃烧过程恶化、排放性能变差。此外，因怠速转速低，当柴油机在加载等运行条件下时易发生转速下降，甚至停机。因此，必须进行怠速稳定性控制以减少怠速波动。

闭环控制是怠速转速主要的控制方法。当起动后发动机转速升至大于怠速闭环控制的下限转速后，系统进入怠速转速闭环控制。ECU 计算并记录下当前的喷油量，然后通过转速信号检查由此导致的柴油机运行速度，并与根据当前水温查 MAP 所得该水温下的目标怠速相比较，从而决定下一次的喷油量。通过反馈控制，使发动机转速稳定在该目标怠速上。一般来说，为了能够快速热机，水温越低，目标怠速越高。图 5-56 为电控共轨柴油机怠速喷油量控制流程。图 5-57 为某电控共轨柴油机目标怠速随水温变化的标定实例。

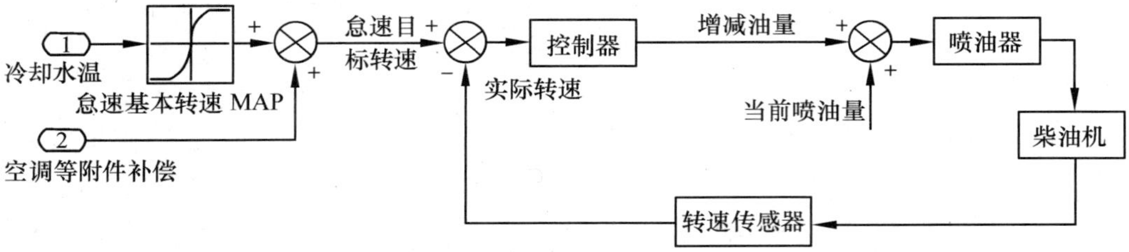

图 5-56 怠速喷油量控制流程

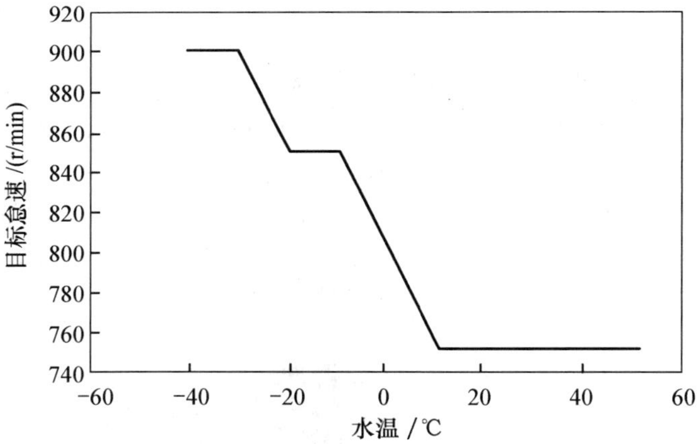

图 5-57 某电控共轨柴油机目标怠速随水温变化的标定实例

(3)其他工况喷油量的控制：如前所述，除怠速工况时采用闭环控制外，其他工况都采用开环控制方式，其简化流程如图 5-58 所示。首先 ECU 根据传感器采集到的加速踏板位置和发动机转速查 MAP 图得到基本喷油量，然后根据瞬态空燃比设置进行冒烟油量限制，之后根据燃油温度对油量进行修正，得到送给喷油器的目标喷油量。柴油机实施电子控制以后，对循环喷油量进行控制的传统两极调速器或全程调速器的界限被打破，发动机喷油量随转速变化的规律可以根据需要设定。从调速特性 MAP 和怠速闭环控制 MAP 中查到的循环喷油量在工况转换过程中存在衔接问题，一般通过算法保证。图 5-59 为某电控共轨柴油机调速特性喷油量 MAP。

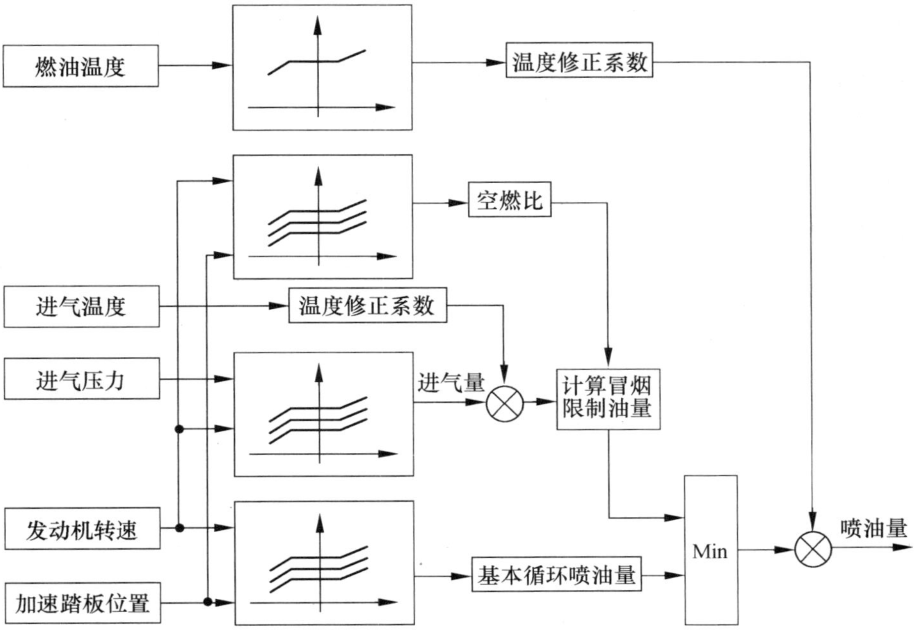

图 5-58　电控柴油机喷油量简化控制流程

2)喷油规律的控制

理想的喷油规律为“靴形”喷油规律，即初期缓慢、中期稳定、后期快断。高压共轨系统容易实现中期稳定、后期快断，但很难实现初期缓慢。采用多次预喷的方式可以控制初期喷油量，避免初期油量过多导致的 NO_x 排放和燃烧噪声增大的问题。后喷主要是配合装有 EGR 或 SCR 等后处理系统的发动机，使排放进一步优化。

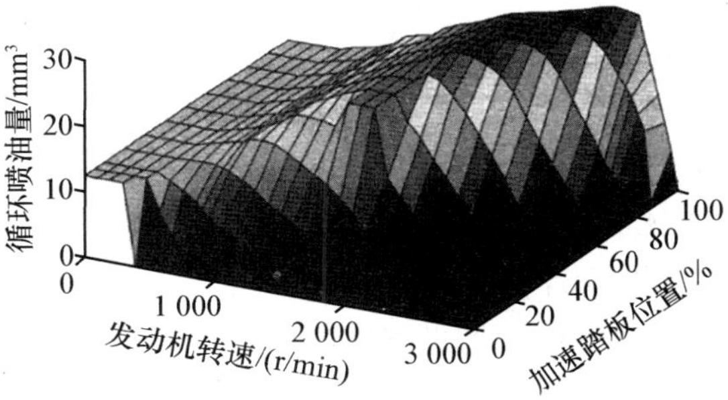

图 5-59　某电控共轨柴油机调速特性喷油量 MAP

多次喷射时，每次喷射的油量一般都采用开环控制方式。根据发动机转速和总喷油量查询 MAP 得到基本喷油量，然后根据发动机工作环境条件进行修正，得到预喷和主喷油量。对于后喷油量，首先根据后处理系统的特性确定基本喷油量，然后根据进气温度、发动机温度等修正。

3)喷油脉宽的计算

在共轨系统中，ECU 在确定了喷油量和喷油规律之后，还需要根据喷油器特性和轨压、温度条件将喷油量以喷油持续时间的方式表示。首先 ECU 根据当前燃油温度查询燃油温度-密度 MAP，根据质量-密度关系，换算出燃油量体积；然后根据体积和轨压查询喷油脉宽 MAP，得到最终的喷油脉宽。

2. 喷油定时

喷油时刻也是影响柴油机性能的重要参数，电控燃油喷射系统能够较精确地控制喷油时刻。在喷油定时 MAP 的设计上，一般随转速增加，喷油提前角加大；随油量增加，喷油提前角也加大，并且会根据排放控制要求，在特定区域进行局部优化。喷油定时控制在所有工况下都采用相同的控制逻辑(图 5-60)，即 ECU 首先根据目标喷油量和发动机当前转速，查喷油定时 MAP，得到喷油定时基本值，然后经过瞬态过程修正(若不是瞬态过程，则修正量为零)、水温修正、油温修正、进气温度修正和大气压力修正，最后给出喷油器执行的喷油时刻。图 5-61 为某电控共轨柴油机喷油定时 MAP。

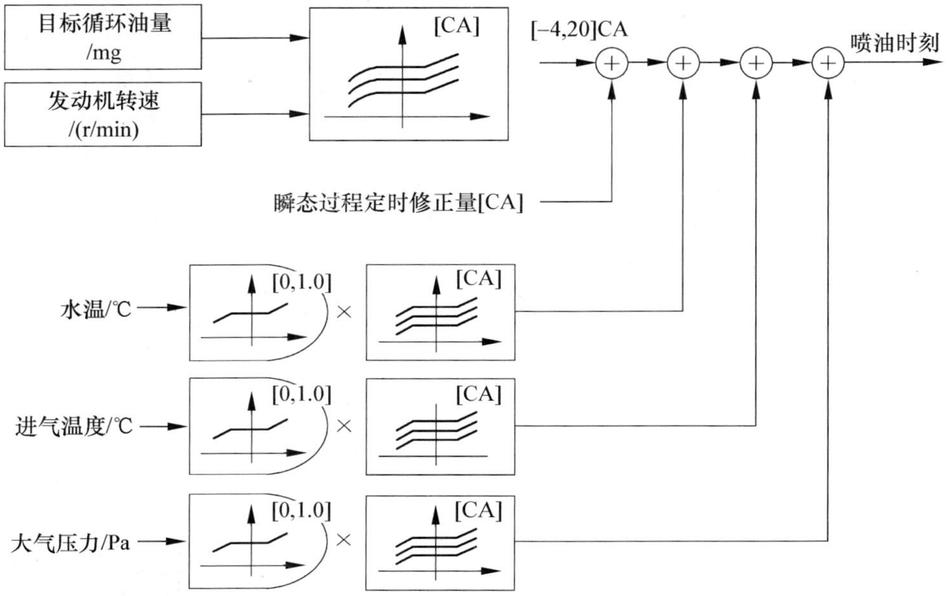

图 5-60 电控柴油机喷油定时简化控制流程

3. 共轨压力控制

共轨压力是发动机转速和喷油量的函数。虽然共轨系统名义上可以任意设定目标喷油压力，但必须综合考虑高压油泵泵油能力、功耗和发动机燃烧控制等因素。一般来说，发动机转速越低，油泵的泵油能力越差，目标轨压就越低，反之越高；而循环喷油量越大，目标轨压就应越高，反之越低。为了发动机的顺利起动，喷油量取较大值，此时由于没有建立起足够大的轨压，需通过加长喷油持续时间达到喷油量的要求。随着转速的增大，为了达到优化效果，小油量时取较小的轨压值，以免造成不必要的能量消耗和机械损失；大油量时取较大的轨压值，并且轨压随转速的增大而增大，否则燃料雾化不好，燃烧不充分。轨压的具体设定还需要参照高压油泵和喷油器特性，并且不宜出现大幅度的变化。

控制时，首先以目标循环喷油量和发动机转速作为输入参数查轨压 MAP，得到输出轨压基础值，经环境条件、油温条件等修正之后，得到目标轨压值。由于供油和喷油的过程都会对共轨中的油压产生影响，所以需要对轨压的上下波动进行闭环控制，保证轨压的稳定。图 5-62 是某电控共轨柴油机轨压 MAP。

4. 各缸喷油均匀性的控制

柴油机各缸爆发压力的不同将引起发动机转速波动，从而产生振动。特别是在车辆低速行驶时，这种振动会影响乘员的舒适性。各气缸间的转速不一致，是各缸的喷油量不均和各缸的燃烧状态不一致造成的。为了减小转速波动，电控系统应首先检测各缸瞬时转速的变化，实

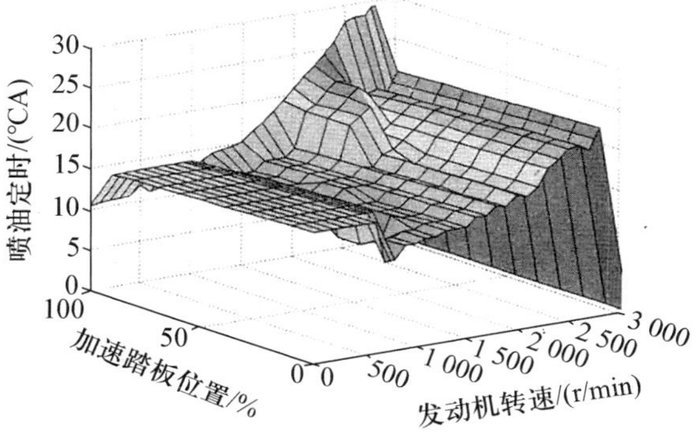

图 5-61 某电控共轨柴油机喷油定时 MAP

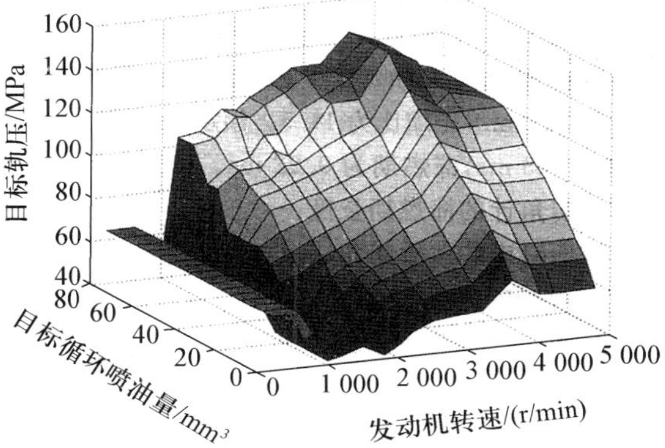

图 5-62 某电控共轨柴油机轨压 MAP

时调节喷油量，快速补偿各缸喷油量偏差，并根据柴油机瞬时转速估算每缸下次喷油定时，从而控制由于各缸喷油量不同所引起的柴油机转速波动，使柴油机和车辆平稳运行。

5.6 柴油机燃烧技术的发展

炭烟和微粒是柴油机扩散燃烧的固有产物，而汽油机由于采用预混合燃烧，一般不产生炭烟和微粒。尽管柴油机混合气总体上很稀（$\phi_a>1.2$），但实际上存在许多局部很浓、适宜炭烟产生的区域和 $\phi_a=1.0$ 左右、局部高温、适宜 NO_x 产生的区域，即关键问题是扩散燃烧的“非均质”特性。为解决这一问题，从 20 世纪 90 年代开始，国外开展了柴油机预混合燃烧的研究。为实现这种新概念燃烧，研究人员提出了很多种解决方案，因而这类燃料系统存在多种名称，如日本丰田公司的 UNIBUS 燃烧系统、新 ACE 研究所的 PREDIC 燃烧系统、日产的 MK 燃烧系统，但一般称这种燃烧方法为均质充量压缩着火（homogeneous charge compression ignition，HCCI）燃烧。

5.6.1 HCCI 燃烧方式概述

均质充量压缩着火燃烧被认为是“内燃机的第三种燃烧方式”，其基本特征是均质混合气的压缩着火和低温燃烧。这种燃烧方式能降低微粒（PM）和 NO_x 排放，同时能燃用多种燃料，实现较高的热效率。HCCI 燃烧方式综合了传统汽油机和柴油机燃烧方式的优点：类似于传统汽油机，使用均质混合气，因而避免了柴油机中浓混合气的扩散燃烧，极大地降低了 PM 排放；类似于柴油机，使用压缩着火，缸内均质混合气自燃，降低了汽油机点火后产生的高温火焰，降低了 NO_x 排放。概括起来 HCCI 发动机主要具有以下几个特点：

（1）NO_x 和 PM 排放低。HCCI 发动机在部分负荷工况下的 NO_x 排放可比直喷式柴油机（DI）降低 95%～98%。

（2）燃烧热效率高。HCCI 发动机的热效率甚至超过了直喷式柴油机。

（3）HCCI 燃烧过程主要受燃烧化学动力学控制。HCCI 燃烧速度较快，燃烧始点和放热率对压缩过程中充量的温度、压力等很敏感，控制起来很困难。

（4）HCCI 发动机运行范围较窄。HCCI 发动机容易受到失火、爆震、功率等限制，可操作范围不宽，目前的技术还无法实现柴油机全工况的 HCCI 燃烧。

(5) HCCI 发动机 HC、CO 排放偏高。这主要是由于 HCCI 燃烧通常采用较稀的混合气和较高的 EGR 率，燃烧温度低，减少了 HC 和 CO 燃烧后再氧化的可能，此外混合气的制备可能使油束碰到气缸壁，使 HC 增加。

(6)冷起动和瞬态响应特性不理想。

5.6.2 柴油机 HCCI 燃烧的实现方法

由于柴油本身的理化特性，实现柴油机 HCCI 燃烧主要面临两方面的困难：一是柴油黏度大，挥发性差，难以形成均质混合气；二是柴油作为高十六烷值燃料，容易发生低温自燃反应，均质混合气的燃烧速度控制困难，易造成粗暴燃烧。

在柴油机上实现 HCCI 燃烧的主要方法有：采用喷雾范围大、油滴细而均匀的燃油喷雾，以快速形成均匀的混合气；提前喷油，使燃油在着火前有充分的蒸发混合时间；推迟喷油，并想方设法大幅度延长滞燃期，以形成均质混合气。

5.6.2.1 提前喷油(或缸内早喷 HCCI)

该方式是目前普遍采用的柴油机 HCCI 预混合气形成方式。即在压缩行程的早期，柴油被喷入气缸，随活塞上行逐步与空气混合，直至发生自燃着火。由于柴油密度大，而压缩行程早期缸内空气密度较小，高密度的柴油喷入低密度的环境中贯穿度较大，因而燃油撞壁现象严重，这会降低燃油的雾化与混合程度，进而导致 HC 排放增加、油耗上升等。

为了改善燃料的雾化与混合，柴油机 HCCI 喷油提前角可远大于传统柴油机，使柴油与空气在着火前充分混合。另外，改进喷油器设计、改变燃烧室形状、适当组织缸内气流等方法均能在一定程度上改善柴油的雾化与混合。最早实用化的柴油机缸内早喷 HCCI 技术的典型代表是丰田公司的 UNIBUS(uniform bulky combustion system)燃烧系统。

丰田公司在 1995 年开发的 UNIBUS 燃烧系统，其实质是均匀扩散预混合燃烧。它通过大幅度提前喷油时刻及采用 EGR，使燃料均质扩散；采用喷雾锥角为 60°的轴针式喷油器(图 5-63)，形成贯穿距离小、喷雾范围大、油滴细而均匀的燃油喷雾；提高喷油压力，缩短燃料喷射时间，以避免压缩行程中燃料的热分解。实验表明，该系统可以实现无明显火焰的低温燃烧，燃烧迅速，同时在整个燃烧室内进行；在喷油时刻提前至上止点前 50°CA 时，可使 NO_x 和炭烟排放同时接近零，但 HC 排放明显恶化，功率下降，并且只能在较小负荷下实现。在以后的研究中，UNIBUS 采用了两次喷射的策略(图 5-64)，通过控制首次喷射时刻、喷射量、进气温度以及进气压力，燃油可以开始低温化学反应但是不会燃烧；而在上止点附近的第二次喷射则是引发燃烧的关键因素。通过改变第二次喷油时刻，燃烧相位可以得到控制。研究表明，这种喷射策略进一步拓展了发动机的负荷范围。

实验表明，采用 UNIBUS 燃烧系统的柴油机可以大幅度改善柴油机的 NO_x 和炭烟排放，但是仅仅当负荷较小时才能实现，另外如何控制着火时间也是一个关键问题。

5.6.2.2 推迟喷油(或缸内晚喷 HCCI)

推迟喷油即在接近上止点或在上止点之后把柴油喷入气缸，同时采用大量预冷 EGR、加强涡流和降低压缩比等措施实现着火延迟，使柴油着火恰好发生在喷射结束之后。尽管缸内晚喷形成的混合气均匀度不如缸内早喷，但 NO_x 和 PM 排放仍然低于传统柴油机。柴油机缸内晚喷 HCCI 燃烧系统的典型代表是日本日产公司的 MK(modulated kinetics)燃烧系统。

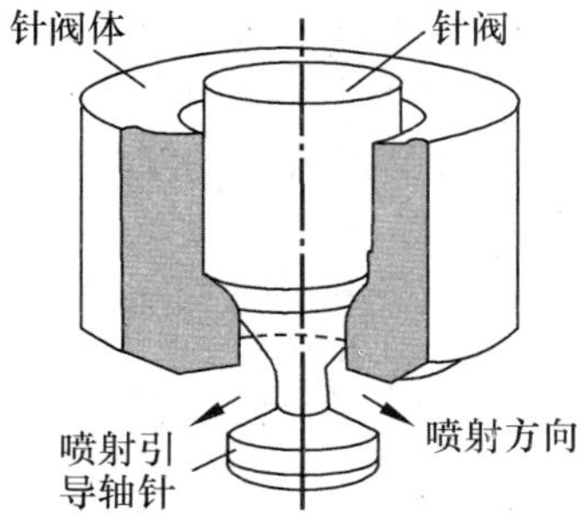

图 5-63 低贯穿度轴针式喷油器喷嘴结构

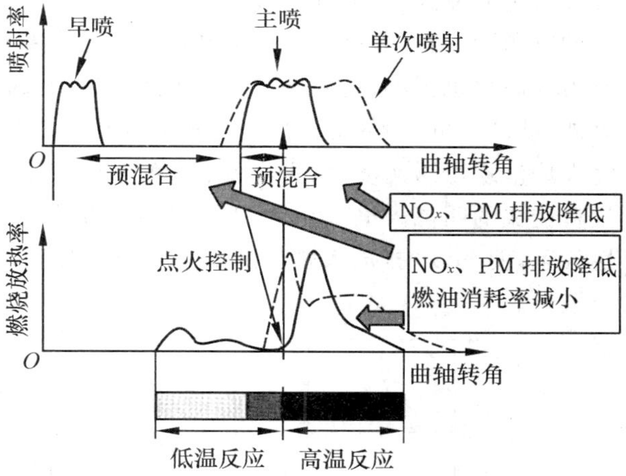

图 5-64 UNIBUS 系统的燃烧策略

MK 燃烧系统通过推迟喷油(喷油时间从上止点前 7°CA 推迟到上止点后 3°CA),采用高达 45%的 EGR 率(使氧浓度显著下降)延长滞燃期,使喷油完全在滞燃期内完成,着火前形成比较均匀的预混合气;采用更高涡流比(3~5)的强进气涡流并优化燃烧室设计,促进燃油与空气快速混合。图 5-65 给出了实现 MK 燃烧的主要技术路线和排放降低效果。在 MK 燃烧的负荷范围内,NO_x 排放可降低至原机水平的 1/12,烟度低于 1 BSU,HC 排放量也降低了 50%左右。

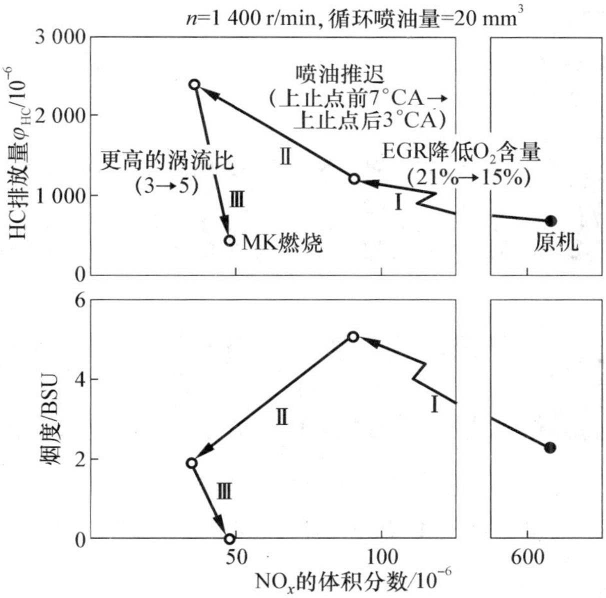

图 5-65 MK 燃烧的技术路线及排放降低的效果

图 5-66 给出了 MK 燃烧过程的示功图和燃烧放热率。原机的燃烧放热率呈现出一般直喷柴油机初期燃烧放热率高以及预混合扩散两阶段燃烧的特征(以 c 点为分界)。MK 燃烧由于推迟喷油和 EGR 的阻燃作用,在上止点后 10°CA 左右才开始着火,燃烧放热率上升缓慢,

且峰值也明显降低；初期燃烧虽然缓慢，但后期燃烧变得剧烈起来，燃烧放热率曲线形状接近等腰三角形，与一般汽油机的放热率曲线形状接近，因而其最高燃烧压力甚至低于压缩压力，压力升高率也很小，这就解决了柴油机多点同时着火所带来的压力升高率急剧增大的顾虑。另外，从图 5-66(c)的缸内燃烧过程高速摄影照片[与图 5-66(b)中各点对应]也可看出，MK 燃烧火焰呈现出透明度高、亮度低、颜色均匀等预混合燃烧的特点，基本不出现一般柴油机中因炭粒造成的明亮火焰。总之，低的初期燃烧放热率、压力升高率和燃烧温度，加上高度的不活性气氛，使 NO_x 排放大幅度降低；燃料与空气的均匀混合以及有效的涡流运动使炭烟排放降至极低。

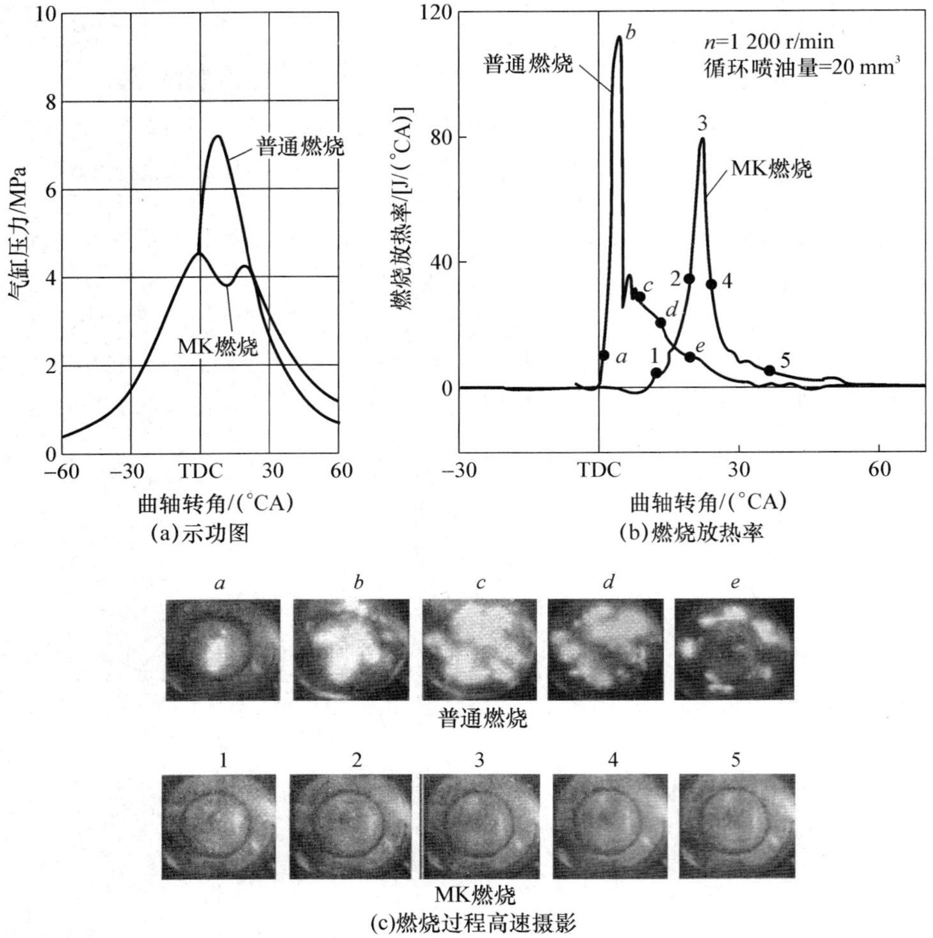

图 5-66 MK 燃烧过程的示功图和燃烧放热率

5.6.2.3 低温预混合

研究者逐渐认识到，完全均质的混合气对于柴油机是很难实现的，吸纳“均质”和“低温”的思想，而未达以现理想的 HCCI 燃烧，可能更为现实。因此，预混压燃(premixed charge compression ignition，PCCI)、低温燃烧(low temperature combustion，LTC)等概念相继出现。

图 5-67 是在柴油机 HCCI 燃烧研究中常用的 ϕ-T 图，它给出了混合气浓度(燃空当量比 ϕ)和燃烧温度(T)对炭烟及 NO_x 生成的影响。常规柴油机由于喷雾周边高温富氧燃烧产生

大量 NO_x，喷雾核心区在较高温度下过浓缺氧燃烧产生炭烟，因此，NO_x 和 PM 排放呈现相悖(trade-off)关系，无法同时降低这两种有害排放。HCCI 燃烧发生在低温稀燃范围($T<$ 2 000 K，$\phi<1$)，同时避开了 NO_x 和炭烟的生成区域，但这个区域狭小，难以控制。图 5-67 中的 PCCI 和 LTC 燃烧可以看作 HCCI 燃烧概念的拓展。

PCCI 燃烧通过增强预混合程度同时避开 NO_x 和炭烟的生成区域。在 ϕ-T 图上的分布形状与常规柴油机相似，混合气浓度和燃烧温度范围相对较窄，但比 HCCI 燃烧模式的范围宽。

LTC 燃烧不强调均质混合，燃烧室内可以存在局部过浓区域。LTC 燃烧在 ϕ-T 图上的分布形状与常规柴油机燃烧相似，但分布区域移到了炭烟半岛的低温一侧。LTC 燃烧通过 EGR 或稀燃来同时避开 NO_x 和炭烟的生成区域。

图 5-68 给出了 2006 年瑞典 Lund 大学在重型柴油机上的研究结果，他们通过引入大量的冷却废气和采用较低的压缩比使滞燃期延长，以实现部分燃油的预混合燃烧，称为部分预混燃烧(partially premixed combustion，PPC)。随着引入废气量的增加，NO_x 逐渐减少，HC 和 CO 排放逐渐增加，但炭烟排放先增加后减少。为了实现 NO_x 和炭烟低排放，需要采用高 EGR 率(70%以上)，这造成混合气功率密度下降。为此，在全工况平面上使用 PPC 燃烧方式时，需要结合高增压(0.5 MPa)、高 EGR 率(70%以上)以及高喷油压力(18 MPa)的"三高"技术。

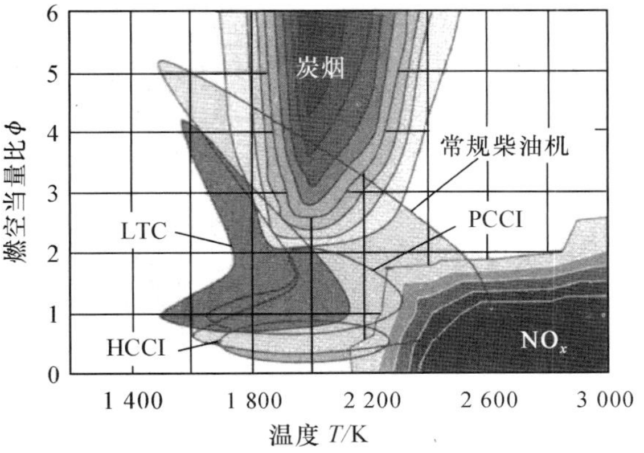

图 5-67　柴油机燃烧的 ϕ-T 图

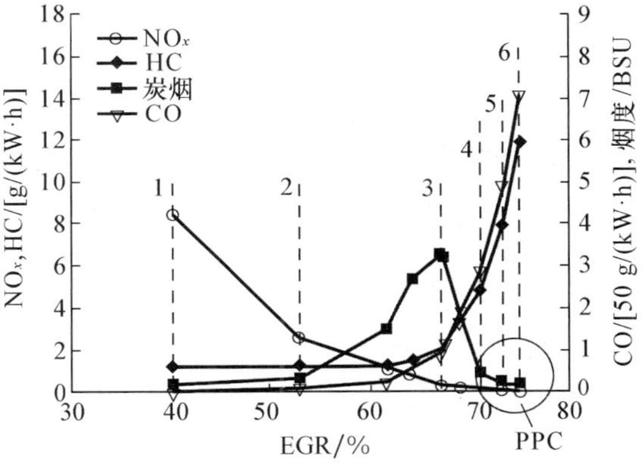

图 5-68　PPC 燃烧的排放特性

平均有效压力 $p_{me}=0.8$ MPa

5.6.3　HCCI 发动机存在的问题及对策

虽然 HCCI 技术受到了广泛的重视，但在其批量生产实用产品的道路上还面临一些技术问题。HCCI 尚待解决的技术问题如下：

(1)着火时刻和燃烧速率的控制：HCCI 着火过程主要受化学动力学控制，着火时刻取决于混合气的成分、温度和压力，受负荷、转速的影响小，不能通过常规的负荷、转速等反馈信号来加以控制，只能间接控制着火时刻和燃烧过程。控制 HCCI 燃烧的方法如图 5-69 所示。

(2)发动机变工况运行：HCCI 燃烧几乎是在缸内同时进行的，大负荷时过快的燃烧速度会引起发动机的爆震，低负荷时燃烧速度过慢会引起火焰传播中断，此外 HCCI 发动机高负荷下功率输出不足。针对这个问题有两种解决方案：其一，开发应用低十六烷值、高能量密度的

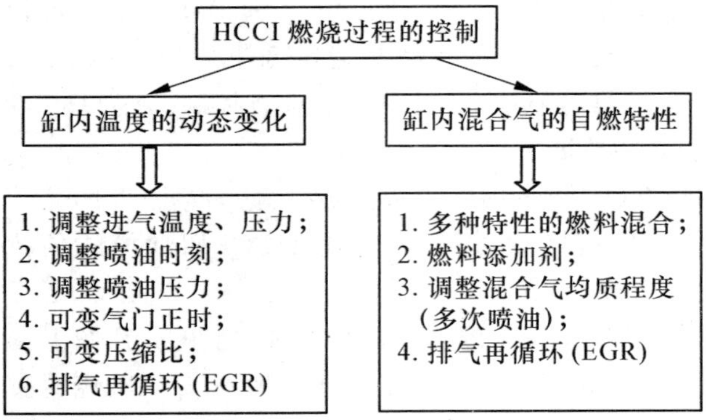

图 5-69　控制 HCCI 燃烧的方法

专用 HCCI 燃料，能够同时满足动力性、经济性和排放性的要求。但是，还没有研究报道过这种理想的专用 HCCI 燃料。其二，采用"双模式"HCCI 发动机，即在部分负荷时采用 HCCI 燃烧模式，而在高负荷及全负荷时采用传统柴油机的燃烧模式工作。

(3)排放(特别是低负荷 HC 和 CO 排放)的控制：HCCI 发动机燃烧温度低，混合气混合均匀，使 NO_x 和 PM 排放很低，但 HC 和 CO 排放较高，需采用机外净化装置，以满足国Ⅳ(欧Ⅳ)及以上排放法规的要求。

(4)发动机冷起动：HCCI 发动机在冷起动时燃烧室壁面温度比较低，进气混合气的热量有一部分要传递到冷的燃烧室壁上，此时也没有高温废气可利用，导致压缩终了时缸内温度较低，又由于 HCCI 燃烧对温度很敏感，因此在冷起动时 HCCI 发动机中的混合气很难正常着火燃烧，需要采取其他方法解决冷起动问题。可以使用电热塞加热进气，提高混合气温度，或使用其他容易着火的低辛烷值燃料进行起动，或使用传统的燃烧模式，或采用 VCR(variable compression ratio)和 VVT 提高压缩比进行起动，等暖机后再切换到 HCCI 模式下运行。

(5)发动机控制策略和系统(闭环反馈系统)的发展以及相应传感器的研制：研发快速反应控制系统来解决不同工况下的动态响应灵敏性。

其中最关键的是要解决着火时刻和燃烧速率随发动机工况变化的控制问题。总的来说，柴油机 HCCI 燃烧要在宽广的转速及负荷工况平面上运行还有较大难度。但柴油机预混合燃烧方案的提出，极大地拓宽了柴油机燃烧的思路，使得被 NO_x 和微粒排放问题长期困扰的传统柴油机，有可能找到一条打破僵局的途径，具有十分重大的意义。目前国内外各研究部门和各大汽车公司也在进行汽油机 HCCI 燃烧的研究及其产业化关键技术的开发。

复习思考题

1. 试述柴油机的燃烧过程，说明压力升高率的大小对柴油机性能的影响。
2. 什么是着火落后期？影响着火落后期的因素主要有哪些？
3. 柴油机燃烧放热规律三要素是什么？什么是柴油机合理的燃烧放热规律？
4. 以柱塞式喷油泵为例，简述柴油机燃料喷射过程。
5. 什么是供油提前角和喷油提前角？解释两者的关系以及它们对柴油机性能的影响。
6. 什么是喷油器流通特性？说明喷油器有效流通截面积对喷油过程和柴油机性能的影响。
7. 柴油机有哪些异常喷射现象？它们可能出现在哪些工况？简述二次喷射产生的原因、危害及消除方法。
8. 喷雾特性和雾化质量的指标和参数有哪些？
9. 简述柴油机混合气的形成特点和方式。

10. 分析比较直喷式和非直喷式燃烧室柴油机的性能特点。

11. 什么是柴油机理想的喷油规律?

12. 改善柴油机燃烧过程的主要途径有哪些?

13. 与以往的电控燃油喷射系统相比,电控高压共轨式燃油喷射系统在控制参数和控制功能上有哪些优势?

14. 什么是 HCCI 燃烧? HCCI 发动机主要有哪些特点?

第 6 章　发动机排放与噪声

以内燃机为动力的汽车已经历了 100 多年的发展，使人类社会获得了空前的繁荣进步。但是从 1943 年的美国洛杉矶市“光化学烟雾”开始，汽车有害排放逐渐成为世界大气环境恶化的最主要原因之一。以 1958 年美国加利福尼亚州制定的第一个汽车排放法规为始点，治理汽车排放污染的工作逐渐在全球展开。目前，美国、日本和欧洲各国的汽车排放水平与 1970 年排放水平相比已降低了 90%以上。但由于全球汽车保有量的持续高速增长，汽车排放污染的现状仍十分严峻，并成为决定内燃机能否作为汽车动力继续存在下去的重要问题。另外，非道路移动源排放对空气质量的影响也不容忽视。本章介绍有害排放物的生成机理、排放法规，以改善内燃机工作过程为核心的机内净化技术，以三效催化器为核心的排气后处理技术，以及发动机噪声的产生和测量等。

6.1　发动机排气中的主要污染物

发动机排气中包含许多成分，其基本成分是二氧化碳（CO_2）、水蒸气（H_2O）、过剩的氧气（O_2）以及存留下的氮气（N_2）等，它们是燃料和空气混合、完全燃烧后的产物，从毒物学的观点看排气中的这些成分是无害的。除上述基本成分外，发动机排气中还含有不完全燃烧的产物和燃烧反应的中间产物，包括一氧化碳（CO）、碳氢化合物（HC）、氮氧化物（NO_x）、微粒（炭烟、铅及铅化物）、硫氧化物（SO_x）及挥发性有机化合物（醛类、酮类等）等，这些成分的质量总和在发动机排气中所占的比例不大，例如在汽油机排气中只占 5%，在柴油机排气中还不到 1%，但它们中大部分是有害的，有强烈的刺激性气味，或有致癌作用，因此被列为有害排放物。

1. 一氧化碳（CO）

CO 是因发动机内空气不足或空气中氧含量不足造成混合气过浓而产生的，汽车尾气中 CO 的含量不至于导致人死亡，但其危害相当大，能使血液的输氧能力大大降低，使心脏、头脑等重要器官严重缺氧，引起头晕、恶心、头痛等症状，使中枢神经系统受损，慢性中毒，严重时会使心血管工作困难。

2. 碳氢化合物（HC）

碳氢化合物包括未燃和未完全燃烧的燃油（燃油燃烧的中间产物）、润滑油和部分氧化物，如甲烷、甲醛等气体，所以有时表述为 THC（total HC）。单独的碳氢化合物一般情况下对人作用不是很明显，但它是光化学烟雾的重要成分。当其浓度较高时，就会对眼、呼吸道和皮肤有强烈的刺激作用，甚至引起头晕、恶心、红细胞减少、贫血等。

3. 氮氧化物（NO_x）

发动机排气中氮氧化物是一氧化氮（NO）和二氧化氮（NO_2）的总称。NO 是无色气体，只有轻度刺激性，直接接触毒性不大。NO 在大气中被氧化成 NO_2，NO_2 的毒性很强，是红褐色有刺激性气味的气体，当它在空气中的质量分数达到 5×10^{-6} 时，就会有很强烈的臭味，对人的呼吸免疫功能有很大危害。氮氧化物也是光化学烟雾的主要作用物。

4. 微粒(PM)

发动机排气中的微粒(particulate matter,PM)主要是炭烟、铅、铅化物等。炭烟主要是燃料燃烧不完全的产物,是燃料在高温缺氧条件下裂解生成的。柴油机在扩散燃烧阶段易生成炭烟,而汽油机产生炭烟比柴油机少很多。

微粒(也称颗粒)对人体健康的危害程度与微粒大小及组成有关。炭烟主要由直径 0.1～10 μm 的多孔性炭粒构成。一般来说,2.5～10 μm 的炭烟颗粒吸入气管后,部分可以排出体外,对人体健康危害相对较小,2.5 μm 以下的炭烟颗粒吸入肺部后会沉淀,而 0.1～0.5 μm 的炭烟颗粒对人体危害最大,除了有致癌作用外,还会导致慢性病、肺气肿、皮肤病以及其他疾病。一般柴油机排出的炭烟颗粒以质量计 90%以上直径小于 1 μm。

另外,炭烟颗粒表面还吸附多种有机物,称为可溶性有机成分(soluble organic fraction,SOF)。SOF 的成分十分复杂,主要为碳氢化合物,包括各种烷烃、烯烃、芳烃等。其中的多环芳烃(polynuclear aromatic hydrocarbon,PAH)具有较多的有害成分,被证实具有很高的致癌性、致畸性和致突变性,已经被很多国家列为重点监测的有害污染物。

5. 硫氧化物(SO_x)

硫氧化物主要来源于石油中较重组分(柴油、重油等)的燃烧。硫氧化物除自身具有毒害作用外,还会在大气中变为硫酸盐,造成二次污染。它是形成酸雨的主要成分,也是影响能见度的主要原因之一。

6. 挥发性有机化合物(VOCs)

挥发性有机化合物(volatile organic compounds,VOCs)是组成极为复杂的有机混合物,包括脂肪烃、芳烃、酯类、醛类和酮类等。它是一类有特殊刺激性气味的有毒气体,可入侵人体的呼吸系统和神经系统,使人出现精神萎靡不振等神经衰弱症状,严重时使人呼吸困难,致人死亡。其中的苯系物,被国际癌症研究机构确定为Ⅰ类致癌物,醛酮类化合物对人体也有致癌和促癌的作用。VOCs 的排放还会造成光化学烟雾,对臭氧层造成破坏,引发全球性的气候灾害。发动机排放的 VOCs 主要来自未燃的燃料、润滑油和燃油添加剂的蒸发。

7. 二氧化碳(CO_2)

CO_2 是一种无色气体,略带刺激性气味,本身并没有毒性,它的危害在于作为温室气体造成地球表面温度升高,也就是所谓的温室效应。由于地球上森林资源日益减少,而燃料燃烧后排入大气的 CO_2 不断增加,温室效应就越来越严重。在大气层中,CO_2 气体像一层日益加厚的透明薄膜,太阳光照射在地球表面的能量由于受到 CO_2 层的阻隔难以逸出,热量经多年积累将使全球气候变暖,造成全球范围内气候反常变化,破坏自然界的生态平衡。

为了避免温室效应的严重后果,世界各国正在开发各种高性能的发动机,以降低燃料消耗和 CO_2 排放,同时还在开发使用各种非化石燃料如太阳能、氢燃料、核能等的动力装置。

6.2 汽油机主要污染物的生成机理和影响因素

汽油机有害污染物主要从下述途径排入大气:

(1)在不同运行工况,从发动机排气管排出含有不同比例的 CO、HC(约占汽油机 HC 总排量的 60%)、NO_x 等有害气体和微粒的污染物;

(2)从曲轴箱排出以 HC 为主要成分(约占汽油机 HC 总排量的 20%)并含有 CO 等其他成分的窜气;

(3)汽油从油箱、化油器浮子室及油泵接头处蒸发,挥发出 HC(约占汽油机 HC 总排量的 20%)。

6.2.1 汽油机排气污染物的生成机理

6.2.1.1 CO 生成机理

对于汽油机,根据燃烧化学反应,理论上当过量空气系数 $\phi_a=1$ 时燃料完全燃烧,其产物为 CO_2 和 H_2O。实际上,当空气不足、$\phi_a<1$ 时,有部分燃料不能完全燃烧而生成 CO。当 $\phi_a\geqslant 1$ 时,在理论上排气中不存在 CO,全部生成 CO_2,然而在汽油机实际燃烧过程中,混合气中空气和燃料不会完全均匀分布,且燃烧后燃气的温度很高,已经生成的 CO_2 也会有一小部分被分解成 CO 和 O_2,H_2O 也会部分被分解成 O_2 和 H_2,生成的 H_2 会将 CO_2 还原成 CO,所以,排气中总会有少量 CO 存在。

6.2.1.2 HC 生成机理

HC 生成主要有以下几个方面的原因:

(1)不完全燃烧:发动机运转时,若混合气过浓,混合气中部分燃料会以未燃 HC 形式排出,使 HC 排放明显升高;若混合气过稀,火焰传播变慢甚至发生熄火,也会造成 HC 排放增加。

(2)壁面淬熄效应:壁面淬熄效应是指温度较低的燃烧室壁面对火焰的迅速冷却(也称激冷),使活化分子的能量被吸收,链式反应中断,在壁面形成 0.1~0.2 mm 的不燃烧或不完全燃烧的火焰淬熄层,产生大量未燃的 HC。

(3)狭缝效应:狭缝主要指活塞头部、活塞环和气缸壁之间的狭小缝隙,火花塞中心电极的空隙,火花塞的螺纹、喷油器周围的间隙等。汽油机工作时总有一些液态油滴或燃油蒸气隐藏在这些缝隙中,因火焰无法传入其中而不能燃烧,于是成为未燃烧 HC 的一个来源。

图 6-1 是根据透明燃烧室的高速摄影结果获得的燃烧过程中淬熄层的变化。图 6-1(a)表示在燃烧过程中,气缸盖底面 1、气缸壁面 2、活塞顶部 3 以及第一道活塞环以上的窄缝 4 等处存在不燃烧的淬熄层。图 6-1(b)表示燃烧结束排气门开启后,排气门周围的淬熄层随排气首先排出气缸。图 6-1(c)表示在排气过程后半期,壁面和缝隙处的淬熄层开始剥离并排出气缸。

(4)壁面油膜和积炭吸附:在进气和压缩过程中,气缸壁面上的润滑油膜,以及沉积在活塞顶部、燃烧室壁面和进气门、排气门上的多孔性积炭,会吸附未燃混合气和燃料蒸气,在膨胀和排气过程中这些吸附的燃料蒸气随之进入气态的燃烧产物中。这些 HC 物质,少部分被氧化,大部分则随已燃气体排出气缸。

6.2.1.3 NO_x 生成机理

发动机排气中氮氧化物的主要成分是 NO,NO_2 的排放量非常少,一般可以认为氮氧化物主要就是 NO。

生成的 NO 主要有三种,即高温 NO、激发 NO 和燃料 NO。

1. 高温 NO(thermal NO)

NO 是在燃烧室高温条件下由空气中的氮气和氧气发生氧化反应产生的,在汽油机和柴油机中都有,这种反应通常叫作扩展 Zeldovich 反应,因为是 Zeldovich 首先注意到在高温条

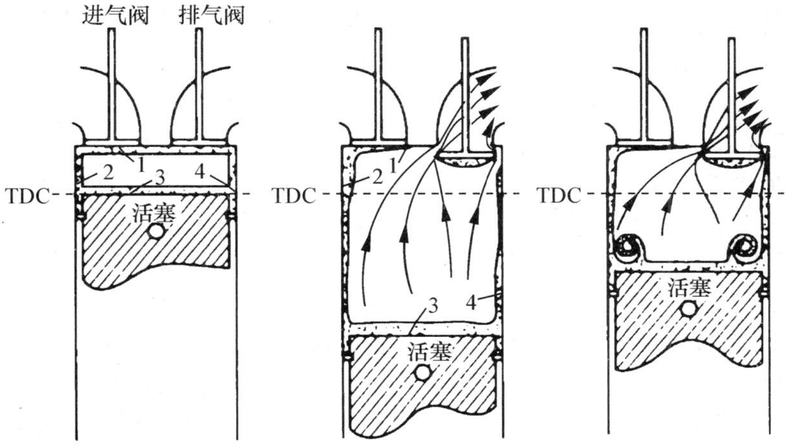

图 6-1　HC 的排放原理

件下氮原子和氧原子发生化学反应，并提出下列反应方程：

$$O_2 \rightleftharpoons 2O \tag{6-1}$$

$$O + N_2 \rightleftharpoons NO + N \tag{6-2}$$

$$N + O_2 \rightleftharpoons NO + O \tag{6-3}$$

$$OH + N \rightleftharpoons NO + H \tag{6-4}$$

上面最后一个反应是由后人扩展出来的，主要发生在非常浓的混合气中。由于 NO 的生成反应比燃烧反应慢，所以只有很少一部分 NO 产生于非常薄(约 0.1 mm)的火焰反应带中，大部分 NO 在离开火焰的燃气中生成。生成 NO 的要素有以下 3 点：①温度：随着温度的升高，反应中 NO 平衡浓度也高，而且生成速度也加快，特别是有氧存在时温度是重要的。化学动力学研究表明，当反应物温度从 2 200 ℃提高到 2 300 ℃时，NO 的生成率几乎翻一番。②氧的浓度：在氧不足的条件下，即使温度高，NO 的生成也会被抑制。③滞留时间：因为 NO 的生成反应比燃烧反应缓慢，所以即使在高温条件下，如果停留时间短的话，NO 的生成量也会被抑制。所以，在混合气偏浓区域(由于缺少氧)、在混合气过稀区域(由于温度低)这两种情况下，氮氧化物的生成量都比较少。NO_x 排放的峰值出现在稀混合区，α 约为 16。

2. 激发 NO(prompt NO)

根据高温 NO 的生成机理，NO 应主要发生在火焰前锋面之后的区域。但实验中发现，过浓混合气(还原气氛)燃烧时，在火焰前锋面上也会产生大量的 NO，用高温 NO 机理不能很好地解释。20 世纪 70 年代，由佛尼莫尔(Fenimore)等提出了激发 NO 机理，也称为快速 NO 机理。佛尼莫尔机理在富燃料燃烧中特别重要，它与碳氢化合物的燃烧化学密切相关，一般描述是碳氢自由基与氮分子反应形成胺或氰基化合物，胺或氰基化合物进一步转变成中间体，最终形成 NO。反应方程式为

$$CH + N_2 \rightleftharpoons HCN + N \tag{6-5}$$

$$CH_2 + N_2 \rightleftharpoons HCN + NH \tag{6-6}$$

激发 NO 生成速率主要受混合气浓度影响，一般在 $\phi_a = 0.6 \sim 0.7$ 附近出现最大值。温度

对激发 NO 的影响不是很大，只要达到一定温度即可发生，反应中随温度升高 NO 浓度仅略有上升。激发 NO 的现象主要出现在烃类燃料燃烧中，而在 H_2 和 CO 等非烃类燃料的燃烧中未曾发现。

3. 燃料 NO(fuel NO)

燃料中如果含氮化合物，燃烧时氮化合物中的原子氮容易分解出来并生成 NO。这种燃料中的氮化合物经热分解和氧化反应而生成的 NO 称为燃料 NO。燃料 NO 的生成过程十分复杂，涉及多种化学反应和化学动力学参数，它的生成和破坏过程与燃料中的氮分子受热分解后在挥发分和焦炭中的比例有关，随空燃比、温度和氧分等燃烧条件而变。

化石燃料中，煤的含氮量高达 0.2%～3.4%，因而燃料 NO 占煤燃烧 NO_x 排放量的 75%～80%。内燃机的常规燃料中，汽油可看作基本不含氮，柴油的含氮率仅为 0.002%～0.03%(质量分数)，含氮率最高的重油也只有 0.05%～0.4%，因而现阶段对于车用发动机可以不考虑燃料 NO，但随着燃烧技术的进步，NO_x 降至很低时，燃用重油的内燃机必须考虑燃料 NO 的问题。

6.2.1.4 微粒(PM)生成机理

传统进气道喷射汽油机因其良好的油气混合，颗粒物排放较少。同柴油机一样，汽油机缸内直喷后，存在混合时间缩短和燃油碰壁等现象，使燃油与空气混合不均，在高温缺氧条件下就会产生颗粒物排放。国内外排放法规都对缸内直喷汽油机排放的颗粒物组成与含量进行了限制。

缸内直喷汽油机的炭烟生成过程有两个阶段：第一阶段，预混火焰在混合气浓度较大的区域迅速传播生成大量炭烟，但是这部分区域的混合气迅速与周围稀薄区域气体混合，因此时温度较高(2 000～2 400 K)，炭烟绝大部分被迅速氧化；第二阶段，燃烧后期在油膜蒸发燃烧的池火中形成大量炭烟，此时温度较低(1 500 K 左右)，炭烟不易被氧化。因此，最主要的炭烟来源是池火燃烧，池火燃烧现象涉及很多复杂的物理化学过程，包括喷雾碰壁、壁面油膜形成与蒸发、点火、燃烧等物理化学过程。汽油喷雾碰壁及油膜蒸发过程决定了点火前附壁油膜量，是影响缸内炭烟生成的关键因素之一。

汽油中的硫以及金属添加剂等也是颗粒物的贡献者，因此对汽油中的硫、金属添加剂及润滑油添加剂等都需要严格限制。

6.2.2 汽油机排气污染物生成的主要影响因素

影响汽油机排气污染物生成的因素很多，其中主要的有以下几种。

1. 混合气浓度

如图 6-2 所示，当过量空气系数 $\phi_a<1$ 时，排出的 CO 浓度随 ϕ_a 的减小急剧上升；反之，当 $\phi_a>1.1$ 时，CO 排放则趋于稳定，并且数值很低。这说明混合气浓时，由于燃烧所需要的氧气不足，燃料燃烧不完全，引起 CO 的急剧增长。同时还说明，要减小 CO 的排放，就必须采用稀混合气。

HC 与 CO 不同，$\phi_a<1.15$ 时，随着 ϕ_a 的增大，HC 的排放浓度下降。但 ϕ_a 继续增大至大于 1.2 时，由于混合气过稀，易发生火焰不完全传播，甚至断火，使 HC 排放浓度迅速增加。

混合气浓度对 NO_x 的影响是：当混合气很浓时，由于燃烧温度和可利用的氧的浓度都很低，NO_x 的生成量也较低。用 $\phi_a=1.05～1.1$ 的稍稀混合气时，排出的 NO_x 浓度最高。对 ϕ_a 大于 1.1 的稀混合气，虽然氧浓度的增加可以促进 NO_x 的生成，但是稀混合气中燃烧温度和形成速度降低也会造成 NO_x 生成量减少。因此对于很浓或很稀的混合气，NO_x 的排放浓度均不高。

2. 点火时刻

适当推迟点火时刻可减少 HC 的排放量。这是因为推迟点火使后燃加重和排气温度升高，从而使 HC 在排气过程中以及在排气管中可继续氧化。但点火过迟则会因燃烧速度慢而使 HC 增多，并使发动机的动力性和经济性变差。点火提前角对 CO 的排放浓度没有太大影响，因为 CO 是不完全燃烧的产物，主要取决于混合气的浓度。但是如果过分推迟点火，CO 会因没有时间完全氧化而增加。点火时刻还会影响燃烧温度，实验表明，在任何负荷与转速下，加大点火提前角均使 NO 浓度增加。这是点火时刻提前时燃烧温度提高所致。

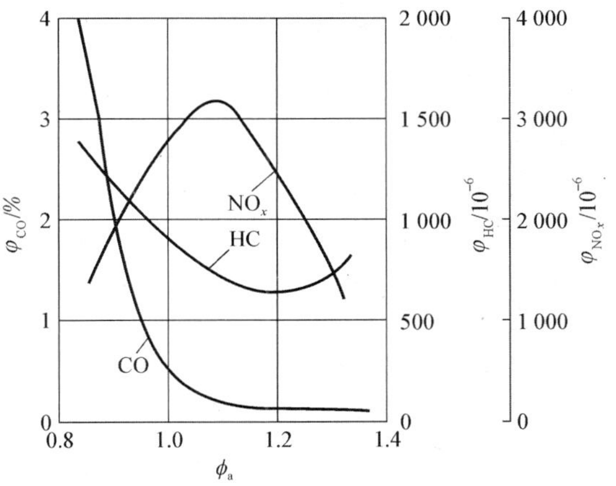

图 6-2 过量空气系数对汽油机排放性能的影响

3. 转速

当转速增大时，HC 排放浓度明显降低。这是因为转速的升高增强了气缸中的扰流混合与涡流扩散，同时又增加了排气的扰流和混合。前者改善了气缸内的燃烧，增进了淬熄层的后氧化，后者促进了排气的氧化反应。

转速的变化对 CO 的排放浓度没有太大影响。这是因为，在正常的排气温度下，排气中 CO 的氧化并不受混合的限制，而是取决于化学反应速度。

但在怠速情况下适当提高怠速转速，由于节气门的节流减小，进入的新气量增多，使残余气体的稀释程度有所减小，燃烧得到改善，结果使 HC 和 CO 的排放同时降低。因此，目前从汽车排气净化的要求出发，怠速转速有提高的趋向。

对于不同空燃比的混合气，转速对 NO 生成速度有不同的影响。对于燃烧速度较低的稀混合气，在点火时刻相同的情况下提高转速，由于燃烧过程相对应的曲轴转角增大，燃烧峰值温度反而下降，NO 生成速度会变慢。而对于燃烧速度较高的浓混合气，提高转速时，由于加强了气体在气缸内的扰动，加大了火焰传播速度，同时也减少了热损失，NO 的生成速度会有所增大。

4. 负荷

负荷是通过混合气成分对燃烧产物中有害物质生成产生影响的。汽油机在怠速及小负荷工况运行时，节气门分别在几乎关闭和小开度位置，新气量进入少，废气相对较多，供给的混合气偏浓，而且燃烧室温度较低，燃烧速度慢，易引起不完全燃烧，使 CO 排放量增加；又因为燃烧室温度低，燃烧室壁面淬熄现象严重，未燃烧的燃油量增多，结果导致 HC 排放量增加。在中等负荷（节气门开度 25%～80%），供给经济混合气，燃烧较完全，废气中 CO 最少，HC 较少；由于燃烧室温度提高且富氧，NO_x 生成量增加。在大负荷时，供给浓混合气，使燃烧气体压力、温度升高，致使 NO_x 生成量增加；同时提高了排气温度，使 HC 在排气中继续燃烧，其排放量减少；但因混合气较浓，CO 排放量增加。

6.2.3　进气道喷射式汽油机瞬态工况排放

(1)冷起动：汽油机冷起动时，由于进气系统和气缸温度很低，汽油蒸发不好，较多的汽油沉积在进气管壁上，流速低，造成油气混合不好，因此需要增加供油量，以便使汽油机能正常起动。汽油机冷起动时混合气的 $\phi_a<1$，混合气中的汽油以部分蒸气状态、部分液体状态进入气缸，很浓的混合气导致较高的 CO 排放。部分液态汽油在燃烧结束后从壁面上蒸发，没有完全燃烧就被排出气缸，造成 HC 的大量排放。由于温度低和混合气过浓，冷起动时的 NO_x 排放量很低。

(2)暖机过程：汽油机起动以后，冷却系和润滑系以及主要零部件仍未达到正常的温度水平，需要一个暖机过程。这时仍需要 $\phi_a<1$ 的浓混合气，以弥补燃油在气缸壁和进气管壁上的冷凝。这时 CO 和 HC 的排放仍然很高，NO_x 的排放随着温度的提高逐渐增多。

(3)怠速：在怠速工况，由于混合气浓，废气中会含有较多的 CO 和 HC。

(4)加速：加速工况下，进气道喷射式汽油机不产生过浓的混合气，其排放值与相应的各稳定工况点相似。

(5)减速：车用汽油机减速工况就是节气门关闭处于怠速状态，发动机由汽车反拖，在较高转速下空转。进气道喷射式汽油机减速时不再供油，且进气管中液态油膜少，因此排放污染物较少。

6.3　汽油机的排放控制

6.3.1　汽油机的机内净化技术

1. 推迟点火时刻(减小点火提前角)

推迟点火时刻一直是最简单易行、也是应用最普遍的排放控制技术。汽油机推迟点火时刻，除因燃烧温度下降使 NO_x 的生成速度和生成量降低外，还会因后燃使 HC 也同时降低。但推迟点火时刻对减低排放的效果是有限的，在不使动力性和燃油消耗率明显恶化的前提下，NO_x 可降低 10%～30%。实际中应综合考虑排放特性、动力性及经济性来确定最佳点火提前角。

2. 排气再循环

排气再循环(exhaust gas recirculation，EGR)的目的是引一部分排气到发动机的进气系统中，以抑制燃烧过程中 NO_x 的生成，这是目前在汽车发动机中较为常用的一种减少排气中氮氧化物的方法。

废气的引入降低了进入发动机气缸的混合气的氧浓度，导致燃烧速度下降；另外，废气量的增加使缸内混合气的热容量增加，特别是废气中的 CO_2 摩尔热容较大，可有效抑制气缸内燃烧温度的升高。基于上述两种原因，采用排气再循环方式的汽车发动机，由于燃烧温度大幅度下降，NO_x 的排放量可以明显地降低。

排气再循环量对发动机的工作性能有很大的影响，循环量过少，不能有效地降低 NO_x 的排放量，而循环量过大，发动机的性能恶化，工作不稳定。不同工况对于排气再循环量的要求也不同。

(1)发动机起动时，为了使发动机能顺利起动并能稳定运转，需切断排气再循环。

(2)怠速时，燃烧温度不高，NO_x 的排放量不大，为了使发动机怠速运转稳定，需要切断排气再循环。

(3)在低速、低负荷时，由于喷油量少，燃烧变得不稳定，应降低排气再循环率，而在高速、大负荷时，为了获得较高的输出功率，也应降低排气再循环率；在全负荷（节气门全开）时，考虑到发动机对输出功率的要求，不进行排气再循环。

（4）在进气温度较低时，气缸内的燃烧温度也会降低，这时也应减少排气再循环量，以使燃烧过程能良好地进行。

（5）发动机冷却水温度较低时，燃烧不稳定，而且燃烧温度较低，需要切断排气再循环。随着冷却水温度的升高，逐渐增加排气再循环量。

要满足对发动机排气再循环的控制，必须采用电子控制系统，否则达不到预定的目的。图6-3是现代汽车广泛使用的电子控制EGR系统。

EGR阀1膜片的下部通大气，装有弹簧的另一边为真空室，其真空度由EGR电磁阀2控制。增大真空室的真空度，使膜片克服弹簧力上拱，阀的开度增大，排气再循环量增大。当上部失去真空度时，膜片在弹簧力的作用下向下拱而使阀关闭，阻断排气再循环。

EGR电磁阀有3个通气口，如图6-4所示。当EGR电磁阀线圈不通电时，弹簧将阀体2向上压紧，通大气阀口被关闭，进气管与EGR阀真空室相通；当EGR电磁阀线圈通电时，产生的电磁力使阀体下移，阀体下端将通进气管的真空通道关闭，而上端的通大气阀口打开，EGR阀真空室与大气相通。

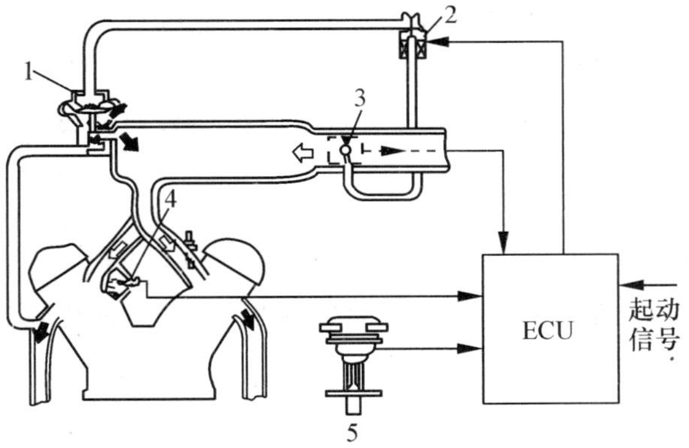

图6-3　电子控制EGR系统

1-EGR阀；2-EGR电磁阀；3-节气门；4-水温传感器；5-曲轴位置传感器

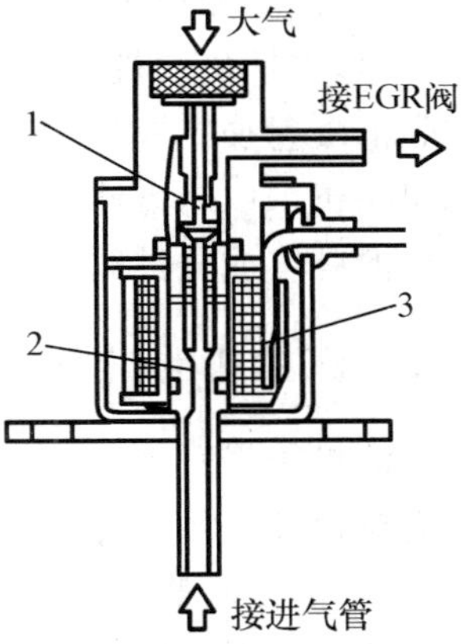

图6-4　EGR电磁阀

1-空气通道；2-阀体；3-电磁阀线圈

ECU根据各有关传感器的信号确定排气再循环量后，通过输出相应的占空比脉冲信号，控制EGR电磁阀在相应的占空比下工作，将EGR阀真空室的压力调节在相应的值，使EGR阀有相应的开度。

3. 燃烧系统优化设计

由于电控燃油喷射加三效催化技术（详见6.3.2）使汽油机的排放大大降低，从排放控制角度对汽油机燃烧室设计的要求明显低于柴油机，但并不能忽视合理的燃烧室设计对控制汽油机排放的效果。紧凑的燃烧室形状可以使燃烧快速充分地进行，并减少淬熄效应，由此可以降低CO和HC的排放；可以改善缸内气流运动，有助于加强油气混合，同样使燃烧快速充分地进行；可以改善燃烧时的循环波动，而循环波动也是HC排放以及动力经济性恶化的重要成因。

减小活塞头部、火花塞和进排气门等处不参与燃烧的缝隙容积也是减少HC的有效方法。

4. 提高点火能量

提高点火能量可以提高着火的可靠性，减小循环波动，扩大混合气的着火界限。特别是伴随着汽油机燃烧稀薄化，无触点的高能电子点火系统得到了广泛的应用。提高点火能量的措施有：增大极间电压，极间电压一般为 10～20 kV，但最高的有 35 kV；增大火花塞间隙，如由 0.8 mm 增加到 1.1 mm；以及延长放电时间等。

5. 汽油缸内直接喷射(GDI)

进气道低压电控燃油喷射系统发动机在冷起动时进气管内的气流速度低，燃油蒸发不良，会导致形成油膜，进入缸内后会直接附着在进气门底面、缸套壁面等处，再加上混合气过浓，燃烧不完全，形成大量的未燃 HC 排出机外。采用 GDI 的发动机改善了油气的混合机理，冷起动时不再需要过量供油，且完全避免了在进气门等处表面形成油膜，燃油计量准确，HC 的排量大为降低。

6. 部分气缸休缸控制技术

采用部分气缸休缸技术，可以在低负荷和中等负荷工况下自动对两个气缸停止供油和停止点火，并让气门保持闭合状态，由此来减小小负荷工况下的泵气损失，以提高经济性，同时有效降低 CO 和 HC 排放。

另外，可变进气系统、可变配气相位、可变排量等新技术，在改善汽油机动力性和经济性的同时，也不同程度地改善了排放特性。这些内容前文已做了一定的介绍。

总之，汽油机的机内净化技术措施并不是很多、很复杂，这是由于汽油机目前主要采用以电控燃油喷射加三效催化为核心的排放控制技术，因而大大减轻了对机内净化的要求，燃烧过程的组织仍可以动力性和经济性指标作为优化目标，而用燃烧以外的排气后处理技术来降低已生成的有害成分排放。

6.3.2 汽油机的排气后处理技术

汽油机排气后处理技术主要包括热反应器、催化转化器、微粒捕集器等，而催化转化器又可分为氧化型、还原型、氧化还原(三效)型以及稀燃型。

6.3.2.1 热反应器

汽油机工作过程中的不完全燃烧产物 CO 和 HC 在排气过程中可以继续氧化，但必须有足够的空气和温度以保证其氧化率。如图 6-5 所示，热反应器装在紧靠排气总管出口处，容积较大，有隔热层，使反应器内部温度高达 600～1 000 ℃。同时在紧靠排气门处喷入空气(即二次空气)，以保证 CO 和 HC 氧化反应的进行。这种系统若设计匹配合理，可得到 50%以上的净化效率，但对 NO_x 无净化效果。为保持较高的排气温度，一般要加大空燃比和推迟点火时刻，因而会导致燃油消耗率升高。

在 20 世纪 70—80 年代，热反应器在国外汽油车上采用较多，随着净化效率更高的催化器特别是三效催化器的普及，新生产的汽车上已不采用热反应器。由于摩托车的排气后处理装置要求结构简单和成本低廉，并且摩托车的主要排放污染物是 CO 和 HC，因而热反应器在摩托车上仍有较好的应用价值和较广泛的实际应用。

6.3.2.2 催化转化器

催化剂可以提高化学反应速度以及降低反应的起始温度，而本身在反应中并不消耗。催化转化器是目前各类排气后处理技术中应用最广泛的技术。

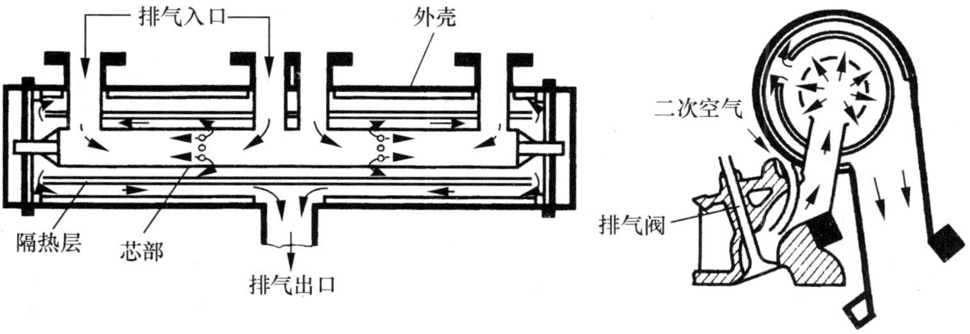

图 6-5　排气热反应器

1. 催化转化器的结构

催化转化器也简称为催化器，如图 6-6 所示，由壳体、减振垫、载体和催化剂涂层、排气温度传感器等部分组成。催化剂是整个催化转化器的核心部分，它决定了催化转化器的主要性能指标，因此在许多文献中并不严格区分催化剂和催化转化器的定义。

车用催化剂及载体的典型结构如图 6-7 所示，起催化作用的活性材料一般为铂(Pt)、铑(Rh)和钯(Pd)3 种贵金属(每升催化剂中贵金属含量为 0.5～3.0 g)，同时还有作为助催化剂成分的铈(Ce)、镧(La)、镨(Pr)和钕(Nd)等稀土材料。贵金属材料以极细的颗粒状散布在以 γ-Al_2O_3 为主的疏松涂层的表面，而涂层则涂在作为骨架的蜂窝状陶瓷载体或金属载体上。目前 90%的车用催化剂使用陶瓷载体。

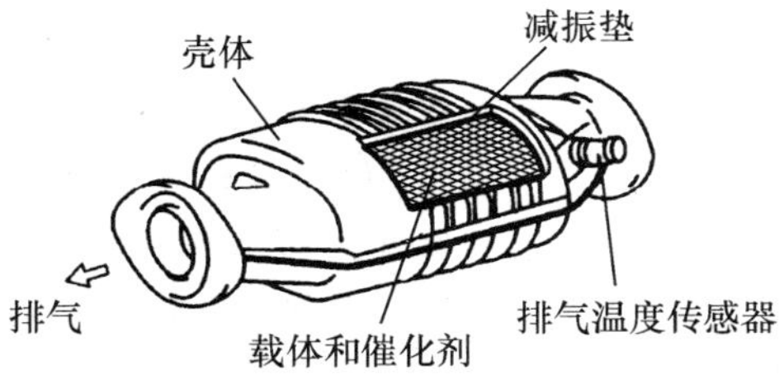

图 6-6　催化转化器

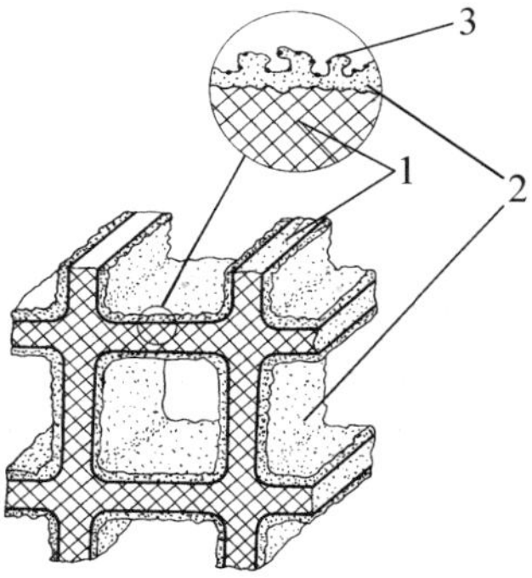

图 6-7　车用催化剂及载体的典型结构

1-堇青石陶瓷蜂窝载体；2- γ-Al_2O_3 涂层；3-催化活性物质

2. 催化剂的分类及工作原理

按工作原理不同，催化剂可分为氧化型催化剂、还原型催化剂、三效催化剂和稀燃催化剂。目前单纯还原型的催化剂已很少用，而最常用的氧化型催化剂和三效催化剂的主要反应如下：

氧化型催化剂(oxidation catalyst，OC)

$$2CO + O_2 = 2CO_2 \tag{6-7}$$

$$4HC+5O_2 = 4CO_2+2H_2O \tag{6-8}$$

$$2H_2+O_2 = 2H_2O \tag{6-9}$$

三效催化剂(three way catalyst,TWC)

$$2CO+2NO = 2CO_2+N_2 \tag{6-10}$$

$$4HC+10NO = 4CO_2+2H_2O+5N_2 \tag{6-11}$$

$$2H_2+2NO = 2H_2O+N_2 \tag{6-12}$$

在氧化型催化剂中,CO 和 HC 与氧气进行氧化反应,生成无害的 CO_2 和 H_2O,但对 NO_x 基本无净化效果。而在三效催化剂中,当混合气浓度正好为化学计量比时,CO 和 HC 与 NO_x 互为氧化剂和还原剂,生成无害的 CO_2、H_2O 及 N_2,剩余的 CO 和 HC 则进行式(6-7)至式(6-9)的反应。三效催化剂这种巧妙的构思和显著的效果,使它成为当前以及可以预见的未来时期内汽油机最主要的排气净化技术。

不同贵金属成分对排气污染物的催化净化效果是不同的。实际催化剂中,Pt 和 Pd 主要催化 CO 和 HC 的氧化反应,Rh 催化 NO_x 的还原反应。但为了满足对催化剂综合性能指标的要求,3 种贵金属成分往往是搭配使用的。

3. 催化转化器的主要性能

1)转化效率

催化器的转化效率定义为

$$\eta_i=\frac{c(i)_1-c(i)_2}{c(i)_1}\times 100\% \tag{6-13}$$

式中:η_i 为排气污染物 i 在催化器中的转化效率;$c(i)_1$ 为排气污染物 i 在催化器入口处的浓度;$c(i)_2$ 为排气污染物 i 在催化器出口处的浓度。

2)空燃比特性

催化器转化效率随空燃比(或过量空气系数)的变化称为催化器的空燃比特性,如图 6-8 所示。由图可知,三效催化器在化学计量比($\phi_a=1,\alpha=14.7$)附近的狭窄区间内对 CO、HC 和 NO_x 的转化效率同时达到最高,这个区间被称为“窗口”。实际中常以三项转化效率都达到约 80%的区间来确定窗口宽度。窗口很窄,且并不相对 $\phi_a=1.00$、$\alpha=14.7$ 对称,而是偏向浓的方向。在这个窗口工作,CO、HC 和 NO_x 的净化效率均较高。窗口越宽,表示催化剂的实用性能越好,同时对电控系统控制精度的要求也更低。

3)起燃特性

催化器的转化效率与温度有密切关系,催化剂只有达到一定温度时才能开始工作,即起燃。催化器的起燃特性有两种评价方法。一种称为起燃温度(light-off temperature)特性,如图 6-9 所示,它表示转化效率随催化器入口温度 t_i 的变化。转化效率达到 50% 时所对应的温度称为起燃温度 t_{50},显然 t_{50} 越低,催化器在汽车冷起动时越能迅速起燃,因此 t_{50} 一直是催化器活性的重要特征值。起燃温度特性是在化学实验室或发动机台架上测取的。另一种称为起燃时间(light-off time)特性,它可以在实车上或发动机台架上测取,控制车辆或发动机以一定的工况运转,达到 50%转化效率所需要的时间即为起燃时间 τ_{50}。

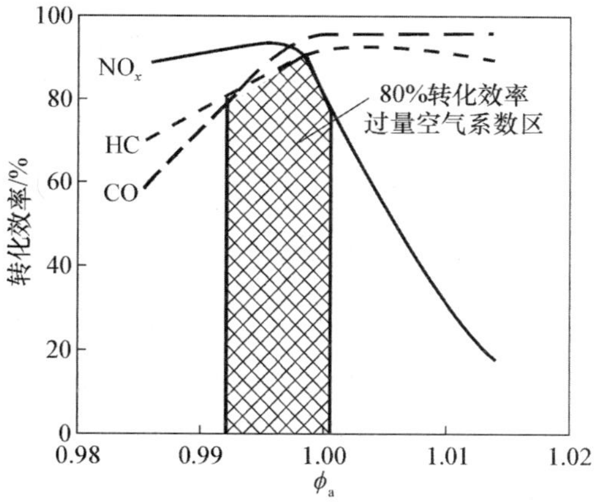

图 6-8 三效催化器的空燃比特性

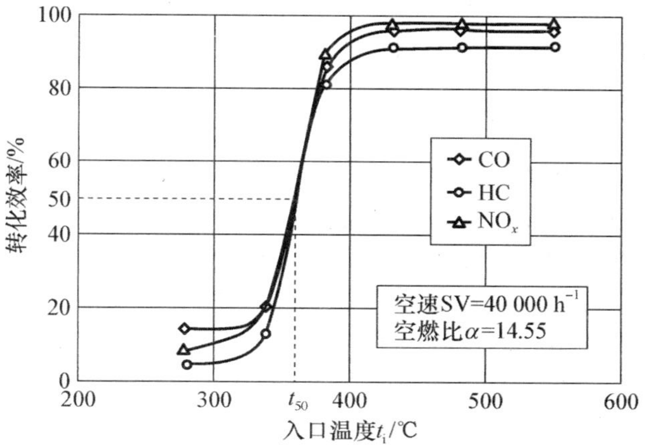

图 6-9 三效催化器的起燃温度特性

起燃温度特性主要取决于催化剂配方，它评价的是催化剂的低温活性，而起燃时间特性除与催化剂配方有关外，在很大程度上取决于催化转化器总体的热惯性、绝热程度以及流动传热传质过程，其评价试验结果与实车冷起动特性的关系更为直接。

4)催化剂的耐久性

催化剂经长期使用后，其性能将发生劣化，也称失活。国外一般要求新车用催化剂在使用 8 万 km 后整车排放仍能满足法规要求，而近年来对催化剂的耐久性要求已提高到 10 万 km 甚至 16 万 km。国内外几十年来的研究开发经验表明，开发一种高活性的催化剂并不很难，难的是同时具有较长的使用寿命。

影响催化剂寿命的因素有 4 类，如表 6-1 所示，即高温失活、化学中毒、结焦和机械损伤。化学中毒主要源自燃料和润滑油中的 Pb、S 和 P，通过严格限制燃料和润滑油中的有害成分含量可以将化学中毒控制到最小。而高温失活是目前汽车催化剂最主要的失活方式。

表 6-1 影响车用催化剂寿命的主要因素

高温失活	化学中毒	结焦与堵塞	机械损伤
· 活性组分高温烧结 · 涂层中的 γ-Al_2O_3 高温下转化为 α-Al_2O_3 · 载体发生高温烧结	· 中毒：不可逆吸附或发生表面反应(与 P、S、Pb、Hg、Zn、Cu 等)。催化剂的活性不可以恢复 · 抑制：毒物主要吸附在催化剂活性表面上并形成一种化学吸附络合物，导致催化剂表面重构，发生载体孔结构阻塞。催化剂的活性在一定条件下可以得到恢复	· 含碳的沉积物(结焦等)	· 热冲击 · 物理性破碎

高温失活是一种复杂的物理化学过程。在高温条件下，散布均匀的细小贵金属颗粒和助催化剂成分都各自聚合成大颗粒，导致活性下降；在 800 ℃以上，涂层中的 γ-Al_2O_3 转化为 α-Al_2O_3，结果使催化剂的活性表面大大减小。实际中引起催化器高温失活的原因有：发动机失火使未燃混合气在催化剂中发生剧烈氧化放热反应，汽车连续高速大负荷运行时的长时间排气高温，为减少冷起动排放而紧靠发动机排气口安装催化器等。

对催化剂的寿命评价，除实际装车道路考核之外，国外广泛采用快速老化方法。可以在发动机台架上用数十小时至一百小时的快速老化试验模拟数万千米至十几万千米的道路试验。

催化器的性能指标还有很多，如空速特性(space velocity，SV，即每小时流过催化剂的排气体积流量与催化剂容积之比)以及影响发动机排气背压的流动特性等。另外，实际使用时，催化器是与发动机以及汽车组合成一个完整的排放控制系统来起作用的，因而催化器与各部件之间的匹配问题也是一个极为复杂的问题。

6.3.2.3 NO_x 吸附还原催化剂

分层燃烧缸内直喷汽油机(见第 4 章)大部分工况都处在大于理论空燃比的过稀状态，一般三效催化剂不适用。目前已成功地应用于分层燃烧缸内直喷汽油机的主要是 NO_x 吸附还原催化剂。

如图 6-10 所示，吸附还原催化剂的活性成分是贵金属和碱土金属(或碱土金属和稀土金属)。当发动机在稀燃状态工作时，排气处于氧化气氛，在贵金属(Pt)的催化作用下，NO 与 O_2 反应生成 NO_2，并以硝酸盐 MNO_3(M 代表金属)的形式被吸附在碱土金属表面，同时 CO 和 HC 被氧化成 CO_2 和 H_2O 后排出催化器。而当发动机在化学计量比或浓混合气状态下运转时，硝酸盐 MNO_3 分解析出的 NO_2 和 NO 与 CO、HC 及 H_2 反应，生成 CO_2、H_2O 和 N_2，同时使碱土金属得到再生。

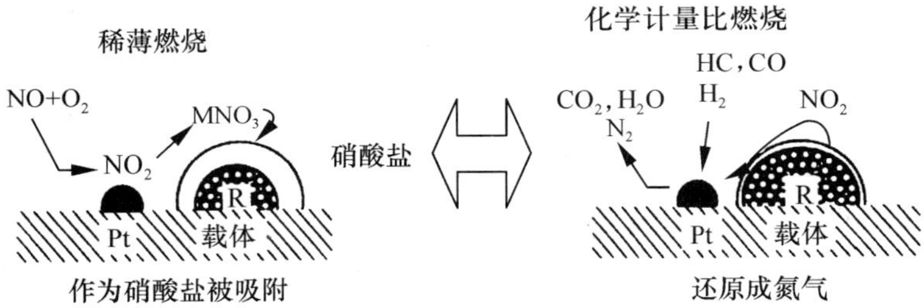

图 6-10 吸附还原催化剂的工作原理

R 为 NO_x 吸附材料

为保证催化剂能在稀—浓交替的气氛中工作而又不影响发动机的动力经济性，实际分层燃烧缸内直喷发动机可以每隔一定时间(如 50～60 s)使空燃比短时间地由大变小一次，使催化剂再生。

6.3.2.4 微粒捕集器

汽油机微粒捕集器(gasoline particulate filter，GPF)由流通式三效催化器演变而来，是一种壁流式的捕集装置。在使用 GPF 时，排气以一定的流速通过交替封堵蜂窝状多孔过滤体(图 6-11)，被迫从孔道壁面通过，分别经过扩散、拦截、重力和惯性 4 种方式被捕集过滤。大量研究表明，壁流式过滤器是目前减少颗粒物排放最有效的手段。

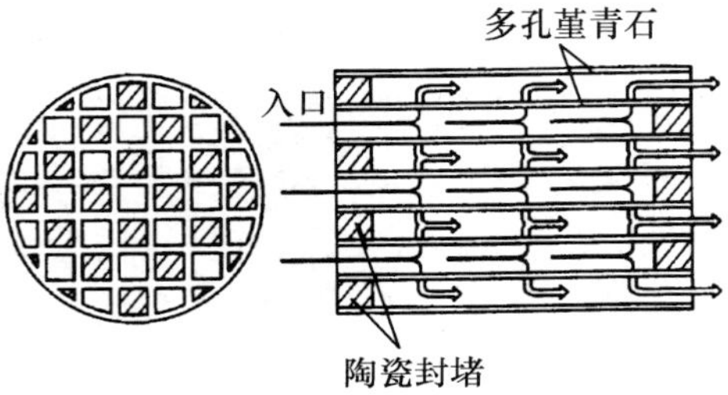

图 6-11 交替封堵蜂窝状多孔过滤体

过滤材料是决定汽油机微粒捕集器性能的关键因素，其过滤能力、热稳定性、机械强度等能够影响 GPF 的过滤效率、使用寿命等指标。GPF 过滤材料主要是堇青石、碳化硅、合金等。目前应用较多的过滤材料为堇青石，其成本低、热膨胀系数小、机械强度高，具有较优异的性能。

GPF 持续不断地捕集微粒，颗粒物沉积在载体中，排气系统的背压也会随之升高，影响汽车的动力性与经济性，因而需要促使微粒捕集器中的颗粒再次氧化燃烧、去除，这个过程称为再生。GPF 的再生方式主要分为被动再生和主动再生两种，被动再生即发动机在正常工况下自然发生的再生，主动再生则需要外部条件促进再生的发生。汽油机的排气温度相对高于柴油机，在城市驾驶工况下发动机排气温度为 300～500 ℃，高速行驶时可达到 700 ℃，这样高的温度足以维持 GPF 的被动再生。但在以化学计量比运行时，汽油机排气里的氧气一般是不足的，因此，通常车辆减速期间减少燃料供应，排气中氧气充足时进行再生。

6.3.2.5 针对冷起动排放的技术对策

三效催化剂在合适的工作温度和精确的空燃比条件下，净化效率可达到 95%～99%，因此在汽车正常行驶时排放的 NO_x、CO 和 HC 极少。但在冷起动时，由于催化剂尚未起燃，HC 排放会很高。为满足不断严格的轻型车排放法规的要求，必须降低冷起动 HC 的排放，目前主要依靠改善发动机燃烧、缩短催化剂起燃时间及采用降低冷起动排放的后处理装置，例如前级耦合催化器(close coupled catalyst，CCC)、电加热催化转化器(electrically heated catalyst，EHC)、二次空气系统、燃氢加热型催化转化系统、HC 吸附系统(HC trap，HCT)等。

(1)前级耦合催化器：前级耦合催化器安装在排气歧管附近，主催化器安装在原消声器的位置。前级耦合催化器直接利用发动机的高温排气迅速起燃，降低冷起动时的排放。

(2)HC 吸附系统：在后处理系统中串联一个 HC 捕集单元，其材质一般为活性炭或沸石等，通过活性炭或沸石吸附 HC 达到降低冷起动排放的目的。此系统可在冷起动期间通过一个排气阀将排气导入一个旁通管路流入 HC 捕集单元，HC 捕集单元在低温时吸附 HC，沸石通常能在 400 ℃时脱附 HC，而这个温度恰好是三效催化剂起燃的温度，脱附的 HC 通过三效催化转化器可以随排气气流被转化。

6.3.3 非排气污染物控制技术

如前所述，在汽车排放到大气中的 HC 总量中，20%来自曲轴箱窜气，20%来自燃油系统蒸发，60%来自排气管，因此控制和消除非排气污染物也是十分重要的。

1. 汽油蒸发控制

现代汽车燃油蒸发(evaporative emission)控制的措施主要是针对油箱燃油蒸发进行的，最常用的是活性炭罐式燃油蒸气吸附装置，其工作原理如图 6-12 所示。由油箱蒸发出来的燃油蒸气流入炭罐被活性炭所吸附，这一过程称为吸附过程。当发动机工作时，在进气管真空度作用下控制阀开启，被活性炭吸附的燃油蒸气与从活性炭罐下部进入活性炭罐的新鲜空气一起被吸入进气管，最后进入气缸被燃烧掉，而同时活性炭得到再生，这一过程称为脱附过程。

炭罐是控制系统中吸附蒸气的部件，它的结构如图 6-13 所示，下部与大气相通，上部有一些与油箱等相连的接头，用于收集和清除汽油蒸气，中间是活性炭粉末，由于活性炭的表面积大，故具有很强的吸附作用。当发动机停车时，炭罐处于吸附过程；当发动机工作时，炭罐处于脱附过程。

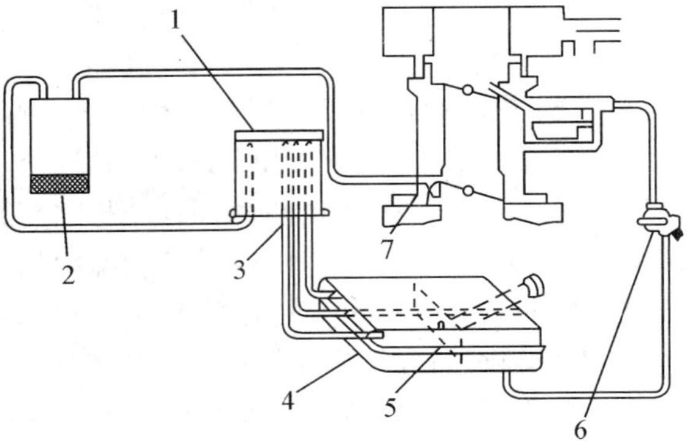

图 6-12 汽油蒸发控制系统

1-液体-蒸气分离器；2-活性炭罐；3-液体回流管；4-燃油箱；
5-挡板；6-压力-真空阀；7-流量控制阀

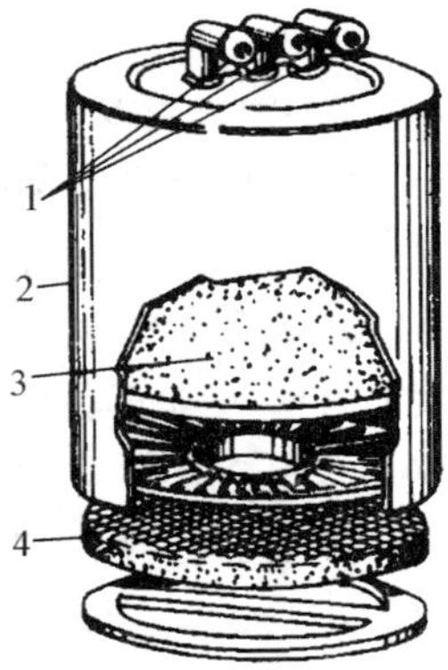

图 6-13 活性炭罐

1-通风和净化管接头；2-活性炭罐；
3-炭末；4-滤清器

2. 曲轴箱强制通风系统

曲轴箱强制通风系统(positive crankcase ventilation，PCV)如图 6-14 所示，新鲜空气经空滤器进入曲轴箱，与窜气混合后，经 PCV 阀进入进气管，与空气或油气混合气一起被吸入气缸燃烧掉，吸入气缸的窜气量可由 PCV 阀随发动机运转状况自动调节。

PCV 阀的结构和原理如图 6-15 所示。在怠速和小负荷时，由于进气管真空度较高，阀门被吸向上方(进气管侧)，气流通路关小，吸入气缸的窜气量减少，以避免混合气过稀而造成燃烧不稳定或失火。在加速和大负荷时，进气管真空度变低，在弹簧作用下阀体下移，PCV 阀的气流通路开大，因而有较多的窜气进入气缸再燃烧。在发动机高速大负荷运转的情况下，一旦窜气量过多而不能完全被吸净，部分窜气会从闭式通气口倒流入空滤器，经进气管进入气缸。

同时，PCV 阀能使曲轴箱始终保持负压，因而可以减缓润滑油窜入燃烧室(即窜机油)和通过密封面渗漏，而窜入燃烧室中的机油是排气中 HC 和微粒的重要成因。

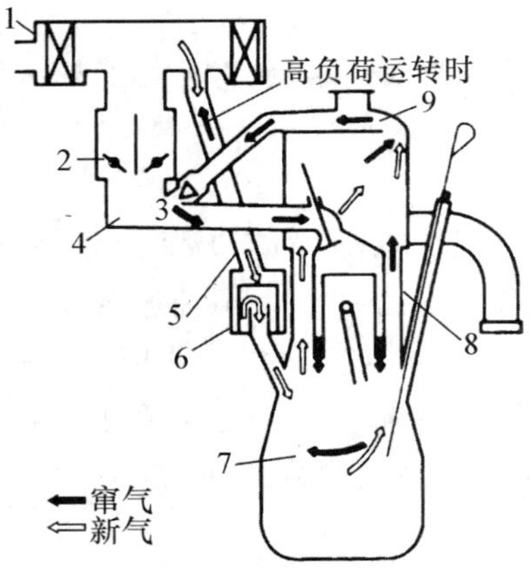

图 6-14 闭式曲轴箱强制通风系统

1-空滤器；2-节气门；3-PCV 阀；4-进气管；
5-通风管；6-闭式通风口；7-曲轴箱；
8-机体通气道；9-缸盖通气道

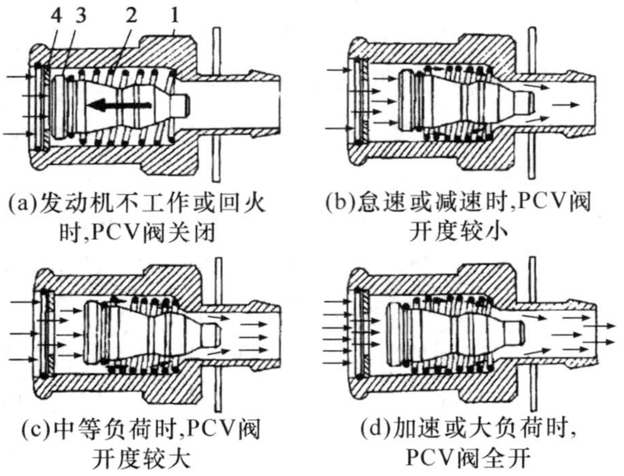

图 6-15 发动机各种工况下的 PCV 阀开度

1-PCV 阀体；2-弹簧；3-锥形阀；4-阀座

6.4　柴油机主要污染物的生成机理和影响因素

柴油机排气中的有害污染物主要为 CO、HC、NO_x 及 PM，这些有害成分不仅危害环境，而且严重危害人体健康，为此必须对柴油机有害污染物排放进行严格控制。柴油机污染物生成机理和影响因素与汽油机有所区别。

6.4.1　柴油机排气污染物的生成机理

1. CO 生成机理

柴油机 CO 生成原因与汽油机一样，都是燃料燃烧不完全。虽然柴油机燃烧时过量空气系数总大于 1，但由于混合不均匀造成局部缺氧，会导致局部燃烧不完全，因此柴油机排气中总存在少量的 CO，但与汽油机相比要少得多。

2. HC 生成机理

柴油机 HC 生成原因与汽油机相比有很大区别。由于柴油机的燃烧是扩散燃烧，燃油停留在燃烧室中的时间比汽油机短得多，绝大部分工况的过量空气系数远大于汽油机，因而受壁面淬熄效应、狭缝效应、油膜吸附、沉积物吸附影响较小，这是柴油机 HC 排放较低的主要原因。

柴油机产生 HC 的主要原因是混合不均匀和在燃烧过程后期低速离开喷油器的燃油混合及燃烧不良。

(1)混合不均匀对 HC 排放的影响：柴油机燃烧室中混合气的浓度分布极不均匀，在超过着火界限的过浓或过稀混合气区域会产生局部失火。如图 6-16 所示，靠近油束中心的区域会形成过浓混合区，而在油束的外缘会因过度混合产生过稀混合区，结果造成 HC 排放增加。

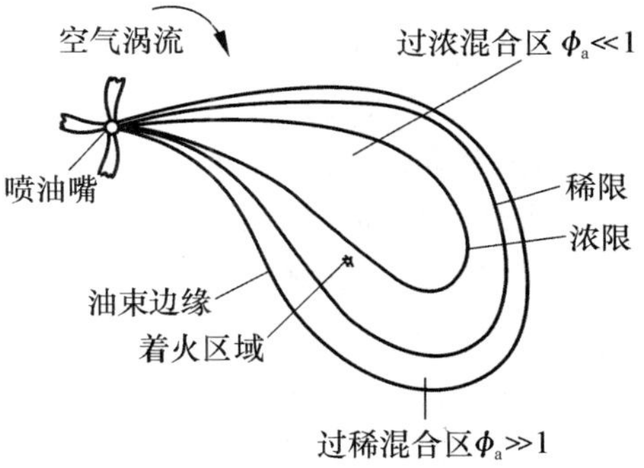

图 6-16　柴油喷雾与 HC 生成的关系

(2)喷油器的压力室容积对 HC 排放的影响：压力室容积是指喷油器嘴部针阀座下游的容积加上各喷油孔道的容积。在喷油结束时，这个容积仍充满柴油。在燃烧后期和膨胀初期，这部分被加热的柴油部分汽化，并以液态或气态低速进入燃烧室。由于这时混合及燃烧速度都极为缓慢，这部分柴油很难充分燃烧和氧化，从而导致 HC 生成。研究证明，残留的柴油大概有 1/5 左右以未燃 HC 的形式排出。

标准结构[图 6-17(a)]压力室容积为 0.6～1.0 mm^3，油孔容积约 0.3 mm^3。小压力室[图 6-17(b)]容积可缩减到 0.3 mm^3 左右(油孔容积不变)。无压力室喷油器(又称 VOC 喷油器)[图 6-17(c)]的压力室容积可缩减到极限尺寸，约 0.1 mm^3。试验表明，VOC 喷油器与标准喷油器相比，HC 排放可下降一半，而 CO 与 NO_x 排放几乎不变。

3. NO_x 生成机理

与点燃式发动机的情况一样，柴油机气缸内所达到的最高燃烧温度决定 NO_x 的生成。在燃烧过程中，最先燃烧的混合气比例(预混合燃烧比例)对 NO_x 的生成有很大影响。

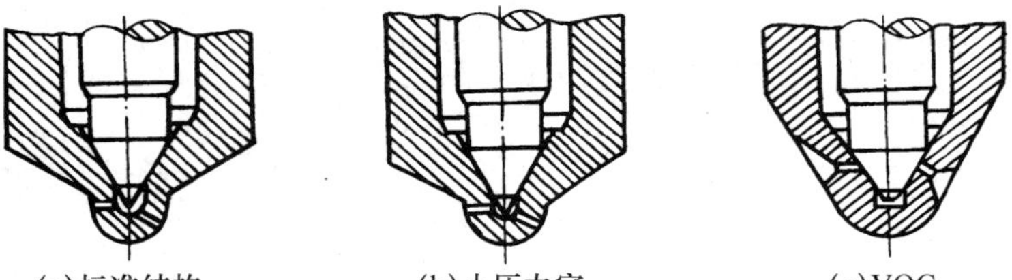

(a)标准结构　　(b)小压力室　　(c)VOC

图 6-17　喷油器的压力室结构

与点燃式发动机一样，燃烧的稀释剂（例如再循环的排气）也能降低柴油机已燃气体的温度，从而减小 NO_x 的排放量。

4. 微粒（PM）生成机理

柴油机的微粒由在燃烧时生成的含炭粒子（炭烟）及其表面上吸附的可溶性有机成分（SOF）组成。

柴油机炭烟微粒的生成过程可分为两个阶段，即炭烟生成阶段以及烟粒长大阶段。

（1）炭烟生成阶段：这是一个诱导期，其间燃料分子经过氧化中间产物或热解产物萌生凝聚相。在这些产物中有各种不饱和的烃类，特别是乙炔及较高阶的同系物 C_nH_{2n-2} 和 PAH，这类物质已被认为是火焰中形成炭烟最可能的先兆物。这类粒子的生成有两种途径：其一，在高温富油缺氧区，已经形成气相的燃油分子通过裂解和脱氢过程，经过核化形成先期产物；其二，在低于 1 500 K 的低温区，通过聚合和冷凝过程，缓慢产生较大分子量的物质，最后也生成炭烟微粒。

（2）烟粒长大阶段：包括表面生长和聚集两种形式。表面生长指烟粒表面粘住来自气相的物质而质量增大，同时还发生脱氢反应，但不会改变烟粒数量。聚集过程指通过碰撞使烟粒长大，烟粒数量减少，生成链状或团絮状聚集物。在柴油机中，烟粒聚集过程常与烟粒在空气中的氧化过程同时发生，即燃烧早期生成的炭烟微粒，在温度高于碳反应温度的富氧区和扰流火焰出现的地方，在燃烧后期可能和氧混合而完全燃烧。图 6-18 给出了一例燃烧室内不同位置直接采样得到的炭烟排放质量浓度随曲轴转角的变化过程，说明大部分炭烟微粒在排出气缸之前被氧化掉。

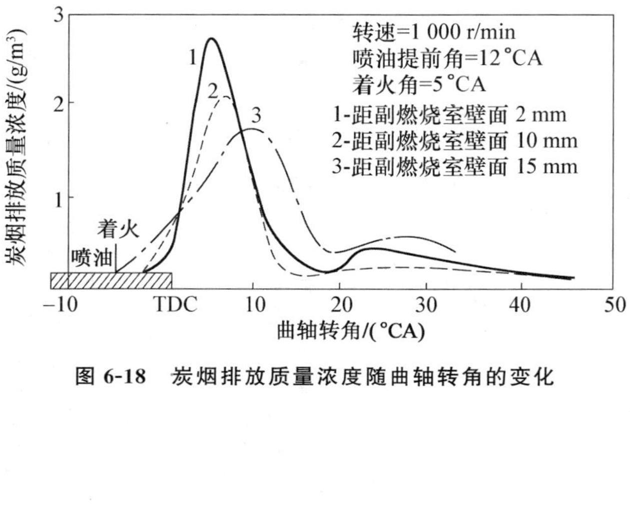

图 6-18　炭烟排放质量浓度随曲轴转角的变化

6.4.2　柴油机排气污染物生成的主要影响因素

1. 过量空气系数

ϕ_a 对柴油机有害排放物的影响如图 6-19 所示。尽管柴油机总是在 $\phi_a>1$ 的稀混合气条件下运转，但由于柴油机是扩散燃烧，混合气的浓稀分布极不均匀，完全燃烧所需的空气要比预混合燃烧时多，因而与图 6-2 相比，CO、HC 和 NO_x 曲线有向稀混合气区平移的趋向。

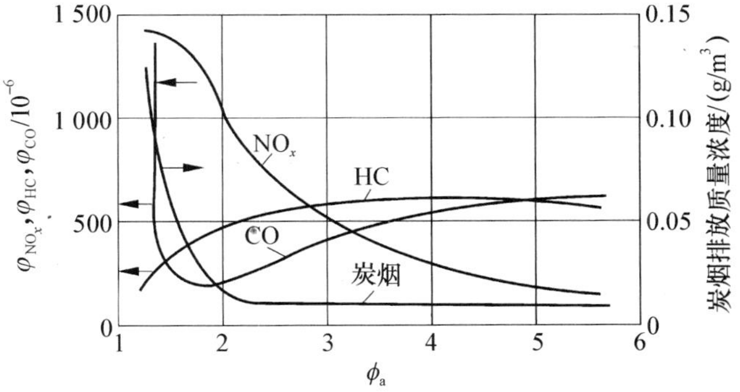

图 6-19　直喷式柴油机污染物排放量与过量空气系数的关系

由图 6-19 可知，柴油机 CO 排放一般很低，不到汽油机的 1/10，只有在高负荷（$\phi_a<1.5$）时才开始急剧增加。

在中小负荷时（$\phi_a>2$），由于在燃油喷雾边缘区域形成了过稀混合气且缸内温度过低，HC 排放略有上升，但仍比汽油机低得多。

柴油机中炭烟排放质量浓度随 ϕ_a 的变化也在图 6-19 中示出。由于柴油机混合气浓度分布得极不均匀，局部缺氧使得在 $\phi_a\leqslant 2$ 以后炭烟急剧上升。加强混合可以改善局部缺氧，使冒烟极限向化学计量比 $\phi_a=1$ 靠近。

NO_x 生成规律与汽油机相同，但生成量低于汽油机，并且峰值比汽油机略向稀混合气区偏移，这主要与柴油机的混合气浓度分布不均匀有关。

2. 喷油特性

喷油特性对柴油机燃烧过程以及污染物排放的影响较大，具体包括喷油定时、喷油规律以及喷油压力。

(1)喷油定时：喷油定时对柴油机 HC 排放的影响比较复杂，与燃烧室形状、喷油器结构参数及运转工况等有关，故不同机型的柴油机往往会差别较大。

喷油提前，滞燃期延长，使较多的燃油蒸气和小油滴被旋转气流带走，形成一个较宽的过稀不着火区，同时燃油与壁面的碰撞增加，这会使 HC 排放增加。而喷油过迟则使较多的燃油没有足够的反应时间，HC 排放也要增加。

CO 主要受混合气浓度影响，柴油机整体上 $\phi_a>1$，改变喷油提前角对 CO 排放的影响不大。

对 NO_x 而言，喷油提前时，燃油在较低的空气温度和压力下喷入气缸，结果使滞燃期延长，导致氮氧化物排放增加。推迟喷油会降低初始放热率，使燃烧室中最高温度降低，从而减少氮氧化物排放。所以喷油时刻的延迟是减少氮氧化物排放的有效措施。但喷油延迟必将使燃烧过程推迟进行，最高燃烧压力降低，功率下降，燃油经济性变坏，并产生后燃现象，同时排温增高，炭烟增加。因此，喷油延迟必须适度。

喷油延迟，微粒的排放量在各种工况下都会增加。喷油过于提前，会使燃油在较低温度下喷入而得不到完全燃烧，也会导致炭烟增加。

(2)喷油规律：喷油速率对柴油机污染物生成有着重要的影响。喷油初期的喷油速率太高，燃烧温度提高，NO_x 排放增加；喷油中期的喷油速率过低，燃烧变慢，易生成大量微粒；喷油后期喷油速率过低使燃油雾化变差，导致燃烧不完全而使 HC 和微粒排放增加。因此，必须形成合理的喷油规律来降低污染物生成。

(3)喷油压力：喷油压力对柴油的喷雾与混合气形成以及燃烧过程有着直接的影响。实践证明，喷油压力越高，喷雾越细，喷油速率越高，柴油机的炭烟与微粒排放指标也越好。

3. 燃油品质

(1)黏度：柴油黏度大而重质馏分多，分子间相互作用力大，雾化性和蒸发性能差，导致喷雾质量低，燃料混合气不均匀、燃烧不完全而冒黑烟。

(2)十六烷值：柴油十六烷值对柴油机尾气排放性能影响较大。柴油十六烷值不足会使燃料着火性差，使滞燃期变长，预混合燃烧量过多，导致 NO_x 排放增加。但柴油十六烷值过高(大于 65)则使燃料稳定性变差，易高温裂解，形成大量不容易完全燃烧的游离碳，导致后燃期变长而排放大量黑烟。

4. 转速

柴油机在高速运转时，空气运动加快，但同时氧化和混合的时间减少，微粒排放增加，HC 排放也增加。转速增加，燃烧速度加快，使发动机的热负荷增强，NO_x 排放增加。

5. 负荷

柴油机供油量是根据负荷来调节的。负荷大，供油量相应加大，炭烟也随供油量增加而增加；负荷过小，发动机热状态和雾化质量会降低，因而长期高速空转或怠速时也会微微冒烟；发动机超负荷时，则会因燃料燃烧不完全而冒黑烟。一般情况下，NO_x 的排放随负荷的增大而增大，主要是预混燃烧随负荷增大，最高温度升高，当超过一定温度时缺氧燃烧恶化的缘故。HC 排放随负荷增大而减小，主要是因为氧化作用增强。

6.4.3 柴油机瞬态工况排放

(1)冷起动：油束中有部分燃油以液态形式附着在燃烧室壁上，在燃油自燃之前，喷入缸内的燃油会以未燃 HC 的形式直接排出气缸，开始燃烧以后吸附在壁面上的燃油也不能完全燃烧，有一部分在蒸发后被排出。柴油机冷起动时排放的高浓度 HC 表现为白烟。

(2)加速：加速对柴油机工作过程的影响小于汽油机，非增压柴油机的正常加速几乎是各稳定工况的连续。涡轮增压柴油机突加负荷时，涡轮增压器需要一段时间才能达到高负荷所对应的增压器转速和增压压力。如果未采取专门措施，增压柴油机常会在加速时冒黑烟。

(3)减速：柴油机减速时不喷油或只喷怠速所需的油量，有害气体排放量较少。

6.5　柴油机的排放控制

柴油机的 CO 和 HC 排放量相对汽油机来说要少得多，但 NO_x 排放与汽油机在同一数量级，而微粒的排放要比汽油机大几十倍甚至更多，因此柴油机的排放控制重点是 NO_x 和微粒，其次是 HC。降低微粒排放与改善柴油机燃烧过程是完全一致的，不过 NO_x 排放往往与之矛盾，这给柴油机的排放控制造成了特殊的困难。

柴油机排放污染物产生的根本原因在于油气混合不好。柴油机运转时 ϕ_a 一般都在 1.3 以上，如果达到理想的混合，炭烟是不可能生成的，NO_x 的生成也不会很多，但混合不好导致局部缺氧，会使炭烟大量生成，同时存在很多 $\phi_a=1.0 \sim 1.1$ 的高 NO_x 生成区。所以柴油机排放控制的中心是改善油气混合，防止局部 ϕ_a 超过 0.9（有利于 NO_x 生成）和低于 0.6（有利于炭烟生成）。

图 6-20 和表 6-2 给出了降低柴油机 NO_x 和微粒排放的技术，总体上可分为燃烧改善、燃料改善和排气后处理三类，前两类属机内净化技术。在燃烧改善的各项技术中，已实用化的有：作为降低 NO_x 有效措施的推迟喷油时刻（即减小喷油提前角）、EGR 以及改善喷油规律，作为降低炭烟和微粒排放有效措施的增压技术和高压喷射。柴油机的均质混合燃烧（HCCI）等一些新型燃烧方法正在研究探索中。柴油机排放后处理技术如今逐步成为柴油机排放控制的主要技术。另外，随着改善燃烧使微粒排放明显下降，严格控制润滑油消耗量以降低微粒中由未燃润滑油带来的成分已变得非常重要。

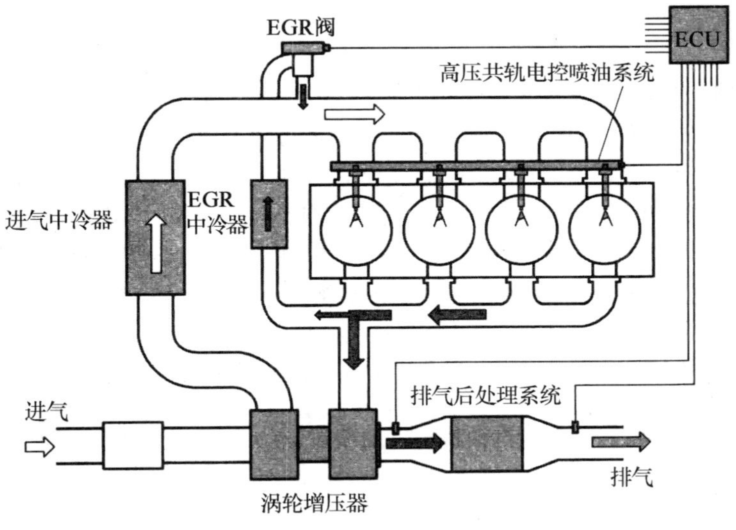

图 6-20　柴油机排放控制技术

需要指出的是，每一种技术措施在降低某种排放成分时往往效果有限，过度使用则会带来另一种排放成分增加或发动机动力性、经济性的恶化，因而实际中常常是几种措施配合使用。

表 6-2 降低车用柴油机排放的技术措施

分类	技术措施	实施方法	控制对象
燃烧	推迟喷油时刻		NO_x
	EGR	EGR，中冷 EGR，内部 EGR	NO_x
	加水燃烧	进气喷水（水蒸气），缸内喷水，乳化油	NO_x
	燃烧室设计	各种燃烧室，设计参数优化，新型燃烧方式	NO_x，PM
	喷油规律改进	喷油规律曲线形状，预喷射，多段喷射	NO_x
	高压喷射	电控高压油泵，共轨系统，泵喷嘴	PM
	进排气系统	进排气动态效应，可变进气涡流，多气门	PM
	增压	增压，增压中冷，可变涡轮喷嘴截面系统（VGS）	PM
燃料	降低含硫量	含硫量$<10\times10^{-6}$	PM
	含氧燃料	醇类燃料，二甲醚（DME），脂类燃料	PM
	合成燃料		PM
后处理	后处理装置	氧化催化器，微粒捕集器，NO_x 还原催化器	NO_x，PM
其他	降低机油消耗率		PM

6.5.1 柴油机的机内净化技术

柴油机的主要机内净化技术有改善喷油特性（推迟喷油时刻、优化喷油规律、提高喷油压力）、EGR（或中冷 EGR）、增压（或增压中冷）以及燃烧系统优化、采用新型燃料等。

1. 改善喷油特性

1）推迟喷油时刻（减小喷油提前角）

与汽油机相似，在柴油机上通过推迟喷油提前角可以有效地抑制 NO_x 的排放，且方法简便易行。图 6-21 给出了直喷式柴油机开始喷油的时刻对 NO_x、炭烟和燃油消耗率等的影响。由图可知，随喷油提前角的推迟，NO_x 显著降低，但同时燃油消耗率和微粒排放恶化。

柴油机喷油时刻推迟使 NO_x 排放量下降的机理与汽油机并不完全相同，主要原因有两个：一是使燃烧过程避开上止点进行，燃烧等容度下降，因而燃烧温度降低；二是越接近上止点喷油，缸内温度越高，着火落后期可以缩短，燃烧初期的燃烧放热率降低，导致燃烧温度降低。这两种原因都起到了抑制 NO_x 生成的作用。对比图 6-21（b）中喷油提前角不同时的缸内温度、压力及燃烧放热率可以看出，随喷油时刻的推迟，燃烧温度、压力和放热率峰值均下降。

非直喷式柴油机在推迟喷油时，有时在一定范围内出现 NO_x 和微粒同时降低的现象，但这时燃油经济性和 HC 排放的恶化仍是不可避免的。

2）优化喷油规律

为了实现图 5-44 所示的低排放燃烧过程，喷油规律应如图 6-22 所示，即“初期缓慢，中期急速，后期快断”，这种理想的喷油规律的形状近似于“靴形”。初期的喷油速率不能太高，这是为了减少在滞燃期内形成的可燃混合气量，降低初期燃烧速率，以达到降低最高燃烧温度和压力升高率，从而抑制 NO_x 生成及降低燃烧噪声的目的。喷油中期采用高喷油压力和高喷油速率以加快扩散燃烧速度，防止生成大量微粒和降低热效率。喷油后期要迅

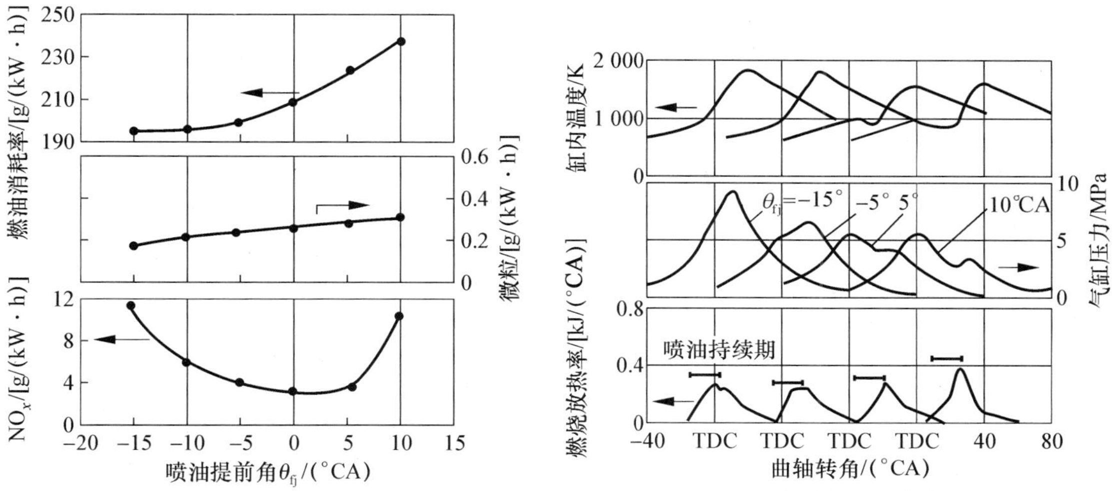

(a)NO$_x$等性能变化

(b)燃烧特性变化

图 6-21 直喷式柴油机喷油提前角对 NO$_x$ 排放等的影响

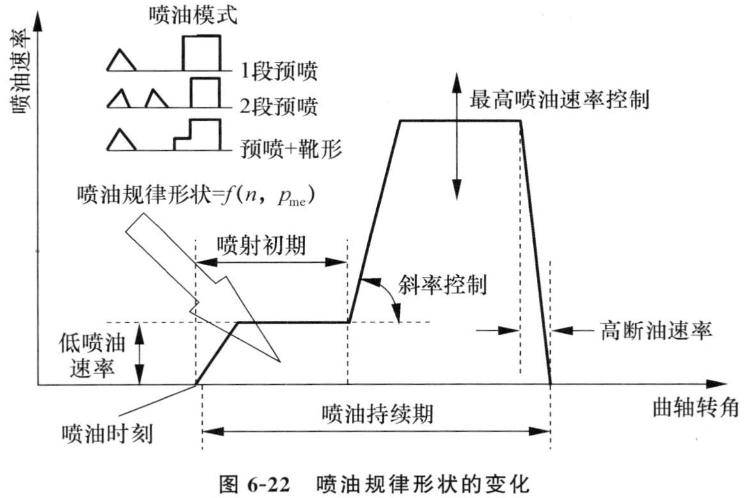

图 6-22 喷油规律形状的变化

速结束喷射,以避免在低的喷油压力和喷油速率下使燃油雾化变差,导致燃烧不完全而使 HC 和微粒排放增加。

在传统的喷油系统中,可通过改变喷油泵凸轮型线或供油段以改变喷油规律(供油规律)。随着电控技术的发展,理想的喷油规律可通过预喷射、多段喷射来实现。预喷射(pilot injection,PI)也是一种实现柴油机初期缓慢燃烧的喷油方法,见图 6-22 左上角的几种模式,在主喷射前进行少量的预喷射,因而在着火落后期内只能形成有限的可燃混合气量,这部分混合气形成较弱的初期燃烧放热,并使随后的主喷射燃油的着火落后期缩短,避免了一般直喷式柴油机燃烧初期急剧的压力、温度升高,因而可明显降低 NO$_x$ 排放。图 6-23 所示为多段喷射(split injection)方法中各段喷油的作用和目的。利用分段喷射细致地控制燃烧过程,可以达到同时降低 PM 和 NO$_x$ 排放的目的。

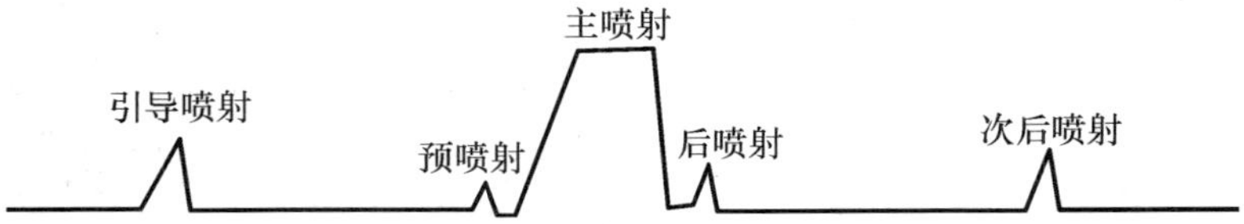

喷射段	效　果
引导喷射	通过预混合燃烧，降低微粒排放
预喷射	形成较弱的初期燃烧放热，缩短主喷射的着火落后期，降低NO_x和燃烧噪声
后喷射	促进扩散燃烧，降低微粒排放
次后喷射	排温升高，通过供给还原剂促进后处理(催化剂)

图 6-23　多段喷射的作用

3)提高喷油压力

对于小型非直喷式燃烧室(涡流室与预燃室)柴油机而言,由于主副室之间的气体流动为燃料的雾化与混合气形成提供了较多的能量,喷油压力一般不超过 40 MPa,但是对于目前广泛采用的直喷式柴油机,由于燃料雾化与混合气形成能量主要是由高压喷油提供的,因此要求有较高的喷油压力,目前公认的看法是直喷式柴油机为了达到欧Ⅱ排放标准,喷油压力应不低于 80～100 MPa,这差不多已接近目前传统的泵-管-嘴系统的极限;为了达到欧Ⅲ标准或满足更高的要求,喷油压力应当不低于 120～150 MPa,甚至要求高达 200 MPa,这个目标只有采用共轨或泵喷嘴系统(见 5.5 节)才能实现(图 6-24)。

高压喷射可改善燃烧过程,使微粒(炭烟)排放得到明显控制。如图 6-25 所示,当喷油压力由 80 MPa 提高到 160 MPa 时,大负荷时($\phi_a=1.3$)的烟度由 1.7 BSU 降到 0.5 BSU 以下,中等负荷时接近 0。如果不采取其他任何措施,一般高压喷射会使 NO_x 增加,但如果合理利用高压喷射时燃烧持续期短的特点,同时并用减小喷油提前角和 EGR 等方法,有可能使微粒和 NO_x 排放同时降低。

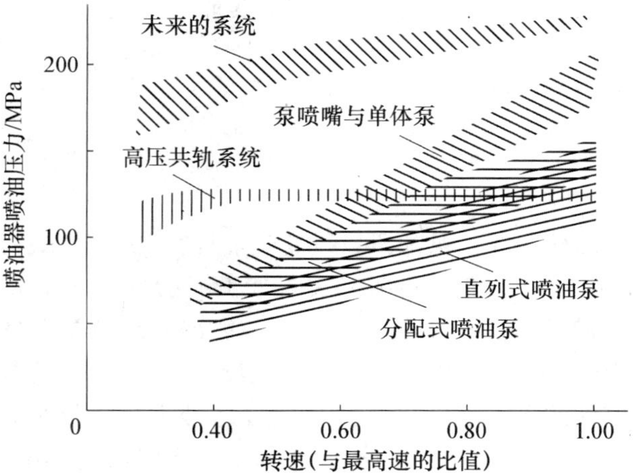

图 6-24　各种燃料供给系统所能达到的喷油压力范围

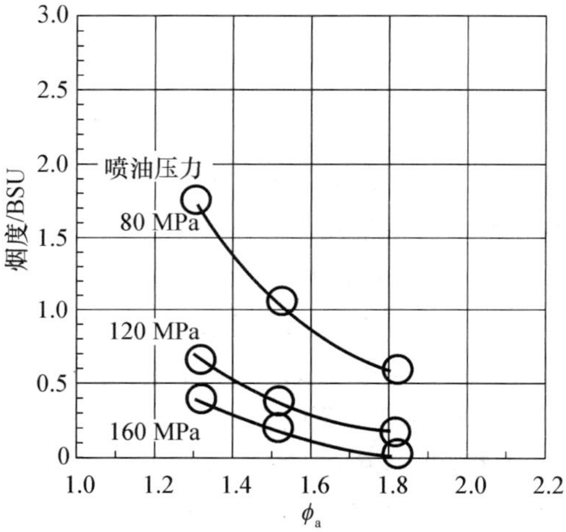

图 6-25　高压喷射降低炭烟排放的效果

4)柴油机电控喷油系统

为了更精密地控制燃烧过程,柴油机电子控制燃油喷射系统已商品化,目前广泛使用的高压共轨式喷油系统,使柴油机的性能得到很大的提高。详细内容见第5章。

2. 排气再循环(EGR)

柴油机通过EGR降低NO_x排放量的机理与汽油机有所不同。柴油机没有进气节流现象,而且负荷的大小用喷射量来调节(质调节),所以实施EGR以后,由于相对EGR量部分减少了进入气缸的空气量,而喷射量不变,故空燃比减小,混合气变浓。因此,在柴油机上EGR降低NO_x排放量的主要原因是:一方面,具有较高比热容的再循环废气的惰性作用,使混合气的热容增大,抑制混合气的燃烧,降低最高燃烧温度,有关实验结果表明,随着EGR率的增加,火焰温度降低,使燃烧气体温度降低;另一方面,通过EGR,减小了进入气缸的空气量,使气缸内的氧和氮的浓度降低。如图6-26所示,采用EGR可以使NO_x明显降低。但是,随EGR率的增大,在NO_x降低的同时,炭烟和燃油消耗率也会随之而恶化(图中虚线)。为此,可采用冷却EGR的方法,如图6-26中实线所示,发动机性能恶化的趋势被明显抑制。

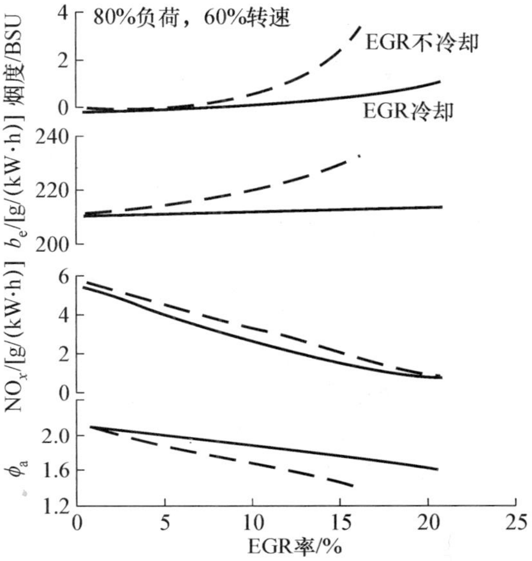

图6-26 EGR率对柴油机性能的影响

EGR对发动机性能的负面影响主要表现在大中负荷时,小负荷时影响不大,甚至有燃油消耗率和HC排放略有改善的报道。因此,实际应用时应随工况的不同而改变EGR率。

由于柴油机排气中的氧含量比汽油机要高得多,同时CO_2浓度要小得多,因而必须使用更大的EGR率才能有效地降低NO_x。一般汽油机EGR率不超过20%,而直喷式和非直喷式柴油机的EGR率可分别超过40%和25%。

在设计柴油机的EGR系统时,与汽油机相比,由于柴油机的进气压力和排气压力之差比较小,所以为了保证所需的EGR量,EGR回流管应设计得粗一些。因此,相应地EGR阀也要大。柴油机的EGR阀一般采用真空阀,而控制真空度的电磁阀是通过ECU根据事先确定的策略来控制的。

3. 增压及增压中冷

增压可以大幅度提高进气的密度,在ϕ_a足够大的条件下保证燃烧完全,因而炭烟和微粒很容易被抑制,CO和HC也会进一步降低。增压还可使柴油机的功率提高30%~100%;由于燃烧充分加之泵气过程做正功,因而燃油经济性也好。如图6-27所示,在NO_x不变的条件下,通过提高增压度使ϕ_a增大,结果排气烟度和燃油消耗率都明显降低。

但增压伴随的压缩终了温度升高和富氧氛围可能造成NO_x排放量升高,对此,可采用增压中冷的方法使进气温度降低,以抑制NO_x排放的恶化。国外经验表明,为稳定达到欧Ⅰ排放法规的要求,重型车用柴油机应安装排气涡轮增压系统,而为了稳定达到欧Ⅱ的要求,则应安装带中冷的增压系统。

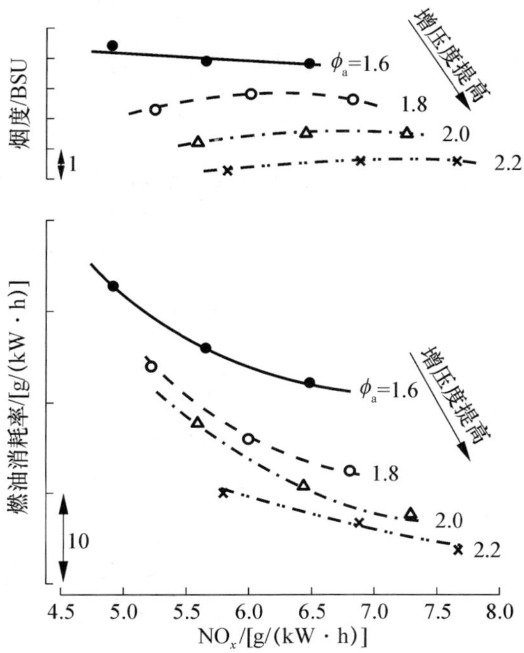

图 6-27 增压柴油机的排放特性和燃油消耗率

4. 优化燃烧室设计

(1)合理组织燃烧室内的涡流和湍流运动:增强涡流和湍流运动可以加速混合气生成速率,避免局部混合气过浓,以减少炭烟生成。如前所述,应特别重视压缩上止点附近及燃烧过程中的气流运动。

(2)控制滞燃期内的混合气生成量:为降低 NO_x 排放和燃烧噪声,应减少滞燃期内的混合气生成量。除优化初期喷油速率外,也可通过气体运动和燃烧室形状来控制,如第 5 章介绍的挤流口式燃烧室及球形燃烧室的设计思想中,都有减少滞燃期内混合气生成量的因素。

(3)选用紧凑的燃烧室形状:与汽油机相同,柴油机的燃烧室也应尽可能做到形状紧凑、面容比小,这样可使散热损失减小,难以进行燃烧的死角减少,燃烧持续期缩短,尤其可以提高柴油机的空气利用率。紧凑的燃烧室设计可以降低炭烟、THC 和 CO 排放,同时降低油耗。各类柴油机燃烧室都应尽可能减少余隙容积(包括活塞顶与气缸盖之间的顶隙容积、气门凹坑容积、第一道活塞环以上的环岸容积),使空气集中在燃烧室凹坑内,以提高空气利用率,使燃油不分散到余隙容积中,避免不完全燃烧和有害物排放。

(4)加强燃烧期间和燃烧后期的扰流:为了降低 NO_x 排放和燃烧噪声而又保证燃油经济性不恶化,在采用较缓的初期燃烧放热率的同时,加强扩散燃烧期的气体扰动可以促进燃烧后期的混合气运动,加速炭烟的氧化和再燃烧,降低排气烟度。

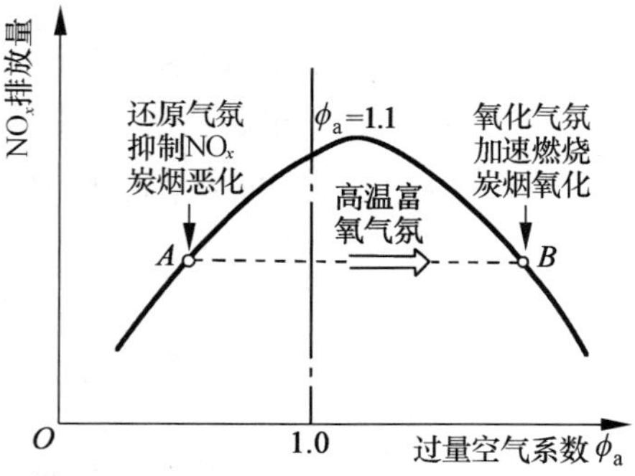

图 6-28 两段混合燃烧与 NO_x 排放

(5)采取浓稀两段混合燃烧方式:包括锅炉在内的各种燃烧装置都将浓稀两段燃烧方式作为降低 NO_x 排放的有效手段。如图 6-28 所示,前段的过浓燃烧(还原气氛)抑制了 NO_x 的生成,而后段的稀燃(氧化气氛)也避开了最易生成 NO_x 的高温富氧区域,稀燃和二次扰动又促进了炭烟的氧化,这就是涡流室式等非直喷燃烧室的 NO_x 排放低于直喷式燃烧室的原因。尽管目前非直喷式柴油机因为油耗较高而应用渐少,但这种降低 NO_x 和炭烟排放的思路仍具有重要意义。

如前所述,重型车用柴油机和其他大型柴油机大多采取直接喷射燃烧方式。由于直喷技术的进步(燃油喷射系统的小型化、高压化和高速化)以及降低油耗和 CO_2 排放的要求,高速的轿车柴油机也开始使用直喷式并有逐步增长的趋势。图 6-29 表示了一台典型 6 缸、

10 L 排量、4 气门增压车用柴油机实现低排放和高经济性的技术措施，可以看出燃烧室形状由缩口深坑形到敞口浅盆形、喷孔数由 5 增加到 7 再到 8、最大喷油压力（嘴端）由 135 MPa 提高到 150 MPa 再到 180 MPa、进气涡流下降 60%再到无涡流的排放与燃油消耗率的改善情况。

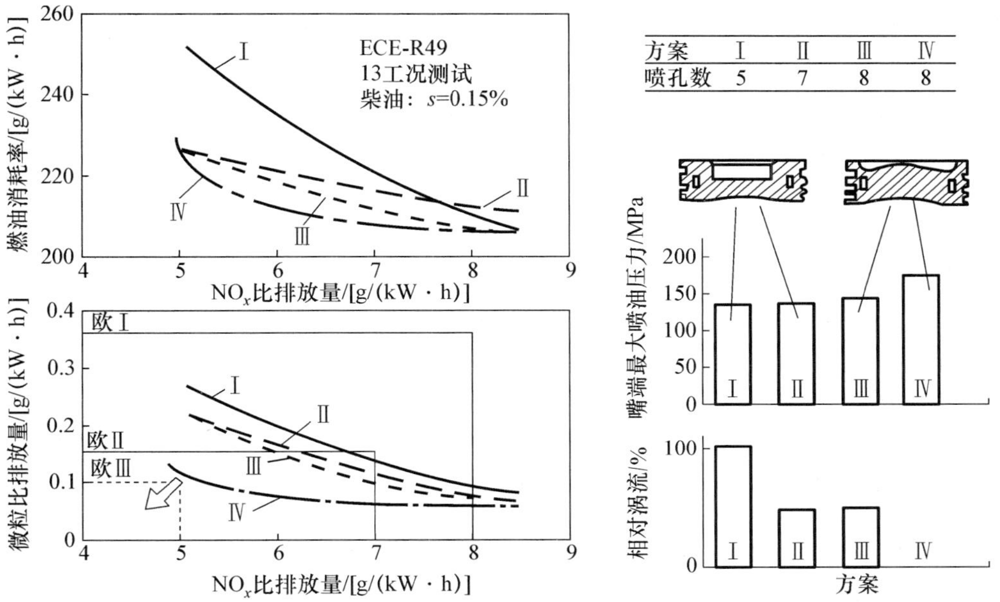

图 6-29　重型车用柴油机各种燃烧系统的比较

5. 改善燃料特性及采用新型清洁燃料

(1)合理的十六烷值：如前所述，柴油十六烷值过低，则着火性差，着火落后期长，预混合燃烧量增大，最终导致燃烧噪声和 NO_x 排放上升。但十六烷值过高，预混合不足，炭烟和 PM 排放会增大，循环指示热效率降低。目前我国一般柴油的十六烷值为 45～50，今后低排放柴油要求十六烷值提高至 50～55 为宜。

(2)降低芳烃等重馏分比例：燃料的碳氢比越大，分子结构越紧密以及密度越高，则越容易生成炭烟。烷烃生成炭烟的倾向最小，而芳烃、炔烃最大。国外低排放的改质柴油要求芳烃含量在 10%以下。

(3)降低柴油硫含量：柴油含硫量高，会使排气微粒中的硫酸盐成分增多，还会降低催化剂的转化效率和使用寿命。降低柴油硫含量不仅是采用后处理技术的需要，也是满足排放法规要求所必需的。

(4)应用含氧燃料：燃油中的氧有助于充分燃烧，降低炭烟、CO 及 HC 的排放量，含氧燃料是低排放燃料。已被人们熟知的含氧燃料有醇类、醚类燃料，二甲醚(dimethyl ether，DME)作为一种新型含氧燃料也受到了国内外的重视(见 3.4.2)。

(5)降低润滑油消耗量：PM 中的 SOF 可来源于未燃柴油，也可来源于未燃润滑油。尤其是欧Ⅲ排放水平以上的柴油机，随着燃烧过程中产生的炭烟和 SOF 的降低，来源于未燃润滑油的 SOF 在 PM 中所占比例会显著增加。

6.5.2 柴油机的排气后处理技术

与汽油机一样，柴油机单靠燃烧改进等机内净化技术很难满足越来越严格的排放法规要求，排气后处理技术已日显其重要作用。柴油机排气后处理技术主要有以下几种：氧化催化转化器，用于降低 SOF、HC 和 CO 排放；NO_x 还原催化转化器，用于降低 NO_x 排放；微粒捕集器，用于过滤和除去排气微粒。

6.5.2.1 氧化催化转化器(DOC)

DOC(diesel oxidation catalyst)是目前柴油车使用最多的后处理装置，除了能降低 CO 和 HC 排放之外，对微粒捕集器(DPF)和降低 NO_x 的后处理技术也有重要作用。采用氧化催化转化器的目的主要是降低微粒中的可溶性有机成分 SOF 中的大部分碳氢化合物，以及使本来已不成问题的 HC 和 CO 进一步降低。DOC 对目前法规尚未限制的一些有害成分，如多环芳烃(PAH)、乙醛等，以及柴油机排气臭味也有减轻效果。

DOC 从功能上可以分成两类：一类是把排气中的 NO 氧化成 NO_2，提高尿素 SCR(selective catalytic reduction，选择性催化还原)催化剂的低温活性和反应速率，增强 DPF 被动再生的效果；另一类的主要作用是氧化 HC 等还原性气体，这既可以降低柴油机 HC 和 CO 排放，又可以在 DPF 主动再生时氧化 HC，提高排气温度，甚至还可以氧化 LNC(lean-burn NO_x catalyst，稀燃 NO_x 催化剂)、HC-SCR 和 SCR 催化器末端排出的有害气体，包括 HC 和 NH_3 等。这两类 DOC 的催化剂配方有所不同。提高排气温度和排气中 NO_2 比例对 DPF 和 SCR 都有重要作用，兼顾这两种效果的 DOC 将得到广泛应用。

柴油中所含的硫燃烧后生成 SO_2，经催化器氧化后变为 SO_3，然后与排气中的 H_2O 化合生成硫酸盐。催化氧化效果越好，硫酸盐生成越多，甚至达平时的 8～9 倍。硫酸盐的增加虽然抵消掉了 SOF 的减少，但是使微粒排放增加。同时，硫也是催化剂中毒劣化的重要原因。因此，减少柴油中的硫含量是 DOC 实用化的前提条件。

6.5.2.2 NO_x 还原催化转化器

针对柴油车开发还原催化转化器是一项难度很大的研究工作，主要原因如下：

(1)柴油机排气为高度氧化氛围，在其中进行 NO_x 还原反应对催化剂性能要求极高；

(2)柴油机排气温度明显低于汽油机排气温度；

(3)柴油机排气中含有大量 SO_x 和微粒，容易导致催化剂中毒。

柴油机 NO_x 后处理方法主要有：选择性催化还原(SCR)、选择性非催化还原(SNCR)、非选择性催化还原(NSCR)和吸附还原催化。以下介绍应用研究较多的 SCR 系统，其结构如图 6-30 所示。

SCR 转化器的催化作用具有很强的选择性：NO_x 的还原反应被加速，还原剂的氧化反应则受到抑制。选择性催化还原系统的还原剂可用各种氨类物质或各种 HC。氨类物质包括氨气(NH_3)、氨水(NH_4OH)和尿素[$(NH_2)_2CO$]，HC 则可通过调整柴油机燃烧控制参数使排气中的 HC 增加，或者向排气中喷入柴油或醇类燃料(甲醇或乙醇)等方法获得。催化剂一般用 V_2O_5-TiO_2、Ag-Al_2O_3，以及含有 Cu、Pt、Co 或 Fe 的人造沸石(zeolite)等。这种系统的工作温度为 250～500 ℃，其总量反应式为：

$$4NO+4NH_3+O_2 \longrightarrow 4N_2+6H_2O \tag{6-14}$$

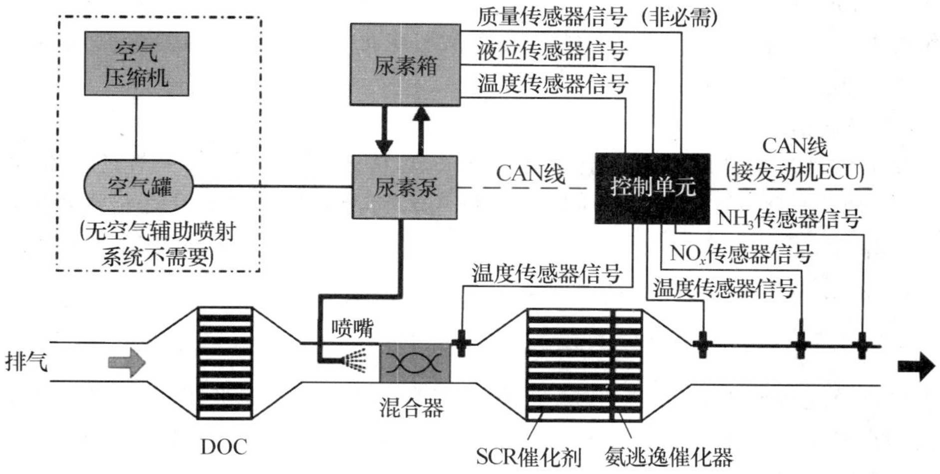

图 6-30　SCR 系统结构

$$6NO + 4NH_3 \longrightarrow 5N_2 + 6H_2O \tag{6-15}$$

$$2NO_2 + 4NH_3 + O_2 \longrightarrow 3N_2 + 6H_2O \tag{6-16}$$

$$6NO_2 + 8NH_3 \longrightarrow 7N_2 + 12H_2O \tag{6-17}$$

当温度过低时，NO_x 还原反应不能有效进行；温度过高不仅会造成催化转化器过热损伤，而且会使还原剂直接氧化，造成较多的还原剂消耗和新的 NO_x 生成。有关总量反应式为：

$$7O_2 + 4NH_3 \longrightarrow 4NO_2 + 6H_2O \tag{6-18}$$

$$5O_2 + 4NH_3 \longrightarrow 4NO + 6H_2O \tag{6-19}$$

$$2O_2 + 2NH_3 \longrightarrow N_2O + 3H_2O \tag{6-20}$$

$$3O_2 + 4NH_3 \longrightarrow 2N_2 + 6H_2O \tag{6-21}$$

与其他催化方法一样，使用 SCR 降低 NO_x 要求柴油含硫量越低越好。因为硫会通过 $S \rightarrow SO_2 \rightarrow SO_3 \rightarrow NH_4HSO_4$ 或者$(NH_4)_2SO_4$ 的途径生成硫酸氢铵或硫酸铵，它们沉积在催化剂表面会使催化剂失活。

以氨水作为还原剂的 SCR 系统，可以降低柴油机 NO_x 排放 95%以上，但柴油机需要一套复杂的控制还原剂喷射量的系统，而且氨的气味会使人感到不快，因此用氨水作还原剂并不合适。以尿素作为还原剂比直接用氨水方便。尿素的水溶液在高于 200 ℃时产生 NH_3，即

$$(NH_2)_2CO + H_2O \longrightarrow 2NH_3 + CO_2 \tag{6-22}$$

以尿素作为还原剂的 SCR 系统已在发电厂和固定式柴油机上得到应用。随着排放标准的加严，在重型柴油机上也有了广泛的应用。

对于轿车柴油机来说，从使用的方便性出发，希望可用燃油中的 HC 作为还原剂，有如下反应式：

$$4NO + 4HC + 5O_2 \longrightarrow 2N_2 + 4CO_2 + 2H_2O \tag{6-23}$$

排放法规要求 SCR 系统在较宽的温度范围内保证很高的转化效率，同时要求氨泄漏量很小。一般而言，达到欧Ⅳ排放法规要求的 SCR 系统的转化效率应在 75%以上，达到欧Ⅵ排放

法规要求的 SCR 系统转化效率应高达 90%～95%。为应对严格的排放法规要求，SCR 系统需要精细控制还原剂的喷射。但是，由于 SCR 系统涉及的环节众多，反馈控制困难，进一步优化控制难度很大。

6.5.2.3 氨逃逸催化器(ASC)

由于排放法规对氨排放具有一定的限值要求，目前最常见的 SCR 系统还原剂为尿素，尿素分解产生的氨气可能会未参与反应即直接排入大气，需要在 SCR 后面安装氨逃逸催化器(ammonia slip catalyst，ASC)防止氨逃逸。ASC 的载体内壁涂有贵金属等催化剂涂层，用于催化氧化还原反应，将 NH_3 转化为 N_2，其化学反应式为

$$4NH_3 + 3O_2 \longrightarrow 2N_2 + 6H_2O \tag{6-24}$$

为满足排放法规要求，ASC 的 NH_3 转化效率在 275 ℃时不得低于 70%，其余各温度点转化效率均不得低于 80%。老化后 NH_3 转化效率的下降量不得高于 15%。

6.5.2.4 微粒捕集器

微粒捕集技术是目前公认的最为有效的微粒净化技术，也是目前商用前景最好的技术之一。柴油机微粒捕集器(DPF)安装在柴油机排气管上，排气通过时微粒经过扩散、截流、惯性碰撞和重力沉降等被过滤体捕集。

为满足严格的排放法规要求，DPF 的颗粒物质量过滤效率不得低于 85%，再生期间颗粒物数量过滤效率不得低于 70%，非再生期间颗粒物数量过滤效率不得低于 97%。过虑效率主要受到微粒粒径、过滤体微孔孔径、排气流速及气流温度等因素影响。随着工作时间的增长，过滤体内堆积的微粒增多，发动机的背压将上升，影响柴油机的正常工作，须用燃烧等方法将这些微粒除去，使过滤体再生。DPF 的关键技术是过滤材料及其再生技术。

1. 过滤材料

过滤材料的结构与性能对 DPF 的性能(如压力降、过滤效率、强度、传热和传质特性等)有很大的影响。DPF 对过滤材料的要求是：高的微粒过滤效率，低的排气阻力，高的机械强度和抗震动性能，并且具备抗高温氧化性、耐热冲击性与耐腐蚀性。其中高的过滤效率与低的排气阻力是相互矛盾的，选择材料时要综合考虑这两方面的性能。目前国内外研究和应用的过滤材料有陶瓷基、金属基和复合基三大类，图 6-31 为前两类材料结构示意图。

2. 再生技术

DPF 是一种物理性的减少排气微粒的方法，在工作过程中微粒会积存在过滤器内，导致柴油机排气背压上升，当排气背压超过 20 kPa 时，柴油机工作开始明显恶化，使发动机动力性和经济性等性能降低，因此 DPF 的再生是 DPF 能否在柴油机上正常使用的关键。微粒氧化需要足够的高温、富氧和氧化时间，例如在氧浓度 5%、排气温度 650 ℃条件下，微粒氧化需要 2 min，而实际柴油机排气温度一般低于 500 ℃，城市公交车的排气温度一般不超过 300 ℃。另外，捕集的微粒如不及时清除，积存过多，一旦遇到合适的温度和氧化气氛会氧化燃烧，温度可达 2 000 ℃，很容易将陶瓷过滤体烧熔，而保证陶瓷过滤体寿命的工作温度应控制在 1 000 ℃以下。因此，DPF 的再生问题具有很大的难度。目前主要的 DPF 再生方法可分为两类，即断续加热再生和连续催化再生。

1)断续加热再生

断续加热再生是指 DPF 每工作一段时间后，采用加热的方法来氧化清除积存的微粒，通

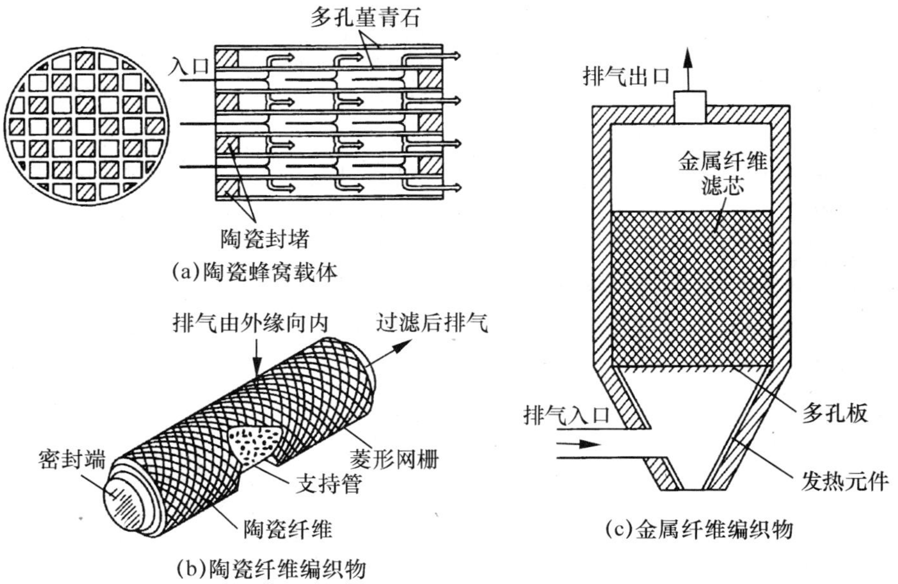

图 6-31　微粒捕集器过滤材料

过外加能量提高气流温度到微粒的起燃温度(500～600 ℃)使微粒燃烧,为主动再生。加热方式主要有电加热和燃烧加热。微波加热具有选择性地加热微粒而不加热陶瓷过滤体的优点,但尚处于实验室研究阶段。

(1)电加热。在 DPF 前设置电加热器,或直接将电加热丝深入 DPF 入口孔道内进行加热,促使微粒起燃。前部微粒的氧化放热引起的高温顺序向后传播,使 DPF 内的颗粒全部被氧化清除。电加热方法的主要问题是耗电太多。

(2)燃烧加热。在 DPF 前设置燃烧器,喷入柴油(或其他燃料)和二次空气进行燃烧,形成高温气氛引燃微粒。燃烧加热要比电加热效果更好,但装置(图 6-32)和控制会更复杂。

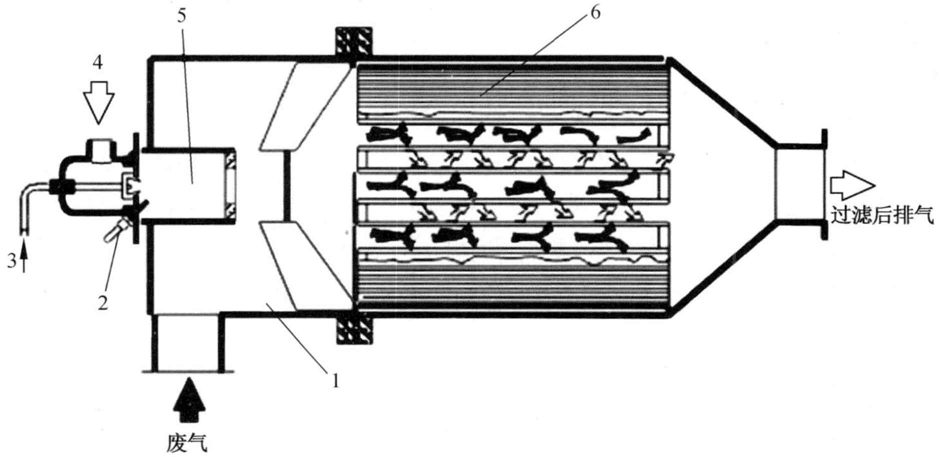

图 6-32　DPF 燃烧加热再生系统

1-混合区;2-点火装置;3-燃油;4-空气;5-燃烧器;6-陶瓷滤芯

(3)提高排气温度。用柴油在缸内后喷、进气节流提高混合气浓度、排气节流提高排气背压以及推迟喷油时刻等方法,可以提高排气温度,促使微粒氧化再生。这些方法结构最简单,但效果都不如电加热和燃烧加热。

2)连续催化再生

在 DPF 捕集微粒的同时进行再生的方式称为连续再生方式,为被动再生。连续再生一般离不开催化反应,主要有 CRT 系统、催化过滤器以及催化添加剂。

(1)CRT 系统。CRT 系统又称连续再生捕集器(continuous regeneration trap),其工作原理如图 6-33 所示。排气首先经过氧化催化器 DOC,在 CO 和 THC 被净化的同时,NO 被氧化成 NO_2。NO_2 本身是一种活性很强的氧化剂,在随后的微粒捕集器中,NO_2 与微粒的氧化反应在 200 ℃的低温下就可进行,因而可以在所有工况下连续进行微粒的氧化去除。CRT 系统目前获得了广泛的产品化应用,但要求柴油硫含量极低。

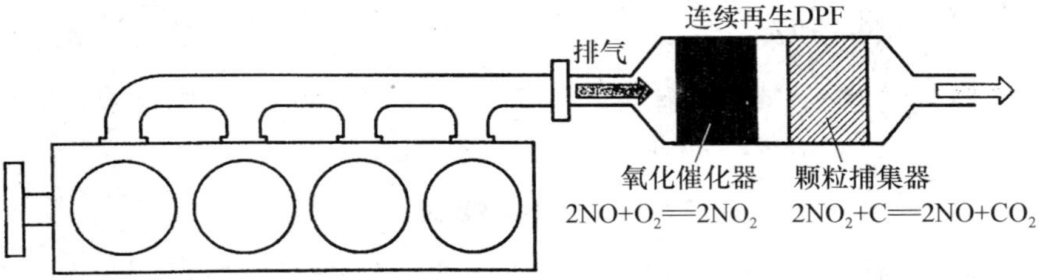

图 6-33 DPF 连续催化再生——CRT 系统工作原理

(2)催化过滤器。在微粒捕集器的陶瓷过滤体表面(主要是入口处)涂覆氧化催化剂(Pt 等),是最早被研发的连续催化再生方法(20 世纪 80 年代)。这种方法可以使微粒与 O_2 反应的起燃温度降至 450 ℃左右,同时为保证足够的排气温度往往进行进气节流。由于起燃温度仍然较高,并且微粒与催化剂表面活性成分接触不充分,因而再生效果不如 CRT 系统。

(3)催化添加剂。在柴油中加入含铈(或其他金属)添加剂,经燃烧产生的排气微粒中就含有铈的化合物,由此可将微粒的起燃温度降至 300 ℃以下,可以在柴油机大部分工况下自动进行再生。这种方法目前应用较少,其原因是添加剂用量较大、成本高,金属铈(或其他金属)的氧化物会残留在 DPF 过滤体表面造成慢性堵塞等。

6.5.2.5 四效催化转化器

国内外已经开发了许多类型的车用柴油机四效催化转化系统,这些系统均采用复合技术,综合稀燃 NO_x 催化剂(LNC)和柴油微粒捕集器(DPF)两种技术,或者 LNC 和柴油氧化催化剂(DOC)两种技术,或者 NO_x 吸附还原三效催化剂(NO_x storage reduction three-way catalyst,NSR-TWC)和共轨燃料喷射系统两种技术为一体。近年来,四效催化转化器技术已达到实用化阶段。

日本三菱汽车公司的轿车柴油机排气四元催化转化器由两段陶瓷蜂窝体催化剂构成:前段是添加 HC 吸附剂的 Pt 基选择性还原催化剂(hydrocarbon selective catalyst reduction,HC-SCR),能够高效净化 NO_x;后段是将 HC、CO 和炭烟颗粒中的可溶性有机成分(SOF)氧化的 Pt 基氧化催化剂。日本丰田汽车公司的车用柴油机催化转化器 DPNR(diesel particulate-NO_x reduction)也是四效催化转化器,它以多孔陶瓷微粒捕集器和稀燃汽油机所使用的

NO_x 吸附还原三效催化技术为基础，是一种同时降低 PM 和 NO_x 的排气后处理装置。其结构如图 6-34 所示，采用陶瓷蜂窝状结构，入口和出口交叉堵塞，在载体内壁设有细孔，保证微粒顺利流动。而在载体壁面和细孔内部固化 NO_x 吸附还原型催化剂，将排气中的 NO_x 吸附还原。即当稀混合气燃烧时将排气中的 NO_x 吸附，而在浓混合气燃烧时释放被吸附的 NO_x，并在排气中的 HC、CO 及还原剂(Pt)的作用下将其还原为 N_2。对微粒的氧化机理是，在空燃比(混合气浓稀)交变的运转过程中，通过吸附和释放 NO_x 时的氧化还原反应，在催化剂表面上生成活性氧，由此促进微粒的氧化，实现低温下对微粒的氧化。

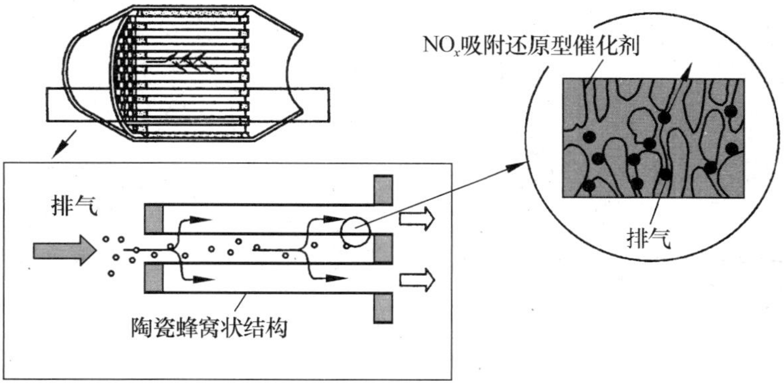

图 6-34 DPNR 装置结构示意图

6.6 排放测量与排放法规

6.6.1 发动机排气污染物的测量

6.6.1.1 发动机排气污染物取样系统

一般排气成分分析仪检测的是某种成分在排气中的体积分数，需要根据内燃机的排气总流量计算出该成分的总排放量。这在内燃机以稳定工况运转时比较容易实现。当内燃机变工况运转时，理论上可先测出某成分的体积分数和排气流量随时间的变化，然后对时间积分计算总量。实际上，由于排气管压力随工况变化复杂，再加上取样系统和测量仪器动态响应不同，以及在气流输送过程中各工况的气样部分混合，测得的体积分数曲线不能再现发动机排放的真实时间历程，于是各国排放法规都推荐采用测量排放平均值的方法来确定排放总量。例如，把一个规定测试循环中的所有排气都收集到气袋里，然后测量气袋的总体积和各组分体积分数，就可算出该循环的总排放量。但这种方法需要用很大的气袋来收集排气，很不方便，同时不能保证在取样过程中高温气样不发生物理和化学变化而导致测量结果失真。所以，现在世界各国一致规定对内燃机排气先用干净空气进行稀释，然后用定容取样(constant volume sampling，CVS)系统取样。

CVS 系统中稀释排气的总流量常用容积泵(positive displacement pump，PDP)或临界流量文丘里管(critical flow Venturi，CFV)确定。PDP 每转的抽气体积是一定的，所以只要用累积转数计记录泵的转数，就可测得稀释排气的总体积。CFV 利用临界流动状态下喉口气流速度等于当地声速保持体积流量恒定，不但精度高，而且结构比 PDP 简单，因而应用更广泛。

图 6-35 为一个典型的 CVS 系统，它采用 CFV 进行定容取样，其总流量由 CFV 来确定，只要 CFV 一定，总流量就不变。该系统受温度影响较小，结构相对简单，但只可通过切换文丘里管来改变流量，且只能有级地改变。

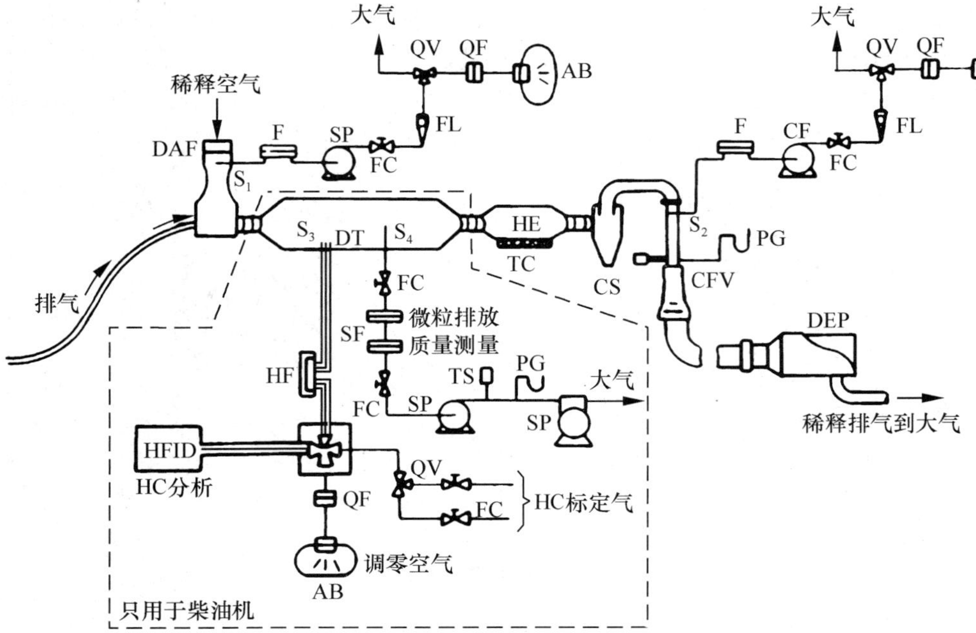

图 6-35 采用临界流量文丘里管的定容取样(CFV-CVS)系统

AB-稀释空气取样袋；CF-积累流量计；CFV-临界流量文丘里管；CS-旋风分离器；DAF-稀释空气滤清器；DEP-稀释排气抽气泵；DT-稀释风道；F-过滤器；FC-流量控制器；FL-流量计；HE-换热器；HF-加热过滤器；PG-压力表；QF-快接管接头；QV-快速作用阀；S_1～S_4-取样探头；SB-稀释排气取样袋；SF-测量微粒排放质量的取样过滤器；SP-取样泵；TC-温度控制器；TS-温度传感器

由图 6-35 可知，发动机的排气经排气管排入稀释风道 DT，用经过稀释空气滤清器 DAF 过滤的环境空气稀释，形成恒定体积流量的稀释排气。排气污染物与稀释空气充分混合后，经取样探头 S_2 送到稀释取样袋 SB。在测试循环结束后，通过测量取样袋中各污染物的浓度，结合 CVS 系统中流过的稀释排气总量，就可获得发动机在测试循环中各污染物的总排放量。

为了保证 CVS 系统的取样精度，流经系统的稀释排气质量流量必须保持恒定。流量控制器 FC 用于保证在试验过程中从取样探头处采集的样气流量稳定(约 10 L/min)，样气流量应保证在试验结束时样气足够分析用。流量计 FL 用于在试验期间调节和监控样气的流量稳定。

测试柴油机时，因较重的 HC 可能在样气袋中冷凝，需对 HC 进行连续分析，因此，稀释排气用加热到 463 K 的管路输送到分析仪，并用积分器测试循环时间内的累计排放量。柴油机包括微粒排放量的测量，还需一个由流量控制器、微粒过滤取样器、取样泵组成的微粒取样系统。

为保证排气与稀释空气均匀混合，CVS 系统中稀释排气流动必须满足雷诺数 $Re>4\,000$。

用稳定工况法测量重型柴油机的废气排放时，也可以采用直接取样法。因为未经稀释的排气其污染物的浓度较高，故能保证有较高的测量精度。但是测量柴油机 PM 排放质量时，还是要用稀释取样系统，使样气温度不高于法规规定的 52 ℃，以免 PM 中的 SOF 挥发。

6.6.1.2　污染物的测量

1. 气体污染物的检测

内燃机排放的气体污染物一般浓度很低，多种成分混杂，检测可能互相干扰，而且有时浓度变化很快，因此对检测技术提出了很高的要求：对所测成分应有高度的选择性，不受伴生成分的影响；应有足够的灵敏度，可分辨 $10^{-6}\sim10^{-5}$ 数量级；结果有良好的重复性和稳定性；有可能进行在线连续分析。

现在，世界各国的排放法规已把法规限定的排放物的测量技术标准化。排放法规规定，内燃机排气中的 CO 和 CO_2 用不分光红外线分析仪（nondispersive infrared analyzer，NDIR）测量，NO_x 用化学发光检测器或分析仪（chemiluminescent detector or analyzer，CLD 或 CLA）或加热型 CLD（heated CLD，HCLD）测量，HC 用氢火焰离子化检测器（flame ionization detector，FID）或加热式氢火焰离子化检测器（heated FID，HFID）测量。当需要从总碳氢（THC）中分出甲烷（CH_4）和非甲烷碳氢化合物（non-methane HC，NMHC）时，一般使用气相色谱仪（gas chromatograph，GC）。此外，进行内燃机排气分析时常要测量排气中氧的浓度，常用仪器为顺磁分析仪（paramagnetic analyzer，PMA）。

上述这些分析仪器从输入气体成分到输出信号是一个复杂的流程，涉及很多非线性的物理化学过程，要找出输出与输入之间的简单关系几乎是不可能的。但是，只要测量系统足够灵敏，工作稳定，有很好的重复性，就可通过经常标定的办法保证测量的精确度。一般用纯氮作为零气调整仪器的零点，用具有已知精确浓度的被测成分的几种量距气调整仪器的若干读数，得出标定曲线或修正数据，最后利用标定曲线或修正数据给出可靠的测量值。

2. 颗粒物的测量与分析

内燃机的排气颗粒物（微粒，PM）是指从温度低于 52 ℃的稀释排气中采集的沉积在用聚四氟乙烯处理过的玻璃纤维滤纸上的所有物质。所以，用符合要求的取样系统把 PM 收集在取样滤纸上，精确测定滤纸在收集 PM 前后的质量差，就可得到排放出的 PM 的质量。

内燃机排气颗粒物的粒径分析范围为 23～1 000 nm，测量仪器主要有电迁移率粒径谱仪（scanning mobility particle sizer，SMPS）、激光凝聚颗粒物计数器（condensation particles counter，CPC）等。样气在进入仪器前要通过挥发性粒子去除器（volatile particle remover，VPR）除去挥发性粒子，其上游安装粒径预分级器等。测量系统要求有一定的计数精度和响应速度等。

PM 中 SOF 的化学成分对 PM 形成机理、氧化过程、后处理技术研究以及环境效应评估都有重要意义。从 PM 中分离 SOF 的方法有热重分析法、真空挥发和溶剂萃取法等，分离出来的 SOF 可以通过 GC 或 GC-MS（气相色谱-质谱法）进行进一步分析，以阐明其组成成分和相对比例，推断其来源，确定降低 SOF 的措施。

6.6.2　排放法规

为控制发动机的有害排放物对大气环境的污染，从 20 世纪 60 年代开始，世界各国相继以法规形式对发动机排放物予以强制性限制。目前，各国排放法规在排放测试装置、取样方法、分析仪器等方面大都取得了一致，但测试规范（车辆的行驶工况或发动机的运转工况组合方案)和排放量限值仍有很大差异。我国将逐步等效采用欧洲的排放法规体系。

车用发动机的排放法规分轻型车与重型车两类,轻重的分界线各国不完全统一,大致是总质量 3 500～5 000 kg 以下或乘员 9～12 人以下的车辆为轻型车。轻型车的排放法规要求整车在底盘测功机上进行排放测试,结果用单位行驶里程的排放质量(比排放量,单位为 g/km)表示。重型车的排放法规不要求整车测量,只要求在发动机试验台上进行发动机测试,结果用发动机的比排放量[g/(kW·h)]表示。

非道路移动机械用柴油机排放法规主要适用于工程机械、农业机械、林业机械等。非道路移动机械用柴油机排放法规要求在发动机试验台上进行发动机测试,结果用发动机的比排放量[g/(kW·h)]表示。

6.6.2.1 轻型车发动机

1. 美国

美国轻型车排放测试用 1975 年颁布的美国城市标准测试循环 FTP-75(Federal Test Procedure-75),见图 6-36。它是在美国洛杉矶市内对早晨上班的汽车工况实测获得的瞬态循环,循环历时 41 min 多,其中包括 10 min 停车和多次怠速,相当于行驶距离 17.77 km,平均车速 34.1 km/h,最高车速 91.2 km/h,所以是一个对应发动机低中转速、低中负荷运行的测试循环。整个测试循环分为 4 段,即过渡段(冷起动)(ct,cold test)、稳定段(s,steady)、发动机关闭和重复一次过渡段(热起动)(ht,hot test)。在 1、2、4 段收集气体,分别装入不同气袋中,将排放测量值分别乘以加权系数(ct 段为 0.43,s 段为 1.0,ht 段为 0.57),相加后除以总行驶距离,得到比排放量。

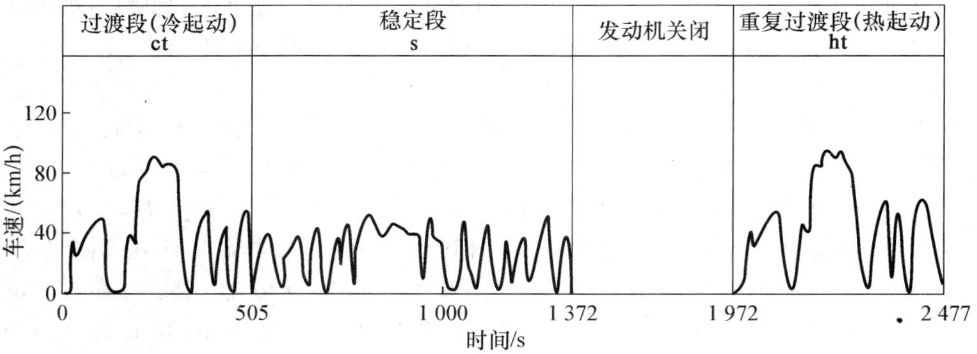

图 6-36 美国城市标准测试循环 FTP-75

美国排放法规可分为联邦排放法规[环境保护署(EPA)排放法规]和加利福尼亚州空气资源委员会排放法规。表 6-3 是美国现行的联邦轻型车排放限值。美国现阶段的排放标准为 EPA Tier 3,该标准从 2013 年 3 月提出,从 2017 年到 2025 年分阶段实施。除微粒排放外,该标准对汽油车与柴油车一视同仁。该标准要求汽车制造厂商对汽车运行 24 万 km 以内的排放都作保证。标准中限制非甲烷有机气体(non-methane organic gas,NMOG)的排放,但不限制甲烷的排放。虽然甲烷对光化学烟雾(臭氧)生成影响很小,但却是全球变暖潜能值(GWP)很高的温室气体,所以不限制甲烷排放,可能是个值得争议的问题。

表 6-3　美国轻型车排放限值

等级	NMOG[①]+NO_x/(mg/km)	PM/(mg/km)	CO/(g/km)	HCHO[②]/(g/km)
7	99.441	1.865	2.610	2.486
6	77.688	1.865	1.305	2.486
5	43.505	1.865	1.057	2.486
4	31.075	1.865	1.057	2.486
3	18.645	1.865	0.622	2.486
2	12.430	1.865	0.622	2.486
1	0	0	0	0

注：①非甲烷有机气体；
　②甲醛。

2. 欧盟

欧洲现行的轻型车排放测量循环(NEDC)由若干等加速、等减速、等速和怠速段组成(图 6-37)。第一部分(ECE 15)由反复 4 次的 15 个工况段构成，是 1970 年制定的，反映市内交通情况。1992 年起加上反映郊外高速公路行驶的第二部分(EUDC)。整个测试循环历时 20 min 20 s，包括循环开始时的 40 s 冷起动怠速暖机，排放测量在这 40 s 后才开始，使冷起动时较高的排放较少被测到。在 2000 年后的欧Ⅲ标准中，这段时间被取消，条件更严苛。循环相当行驶距离约 11 km，平均车速 32.5 km/h，最高车速 120 km/h(对小排量汽车为 90 km/h)。

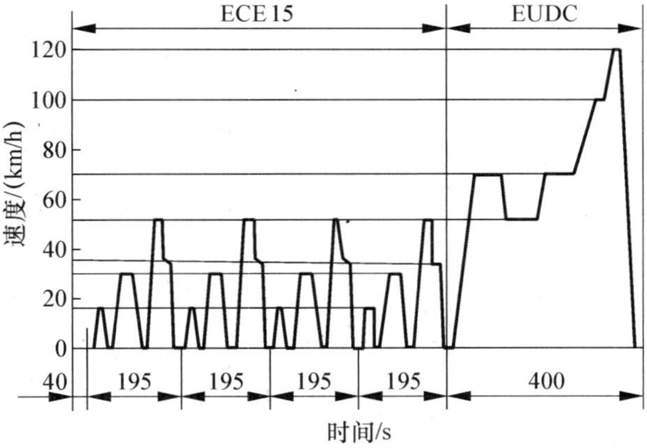

图 6-37　欧洲轻型车排放法规规定的 ECE[①] 15+EUDC[②] 循环
①ECE-Economic Commission of Europe，欧洲经济委员会；
②EUDC-Extra Urban Driving Cycle，市郊行驶循环

表 6-4 为欧洲目前的轻型车排放限值。在 1988 年的标准中，把轻型车按发动机排量、汽车总质量和座位数分类，分别规定排放限值，1992 年起统一为一个限值，这样对小型汽车比较有利。

表 6-4　欧洲轻型车排放限值[①]　g/km

阶段	生效时间	汽油车			柴油车			
		CO	HC	NO_x	CO	HC	NO_x	PM
欧Ⅰ	1992 年	2.72	0.97		2.72	0.97		0.14
欧Ⅱ	1995 年	2.2	0.50		2.2[②] 1.0[③]	0.50[②] 0.90[③]		0.08[②] 0.10[③]
欧Ⅲ	2000 年	2.3	0.2	0.15	0.64	0.56	0.50	0.05
欧Ⅳ	2005 年	1.0	0.1	0.08	0.50	0.30	0.25	0.025
欧Ⅴ	2009 年	1.000	0.100	0.060	0.500	0.300	0.180	0.005
欧Ⅵ	2014 年	1.000	0.100	0.060	0.500	0.300	0.080	0.005

注：①表列值为新车型认证限值，对新产品一致性质量检验限值为表列值的 1.2 倍；

②非直喷式柴油机；

③直喷式柴油机。

3. 日本

日本从 1966 年开始对汽车排放进行控制，规定控制汽车尾气中的 CO 浓度。1970 年规定汽车必须安装曲轴箱通风装置控制 HC 蒸发排放，1972 年限制化油器及汽油箱 HC 蒸发量。1973 年按比排放量(g/km)限制 CO、HC 及 NO_x。20 世纪 90 年代，日本的汽车排放标准相对宽松。2003 年，日本颁布了非常严格的 2005 排放标准，2009 年进一步加严。日本柴油乘用车排放限值如表 6-5 所示。

表 6-5　日本柴油乘用车排放限值　g/km

车重	实施时间	测试工况	CO 平均（最大）	HC 平均（最大）	NO_x 平均（最大）	PM 平均（最大）
<1 250 kg[①]	1986 年	10-15 工况	2.1(2.7)	0.40(0.62)	0.70(0.98)	
	1990 年		2.1(2.7)	0.40(0.62)	0.50(0.72)	
	1994 年		2.1(2.7)	0.40(0.62)	0.50(0.72)	0.20(0.34)
	1997 年		2.1(2.7)	0.40(0.62)	0.40(0.55)	0.08(0.14)
	2002 年		0.63	0.12	0.28	0.052
	2005 年	JC08[⑤]	0.63	0.024[⑥]	0.14	0.013
	2009 年		0.63	0.024[⑥]	0.08	0.005
>1 250 kg[①]	1986 年	10-15 工况	2.1(2.7)	0.40(0.62)	0.90(1.26)	
	1992 年		2.1(2.7)	0.40(0.62)	0.60(0.84)	
	1994 年		2.1(2.7)	0.40(0.62)	0.60(0.84)	0.20(0.34)
	1998 年		2.1(2.7)	0.40(0.62)	0.40(0.55)	0.08(0.14)
	2002 年[②]		0.63	0.12	0.30	0.056
	2005 年[③]	JC08[⑤]	0.63	0.024[⑥]	0.15	0.014
	2009 年[④]		0.63	0.024[⑥]	0.08	0.005

注：①当量惯性质量(EIW)；

②2002 年 10 月用于国内产车，2004 年 9 月用于进口车；

③2005 年年底完全实施；

④2009 年 10 月用于国产新车，2010 年 9 月用于已有的车和进口车；

⑤2011 年完全采用；

⑥非甲烷碳氢化合物(NMHC)：除甲烷(CH_4)外的总碳氢化合物(THC)。

日本轻型车排放法规采用 10-15 工况测试循环，如图 6-38 所示。2005 年的排放法规引入新的 JC08 工况测试循环，如图 6-39 所示，并从 2011 年开始完全采用。10-15 工况测试循环类似 NEDC 循环，循环里程 4.16 km，平均车速 22.7 km/h，持续时间 660 s。JC08 测试循环代表拥挤城市行驶工况，包括怠速和频繁的加、减速工况，持续时间 1 204 s，循环里程 8.171 km，平均车速 24.4 km/h，最高车速 81.6 km/h，负荷率 29.7%。测试循环进行两次，一次是冷起动，另一次是热起动。

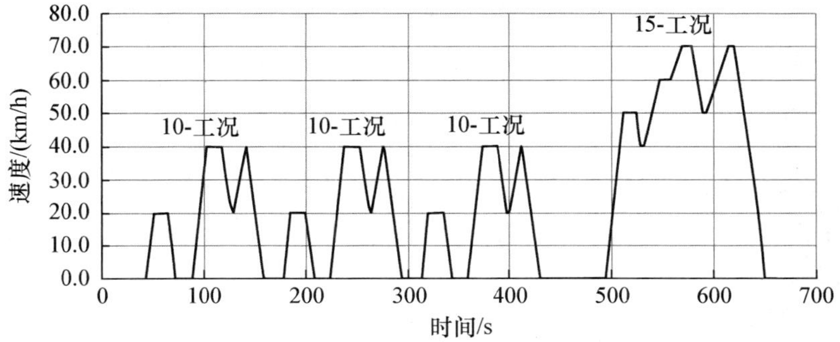

图 6-38　10-15 工况测试循环

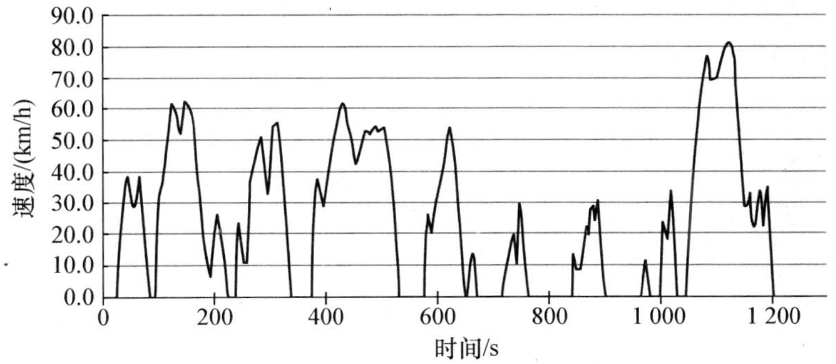

图 6-39　JC08 工况测试循环

4. 中国

我国汽车排放控制始于 20 世纪 80 年代初。80 年代末，我国的轻型汽车、重型柴油车和摩托车的排放控制移植和采用了欧洲排放标准体系，参照欧洲排放标准制定了相应的排放限值和测试规程。为缓解日益严峻的市区大气污染状况，北京市于 1999 年 1 月在国内率先实施了国Ⅰ标准，并于 2008 年 3 月提前实施国Ⅳ标准。我国排放法规中的各阶段限值基本与欧洲标准一致。

2016 年国家发布了《轻型汽车污染物排放限值及测量方法（中国第六阶段）》（GB 18352.6—2016），于 2020 年 7 月 1 日起实施第六阶段（简称国Ⅵ）排放限值。国Ⅵ标准测试工况引入了全球统一轻型车测试循环（Worldwide Light-duty Test Cycle，WLTC），如图 6-40 所示；首次对 N_2O 排放和颗粒物数量（PN）限值提出要求，加严了测试程序和限值要求，引入了实际行驶排放（real driving emission，RDE）测试，RDE 的排放测试和认证都是在实际道路上进行，法规要求在路试时需要有采集气态排放物、颗粒排放物、发动机排气流量等基本参数的便携式排放测试系统（portable emissions measurement system，PEMS），还需要有温度、湿度、

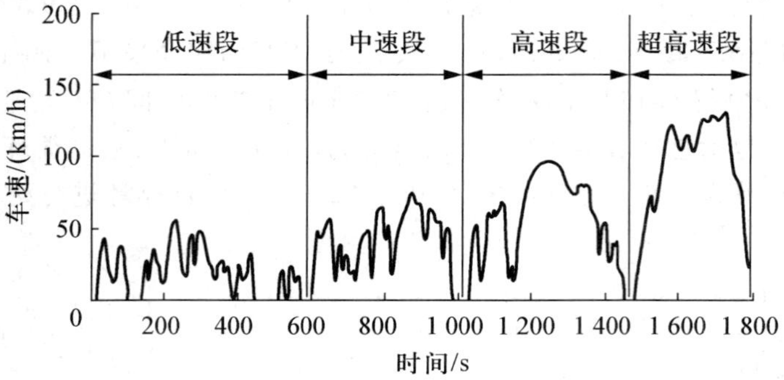

图 6-40 WLTC 工况测试循环

GPS、OBD(on-board diagnostics)(非必需)等辅助数据和仪器用于对排放污染物的测量结果进行修正和 RDE 里程评估。国Ⅵ标准第一次将排放测试从实验室转移到了实际道路,有效防止实际排放超标。

由于增加了 PN 限值,GPF 成为降低排放的主流技术之一,TWC+GPF 是国Ⅵ标准下汽油车降低排放的主要技术路线。现阶段排放限值见表 6-6 和表 6-7。

表 6-6 中国轻型车排放限值(6a 阶段) mg/km

车辆类别		测试质量 TM/kg	限值						
			CO	THC	NMHC	NO_x	N_2O	PM	PN③/(个/km)
第一类车①		全部	700	100	68	60	20	4.5	6.0×10^{11}
第二类车②	Ⅰ	TM≤1 305	700	100	68	60	20	4.5	6.0×10^{11}
	Ⅱ	1 305<TM≤1 760	880	130	90	75	25	4.5	6.0×10^{11}
	Ⅲ	TM>1 760	1 000	160	108	82	30	4.5	6.0×10^{11}

注:①包括驾驶员座位在内座位数不超过 6 座,且最大设计总质量不超过 2 500 kg 的载客汽车。

②除第一类车以外的其他所有轻型汽车。

③2020 年 7 月 1 日前,汽油车过渡限值为 6.0×10^{12} 个/km。

表 6-7 中国轻型车排放限值(6b 阶段) mg/km

车辆类别		测试质量 TM/kg	限值						
			CO	THC	NMHC	NO_x	N_2O	PM	PN③/(个/km)
第一类车①		全部	500	50	35	35	20	3.0	6.0×10^{11}
第二类车②	Ⅰ	TM≤1 305	500	50	35	35	20	3.0	6.0×10^{11}
	Ⅱ	1 305<TM≤1 760	630	65	45	45	25	3.0	6.0×10^{11}
	Ⅲ	1 760<TM	740	80	55	50	30	3.0	6.0×10^{11}

注:同表 6-6。

6.6.2.2 重型车发动机

虽然从理论上说重型车也可用汽油机,但从燃油经济性考虑,全世界的重型车基本上都用柴油机。所以,下面简要介绍重、中型车用柴油机的排放法规。

1. 美国

美国从 1974 年起用十三工况法测试重型车用柴油机的排放，1984 年起改为瞬态法。柴油机以出厂状态安装在试验台上，一个瞬态控制计算机每秒给出一次规定的转矩和转速，并进行相应的取样和测量。每循环历时 20 min，工况模拟美国纽约和洛杉矶高速公路的交通情况，平均车速 30 km/h 左右，相当于行驶距离 10.3 km。

1970 年，美国首次制定重型卡车和公共汽车烟度排放限值，1985 年美国环境保护署(EPA)又颁布了重型车用柴油机的排放标准。柴油机 CO、HC 排放限值一直没有变化，但对 PM 的排放限值却日趋严格。2002 年 12 月 21 日 EPA 签署了 2007 年以后重型车用发动机的排放标准，新的 PM 排放标准在 2007 年开始执行，在 2007 年至 2010 年期间分阶段执行 NO_x 和 NMHC 的排放标准。现阶段标准限值见表 6-8。

表 6-8　美国重型车用柴油机排放限值　g/(kW・h)

生效时间	CO	HC	NO_x	PM
2010 年	20.8	1.74	0.27	0.013

2. 欧盟

欧盟重型车用柴油机排放测试循环曾采用 ECE R49 十三工况法(图 6-41)。它由额定转速和最大转矩转速的各 5 个工况点以及 3 个怠速工况点共 13 个工况点组成，测量在稳态下进行。通过进气和燃油流量的测量求得发动机的排气流量，乘以测出的各种排气污染物浓度，可算出该工况下的排放量及比排放量；再乘以该工况的加权系数，按工况累加，得出在标准测试循环下的比排放量指标。

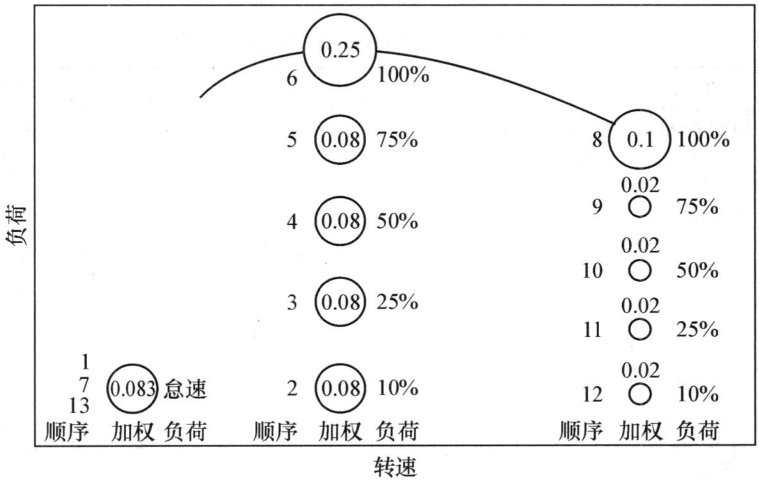

图 6-41　ECE R49 十三工况法标准测试循环的工况点和加权系数

从 2000 年开始实行的欧Ⅲ标准对上述十三工况法进行修改，改为欧洲稳态标准测试循环(European Steady State Cycle，ESC)，如图 6-42 所示。为了防止利用电控系统作弊，排放测试时可以再任选 3 个工况来测试系统的一致性。

ESC 还包括一个动态烟度测试(European Load Response Smoke Test，ELR)。在 A、B、

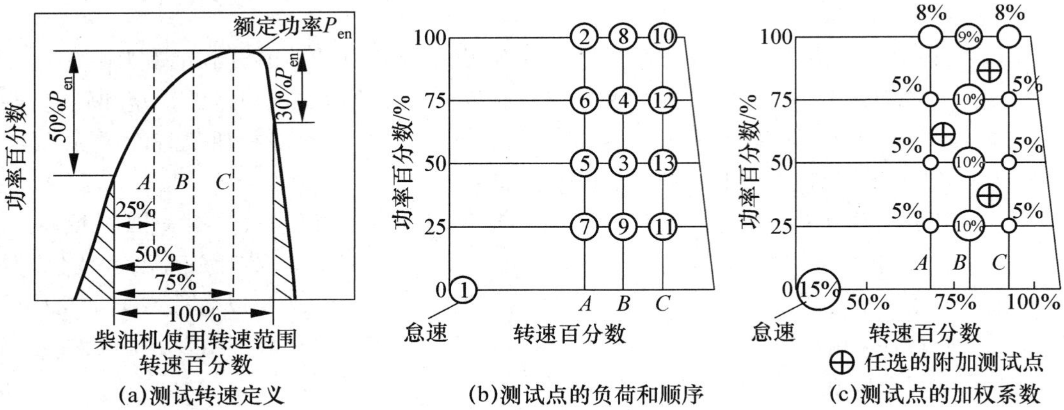

图 6-42 欧洲稳态标准测试循环(ESC)

C3 个转速下,把油门从 10%负荷开始突然加到最大,用消光烟度计测量这个过程的烟度最大值。测试人员可以在转速 A 和 B 之间任意增加一个测试点。

对于使用先进的排气后处理技术(如微粒捕集器或 NO_x 催化转化系统)的轻型车用柴油机和气体燃料发动机,欧Ⅲ标准中还增加了一个欧洲瞬态循环(European Transient Cycle,ETC),用于检验排气后处理系统的动态性能。ETC 历时 30 min,分别模拟 10 min 市内道路行驶、10 min 农村公路行驶和 10 min 高速公路行驶。

1992 年以来欧洲重型车用柴油机各阶段排放限值见表 6-9。专门的对比测试表明,同一台柴油机用 ECE R49 和 ESC 测得的排放量有如下的对应关系:ECE R49 的 1 g/(kW·h) CO、HC、NO_x 和 PM 分别对应于 ESC 的 0.75、0.85、1.03 和 0.91 g/(kW·h)。

表 6-9 欧洲重型车用柴油机各阶段排放限值 g/(kW·h)

项目	欧Ⅰ	欧Ⅱ	欧Ⅲ[①]	欧Ⅲ	欧Ⅳ	欧Ⅴ	欧Ⅵ
测试循环	ECE R49	ECE R49	ESC	ETC	ESC	ESC	ESC
生效时间	1992 年	1996 年	2000 年	2000 年	2005 年	2008 年	2013 年
CO	4.5	4.0	2.1	5.45	1.5	1.5	1.5
HC	1.1	1.1	0.66	0.46	0.46	0.46	0.13
NMHC	—	—	—	0.78			
CH_4	—	—	—	1.6			
NO_x	8.0	7.0	5.0	5.0	3.5	2.0	0.5
PM	0.36/0.61[②]	0.15/0.25[③]	0.10/0.13	0.21[③]	0.02	0.02	0.01

注:①还有动态烟度限值 0.8 m^{-1};

②适用于额定功率不大于 85 kW 的柴油机;

③适用于单缸工作容积小于 0.7 L、额定转速大于 3 000 r/min 的柴油机。

3. 日本

日本从 1973 年开始实施重型车用柴油机排放标准,测试方法为稳态六工况法,只限制气体污染物 CO、HC 及 NO_x 的排放浓度,几次加严只是针对 NO_x 的排放。从 1994 年起测试方法改为稳态十三工况法,对污染物的限值从浓度限制改为排放总量控制,并增加了 PM 的限值。从 1983 年开始，日本对柴油车/机的烟度也进行限制，并在 1994 年、2003 年两次加严烟度限值。日本对柴油车/机的烟度测量采用的是滤纸式烟度计，测量柴油机全负荷曲线上 3 个不同转速时的烟度和柴油车自由加速工况的烟度，烟度的单位为染黑度(%)。从 2005 年开始对重型柴油车排放测试采用 JE05 瞬态循环(热起动)，如图 6-43 所示。JE05 测试循环持续时间约 1 800 s，平均车速 26.94 km/h，最高车速 88 km/h。如果用发动机台架进行测试，必须基于 JE05 循环工况转换成发动机转矩-转速-时间数据。标准限值见表 6-10。

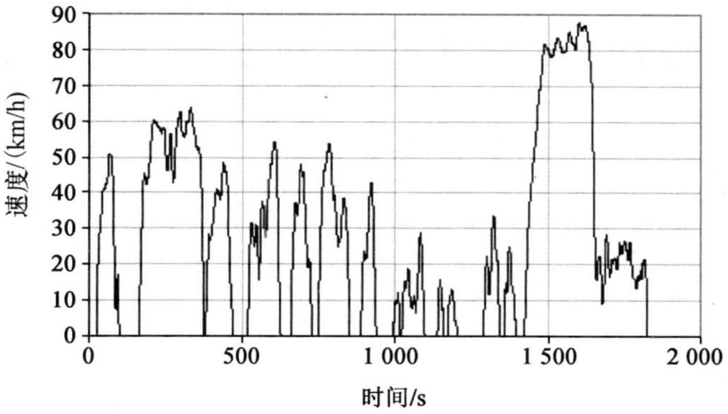

图 6-43　日本 JE05 测试循环

表 6-10　日本重型车用柴油机排放限值

实施标准	实施时间	测试工况	排放物单位	CO	HC	NO_x		PM	烟度(染黑度)/%	
				均值/最值	均值/最值	均值/最值①	均值/最值②	均值/最值	三工况	自由加速
	1974—1976 年	六工况	10^{-6}	980	670	1 000	590			
	1977—1978 年			980	670	850	500			
	1979—1981 年			980	670	700	450			
	1982 年			980	670	700	390			
	1983—1987 年			980	670	610	390		50	50
	1988 年			790/980	510/670	400/520	260/390		50	50
	1989—1993 年			790/980	510/670	400/520	260/350		50	50
	1994—1996 年	十三工况	g/(kW·h)	7.40/9.20	2.90/3.80	6.00/7.80	5.00/6.80	0.70/0.96	40	40
JP1997	1997—2002 年			7.40/9.20	2.90/3.80	4.50/5.80		0.25/0.49	40	40
JP2003	2003—2004 年			2.22	0.87	3.38	0.18	25	25	25
JP2005	2005—2008 年	JE05		2.22	0.17③	2	0.027	25	25	25
JP2009	2009 年			2.22	0.17③	0.7	0.01	25	25	25

注：①直喷式；

②非直喷式；

③非甲烷碳氢化合物。

4. 中国

我国于1983年颁布柴油机自由加速烟度排放标准，1993年对标准进行修订，加严了标准限值。2001年后我国参照欧盟排放标准制定了不同阶段的排放标准。2018年发布了《重型柴油车污染物排放限值及测量方法(中国第六阶段)》(GB 17691—2018)(简称国Ⅵ标准)，于2019年7月1日起实施第六阶段排放限值，见表6-11。国Ⅵ标准首次对NH_3和PN提出要求，且提出了整车排放测试和限值要求。

表6-11 中国重型柴油车第六阶段排放限值 mg/(kW·h)

试验	CO	THC	NMHC	CH_4	NO_x	$NH_3/10^{-6}$	PM	PN/(个/km)
WHSC① 工况(CI③)	1 500	130	—	—	400	10	10	8.0×10^{11}
WHTC② 工况(CI③)	4 000	160	—	—	460	10	10	6.0×10^{11}
WHTC 工况(PI④)	4 000	—	160	500	460	10	10	6.0×10^{11}

注：①全球统一稳态试验循环(World Harmonized Steady State Cycle)；
②全球统一瞬态试验循环(World Harmonized Transient Cycle)；
③压燃式发动机；
④点燃式发动机。

要达到国Ⅵ标准要求，需机内净化与后处理技术结合，整体来说，主要有两条排放控制技术路线：一条是有EGR，通过EGR技术降低发动机缸内燃烧的NO_x排放，再结合超高压共轨技术和DOC、DPF、SCR及ASC等后处理技术；另一条是无EGR，通过SCR技术降低NO_x排放，再结合超高压共轨技术和DOC、DPF、ASC，后一路线对NO_x的降低主要通过SCR，因此导致尿素使用量上升。目前来看，大多数发动机均选择EGR＋DOC＋DPF＋SCR＋ASC组合，无EGR技术路线的整套系统技术难度较高，只有少数主流厂商使用。

6.6.2.3 非道路移动机械用柴油机

1. 美国

美国很早便开始限制非道路移动机械的尾气排放量并颁布了一系列相应法规，在非道路移动机械排放标准法规方面处于领先水平，按输出功率范围规定了第Ⅰ～Ⅲ阶段和第Ⅳ阶段美国非道路用柴油机的排放限值和实施时间。其中第Ⅰ～Ⅲ阶段的排放测试，除颗粒物外都采用八工况循环试验方法，见表6-12，颗粒物测试采用加州1996年及以后的非道路用柴油机循环方法。第Ⅳ阶段的排放测试，除采用八工况循环试验方法外，还需进行非道路瞬态循环(non-road transient cycle，NRTC)测试(图6-44)。NRTC的试验循环分为冷起动循环、热浸期和热起动循环3个部分。按照标准要求，发动机的冷却液、机油、发动机的处理系统和辅助设备都在20～30 ℃时开始冷起动循环。冷起动循环测试结束后，立即进行20 min的热浸期测试，热浸期测试结束后立即进行热起动循环测试。污染物排放值的最终结果则为在冷起动循环下结果的10%和热起动循环下结果的90%的加权。第Ⅳ阶段的具体限值如表6-13所示。

表 6-12　八工况循环参数

工况号	柴油机转速	负荷百分比	加权系数
1	额定转速	100	0.15
2	额定转速	75	0.15
3	额定转速	50	0.15
4	额定转速	10	0.10
5	中间转速	100	0.10
6	中间转速	75	0.10
7	中间转速	50	0.10
8	怠速	0	0.15

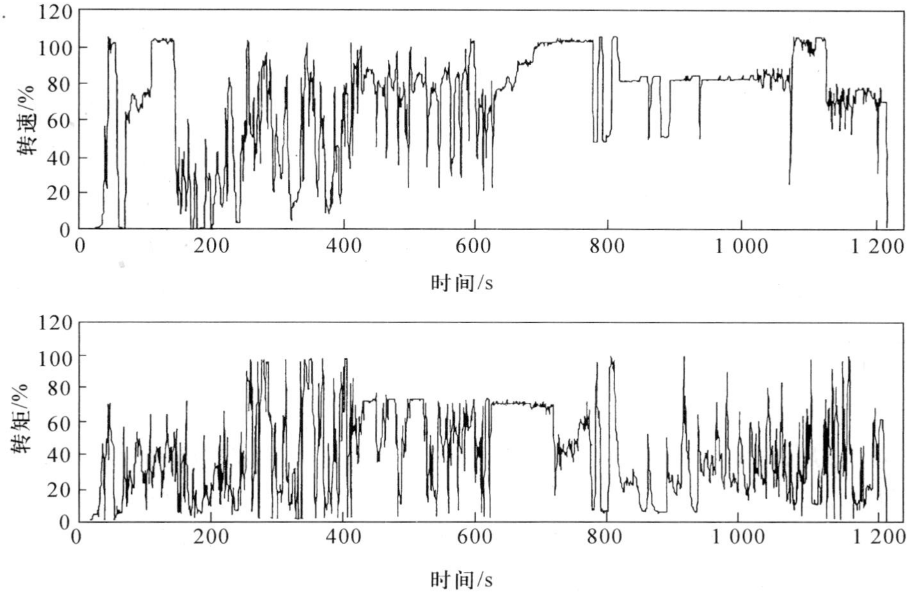

图 6-44　NRTC 循环测试工况

表 6-13　2015 年开始实施的美国第Ⅳ阶段非道路用柴油机排放限值　g/(kW·h)

P/kW		CO	NMHC	NO_x	NMHC+NO_x	PM
$P>560$	发电机组配套	3.5	0.19	0.67	—	0.03
	其他用途配套	3.5	0.19	3.5	—	0.04
$130\leqslant P\leqslant 560$		3.5	0.19	0.4	—	0.02
$56\leqslant P<130$		5.0	0.19	0.4	—	0.02
$19\leqslant P<56$		5.0	—	—	4.7	0.03
$P<19$		6.6	—	—	7.5	0.4

2. 欧盟

欧盟于 1997 年 12 月 16 日和 2004 年 4 月 21 日分别发布了 97/68/EC 和 2004/26/EC 排放法规，这些法规相继按输出功率范围规定了第Ⅰ阶段和第Ⅱ阶段(97/68/EC)、第Ⅲ阶段和第Ⅳ阶段(2004/26/EC)非道路移动机械用柴油机的排放限值和实施时间。2016 年 9 月 14 日，欧盟发布了第Ⅴ阶段非道路移动机械用柴油机污染物排放标准，即 EU2016/1628 号法规；2016 年 11 月 19 日，又陆续发布了 EU2016/1628 的配套法规即 EU2017/654 技术要求、EU2017/655 在用车管理要求和 EU2017/656 文件管理要求。第Ⅴ阶段与第Ⅳ阶段限值基本一致，但对 19～560 kW 的柴油机增加了颗粒物数量(PN)的要求，这也是全球第一个对 PN 提出要求的非道路移动机械标准。一般发动机采用八工况循环试验、固定转速的发动机采用五工况循环试验进行测试。另外，还需进行 NRTC 瞬态工况测试。排放限值如表 6-14 所示。

表 6-14 欧盟第Ⅴ阶段非道路用柴油机排放限值 g/(kW·h)

P_{max}/kW	CO	HC	NO_x	HC+NO_x	PM	PN	执行时间
$P_{max}>560$	3.5	0.19	3.5，0.67①	—	0.045	—	2019 年 1 月 1 日
$130\leqslant P_{max}\leqslant560$	3.5	0.19	0.4	—	0.015	1×10^{12}	
$56\leqslant P_{max}<130$	5.0	0.19	0.4	—	0.015	1×10^{12}	2020 年 1 月 1 日
$37\leqslant P_{max}<56$	5.0	—	—	4.7	0.015	1×10^{12}	2019 年 1 月 1 日
$19\leqslant P_{max}<37$	5.0	—	—	4.7	0.015	1×10^{12}	
$P_{max}<19$	5.5	—		7.5	0.40	—	

注：①适用于可移动式发电机组用 $P_{max}>900$ kW 的柴油机。

3. 日本

2006 年 10 月，日本环境省、经济产业省和国土交通省共同制定的"特殊非道路机动车排放法规"开始执行。针对道路以外行驶、装备额定输出功率在 19～560 kW 柴油机的特殊车辆，根据不同的输出功率，逐步实施排放法规。均采用八工况循环试验方法。烟度测试按照日本 JCMAS-T004 标准规定，在八工况稳态与无负荷加速状态下测定。排放限值见表 6-15。

表 6-15 日本非道路机动车用柴油机排放限值 g/(kW·h)

P/kW	实施时间	CO	HC	NO_x	PM	烟度/%
$19\leqslant P<37$	2013 年 10 月	5.0	0.7	4.0	0.03	25
$37\leqslant P<56$	2013 年 10 月	5.0	0.7	4.0	0.02	25
$56\leqslant P<75$	2012 年 10 月	5.0	0.19	3.3	0.02	25
	2016 年	5.0	0.19	0.4	0.02	25
$75\leqslant P<130$	2007 年 10 月	5.0	0.19	3.3	0.2	25
	2016 年	5.0	0.19	0.4	0.02	25
$130\leqslant P\leqslant560$	2006 年 10 月	3.5	0.19	2.0	0.02	25
	2015 年	3.5	0.19	0.4	0.02	25

4. 中国

中国对于非道路移动机械用发动机排放的普查和标准起草工作已经启动多年，但是排放标准、法规的制定和实施基础相对来说较落后。2007 年 4 月，我国正式发布了《非道路移动机械用柴油机排气污染物排放限值及测量方法(中国第Ⅰ、Ⅱ阶段)》(GB 20891—2007)，于 2007 年 10 月 1 日开始实施第Ⅰ阶段，2009 年 10 月 1 日开始实施第Ⅱ阶段；2014 年 5 月 16 日发布了《非道路移动机械用柴油机排气污染物排放限值及测量方法(中国第三、四阶段)》(GB 20891—2014)，2015 年 10 月 1 日开始实施第三阶段，2022 年 12 月 1 日开始实施第四阶段(北京市于 2021 年 12 月 1 日提前实施)。不同类型柴油机采用不同稳态试验循环进行测量，在非恒定转速下工作的柴油机采用八工况循环，在恒定转速下工作的柴油机采用五工况循环，在非恒定转速下工作、额定净功率小于 19 kW 的柴油机，也可采用六工况循环。第三、四阶段排放法规增加了 NRTC 测试。第四阶段具体限值如表 6-16 所示。

表 6-16 中国非道路移动机械用柴油机第四阶段排气污染物排放限值 g/(kW·h)

P_{max}/kW	CO	HC	NO_x	HC+NO_x	PM
$P_{max}>560$	3.5	0.40	3.5，0.67①	—	0.10
$130\leqslant P_{max}\leqslant 560$	3.5	0.19	2.0	—	0.025
$75\leqslant P_{max}<130$	5.0	0.19	3.3	—	0.025
$56\leqslant P_{max}<75$	5.0	0.19	3.3	—	0.025
$37\leqslant P_{max}<56$	5.0	—	—	4.7	0.025
$P_{max}<37$	5.5	—	—	7.5	0.60

注：①适用于可移动式发电机组用 $P_{max}>900$ kW 的柴油机。

6.6.3 OBD 简介

为对汽车污染物排放水平和故障进行实时监测，从 20 世纪 80 年代起，世界各大汽车制造企业开始在汽车上配备车载诊断(on-board diagnostics，OBD)系统。其基本功能有：①点亮组合仪表中的警示灯(MIL)，通知驾驶员出现故障；②在计算机中设定一个相应的故障代码；③将代码储存在计算机内存中，便于技术人员获取并用于诊断和维修。

第一代车载诊断系统(OBD-Ⅰ)没有自检功能，仅提取发动机排放系统相关的传感器和执行机构的故障信息，不对催化转化器效率、失火等进行监控，也没有规定统一的故障码。

第二代车载诊断系统 OBD-Ⅱ能够监测所有传感器、执行机构及催化转化器、燃油供给系统，能够检测发动机是否失火。但 OBD-Ⅱ只监测，并不采取控制行动。

第三代车载诊断系统 OBD-Ⅲ将汽车的检测、维护和管理合为一体，不仅能向驾驶者报警，还能向有关部门通报故障车辆的信息，传递故障解决指令，甚至对违规者进行禁行惩罚。

OBD 的监测范围取决于法规要求，但它并不是一个独立的硬件系统，而是集成在发动机控制中的一个诊断系统。例如，三效催化转化器效率检测是通过对催化器前后的 A/F 波动信号的比较实现的，而发动机的失火检测则基于发动机的转速波动等。不同发动机管理系统的 OBD 功能和诊断策略可能有所不同，但都是基于有关信号使用一种算法计算而来的。

6.7 发动机噪声与测量

6.7.1 发动机噪声

直接从发动机本体及其附件向空间传出的噪声都是发动机的噪声。发动机噪声随机型、转速、负荷及运行状况不同而有差异。在相同转速下，柴油机噪声一般比汽油机高 5～10 dB。

发动机的噪声主要包括燃烧噪声、机械噪声、进气噪声、排气噪声和风扇噪声等。按照噪声的产生方式可分为燃烧噪声、机械噪声和气体动力噪声。燃烧噪声是由于燃烧引起气缸内气体压力的周期性变化而产生的噪声；机械噪声是由于运动部件之间及运动部件与固定件之间机械作用的周期性变化而产生的噪声；气体动力噪声包括进气系统、排气系统和风扇所产生的噪声。燃烧噪声和机械噪声是通过发动机表面向外辐射的，故又称为发动机表面噪声；进、排气噪声和风扇噪声是直接向大气辐射的噪声。

6.7.1.1 燃烧噪声

燃烧噪声是发动机的主要噪声，是可燃混合气燃烧时因压力急剧上升冲击活塞、气缸盖、气缸体、连杆等引起发动机结构振动而产生的。通常柴油机比汽油机燃烧噪声更大。一般来说，在汽油机中，半球形燃烧室燃烧速率大，噪声较大，而浴盆形燃烧室燃烧速率较低，噪声较低。对于柴油机，直喷式燃烧室中开式的燃烧噪声较大，半开式好于开式，半开式中球形燃烧室的噪声相对较低；在非直喷式燃烧室中，涡流室式与预燃室式燃烧噪声都比较低。

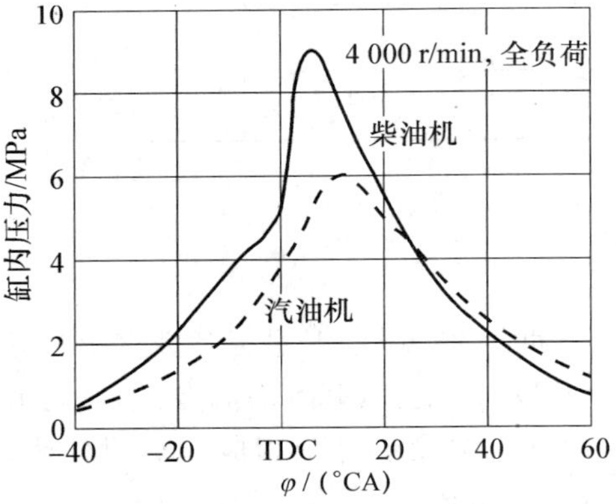

图 6-45 汽油机和柴油机缸内压力对比

柴油机燃烧噪声的大小主要与压力升高率、最高燃烧压力、压力升高比及零部件的自振频率有关，其中压力升高率的影响最大。缸内压力曲线如图 6-45 所示。为了保证柴油机稳定运转，应控制 $\Delta p/\Delta\varphi <$ 0.4 MPa/(°CA)，当 $\Delta p/\Delta\varphi >$ 0.5 MPa/(°CA)时，会出现强烈的噪声甚至敲缸声，运动零部件受到严重冲击，寿命下降。不同类型的燃烧室缸内压力情况见图 6-46。冷起动和怠速时，缸内温度较低，着火落后期延长，导致压力升高率增大，因而燃烧噪声增大。在小负荷时，由于在着火落后期内喷入的燃料少，压力升高率低，相应地燃烧噪声也明显下降。大负荷时，最高燃烧压力增加，压力升高比增大，噪声增大。负荷对柴油机噪声的影响见图 6-47。

汽油机产生爆燃、表面点火及运转不平稳等不正常燃烧时，气缸压力剧增，由于气缸内气体的冲击作用，可听到 3～6 kHz 的高频爆震声(敲缸)，或 0.5～2 kHz 的钝音(粗暴)。前者是由于发动机压缩比高、汽油品质不良和点火提前角过大等因素造成的，后者则因燃烧室积炭引起表面点火所致。

6.7.1.2 机械噪声

发动机机械噪声是指发动机运转时由于内部各零件之间存在间隙导致的撞击及内部周期性变化的作用力在零部件上产生的弹性变形所导致的表面振动而引起的噪声。机械噪声的分类见表 6-17。

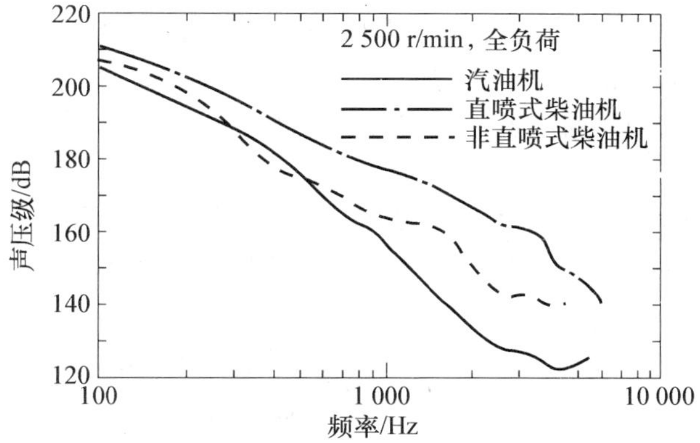

图 6-46 汽油机、直喷式柴油机和非直喷式柴油机的缸内压力频谱

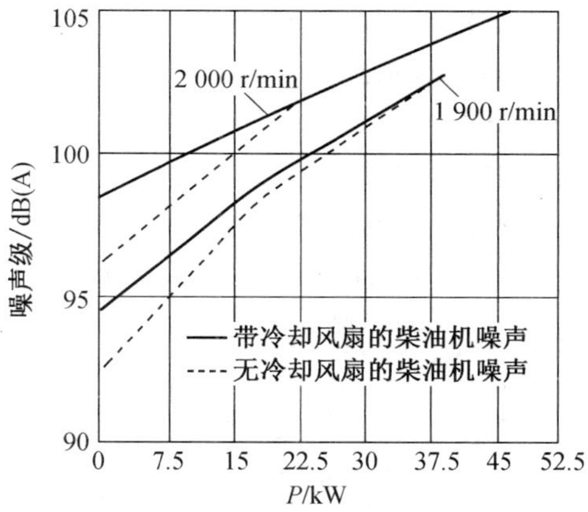

图 6-47 负荷及转速对柴油机噪声的影响

表 6-17 机械噪声的分类

项 目	活塞组件	传动件	燃料供给系统	配气机构	其 他
噪声组成	活塞敲击声 活塞环摩擦声	正时齿轮撞击声 链传动声 皮带传动声	喷油泵噪声 喷油器噪声 喷油管内压力传递声	气门开、闭冲击声 配气机构冲击声 气门弹簧振动声	发电机噪声 空压机噪声 冷却器噪声 液压泵噪声
噪声频率	2～8 kHz	<4 kHz	>2 kHz	0.5～2 kHz	

6.7.1.3 进、排气噪声

发动机的进、排气噪声包括：进、排气管中气流的压力脉动所产生的低、中频噪声；气流以高速流过气门的进气截面时形成涡流产生的高频噪声；在气缸内气体产生动力振动的过程中，当气门迅速关闭时进、排气系统中产生气体振动并通过表面传出的噪声。

进气噪声主要频率范围在 0.05～0.5 kHz，主要成分为低频噪声。进气噪声随转速的提高而迅速增强，转速增加，吸入空气流速提高，同时进气管入口处空气脉动的强度和频率也随着提高；进气噪声随负荷的增加稍有增加。

排气噪声的主要频率范围为 0.05～5 kHz。对非增压发动机来说，排气噪声可高达 110～120 dB(A)(距排气口 1 m)。排气噪声随发动机排量、有效功率、有效转矩以及平均有效压力与排气口面积的乘积的增大而增大。

加装消声器可使排气噪声大幅度降低，但消声器的阻抗大，会使发动机的性能降低，因此必须选用阻抗小而消声效果好的消声器。此外，在使用过程中，要注意进、排气系统的紧固和接头的密封状况，以减小表面辐射噪声和漏气噪声。

6.7.1.4 风扇噪声

风扇是汽车的噪声源之一，风冷发动机噪声尤其大，在高速全负荷时甚至与进、排气噪声不相上下。现在汽车普遍装设空调系统和排气净化装置等，使发动机罩内温度升高，冷却风扇负荷加大，噪声相应增大。

风扇的机械振动噪声是由于气流引起的风扇、导向装置(护风圈)或散热器的振动，以及其他的外部振动激发的机械振动产生的噪声。

为了减小高速时发动机的风扇噪声，汽车发动机普遍使用液力耦合器、不等距叶片、变叶片扭角的风扇，也有采用水温感应电动离合风扇的。在冷却条件满足的情况下，增大风扇直径，降低转速，改变风扇叶片材料，采用非金属材料，对降低噪声都有一定效果。

6.7.1.5 排气涡轮增压器噪声

排气涡轮增压器实质上也是一种风机，噪声构成与风扇噪声有相似之处，但排气涡轮的转速高得多，旋转噪声居支配地位，具有高频特性。排气涡轮增压器总的噪声水平一般较非增压柴油机高 2～3 dB(A)。

排气涡轮增压柴油机由于部分排气能量在涡轮增压器中转变为机械能，因此涡轮出口的排气气流比较平稳，因此排气噪声有所减弱，而进气噪声因进气压力升高而略有增加。

6.7.2 噪声的测量

噪声测量的主要项目为噪声级和噪声频谱，常用的仪器有声级计、频率分析仪、自动记录仪、磁带记录器等。

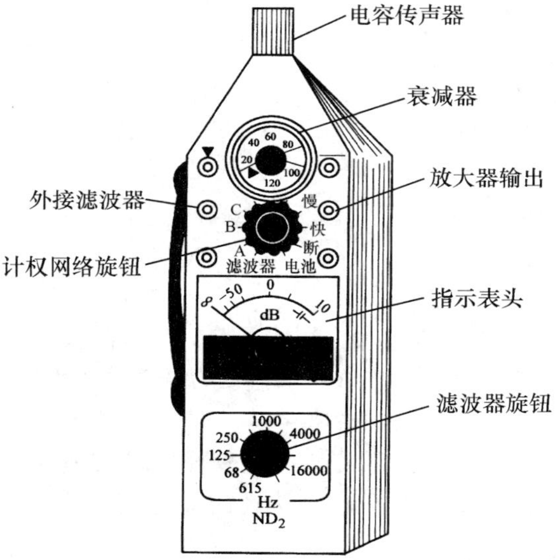

图 6-48 ND_2 型精密声级计外形图

6.7.2.1 噪声测量仪器概述

声级计是测量声压级大小的仪器，按供电电源种类可以分为交流式和直流式两种，其中直流式声级计因操作、携带方便，所以比较常用。图 6-48 为 ND_2 型精密声级计的外形图。

声级计一般都是由传声器、放大器、衰减器、计权网络、检波器和指示装置组成。使用声级计测量时应注意进行校准，以保证读数的精度。校准的标准声源有活塞发生器和声级校准器等。

如需进一步了解和分析噪声的成分及性质，可将频率分析仪接入声级计，测量各频率带的声压级。频率分析仪是用来分析噪声频率的仪器，利用一套带通滤波器将被测信号中所含的不同频率分量逐一分离出来，由内部的测量放大器进行测量，其结果可由表头直接读出，或通过外接自动记录仪获得频谱图。

磁带记录器用来对噪声进行快速记录和信号储存，对现场测量或难以得到的试验很有意义。录好的噪声可带回实验室进行重放，而且可以多次重复，有利于对噪声频谱进行仔细分析。

6.7.2.2 发动机噪声的测量方法

发动机噪声的测量按照《往复式内燃机　声压法声功率级的测定　第 2 部分：简易法》(GB/T 1859.2—2015)进行。

发动机噪声测量主要包括进气口噪声测量、排气口噪声测量、辅件噪声测量，测量的位置如图 6-49 所示。

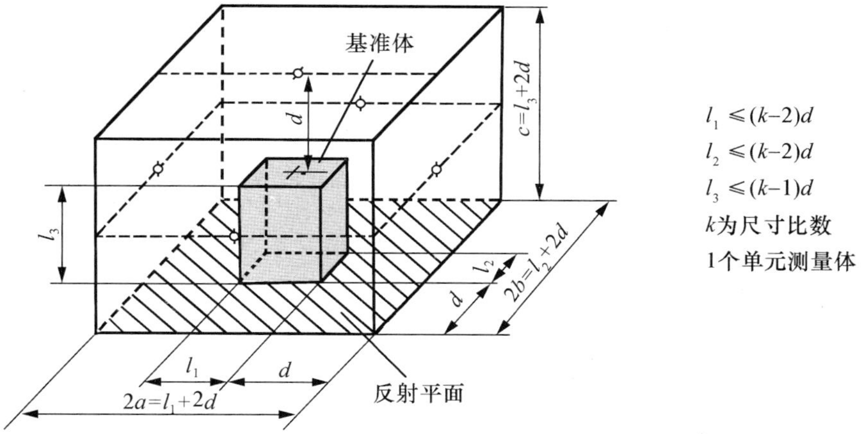

图 6-49　发动机噪声测量场地和传声器位置示意图

采用传感器测得的声压值进行声压级计算：

$$\bar{L}_{pA} = 10\lg\left[\frac{1}{N}\sum_{i=1}^{N}10^{0.1L_{pi}}\right] \tag{6-25}$$

式中：$\bar{L}_{pA}$ 为 A 计权和倍频带或 1/3 倍频带表面声压级，dB(A)；L_{pi} 为背景噪声修正后第 i 个测点处 A 计权和倍频带或 1/3 倍频带声压级，dB(A)；N 为测量位置总数。

复习思考题

1. 汽油发动机空燃比对污染物排放有何影响？
2. 汽车排放的污染物主要有哪些？
3. 汽油机机内净化的措施有哪些？
4. 柴油机机外净化的措施有哪些？达到国Ⅳ排放标准需要采取哪些排放控制措施？
5. 柴油机燃烧噪声与哪些因素有关？应该如何改善？
6. 简述柴油机理想的喷油规律。
7. 燃油品质会影响排放吗？我国燃油标准和国外的标准有何区别？
8. 针对环境污染治理，你认为该如何控制汽、柴油机的排放？

第 7 章　发动机特性

发动机的性能指标随调整参数和运行工况而变化的关系，称为发动机特性，通常用曲线的形式表示，称为特性曲线。发动机的特性可分为两大类：一类为调整特性，即发动机主要性能指标随混合气成分、点火提前角或供油（喷油）提前角等各项调节参数改变而变化的关系，例如汽油机点火提前角调整特性、燃料调整特性（见 4.1.2）和柴油机喷油提前角调整特性（见 5.1.2）等；另一类为使用特性，反映发动机的性能指标随运行工况变化的规律，这类特性有发动机的负荷特性、速度特性、万有特性等。发动机的使用特性是发动机性能的综合反映。

通过分析特性曲线，可以评价发动机在不同工况下的动力性、经济性及运转性能，为合理调整与选用并有效地利用发动机提供依据，同时还可根据特性曲线分析影响特性的因素，寻求改进发动机特性的途径，使发动机的性能进一步提高。

7.1　概述

7.1.1　发动机工况

发动机实际运行的工作状况，简称发动机工况。表征发动机工况的参数有表示工作频率的转速 n 以及表示工作负荷的转矩 T_{tq}、功率 P_e 等。由于 T_{tq} 与发动机的平均有效压力 p_{me} 成正比，所以也经常用 p_{me} 表示内燃机的负荷（p_{me} 与内燃机的尺寸无关，便于比较不同内燃机真正的负荷水平）。这些工况参数之间有下列关系：

$$P_e \propto T_{tq} n \propto p_{me} n \tag{7-1}$$

可见，在 P_e、T_{tq}（或 p_{me}）和 n 这 3 个工况参数中，只有两个是独立的，即当其中两个参数确定时，第三个参数即可以求出，发动机的工况也就确定了。于是通常用平面直角坐标系的两个坐标轴分别代表两个工况参数，这个平面叫发动机的工况平面，如图 7-1 所示，平面上的一个点便能代表发动机的一个工况，而发动机的一个工况也能在坐标平面内找到一个相应的点。根据发动机用途的不同，其典型的工况一般可分为 3 类。

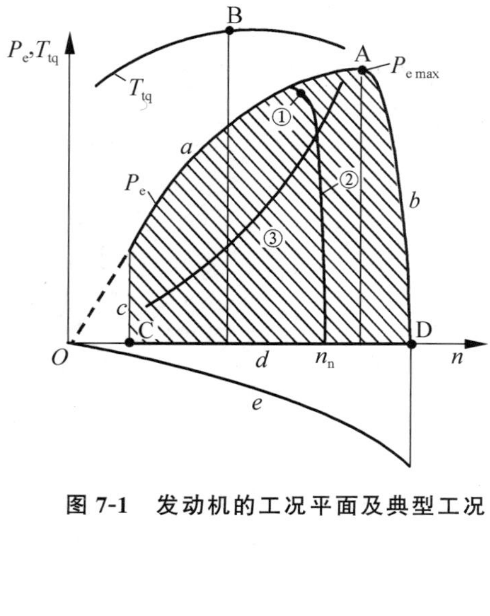

图 7-1　发动机的工况平面及典型工况

第一类：恒速工况。发动机转速近似保持不变，而发出的功率改变。例如，发动机带动发电机、水泵等机械工作时，为保证频率的稳定性，要求发动机转速基本不变，功率则随负荷由零变化到最大许可值。如图 7-1 曲线②所示。恒速工况的特例是发动机运转过程中转速和负荷均保持不变，这种工况为点工况，如图 7-1 所示工况面上的①点。

第二类：线工况。发动机在运行中所发出的功率和转速成一定函数关系，常见的为接近三次函数关系，即 $P_e \approx Kn^3$，K 为比例常数。带动螺旋桨工作的船用主机即属此类，故又称螺旋桨工况。如图 7-1 中曲线③所示。

第三类：面工况。发动机负荷与转速都在较宽的范围内变化，其工作区域涵盖了工况平面上的某一特定面积，称为面工况。车用发动机的工况或其他陆地运输和作业的工作机械用发动机的工况即属此类工况。这类发动机虽然运行工况范围很宽，但也有一定的限制。图 7-1 中的阴影部分一般为发动机稳定工作的区域。发动机在正常工作时，将在一定的转速范围即在最低稳定工作转速 n_{min}（左侧边界线 c）与最高工作转速 n_{max}（右侧边界线 b）之间运行；在某一转速下，有效输出功率可以由零变到可能发出的最大值（最大功率限制线 a）；坐标上的曲线 d 是空转怠速线，此时有效输出功率为零，发动机指示功率和空转的机械损失功率相平衡；曲线 e（负值）为发动机熄火、外力倒拖时的工况，不属于发动机正常工作范围，是当车辆下长坡需采用发动机制动时发动机由车辆传动装置倒拖而做负功的工况。

对于点工况的发动机，额定功率点即可表征其使用特性，而对线工况及面工况而言，其动力性、经济性和排放特性等相关指标随着运行工况的变化而变化，要利用特性曲线才可以全面分析其使用特性。发动机铭牌或说明书中通常用几个典型工况点的性能指标反映发动机的性能，如图 7-1 所示的标定工况 A、最大转矩工况 B、最低稳定怠速工况 C 和最高空转工况 D 等。

上述发动机性能参数随工况的变化规律是在稳定工况下得到的。所谓稳定工况是指发动机性能参数在该工况下不随时间而变。发动机在实际工作中，由于自身或作业对象的工作条件发生短暂变化，稳定工况有可能受到破坏。

发动机不借助控制机构恢复平衡工况的能力称为稳定性，它取决于发动机自身的特性和耗能装置的特性以及两者之间的相互关系。

7.1.2　发动机特性的分析方法

发动机的性能指标主要取决于调整参数、使用因素和使用环境条件等 3 个方面的因素。其中，调整参数包括点火（或喷油）时刻及混合气的空燃比等，使用因素主要指代表发动机实际运行工况的负荷和转速。发动机的使用特性是评价发动机性能的一种必不可少的方式，下面主要讨论使用特性，而环境条件的影响主要通过相应的校正系数进行修正。

对于发动机的使用特性，根据车用发动机使用工况的特点，发动机特性曲线的分析方法分为线工况分析和面工况分析两种。线工况分析根据发动机可调参数和固定参数的不同又分为两种：在整个使用工况区域，固定负荷（如节气门开度或循环喷射量）一定，研究发动机性能指标随转速变化规律的速度特性；转速固定不变，研究发动机的性能指标随负荷变化规律的负荷特性。而面工况分析研究万有特性，是在整个使用工况范围内分析发动机性能随工况变化的情况，由此分析发动机常用工况下的动力性、经济性及排放特性。

分析发动机特性曲线的变化规律和主要影响因素，主要是根据前述章节所介绍的相关理论，分析发动机性能指标与工作过程参数之间的关系。发动机的平均有效压力和有效热效率是发动机性能的主要指标，与发动机的动力性和经济性直接相关。

由式（1-49）和式（1-52）可知，在发动机特性曲线分析中，动力性主要从换气过程（ϕ_c）、燃烧过程（η_{it}）、代表内部动力传递损失的机械效率（η_m）和过量空气系数（ϕ_a）随工况变化的特性进行分析，而经济性是从燃烧过程(η_{it})和机械效率(η_m)两方面进行分析。

7.2 发动机的负荷特性

负荷特性是指当发动机转速不变时其性能指标随负荷变化的关系。这时，性能指标主要指燃油消耗率 b_e，有时也加上小时燃油消耗量 B 和排气温度 t_r 等。发动机沿负荷特性工作，相当于车辆以等速在不同阻力的道路上行驶的情况。用图形表示负荷特性时，由于转速不变，发动机的有效功率 P_e、有效转矩 T_{tq} 和平均有效压力 p_{me} 之间互成比例关系，均可表示负荷的大小，即 P_e、T_{tq} 和 p_{me} 均可作为负荷特性曲线的横坐标，而纵坐标为 b_e、B 和 t_r 等。

负荷特性是在发动机试验台架上测取的，主要是体现其燃料经济性的特性。测试时，改变测功器负荷的大小，并相应调整发动机油量调节机构位置(如改变节气门开度或移动油量调节杆)，以保持规定的发动机转速不变，待工况稳定后记录数据，得到一个试验点。将不同负荷的试验点相连即得到负荷特性曲线。由于每一条负荷特性曲线仅对应发动机的一个转速，为了满足全面评定性能的需要，常常要测出不同转速下的多条负荷特性曲线，其中最有代表性的是标定转速和最大转矩转速下的负荷特性曲线。

7.2.1 汽油机的负荷特性

测定汽油机的负荷特性曲线时除保持转速不变外，各工况均须调整到最佳点火提前角，保持理想的过量空气系数，并按规定保持冷却水温度、机油温度、机油压力等参数在合理范围之内。

对于预混合强制点火的汽油机来说，对应燃烧良好的过量空气系数 ϕ_a 在很小的范围内变化，负荷调节是通过改变节气门的开度从而改变进入气缸的可燃混合气量来实现的。图 7-2 为车用汽油机典型的负荷特性曲线。

b_e 与指示热效率 η_{it} 和机械效率 η_m 的乘积呈反比关系，即 $b_e \propto 1/(\eta_{it}\eta_m)$，因此 b_e 随负荷变化的规律取决于 η_{it} 和 η_m 随负荷变化的规律。图 7-3 所示为 η_{it}、η_m 随负荷的变化关系。

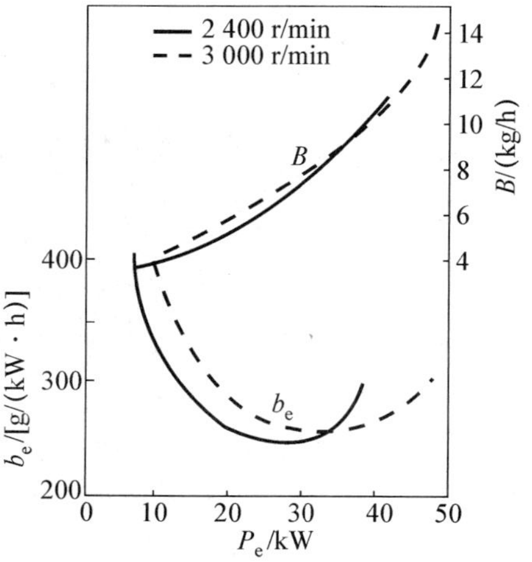

图 7-2 汽油机负荷特性曲线

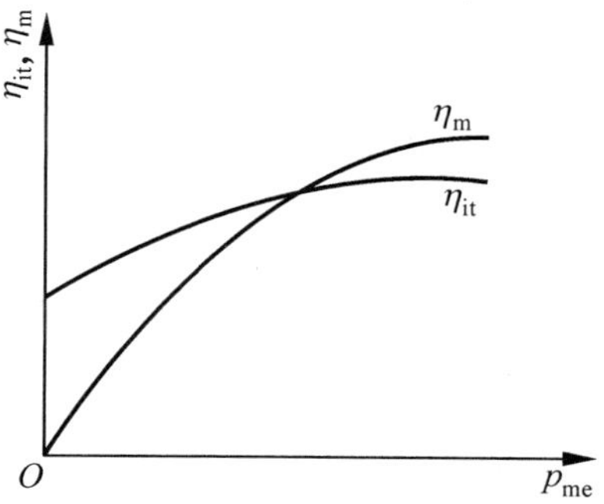

图 7-3 汽油机 η_{it}、η_m 随负荷的变化

当汽油机负荷为零时，其有效功率 $P_e=0$，而 $\eta_m=P_e/P_i=1-P_m/P_i$（P_i 为指示功率，P_m 为机械损失功率），所以机械效率 $\eta_m=0$（其指示功率完全用来克服机械损失功率），故 b_e 为无穷大。由于 P_m 在转速不变的条件下变化不大，所以随着负荷增加，η_m 上升较快。同时，随着节气门开度加大，进入气缸的新鲜混合气量增加，残余废气相对减少；发动机负荷增加使燃烧室的工作温度提高，燃料雾化条件改善，燃烧速度加快；散热损失及泵气损失相对减少。因此，指示热效率 η_{it} 随负荷增加而上升，故 b_e 迅速下降，直至降到最低值。当负荷继续增加（如超过 80%负荷），为增加输出功率，燃料供给系统供给较浓的功率混合气（电控汽油喷射系统的控制单元此时停止氧传感器的反馈控制，将空燃比控制在 $\alpha=12.5$），导致燃料燃烧不完全，η_{it} 下降，结果 b_e 又有所上升。为使发动机在实际使用时节约燃料，希望负荷接近经济负荷。

负荷特性中的燃油消耗量曲线，一般作为特性测试的原始记录。B 值主要取决于节气门开度和混合气成分。节气门开度由小逐渐加大时，充入气缸的混合气量逐渐增加，B 随之上升；当节气门开度接近全开时，混合气变浓，B 上升的速度加快，曲线变陡。

7.2.2　柴油机的负荷特性

测定柴油机的负荷特性曲线时，除转速不变外，各工况供油提前角均须调整到最佳值，此外，冷却水温度、机油温度等参数均应保持正常稳定的状态。

对于自然吸气柴油机来说，当它按负荷特性运行时，由于转速不变，充量系数 ϕ_c 也基本保持不变。当负荷变化时，通过油量调节机构改变循环供油量以适应负荷的变化，即负荷增大时供油量增加，反之则减少。这样，可燃混合气的过量空气系数 ϕ_a 将随负荷的增加而减小，随负荷的减小而增加。需要说明的是，电控高压喷射系统在车用柴油机上已得到广泛应用，其喷射量的控制是通过查询存储在 ROM 中 MAP 图，根据发动机转速和加速踏板位置信息确定。

图 7-4 所示为车用柴油机的典型负荷特性曲线，其变化趋势与汽油机类似。b_e 同样与 η_{it} 和 η_m 的乘积成反比。柴油机 η_{it}、η_m 随负荷的变化关系如图 7-5 所示。与汽油机同理，柴油机负荷为零时，$\eta_m=0$，随着负荷增加，柴油机的机械效率 η_m 增大，但增大幅度逐渐减小。当负荷较大时，混合气形成和燃烧开始恶化，致使指示热效率 η_{it} 下降，且负荷越大，η_{it} 下降速度越快。

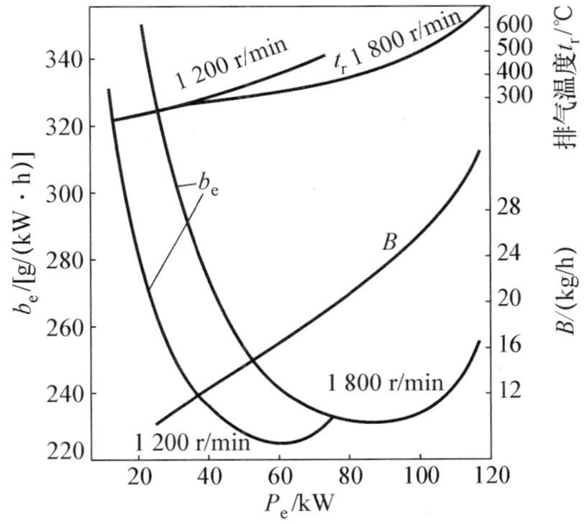

图 7-4　柴油机负荷特性曲线

综合 η_{it} 和 η_m 两方面的影响，b_e 曲线的变化规律是：怠速时，由于 $\eta_m=0$，b_e 趋于∞；在较小负荷范围内，随负荷增加，η_m 的增大速度比 η_{it} 的减小速度快，故 b_e 降低，直到某一中等负荷时，η_{it} 和 η_m 的乘积最大，b_e 最小；在大负荷范围内，随负荷增加，η_m 的增大速度比 η_{it} 的减小速度慢，使 b_e 增加；如果继续增大负荷，由于混合气过浓、不完全燃烧显著增加，生成较多的不完全燃烧产物 CO 和炭烟，b_e 上升，且排气烟度急剧上升。国家标准规定的烟度限值称为柴油机的冒烟界限。为保证柴油机安全、可靠、环保地运行，一般不允许它超过冒烟界限工作。所以，非增压高速柴油机使用中的最大功率受排放法规规定的烟度值限制。由于车用柴油机工作时其转速经常变化，因此需要测定柴油机在不同转速下的负荷特性，以了解在各种不同转速下运行时最经济的负荷区。在柴油机性能调试过程中，常用负荷特性作为比较的标准。

对于增压柴油机来说，由于随负荷的增大，排气能量加大，涡轮增压器转速上升，从而增压压力提高，进气密度增大，所以在大负荷时，其 ϕ_a 和 η_{it} 的下降速率比自然吸气柴油机小，因而，在大负荷一侧 b_e 曲线较为平坦，如图 7-6 所示。与自然吸气柴油机不同的是，增压柴油机限制 p_{me} 的因素主要是最高燃烧压力和增压器的可靠性。

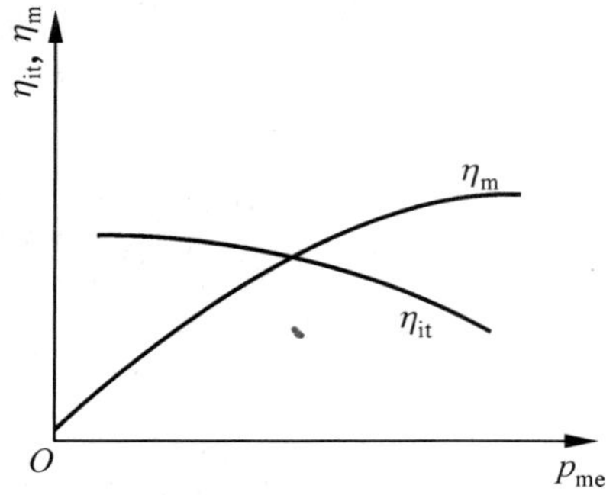

图 7-5　柴油机 η_{it}、η_m 随负荷的变化

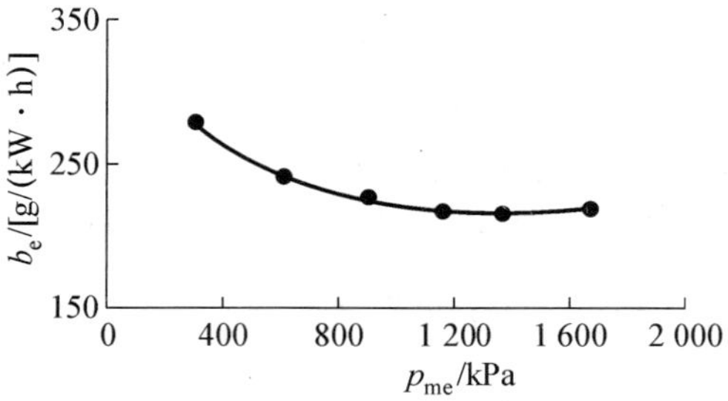

图 7-6　增压柴油机的负荷特性

7.2.3　汽油机和柴油机负荷特性的对比分析

由于汽油机和柴油机混合气形成方式、负荷调节方式及燃烧方式不同，二者的负荷特性也有区别，主要体现在负荷调节方式不同造成汽油机和柴油机的指示热效率 η_{it} 随负荷变化的规律相反。

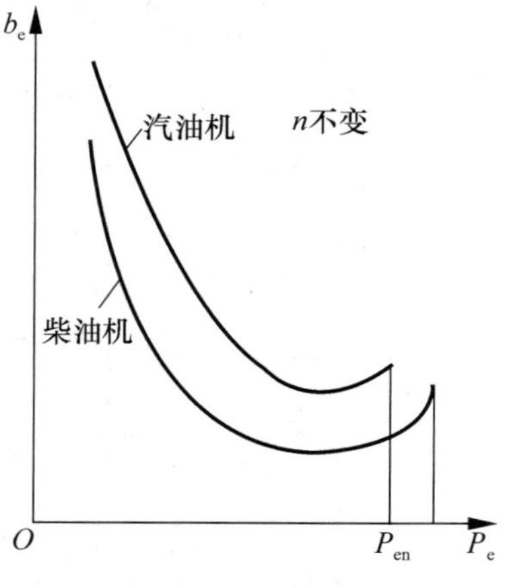

图 7-7　汽油机、柴油机负荷特性曲线的对比

比较汽油机与柴油机的负荷特性（图 7-7）可知，汽油机的有效燃油消耗率 b_e 都比同负荷的柴油机高，这主要是因为汽油机的压缩比 ε 比柴油机的小，而且汽油机的 ϕ_a 比柴油机的小，导致工质等熵指数 κ 较小，这些因素均导致汽油机的 η_{it} 低于柴油机。虽然一般来说汽油机的 η_m 高于柴油机，但这种 η_m 的差别不足以弥补 η_{it} 的影响。同时还可以看出，柴油机的最低燃油消耗率小且 b_e 曲线变化较平坦，具有较宽的经济负荷区域，部分负荷时低油耗区比汽油机宽，所以柴油机的经济性较好。

从负荷特性曲线可以看出，低负荷区的有效燃油消耗率 b_e 较高，随负荷增加，b_e 值迅速降低，在中等偏大负荷时 b_e 达到最小值。全负荷时，虽然内燃机功率输出最大，但燃料经济性并不是最好。因此，为了提高车辆的燃料经济性，希望发动机经常处于或接近耗油低、负荷较大的经济负荷区运行，故选配发动机时，应注意在满足动力性要求的前提下，不宜装置功率过大的发动机，以提高功率的利用率，提高燃料经济性。

近年来，混合动力车辆技术得到长足发展，对于提高车辆的燃料经济性有重要意义。混合动力车辆可以通过选择合适的发动机、电机、蓄电池参数以及能量管理策略，使发动机工作在最经济负荷区，当车辆在低速工况或临时停车时，可通过控制系统关闭发动机，消除发动机怠速或低速运行。此外，混合动力车辆还采用制动能量回收技术，进一步提高车辆的燃料经济性。

7.3 发动机的速度特性

在油量调节机构（对柴油机为油门拉杆或齿条，对汽油机为节气门）位置保持不变的情况下，发动机性能指标随转速变化的关系称为发动机的速度特性。这时，性能指标主要指发动机的动力性指标（转矩 T_{tq}、功率 P_e）、经济性指标（燃油消耗率 b_e）和排放性指标（排气温度 t_r，CO、HC、NO_x 及 PM 等的排放量）等。油量调节机构的位置不同，得出不同的速度特性，速度特性包括全负荷速度特性（即外特性）和部分负荷速度特性。当柴油机的油门固定在标定位置或汽油机的节气门全开时得出的速度特性，称为发动机的外特性。油量低于标定位置时的速度特性称为部分负荷速度特性。发动机外特性是体现其工作能力即动力性的特性，反映内燃机所能达到的最高动力性能，可确定最大功率或标定功率、最大转矩及其相应的转速，因而是十分重要的。

外特性曲线中，发动机的转矩 T_{tq} 曲线很重要，因为根据式(1-10)，很容易由 T_{tq} 和 n 计算出功率 P_e。由式(1-13)知，T_{tq} 与 p_{me} 成正比，由式(1-47)及其推导知，p_{me} 可表示为

$$p_{me} \propto g_b \eta_{it} \eta_m \propto \frac{\phi_c}{\phi_a} \eta_{it} \eta_m \tag{7-2}$$

式中 g_b 为每循环的供油量。

速度特性也是在发动机试验台架上测得的。测试时，将油门或节气门位置固定不动，调节测功器的负荷，发动机的转速相应发生变化，待工况稳定后记录数据，得到一个试验点。将不同转速的试验点相连即得到速度特性曲线。在车辆行驶过程中，若驾驶员将油门踏板位置保持一定，由于道路阻力不同，车辆行驶速度也会改变，上坡时车辆速度逐渐降低，下坡时速度上升，这时发动机即沿速度特性曲线运行。

7.3.1 汽油机的速度特性

汽油机的速度特性是指汽油机在节气门开度固定不变的情况下性能指标随转速而变化的关系。测取时，各工况均须将点火提前角调整到最佳状态，而过量空气系数则要按理想值来调整。此外，冷却水温度、机油温度等参数均应保持正常稳定的状态。

由于节气门开度的变化范围为 0～100%，所以部分负荷速度特性曲线为一个曲线族，如图 7-8 所示，而外特性曲线只有 1 条，如图 7-9 所示。

7.3.1.1 外特性曲线

1. 转矩 T_{tq} 曲线

根据式(7-1)和式(7-2)知，T_{tq} 随转速 n 的变化取决于 ϕ_c/ϕ_a、η_{it}、η_m 随 n 的变化。在节气门开度一定时，汽油机的过量空气系数 ϕ_a 值基本不随转速变化，所以 T_{tq} 的变化主要决定于

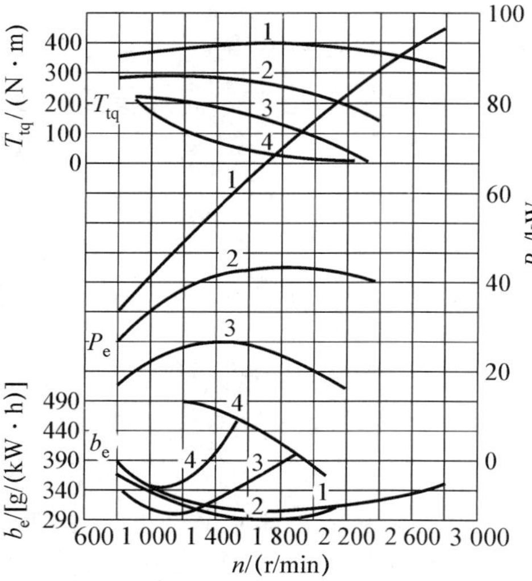

图 7-8　汽油机部分负荷速度特性曲线

1-全负荷;2-75%负荷;3-50%负荷;4-25%负荷

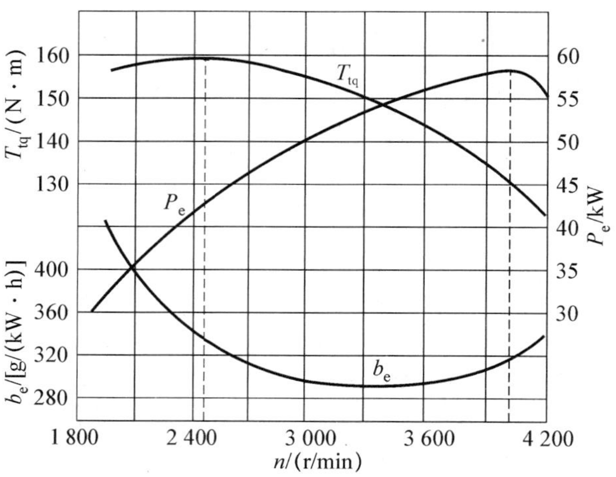

图 7-9　汽油机外特性曲线

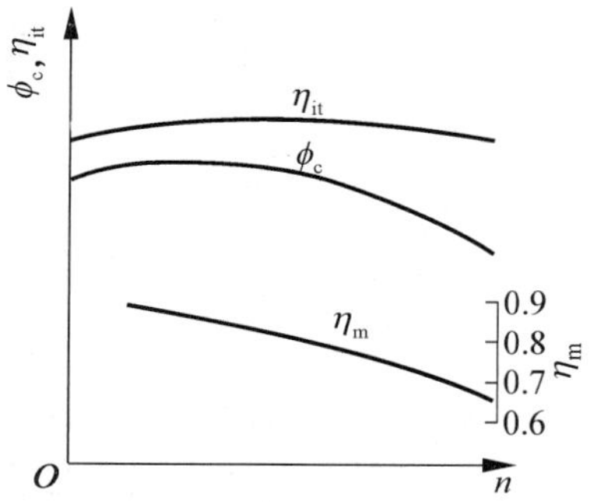

图 7-10　汽油机 η_{it}、η_m、ϕ_c 随转速 n 的变化趋势

ϕ_c、η_{it}、η_m 的乘积随 n 的变化,即 $T_{tq} \propto \phi_c \eta_m \eta_{it}$。分析 ϕ_c、η_{it} 和 η_m 随转速的变化趋势,就可确定 T_{tq} 随转速的变化特性了。如图 7-10 所示,ϕ_c 是在某一中间转速时最大,这是因为在此转速下能最好地利用惯性进气,当转速低于或高于此转速时 ϕ_c 都将降低。指示热效率 η_{it} 的变化是在某一中间转速略微凸起。转速较低时,因缸内气流扰动减弱,火焰传播速度降低,散热及漏气损失增加,使 η_{it} 降低;转速高时,燃烧期对应的曲轴转角大,燃烧效率低,也使 η_{it} 下降。不过它的变化比较平坦,对 T_{tq} 影响较小。转速增加,消耗于机械损失的功增加,因此 η_m 随转速上升而下降。

综上所述,汽油机外特性的有效转矩 T_{tq} 随转速 n 的变化规律是:当转速由低速开始上升时,由于 ϕ_c、η_{it} 上升,T_{tq} 有所增加,对应于某一转速时,T_{tq} 达最大值。转速继续提高,由于 ϕ_c、η_m 同时下降,因此 T_{tq} 随转速升高而较快地下降,即 T_{tq} 曲线变化较陡。

2. 有效功率 P_e 曲线

有效功率可以由有效转矩和转速根据 $P_e = T_{tq} \cdot n / 9\,550$ 得出。当转速从很低值增加时,由于 T_{tq} 和转速 n 同时增加,P_e 迅速上升,直至转矩达最高点,之后再继续提高转速,则 P_e 上升逐渐缓慢;至某一转速后 $T_{tq}n$ 达最大值,P_e 亦不能再增加;若转速再上升,由于 T_{tq} 的降低已超过转速上升的影响,所以功率 P_e 反而下降。在外特性上出现最大功率点的工况称为额定(标定)工况,最大功率称为额定(标定)功率。

3. 有效燃油消耗率 b_e 曲线

由于 $b_e \propto \dfrac{1}{\eta_{it}\eta_m}$,综合 η_m、η_{it} 的变化(图 7-10)可知,b_e 在某一中间转速时最低;当转速高

于此转速时，因 η_m、η_{it} 同时下降，b_e 上升；当转速低于此转速时，因 η_{it} 的上升弥补不了 η_m 的下降，b_e 也上升，特别是在高速范围尤其剧烈，经济运行转速范围越来越窄。

汽油机的外特性根据试验条件不同有两种。一种是发动机仅带维持运转所必要的附件，即不安装冷却风扇、空气压缩机、空气滤清器及消声器等附件，此时的特性曲线又称为总功率曲线。另一种是带全套附件，此时的试验又称为净功率或使用外特性试验。

外特性是衡量发动机性能的决定性因素，可以通过功率来衡量车辆获取最高速度的能力，通过转矩来评价发动机加速、负载能力。图 7-11 为途观 1.4TSI 发动机外特性曲线，从图中可以看出，转速在 1 000 r/min 时对应的发动机功率为 21 kW 左右，转矩约 137 N·m，汽车在低速状态下保持较高的转矩，使得小排量涡轮增压发动机中低速性能得到很大提升。这也是小排量涡轮增压发动机的最大优势，即用尽可能小的燃油消耗获得更大的功率和转矩。同时，由于增压的效果，发动机在较大转速范围内保持高转矩。

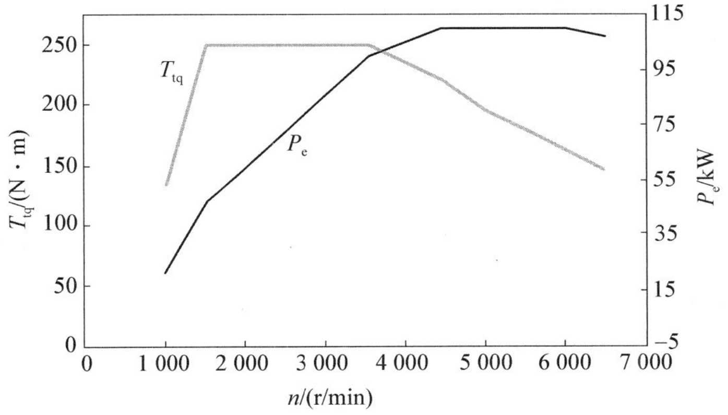

图 7-11　途观 1.4TSI 发动机外特性曲线

7.3.1.2　部分负荷速度特性曲线

汽油机部分负荷速度特性曲线和外特性曲线的分析方法一样，主要是分析 ϕ_c/ϕ_a、η_{it}、η_m 随转速变化的规律。图 7-12 给出了汽油机在全、中、小 3 种负荷下各参数的变化曲线。

由图 7-12(a)可以得出，指示热效率 η_{it} 具有中间平坦、两头略低的特点。低转速时，缸内气流减弱，火焰传播速度降低，同时漏气及散热损失增大，导致 η_{it} 下降。高转速时，燃烧期所对应的曲轴转角增大，等容度变小，有时燃烧不充分，致使 η_{it} 也下降。以上影响在小负荷时加大。

图 7-12(b)所示机械效率 η_m 曲线的总趋势是随转速上升而下降。主要原因是随转速上升，摩擦损失、附件消耗、泵气损失等均大幅度增大。小负荷时，除整体上因负荷减小而 η_m 下降外，也因充量系数 ϕ_c 随转速上升更加急剧减小，同转速下的负荷降得更低，从而使曲线变得更陡。

图 7-12(c)所示充量系数 ϕ_c 曲线总体上随转速上升而下降，小负荷时更是急剧减小，主要是因为节气门开度减小，进气阻力加大，负荷越小，影响越大。

图 7-12(d)所示过量空气系数 ϕ_a 曲线总体上随转速上升而略有增加。这是因为转速增加时缸内气流扰动加强，燃烧速度加快，空燃比可以更大些。

以上 4 组参数的变化规律决定了汽油机部分负荷速度特性曲线的特征，即图 7-8 所示的某汽油机分别在节气门全开、75%开度、50%开度和25%开度时有效功率 P_e、有效转矩 T_{tq}、有效燃油消耗率 b_e 随转速 n 的变化规律。

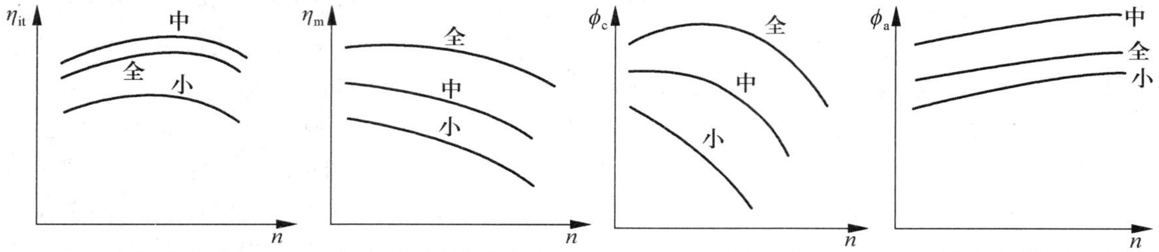

(a)指示效率　(b)机械效率　(c)充量系数　(d)过量空气系数

图 7-12　汽油机不同负荷(节气门开度)下各特征参数随转速的变化

车辆大部分时间是在部分负荷下工作，随着节气门开度的减小，节流损失增大，进气终点压力下降，从而引起 ϕ_c/ϕ_a 下降；随着转速提高，ϕ_c/ϕ_a 下降的速度更快。因此，节气门开度越小，转矩 T_{tq} 随转速增加而下降得越快，最大转矩点及最大功率点均向低转速方向移动。

由部分负荷速度特性 b_e 曲线可见，并不是节气门全开时 b_e 曲线最低，因为此时采用的是浓混合气，存在燃烧不完全的现象。当节气门从全开到略关小时，由于可燃混合气由浓的功率混合气逐渐变为理论混合气，b_e 曲线的位置降低。当节气门开度为80%左右时 b_e 曲线的位置最低。节气门开度再减小，由于残余废气相对增多，燃烧速度下降，使 η_{it} 下降，燃油消耗率增加，b_e 曲线的位置又逐渐升高，加上 η_m 的因素，b_e 随转速变化的曲线随负荷的减小变得更陡，同时最低燃油消耗率点也向低速区移动。

7.3.2　柴油机的速度特性

由于进入柴油机气缸的是纯空气，所以充量系数 ϕ_c 的大小只提供产生多大转矩的可能性，而实际输出的转矩大小主要取决于每个循环的实际喷油量。机械控制柴油机的速度特性是指喷油泵的油量调节机构(油门拉杆或齿条)位置固定不动，柴油机性能指标随转速 n 变化的关系。测取时，各工况均须将供油提前角调整到最佳状态，冷却水温、机油温度等参数均应保持正常稳定的状态。

当油量调节机构固定在标定(或称额定)功率循环供油量位置时，测得的速度特性为标定功率速度特性(外特性)。当油量调节机构固定在小于标定功率循环供油量各个位置时，所测得的速度特性称为部分负荷速度特性。柴油机标定功率可以理解为使用中允许的最大功率，它是根据用途、使用负荷等情况确定的。对一台具体的柴油机，标定功率速度特性(即外特性)也只有一条，它代表该机在使用中允许达到的最高性能，所以柴油机均须测定标定功率速度特性。

随着电控技术在柴油机上的广泛应用，柴油机实现了数字化控制，加速踏板位置仅仅是一种信号，不直接控制喷油量，所以电控喷油柴油机的外特性可以定义为在已确定各转速下最大喷油量的条件下发动机的性能指标随转速的变化特性。对于车用柴油机，在确定各转速下的最大喷油量时，需要考虑各转速下输出最大转矩时对应的最大喷油量，以及各转速下烟度排放限值对应的最大喷油量。用这两种方式确定的最大喷油量有可能不同，所以在实际控制中，通过ECU进行最小化处理，选择两者中的较小值为该转速下的最大喷油量。

7.3.2.1　外特性曲线

图7-13所示为高压共轨增压直喷柴油机外特性曲线。

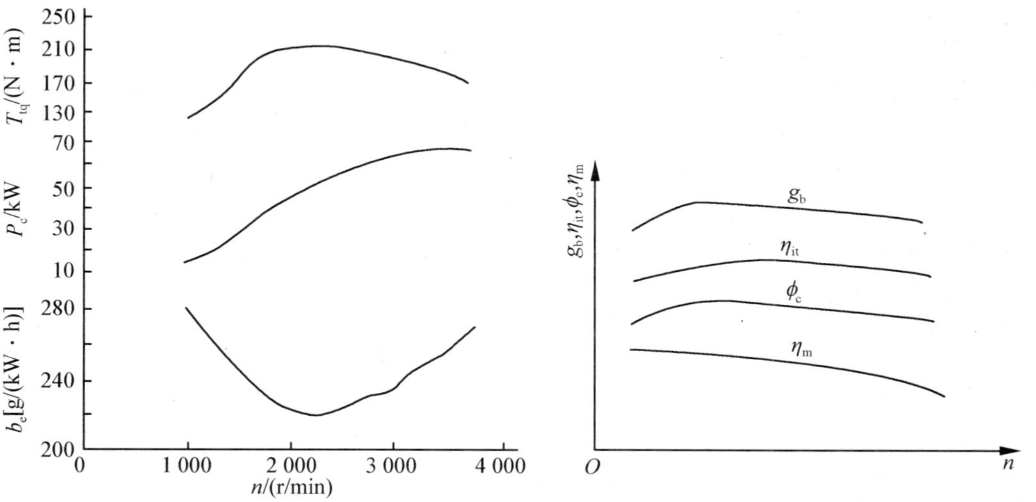

图7-13　高压共轨增压直喷柴油机外特性

1. 有效转矩 T_{tq} 曲线

由于柴油机无节气门的节流损失，进气流动阻力小，所以 ϕ_c 随转速的变化比较缓慢。对电控喷射柴油机，由于喷射量的设定相对独立，不受机械式喷油泵的供油速度特性的影响，基本上根据目标转矩特性设定最大喷射量。

排气涡轮增压在柴油机上广泛采用，一般在发动机的高速区比较容易实现增压，因此高速时气缸的做功能力得到提高。但是在低速时发动机的排气流量较小，涡轮增压器转速较低，增压程度不够，所以为了提高低速转矩需要加大喷射量。因此，在外特性上循环供油量的变化特性如图7-13(b)中 g_b 曲线所示，在低速区 g_b 随 n 的增加而增加；当 n 升高到增压器正常工作区以后，随 n 的增加 g_b 有减小的趋势。在低速区 η_{it} 和 η_m 变化不大，但 g_b 增加，所以 T_{tq} 迅速增加到最大值。增压柴油机受缸内最高爆发压力的限制，最大 T_{tq} 所对应的转速范围较宽，即外特性转矩曲线存在平顶区，然后随 n 的进一步增加，g_b 基本保持不变或有所减小，而 η_{it} 和 η_m 降低明显，所以 T_{tq} 也随 n 升高而降低。

2. 有效功率 P_e 曲线

由于 T_{tq} 变化平坦，所以在一定转速范围内 P_e 几乎随 n 线性增大，很难确定像汽油机那样的峰值功率点。其结果使功率为零的最大转速 n_{max} 非常高，若不控制就会有飞车的危险。因此，柴油机设定喷射量控制MAP时，专门设定限制极限转速的喷射量MAP，以防超速飞车事故。

3. 有效燃油消耗率 b_e 曲线

在低速区随 n 的增大，气缸内气流强度增大，改善了混合气的形成和燃烧条件，所以 η_{it} 有所增加，而 η_m 变化不大，故 b_e 减小。当 n 升高到使 η_{it} 和 η_m 的乘积达到最大值时，b_e 达到最小。然后，随 n 的进一步升高，因混合气形成和燃烧过程所对应曲轴转角增大，燃烧损失增加，η_{it} 降低，同时 η_m 也降低，所以 b_e 逐渐增大。相对汽油机而言，整个转速变化范围内 b_e 随 n 变化较小，这也是柴油机经济性好的原因之一。

7.3.2.2 部分负荷速度特性曲线

对于电控柴油机而言，即使加速踏板位置一定，由于性能要求不同，不同转速下的喷油量标定结果也有很大的区别，一般地，柴油机的部分负荷速度特性定义为将喷射量固定在小于最大喷射量的某一值上时性能指标随转速变化的规律。由于喷射量从零到最大值之间可以取许多值，所以部分负荷速度特性曲线也有许多条（图 7-14）。而且柴油机不同负荷对 ϕ_c 基本没有影响，所以在部分负荷下 ϕ_c 随 n 的变化特性基本上与外特性相似，只是因 g_b 不同，所以部分负荷时的空燃比不同。在高速时，负荷越大，g_b 越大，后燃部分增加，所以热效率 η_{it} 下降更明显。部分负荷速度特性上，在低速区负荷越小 T_{tq} 随 n 增大的速率越快，但在高速时却缓慢，因此在低速区 T_{tq} 曲线间距宽，在高速区曲线更密集。

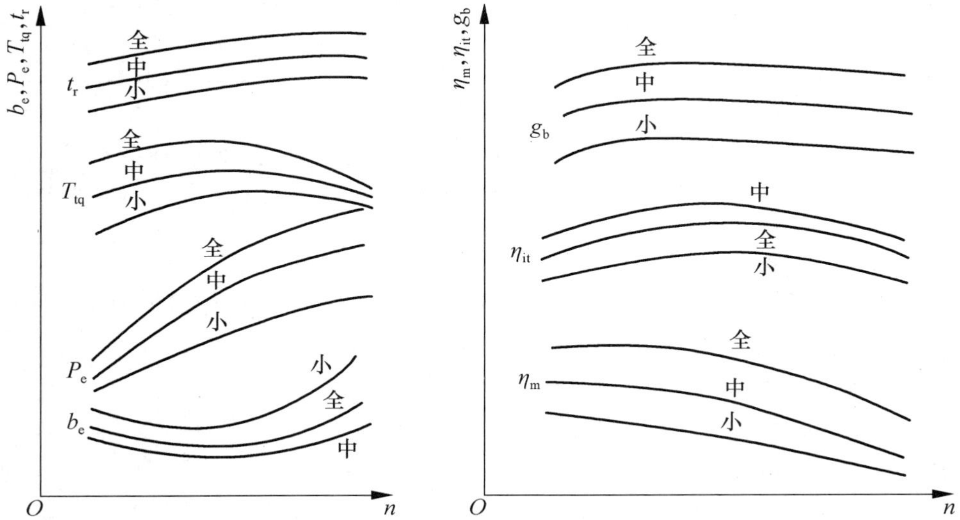

(a)动力性、经济性　　(b)η_m、η_{it}、g_b 随转速的变化特性

图 7-14 柴油机的部分负荷速度特性

对于柴油机，80%负荷时 b_e 曲线最低，即经济性最佳，此时混合气燃烧充分。而输出功率主要取决于 T_{tq} 和 n 的乘积，而 T_{tq} 随 n 变化相对平坦，且不同负荷下的曲线基本平行，所以功率曲线在低速区较密集，在高速区较稀疏。

柴油机采用涡轮增压后，T_{tq} 和 P_e 均显著增加，而 b_e 略有下降。T_{tq} 和 P_e 的增加程度主要取决于增压比。此外，T_{tq}-n 的变化趋势取决于涡轮增压器的性能及其与柴油机的匹配，还与柴油机供油系统调整及增压补偿系统有关。

7.3.3 转矩特性

发动机的转矩随转速而变化的特性，反映了发动机工作时对外界阻力变化的适应能力，是判断发动机的工作转速范围和工作稳定性的依据。因此，为了充分表明发动机的动力性能，除给出标定功率及其相应转速外，还要考虑发动机的转矩特性。

1. 发动机工作转速范围和工作稳定性

图 7-15 中曲线Ⅰ和曲线Ⅱ表示典型发动机的两条外特性转矩曲线，而曲线 T_c 和 T_c' 表示将车辆行驶阻力换算到发动机飞轮上的两条阻力矩曲线。当内燃机以曲线Ⅰ和阻力矩 T_c 工作时，发动机将在与这两曲线的交点 a 对应的转速 n_a 稳定工作。如遇车辆上坡等阻力突然增加，阻力矩曲线从 T_c 变为 T_c'，如发动机保持节气门或油门最大开度不变，则发动机工作点将从 a 点过渡到 1 点，转速从 n_a 降到 n_1。这时，驾驶员不用加以干预，发动机自动调整，转速降低 Δn_1 而转矩增大 ΔT_{tq1}，以适应外界阻力矩的变化。对于另一发动机，其外特性如图 7-15 中曲线Ⅱ，由于其转矩曲线较平坦，则在车辆阻力同样从 T_c 变为 T_c'时，工况点将从 a 点过渡到 2 点，转速降低较多（$\Delta n_2 > \Delta n_1$），而转矩增加较少（$\Delta T_{tq2} < \Delta T_{tq1}$）。一旦车辆阻力从 T_c'恢复到 T_c，发动机从 n_1 恢复到 n_a 的速度显然要比从 n_2 恢复到 n_a 快，因为 $\Delta T_{tq1} > \Delta T_{tq2}$。这说明，外特性曲线越陡，发动机工作稳定性越好。

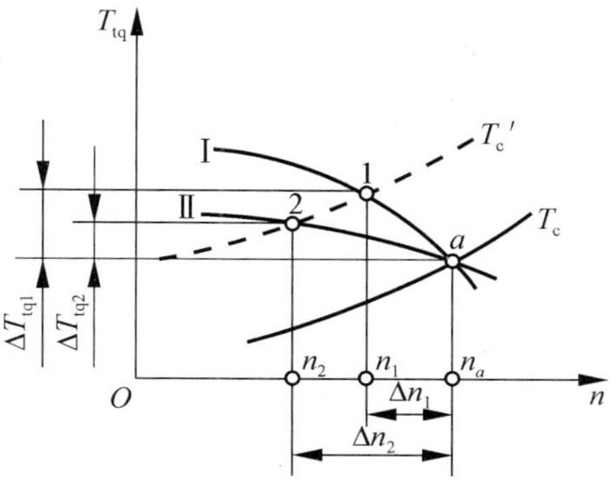

图 7-15　发动机工作阻力变化时其工作点的过渡情况

进一步分析可知，当阻力特性曲线的斜率大于动力特性曲线的斜率时，系统工作是稳定的，且两者差距越大，稳定性越好。由于发动机外特性 T_{tq} 曲线在峰值 $T_{tq\,max}$ 点右边具有负斜率，左边具有正斜率，所以，一般认为它的稳定使用范围在最大转矩转速 n_{tq} 与最大功率转速 n_p 或标定转速 n_n 之间。当转速超过 n_p 或 n_n 时，发动机的燃料经济性和工作可靠性恶化，因而不能使用；当转速低于 n_{tq} 时，发动机工作易陷入不稳定，性能也不好，一般也不使用。

为了评定发动机适应外界阻力变化的能力，常用适应性系数 ϕ_{tqn} 作为评价指标。

2. 适应性系数 ϕ_{tqn}

$$\phi_{tqn} = \phi_{tq}\phi_n \tag{7-3}$$

式中：ϕ_{tq} 为转矩储备系数，$\phi_{tq} = T_{tq\,max}/T_{tqn}$（$T_{tq\,max}$ 为外特性曲线上的最大转矩，T_{tqn} 为标定功率点的转矩）；ϕ_n 为转速储备系数，$\phi_n = n_n/n_{tq}$（n_{tq}、n_n 分别为最大转矩点和标定功率点对应的转速）。

转矩之比 $T_{tq\,max}/T_{tqn}$ 越大，表明发动机对外界阻力矩的适应能力越强，即随转速的降低，有效转矩 T_{tq} 增加较快，在不换挡的情况下，爬坡能力及短期超载能力强。因此，也常用转矩储备系数 ϕ_{tq} 来说明超载的能力。

一般汽油机 $\phi_{tq}=1.25\sim1.35$，$\phi_n=1.6\sim2.5$；柴油机 $\phi_{tq}=1.05\sim1.25$，$\phi_n=1.4\sim2.0$。所以汽油机的适应性优于柴油机。

7.3.4　汽油机、柴油机速度特性曲线的对比

（1）汽油机的 T_{tq} 曲线总体上向下倾斜较大，小负荷时倾斜更大，而柴油机的 T_{tq} 曲线总体比较平坦，小负荷时甚至上扬。这种差距使得这两种发动机配套车辆时存在动力性和运行稳定性的巨大差异。总体而言，汽油机的速度特性更符合车辆的动力性和使用要求，而柴油机

的速度特性需要校正和调速才能满足车辆使用性能的要求。柴油机电控化以后，取消了机械式调速器，利用电控系统控制，喷油量得到优化，进而得到理想的速度特性。

（2）汽油机的 P_e 外特性曲线存在最大值点，一般将标定功率点设在 P_e 最大值点附近，而柴油机达到 P_e 最大值点的转速较高，所以其标定点并非该特性曲线的最大值点。

（3）柴油机的燃油消耗率 b_e 曲线要比汽油机的平坦，小负荷时更是如此。

7.4 万有特性

负荷特性和速度特性只能用来表示某一转速或某一节气门（或油门）位置时发动机各参数随负荷或转速变化的规律，而车辆的工况变化范围很广，要分析它们在各种工况下的性能，就需要许多张负荷特性或速度特性图，这样做既不方便也不够清晰。

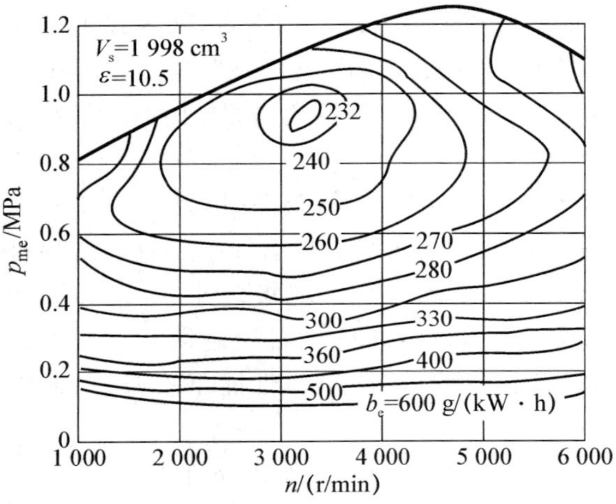

图 7-16　2 L 级轿车汽油机万有特性

为了能在一张图上较全面地表示发动机各种性能参数的变化，经常应用多参数的特性曲线，称为万有特性。应用最广的万有特性是在以转速 n 为横坐标、以平均有效压力 p_{me}（或有效转矩 T_{tq}）为纵坐标的坐标平面内绘出的一些重要特性参数的等值曲线族，其中最重要的就是燃油消耗率 b_e，此外还有排气温度、过量空气系数及各种排放参数等。图 7-16 和图 7-17 分别为汽油机和柴油机的万有特性示例。万有特性图上的等功率 P_e 曲线可根据公式 $P_e=\frac{p_{me}V_s ni}{120}\times 10^{-3}=Kp_{me}n$ 或 $P_e=T_{tq}n/9\ 550$ 作出，在 p_{me}-n 图上，它是一组双曲线。将外特性（或标定功率速度特性）中的 p_{me}（或 T_{tq}）曲线画在万有特性图上，构成上边界线，见图 7-16 中粗实线。

万有特性图上的等燃油消耗率 b_e 曲线可以根据各种转速下的负荷特性曲线用作图法得到。具体方法如图 7-18 所示。

（1）将不同转速的负荷特性以 p_{me} 为横坐标，b_e 为纵坐标，用同一比例尺画在一张坐标图上，并将其放在万有特性图的上方。

（2）在万有特性图的纵坐标轴上，以一定比例标出转速 n 的数值。横坐标 p_{me} 的比例应与负荷特性 p_{me} 的比例相同。

（3）将与负荷特性曲线上燃油消耗率 b_e 相等的各点移至万有特性图中，标上记号，再将 b_e 值相等的各点连成光滑曲线，即等燃油消耗率曲线。

现在自动控制工况的内燃机试验台已经广泛应用，可以方便地测出全工况范围内足够多工况的 b_e 等参数，然后用计算机对数值进行插值处理，很容易得到其等值线族。如 MATLAB 软件或 ORING 软件等，将已获取的负荷特性数据，按软件规定的数据格式输入，即可自动处理成万有特性。

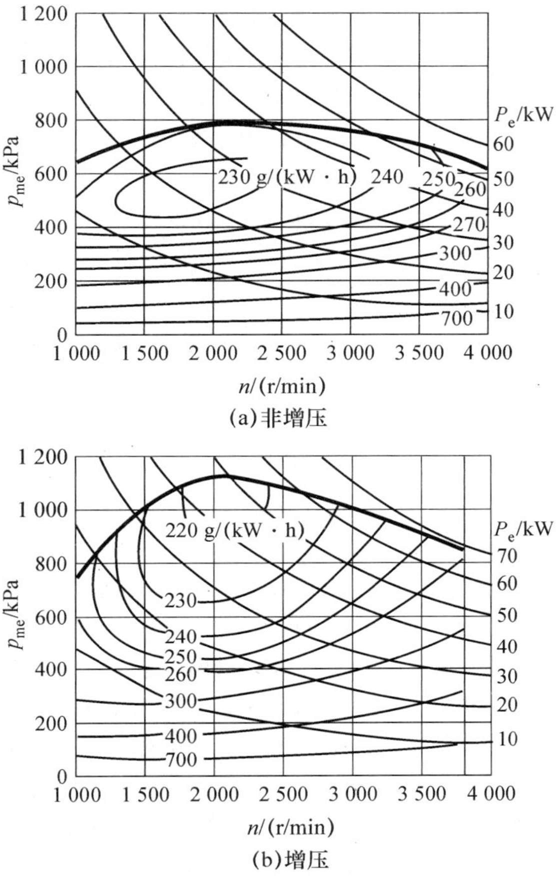

图 7-17　索菲姆(SOFIM)柴油机万有特性

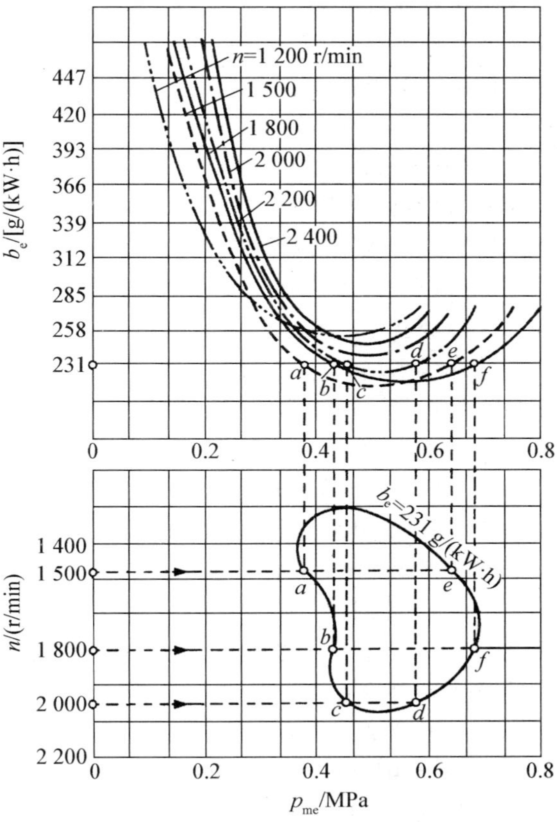

图 7-18　作图法绘制万有特性曲线

从万有特性图上可以清晰地了解到发动机各种工况下的性能，很容易找到最经济的负荷和转速。

从图 7-16 和图 7-17 知，发动机的等 b_e 曲线族由封闭的回线和半封闭甚至不封闭的曲线组成，最内层的等 b_e 曲线是最经济的区域，越向外则燃油经济性越差。

等燃油消耗率曲线的形状与位置对发动机的实际使用经济性能有很重要的影响。如果该曲线的形状在横向上较长，则表示发动机在负荷变化不大而转速变化较大的情况下工作时，燃油消耗率变化较小。如果曲线的形状在纵向上较长，则表示发动机在负荷变化较大而转速变化不大的情况下工作时，燃油消耗率变化较小。对于车辆用发动机，最经济区域应大致在万有特性的中间位置，这样常用转速和负荷就可以落在最经济区域内，并希望等燃油消耗率曲线在横向上较长。对于拖拉机以及工程机械用发动机，其转速变化范围较小而负荷变化范围较大，最经济区域应在标定转速附近，并在纵向上较长。

在万有特性曲线上还可以看出一些特征点，如最大转矩点及其对应的转速、最低稳定转速点以及最低燃油消耗率点及其范围等。

对比汽油机和柴油机的万有特性可以发现，两种类型发动机存在着明显的差异。首先，汽油机的燃油消耗率比柴油机高。其次，汽油机的最经济区域处在偏上的位置，即高负荷区，随负荷降低，油耗增加较快；而柴油机的最经济区则比较靠近中等负荷，负荷改变时经济性能变化不大。由于车用汽油机经常在较低负荷下工作，燃油消耗率较大，故其使用经济性能不佳。如何提高车辆在实际使用条件下的燃油经济性，对于车辆的节能有重要意义，而提高负荷率是改善发动机特别是汽油机使用燃油经济性的有效措施。对于车用柴油机而言，由于多用于载货汽车、工程机械、矿山车辆等场合，负荷率高，从万有特性上可以看出其使用燃油经济性较好。

如果发动机的万有特性不能满足使用要求，则应重新选择发动机，或者对发动机进行适当的调整，以改变万有特性。例如，适当改变配气相位来改变充量系数特性，或选择对转速不太敏感的燃烧系统，可以调整万有特性最经济区域在横坐标方向的宽度；降低发动机的机械损失，提高低速、低负荷时冷却水温和机油温度，可以降低部分负荷时的燃油消耗率，在纵坐标方向扩展最经济区。

此外，通过对万有特性的分析，可以确定发动机的低排放运行区。但是，一般经济运行区和低排放运行区不一致，而且 NO_x、HC 和 CO 最低排放的运行工况范围也不一致。对动力传动系统已确定的车辆来说，发动机常用的工况主要取决于车辆的行驶条件，即行驶速度和挡位，带有级变速器的车辆常用行驶工况一般都不会落在发动机的最经济区。

因此，研究开发节能同时又降低排放的技术措施，或通过动力传动系统参数的优化匹配，尽可能选择既经济、排放又低的工作区域，对车用发动机具有重大的现实意义。

图 7-19 为汽油机排放特性。从图 7-19(a)可以看出，在常用的部分负荷区，过量空气系数控制在 1.0 左右，CO 比排放较低，在负荷很小时，混合气适当加浓，导致 CO 比排放略有上升，而负荷超过全负荷的 95%左右时，混合气显著加浓，CO 比排放则急剧上升。由图 7-19(b)可以看出，HC 变化趋势与 CO 有些类似，也是中等负荷比排放较小，大负荷和小负荷时相对增加，小负荷时随负荷的减小 HC 比排放增加得比 CO 更快，而全负荷时 HC 增加不如 CO 严重。由图 7-16(c)可看出，汽油机 NO_x 的排放特性与 CO、HC 截然不同，在中等转速以上，当转速一定时 NO_x 比排放随负荷增大而下降，而且当接近全负荷时下降更快；当负荷一定时，NO_x 比排放随转速升高而增大，当然绝对排放量增加更快。

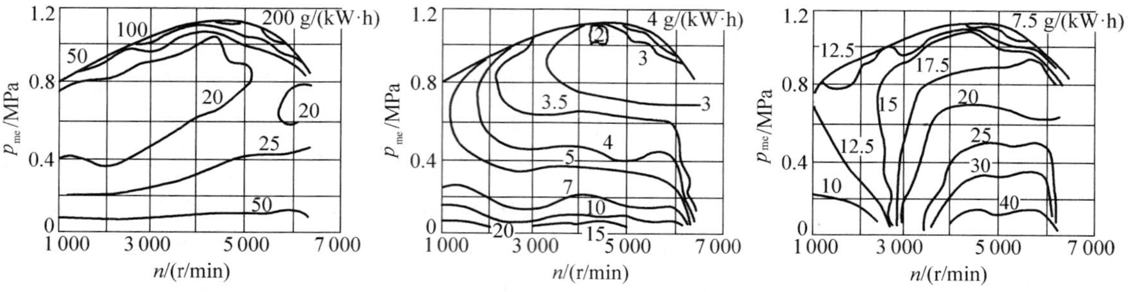

(a)CO (b)HC (c)NO_x

图 7-19 汽油机排放特性

图 7-20 为柴油机排放特性。柴油机在整个工况范围内排放的 CO 均很少，在绝大多数工况下远小于汽油机的 CO 排放；中速中负荷工况 CO 比排放最小；接近全负荷时，部分燃油因与空气混合不足而缺氧，造成 CO 排放急剧增大；当柴油机转速很低时，由于燃烧室内气流运动过弱，混合气形成不均，不完全燃烧产物 CO 较多。HC 排放也比汽油机低得多，平均来说，汽油机约为柴油机的 2～4 倍；HC 比排放基本上随负荷的增大而下降，而绝对排放量大致不

变;当负荷不变而转速变化时,HC 比排放变化不大。柴油机的 NO_x 比排放略低于汽油机,在中等偏大负荷时 NO_x 比排放最大,负荷再加大,则因氧气相对减少,NO_x 比排放不再增加甚至略有下降;在中等负荷区,当负荷不变而转速由低提高到中高转速时,NO_x 比排放不断增大,说明 NO_x 绝对排放量增加更快;在小负荷区,NO_x 比排放基本不随转速变化,绝对排放量基本上与转速成正比。柴油机排气烟度的变化比较有规律:当转速不变时,烟度随负荷提高而增大;当负荷不变时,烟度在某一转速达到最小值,这时对应燃烧过程的最优化,而偏离这一转速将使烟度上升。在低速大负荷工况,由于空气相对不足,气流运动减弱,常导致烟度急剧上升,即柴油机冒烟严重。

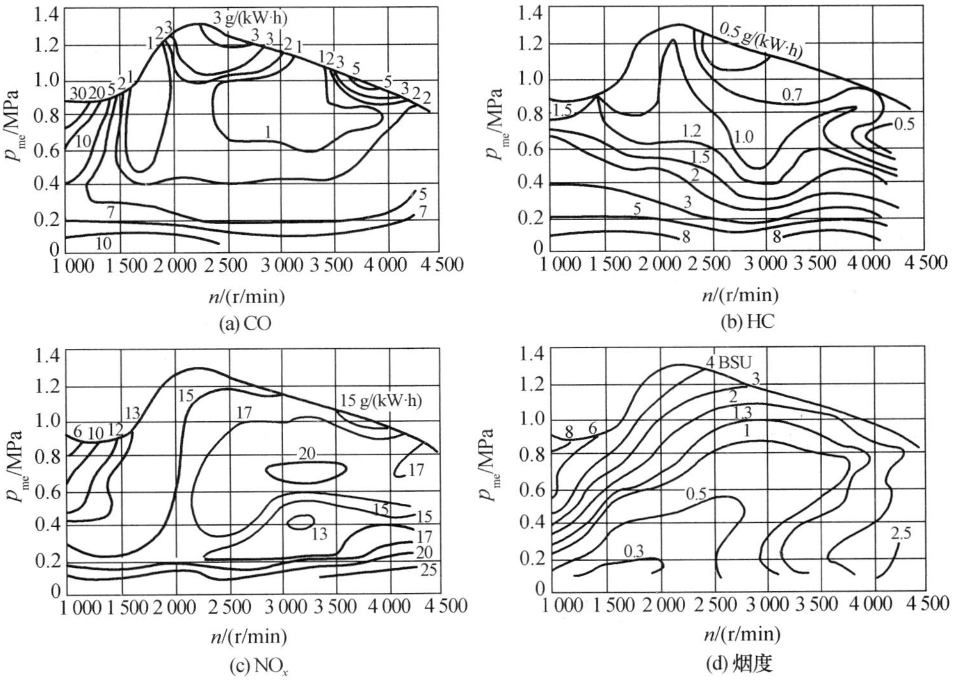

图 7-20 柴油机排放特性

7.5 发动机的功率标定与大气校正

7.5.1 功率标定

发动机的功率标定,是指制造厂商根据发动机的用途规定该机在标准大气条件下输出的有效功率及对应的转速,即标定功率和标定转速,它们通常在发动机铭牌上标明。

功率有指示功率和有效功率两种类型,功率使用的类型有持续功率、超负荷功率和油量限定功率。

持续功率:在制造厂规定的正常维护保养周期内,在规定转速和规定环境状况下,按照制造厂规定进行维护保养,发动机能够持续发出的功率。

超负荷功率:在规定的环境状况下,在按持续功率运行后,立即根据使用情况,以一定的使用持续时间和使用频次，按照每 12 h 运行 1 h 的运行条件，可以允许发动机发出的功率。

油量限定功率：在对应于发动机用途的规定时期内，在规定转速和规定环境状况下，限定发动机油量，使其功率不能再超出时所能发出的功率。

功率表示有 ISO 功率和使用功率两种类型。

7.5.2 大气校正

发动机的功率取决于吸入气缸的空气质量流量，而后者与环境大气状态即发动机运行地点的环境大气压力、大气温度和相对湿度等有关。因此，进行功率标定时，必须规定一个标准大气状态，并对不同大气状态对发动机功率的影响进行校正，将其换算到与标准大气状态相对应的标准功率或校正功率。

按国家标准(GB/T 21404—2008)，发动机测试的标准大气状态为：空气温度 $T_r=298$ K (25 ℃)，总气压 $p_r=100$ kPa(其中，干空气压为 $p_{s0}=99$ kPa，水蒸气分压为 1 kPa)，相对湿度为 30%，增压中冷介质温度为 298 K。并且规定测试时的大气状态应在如下范围内：

大气温度：汽油机，$288\ \text{K}\leqslant T\leqslant 308\ \text{K}$；柴油机，$283\ \text{K}\leqslant T\leqslant 313\ \text{K}$。

干空气压：$90\ \text{kPa}\leqslant p_s\leqslant 110\ \text{kPa}$。

有效功率按下式校正：

$$\text{汽油机}\quad P_{e0}=\alpha_a P_e \tag{7-4a}$$

$$\text{柴油机}\quad P_{e0}=\alpha_d P_e \tag{7-4b}$$

式中：P_{e0} 为标准大气状态下的校正功率；P_e 为实测功率；α_a 和 α_d 分别为汽油机和柴油机的大气校正系数，其中

$$\alpha_a=\left(\frac{99}{p_s}\right)^{1.2}\left(\frac{T}{298}\right)^{0.6} \tag{7-5}$$

$$\alpha_d=f_a^{f_m} \tag{7-6}$$

p_s 和 T 分别为试验环境状态下的进气干空气压(kPa)和温度(K)，f_a 和 f_m 分别为柴油机的大气因子和发动机因子。

$$p_s=p-\phi p_{sw} \tag{7-7}$$

式中：p、ϕ 和 p_{sw} 分别为试验环境总气压(kPa)、大气相对湿度和水蒸气饱和分压(kPa)，其中 $p_{sw}=0.613+4.31\times10^{-2}t+1.63\times10^{-3}t^2+1.49\times10^{-5}t^3+5.77\times10^{-7}t^4$，$t$ 为大气温度(℃)。

$$f_a=\begin{cases}\left(\dfrac{99}{p_s}\right)\left(\dfrac{T}{298}\right)^{0.7} & \text{自然吸气和机械增压柴油机}\\ \left(\dfrac{99}{p_s}\right)^{0.7}\left(\dfrac{T}{298}\right)^{1.2} & \text{不带增压中冷和带空/空增压中冷涡轮增压柴油机}\\ \left(\dfrac{99}{p_s}\right)^{0.7}\left(\dfrac{T}{298}\right)^{0.7} & \text{带空/液增压中冷涡轮增压柴油机}\end{cases} \tag{7-8}$$

$$f_m=\begin{cases}0.2 & \dfrac{q_c}{\pi_k}<37.2\\ 0.036\dfrac{q_c}{\pi_k}-1.14 & \dfrac{q_c}{\pi_k}=37.2\sim65\\ 1.2 & \dfrac{q_c}{\pi_k}>65\end{cases} \tag{7-9}$$

式中：π_k 为增压比；q_c 为单位排量的循环供油量，mg/(L·循环)。

$$q_c=\frac{\tau}{120}\frac{B}{nV_{st}}\times10^6 \tag{7-10}$$

式中：τ 为冲程数；B 为标定功率时的燃油消耗量，kg/h；n 为发动机转速，r/min；V_{st} 为发动机排量，L。

对于汽油机，燃油消耗率不必进行大气校正。对于柴油机，仅对标定工况下的燃油消耗率进行大气校正，公式为

$$b_{e0}=\frac{b_e}{\alpha_d} \tag{7-11}$$

式中：b_{e0} 为标准大气状态下的校正燃油消耗率；b_e 为实测燃油消耗率。

为使试验有效，校正系数应满足的条件为

$$0.96\leqslant\alpha_a\leqslant1.06$$
$$0.96\leqslant\alpha_d\leqslant1.06$$

若超过此极限，在试验报告中应给出所得到的校正系数值，并精确说明试验的大气温度、压力和湿度。近年来，由于大气状态可控的全封闭空调实验室广泛应用，大气校正问题有望彻底解决。

7.6　发动机台架试验

发动机各项性能指标、参数以及各类特性曲线，通常都是在发动机试验台架上按规定的试验方法进行测定。发动机台架试验是将发动机与测功设备及各种测试仪器组成一个测试系统，按照规定的方法和要求（即标准）模拟发动机实际使用的各种工况所进行的试验。

7.6.1　发动机台架试验的有关标准

发动机台架试验内容十分广泛，包括新产品或强化、改进、变型、转厂生产的发动机性能及耐久性、可靠性试验，产品出厂前的性能调整及定期抽查试验，商业贸易中的验收试验以及各种研究性的试验等。但由于试验方法、试验条件、使用仪表、试验环境等的不同，试验结果可能有很大差异。为了避免由此引起的争论和混乱，使试验得到客观上可比的结果，必须规定统一的试验标准。目前，世界各国都根据各种发动机的用途和使用条件制定了相应的试验标准，用于考核和评价发动机主要性能指标和设计参数的合理性。

我国制定的发动机试验标准主要有《往复式内燃机　性能　第 1 部分：功率、燃料消耗和

机油消耗的标定及试验方法　通用发动机的附加要求》(GB/T 6072.1—2008)、《往复式内燃机　性能　第3部分:试验测量》(GB/T 6072.3—2008)、《汽车发动机性能试验方法》(GB/T 18297—2001)、《汽车发动机可靠性试验方法》(GB/T 19055—2003)、《汽车发动机定型　试验规程》(QC/T 526—2013)等,这些标准对功率标定、性能试验项目、可靠性耐久性试验规范、出厂试验内容、测试设备方法和精度等都作了较详细的规定。此外还有工程机械、拖拉机、船舶、内燃机车等不同用途内燃机的试验方法国家标准(或行业标准)。

7.6.2 发动机试验台架装置

发动机试验台架要保证试验条件达到标准要求,并能迅速、准确测录发动机各项工作参数。典型发动机试验台架的组成及布置简图如图7-21所示。它主要包括以下几部分。

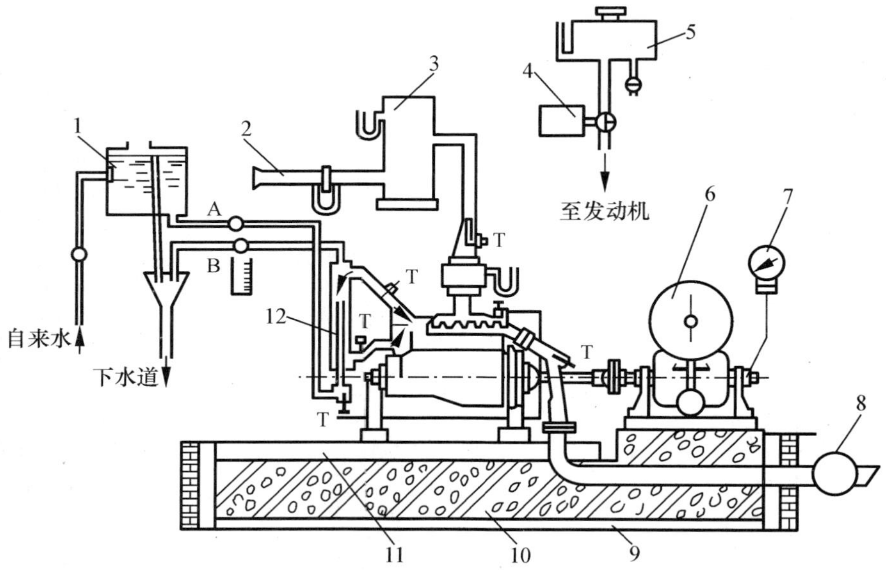

图7-21　发动机试验台架简图

1-冷却水箱;2-空气流量计;3-稳压筒;4-量油装置;5-燃油箱;6-测功器;
7-转速表;8-消声器;9-垫层;10-基础;11-底板;12-混合水箱
A、B-阀门;T-温度传感器

1. 试验台架

它将待测发动机与测功器用联轴器连接,并固定于坚实、防振的水泥基础上,基础振幅一般不得大于0.05～0.10 mm。安装发动机的铸铁支架和底板常做成可调节高度和位置的形式,以便迅速拆装和对中。

2. 辅助系统

发动机试验台架要能够正常、安全使用,必须配置一些辅助系统。例如,为了保持发动机工作时水温不变,必须有专门的可调水量的冷却系统,燃料应由专用油箱通过油量测量装置供给发动机的燃料供给系;又如,发动机排出的是高温有毒气体,排气噪声又是主要噪声源,故试验室内须有特殊的通风装置和废气排放系统等。

3. 各种测量仪器、仪表及操纵台

发动机研究工作的深入和发展,对试验设备和手段提出更高的要求,通常要求测试精度高,测量和记录速度快,能同时测量与储存大量数据并能对数据进行处理和分析等。发动机试验台架安装的设备和仪器大致分为 3 类:

(1)基本设备:包括测功器、转速表和油耗测量装置。

(2)监测仪器:包括冷却液温度计、机油温度计、机油压力计、排气温度指示器、气压计、室内温度计、湿度计等。

(3)特殊设备:包括示功器、空气流量计、冷却液流量计、废气分析仪、烟度计、声级计、测振仪等。

目前,台架试验越来越多地采用自动测试系统。如奥地利李斯特(AVL)公司的 PUMA 系统、德国申克(Schenck)公司的 DYNAS 系统和西门子公司的 CATS 系统都是产品化的计算机控制测试系统,这些系统对试验进行控制和数据采集,同时也将相关数据传送给用户网络系统的上位计算机系统,自动完成主要参数监控、试验结果显示、曲线拟合、测点配置等工作,提高了测量的精度和速度。

7.6.3 有效功率的测量

有效功率是发动机最重要的性能参数之一,在发动机试验参数中大都需要测量有效功率。发动机有效功率的测定采用间接测量方法,即测定发动机的输出转矩和转速后,由公式 $P_e = T_{tq}n/9\,550$ 求得。

在台架试验中通常用测功器来测量发动机的输出转矩。测功器用来吸收试验发动机发出的功,改变其负荷及转速,模拟实际使用的各种工况。常用测功器有水力测功器、直流电力测功器和电涡流测功器 3 种。

水力测功器具有价格便宜、结构简单、操作简便、维修方便、体积小等优点,但是其测量精度低,不能进行反拖试验,试验中能量不能回收。

电力测功器结构复杂,价格昂贵,但它可回收电能,反拖发动机,且工作灵敏,精度高。

电涡流测功器操作简便,结构紧凑,运转平稳,精度较高,有很宽的转速范围和功率范围,但不能反拖发动机,能量不能回收,价格较高。随着发动机测试技术的发展,目前也已得到广泛应用。这里主要介绍电涡流测功器。

1. 电涡流测功器的结构与工作原理

电涡流测功器是利用涡电流效应将被测发动机的机械能转变为电能、继而又转变为热能进行测量的。它由电涡流制动器、测力机构及控制柜组成。电涡流制动器结构简图如图 7-22 所示,转子盘为圆周上加工有齿槽的钢齿轮,定子包括涡流环(摆动体)、励磁线圈等。当给励磁线圈中通以直流电时,即产生通过外壳、涡流环、空气隙和转子盘的磁力线。发动机带动转子盘旋转,转子盘外周涡流槽的存在会在空气隙处产生密度交变的磁力线,因而在涡流环内产生感应电动势而形成涡电流。此电流与产生的磁场相互作用即形成一定的电磁力矩,从而使涡流环(摆动体)偏转一定角度,由测力机构可测出力矩数值。

调节励磁电流的大小可调节电涡流强度,从而调节吸收负荷的能力。涡流制动器把吸收的功转换成热能,靠冷却水的流动把这些热量带走,以保证正常运行。

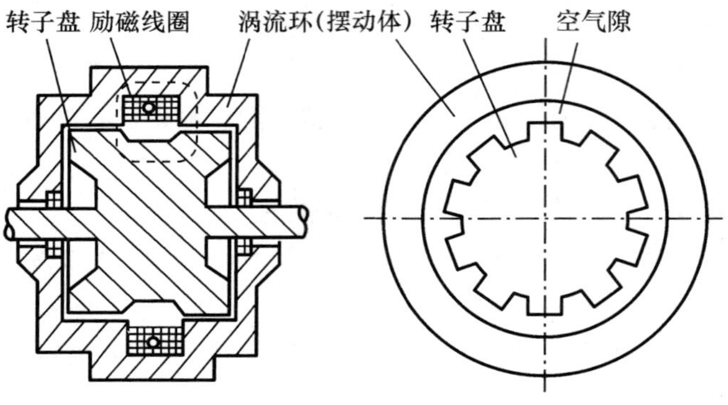

图 7-22 电涡流制动器结构简图

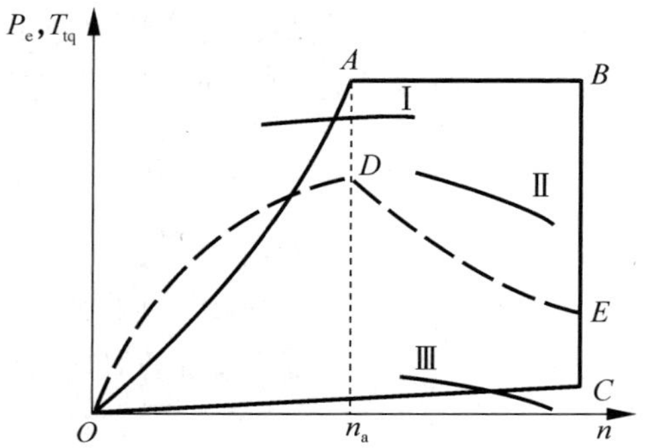

图 7-23 电涡流测功器的特性曲线

2. 电涡流测功器的特性

电涡流测功器的特性曲线如图 7-23 所示，其中

OA—达到额定吸收功率之前所能够吸收的最大功率线；

AB—允许吸收的最大功率线(额定功率)；

BC—允许的最高转速线；

CO—空转吸收功率线，即励磁电流为零时的吸收功率线；

OD—达到额定功率前的最大转矩线；

DE—允许的最大转矩线；

n_a—达到额定吸收功率时的转速。

图中曲线 $OABCO$ 所包围的范围就是测功器所能吸收的功率范围。因此，凡是发动机的特性曲线落在该范围内的都能被测试。

选用测功器必须使发动机的特性曲线在以上测功器特性范围内，其次还要考虑测量范围的合理选择以保证测量精度。图 7-23 中曲线Ⅰ、Ⅱ、Ⅲ为 3 种不同发动机的特性曲线，曲线Ⅱ对应的发动机选用此测功器是正确的，曲线Ⅰ、Ⅲ对应的发动机不合适用此测功器测试。

7.6.4 燃油消耗率的测量

燃油消耗率是发动机的重要参数之一。在发动机试验中，通过测定发动机的燃油消耗量，可根据公式计算得到发动机的燃油消耗率。油耗仪是测量发动机燃油消耗量的仪器或装置，也称为燃油流量计。它有各种不同的类型和结构式样，适用于不同的目的和要求。燃油消耗量的测量方法按测量原理可分为容积法和质量法。

1. 容积法

汽油机常用容积法测量燃油消耗量。容积法通过测定消耗一定容积 V_T(mL)的燃油所需的时间 t(s)，按下列公式计算燃油消耗量和燃油消耗率：

$$B=3.6\frac{V_T\rho_f}{t} \tag{7-12}$$

$$b_e=\frac{B}{P_e}\times 1\,000 \tag{7-13}$$

式中：B 为小时燃油消耗量，kg/h；ρ_f 为燃油密度，g/mL；b_e 为燃油消耗率，g/(kW·h)；P_e 为消耗容积为 V_T 的燃油时测得的发动机有效功率，kW。

测量装置如图 7-24 所示。燃油从油箱 1 经开关 2、滤清器 3、三通阀 4 向发动机供油并可向量瓶 5 充油。试验时操作如下：

(1)打开油箱开关，三通阀处于位置 A，发动机由油箱供油。

(2)测量前将三通阀旋至位置 B，油箱同时向发动机和量瓶供油，直到量瓶油面高于选定圆球容积的刻线，将三通阀仍置于位置 A 等待测量。

(3)测量开始时，将三通阀旋至位置 C，发动机直接由量瓶供油。记录燃油流过所选圆球上下部刻线间容积 V_T 所用时间 t，同时测量有效功率 P_e。

(4)测量完毕，将三通阀旋至位置 B，量瓶再次充满燃油，准备下一次测量。

2. 质量法

质量法通过测量消耗一定质量 m(g)的燃油所需的时间 t(s)，按以下公式计算燃油消耗量：

$$B=3.6\frac{m}{t} \tag{7-14}$$

b_e 可由式(7-13)计算，式中 P_e 为消耗质量为 m 的燃油时测得的发动机有效功率，kW。

测量装置如图 7-25 所示。燃油从油箱 1 经开关 2、滤清器 3、三通阀 4 向发动机供油并向量杯 5 充油，量杯放在天平 6 上。测量方法基本同前。

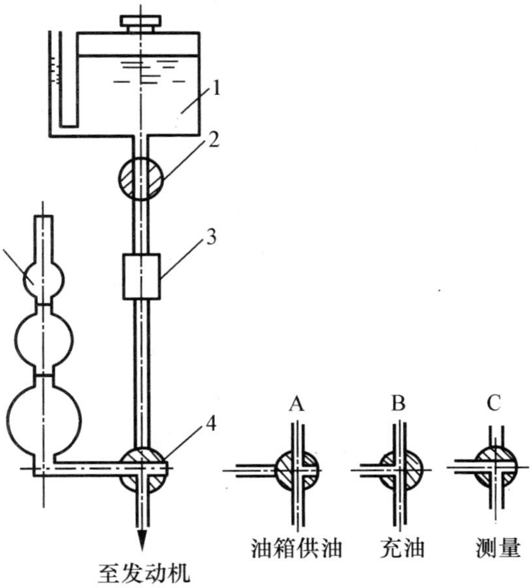

图 7-24　容积法测量燃油消耗量的装置

1-油箱；2-开关；3-滤清器；4-三通阀；5-量瓶

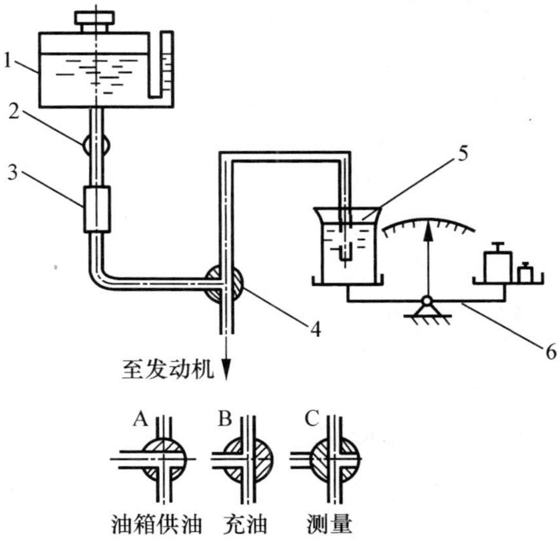

图 7-25　质量法测量燃油消耗量的装置

1-油箱；2-开关；3-滤清器；4-三通阀；5-量杯；6-天平

为了保证测量精度，减轻测试人员的劳动强度，实现远距离操作，可使用数字式自动油耗测量仪，这种油耗测量仪只要预先设定量瓶容积和砝码质量，能自动进行准备、充油、测量等操作，并以数字显示出时间及燃油容积或质量，经计算就可得出燃油消耗率。

7.6.5 转速的测量

发动机试验时用转速表测量转速。按工作原理转速表分为电子数字式、电气式和机械式等。电子数字式转速表由于具有测量准确、使用方便、有转速信号输出、易于实现自动控制等优点，近年来已被广泛采用。

电子数字式转速表有固定式及手持式两种。固定式电子转速表由传感器及指示仪两部分组成。传感器是一只脉冲发生器，一般为磁电式或光电式。磁电式传感器由一个齿盘及一个电磁捡拾器组成，齿盘是固定在测功器主轴上带有 60 个齿的盘（或齿轮），电磁捡拾器靠近齿盘固定。发动机带动测功器主轴每旋转一周，捡拾器内的线圈就产生 60 个感应电脉冲，这个信号送到指示仪（相当于一个频率计外加时间开关）。指示仪一般每秒钟取样一次，根据 1 s 取得的脉冲数可求得发动机每分钟转数，用 4 位数字显示。手持式电子转速表分为接触式和非接触式两种：接触式的用橡皮轴头和发动机轴端接触，表内装有光电传感器；非接触式的须在使用前预先在旋转轴或盘上粘贴白色反光纸条，仪器前端装有照射灯和感受反光的光电管，轴每旋转一次给光电管一个脉冲信号，累计计数即得到转速。

复习思考题

1. 研究发动机特性的意义是什么？发动机的经济性和动力性主要根据哪些因素进行分析？
2. 试分析汽油机和柴油机负荷特性的区别。
3. 试分析汽油机和柴油机速度特性中转矩曲线的区别。
4. 什么是发动机的万有特性？它们有什么作用？
5. 万有特性、负荷特性和速度特性有何实用意义？
6. 发动机转矩曲线陡，对车辆性能有什么影响？有什么办法改善转矩特性？
7. 为何汽油机不用调速器也能稳定怠速运转，而柴油机则不行？
8. 如何测量燃油消耗量并计算燃油消耗率？
9. 发动机主要做哪些台架性能试验？
10. 为什么对发动机的性能指标要进行大气修正？怎样修正功率和燃油消耗率？
11. 结合车辆结构、车辆理论相关知识，分析发动机速度特性对车辆动力性的影响，讨论车辆发动机与车辆传动系统的合理匹配方法。
12. 结合发动机的负荷特性，讨论提高车辆燃料经济性的措施。

第8章 发动机的排气涡轮增压

发动机输出功率的大小主要取决于单位时间内气缸中燃料有效燃烧所放出的热量，而这又受到单位时间吸入气缸内的实际空气量的限制。如果能在空气进入气缸前将其压缩而使其密度增大，则同样的气缸工作容积就可以容纳更多的新鲜空气，因而可以增加循环供油量，获得更大的发动机输出功率。这就是增压的基本目的。

发动机的增压问题，涉及增压器本身、增压器与发动机的匹配以及发动机为适应增压需要而进行的必要调整等内容，本章将围绕上述内容做一简要介绍。

8.1 发动机增压概述

一台性能优良的发动机应该具有比功率大、比质量小、油耗低、排放污染轻、操作方便、使用寿命长等特点。如前所述，提高发动机功率有以下途径：

(1)在结构方面：扩大气缸直径，延长活塞行程，增加气缸数等；

(2)在工作过程方面：采用二冲程工作过程，提高充量系数，改善燃烧过程，提高指示热效率，适当控制过量空气系数，提高机械效率等；

(3)在运行方面：提高发动机转速等。

自从发动机问世以来，人们进行了卓有成效的研究工作，取得了令人满意的进展。然而，上述诸因素中，有的互相促进，有的受到制约。提高转速固然可以增加功率，但必然增加运动件的惯性力，而且惯性力与转速平方成正比，这就导致机械应力的上升；转速提高的同时，活塞平均速度增大，运动件的摩擦损失增加，这就导致机械效率的降低，而且随着转速的提高，充量系数也会显著降低。增加气缸数，可以使产品系列化，但必然使结构复杂化。过度扩大缸径、增加行程会使机器笨重，给加工、安装、维修都带来困难。改善换气质量、提高热效率，对提高发动机功率均有明显的效果，但潜力不大。然而，用增压来提高充量密度，不仅可以将功率提高几成甚至是几倍，同时还可以改善燃烧过程，提高经济性，减少 HC、CO 及微粒的排放，降低噪声。可见增压可使发动机的性能得到全面的提高。正因为增压给发动机带来了如此显著的影响，增压被认为是内燃机发展史上的一个重要里程碑。

内燃机增压技术萌生于 19 世纪，在 20 世纪初期得到初步应用。随着材料科学及制造技术的进步，柴油机的涡轮增压技术在 20 世纪中叶开始走向大规模商业应用，并逐步推广到汽油机中。目前，大功率柴油机的绝大部分、车用柴油机的半数以上以及相当比例的高性能汽油机均采用了增压技术，增压已成为提高发动机动力性能和强化程度的一个重要而有效的技术手段。

8.1.1 发动机增压的基本概念

1. 增压压力、增压比及增压度

(1)增压压力：是指增压器压气机的出口压力，用 p_k 表示。它与压气机结构、尺寸、转速及效率等因素有关。

(2)增压比:是指标定工况下增压器压气机出口压力 p_k 与进口压力 p_0(一般为大气压力)之比,简称压比,用 π_k 表示,即

$$\pi_k = p_k / p_0 \tag{8-1}$$

增压比是压气机的重要指标。按增压比 π_k 的大小,将 $\pi_k < 1.6$ 称为低增压,对应的发动机平均有效压力 $p_{me} = 0.7 \sim 1.0$ MPa;$\pi_k = 1.6 \sim 2.5$ 为中增压,对应的 $p_{me} = 1.0 \sim 1.5$ MPa;$\pi_k > 2.5$ 为高增压,对应的 p_{me} 在 1.5 MPa 以上;$\pi_k = 4.5 \sim 5.5$ 为超高增压,对应的 $p_{me} = 2.5 \sim 3.0$ MPa。

车用柴油机多为低增压,部分为中增压;车用汽油机一般采用低增压。

(3)增压度:是指标定工况下发动机在增压后输出功率的增加值与原功率之比,用 φ 表示,即

$$\varphi = \frac{P_{ek} - P_{e0}}{P_{e0}} = \frac{P_{ek}}{P_{e0}} - 1 = \frac{p_{mek}}{p_{me0}} - 1 \tag{8-2}$$

式中:P_{e0}、P_{ek} 分别为增压前、后标定工况的功率,kW;p_{me0}、p_{mek} 分别为增压前、后标定工况的平均有效压力,MPa。

现代四冲程增压柴油机的增压度,高者(船用大型低速四冲程柴油机)可达 300%以上,而大多数车用发动机的增压度不高,一般在 10%~60%。φ 受原机型主要零部件的热负荷、机械强度以及动态特性和车辆对转矩加大的适应性等条件限制,并非 φ 越高越好。

2. 增压中冷与中冷器

随着增压压力的提高,压气机出口气体温度上升,这不仅影响发动机充量的增加,而且使热负荷问题突出起来。在增压空气进入发动机之前予以冷却,无疑对提高充量密度、降低热负荷有着明显的效果。这项技术在大、中型载重汽车上已普遍采用。

冷却增压空气的换热设备叫中间冷却器,简称中冷器。中冷器中,增压空气和冷却介质隔开,两者可顺流,也可逆流或叉流,显然逆流和叉流效果更好一些。冷却介质可用迎风气流或冷却水。采用发动机本身的冷却水作为中冷器的冷却介质固然结构简单、紧凑,但冷却效果不佳;采用独立水冷却系统使结构庞大而复杂,在汽车上布置比较困难;而利用冷却风扇或车辆运行过程中所产生的高速气流来冷却增压空气的"空—空"中冷方式,可以获得较好的冷却效果,且布置较为灵活,近年来在车用发动机上应用较多。

8.1.2 发动机的增压方式

按增压系统的结构形式分类,发动机的增压系统有机械增压系统、涡轮增压系统、气波增压系统、组合式增压系统等。

1. 机械增压系统

机械增压系统如图 8-1 所示。在机械增压系统中,压气机由发动机曲轴通过齿轮变速器或其他类型传动装置直接驱动,将气体压缩并送入发动机气缸。增压器可用离心式压气机、罗茨式压气机、螺旋式压气机、滑片式压气机和转子活塞式压气机等。

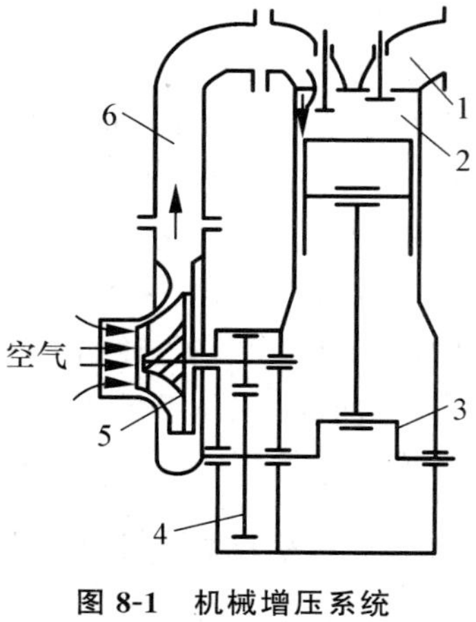

图 8-1 机械增压系统

1-排气管;2-气缸;3-曲轴;4-齿轮副;5-压气机;6-进气管

机械增压系统的优点是,发动机转速的变化可直接导致压气

机流量的变化,加速响应性较佳;与涡轮增压系统相比,低速转矩性能较好;对排气系统无干扰,增压器与发动机容易匹配,结构也比较紧凑。其主要缺点是,驱动增压器需消耗发动机的功率,因此机械损失增加,燃油消耗率升高。机械增压系统主要用于增压比不高($\pi_k<1.6$)和小排量的发动机(以汽油机为主)。

2. 涡轮增压系统

涡轮增压系统如图 8-2 所示,发动机排出的具有一定能量的废气进入涡轮机并膨胀做功,推动涡轮机叶轮旋转,并带动与其同轴安装的压气机叶轮工作,将新鲜充量在压气机中压缩后再送入气缸,以提高进气压力和密度。涡轮增压也称作排气涡轮增压。涡轮机与压气机通常装成一体,称为涡轮增压器,其结构简单,工作可靠。

涡轮增压系统有以下特点:不额外消耗发动机的功率,可以充分利用发动机排气的能量,因此涡轮增压发动机的动力性、经济性比机械增压和非增压发动机都好,并可大幅度降低有害气体排放和噪声水平;高速转矩性能优越,但低速转矩性能不佳;增压器结构紧凑,使用中冷器时可进一步提高增压效果。但由于增压器与发动机之间是气动连接,气体流动回路长,故起动性能、加速响应性能变差。

涡轮增压系统的增压压力可达 0.4 MPa,多用于单机功率大于 35 kW 的场合。

3. 气波增压系统

气波增压系统如图 8-3 所示,是利用气体的压缩波和膨胀波来传递能量的一种增压系统。从发动机排出的高压废气在转子中直接与空气接触,利用高压废气的脉冲气波迫使空气在互相不混合的情况下受到压缩,从而提高进气压力。空气的压力、温度升高后进入发动机气缸。同时,空气对高压废气产生一个膨胀波,使废气压力、温度下降,低压废气排入大气。转子由曲轴通过带轮等传动装置驱动,消耗整机功率的 1.0%~1.5%。

气波增压较涡轮增压有更佳的低速运行特性及经济性和加速性,且结构简单,制造方便,不需要昂贵的耐热合金。但气波增压器的结构尺寸较大,在发动机上的安装位置受到一定限制,同时其噪声也较大,有额外功率消耗,进、排气流动组织复杂等,至今尚未得到广泛应用。

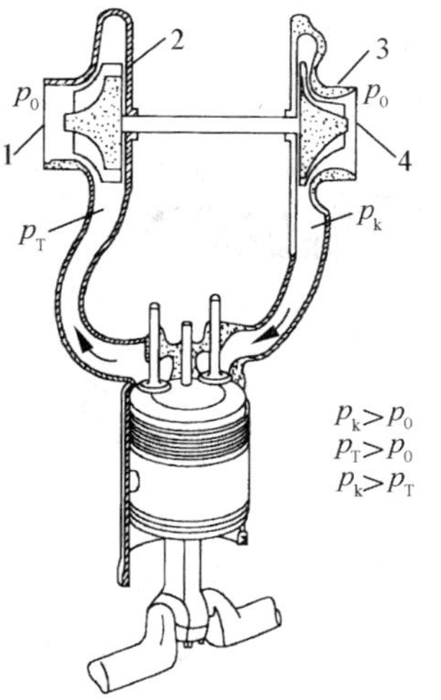

图 8-2 涡轮增压系统

1-排气口;2-涡轮机;3-压气机;4-进气口

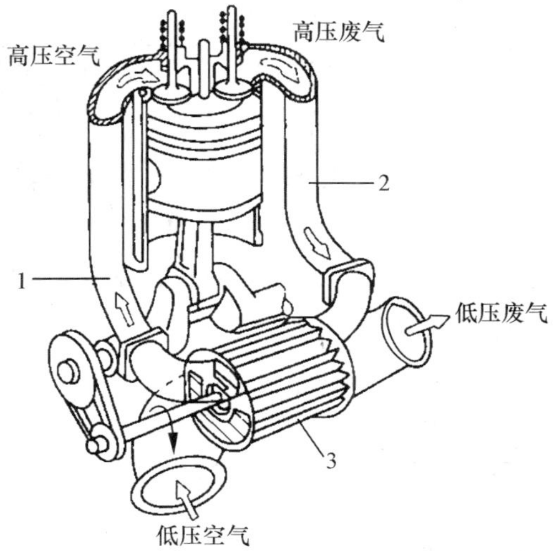

图 8-3 气波增压系统

1-进气管;2-排气管;3-转子

4. 组合式增压系统

几种增压方式组合使用，便形成所谓的组合式增压系统。最典型的组合方式就是机械增压与涡轮增压相结合的方式，如图 8-4 所示。该系统先由机械增压压气机机 C_1 将初级增压后的空气输送到涡轮增压压气机 C_2 中，二次增压后再送入发动机气缸内。这样的组合既保证能获得起动、瞬态加速以及低速、低负荷工况所需的转矩特性，又可获得良好的燃油经济性和高功率密度。大众汽车公司开发的 TSI 汽油机，就是采用类似的机械和涡轮结合的增压系统（图 8-5），该系统可根据工况的不同全部采用机械增压、机械增压与涡轮增压组合或全部采用涡轮增压。在满负荷时涡轮增压器可以提供总增压比的大部分甚至全部，这时机械传动压气机的作用很小甚至不起作用，防止消耗发动机功率；在部分负荷时，涡轮增压器的效率下降，机械传动压气机提供的压比增加；在起动时，则全靠机械传动压气机提供给发动机所需的空气量，起步加速有力，没有涡轮的工作延迟。TSI 在同等排量下实现了动力性和经济性的完美结合，其升功率近 90 kW/L。

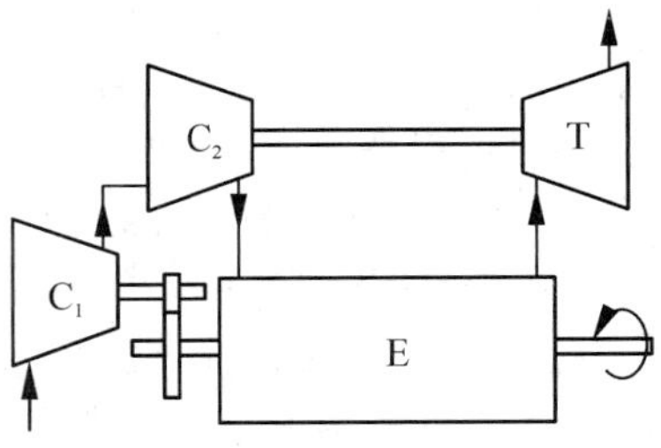

图 8-4 机械增压与涡轮增压结合的增压系统

C_1-机械增压压气机；C_2-涡轮增压压气机；E-发动机；T-涡轮机

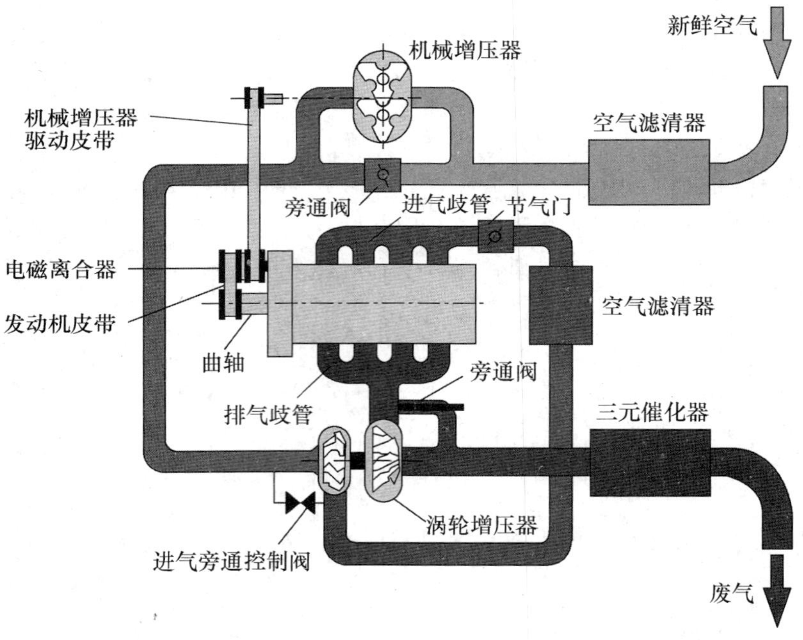

图 8-5 大众 1.4 L TSI 发动机进气增压系统

除了机械增压与涡轮增压的组合方式，还有在发动机进气系统中采用两个相互独立的涡轮增压器的二级涡轮增压系统（图 8-6），以及可将涡轮转化的机械能直接送给曲轴的复合式增压系统（图 8-7）等。

从实际应用的情况来看，涡轮增压占发动机增压的绝大部分，故作为本章叙述的重点。

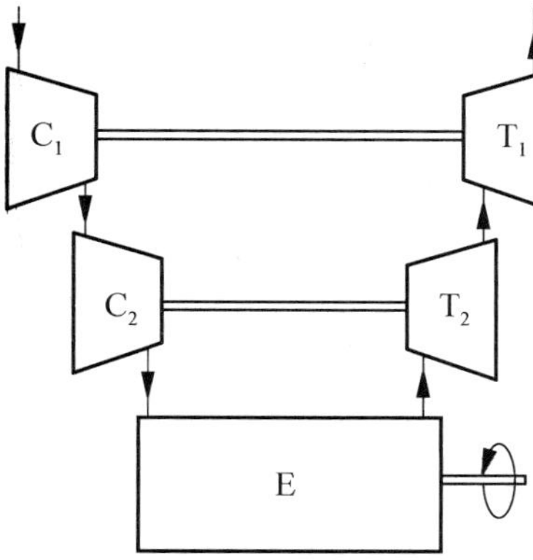

图 8-6　二级涡轮增压系统

C-压气机；T-涡轮机；E-发动机

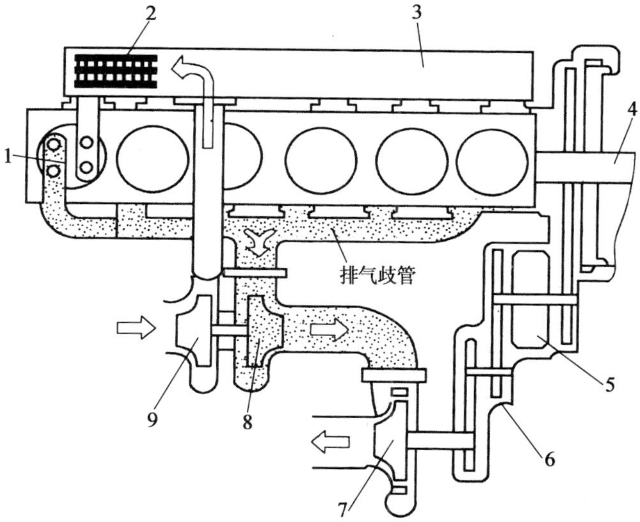

图 8-7　复合式增压系统

1-气缸；2-中冷器；3-进气歧管；4-输出轴；5-液力耦合器；6-齿轮系；7-动力涡轮；8-增压器涡轮；9-压气机

8.2　涡轮增压器的工作原理与特性

涡轮增压器主要由压气机和涡轮两大部分组成。根据废气在涡轮机中流动方向的不同，涡轮增压器可分为径流式涡轮增压器与轴流式涡轮增压器两类。一般船舶、机车用大型柴油机多采用轴流式涡轮增压器，以满足大流量、高效率的要求；而车用发动机多采用径流式，以适应高转速及较高响应性能的要求。增压器的压气机部分一般都采用单级离心式结构。

图 8-8 所示为一个径流式涡轮增压器的结构示意图。它由同轴安装的离心式压气机和径流式涡轮机两个主要部分以及支撑装置、密封装置、冷却系统、润滑系统等组成。

8.2.1　离心式压气机的工作原理与特性

8.2.1.1　离心式压气机的工作过程

如图 8-9(a)所示，离心式压气机主要由进气道 1、工作轮(含导风轮)2、扩压器 3 和出气蜗壳 4 等组成。

首先，新鲜充量(空气)沿截面收缩的轴向进气道进入工作轮，压力略有下降，气流速度略有增加。随后，气流进入高速旋转的工作轮上叶片组成的气流通道内，在离心力作用下被甩向工作轮外缘，并从旋转的工作轮上获得能量，压力、温度、特别是气流速度均有较大的提高。提高了压力与流速的气体沿工作轮径向流出，进入扩压器和出气蜗壳。由于两者均为截面逐渐增大的通道，空气流经其中时减速增压，使其拥有的大部分动能转变为压力势能，温度也进一步升高。同时，出气蜗壳还兼有收集流出的气体以便向发动机进气管输送的作用。

由此可见，空气在压气机中完成了一系列能量转换，将涡轮机传给压气机工作轮的机械能尽可能多地转变为空气的压力势能。图 8-9(b)为空气沿压气机各个通道流动时其参数变化

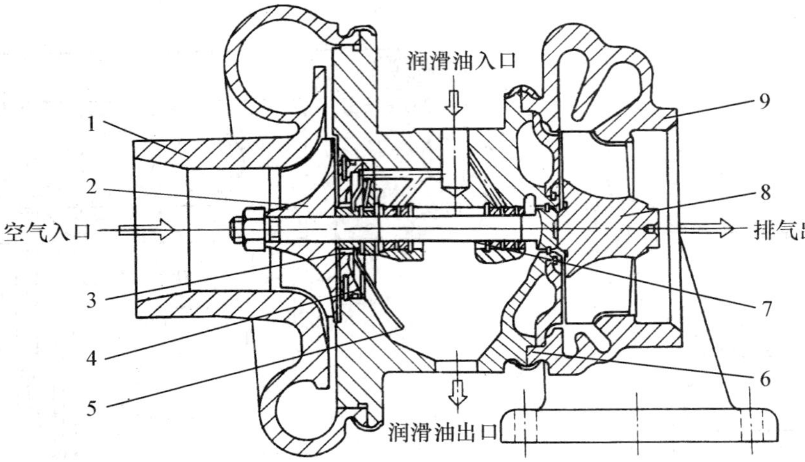

图 8-8 径流式涡轮增压器结构示意图

1-压气机蜗壳；2-压气机叶轮；3-推力轴承；4-压气机端密封座；5-挡油板；6-中间壳体；7-浮动轴承；8-涡轮机叶轮；9-涡轮机蜗壳

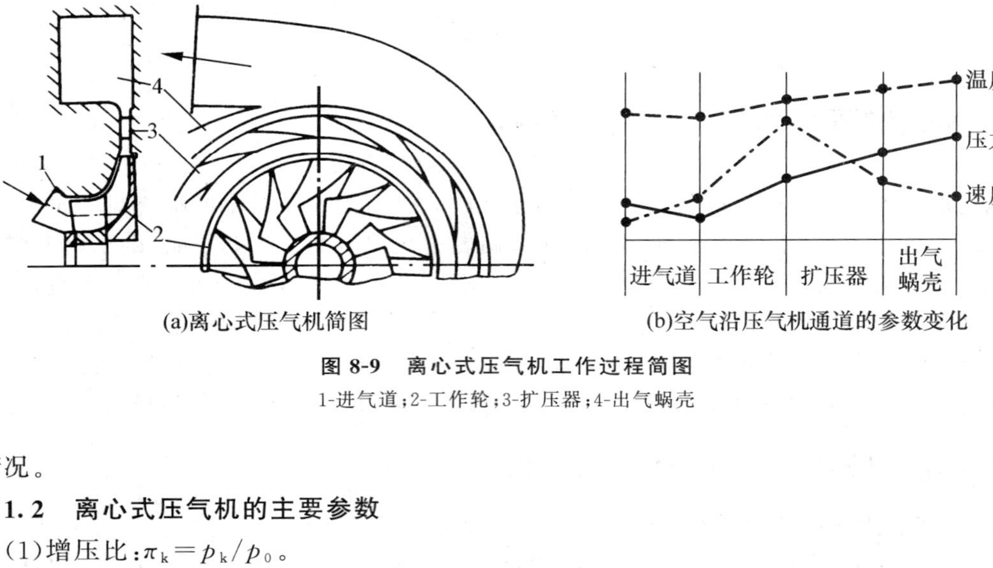

(a)离心式压气机简图　　(b)空气沿压气机通道的参数变化

图 8-9 离心式压气机工作过程简图

1-进气道；2-工作轮；3-扩压器；4-出气蜗壳

的情况。

8.2.1.2 离心式压气机的主要参数

(1)增压比：$\pi_k = p_k / p_0$。

(2)气体流量：流经压气机的质量流量 m_k(kg/s)或容积流量 V_k(m^3/s)，取决于发动机所需的新鲜充量。

(3)压气机转速：由于压气机与涡轮同轴旋转，因此压气机的转速 n_k(r/min)就是涡轮的转速 n_T。转速很高，每分钟可达几万转甚至十几万转。

(4)压气机的等熵效率 η_k：η_k 可定义为 1 kg 空气的等熵压缩功与实际压缩功之比，简称为压气机效率。η_k 说明了在消耗于压气机的机械功中有多少转变为有用的压缩功，反映了压气机流通部分设计的完善程度。

图 8-10(a)所示为压气机中的焓熵变化，图中的 1 点表示压气机进口处的气体状态，01 为对应的滞止状态点(滞止状态为在工质与外界没有热量和机械功交换的情况下气流速度被滞

止到零时的气体状态)；2s 点表示气体按等熵绝热过程压缩后压气机出口处的状态，02s 为对应的滞止状态点；2 点表示气体按实际的压缩过程(多变过程)压缩后压气机出口处的状态，02 为对应的滞止状态点。图 8-10(b)为涡轮机中的焓熵变化，图中 03、04 点分别对应涡轮机进、出口的状态。

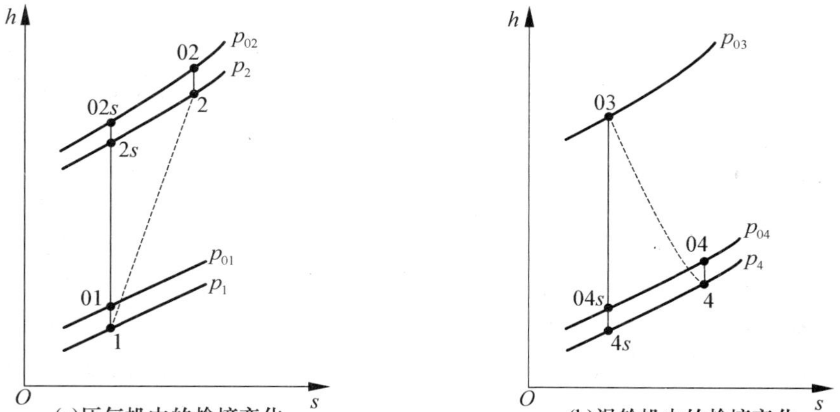

(a)压气机中的焓熵变化　(b)涡轮机中的焓熵变化

图 8-10　压气机和涡轮机前后气体状态焓熵图

根据热力学第一、第二定律，压气机的等熵效率为

$$\eta_k=\frac{\text{等熵压缩功}}{\text{实际压缩功}}=\frac{h_{02s}-h_{01}}{h_{02}-h_{01}}=\frac{T_{02s}-T_{01}}{T_{02}-T_{01}}=\frac{T_{01}}{T_{02}-T_{01}}\left[\left(\frac{p_{02}}{p_{01}}\right)^{\frac{\kappa-1}{\kappa}}-1\right] \tag{8-3}$$

一般压气机进口处气流速度很小，气流的滞止参数就等于环境的气体参数，即 $p_{01}=p_0$，$T_{01}=T_0$。为简化起见，不计压气机出口动能损失，可令压气机的增压比 $\pi_k=p_k/p_0=p_2/p_0=p_{02}/p_{01}$。

目前在涡轮增压器上应用的单级离心式压气机的等熵效率一般在 0.70～0.85 之间。根据压气机的等熵效率表达式(8-3)，还可求出压气机流出气体的绝热压缩温度 T_{02}。

(5)压气机消耗的功率 P_k：若已知流经压气机的空气质量流量为 m_k，压气机的等熵效率为 η_k，当忽略气体与通道壁面的传热时，压气机消耗的功率(kW)为

$$P_k=m_k\frac{h_{02s}-h_{01}}{\eta_k}=\frac{m_k c_p T_0}{\eta_k}\left(\pi_k^{\frac{\kappa-1}{\kappa}}-1\right) \tag{8-4}$$

8.2.1.3　离心式压气机的特性

由于压气机在实际运行中工况经常变化，为了了解压气机在全部工作范围内气流参数之间的关系，分析在各种工况下压气机运行的完善程度，以及为了获得增压器与柴油机之间在全部工作范围内良好的配合关系，研究压气机特性曲线具有很重要的意义。

1. 离心式压气机的特性曲线

在压气机的转速 n_k 不变时，压气机的增压比 π_k 和等熵效率 η_k 随压气机流量 m_k 的变化关系，称为压气机的流量特性，简称为压气机特性。为方便地看出在各种工况下压气机主要工作参数之间的相互关系，通常以增压比为纵坐标、质量流量为横坐标、转速为参变量，并将等熵效率以等值线的形式绘制在压气机的压比流量特性曲线上，通常也称为增压器特性线，如图

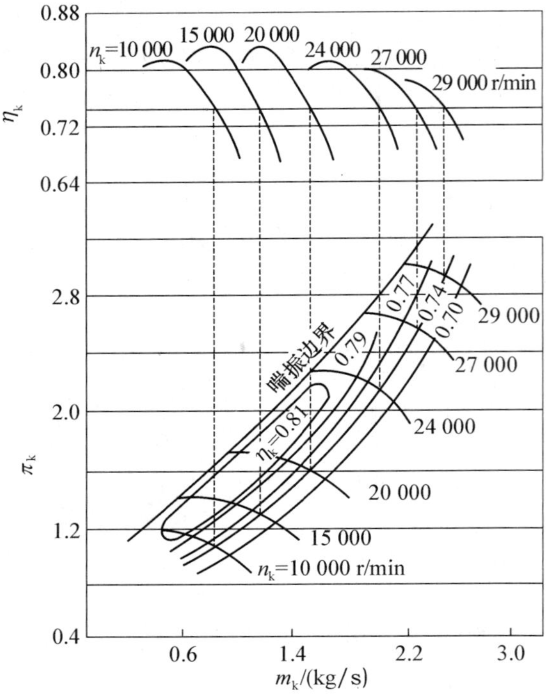

图 8-11 离心式压气机的流量特性

8-11 所示。压气机的流量特性由试验求得。

由图 8-11 可以看出，在一定的转速下，压气机在某一流量（设计工况）时增压比达到最大，无论流量增加还是减少，压比都会降低，压比特性呈抛物线状。压气机效率随流量的变化关系与增压比的相似，转速一定时，压气机的等熵效率在设计工况最大，偏离设计流量后效率下降。

由式(8-3)可知，压气机等熵效率主要与增压比有关，所以增压比随流量的变化特性决定了等熵效率随流量的变化趋势，只是具体数值有差异而已。

2. 压气机流量特性曲线的成因

空气进入压气机被压缩，在没有任何损失的情况下（等熵压缩），消耗于压气机的机械功全部用于增加气体的压力能，所以压比不变，等熵效率为 1。但在实际的压缩过程中不可避免地存在各种能量损失，主要包括摩擦损失和撞击损失。摩擦损失是气体内部各流体微团之间以及气流与压气机各通道壁面之间发生摩擦而产生的损失。在转速一定的条件下，流量增加使气流速度增加，摩擦加剧，所以摩擦损失随流量的增大而增加。撞击损失是气流与叶片撞击造成的。当压气机工作在设计工况流量时，由于气流以等于或十分接近工作轮叶片及有叶扩压器叶片设计结构角的方向顺利地流入叶道，气流冲角等于或接近于 0，气流与叶片间的撞击现象和撞击损失均较小。但当压气机在实际工作过程中偏离设计流量时（无论是大于或小于设计值），气流不再顺叶片设计结构角流入，而是存在一定的冲角，于是气流与叶片发生撞击，在叶片背面或腹面（吸力面或压力面）产生边界层的分离，从而造成流动损失。上述两种损失的变化，使得流量特性线呈抛物线形状，且在流量大、转速高时压比的变化较为陡峭，如图 8-12 所示。

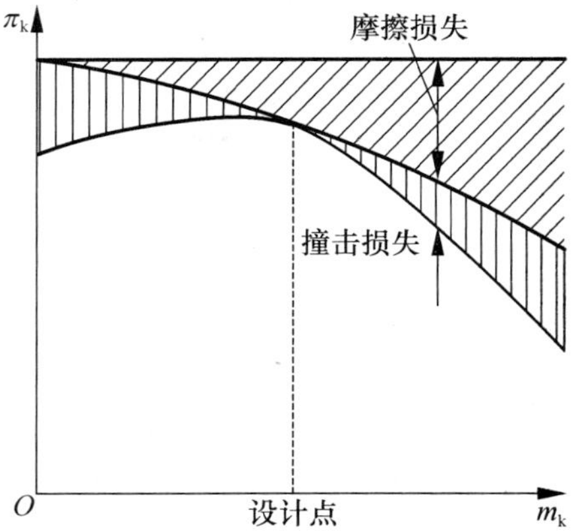

图 8-12 压气机内的损失

3. 压气机的喘振与堵塞

图 8-11 中还有一条压气机的喘振边界线，是压气机稳定工作区的边界。在一定转速下，当流经压气机的气体流量减小到一定程度后，气流就会在叶轮和扩压器入口处发生边界层的分离，导致气体回流。分离涡流迅速扩展到压气机通道的其他部分，气流出现强烈的振荡，引起工作轮叶片的强烈振动，并发出很大的噪声，这一现象称为压气机的喘振。出现喘振的工作点称为喘振点，对应的流量就是喘振流量。每个转速下都有一个喘振点，所有喘振点的连线称为喘振边界（喘振线）。随着压气机转速的增加，喘振点对应的流量和压比增大。当压气机工作在喘振线右侧时，其

工作是稳定的,而在喘振线左侧运行时,压气机的工作因喘振而不稳,出口压力显著下降,并伴随着很大的波动,严重时还会造成压气机元件如叶片的损坏,因而压气机不允许在喘振条件下工作。喘振是叶片式压气机所特有的一种异常工作现象,必须给予足够的重视。

在某一增压器转速下,当流量超过设计工况到某一值后,压气机的增压比和效率均急速下降,而流量却不会再增加,这一现象称为压气机的堵塞。产生压气机堵塞的原因是气流通道中某个截面上的气流速度达到当地声速(临界状态),从而限制了流量的增加。压气机堵塞时所对应的气体流量称为堵塞流量,它也是该转速下压气机的最大流量。通常人为地规定当效率降低到 55%时,就认为出现了堵塞。研究表明,出现堵塞的临界截面位置一般在叶片扩压器的进口喉部附近或工作轮叶片的进口喉部附近。压气机堵塞后流量便不能再增加,因此只有通过提高压气机的转速,才能获得更高的流量。

在一定转速下,压气机发生喘振时的最小流量和发生堵塞时的最大流量限制了压气机的流量范围。由图 8-11 可见,压气机的流量范围随转速 n_k 的增加而减小。

由于车用发动机的转速及负荷的变化范围很大,压气机高效率区的流量范围(工作范围)不宜过窄。为此,在增压器设计与选配时常采用一些措施,如采用带无叶扩压器的压气机(图 8-13)或采用一种前倾后弯叶片工作轮(又称后掠式工作轮)(图 8-14),以扩大高效率区的流量范围,更好地适应车用发动机工况的变化。图 8-15 为有叶与无叶扩压器压气机工作性能的比较,图 8-16 为后掠式工作轮与径流式工作轮性能的比较。

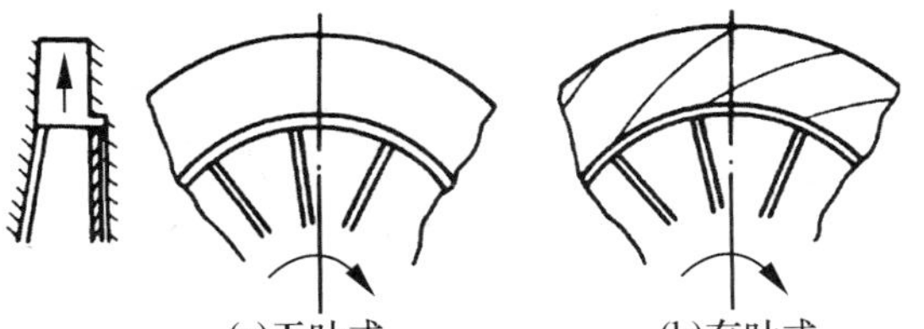

(a)无叶式　(b)有叶式

图 8-13　扩压器简图

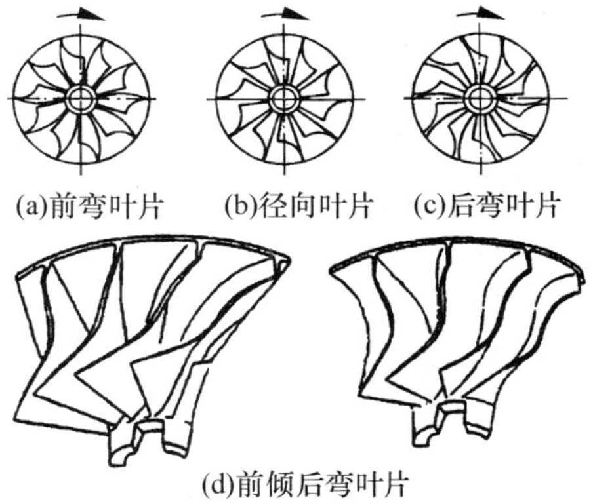

(a)前弯叶片　(b)径向叶片　(c)后弯叶片

(d)前倾后弯叶片

图 8-14　压气机叶轮的叶片形式

4. 压气机的通用特性曲线

压气机特性曲线中的参数(π_k、η_k、n_k 及 m_k)都是在一定的大气状态下测得的。实际上,由于增压器使用地区、季节、气候条件不同,大气环境条件的差异很大,压气机受进口空气状态的影响,实际使用时需要对特性参数进行相应的换算,给选用带来不便。为了解决这一问题,根据气体流动相似原理,采用相似参数来绘制压气机特性曲线,这样所得到的特性曲线就不受环境条件变化的影响,因而称之为压气机的通用特性曲线。

根据相似理论,只要表征气体可压缩性的相似参数——马赫数相同,气体流动就是相似的。但是相似马赫数不是很直观,为了使用上的方便,常应用相对的折合参数的概念,把试验时测得的上述参数根据气体流动相似原理来换算成标准大气状况(标准大气压=101.3 kPa,标准大气温度=293 K)下的参数值。

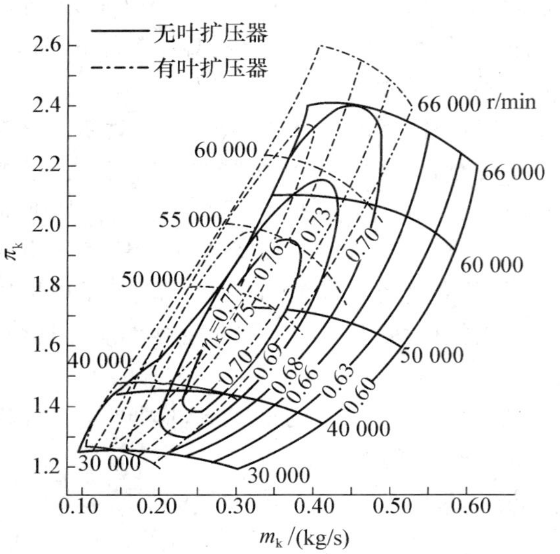

图 8-15 有叶与无叶扩压器压气机工作性能比较

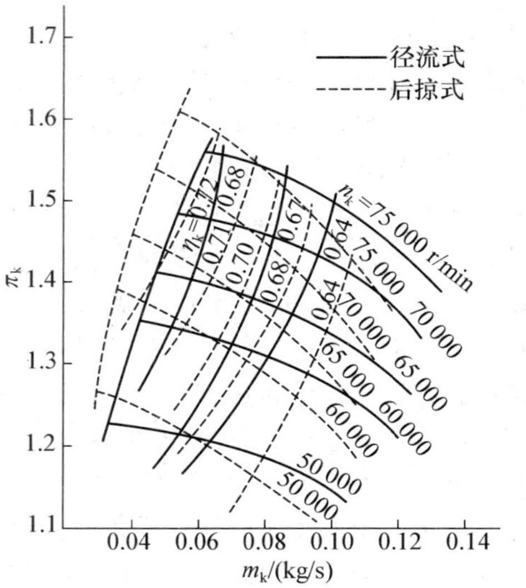

图 8-16 后掠式与径流式工作轮性能比较

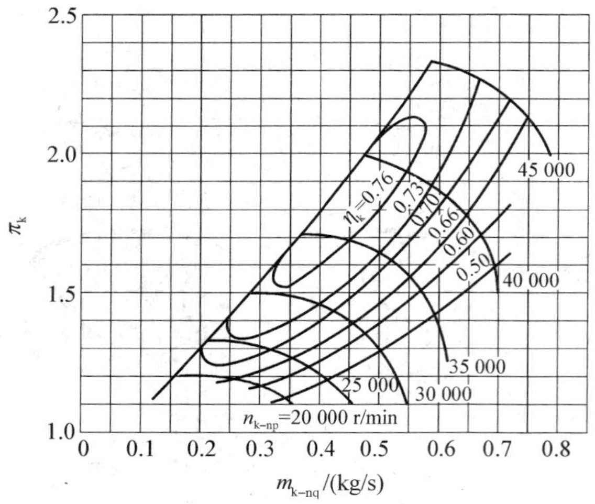

图 8-17 压气机通用特性曲线

换算后的质量流量称为折合流量 m_{k-np}：

$$m_{k-np}=m_k\frac{101.3}{p_0}\sqrt{\frac{T_0}{293}}$$

换算后的转速称为折合转速 n_{k-np}：

$$n_{k-np}=n_k\sqrt{\frac{293}{T_0}}$$

式中：p_0、T_0 分别为试验测量时的大气压力(kPa)和温度(K)。由于增压比 π_k 和等熵效率 η_k 是无量纲参数，故仍保持不变。图 8-17 为采用折合参数绘制的某压气机通用特性曲线。

8.2.2 径流式涡轮机的工作原理与特性

涡轮机的作用是将发动机排出的高温燃气所拥有的能量尽可能多地转化为涡轮旋转的机械功用以驱动压气机。下面以小型径流式涡轮机为例，介绍涡轮机的工作原理与主要参数。

8.2.2.1 径流式涡轮机的工作过程

如图 8-18 所示，径流式涡轮机主要由进气蜗壳 1、喷嘴环 2、工作轮 3 及出气道 4 等组成。工作轮采用单级径流式向心涡轮。排气由进气蜗壳经喷嘴环沿径向流入工作轮转子外缘，再流过工作轮上叶片组成的气流通道后从涡轮中心轴向流出。

由发动机排气管排出的气体具有一定的压力 p_T 和温度 T_T，并以速度 c_T 经进气蜗壳流入喷嘴环。喷嘴环是由周向均匀安装、带有一定倾角的叶片组成，叶片之间形成渐缩通道。发动机的高温排气流过喷嘴环时，部分压力势能转变为气体的动能，气体的压力、温度降低到 p_1、T_1，速度增加到 c_1（图 8-19），同时由于喷嘴环叶片的导向作用，气流均匀而有序地流入涡轮机的工作轮。

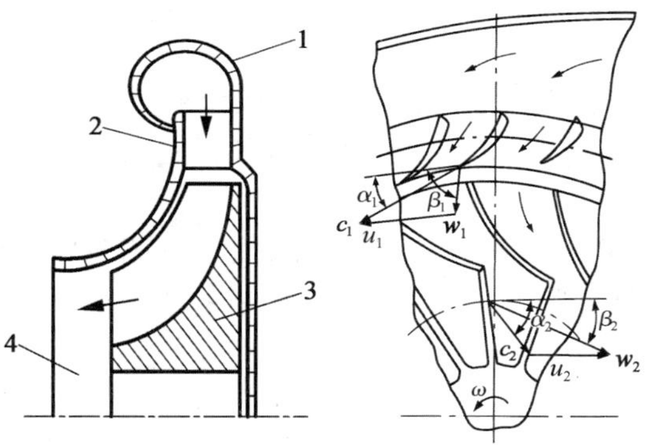

图 8-18 径流式涡轮机简图

1-进气蜗壳；2-喷嘴环；3-工作轮；4-出气道

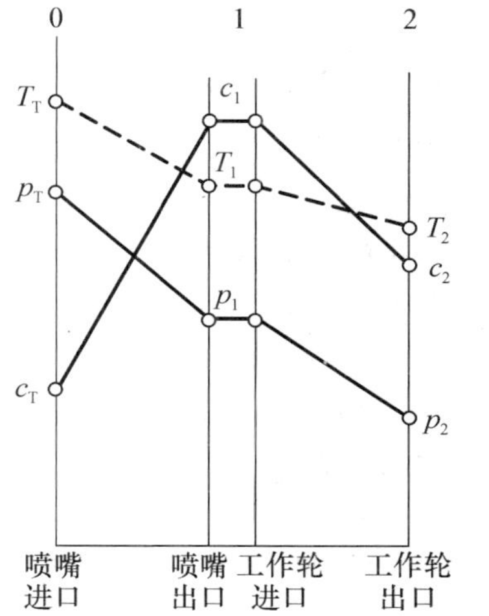

图 8-19 涡轮机中气动参数的变化

在涡轮机的工作轮中，沿气体的流动方向（向心流动），工作轮叶片之间的通道也是呈渐缩形状的。一般的车用向心径流涡轮皆有一定的反动度，即排气能量只是部分在喷嘴环中转化为动能，还有一部分能量要在涡轮机的工作轮中继续转化。因此，从喷嘴环流出的具有一定方向的气流进入工作轮后继续膨胀，将排气的能量转化为推动叶轮旋转的轴功，使气体的压力由工作轮进口处的 p_1 下降到出口处 p_2，温度由 T_1 降低到 T_2。同时，由喷嘴环流出的高速气流冲击涡轮叶片，使叶轮高速旋转，气体的动能转变为叶轮的机械能，流速由工作轮进口处的 c_1 下降到出口处的 c_2。由于排气离开工作轮时还具有一定的速度，且该部分动能未能在涡轮机中得到利用而直接进入排气管，故通常将这部分动能损失称为余速损失。

8.2.2.2 涡轮机的主要工作参数

（1）膨胀比：定义为涡轮机进口气体压力 p_T 与涡轮机出口气体压力 p_0 之比，即

$$\pi_T = p_T / p_0 \tag{8-5}$$

由于气体能量的转换是通过在涡轮机中的膨胀过程来实现的，因此，膨胀比是反映涡轮机特性的一个重要参数。

（2）气体流量：单位时间内通过涡轮机的气体质量流量，用 m_T（kg/s）表示。在涡轮增压发动机中，无泄漏和放气时通过涡轮机的气体流量等于压气机的流量 m_k 与发动机燃烧的燃料质量 m_f 之和，即

$$m_T = m_k + m_f = m_k\left(1 + \frac{1}{\phi_a L_0}\right) \tag{8-6}$$

（3）涡轮转速：如前所述，涡轮转速 n_T 与压气机转速 n_k 相等，统称为涡轮增压器转速。

(4)涡轮机的等熵效率：定义为 1 kg 气体的实际膨胀功与等熵膨胀功之比，一般简称涡轮机效率，用 η_T 表示。η_T 反映了涡轮机将废气能量转换为机械功的有效程度。由图 8-10(b)得

$$\eta_T=\frac{\text{实际膨胀功}}{\text{等熵膨胀功}}=\frac{h_{03}-h_{04}}{h_{03}-h_{04s}}=\frac{T_{03}-T_{04}}{T_{03}-T_{04s}}=\frac{T_{03}-T_{04}}{T_{03}\left[1-\left(\frac{p_{04}}{p_{03}}\right)^{\frac{\kappa-1}{\kappa}}\right]} \tag{8-7}$$

因发动机的排气速度较低，可令涡轮机进口处气体的温度和压力等于测量到的排气的温度和压力，即 $T_{03}=T_T$，$p_{03}=p_T$。由于涡轮机出口气体流速也较小，可以近似地认为 p_{04} 等于大气压力 p_0。于是膨胀比 $\pi_T=p_T/p_0\approx p_{03}/p_{04}$。

涡轮机的等熵效率一般很少直接测定，而是通过测定涡轮增压器总效率来确定的，涡轮增压器的总效率为 $\eta_{Tk}=\eta_k\eta_T\eta_m$，$\eta_m$ 是增压器机械效率。据统计，现代排气涡轮增压器涡轮机效率 $\eta_T=0.70\sim0.90$。

(5)涡轮机的功率：如果已知排气的质量流量 m_T(kg/s)和涡轮机效率 η_T，当忽略气体与通道壁面的传热时，涡轮机所发出的功率 P_T(kW)为

$$P_T=m_T(h_{03}-h_{04s})\eta_T=m_Tc_pT_T\eta_T\left(1-\pi_T^{\frac{1-\kappa}{\kappa}}\right) \tag{8-8}$$

因压气机由涡轮同轴驱动，故扣除机械损失后涡轮机的输出功率与压气机消耗的功率相等，即

$$P_k=\eta_mP_T \tag{8-9}$$

8.2.2.3　涡轮机的特性曲线

如上所述，涡轮机的主要工作参数有涡轮机效率 η_T、膨胀比 π_T、气体质量流量 m_T 以及涡轮转速 n_T，涡轮机在不同工况下运行时这些参数之间的关系就是涡轮机的特性。与压气机一样，涡轮机特性曲线可用相似的折合流量和转速参数($m_T\sqrt{T_{03}}/p_{03}$ 和 $n_T/\sqrt{T_{03}}$)来绘制，如图 8-20 所示，横坐标为折合流量，纵坐标为膨胀比，涡轮机效率一般以等值线的形式表示。由于用折合参数绘制，因此也叫作涡轮机的通用特性曲线。

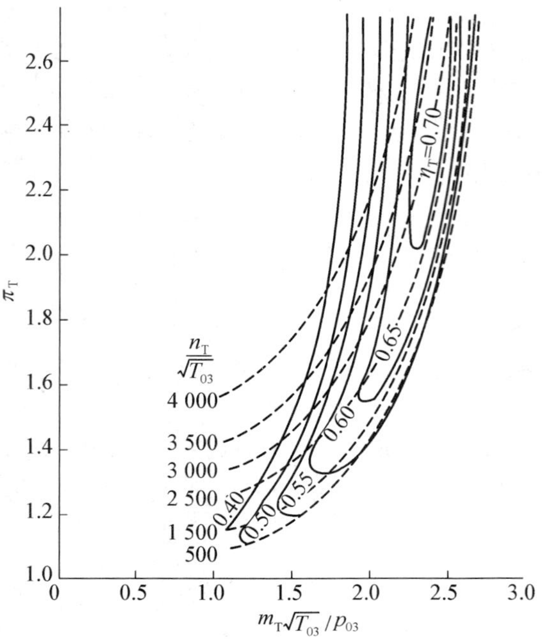

图 8-20　涡轮机的通用特性曲线

由图 8-20 可见，在一定的涡轮转速下，随着膨胀比的增大，流量也增加，当膨胀比增加到某一临界值时，流量达到最大值，此后，即使膨胀比继续增加，流量也不再增加，此即所谓涡轮机的堵塞现象。堵塞的发生意味着在涡轮机内部某处气流速度已达到当地声速。涡轮机实际工作时，由于喷嘴出口最小截面(喉部)处流速最高，往往是该处先于叶轮发生堵塞现象。为了使涡轮有宽广的运行范围，往往

改变喷嘴喉部的流通截面积。例如,车用增压发动机采用可调喷嘴结构,可在各种非设计工况时都有较满意的效率。一般来说,涡轮机的流量特性虽然受堵塞现象的限制,但涡轮机的工作范围常比压气机大得多。一种涡轮机可以和多种不同的压气机配套使用。

涡轮机的效率曲线随流量的变化与压气机的情况相类似,呈抛物线形状,在设计工况点最大,偏离设计工况时涡轮机效率急剧下降。这与气体膨胀做功过程中的流动损失、撞击损失和余速损失有关。流动损失与气流速度有关,流速越高,流量越大,则流动损失也越大。撞击损失和余速损失在设计工况点最小,偏离设计工况时,撞击损失和余速损失增加,偏离程度越大,损失也越大。

近些年,小型径流式涡轮机开始采用结构简单的无叶喷嘴环(图 8-8),它的进气蜗壳与喷嘴环铸造为一体,形成进气蜗壳的环状出口,合称无叶蜗壳。气流流过无叶蜗壳渐缩的环形通道时因膨胀而得到加速,并以一定的角度流入涡轮机工作轮。这种进气蜗壳能把排气管分支成几路的排气从整个圆周范围内引入工作轮叶片,以适应多缸机应用脉冲系统的需要。大多数车用涡轮增压器的径流式涡轮机采用无叶蜗壳,以便在最高效率稍有降低的情况下扩大流量范围,适应汽车变工况的需要,并进一步降低成本。不过采用有叶喷嘴可得到更多的变型。

8.3 排气涡轮增压系统

排气涡轮增压器是利用发动机排出气缸的废气能量进行工作的,因此提高废气能量的利用率对改善涡轮增压发动机的性能具有重要意义。

由内燃机的热平衡分析可知,燃料通过燃烧所释放的总热量中,有 25%以上被排气所带走,而排气中的可用能量又约占排气总能量的 60%。充分利用这部分排气能量,是提高内燃机热效率的重要途径。

下面用四冲程涡轮增压柴油机理论示功图(图 8-21)来说明柴油机排气能量利用的情况。

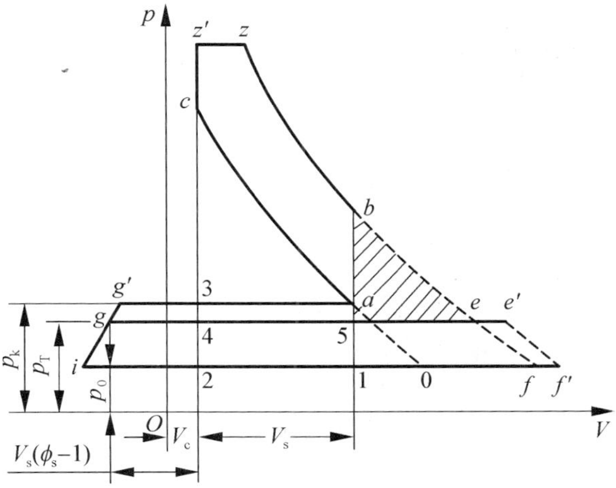

图 8-21 四冲程涡轮增压柴油机理论示功图

图中 $3a$ 为发动机的吸气过程,进气压力为 p_k,$acz'zb$ 是气缸内依次进行的压缩、燃烧与膨胀过程,$b54$ 为排气过程。柴油机在压缩、燃烧、膨胀过程所得到的有用功为面积 $acz'zba$。排气涡轮增压器的存在,使排气背压即增压器前排气总管内的压力为 p_T。增压发动机的进气压力高于排气压力,即 $p_k>p_T$,这样面积 $3a543$ 为换气过程所获得的泵气正功,它成为发动机理论功的一部分。而图中的 $23a02$ 为压缩进入气缸内的空气所需的能量,$ig'32i$ 则为压缩扫气空气所需的能量(ϕ_s 为扫气系数),故压气机消耗的总能量应为 $ig'a0i$。由于压气机由涡轮驱动,为此,要考察一下涡轮机所能利用的排气能量有多少。

排气能量的利用有两种基本形式,即定压增压和脉冲增压。

8.3.1 定压增压系统

定压增压系统[图 8-22(a)]把发动机所有气缸的排气都收集到一根排气总管中，然后再引向涡轮的整个喷嘴环。由于排气总管的截面和长度(也就是排气管的容积)较大，同时各缸排气相互交替补充，因而排气管中的压力 p_T 波动较小，进入涡轮机前的排气压力基本不变[试验表明，排气管压力波动一般为±(20～70)kPa]，故被称为定压增压系统。

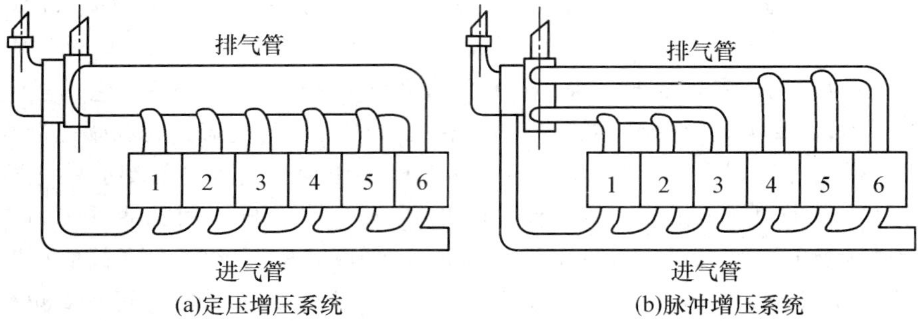

图 8-22 涡轮增压系统的两种基本形式

从图 8-21 中可以看出，排气中涡轮机的可用能量理论上应为涡轮机前压力 p_T 线与大气压力线 p_0 所围成的面积 *igefi*，它由三部分组成：①面积 *ig*42*i* 是扫气空气对活塞所做的功，而扫气空气又是由压气机所提供的；②面积 24512 为活塞强制推出排气所做的功，系由发动机所给予；③真正取自排气中的可用能量仅为面积 15*ef*1。

排气所具有的可用能是排气由排气门开启状态(图 8-21 中 *b* 点)等熵膨胀至大气压力(*f* 点)所能做的最大功，用面积 *bf*1*b* 表示。在定压增压系统中，由于排气管总容积大，而且在排气门开启的初期(排气大部分在此时期排出)，气缸压力 p 和排气管内压力 p_T 的压差较大，排气经过排气门节流与在排气管中的自由膨胀，产生较大的涡流和摩擦损失。面积 *be*5*b* 即为排气由 *b* 膨胀到排气管内压力 p_T 所损失的能量 E_1，这部分损失的能量将用来加热排气，从而使实际进入涡轮机的排气状态由 *e* 变为 *e′*，排气在涡轮机内将沿 *e′f′*线膨胀到 p_0，这样涡轮的可用能量面积将增加一项 *ee′f′fe*，它是从损失的能量 *be*5*b* 中回收的一部分，因此面积 *ige′f′i* 表示实际上排气中涡轮机的可用能量，用 E_2 表示。如果增压压力较高(排气总管内压力即涡轮前的压力 p_T 也相应增加，即涡轮机的膨胀比增大)，则上述损失将会降低，涡轮机可以利用的排气能量增多。

实际上，涡轮机前排气的可用能量 *ige′f′i* 与涡轮机效率 η_T 的乘积才是涡轮机对压气机所输出的功，压气机所消耗的功是面积 *ig′a*0*i* 除以压气机效率 η_k 和整个增压器的机械效率 η_m。要在增压压力较低而增压器的综合效率 η_{Tk}($\eta_{Tk}=\eta_T\eta_k\eta_m$)又不高时实现涡轮机与压气机之间的功率平衡就变得相当困难，其原因就在于面积 *be*5*b* 所表示的能量未能很好地利用。

定压涡轮增压的主要优点是：涡轮在定压下全周进气，效率较高；气流引起的激振较小，不易引起叶片断裂；排气系统简单，成本较低，易于布置和维护。主要缺点是脉冲能量的利用率较低。试验表明，当 $\pi_k=1.5\sim1.6$ 时，定压系统只利用了排气能量的 12%～15%；当 $\pi_k\geqslant3.0$ 时，所利用的排气能量为 30%～35%。此外，定压增压发动机的低速转矩特性和加速性能较差。

8.3.2 脉冲增压系统

脉冲增压系统旨在提高在定压系统中损失能量(即面积 *be*5*b*)的利用率。这种系统的特点是尽可能将排气直接而迅速地送到涡轮机中去。为此，需要把涡轮机尽量靠近气缸，把排气管做得短而细，使容积相当小，并且为了减少各缸排气压力波的相互干扰，用两根或更多排气支管将相邻发火气缸的排气相互隔开，见图 8-22(b)。这样，在气缸开始排气后不久，排气管内的压力 p_T 便迅速升高并接近气缸内的压力 p；由于同一排气管内没有其他的气缸同时排气，所以随着排气流入涡轮机，排气管压力 p_T 迅速下降，接着是气缸压力 p 迅速下降。然后同一排气管内相邻发火间隔的气缸开始排气，排气管压力 p_T 又再次迅速升高而后又接着迅速下降。于是形成了排气管内压力的周期性脉动。由于涡轮机是在进口压力有较大波动的情况下工作，所以称为脉冲增压系统(或变压系统)。

在脉冲增压系统中，气缸刚开始排气时的节流损失固然也很大，但由于排气管内的压力 p_T 迅速升高，并接近气缸内的压力 p，因而总的节流损失大大减小。同时，由于排气管较细，排气管中气流速度较高，因而部分气流动能可以在涡轮中加以利用，使涡轮机的可用能量增加，有利于增压压力的提高。

从以上分析可以看出，脉冲系统比定压系统能更好地利用发动机的排气能量，且排气管容积越小，排气能量的利用也越好，以至于近年来出现了一种将增压器与排气管做成一体的紧凑结构。一般而言，当排气系统设计较好时，在定压系统所损失的可用能量(面积 $be5b$)中，大约有 40%～50%可以在脉冲系统中得到利用，因此涡轮机的可用能量大，可以建立的增压压力高；反之，如果要求同样的增压压力，那么在脉冲系统中就可以放大涡轮喷嘴环的截面积，使排气管的排空更快，从而减小排气背压，改善发动机的扫气性能。

8.3.3 定压增压系统及脉冲增压系统的比较与选择

1. 排气能量的利用

脉冲系统中，由于排气节流所造成的排气能量的损失比定压系统的小，同时还部分利用了排气的脉冲能量(面积 $be5b$ 所表示的能量 E_1)，而在定压系统中，排气的脉冲能量由于排气管容积大而消失殆尽，所以脉冲系统对排气能量的利用比定压系统要好。但是当增压比提高时，定压系统排气管内的压力也相应提高，排气损失有所下降，且脉冲能量在排气能量中所占的比重也随增压比提高而减小，所以两种系统对排气能量的利用效果将随增压比的提高而逐渐接近。一般而言，当增压比小于 2.5 时，采用脉冲系统对于排气能量的利用是比较有利的。

2. 扫气作用

脉冲系统对气缸中扫气有明显的好处。由图 8-23 可以看出，在发动机气门叠开扫气期间，脉冲系统[图 8-23(a)]的排气管压力 p_T 正处于波谷，因此即使在部分负荷工况，仍能保持足够的扫气压力差 p_k-p_T，以保证气缸内有良好的扫气，达到提高充量系数、减小燃烧室中受热零件热负荷的目的。而在定压系统[图 8-23(b)]中，由于排气管压力 p_T 波动小，扫气压力差就大为减小(比较图 8-23 中两系统的阴影区)，所以不容易保证气缸内的扫气效果。

3. 发动机的加速性能

在脉冲系统中，由于排气管容积较小，当发动机负荷改变时，排气的压力波就会立刻发生变化，并迅速传递到涡轮机，从而改变增压器转速，以适应负荷变化的要求，所以采用脉冲增压系统的发动机加速性能较好。此外，在发动机转速降低时，脉冲系统的可用能与定压系统的可用能之比增大，有利于改善发动机的转矩特性。而在排气管容积较大的定压系统中，涡轮机前的压力变化比较缓慢，加速性就比较差，特别在低增压时，排气能量的利用程度差，加速性能就

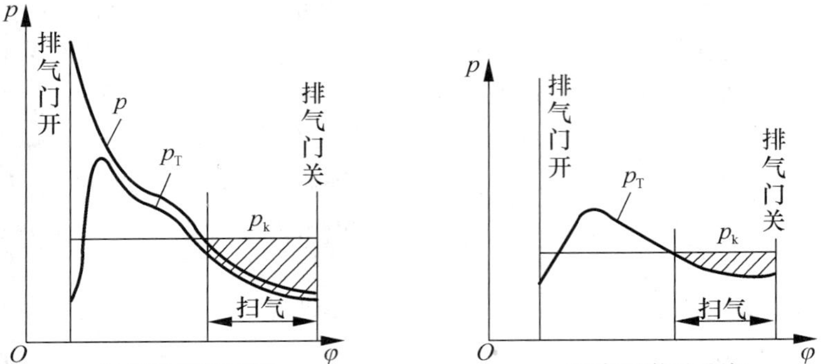

(a)脉冲增压系统　　(b)定压增压系统

图 8-23　排气脉冲波与发动机的扫气性能

更差。定压系统的转矩特性显然也不如脉冲系统。

4. 增压器效率

从涡轮机的效率来看,脉冲系统的比定压系统的略低。这是因为在发动机开始排气时,排气以很高的流速进入涡轮机,流动损失很大。特别是,涡轮机前的排气压力和温度都是周期性脉动的,进入工作轮叶片的排气流动方向也周期性地改变,而工作轮叶片的安装角都是固定的,所以气流和叶片不断发生冲击和气流分离,造成比较大的撞击损失。此外,在有些情况下,涡轮机还存在着部分进气损失。定压系统的涡轮机前压力恒定,且涡轮喷嘴环全周进气,涡轮机的效率较高。

5. 增压器结构

脉冲系统的排气瞬时流量是周期性变化的,且瞬时最大流量要高于定压系统的稳定流量。因此,与定压系统相比,脉冲系统涡轮的尺寸较大,排气管的结构也复杂,有时装有脉冲系统的多缸机不得不采用多个增压器。

综上所述,在低增压时,采用脉冲增压系统较为有利;而在高增压时,则是两种系统各有所长,应根据实际情况(如用途、气缸数、行程数、在发动机上的安装等)综合考虑。车用发动机由于低负荷、低转速工况较频繁,此时增压压力较低,所以从提高低速转矩和加速性能的角度考虑,即使是在较高增压比的车用发动机上,仍较多采用脉冲增压系统。对于船用、发电等场合,由于变工况要求并不突出,对增压系统的空间安装位置也无严格限制,且增压度一般较高,故多采用定压增压系统。

8.4 涡轮增压器与发动机的特性匹配

内燃机是往复式机械,而涡轮增压器是旋转式叶轮机械,两者之间靠进、排气管道连接,构成增压系统。在联合使用时,各自性能的相互影响以及它们之间的配合,对整机性能产生深刻的影响。为了在两者联合工作时能够获得良好的综合性能,就必须使彼此的特性互相适应,这就是所谓的“匹配技术”。

发动机与涡轮增压器的匹配应包括稳定工况的匹配、变工况或瞬态工况的匹配以及其他条件改变情况下的匹配等。匹配的增压系统要做到:

(1)设计工况下的增压压力、空气流量、发动机功率和燃油消耗率等参数达到设计要求。

(2)部分负荷工况有较好的性能。高负荷时发动机不超出冒烟界限,燃油经济性好。

(3)涡轮增压器应在发动机的各种工况下都能高效率地运行。发动机与涡轮增压器的联合运行线应穿过压气机特性的高效率区,且尽可能和压气机的等效率曲线相平行,无喘振和堵塞现象。

(4)涡轮增压器和发动机应在各种工况下稳定、可靠地工作,无增压器超速、柴油机最高燃烧压力超高现象,排气温度及零件热负荷在合理的范围内。

(5)对车用发动机,还要求发动机的外特性具有足够的转矩储备和转速储备,以及瞬态加速响应性能。

8.4.1 涡轮增压器与发动机联合运行的基本特点

在涡轮增压器与发动机联合工作时,彼此间没有机械联系,它们是通过空气流或燃气流来传递能量的。发动机达到预定的有效功率和燃油消耗率指标所需要的空气流量与增压压力,正好是压气机所提供的,而压气机所消耗的功率则全部由涡轮机提供,涡轮机所做的功又来源于发动机排出废气的能量。为了使涡轮增压器与发动机能够良好地配合,使它们在各种工况下都能获得良好的综合性能,有两件事要做:一是根据发动机的特定工况(如标定工况或最大转矩工况),确定其在压气机特性曲线上的位置(即根据发动机选用或设计合适型号的增压器);二是要使发动机在整个运行区与增压器实现良好的配合。在这里,选好增压器是前提,增压器选得不好,发动机可能达不到预期的增压效果。

8.4.2 涡轮增压器的选用

选用增压器时,可根据发动机特定工况时所需的空气流量(包括扫气空气量)及压比,判断该工况在某一压气机特性曲线上的位置,使该点落在压气机特性曲线的高效率区,即可初步选定增压器的型号。

与活塞式发动机不同的是,在涡轮机及压气机这类叶轮机械中,叶片前缘的结构角由设计工况的气流参数决定。当工况变化引起气体流量变化时,气体流入的方向将偏离叶片前缘结构角的方向,发生撞击损失,使叶轮机械的高效率区变窄,所以不可能使发动机所有工况都处在压气机的高效率区,只能顾及发动机的某些特定的工况。由于车用发动机增压的目的不在于高转速时有尽量大的动力输出,而在于低转速时产生更大的转矩或提供更大的牵引力,以利于大负载下迅速起步,并提高爬坡能力,因此车用发动机在选配增压器时,常以最大转矩工况作为设计工况,把最大转矩点的工况放在高效率区,而标定工况常偏离在高效率区之外。实际的涡轮增压器与发动机匹配时,首先根据厂家提供的特性曲线进行匹配计算,然后根据计算结果选择一台性能接近的涡轮增压器。详细的匹配计算可参考其他相关书籍和文献。

8.4.3 发动机在整个运行区与增压器的配合

在涡轮增压器与发动机匹配时,选择合适的增压器往往仅可以解决一个工况点的匹配问题,要使发动机在整个运行区与增压器实现良好的配合,需将发动机与压气机的运行特性进行联合。

8.4.3.1　压比流量坐标系中的发动机运行特性

如前所述，发动机作为运输机械动力时，如用于汽车、拖拉机等，其在 P_e-n 坐标系中的运行范围为由最低稳定工作转速线 1、最高工作转速线 2 及外特性线 3 三条运行特性线所包围的面积，即所谓的面工况(图 8-24)。运输式发动机的各种使用工况均在此范围之内。

可以证明，当发动机结构一定时，工质流量随发动机转速而变化，即 $m_k = f(n)$；增压压力 p_k 与发动机功率 P_e 密切相关，即 $p_k = f(P_e)$。因此，发动机增压系统中，P_e-n 坐标系中的运行特性可以转换为 π_k-m_k 坐标系中的运行特性，如图 8-25 所示。这为涡轮增压器与发动机的运行线联合打下了基础。

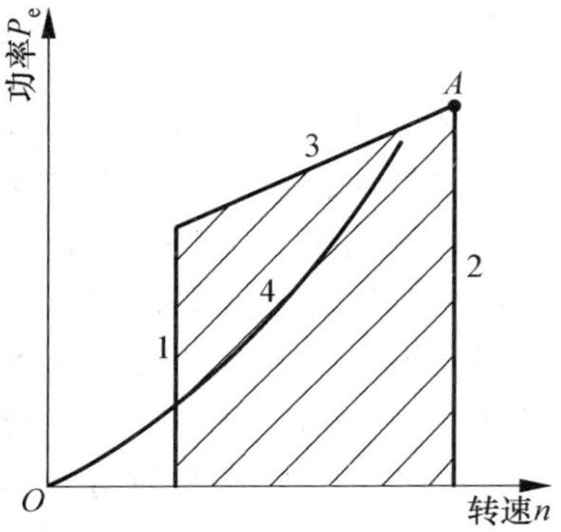

图 8-24　发动机的运行特性

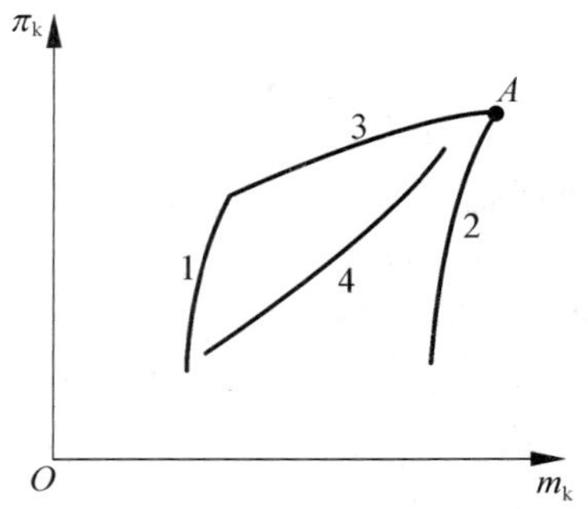

图 8-25　π_k-m_k 坐标系中的发动机运行特性

8.4.3.2　运行线的联合

为了讨论运行线的联合，以单级涡轮增压系统为例。根据质量守恒定律，在这个增压系统中，压气机所提供的空气量正好等于发动机所需的空气量。因此在稳定工况下，压气机特性线上的流量和发动机所需的流量相等。此外，发动机在某一工况下对应该工况功率所需的增压压力基本确定，因此，压气机提供的增压压力必须等于发动机所需的增压压力。

因此，图 8-11 和图 8-25 完全可以统一起来，只要坐标上的比例尺寸相同即可。图 8-26 为增压器与发动机联合后的工作运行线。

8.4.3.3　联合运行线的限制

发动机增压系统由压气机、涡轮机及发动机等联合运行，它们之间的参数互相影响，十分复杂，各自的限制条件均反映在运行线上。换句话说，联合运行线的限制条件是压气机、涡轮机和发动机三者限制条件的综合反映(图 8-26)。

1. 压气机的限制条件

(1)最高转速限制线：随发动机负荷或转速增加，排气的能量或流量增大，使增压器转速增加。当增压器转速超过某一值后，离心力增加过大，以致超过叶轮机械强度所能承受的程度，就会发生事故。因此压气机有一条最高转速限制线(图 8-26 中曲线 6)。

(2)喘振边界线：发动机负荷或转速降低都伴随着

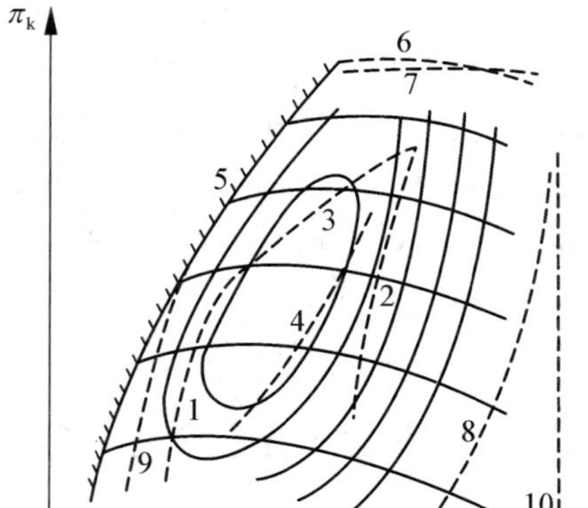

图 8-26　涡轮增压器和发动机的联合运行线

流量的减少。若发动机流量减少到压气机喘振边界线以左，使压气机进入喘振区，即无法工作。因此，压气机运行受喘振边界线的限制(图8-26中曲线5)。

2. 涡轮机的限制条件

(1)最高温度限制线：发动机负荷增大和转速升高，都伴随着排气温度升高。当排气温度超过涡轮材料热应力承受的程度，就会发生故障。因此，涡轮机有一条最高温度限制线(图8-26中曲线7)。

(2)最高转速限制线：与压气机一样，涡轮转速过高，离心力过大，以致超过叶轮材料强度所能承受的程度，就会发生事故。涡轮叶轮的材料优于压气机叶轮，但涡轮工作温度显著高于压气机，所以增压器最高转速限制线应根据压气机和涡轮机的实际薄弱环节来确定。

(3)喷嘴环出口流量堵塞线：如前所述，在一定转速下，当喷嘴环喉部流速达到当地声速时，流经涡轮的流量达到最大值。这时，即使发动机流量再增大，涡轮的流量也不再增大，除非增大喷嘴环喉部流通截面积。因此，涡轮机有一条最大流量的限制线，也称流量堵塞线(图8-26中曲线10)。

不过，在增压系统中，涡轮机的流量范围很宽，而且喷嘴环流通截面积可以变动，所以这条限制线一般不会出现。

3. 发动机的限制条件

(1)冒烟限制线：当发动机的转速、负荷降低时，排气温度降低，涡轮转速下降，压气机提供的压比和流量均减小，然而按外特性运行的柴油机循环供油量不变，造成低速冒烟。当烟度超过规定指标后，柴油机不能运行，因此运行线受冒烟限制线(图8-26中曲线9)的制约。

(2)最低效率线：增压系统的热效率与发动机的热效率、涡轮增压器的总效率有关。涡轮增压器的总效率与压气机的等熵效率、涡轮机的等熵效率及机械效率有关，尤其是压气机等熵效率的高低与增压系统热效率的关系最为密切。若联合运行线在压气机的低效区，则发动机的功率、油耗率将会直接受损。因此，运行线受压气机最低效率线的限制(图8-26中曲线8)。

综合增压系统的各组成部件的限制条件，联合运行线受6条限制线的制约，即喘振边界线、最高转速线、最高温度线、冒烟限制线、流量堵塞线和最低效率线。换句话说，联合运行线必须在这6条限制线之内，工作才会正常。

8.4.3.4 联合运行线合理性判别

增压系统的联合运行线即使在6条限制线以内，也不一定说明匹配合理。联合运行线的合理与否判别标准有以下两条：

(1)运行线在压气机特性线的高效区，即发动机各使用工况都在压气机特性线的高效区。这一条对车用发动机来说是比较困难的。因为运输式发动机工况多变，要求机动性好，即增压器的响应性好。这就必须使增压器转子有较小的转动惯量，因此必须尽量减小转子的质量和尺寸，而增压器越小，压气机的高效区越窄。

(2)为避免运行线窜入喘振区，运行线应和喘振边界线大致平行，并与其保持一定距离。这个距离大体为设计工况流量的10%～15%。

如果联合运行线不符合上述标准，就应进行调节。

8.4.3.5 联合运行线的调节

联合运行线的影响因素很多，调节方法也不少，归纳起来大致有如下几种。

1. 压气机的调节方法

(1)粗调法:若联合运行线在压气机喘振边界线左边,且距离较远,如图 8-27 中曲线 1 的位置,说明选取的压气机型号偏大,无法匹配,应另选小一号的压气机。若联合运行线在图 8-27 中曲线 2 的位置,则说明所选用的压气机太小,其流量可以勉强满足发动机的要求,但压气机在低效区工作,增压系统的热效率不高,应换用大一号的压气机。

(2)平行移动法:若联合运行线在喘振边界线附近,但离喘振线距离太近,换一个型号离高效区又太远,在这种情况下,可采取平行移动法使压气机特性曲线相对原位置平移一个较小的距离。

a. 水平移动法。减小压气机叶轮进出口直径或减小扩压器轴向宽度,可使压气机特性线大体平行于原特性线向小流量方向移动,反之向大流量方向平移,如图 8-28 所示。

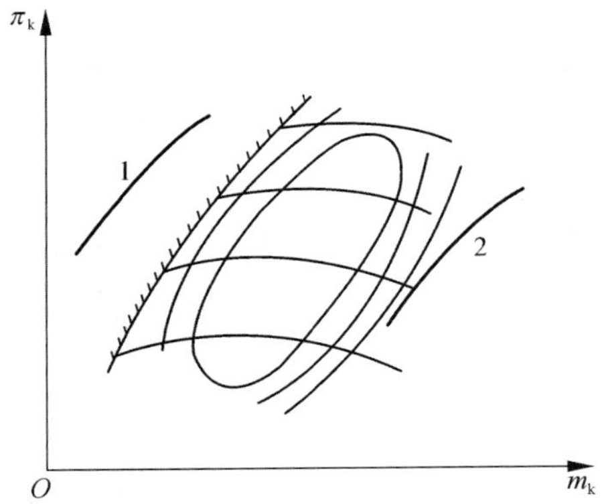

图 8-27 压气机粗调法示意图

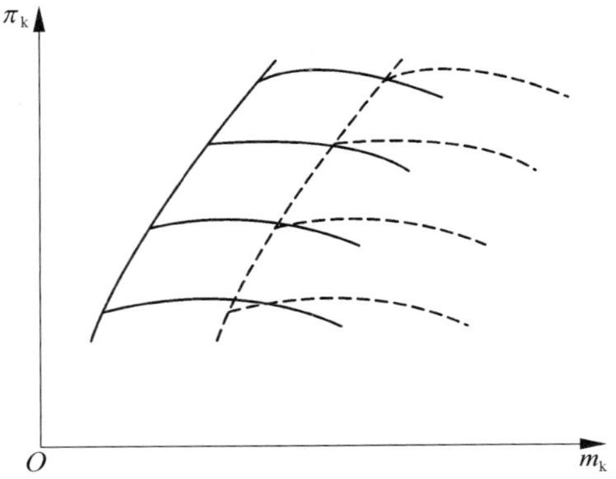

图 8-28 压气机特性调节——水平移动法

b. 垂直移动法。适当增大压气机蜗壳尺寸,减少无叶扩压器及集气蜗壳中动能向压力能的转换,可以减小压气机出口静压力,从而使压气机特性线垂直下移,反之使压气机特性线垂直上移,如图 8-29 所示。

(3)转动法:若联合运行线在喘振边界线附近,但又不互相平行,如大流量在工作区,小流量在喘振区;或大流量在喘振区,小流量在工作区。对采用有叶扩压器的压气机,可以改变扩压器叶片安装角使特性曲线转动一个角度,以适应联合运行线的需要,如图 8-30 所示。

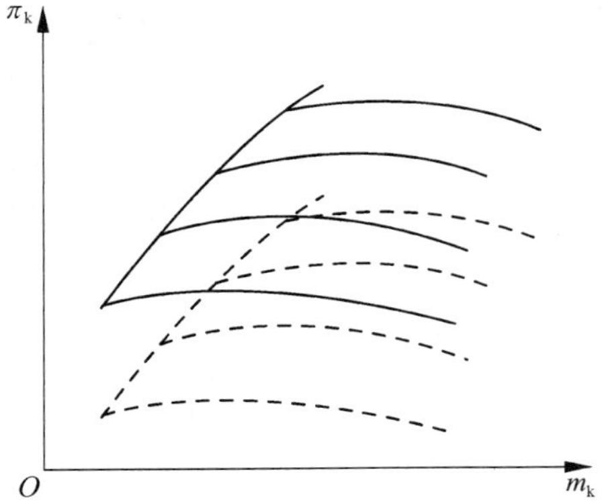

图 8-29 压气机特性调节——垂直移动法

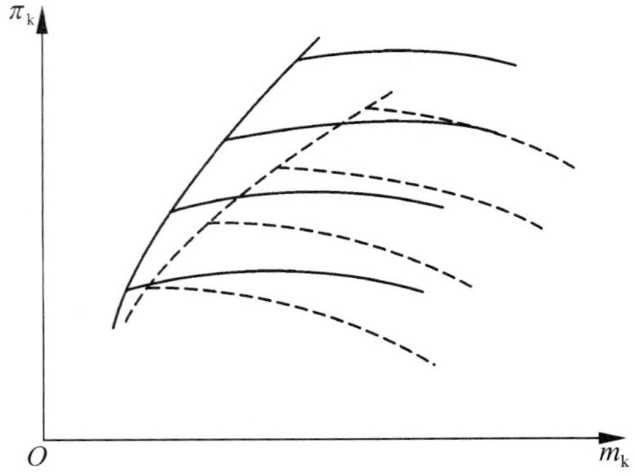

图 8-30 压气机特性调节——转动法

2. 涡轮机的调节方法

所谓涡轮机调节，就是利用喷嘴环流通截面积变化对涡轮增压器及发动机产生的一系列影响来实现调节。这种影响互相牵制和制约。就联合运行线方面主要有以下两方面效应：

(1)对增压器的影响：当喷嘴环流通截面积减小时，在发动机及增压器其他条件不变的情况下，喷嘴出口气流速度增大，转子转速升高，压气机出口压力升高，压气机特性线上移，反之则下移。

(2)对发动机的影响：当喷嘴环流通截面积减小时，发动机流通能力减小，运行特性线向流量减小方向移动。反之向流量增大方向移动。

应当指出，喷嘴环流通截面积的变动对发动机排气背压有直接影响，这影响发动机的换气品质，另外，喷嘴环流通截面积变化过大，一般大于 15%以后，会偏离设计工况而降低涡轮机效率。

对有叶喷嘴可直接改变喷嘴环叶片安装角来实现调节，对无叶喷嘴则直接调换涡轮蜗壳来实现。

此外，增设中冷器或增大中冷器的冷却强度可以使柴油机进气密度增大，相当于压气机特性线向大流量方向移动；增大柴油机进排气门的叠开角，即增大了柴油机的流通能力，也使柴油机的运行特性曲线向流量增大方向移动。应当指出，增设中冷器和增大柴油机气门叠开角的主要目的在于降低发动机的热负荷，而不在于调节运行线。

8.4.4 增压发动机在结构上的变动

为了适应增压的要求，发动机的结构和工作参数要进行适当的改动。

1. 减小压缩比，增大过量空气系数

为了降低最高燃烧压力，增压发动机应适当降低压缩比。增压度越高，压缩比降低幅度越大，但过高的降幅会恶化整机的经济性，而且会使起动性能变差。对于汽油机而言，增压更容易诱发爆燃，故降低压缩比是比较普遍的选择。

为了降低发动机的热负荷和改善经济性，增压发动机可适当加大过量空气系数 ϕ_a，如车用柴油机的 ϕ_a 一般较小，增压后一般 ϕ_a 将增大 10%～30%。

2. 增大供油量，调整供油系统

为了适应增压后功率增大的要求，需要增加每循环的供油量。对于增压柴油机而言，为了使供油持续时间近似不变，常采用以下方法：增大柱塞直径，提高供油速率，提高喷油压力，加大喷孔直径等。提高喷油压力和加大喷孔直径还可以增加油束的穿透能力，保证在气缸空气密度增大的情况下有足够的射程，适应油束、气流及燃烧室尺寸之间配合的需要。同时，柴油机增压后，滞燃期缩短，可以适当减小喷油提前角，以限制最高爆发压力的增长。

3. 改变配气相位

利用增压压力比排气压力高的有利条件，合理地加大配气系统的气门叠开角，以加强燃烧室扫气，从而降低缸内受热零件的热负荷。增压柴油机的实验表明，气门叠开角每增加 10°CA，活塞平均温度降低 4 ℃。合理增大气门叠开角，除了可降低受热零件的热负荷以外，还有利于气缸内废气的扫除和进气终点温度的降低，使充量系数增大。此外由于降低了排气温度，涡轮的工作条件也在一定程度上得到了改善。但当增压压力较高(如 p_k>300 kPa)时和采用进气中冷技术后，气门叠开角反而和非增压时相差不多，主要是为了防止发动机在低速、低负荷时的排气倒流以及过大的活塞顶避让坑。

4. 改变进排气系统

进排气系统的设计要与增压系统的要求相一致。在脉冲增压系统中，为了使排气期间各缸排气互不干扰，排气管必须分支。分支的原则是同一根排气管内所连各缸的排气不能重叠或尽可能地减少重叠。例如，一般四冲程柴油机排气脉冲延续时间为 240°CA，这时一根排气管所连接气缸的数目不宜超过 3 个，同时应该使相邻发火的各缸排气相互隔开，如发火次序为 1-5-3-6-2-4 的六缸机，可将 1、2、3 缸及 4、5、6 缸各连一根排气管，每一根管内相邻两缸间的工作夹角为 240°CA，与排气脉冲波的持续时间大致相同，排气相互干扰不大。

增压发动机的进气管容积希望尽可能大一些，以减少进气压力的脉动，从而提高压气机效率和改善发动机的性能。

5. 冷却增压空气

对增压器出口的增压空气进行冷却，一方面可以进一步提高发动机进气管内空气的密度，从而提高发动机的功率输出；另一方面也可以降低发动机压缩始点的温度和整个循环的平均温度，从而降低发动机的排气温度、热负荷及 NO_x 排放。实践表明，增压空气每降低 10 ℃，柴油机的循环平均温度可降低 25～30 ℃。在增压比为 1.5～2 时，供气量可以比不采用增压空气冷却的增压柴油机提高 10%～18%。

冷却增压空气尽管是降低热负荷最合理的措施之一，但它只有在增压压力较高时（例如 $p_k \geqslant 200$ kPa）才是合适的。在低增压时没有必要设置中间冷却器。

8.5 涡轮增压柴油机的性能

8.5.1 涡轮增压柴油机的性能优势

1. 提高动力性能，改善经济性能

重新整理代表发动机动力性能指标的平均有效压力表达式（1-47）及反映经济性能指标的有效燃油消耗率表达式（1-52），略去常数量得

$$p_{me} \propto \phi_c (\eta_{it} / \phi_a) \eta_m \rho_s \tag{8-10}$$

$$b_e \propto \frac{1}{\eta_{it} \eta_m} \tag{8-11}$$

影响平均有效压力和有效燃油消耗率的各因素在增压后一般发生如下变化：

（1）增压后发动机进气的密度 ρ_s 增加，若采用增压中冷，发动机的进气温度降低，ρ_s 更高。增压后扫气质量改善，发动机缸内残余废气系数降低，同时减少了对进气的加热作用，使充量系数 ϕ_c 提高。一般非增压高速四冲程柴油机 $\phi_c = 0.75 \sim 0.85$，增压高速四冲程柴油机 $\phi_c = 0.90 \sim 1.0$。故内燃机增压有利于在高原稀薄空气条件下恢复功率，使之达到或接近平原性能。

（2）发动机采用涡轮增压后，因部分排气能量被利用，使进气得到压缩，换气过程形成正的泵气功，所以增压后发动机的指示热效率 η_{it} 略有增加。

（3）增压后发动机的机械损失是增加的，这是因为增压器的安装使发动机排气背压升高，排气行程中活塞耗功增加；同时，爆发压力升高后，各运动摩擦副耗功增加。另外，为减轻热负荷和增加喷油量，风扇、水泵、机油泵及喷油泵耗功均有所增加。但是，柴油机增压后，指示功

率增加更多，所以增压后发动机的机械效率 η_m 是有所提高的。一般非增压四冲程柴油机 $\eta_m = 0.78 \sim 0.85$，增压四冲程柴油机 $\eta_m = 0.80 \sim 0.92$。

(4)如前所述，为了降低发动机的热负荷和改善经济性，增压发动机可适当加大过量空气系数 ϕ_a。

虽然增压后 ϕ_a 有所增大，但 ϕ_c、η_{it}、η_m、ρ_s 的乘积增大更多，因此增压后发动机的平均有效压力 p_{me} 将显著增大，动力性能大幅度提高，见图 8-31；同时，燃油消耗率 b_e 有所降低，经济性有明显改善，见图 8-32。

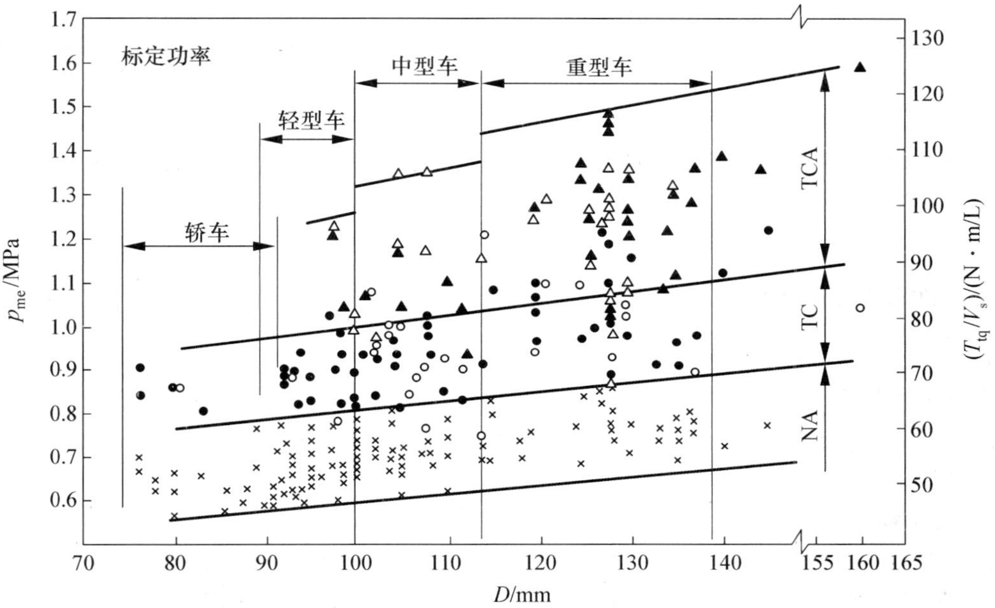

图 8-31　各类增压与非增压车用柴油机的动力性指标——平均有效压力 p_{me} 和升转矩 T_{tq}/V_s 的统计范围

NA-自然吸气；TC-涡轮增压；TCA-涡轮增压中冷

2. 改善排放性能

增压后，由于进气量增大，混合气变稀(ϕ_a 增大)，因而有害排放 HC、CO 和烟度都有所下降。但是增压后，主要由于进气温度升高，NO_x 排放有所增加。此时若采取适当措施，例如采用高喷射速率并延迟喷射，尤其在采用增压中冷技术以后，NO_x 排放量也可明显降低。因此从总体上看，增压有利于降低排放，见图 8-33。

3. 降低燃烧及排气噪声

柴油机增压后，由于压缩压力与进气温度升高，滞燃期缩短，燃烧的压力升高率降低，其结果使燃烧噪声下降。增压系统中涡轮机的设置，相当于在排气管中加设一个消声器，所以排气噪声也有所降低。在稳定的高负荷工况下，增压柴油机总的噪声级比非增压机低 3～5 dB(A)；但在低负荷时降低噪声的效果没有这么明显。

4. 降低制造成本

由于增压器的质量与尺寸相对发动机而言都很小，而增压可以使发动机在总质量和体积基本不变的条件下，输出功率得到大幅度的提高，因此增压发动机的单位功率质量(比质量)下降，单位功率的制造成本降低，材料的利用率提高。对车用柴油机而言，经济效益更加突出。

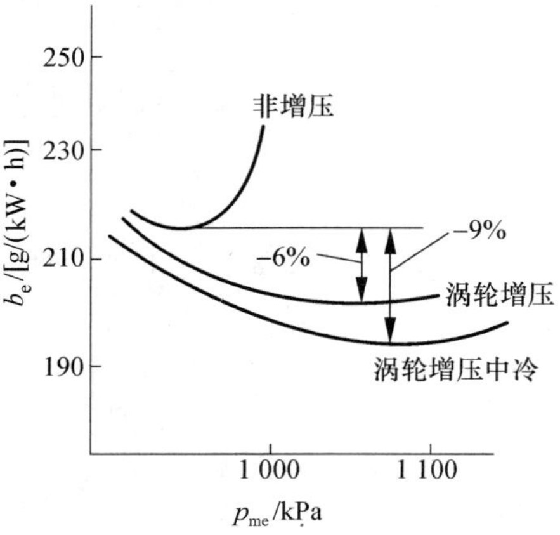

图 8-32 增压机型对经济性的影响

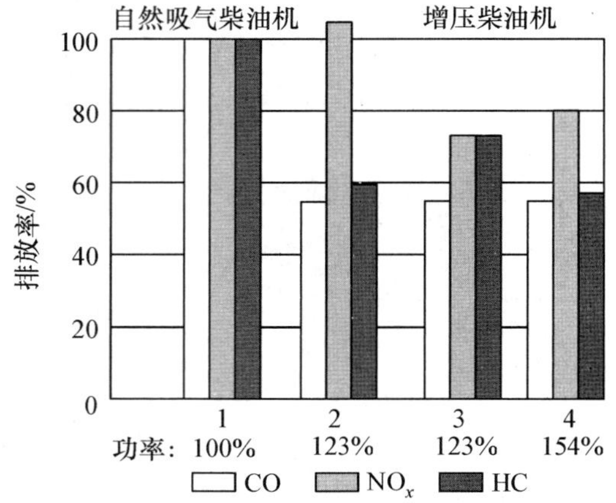

图 8-33 增压对有害排放物的影响

1-自然吸气;2-增压;3、4-增压中冷

8.5.2 涡轮增压柴油机存在的问题

1. 机械负荷与热负荷增大

发动机增压后,由于缸内压力及温度明显提高,发动机主要零部件的机械负荷与热负荷都大幅度上升,这不仅成为进一步提高发动机性能的主要限制因素,也使增压发动机的可靠性和寿命受到影响。

2. 低速转矩性能下降

低速时,由于增压压力下降,循环供气量不足,致使一般涡轮增压柴油机在低速时转矩性能差,影响了车辆的加速性能及爬坡性能。采用脉冲增压,充分利用低速时的脉冲能量,使增压器与柴油机在较低转速下实现最佳配合以及采用低速气门定时等,是可以改善其低速转矩性能的。电控可变几何截面涡轮增压等先进技术的应用,可使涡轮增压柴油机的性能得到更明显的改善。

3. 加速性能变差

发动机若能对负荷与转速作出迅速响应,对车辆行驶安全性、经济性都是有利的。但是由于涡轮增压器与发动机之间是气动联系,在涡轮增压器中,从排气能量的传递到进气压力的建立需要一定的时间,加之增压器自身的惯性使其对突变负荷的响应能力变差。因此,当柴油机处于加速等瞬变工况时,其进气量供给的响应明显滞后于燃油量供给的响应,产生所谓"增压延迟"现象,导致增压柴油机的加速响应性比非增压机型差,而且在加速过程中烟度也会增加。为了防止在加速过程中冒烟,需要装上在增压压力未达到规定值时限制供油量的装置,因而进一步延缓了整个加速过程。图 8-34 所示为增压柴油机带负荷加速时各项参数的变化情况。

4. 起动与制动有一定困难

柴油机起动时,因无高温排气,涡轮机无法工作,压气机也不能供气,因此增压柴油机在起动瞬时的进气压力及温度均不高,加上增压柴油机的压缩比较低,使起动时压缩终点的温度降低,造成着火与起动困难。

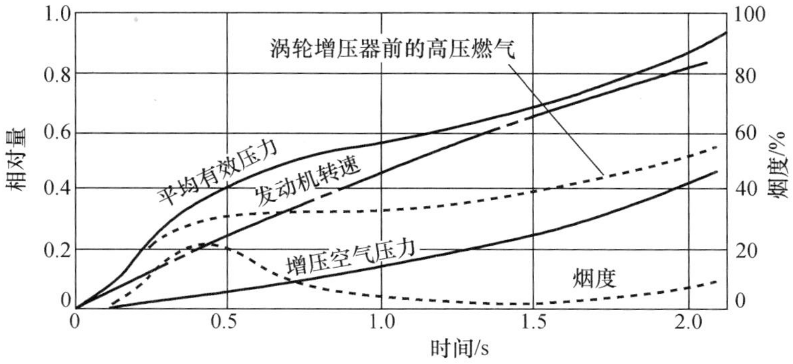

图 8-34　增压柴油机带负荷加速时各项参数的变化情况

另外，重型车下坡时，常采用不脱挡发动机制动。按汽车总质量配用的非增压柴油机，其制动力与气缸排量成正比。但增压柴油机的升功率高，因此按增压后的功率配置的载货汽车发动机的制动力就感觉不足。为此，在使用发动机制动时，应借助一定的自动装置，在活塞压缩行程终了时将排气门打开，这样就减去了气体膨胀功而增大了发动机的制动力。

8.5.3　涡轮增压柴油机性能的改进方法

涡轮增压柴油机存在的上述缺点和技术困难在近几十年有了很大改善，其中最重要的改进措施是增压中冷和电控技术的应用。增压中冷技术不仅有利于降低 NO_x 排放，也有利于进一步增大输出功率。此外，进气温度下降，也有利于扫气期降低发动机的热负荷。电控可变喷嘴环截面涡轮增压技术，实现了对增压压力和增压器效率的优化控制，可有效提高低速转矩。电控燃油喷射技术，实现了可变燃油喷射时刻和喷射速率，可有效降低 NO_x 排放和燃烧噪声。此外，这些电控技术的应用使涡轮增压柴油机的动态性能有了明显的改善。下面重点对废气旁通和可变几何截面涡轮增压技术进行简要介绍。

1. *废气旁通*

增压发动机的转矩特性不仅受油泵供油特性的制约，还受压气机供气量的限制。从压气机供气特性考虑，增压压力随发动机转速升高而增加。这是因为发动机的转速越高，负荷越大，单位时间的排气量和排气能量也越大，由此造成涡轮功率随发动机转速和负荷的增大而增大，增压器转速提高，增压压力增大。压气机的这种特性使得增压器在与发动机匹配时，满足低速时的供气量，高速时就可能增压过量；高速时增压供气适量，低速时供气就可能不足。

为解决增压发动机高速、高负荷工况下增压压力过高的问题，涡轮增压器一般需要采用限制过高增压压力的措施，最常用的方法是在涡轮机入口安装废气放气阀，把部分废气旁通（by-pass）掉。图 8-35 为涡轮增压废气旁通系统示意图。

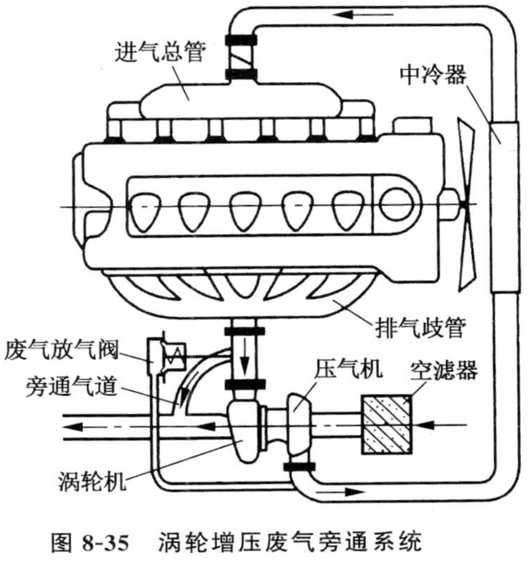

图 8-35　涡轮增压废气旁通系统

2. 可变几何截面涡轮增压

采用废气旁通技术虽然可以解决高速、高负荷工况下增压压力过高的问题，但大量废气被旁通掉，废气能量不能被充分利用。与废气旁通技术不同，可变几何截面涡轮增压技术着眼于按发动机高工况(标定工况)时的增压需要来设计，这时涡轮机的几何流通截面积较大；在低工况时通过减小涡轮机的几何流通截面积来提高增压压力，从而改善发动机低工况的性能。这一匹配方法能兼顾高、低工况对动力性、经济性的要求，能更充分地利用排气能量。

可变几何截面涡轮增压器(variable geometry turbocharger，VGT)主要有3种形式：舌片式、轴向调节式和可变喷嘴环式，如图8-36所示。舌片式涡轮通过调节舌片角度来调节涡轮入口的流通截面积，以控制废气进入涡轮时的气流速度和废气能量在蜗壳和涡轮中的分配。轴向调节式涡轮通过一个轴向可滑动的挡环(调节环)，调节废气进入涡轮的流通截面积。与

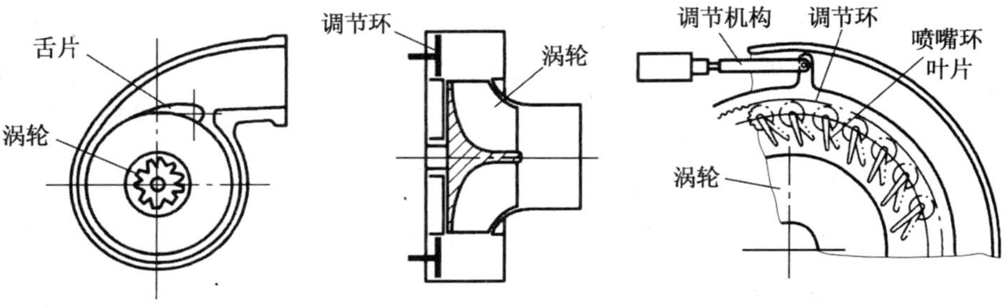

(a) 舌片式　　(b) 轴向调节式　　(c) 可变喷嘴环式

图 8-36　可变几何截面涡轮结构示意图

舌片式涡轮相比，轴向调节式涡轮可以获得更均匀稳定的进气，涡轮机效率更高。可变喷嘴环式涡轮(variable nozzle turbine，VNT)通过一个可转动的调节环，拨动各个喷嘴环叶片，使之处于不同的角度，从而获得不同的流通截面积和入流角度。当发动机在低速、小负荷工况下工作时，喷嘴环叶片转动使流通截面积减小[图8-36(c)中虚线位置]，废气流速相应提高，并以较小的角度、较大的冲量推动涡轮高速旋转，使增压器转速上升，压气机出口压力增大，供气量加大，发动机转矩相对上升(图8-37中①～④喷嘴环的流通截面依次减小)，油耗相对减小，排烟相对得到改善。当发动机在高速、大负荷工况下工作时，喷嘴环叶片转动使流通截面积增大[图8-36(c)中实线位置]，于是废气流速减小，并以较大的角度、较小的冲量推动涡轮旋转，增压器转速相对减小，增压压力降低，发动机增压过量得到抑制。通过这种方式，增压器的转速及增压压力被控制在适当的范围内。VNT在调节流通截面的同时，直接快速地调节气流方向，因而调节速度更快，有利于改善增压器的瞬态性能，但对控制系统的要求更高。

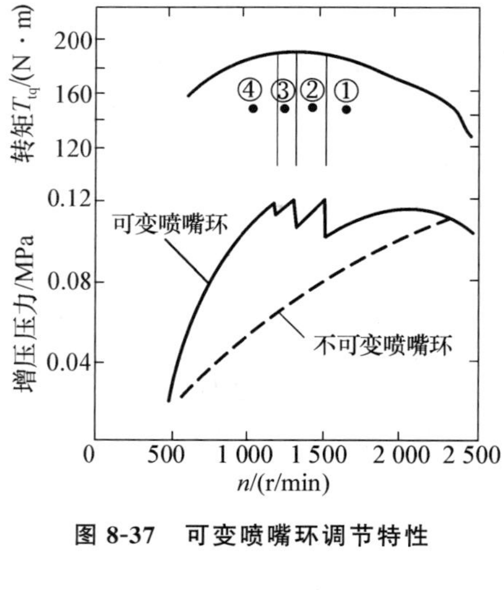

图 8-37　可变喷嘴环调节特性

与采用废气旁通的涡轮增压器相比，带可变几何截面涡轮增压器的发动机的动力性和燃油经济性都得到了明显改善，尤其是衡量发动机低速动力性能的最大转

矩和最大转矩点位置，都有了较大幅度的改善。图 8-38 是某柴油机分别采用这两种增压技术时的外特性转矩和燃油消耗率曲线。

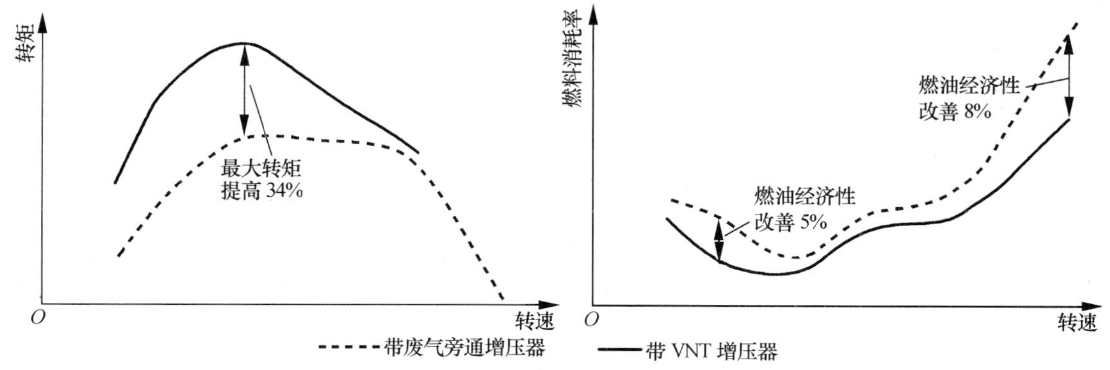

图 8-38　带 VNT 增压器与带废气旁通增压器的发动机外特性对比

由于可变几何截面涡轮存在较多难以润滑的运动部件，因而调节机构的可靠性可能降低，由此带来系统成本有所增加。可变几何截面涡轮一般用于对加速性和瞬态排放有较高要求的高性能车用柴油机。

为了满足涡轮增压器向高转速、小型化、大容量方向发展的要求，实现增压器与发动机在更大工况范围的良好匹配，以及彻底消除涡轮迟滞问题，近些年，可变混流式涡轮增压技术、可变二级涡轮增压技术、复合增压技术等先进的涡轮增压技术也逐渐得到应用，有效地改善了发动机低速转矩和涡轮迟滞等问题，降低了燃油消耗率，减少了有害物的排放。

8.6　汽油机的增压技术

从排气能量利用的角度来看，汽油机的涡轮增压与柴油机并没有本质的区别，但长期以来，汽油机涡轮增压技术除了在赛车发动机和高原行驶车辆发动机中得到应用外，在其他应用领域的普及性远不如柴油机。究其原因，主要是汽油机混合气形成与燃烧的特殊性使得将增压技术应用于汽油机时困难较多，因此限制了它的发展。

20 世纪 70 年代以来，世界能源危机加剧，另外排放污染问题严重，如何减小燃料消耗量及净化排气成了亟待解决的问题，因此，人们重又重视对汽油机涡轮增压技术的研究。近年来，电控技术的广泛应用，小型增压器耐高温能力及自身特性的改善，对爆燃控制能力的提高等，大大地推动了汽油机增压技术的普及与发展。

8.6.1　汽油机涡轮增压的主要技术障碍

1. 热负荷加重

汽油机的过量空气系数小，燃烧温度高，压缩比低，燃烧后膨胀做功不充分，使其排气温度比柴油机高 200～300 ℃。增压后，汽油机的整体温度水平提高，热负荷加重；同时，为避免新鲜充量的流失，一般气门叠开角不大，燃烧室的扫气作用不明显，对受热零件的冷却作用不强，因此增压汽油机的燃烧室、活塞、排气门及涡轮等零部件的热负荷均比增压柴油机严重。

2. 爆燃倾向增大

对增压汽油机来说，由于进入气缸的混合气都经过压气机压缩，致使压缩始点、压缩终点的压力、温度增高，这就为混合气加速焰前反应创造了条件；另外，增压汽油机热负荷增大后，气缸及燃烧室壁面温度升高，对新气的热辐射和传导作用都加强，这也会导致焰前反应加剧，虽然正常燃烧速度也加快，但总的来说爆燃倾向增大。正因为如此，增压汽油机的增压度一般比柴油机低得多，其增压比一般不超过 2，这样，功率的最高增幅不超过 40%～50%，燃油经济性的改善有限。但是采用增压小排量技术，即发动机通过增压并减小发动机排量(减少缸数或缸径)，在保证输出功率和转矩基本不变的条件下，可较大幅度地改善燃油经济性。

3. 响应滞后现象严重

非增压汽油机的加速响应性一般比柴油机好，但采用增压后，响应滞后的现象却比柴油机严重，这主要是因为增压器在进气系统中与进行负荷调节的节气门串接在一起，当节气门开度突然改变、要求混合气量迅速变化时，由于增压器与发动机之间为气动连接，增压器转速不能马上提高，增压器供气往往跟不上，特别是节气门从关闭到全开、空气流量变化很大时。随着增压汽油机强化水平的提高，即 p_{me}的提高，发动机加速性问题更加突出。完全消除增压后的响应滞后现象比较困难，但合理的结构可使响应滞后减小。

4. 对增压器要求更高

汽油机增压度低、热负荷高、最高转速高且转速变化范围大、流量范围广、工况变化频繁等一系列因素，要求增压器体积小，耐高温，转动惯量小，同时效率也要保证在一定的范围内，还要求有增压调节装置等，所以它的制造难度比柴油机的增压器更高。

8.6.2 汽油机涡轮增压的主要技术措施

(1)现代电控技术的应用，有效解决了汽油机增压的诸多难题，如电控汽油喷射系统在增压汽油机上的应用，成功地摆脱了增压器与化油器匹配的困难，为汽油机增压技术奠定了基础；电控可变涡轮喷嘴环截面及电控放气调节阀等技术的应用，有效改善了涡轮增压汽油机的动态特性；爆震传感器的应用和点火提前角自适应控制、电控排气再循环等技术的应用，对防止爆燃和降低热负荷都是有效的。图 8-39 为增压汽油机的电子控制系统。此外，汽油机缸内直喷技术(GDI)的应用，可以降低进气充量的压缩温度和压力，减少爆燃倾向，在相同的爆燃倾向条件下，可以提高 GDI 发动机的压缩比，提高热效率；可变气门正时(VVT)技术及米勒循环(采用耦合双螺杆式压气机)的应用，既可解决汽油机增压易爆震的难题，同时可大幅度提高增压汽油机的热效率，改善低速转矩特性。

(2)汽油机采用增压中冷技术，不仅可以增加充量，有效提高动力性能，降低燃油消耗，同时对降低热负荷、消除爆燃以及减少 NO_x 排放均十分有利。图 8-40 为增压空气温度对发动机性能的影响。

(3)采用增压压力控制系统。与柴油机相比，汽油机运转的转速范围宽，从低速到高速的流量变化范围大，这就使得涡轮增压器的选配变得困难，可能出现低速时增压压力不足、高速时增压压力过高的情况；另一方面，汽油机混合气浓度范围窄，空燃比接近化学当量比，即使在满负荷时也比柴油机小得多，从而造成排温高，涡轮入口的排气可用能量大。因此，为了避免爆燃及限制热负荷，汽油机容许的增压压力常比柴油机低。为了控制增压压力，并兼顾汽油机高、低速转矩特性，常采用进气或排气的放气控制(图 8-41)、进气或排气的节流控制、可变喷

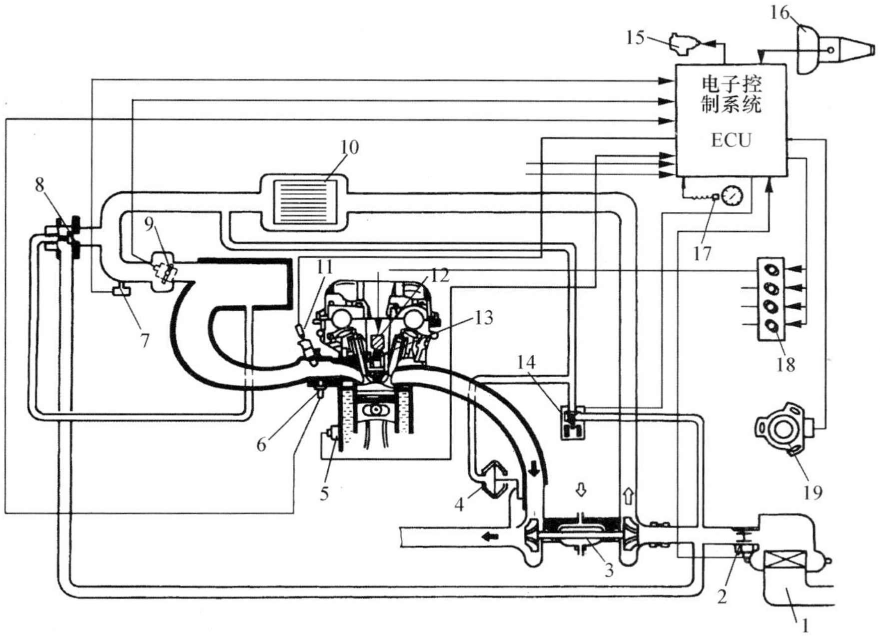

图 8-39　增压汽油机的电子控制系统

1-空气滤清器；2-空气流量计；3-涡轮增压器；4-放气阀；5-爆震传感器；6-水温传感器；7-增压压力传感器；8-EGR 阀；9-节流阀位置传感器；10-中冷器；11-喷嘴；12-点火线圈；13-火花塞；14-比例式压力控制电磁阀；15-电动汽油泵；16-变速器空挡位；17-车速传感器；18-点火正时控制信号；19-曲轴转角传感器

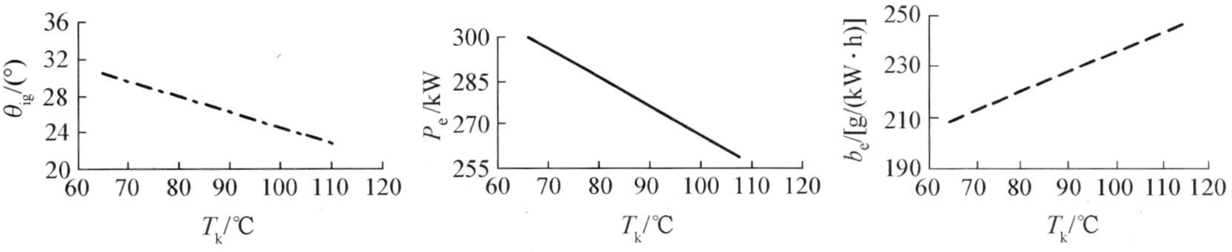

图 8-40　增压空气温度 T_k 对发动机性能的影响

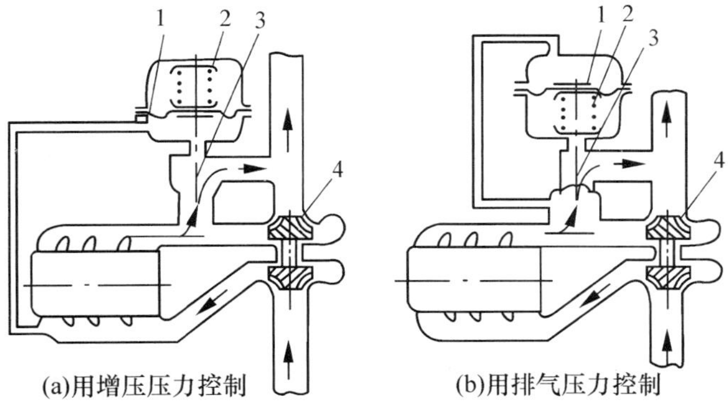

(a)用增压压力控制　(b)用排气压力控制

图 8-41　用增压压力或排气压力控制排气放气阀

1-膜片；2-弹簧；3-阀门；4-涡轮

嘴环截面涡轮等增压压力控制方法。

(4)新工艺和新材料的开发应用。涡轮增压器在工作时有两个突出特点，即涡轮转速高、工作温度高，这对增压器轴承和材料提出了很高的要求。增压器轴承的改进使增压器效率提高，大大改善发动机的低速转矩特性和加速性，并显著改善涡轮迟滞问题；涡轮转子的陶瓷化和压气机叶轮的树脂化趋势使产品更加轻量化和小型化；采用更加新型耐高温材料，如钛铝合金、镍合金等，使涡轮增压器的可靠性和耐热性不断改善。

总体而言，汽油机的增压技术在过去的二三十年中获得了重大的突破，各种装备增压汽油机的高性能轿车陆续推出。随着电子控制技术和发动机管理系统的大规模应用，以及高性能增压器的不断出现，汽油机增压技术的发展将有一个崭新的局面。

复习思考题

1. 增压前后发动机的性能参数是如何变化的？
2. 为什么增压后要采用进气中冷技术？
3. 排气涡轮增压发动机中的排气能量是如何利用的？
4. 压气机与涡轮机的工作参数有哪些？
5. 车用发动机采用增压时应进行哪些调整？
6. 试比较发动机定压增压系统和脉冲增压系统的优缺点。
7. 分析汽油机增压的技术难点和解决方案。
8. 增压技术对发动机排放有何影响？

第9章 新能源与节能汽车动力系统

以化石燃料为动力源的燃油车诞生一百多年以来，致力于追求节能、环保、安全、高效，但面临能源危机、发动机排气对气候的影响和空气污染等问题的挑战。在环境保护和可持续发展需求的推动下，很多国家对传统燃油汽车平均燃料消耗量和排放量提出了日益严格的要求，推动了整车企业加快进行动力系统的优化升级。一方面，在传统能源汽车的发动机上开发和应用如高压缩比、米勒循环、变排量附件、低摩擦等先进节能技术，研发先进动力柴油机，以及采用替代燃料如天然气、乙醇、生物柴油、氢等，降低排放，减少燃油消耗，有效提升发动机的热效率，并大力发展混合动力技术；另一方面，包括我国在内的世界各国政府都非常重视新能源汽车产业的发展，发布了电动化战略目标，加快汽车电动化转型。此外，作为能源技术革命的重要方向和未来能源战略的重要组成部分，氢燃料电池动力汽车产业化得到了发展。

截至2020年7月，我国累计推广新能源汽车450万辆，占全球市场50%以上。我国在2020年10月发布的《节能与新能源汽车技术路线图2.0》确认了全球汽车技术“低碳化、信息化、智能化”的发展方向，明确了节能汽车具有较大的节能减排潜力，在相当长一段时间仍是市场主体，到2035年，新能源汽车将成为市场主流产品。

根据2020年9月1日起实施的由工业和信息化部制定的《新能源汽车生产企业及产品准入管理规定》第三条，新能源汽车是指采用新型动力系统，完全或者主要依靠新型能源驱动的汽车，包括纯电动汽车、插电式混合动力(含增程式)汽车和燃料电池汽车等。

根据国家标准《电动汽车术语》(GB/T 19596—2017)，电动汽车(electric vehicle，EV)为以下几种汽车的总称：

纯电动汽车(battery electric vehicle，BEV)，指驱动能量完全由电能提供的、由电机驱动的汽车。电机的驱动电能来源于车载可充电储能系统或其他能量储存装置。

混合动力电动汽车(hybrid electric vehicle，HEV)，指能够至少从下述两类车载储存的能量中获得动力的汽车：①可消耗的燃料；②可再充电能/能量储存装置。

燃料电池电动汽车(fuel cell electric vehicle，FCEV)，指以燃料电池系统作为单一动力源或者是以燃料电池系统与可充电储能系统作为混合动力源的电动汽车。

依据以上资料，插电式混合动力(含增程式)电动汽车、纯电动汽车和燃料电池汽车等电动汽车为新能源汽车，而非插电式混合动力汽车属于节能汽车。目前市场上的混合动力汽车主要是“油-电”混合动力电动汽车。

新能源汽车与传统内燃机驱动汽车相比，主要的差别在于动力系统，即所采用车载动力源不同。传统汽车的动力是内燃机，汽车行驶所需的全部能量及附加消耗的能量都来自汽车发动机内部所消耗的化学能；而新能源汽车所消耗的能量则是全部或部分来自储能装置，即由动力蓄电池系统、燃料电池、超级电容与飞轮储能装置等提供电能，并通过驱动电机和传动系统驱动汽车行驶。

新能源汽车的评价参数主要有续驶里程、驱动功率、充电时间等。续驶里程受外部因素和内部因素的影响。外部因素主要是车辆外部的运行环境（不同的行驶工况），内部因素主要是指车辆自身的设计部件参数，最主要的是动力蓄电池的性能参数。驱动功率是衡量新能源汽车动力性的重要指标，直接影响汽车的加速性能和最高车速。纯电动汽车的驱动功率的唯一来源是驱动电机；混合动力汽车的驱动功率在纯电动行驶模式下由电机提供，而在混合动力驱动模式下由燃油发动机与电机共同提供。驱动电机的参数关系到车辆的动力性能，电机输出功率越大，车辆行驶的最高车速越高，输出转矩越大，加速性能越好。

本章主要对纯电动汽车、混合动力电动汽车、插电式混合动力（含增程式）电动汽车以及燃料电池汽车等几种典型的新能源与节能汽车的动力系统进行介绍。

9.1 纯电动汽车动力系统

9.1.1 纯电动汽车动力系统概述

9.1.1.1 纯电动汽车动力系统基本构成

纯电动汽车的显著优势是能够实现零排放、零污染。与传统汽车所消耗的化石燃料等不可再生能源相比，纯电动汽车的能源来源广泛，所使用的电能不仅可以来自煤炭等不可再生能源，也可以来自风能、太阳能、生物质能等可再生能源。

典型的纯电动汽车功能模块结构见图 9-1。纯电动汽车的动力驱动系统主要包括电驱动子系统、能源子系统和辅助子系统。汽车行驶时，由动力蓄电池（能量源）输出电能（电流），通过控制器驱动电机运转，电机输出的转矩经过机械传动装置带动车轮前进或后退。

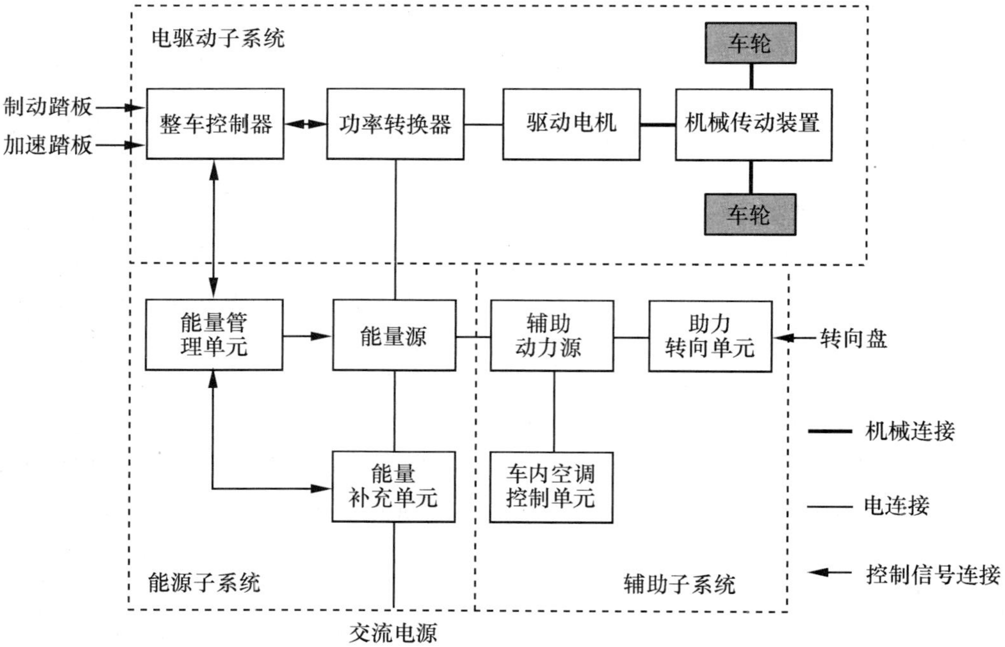

图 9-1 典型纯电动汽车功能模块结构框图

电驱动子系统是电动汽车的核心，其性能好坏直接关系到纯电动汽车的整体性能。电驱动子系统由驱动电机、功率转换器、整车控制器、机械传动装置以及驱动轮组成。驱动电机通过机械传动装置与车轮连接，也可以装在车轮上直接驱动。整车控制器由传感器、中间连接电路及处理器等组成，传感器将电压、速度、转矩等测量数据转换为电信号，通过中间连接电路将这些信号调整到合适的值，输入到处理器，经中间电路放大后驱动功率转换器的半导体元件。

整车控制器通过接收制动踏板和加速踏板的信号获得驾驶员的驾驶意图，向功率转换器提供适当的控制信号，调节能量源和电机之间的能量流动。一方面功率转换器按所采用的驱动电机的要求，将能量源——动力蓄电池提供的直流电转换成相应电压等级的直流、交流或脉冲，输送到驱动电机，驱动电机将电能转换成机械能，再通过机械传动装置驱动车辆行驶。电动汽车再生制动时会产生逆向的功率流，将制动能量通过机械传动装置传输给驱动电机，产生电流，向能量源充电。

能源子系统包括能量源、能量管理单元和能量补充单元。能源子系统为电驱动子系统及辅助子系统供能，保证汽车上各元件有稳定的能量来源；当动力蓄电池能量不足时，能够给动力蓄电池充电。能量管理单元(battery management system，BMS)与整车控制器配合控制再生制动和能量回收过程，并监控能量源的可用性，如对动力蓄电池单体及蓄电池组进行实时监控、充放电、巡检、温度监测等。

辅助子系统由辅助动力源、助力转向单元和车内空调控制单元构成。辅助子系统的作用是通过辅助动力源为所有车载辅助设备(尤其是车内空调控制单元和助力转向单元)提供不同电压等级的功率。

9.1.1.2 纯电动汽车动力系统布置方式

纯电动汽车动力系统的布置方式，对汽车的传动效率和整车布置的合理性有直接的影响，而纯电动汽车电驱动性能和能量源的多样性，决定了其结构形式的多样性。目前纯电动汽车常用的动力系统布置方式有如下几种。

图 9-2(a)所示为早期纯电动汽车常用的一种机械驱动布置方式，机械驱动系统中仅用电机及其控制系统取代内燃机，传动系统中仍保留了内燃机汽车的变速器、传动轴、后桥和半轴等部件。离合器和齿轮箱可以用自动变速器代替。电机输出转矩经过离合器传递到变速器，利用变速器进行减速增扭后，经传动轴传递到主减速器，经过差速器差速后，由半轴将动力传输至驱动轮驱动汽车行驶。离合器用来接通或在必要时切断驱动电机到车轮之间的动力传递；变速器为一套能够提供不同速比的齿轮机构，驾驶员依照驾驶需要选择不同的挡位来实现不同的减速增扭作用，使车辆在低速获得大转矩，高速获得小转矩；驱动桥内的机械式差速器使得车辆在转弯时两侧的车轮能够以不同的速度转动。该构型在原有的传统汽车传动系统上改造，控制系统相对简单，但由于电机至驱动轮之间的传动链较长，传动效率相对较低。

图 9-2(b)所示为电机-驱动桥组合式，与机械驱动布置方式相比，借助驱动电机能够在较大速度区间内恒功率输出的特性，采用固定速比的齿轮代替多挡变速器，并省掉了离合器，使传动系统简化，电机前驱或后驱的方式都可以实现。

图 9-2(c)所示为电机-驱动桥整体式，结构类似图 9-2(b)，但是将电机、固定速比齿轮和差速器集成为驱动电机总成，有利于采用电子集中控制。

图 9-2(d)所示为轮边电机驱动系统，左、右两侧车轮分别由两台电机通过固定速比减速器直接驱动。在左、右两台电机中间安装有电子差速器，利用电子差速实现汽车的转向，每台

驱动电机的转速可以独立调节控制，当车辆沿弯曲路径行驶时，两侧电机将以不同转速运行。

图 9-2(e)所示为双电机独立驱动系统，采用四轮驱动，操纵性能和动力性能提升比较明显，单台驱动电机的高效率区间利用率得到了提高，但是需要整车控制器协调两台电机的控制，导致控制系统复杂。

图 9-2(f)所示为轮毂电机驱动系统，完全舍弃电机与驱动轮之间的机械传动装置。该构型将低速轮毂电机的外转子直接与驱动轮相连，电机输出转矩直接带动驱动轮旋转，电机转速控制等同于车轮转速控制。

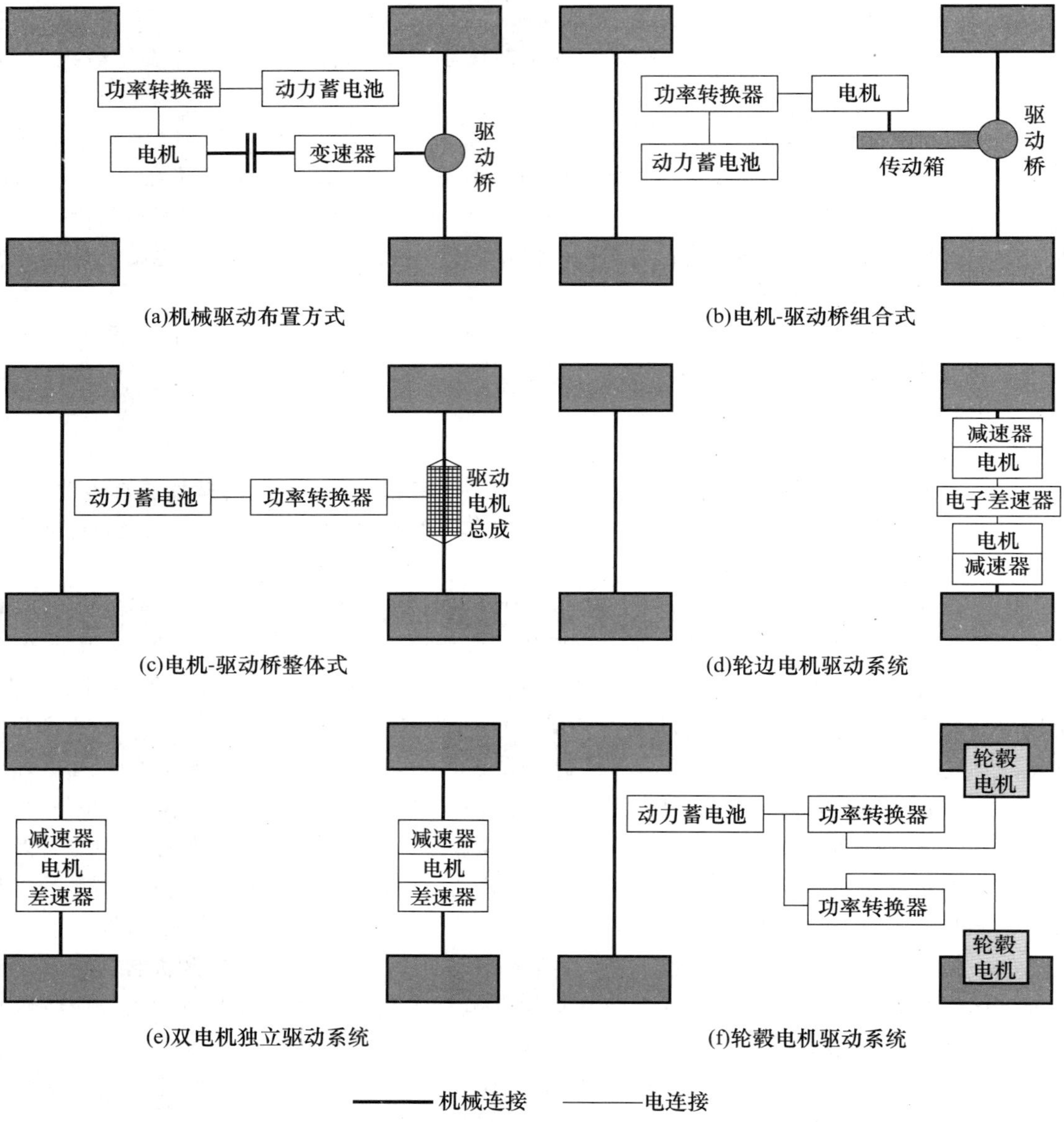

图 9-2　纯电动汽车动力系统布置方式

9.1.2　驱动电机

9.1.2.1　电动汽车对驱动电机的基本要求

电动汽车的电驱动子系统主要根据对行驶性能的期望、车辆规定的性能参数以及车载能源的性能等因素来选择。电动汽车的驱动电机要满足汽车行驶的需要，即频繁地起动、加速、减速、停车等，在低速或爬坡时需要高转矩，在高速行驶时需要低转矩。电机转速范围要宽，以满足汽车从零到最大行驶速度的要求，因而电机要具有高的比功率和功率密度。

因此，电动汽车对驱动电机的基本要求是：

(1)速度范围宽，包括低转速时有高恒转矩区以满足车辆起步加速、爬坡；中、高转速时有较大峰值的恒功率区，以满足高巡航车速要求。

(2)在整个运行范围内有较高的效率。

(3)有较强的过载能力和较快的转矩动态响应速度。

(4)可靠性高，保证在各种车辆条件下的可靠性和鲁棒性。

(5)有较高的防护等级和环境温度适应性。

(6)噪声低、振动小并且系统控制稳定性好。

(7)成本合理。

驱动电机的成本很大程度上取决于电动汽车驱动系统要求的转矩范围。考虑经济性，应把驱动电机转速在传至驱动轮之前最大限度地降低。为了获得期望的爬坡能力和最高车速，驱动电机应匹配单速或多速变速器。受电池输出功率的限制及行驶阻力曲线的制约，汽车必须在牵引力-车速曲线指定的范围内运行。

9.1.2.2　驱动电机主要类型

应用于电动汽车的驱动电机有两大类，即有换向器电机和无换向器电机，如图 9-3 所示。

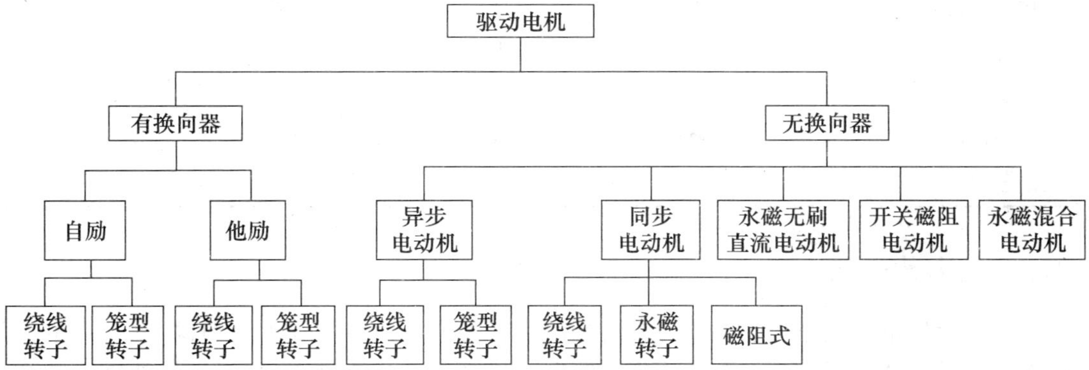

图 9-3　应用于电动汽车的驱动电机的分类

有换向器的电机主要是指传统的直流电机(DC motor)，包括自励(串励、并励、复励)、他励和永磁(permanent magnet，PM)直流电机。直流电机需要换向器和电刷来给电枢供电，使得该类电机可靠性较低，不适合免维护运行和高速运行。此外，绕线转子的直流电机功率密度较低。但由于技术成熟和控制简单，早期的电动汽车和低速电动车辆多采用直流电机驱动系统。

无换向器电机的优点是高效率、高功率密度、低运行成本、高可靠性以及免维护，在电动汽车中的应用日益广泛。异步电机，即交流感应电机，比直流电机结构简单，是电动汽车用电机的理想选择，尤其适用于驱动系统功率需求较大的大型客车。目前高性能感应电机驱动系统主要采用动态性能好的矢量控制系统，但在轻载和限定功率工作区域内运行时，效率可控制性较低。永磁同步电机，也称为永磁无刷交流电机或正弦波永磁无刷电机，具有功率密度大、效率高的优点，通常也采用矢量控制，在电动汽车中也得到了一定的应用。永磁无刷直流(brushless DC，BLDC)电机，也称为矩形波永磁无刷电机，可以产生更大的转矩和更高的功率密度。但永磁电机成本高，在可靠性和使用寿命上明显比感应电机差。开关磁阻电机(switched reluctance motor，SRM)明显的优点是结构简单，制造成本低，转矩-转速特性好，起动电流小，起动转矩大，适合在频繁起动和较长时间低速重载运行的机械上应用。

电动汽车常用的4类驱动电机的基本性能如表9-1所示。

表9-1 电动汽车常用驱动电机基本性能比较

性　能	直流电机	交流感应电机	永磁同步电机	开关磁阻电机
功率密度	低	中	高	较高
过载能力/%	200	300～500	300	300～500
峰值效率/%	85～89	94～95	95～97	90
负荷效率/%	80～87	90～92	85～97	78～86
功率因数/%	—	82～85	90～93	60～65
恒功率区最高转速范围	—	1∶5	1∶2.25	1∶3
可靠性	一般	好	较好	好
结构紧固性	差	好	一般	较好
电机外形尺寸	大	中	小	小
电机质量	大	中	小	小
控制操作性能	最好	好	好	好
控制器成本	低	高	高	一般

9.1.3 动力蓄电池

无论作为纯电动汽车的主要动力源还是混合动力电动汽车的辅助动力源，动力蓄电池都发挥着极其重要的作用。动力蓄电池作为纯电动汽车的核心能量源，相当于燃油汽车的汽油或柴油，其主要任务是向电机输送电能；动力蓄电池作为混合动力电动汽车的辅助动力源，尤其在燃料电池电动汽车中，要提供燃料电池汽车起动时所需的电能，弥补燃料电池自身输出响应慢、输出特性软等的不足。

9.1.3.1 动力蓄电池的基本指标

动力蓄电池的充放电过程是电能和化学能相互转换的过程，因此无论电池的正负极材料如何变化，其电化学原理都是基本相同的。不同类型的动力蓄电池之间的区别主要体现在电化学特性及适用场合等方面。评价电动汽车动力蓄电池性能的基本指标如下。

1. 放电制度

动力蓄电池的放电制度是指放电率、放电形式(恒流、变流或脉冲)、终止(截止)电压和温度。终止电压是指充放电结束时的电池电压,分为充电终止电压和放电终止电压。在研究电池容量时要规定统一的放电电流,常用 n 小时率表示。若以电流 I 放电,电池在 n 小时内放出的电量为额定容量,则该放电率称为 n 小时放电率。

2. 容量

电池的容量(C)是指充满电的电池在指定的条件下放电到终止电压时输出的电量,单位为 A·h。

在不考虑工作电压条件下,动力蓄电池的容量 C 为

$$C=\int_0^t i(t)\mathrm{d}t \tag{9-1}$$

式中:i 为放电电流,A;t 为放电时间,h。

蓄电池的容量有理论容量、i 小时率容量、额定容量、实际容量和剩余容量等。

(1)理论容量:假定蓄电池中的活性物质全部参加成流反应,根据法拉第定律计算得到的电池能输出的电量。理论容量是蓄电池容量的最大极限值,蓄电池实际放出的容量只是理论容量的一部分。

(2) i 小时率容量:在恒定放电条件下,正好用 i 小时把充满电的蓄电池放电到终止电压时能够放出的电量,通常用 C_i 表示。通常起动电池用 C_{20}、牵引电池用 C_5、电动汽车电池用 C_3 表示。

(3)额定容量:在规定条件下动力蓄电池应输出的电量。额定容量是生产厂家标明的容量,是蓄电池质量的重要技术指标。我国的国家标准中,使用 3 小时率容量定义电动道路车辆用动力蓄电池的额定容量。

(4)实际容量:充满电的动力蓄电池在一定条件下所能输出的电量。实际容量等于放电电流和放电时间的乘积。

(5)剩余容量:动力蓄电池经过试用后,在指定的放电率和温度状态下可以从蓄电池中输出的电量。

3. 能量

蓄电池的能量 E_C 是指在一定标准所规定的放电制度下蓄电池所输出的电能,单位为 W·h 或 kW·h。

$$E_C=\int_0^t V(t)i(t)\mathrm{d}t \tag{9-2}$$

式中:V 为工作电压,V;i 为放电电流,A;t 为放电时间,h。

4. 能量密度

蓄电池的能量密度(比能量)分为质量能量密度和体积能量密度。质量能量密度是指蓄电池单位质量所能输出的电能,单位为 W·h/kg。体积能量密度是指蓄电池单位体积所能输出的电能,单位为 W·h/L。

5. 功率与功率密度

蓄电池的功率是指一定的放电制度下单位时间内动力蓄电池输出的能量,单位为 W 或

kW。蓄电池单位质量输出的功率称为质量功率密度,单位为 W/kg。蓄电池单位体积输出的功率称为体积功率密度,单位为 W/L。功率密度也称比功率。质量功率密度是评价动力蓄电池能否满足电动汽车加速和爬坡性能的重要指标,对于电化学电池来说,质量功率密度与电池的放电深度(depth of discharge,DOD)密切相关,因此在表示电池的质量功率密度时还要指出电池的放电深度。

6. 荷电状态

蓄电池的荷电状态(state-of-charge,SOC)用来描述蓄电池剩余容量占额定容量的百分比。工作过程中蓄电池的荷电状态计算公式为

$$SOC = SOC_0 + \frac{\int_0^t I_{bat}\,dt}{C} \times 100\% \tag{9-3}$$

式中:SOC_0 为电池的初始 SOC;I_{bat} 为 t 时刻电池的工作电流,充电时为正,放电时为负,A;t 为充放电时间,h;C 为电池的额定容量,A·h。

电池不能再充电时,SOC=100%;电池不能再放电时,SOC=0。

7. 放电深度(DOD)

DOD 是蓄电池已经放出的电量与蓄电池额定容量的比值,其数学表达式为

$$DOD = 100\% - SOC = 100\% - SOC_0 - \frac{\int_0^t I_{bat}\,dt}{C} \times 100\% \tag{9-4}$$

9.1.3.2 动力蓄电池的主要类型

电池技术是决定汽车电动化发展的关键,近年来电池的性能取得显著的提高。动力蓄电池的发展中,出现了各种各样的蓄电池,如铅酸蓄电池、镍铬蓄电池、镍氢蓄电池、锂离子蓄电池、固态锂电池、锂空气电池等。各种电池特点不同,各具优势和不足,成本、体积有差异,导致应用场合也不同。常用的有铅酸蓄电池、镍氢蓄电池及锂离子蓄电池,锂离子蓄电池根据正极材料又分为磷酸铁锂、钴酸锂、锰酸锂蓄电池。几种蓄电池目前的性能参数和特点见表 9-2。

9.1.3.3 纯电动汽车对动力蓄电池的基本要求

不同结构形式的电动汽车,其动力蓄电池的工作模式有两种。

(1)电量消耗模式(charge depleting mode):该模式下,动力蓄电池处于放电状态,单独或参与驱动车辆,直到电池的 SOC 逐渐减小至规定的最低水平。对于混合动力汽车,在这种模式下,有发动机不工作而电机单独驱动的纯电动模式,以及电机和发动机同时工作的混合驱动模式。

(2)电量保持模式(charge sustaining mode):该模式下,动力蓄电池的 SOC 可以增加或减少,但平均值维持在一个变动的工作范围内,通过制动能量回收或由发动机驱动对其充电。

纯电动汽车行驶完全依赖动力蓄电池存储的能量,蓄电池容量越大,可实现的续驶里程越长,电池的体积、质量越大。纯电动汽车对动力蓄电池的要求如下:

(1)动力蓄电池组有足够的能量和容量,保证典型的连续放电不会超过动力蓄电池容量的 1 倍放电(1C),典型的峰值放电不会超过 3C;带回馈制动的电动汽车,动力蓄电池组必须能够接受 5C 的脉冲电流充电。

表 9-2　车用动力蓄电池性能参数和特点

类别		单体电池电压/V	质量能量密度/（W·h/kg）	质量功率密度/（W/kg）	循环使用寿命/次	优点	缺点	应用
铅酸蓄电池		2.0	35～40	50	400	技术成熟，原料丰富，成本低，大电流放电性能好，温度特性好	比能量和比功率较低，循环使用寿命低，铅对环境有污染	电动汽车早期动力源
镍氢蓄电池		1.2	55～70	160～500	1 000	快速充电和深度放电性能好，循环使用寿命高，无重金属污染，全密封免维护	成本高，单体电池电压低，自放电损耗大，对环境温度敏感	多用于混合动力和燃料电池动力系统
锂离子蓄电池	磷酸铁锂	3.2～3.3	130～160	—	>2 000	综合性能好，能量密度高，无污染	成本高，电池单体一致性差，成组后性能衰减大，安全性差	电动汽车理想动力源
	钴酸锂	3.6～3.7	200～300	600～900	>500			
	锰酸锂	3.6～3.7	140～170	—	>300			

（2）动力蓄电池要有足够的放电深度，同时不能影响其寿命，必要时要能够实现满负荷功率和全放电。

（3）需要配备动力蓄电池管理系统和热管理系统，能够显示动力蓄电池组的剩余电量和实现温度控制。

（4）需要考虑动力蓄电池组的布置、安装等问题。

9.1.4　纯电动汽车行驶特性

低转速、高转矩、较大的峰值功率、较宽的恒功率范围和能量效率是对车辆动力性（加速性、最大爬坡度和最高车速等）和经济性的基本要求。

传统燃油汽车的工作过程是内燃机将燃料的热能转化为旋转机械能，然后通过传动装置、差速器、离合器等将动力传递到车轮，驱动汽车行驶。由于发动机输出的最大转矩是随其转速变化的，而车辆的行驶速度在 0 和最高车速之间变化，为了保证在任何车速下发动机始终保持在最大功率的工作状态，在动力传递过程中，需要在发动机和车轮之间配置一个变速器，通过变速器调节变速比，完成发动机转速与行车速度之间的匹配。

而对于纯电动汽车，电机的动力特性则完全不同，图 9-4 为典型的电机动力特性。图中的 4 条曲线分别为转矩特性曲线以及工作电流、输出功率、工作电压与转速的关系曲线。当电机在转速低于基本转速 n_1 时，电机工作在恒转矩输出区域，在该区域电机工作电流和输出的转矩与转速无关，输出功率的变化是靠工作电压的变化来实现的；当电机的转速处于基本转速 n_1 和最高转速 n_{max} 之间时，电机工作在恒功率输出区域，在该区域电机的输出功率、工作电流和电压与转速无关，输出转矩随转速的增加而降低。可见电机的动力特性和车辆理想的运行特性(图9-5)比较接近。

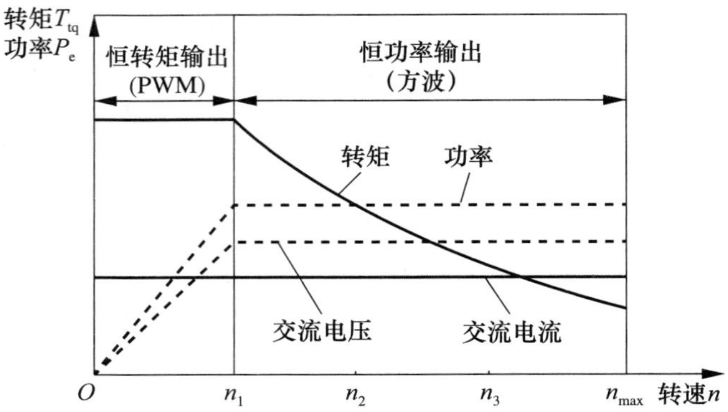

图 9-4 典型的电机动力特性

纯电动和串联式混合动力电动汽车的电机，不切换变速器的变速比也可以在低速区域(恒转矩输出区域)获得理想的转矩，在恒功率输出区域获得高的恒定功率。

图 9-6 为发动机驱动与电机驱动的车辆动力特性对比，从图中可看出，电机具有较大的起动转矩，并且调速范围较大，可以满足电动汽车各工况所需的功率和转矩要求。在不同的挡位下，发动机的驱动力与车速之间的变化趋势基本一致，速度越高，所需的驱动力越小。

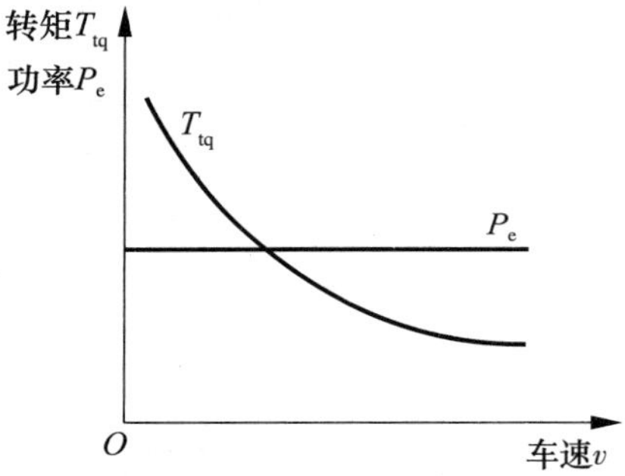

图 9-5 车辆理想的运行特性

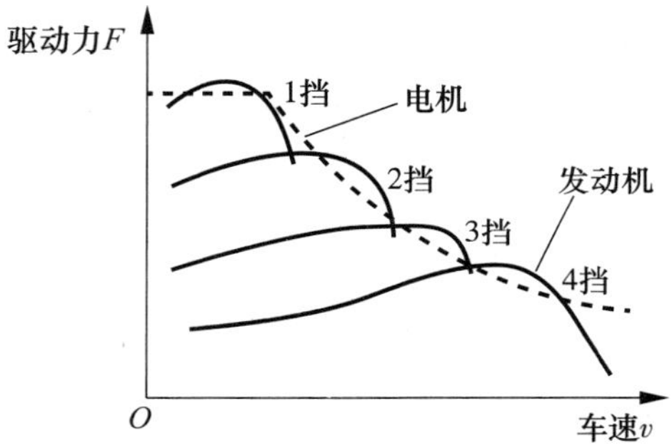

图 9-6 发动机驱动与电机驱动的车辆动力特性对比

9.2 混合动力系统

目前，纯电动汽车的车载动力蓄电池，其成本、寿命和质量对电动汽车的发展均有一定的限制，若增大续驶里程，必然会增加动力蓄电池的用量；而混合动力电动汽车通过发动机与电机的有机结合，具备了内燃机汽车加油方便、续驶里程长和纯电动汽车污染少、效率高的优点，受到政府和各大汽车厂商的重视。

9.2.1 混合动力电动汽车概述

9.2.1.1 混合动力电动汽车定义

参考国际能源署(IEA)的有关文献阐述，能量与功率传送路线具有以下 4 个特点的汽车为混合动力电动汽车：

(1)由两种不同的能量转换装置(如内燃机、燃气轮机、斯特林发动机、电机、液压马达、燃料电池等)提供能量驱动汽车行驶。

(2)能量转换装置至少从两种不同的储能装置(如燃油箱、动力蓄电池、飞轮储能装置、超级电容、高压储氢罐等)吸收能量。

(3)从储能装置流向车轮的通道中,至少有一条是可逆的(既可以放出能量,也可以吸收能量),并且至少有一条是不可逆的。

(4)如果可逆的储能装置供应的是电能,就是混合动力电动汽车。

因此,广义上混合动力电动汽车是指驱动系统由两个或多个能同时运转的单个驱动系统联合组成的汽车,汽车的行驶功率依据实际的行驶状态由单个驱动系统单独提供或多个驱动系统共同提供。能量流和功率流的不同配置,形成多种混合动力汽车类型。

迄今为止,开发成功、投入使用的绝大多数混合动力汽车,都是“油-电”混合动力电动汽车。不可逆储能装置为油箱,油箱向发动机供应能量,通过发动机再把它变成机械能;可逆的电能储存装置通常为动力蓄电池、飞轮储能装置或超级电容。

从狭义上讲,混合动力电动汽车通常是指油-电混合动力汽车,即采用传统发动机(柴油机或汽油机)和电机作为动力源,也有的发动机经过改造使用其他替代燃料,如压缩天然气、丙烷和乙醇燃料等。

采用燃料电池作为能量转换装置、储氢罐作为储能装置的汽车,为氢燃料电池混合动力电动汽车,见9.4节介绍。

9.2.1.2 混合动力电动汽车驱动系统的节能减排能力分析

从能量转化效率角度,混合动力驱动系统具有良好的节能潜力。与传统燃油车相比,混合动力汽车能够实现10%～40%的节油效果,显著提高燃油经济性。

混合动力汽车的节能潜力具体体现在以下几个方面:

(1)制动能量回收。传统汽车采用机械制动,制动器消耗的能量转化为热量损失。而混合动力汽车通过控制策略利用再生制动工作模式,驱动电机以发电机模式工作,收集减速、下坡或制动时的动能,提高了汽车的燃油经济性,同时还可以减轻制动器的热负荷,减少制动器磨损。

(2)发动机工作区域优化。传统燃油车的发动机高效率工况区间狭小,图9-7所示为传统燃油汽车在某驾驶循环工况下的发动机工作点,可以看出这些工作点基本都处于转速低、效率低的区域。而车辆本身工况范围大,行驶中有高速、低速、急加速、急减速等不同类型的工况,不可避免地会工作在低效率区域。对于混合动力汽车,由于增加了电力驱动,可以利用储能装置去吸收车载动力总成多余的输出功率,或补充车载动力总成功率的不足,使发动机转速和负荷一直工作在高效率区间,实现动力系统整体的高效率。

(3)怠速工作状态消除或减少。传统燃油车在制动减速和停车过程中,发动机处于怠速状态,燃油消耗率高,排放增加。而混合动力汽车,通过对发动机的高速断油控制以及混合动力技术实现停车怠速控制,消除发动机怠速或大大减少怠速工作状态。例如,当混合动力汽车遇到红灯等情况怠速停车时,可通过控制系统关闭发动机,同时车上的另一储能装置(如动力蓄电池)为空调、车灯等提供辅助动力,或通过控制系统使发动机工作在比怠速工况效率高的状态,将超过辅助系统所需要的功率对储能装置充电。当在怠速工况下关闭发动机时,可以利用驱动电机非常迅速地重起发动机。

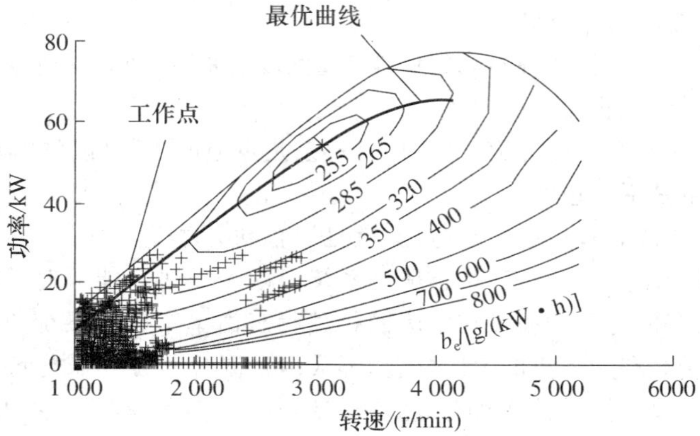

图 9-7 传统燃油汽车发动机工作点

(4)发动机排量减小。因为混合动力汽车的另一套储能装置可以提供一部分功率，在某些情况下，车载动力总成的功率大小可以根据最大持续功率而不是短时间的加速功率来决定，所以与传统车辆相比，混合动力汽车车载动力总成的额定功率可以降低，也能保证发动机在大多数行驶工况下工作在高效率的额定功率附近，降低发动机的额定功率和燃油消耗；同时，发动机的质量减轻也提升了燃油经济性。

9.2.1.3 混合动力电动汽车的排放情况分析

在控制排放方面，通过混合动力汽车的工作模式可以实现降低排放。

(1)混合动力汽车具有纯电动运行模式，当混合动力汽车在城市路况行驶时，可以关闭发动机以纯电动方式工作，达到"零排放"，在郊区路况行驶时可以重新起动发动机。

(2)混合动力汽车可以采用电动起步、当车速达到预定值或车辆负荷达到预定比例时才起动发动机，使发动机工作在远离排放差的区域，而且混合动力汽车采用功率小的发动机，相比传统车辆，在常见负荷下可以在较高额定功率下工作，效率更高，排放污染减小；动力蓄电池的功率缓冲可缩短发动机冷起动时间，降低冷起动时的排放。

(3)混合动力汽车在停车、滑行、低负荷、制动以及动力蓄电池 SOC 达到最大值时，都可以关停发动机，取消发动机怠速运行，而当需要发动机输出力矩时重起发动机，由于消除了怠速时的排放，整车排放污染降低。

9.2.1.4 混合动力电动汽车对动力蓄电池的要求

与纯电动汽车相比，混合动力电动汽车对动力蓄电池的要求降低，但要能够根据整车要求实时提供更大的瞬时功率，即实现"小电池提供大电流"。

串联式混合动力电动汽车完全由电机驱动，发动机-电机总成与动力蓄电池组一起提供电机需要的电能，动力蓄电池 SOC 处于较高的水平，对动力蓄电池的要求与纯电动汽车相似，只是动力蓄电池容量可减小。

并联式混合动力电动汽车，因为发动机和电机都可以直接给车轮提供驱动力，整车的驾驶需求可以由不同的动力组合结构实现，动力蓄电池容量可以更小，但动力蓄电池组瞬时提供的功率要满足汽车加速或爬坡要求，动力蓄电池的最大放电电流有时可达到 20C 以上。

对于混合动力电动汽车，动力蓄电池通常要能够满足以下的基本要求：

(1)动力蓄电池的峰值功率大，能够短时大功率充放电。

(2)动力蓄电池的循环寿命要长,能保证 1 000 次以上的深度放电循环和 40 万次以上的浅度放电循环。

(3)动力蓄电池的 SOC 应尽可能保持在 50%～80%的范围内。

(4)需要配备动力蓄电池管理系统和热管理系统。

9.2.2　混合动力电动汽车的分类与能量流动分析

9.2.2.1　根据混合程度分类

从动力蓄电池-电机相对于发动机的功率比大小,混合动力汽车可分为轻混合、中混合、全混合 3 种类型。

1. 轻混合(micro hybrid)

轻混合又称为"起-停混合"(start-stop)。轻混合系统中车辆的驱动功率主要由发动机提供,驱动电机作为辅助动力,仅作为起动机/发电机使用。目前这种类型的混合动力电动汽车所使用的起动机/发电机系统都是在传统燃油发动机起动机的位置加装一套传动带驱动起动发电机(belt-alternator starter generator,BSG),用来控制发动机的起动和停止,取消了发动机的怠速,降低了油耗和排放。通常电机的峰值功率和发动机的额定功率之比≤5%。

其工作模式是:当遇到红灯或交通阻塞,车辆需短时停车怠速时,发动机熄火取消怠速,而当车辆再次行驶时,立即重新起动发动机;在制动时电机转变为发电机,实现制动能量回收。

BSG 系统结构简单,质量小,对整车原来的结构改动小,成本低,可实现 5%～10%的节油效果,但从严格意义上讲不属于真正的混合动力电动汽车,因为它的电机没有为车辆的行驶提供持续的动力,不满足混合动力电动汽车的 4 个特点的第一个。

2. 中混合(mild hybrid)

中混合又称为辅助驱动混合,与轻混合相比,驱动车辆的两种动力源中依靠动力蓄电池-电机功率的比例增大,发动机功率的比例相对减小。

这种混合动力驱动系统采用一体式起动发电机(integrated starter generator,ISG)作为电力驱动装置,电动汽车以发动机为主要的动力来源,ISG 安装在发动机与变速器之间作为辅助动力源。当车辆行驶中需要更大的驱动力时,如车辆加速、爬坡等工况,ISG 作为电机向车辆提供辅助的驱动力矩,但不能单独驱动车辆行驶;当需要起动发动机时,ISG 用作起动机;在车辆减速和制动工况下,具有制动能量回收功能,ISG 作为发电机,将减速或制动的能量转换为电流,向动力蓄电池充电;在车辆行驶过程中,发动机等速运转时,发动机产生的能量可在车轮的驱动需求和发电机的充电需求之间进行智能调节;具有发动机熄火/重起功能。

中混合动力系统中电机的峰值功率和发动机的额定功率之比为 5%～15%。其结构简单紧凑,质量小,可以较大幅度地改善燃油的经济性,降低排放,可以实现 10%～15%的节油效果。

3. 全混合(full hybrid)

全混合动力系统也称为重度混合动力系统,是指驱动电机和发动机都可以独立或两者同时驱动车辆行驶。这种类型的混合动力汽车采用大容量动力蓄电池,车辆可以以纯电动模式运行;具有动力切换装置,能实现发动机和电机之间的耦合和分离。

全混合系统中,驱动车辆的两种动力源中依靠蓄电池-电机功率的比例更大,发动机功率的比例更小。通常在起步、倒车、频繁起停、低速行驶等工况下,车辆以纯电动模式运行,而在急加速时发动机和电机一起驱动车辆，具有制动能量回收功能。典型的全混合系统电机的峰值功率和发动机的额定功率之比在40%左右，可以实现30%～40%的节油效果。

9.2.2.2 根据能量流配置路径分类

混合动力电动汽车在驱动系统中存在两类能量流，一类是机械能量流，一类是电能量流。在功率交汇点处，始终以同一类功率形式——电气的或机械的功率形式呈现，两个功率相加或将一个功率分解。按照两种能量流配置的路径分类，混合动力汽车可以分为串联式、并联式和混联式3种类型。下面重点介绍这3种典型的混合动力驱动系统的构型和能量流动。

1. 串联式混合动力驱动系统

图9-8为串联式混合动力驱动系统的组成结构示意图。串联式混合动力驱动系统由发动机、发电机和电机三大主要部件组成，三者通过串联的方式连接在一起。其特点是驱动系统只有一种能量传输路线，在功率转换器中将来自发电机和动力蓄电池的两个电功率相加，功率转换器起电功率耦合器的作用，控制从蓄电池和发电机到电机的功率流或反向控制电机到蓄电池的功率流。燃油箱、发动机和发电机构成主能源，发动机为单向能量转换器，发动机输出的机械能全部用于驱动发电机，通过发电机转换成电能，电能通过功率转换器输出给电机，电机产生的电磁力矩驱动汽车行驶。

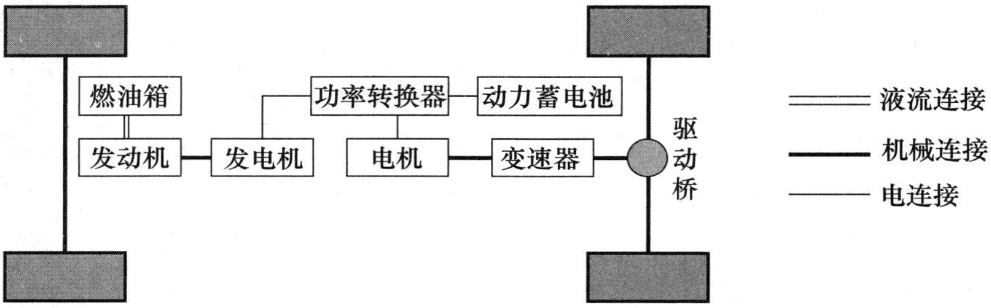

图9-8 串联式混合动力驱动系统组成结构示意图

发动机和发电机组成一个能量转换系统，动力蓄电池是发电机和电机之间的储能装置，起功率平衡的作用，当发动机输出的功率大于汽车行驶所需要的功率时（如汽车减速滑行、低速行驶或短时停车等工况），发电机向蓄电池充电；而当发动机发出的功率低于汽车行驶所需要的功率时（如起步、加速、爬坡、高速行驶等工况），动力蓄电池则向电机提供额外的电能，补充发动机功率的不足，满足车辆峰值功率要求。

串联式混合动力驱动系统中，只有电机直接与驱动轴有机械连接，发动机与传动系之间通过电机实现动力传递，使得发动机从路面负荷中解耦出来，发动机的工作状况与车辆的行驶工况无关，可以保证发动机始终稳定运行在其特性曲线的最佳工作区，实现油耗和排放的降低。因为主动力源发动机与驱动系统之间没有机械连接，发动机的工作状态与整车的速度和加速度之间没有直接的联系，因此在串联式混合动力驱动系统中，发动机可以是内燃机，也可以是其他不适用于直接驱动车辆行驶的发动机，如微型燃气轮机、斯特林发动机等。发动机-发电机作为一个整体也可以采用燃料电池系统。

串联式混合动力驱动系统具有如下优点：

(1)发动机工作状态不受车辆行驶工况的影响，始终在最佳的工作区域内稳定运行，发动机具有良好的经济性和排放性能。

(2)发动机与驱动电机之间没有机械连接，整车的结构布置自由度大，驱动系统各元件可以放在最适合的位置。

(3)由于电机的功率大，制动能量回收的潜力大，因此可提高能量效率。

但是，串联式混合动力系统存在以下缺点：

发电机将发动机的机械能转变为电能，电机又将电能转变为机械能，以及动力蓄电池充放电，都有能量损失，因此，发动机输出的能量利用率比较低。串联式混合动力电动车的发动机能保持在最佳工作区域稳定运行，是在低速和加速等行驶工况，而在高速行驶工况，电传动效率降低，抵消了发动机效率高的优点。

电机是唯一驱动汽车行驶的动力装置，因此，电机的功率要足够大。动力蓄电池一方面要满足汽车行驶中峰值功率的需要，以弥补发电机输出功率的不足，另一方面要满足吸收制动能量的要求，因此动力蓄电池的容量要足够大。所以，电机和动力蓄电池的体积和质量都比较大，导致整车质量较大。

综上，串联式混合动力驱动系统更适合低速运动工况，不适合高速公路行驶工况的车辆。

电驱动子系统通过整车控制器控制运行和功率流，整车控制器通过控制发动机的节气门、功率转换器和驱动电机实现工作模式，输出驱动转矩或再生制动转矩。串联式混合动力驱动系统的工作模式和能量流动如图 9-9 所示。

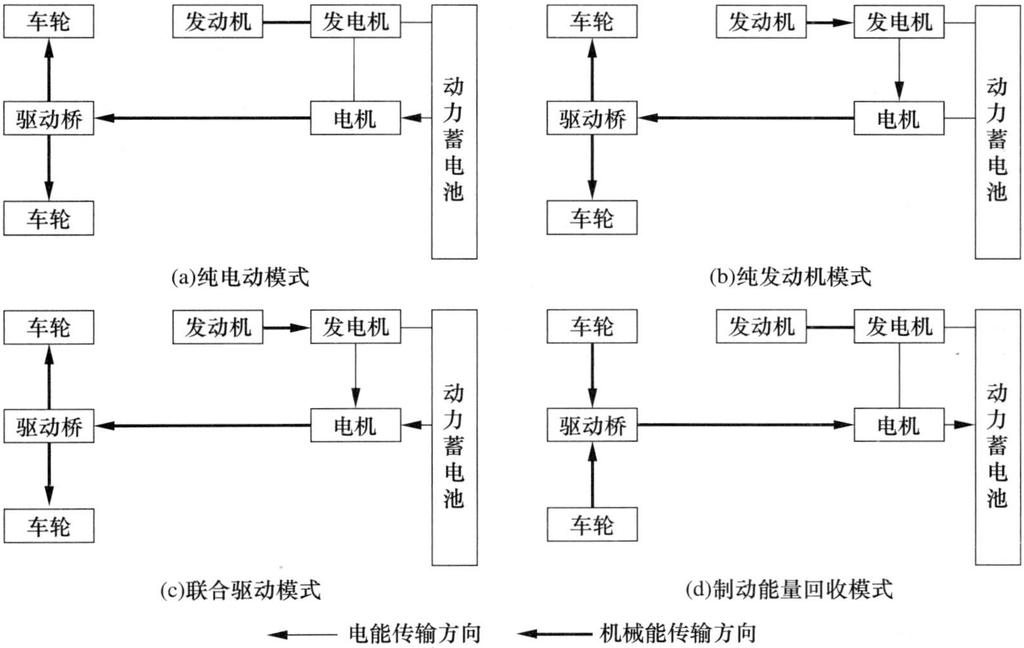

图 9-9　串联式混合动力驱动系统工作模式和能流图

(1)纯电动模式：发动机关闭，在车辆负荷较小、动力蓄电池电量充足的情况下，车辆仅由动力蓄电池单独向电机供电，驱动车辆行驶。

(2)纯发动机模式或串联驱动模式：在车辆负荷较大但车辆所需要的驱动功率小于发动机的最大功率时，发动机带动发电机发电，将电能直接提供给电机驱动车辆行驶。而动力蓄电池既不供电也不从驱动系统中吸收任何功率。

(3)联合驱动模式:在车辆处于加速、爬坡、大负荷运行工况时,发动机带动发电机产生的电能直接流向电机,不经过动力蓄电池,同时动力蓄电池也向电机供电,即驱动功率由发动机-发电机组和动力蓄电池共同提供。

(4)制动能量回收模式:当车辆以较低车速行驶、减速或制动时,汽车工作在制动能量回收模式。电机处于发电机模式,将汽车的动能转化为电能储存于动力蓄电池中,发动机-发电机组关闭,电机产生的电功率用于向动力蓄电池充电。

2. 并联式混合动力驱动系统

串联式混合动力驱动系统是基于能量源的联合,而并联式混合动力驱动系统是基于汽车传动系统的联合。并联式系统采用发动机和驱动电机两套独立的驱动系统,发动机和电机通过动力耦合装置同时与驱动轴连接。依照动力源之间的连接关系,并联式混合动力驱动系统的构型可分为驱动力结合式、单轴转矩结合式、双轴转矩结合式和转速结合式(图 9-10)等。

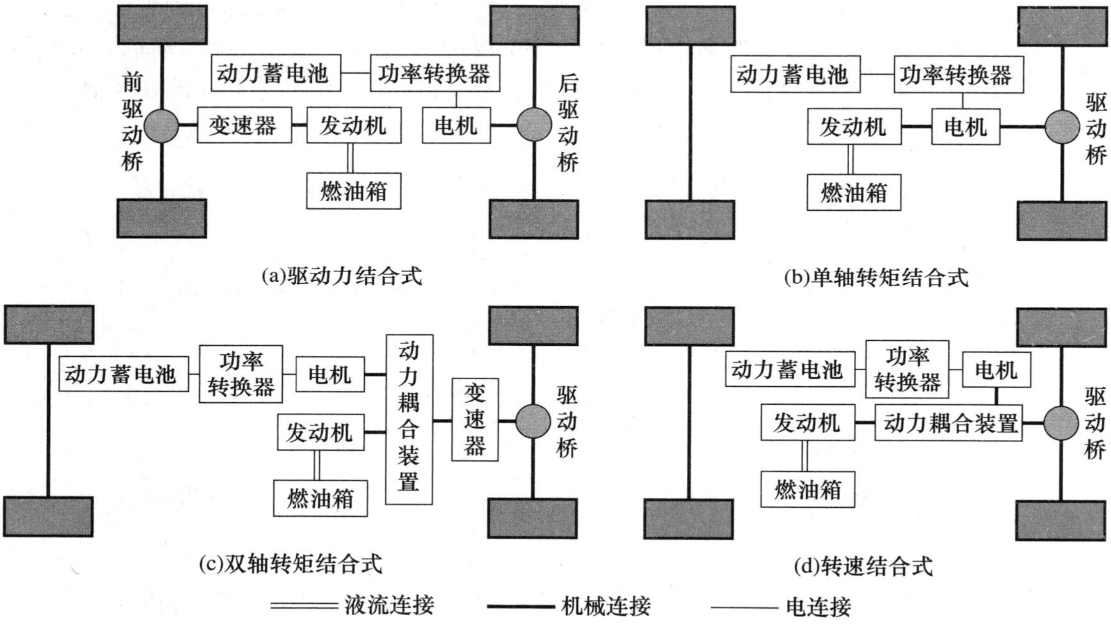

图 9-10 并联式混合动力驱动系统组成结构示意图

并联式混合动力驱动系统只需要发动机和电机两个驱动装置,减小了总质量和复杂程度。与串联式相比,发动机和电机的尺寸和质量都要小很多。并联式系统中的电机用来平衡发动机所受载荷,使发动机工作在高效率区间,因此发动机和电机额定功率都可减小;当汽车需要的驱动转矩较小时,如低速低负荷工况,可以关闭发动机,只使用电机驱动汽车行驶;电机可以作为发电机工作,提高发动机的负荷,使发动机工作在高效率区,同时给动力蓄电池充电。并联式混合动力汽车的发动机直接与驱动轴相连,能量利用率高,但当汽车行驶工况复杂的时候,发动机不良工况会增多,燃油经济性和排放性能都会下降。

并联式混合动力驱动系统的特点是:

(1)发动机通过机械传动机构直接驱动汽车,无机械能/电能转换损失,发动机输出能量的利用率相对较高，如果汽车行驶工况能够保证发动机在其最佳的工作范围内运行，并联式系统的燃油经济性比串联式高。

(2)当电机仅起功率“调峰”作用时，电机、发动机的功率可适当减小，动力蓄电池的容量也可以减小。

(3)在城市工况低速行驶时，并联式混合动力电动汽车可以通过关闭发动机、以纯电动方式运行实现零排放，前提是有功率足够大的电机，所需动力蓄电池容量也要相应增大。

(4)发动机与电机并联驱动时需要动力耦合装置，因此，并联式驱动系统的传动机构较为复杂。

(5)并联式驱动系统与车轮之间直接机械连接，发动机的运行工况会受车辆行驶工况的影响，所以在车辆行驶工况频繁变化的情况下，发动机有可能不在其最佳工作区域内运行，燃油消耗率和排放指标可能不如串联式系统。

并联式混合动力驱动系统可以在比较复杂的工况下使用，应用范围较广，尤其适合在中、高速工况(如高速公路)稳定行驶。但并联式系统不适合采用燃料电池作为动力源。

由于发动机和电机同时提供动力，并联式系统的关键技术问题是如何根据车辆的速度、驾驶员发出的功率要求指令以及动力蓄电池的充放电状态，协调和优化使用发动机和电机的功率。并联式混合动力驱动系统的典型工作模式和能量流动如图 9-11 所示。

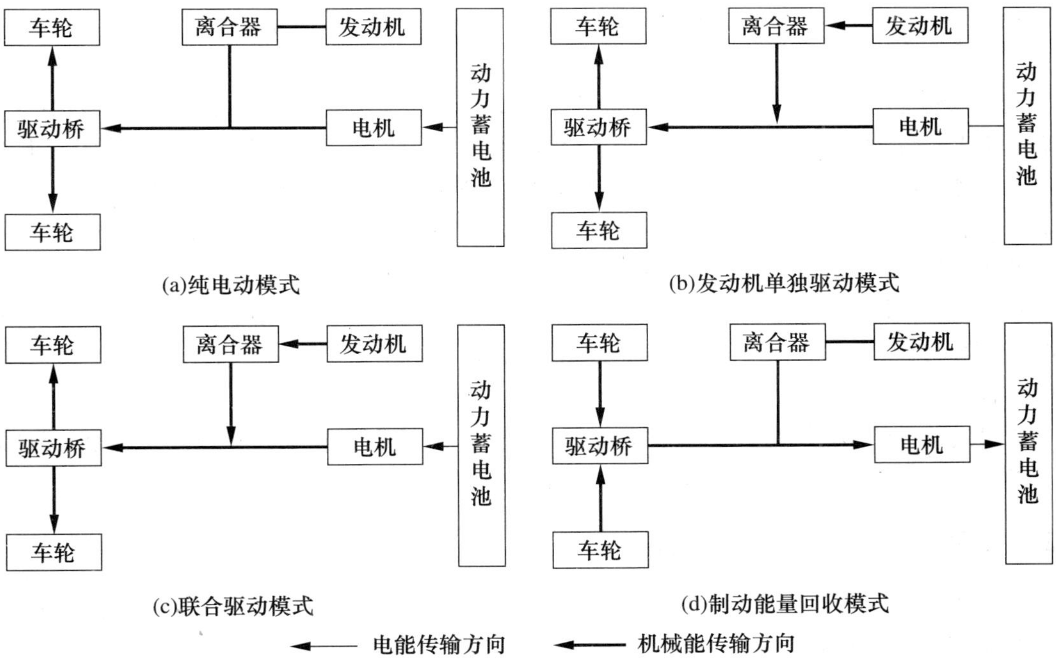

图 9-11　并联式混合动力驱动系统工作模式和能流图

(1)纯电动模式：车辆起动、低速以及轻载行驶时，发动机关闭，只有电机驱动车辆，可以避开发动机低效、高排放的工作区域，使整车燃油经济性和排放性能得到提高。

(2)发动机单独驱动模式：车辆高速平稳运行或行驶在排放要求不高的地方时，发动机单独工作驱动车辆行驶。在此模式下，发动机工作在高效区，燃油经济性好。由于发动机直接驱动车辆行驶，传动效率高。

(3)联合驱动模式：车辆急加速或爬坡时，以动力性为主，发动机和电机均处于工作状态，电机作为辅助动力源协助发动机，提供车辆急加速或爬坡需要的功率。汽车的动力性处于最佳状态。

(4)制动能量回收模式：车辆减速或制动时，利用电机反拖作用，一方面辅助制动，另一方面使电机以发电机模式工作发电，回收车辆制动能量并向动力蓄电池充电，必要时释放，驱动车辆行驶，提高能量的利用率。

3. 混联式混合动力驱动系统

混联式混合动力驱动系统结构如图 9-12 所示。目前混联式混合动力驱动系统一般以行星齿轮机构进行多动力源耦合，发动机、发电机、电机 3 个动力源分别连接在行星齿轮组的行星架、太阳轮和齿圈上(参见 9.2.4.2)。

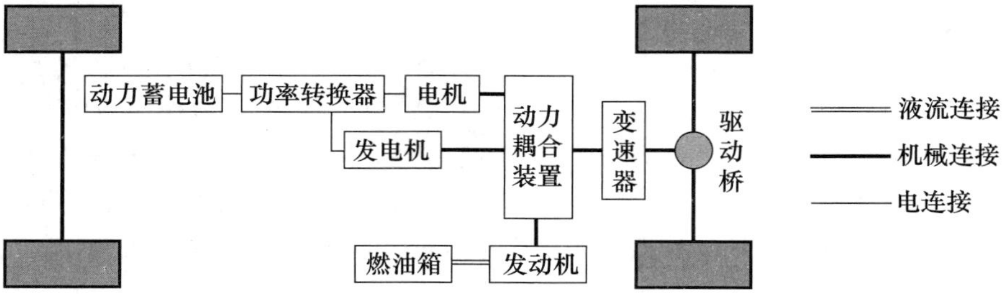

图 9-12 混联式混合动力驱动系统组成结构示意图

混联式混合动力驱动系统综合了串联式工作平稳和并联式各动力源功率需求小的优点。与串联式相比，混联式增加了机械动力的传递路线；与并联式相比，混联式增加了电能的传输路线。混联式的动力耦合形式比并联式更复杂，对动力耦合装置的要求更高，但可以实现发动机转速和转矩的双解耦，将发动机控制在最优工作区域内，综合性能好，是混合动力车辆发展的方向。

混联式混合动力驱动系统的基本工作原理是：发动机发出的功率一部分通过功率分流装置，经动力耦合装置送至驱动桥，另一部分则驱动发电机发电，发出的电能输送给电机或动力蓄电池；发动机产生的驱动力矩通过动力耦合装置传送给驱动桥，电机产生的力矩也通过动力耦合装置传送给驱动桥。

混联式混合动力驱动系统的控制策略是：在汽车低速行驶时，驱动系统主要以串联模式工作；当汽车高速稳定行驶时，则以并联模式工作为主。

9.2.3 混合动力电动汽车的能量管理

混合动力电动汽车的能量管理是指混合动力电动汽车在不同行驶工况时，控制动力系统各动力源(发动机、电机、动力蓄电池)之间能量的流向和大小，实现以下 4 个方面的目标：

(1)通过优化发动机工作区间，实现最佳的燃油经济性和最好的排放性能。

(2)根据行驶工况变化，合理分配发动机和动力蓄电池的能量流。

(3)在复杂的行驶工况运行时，尽可能减小发动机转速的波动，尽量减少发动机的起停次数，避免发动机在低于某个转速和负荷的情况下运行(当低于某个转速时应关闭发动机)。

(4)对于非插电式混合动力电动汽车，由于动力蓄电池不能外部充电，需要保证动力蓄电池始终处于合适的荷电状态(SOC)，电压在安全范围之内，使动力蓄电池有良好的使用寿命。

混合动力电动汽车的能量管理控制策略直接影响能量在车辆内部的流动和整车的性能。目前对能量管理控制策略的总体分类如图 9-13 所示。

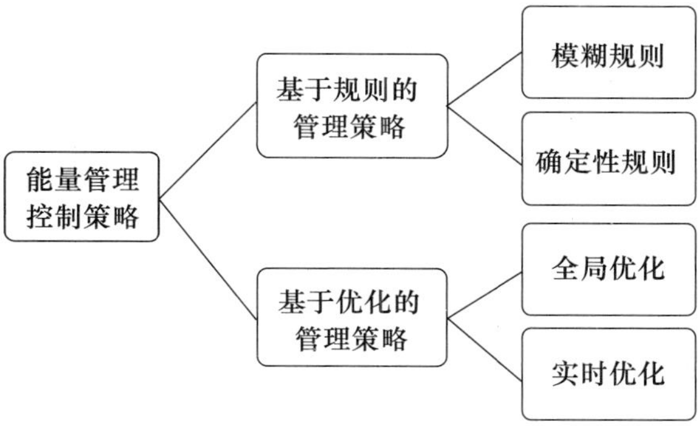

图 9-13　能量管理控制策略分类

模糊规则控制策略有自适应模糊控制、传统模糊控制、预测模糊控制等；确定性规则控制策略有恒温器式控制、功率跟随式控制、优化功率跟随式控制等；全局优化控制策略有线性规划、动态规划、随机动态规划、遗传算法等；实时优化控制策略主要是瞬时等效燃油消耗最小控制策略（equivalent consumption minimization strategy，ECMS）。常用的基本控制策略有恒温器式控制策略、功率跟随式控制策略以及瞬时等效燃油消耗最小控制策略。

1. 恒温器式控制策略

采用恒温器式控制策略时，能量管理系统只根据动力蓄电池的 SOC 来控制发动机的开关。当 SOC 高于预先设定的门限值时，汽车处于纯电动模式，优先使用动力蓄电池提供全部动力；当 SOC 低于门限值时，能量管理系统起动发动机，一方面提供汽车动力，一方面给动力蓄电池充电，使 SOC 在门限值附近波动，处于电量保持模式。

恒温器式控制策略的优点是发动机平均工作效率高，排放少，并且控制方法简单有效。但由于发动机起停过于频繁，增加了功率损耗和尾气排放，而且在电量保持模式中，动力蓄电池一直在充放电，影响其使用寿命。因此这种控制方法并不能实现最优燃油经济性或最少排放。

2. 功率跟随式控制策略

采用功率跟随式控制策略时，发动机带动发电机始终处于工作状态，发动机和发电机的输出功率根据车辆驱动的要求调节，尽可能地供应接近车辆行驶所需的电能，动力蓄电池只起负荷调节作用，动力蓄电池的 SOC 要保持在规定的范围之内。其控制规则是：

(1)当汽车在最低车速时，只用动力蓄电池驱动。

(2)如果需求功率超过发动机当前工作转速下的最大输出功率，则由动力蓄电池提供其余功率需求。

(3)当制动回收时，电机变为发电机对动力蓄电池充电。

(4)当需求功率低于设定下限值时，关闭发动机，以防止其运行在低效区。

(5)如果动力蓄电池 SOC 低于设定的下限值，发动机应提供额外的动力给蓄电池充电。

该控制策略下，动力蓄电池的充放电较小，能量损失最小；缺点是发动机不能工作在最佳转速和负荷下，因此其排放性能可能变差，效率降低。

3. 瞬时等效燃油消耗最小控制策略

瞬时等效燃油消耗最小控制策略包含两层含义：

(1)等效燃油消耗。在电量保持模式下，混合动力电动汽车的动力蓄电池只是一个辅助动力源，所有的能量最终都来自消耗的燃油，动力蓄电池可以看作一个备用的、能量转换可逆的“油箱”，动力蓄电池放电过程中消耗的电能需要由发动机消耗燃油（或者回收制动能量）补充，因此要建立消耗的蓄电池电能与补偿这些电能所需燃油之间的等效关系，并将某一瞬时发动机消耗燃油与所消耗蓄电池电能的等效燃油量归结为统一的能耗指标，作为优化控制的目标，这是此控制策略的核心。

(2)瞬时优化。根据混合动力电动汽车的实际运行状态，确定每一控制时间内车辆行驶需要的驱动功率，以等效燃油消耗最小为控制目标，在发动机和电机之间进行实时优化分配，由此确定动力总成的工作模式和功率分配。

9.2.4 典型的混合动力系统

9.2.4.1 本田 IMA 混合动力系统

本田公司的 Insight 混合动力汽车采用了本田独特的一体式电机辅助(IMA)混合动力系统，也称一体式起动发电机(ISG)系统，如图 9-14 所示。该系统主要由 1.3 L i-VTEC 全铝 4 缸汽油机、高功率超薄永磁同步电机(安装在发动机与无级变速器之间，由于电机较薄且结构紧凑，通常称为“薄片电机”)、无级变速器(CVT)、高性能镍氢蓄电池和控制单元等构成，结构简单、紧凑，综合效率高。

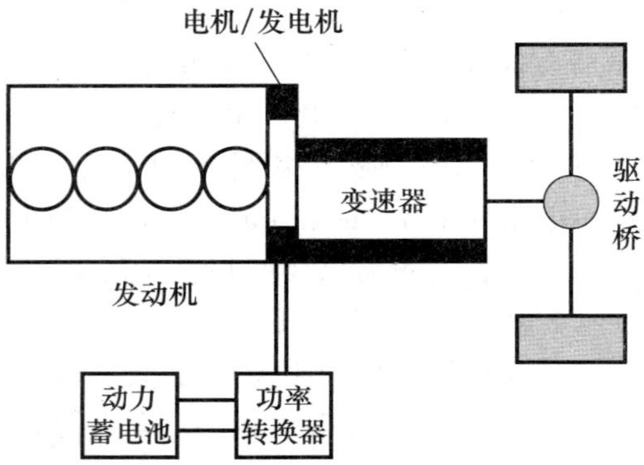

图 9-14 IMA 混合动力系统示意图

发动机曲轴输出轴通过离合器与电机的转子轴直接连接，动力蓄电池通过功率变换器(DC/DC 变换器)作用于电机定子，两者动力的叠加是在输出轴处实现的，变速器仍为单轴输入。发动机和电机采用转矩叠加方式进行动力耦合，是一种等速的功率叠加系统。在该系统中，发动机为主要动力，电机为辅助动力。在起动和加速工况，电机辅助发动机工作，弥补发动机起动和加速差的不足，充分发挥电机的低速大转矩作用。当达到巡航速度时电机停止工作，发动机成为唯一的动力；在减速工况，电机又起到发电机的作用，对动力蓄电池充电，使动能有效转化为化学能。

IMA 混合动力系统共有 5 种工况模式：①由停车到起步加速状态时，发动机提供动力；②爬坡加速时，发动机输出强劲动力，驱动电机输出辅助动力；③低速巡航时，发动机停机，驱动电机输出行驶动力；④减速行驶时，发动机停机，电机回收动能，为蓄电池充电；⑤停车情况下，发动机、电机均处于运转停止状态。

9.2.4.2 丰田 Prius 混合动力系统

丰田公司的 Prius 混合动力汽车的特点是采用行星齿轮系统(图 9-15)。该混合动力系统具有独立的驱动电机和发电机，发动机和电机的转矩、转速范围较宽。驱动电机通过变速器直接与车轮相连，而发动机轴、电机轴和发电机轴通过单排行星齿轮连接，进行功率的分配与耦合。在行星机构中发动机与行星架相连，通过行星轮将动力传给齿圈和太阳轮；太阳轮轴与发电机轴相连；齿圈轴与电机轴相连。该系统可以通过发电机控制发动机的转速，使其独立于轮速，发电机起到无级变速器的作用。

Prius 混合动力系统的工作模式有：

(1)在起动、坡度较缓的长坡以及缓慢减速等工况，电机输出功率充足，发动机效率低，采用纯电动模式工作。

(2)正常行驶状态下，发动机工作在较合适的区域，使用纯发动机驱动模式。

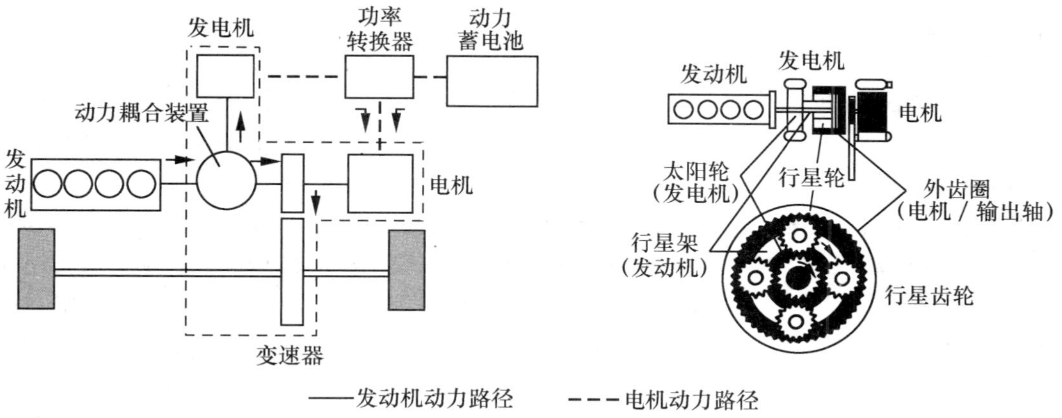

图 9-15　Prius 混合动力系统及行星齿轮系统

(3)发动机和电机共同驱动，提供最大能量。

(4)电机处于发电模式回收制动能量，发动机处于关闭状态。

当动力蓄电池 SOC 值过低或当前行驶所需功率不在发动机的最优工作范围内时，发动机提供的功率不仅用于驱动，也同时用于发电，所产生的电能一方面输送给动力蓄电池，一方面供给电机进行驱动。

9.3　插电式(含增程式)混合动力系统

插电式混合动力(含增程式)电动汽车是指驱动力由驱动电机及发动机同时或单独供给，并且可由外部提供电能进行充电，纯电动模式下续驶里程符合相关国家标准的汽车。

插电式混合动力电动汽车(plug-in hybrid electric vehicle，PHEV)，也称为可外接充电式混合动力电动汽车(off-vehicle-chargeable hybrid electric vehicle，OVC-HEV)，这种混合动力电动汽车单独依靠动力蓄电池(纯电动)就能行驶较长的距离，但需要时仍可以像通常的混合动力电动汽车一样工作。

根据《电动汽车术语》(GB/T 19596—2017)，增程式电动汽车(range extended electric vehicle，REEV)是一种在纯电动模式下可以达到其所有动力性能，而当车载可充电储能系统无法满足续驶里程要求时，车载辅助供电装置(增程器)为动力系统提供电能，以延长续驶里程的电动汽车。

PHEV 对动力蓄电池的要求需要兼顾纯电动和混合动力两种模式(图 9-16)，即城市路况的纯电动汽车模式和高速公路上的混合动力汽车模式，要能够保证在纯电动工作模式下的行驶里程，并且在 SOC 低时也能提供很高的功率水平。PHEV 对动力蓄电池的要求高于纯电动和混合动力汽车，动力蓄电池容量比全混合系统的大，比纯电动汽车的小。

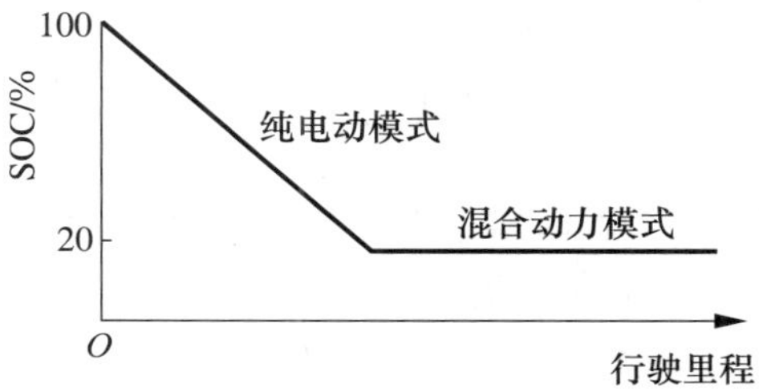

图 9-16　PHEV 的工作模式

插电式混合动力系统由于可以利用电网的电能为动力蓄电池充电，减少了对石油的依赖，既具有纯电动汽车节能环保的优势，又具有燃油汽车续驶里程长的优势，是混合动力电动汽车的重要发展方向。

9.3.1 插电式混合动力系统的特点

PHEV 与 HEV 的混合动力系统在技术上大体相同，不同之处是 PHEV 增加了外部充电装置，可由外部提供电能进行充电。插电式混合动力系统驱动电机的功率比例与纯电动汽车基本相同（或稍小），发动机的功率比例与 HEV 的全混合系统基本相同。

增程器由燃油发动机、发电机和发动机驱动控制装置组成，在功能上相当于一个车载充电系统。增程式电动汽车的发动机、发电机系统与驱动轮在机械上是分离的，发动机的转速和转矩与车速和驱动转矩的需求无关，因此可以控制发动机在最佳工况区运行，发动机的油耗和排放可以降低，实现最佳的发动机运行状态。

图 9-17 为 3 种动力系统的能量流动对比示意图。

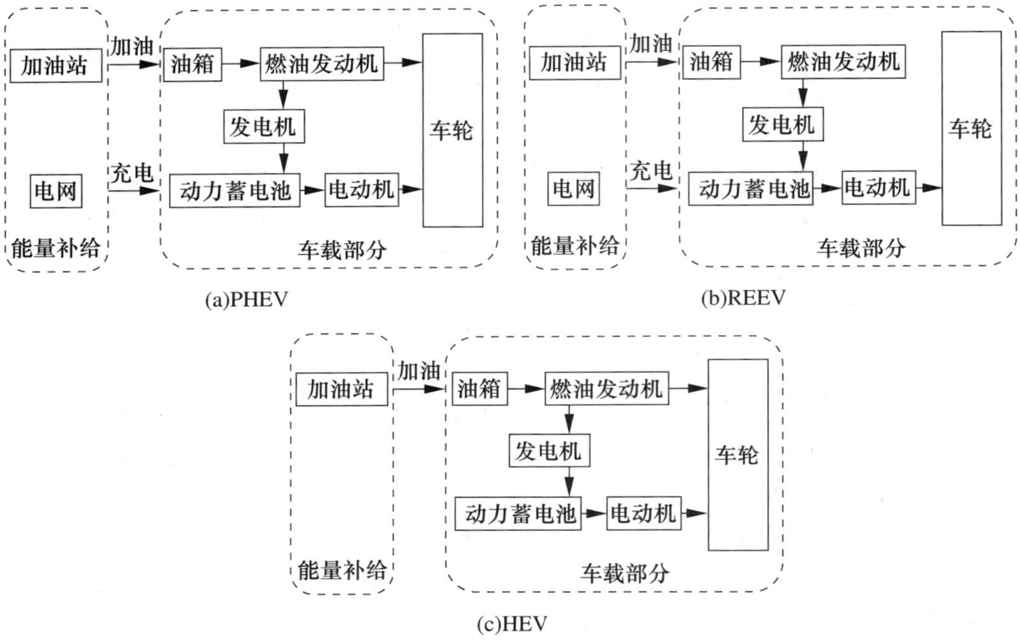

图 9-17 PHEV、REEV、HEV 动力系统能量流动对比示意图

PHEV 的优点如下：

（1）具有纯电动汽车的全部优点，可以利用晚间低谷时期给动力蓄电池充电，改善电厂发电机组效率，节省能源；降低对化石燃料的依赖，减少石油进口，增加国家能源安全；减少温室气体和各种有害物排放。

（2）短距离行驶时可采用纯电动模式，不需要使用汽油；长距离行驶时可采用发动机为主的混合动力模式。

（3）可利用外部电网对车载蓄电池充电，减少去加油站加油的次数；用电比用油便宜，可以降低车辆的使用成本。

9.3.2 插电式混合动力系统的工作模式

（1）电量消耗模式。在动力蓄电池充电后（SOC＝90％）的初期行驶阶段和车辆预定要完成行驶任务即将返回阶段，车辆可以以纯电动模式或从动力蓄电池消耗能量的模式行驶，此时动力蓄电池的 SOC 可能有些波动，但平均水平不断减少，即电量在不断消耗，直至达到某一规定值。

(2)电量保持模式。在动力蓄电池的能量消耗到一定程度(如 SOC＝50％)时，为了保证车辆性能和动力蓄电池的安全性，车辆进入混合动力模式，发动机-发电机共同工作，动力蓄电池的 SOC 可能有波动，但其平均值保持在某一水平上。

目前，PHEV 的发展对动力蓄电池的性能提出了更高要求，动力蓄电池要有足够高的能量密度和功率密度；因为经常工作在纯电动模式，动力蓄电池要能在 SOC＝100％～20％深度放电工作时，保证有足够长的循环寿命；当 SOC 已经降至较低时仍能大电流放电；当 SOC 较高时仍能接受大功率充电，以回收制动能量；动力蓄电池成本降低，有足够的安全性。此外，还需要提升充电基础设施相关的技术保证充电的需要。

9.4　燃料电池动力系统

9.4.1　燃料电池电动汽车概述

燃料电池电动汽车(fuel cell electric vehicle，FCEV)是指以燃料电池(fuel cell，FC)为能源转换装置、以电机为动力装置的电动车辆。

与传统内燃机汽车、纯电动汽车、混合动力电动汽车以及插电式混合动力电动汽车相比，燃料电池电动汽车是节能环保、结构简单、运行平稳、工作效率高的新一代车辆，也是未来车辆的发展方向之一，当今的研究热点。图 9-18 所示为氢燃料电池发动机与电控汽油喷射发动机以及柴油发动机的效率对比。由图可见，目前乘用车平均负载率在 15％～20％，公共车辆和卡车在 30％左右，在此负载率下，电控汽油喷射发动机或柴油发动机的效率都在 25％～35％，而氢燃料电池发动机的效率可以达到 50％以上。燃料电池汽车的关键技术——燃料电池发动机所具备的优势，是传统燃油发动机无法媲美的，燃料电池汽车同时还可以保持传统燃油发动机汽车高速、长距离行驶和安全、舒适等性能。

燃料电池汽车的能量转换效率高，与燃料电池的工作原理相关。燃料电池不是一个储存电能的蓄电池，而是一个化学“发电厂”，它将化学能直接转化为电能。燃料电池的反应过程不涉及燃烧和热机做功，能量转换效率不受卡诺循环的限制，因而能量转换效率可高达 60％～70％。此外，燃料电池属于静态能量转换装置，除空气压缩机和冷却系统外无其他部件的运动，因此燃料电池电动车辆运行比较平稳，无噪声和振动。

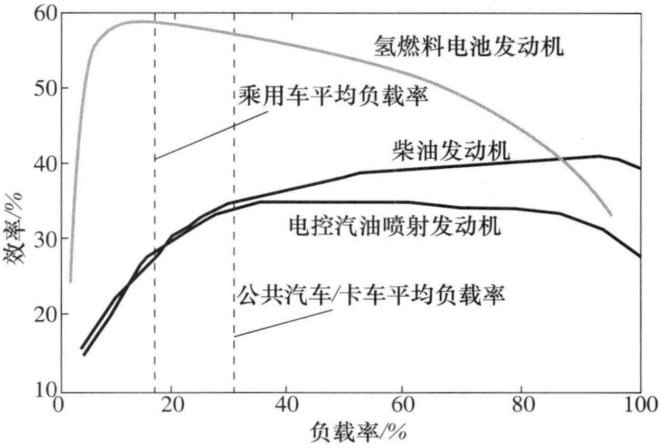

图 9-18　氢燃料电池发动机与传统燃油发动机的效率对比

9.4.2 燃料电池和 PEMFC 发动机

9.4.2.1 燃料电池

根据电解质的不同,燃料电池一般可分为质子交换膜燃料电池(proton exchange membrane fuel cell,PEMFC)、碱性燃料电池(alkaline fuel cell,AFC)、磷酸燃料电池(phosphoric acid fuel cell,PAFC)、熔融碳酸盐燃料电池(molten carbonate fuel cell,MCFC)、固体氧化物燃料电池(solid oxide fuel cell,SOFC)和直接甲醇燃料电池(direct methanol fuel cell,DMFC)等。表 9-3 为这 6 种燃料电池的主要特征参数。

表 9-3 6 种燃料电池的主要特征参数

燃料电池种类	电解质	燃料	氧化剂	催化剂	效率/%	温度/℃	主要应用领域
质子交换膜电池	固态高分子膜(H^+)	H_2	空气或氧	Pt	>60	40~90	航天、军事、车辆、固定式用途
碱性燃料电池	氢氧化钾(OH^-)	H_2	纯氧	Pt/PdNi	60~70	60~220	航天、军事
磷酸燃料电池	磷酸(H^+)	H_2	空气	Pt	40~50	160~200	大客车、中小电厂、固定式用途
熔融碳酸盐燃料电池	碳酸钾/锂(CO_3^{2-})	CH_2O	空气	Ni	>60	600~700	大型电厂
固体氧化物燃料电池	氧化锆(O^{2-})	CH_2O	空气	Ni	>60	600~1 000	大型电厂、热站、固定式用途
直接甲醇燃料电池	高分子膜(H^+)	CH_3OH	空气或氧	Pt、Pt-Ru	>60	90~130	航天、军事、车辆、固定式用途

目前应用最多的是质子交换膜燃料电池(PEMFC)。质子交换膜燃料电池是继碱性燃料电池、磷酸燃料电池、熔融碳酸盐燃料电池和固定氧化物燃料电池之后发展起来的第五代燃料电池,具有效率高、操作温度低、起动快、瞬态响应好、无电解质泄漏、电解质无腐蚀性等特点,因此最适合用于运输领域,有希望替代内燃机而成为车辆动力源。

图 9-19 为质子交换膜燃料电池单体结构示意图。质子交换膜燃料电池采用能够传递质子的固体高分子膜作为电解质,其主要组成有膜电极组件(membrane electrode assembly,MEA)、集流板、膜电极组件和集流板之间的密封。膜电极组件由离子导电聚合物薄膜的薄片、两个分散的催化剂层和两个气体扩散层组成。

MEA 是燃料电池的关键部分,由表面涂油纯铂(Pt)或碳载铂(Pt/C)或碳载铂钌(PtRu/C)催化剂的多孔气体扩散阳极、阴极和置于二者之间的全氟硫酸型固体高分子聚合物电解质层构成,经过热压工艺黏合成所需大小的薄膜,厚度一般小于 1 mm。每个单体包括一个 MEA,可将多个单体串联堆叠成电堆,共用空气和氢气流道,以提高输出电压。

质子交换膜燃料电池以纯氢为燃料,其工作原理如图 9-20 所示。

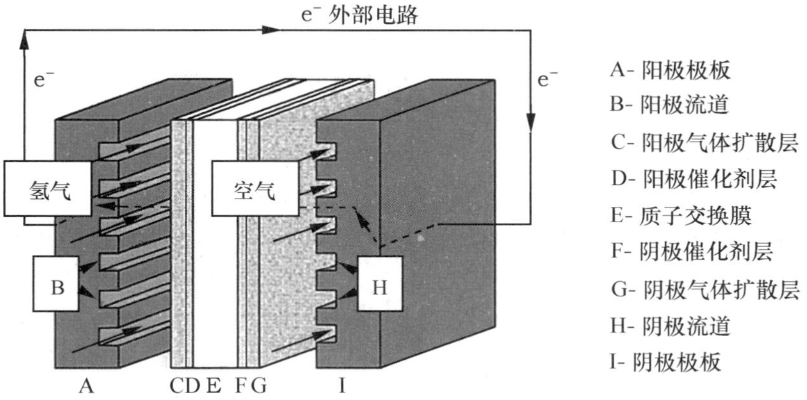

图 9-19 质子交换膜燃料电池单体结构示意图

氢气和氧气(或空气)经增湿后分别进入阳极室和阴极室,经电极扩散层到达催化层和质子交换膜的界面,分别在催化剂作用下发生氧化和还原反应,即

阳极: $2H_2 \longrightarrow 4H^+ + 4e^-$

阴极: $O_2 + 4H^+ + 4e^- \longrightarrow 2H_2O$

总反应: $2H_2 + O_2 \longrightarrow 2H_2O$

阳极反应产生的氢离子通过电解质流向阴极,而电子被迫通过外部电路流向阴极,以提供电功率。氢气在阳极通过氧化反应产生的氢离子由电位差驱动通过电解质,并在阴极侧与外部电路的电子、来自空气的氧气结合产生水。电化学反应产生的水和未消耗的氮、氧通过空气流从阴极侧排出。

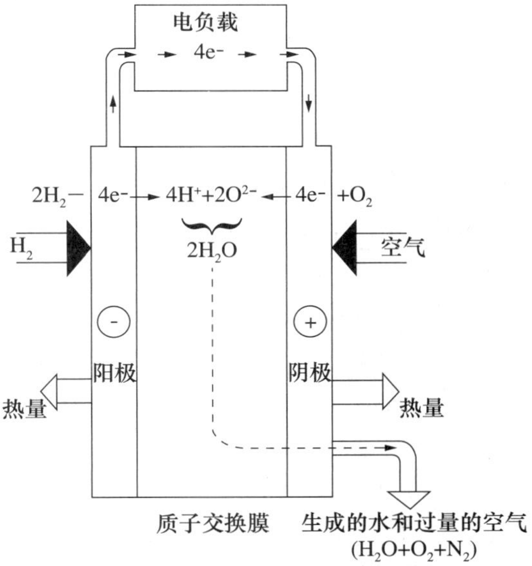

图 9-20 质子交换膜燃料电池工作原理

质子交换膜燃料电池的优点是:

(1)零排放。电化学反应唯一的排放物是纯净水,没有额外污染物排出,清洁环保。

(2)能量转化效率高。反应直接将化学能转化为电能,不通过热机过程,不受卡诺循环的限制。

(3)维护方便。质子交换膜燃料电池组呈"积木化"结构,使得电池组的组装和维护都较为方便。

(4)工作温度较低。质子交换膜燃料电池工作温度低,起动速度较快,非常适用于车辆及其他可移动设备。

同时,质子交换膜燃料电池也尚存一些不足:

(1)成本较高。由于高分子膜材料和催化剂价格昂贵,所以目前质子交换膜燃料电池的成本仍较高。

(2)氢气品质要求较高。质子交换膜燃料电池对氢气纯度要求较高,含较多杂质的氢气输入燃料电池系统,将导致催化剂活性降低甚至电解质的不可逆分解,即催化剂中毒和电芯污染。

9.4.2.2 PEMFC 发动机

PEMFC 发动机是一个复杂的系统,包括空气供应系统、燃料供应系统、电池组、冷却系统、控制系统,其组成如图 9-21 所示。各系统之间相互关联并协同完成整个发动机的工作。

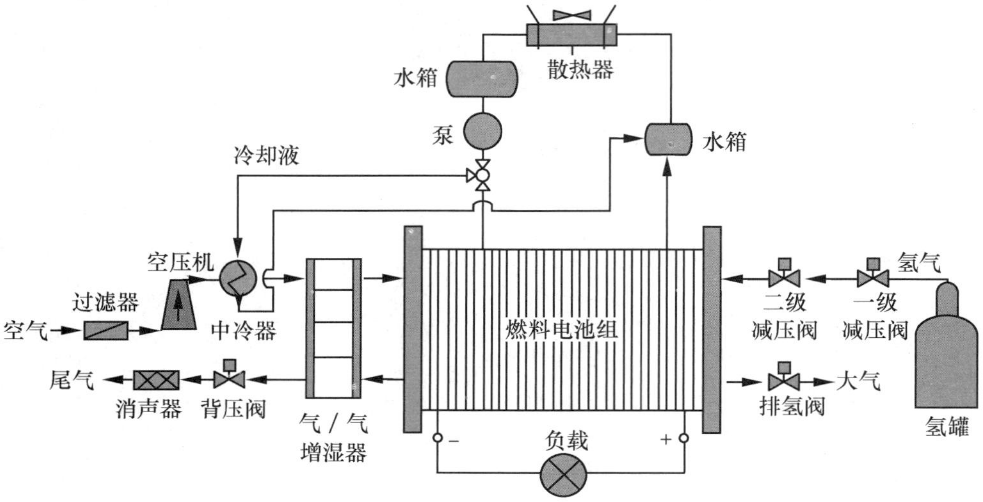

图 9-21 PEMFC 发动机组成

9.4.3 燃料电池电动汽车动力系统的基本形式

燃料电池电动汽车(FCEV)以电力驱动作为唯一的驱动模式,可按主要燃料种类和能源配置模式分类。

1. 按主要燃料种类分

(1)以氢气为燃料的 FCEV;

(2)以醇类和烃类等重整后产生的氢气为燃料的 FCEV。

2. 按能源配置模式分

(1)纯燃料电池的 FCEV;

(2)燃料电池与动力蓄电池混合(FC+B)的 FCEV;

(3)燃料电池与超级电容混合(FC+C)的 FCEV;

(4)燃料电池与动力蓄电池和超级电容混合(FC+B+C)的 FCEV。

燃料电池是一种理想的汽车能源,但由于其自身的一些缺陷和汽车复杂的工况特性,作为汽车动力源时通常需要与其他动力混合供能,即采用混合驱动形式,组成以燃料电池为核心的混合动力系统。

燃料电池混合动力系统由燃料电池、辅助驱动能量源(动力蓄电池、超级电容)、DC/DC 变换器、驱动电机及其控制系统和能量管理系统等组成,其中燃料电池是混合动力系统的主要动力源，需由燃料储存装置来实时供给燃料；燃料电池与 DC/DC 变换器串联，其作用是稳定燃料电池的输出电压或电流；辅助驱动能量源是混合动力系统的第二动力源，起到承受各种功率突变的作用，其荷电状态（SOC）是能量管理策略中需要重点考虑的内容；电机是混合动力系统的动力输出执行机构，作用是将动力传递到车辆的驱动机构，使车辆运行。

9.4.3.1 燃料电池＋动力蓄电池

图 9-22 所示为采用燃料电池＋动力蓄电池（FC＋B）配置模式的混合动力系统结构。燃料电池发动机是核心能量源，在车辆运行过程中提供平均需求功率。考虑到目前燃料电池自身的一些特殊要求，如起动时空压机需要供电、燃料电池电堆需要加热（尤其是温度在冰点以下的工况）、氢气和空气需要加湿等，当需求功率变化过于剧烈或大于燃料电池最高输出功率时，由动力蓄电池提供尖峰功率和补充功率。此外，车辆制动时，制动能量可以通过电机反向流动，储存在动力蓄电池中。这种混合动力系统形式能够较好地保护燃料电池，且因为动力蓄电池可以有较大容量，在特定工况下可以切换至纯动力蓄电池供电模式，增加车辆的续驶里程，还可以通过制动能量回馈减少耗氢量，提高整车效率和增加行驶里程。这种混合动力系统形式的缺点是动力蓄电池体积较大，且动力蓄电池寿命较短，增加了动力蓄电池的管理和维护成本。

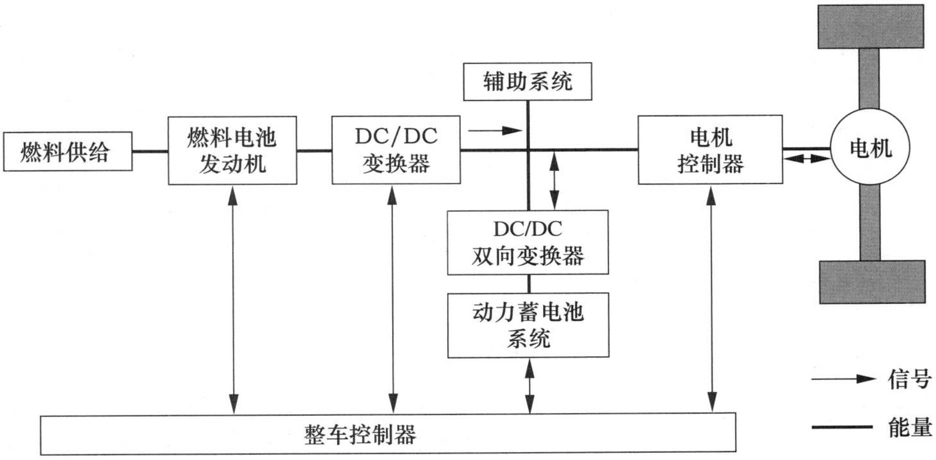

图 9-22 FC＋B 混合动力系统结构

根据燃料电池所提供的的功率占整车总需求功率的比例的不同，燃料电池混合动力汽车可分为能量混合型和功率混合型两大类。

在车辆行驶过程中燃料电池只能提供整车功率需求的一部分，不足的部分还需要其他动力源如动力蓄电池来提供，采用这种混合动力驱动形式的汽车就是能量混合型燃料电池汽车。能量混合型燃料电池汽车的燃料电池可以经常在系统效率较高的额定功率区域内工作，但每次运行结束后，除了要加注氢燃料外，还需要用地面电源为蓄电池充电。为了满足一定性能的指标，通常配备较大容量的动力蓄电池组。

燃料电池作为主动力源，动力蓄电池作为辅助动力源，车辆需要的功率主要由燃料电池提供，动力蓄电池只是在燃料电池起动、汽车爬坡和加速时提供功率，在汽车制动时回收制动能，采用这种混合动力驱动形式的汽车为功率混合型燃料电池汽车。通常采用比能量高的动力蓄电池，如锂离子电池或镍氢电池。

9.4.3.2 燃料电池＋超级电容

燃料电池＋超级电容(FC＋C)配置模式的混合动力系统结构如图9-23所示。燃料电池与超级电容组合，完全摒弃了寿命短、成本高、使用要求复杂的动力蓄电池。当车辆起动时，超级电容快速放电，使车辆起动；在正常工作状态下，燃料电池供给车辆所需能量，并利用多余电能给超级电容充电；在车辆加速和上坡时，超级电容与燃料电池同时工作，提供峰值功率；在减速、下坡、制动时，超级电容吸收制动回馈能量。与动力蓄电池相比，超级电容可以很快达到工作温度，并提供车辆起动所需要的电能，动态响应更佳，回收制动能量更加快速。采用这种混合动力系统可以优化系统的动态响应，更好地应对频繁变化的功率需求，快速回收制动能量。但由于超级电容容量有限，只能提供短时间的峰值功率，故超级电容无法增加续驶里程。

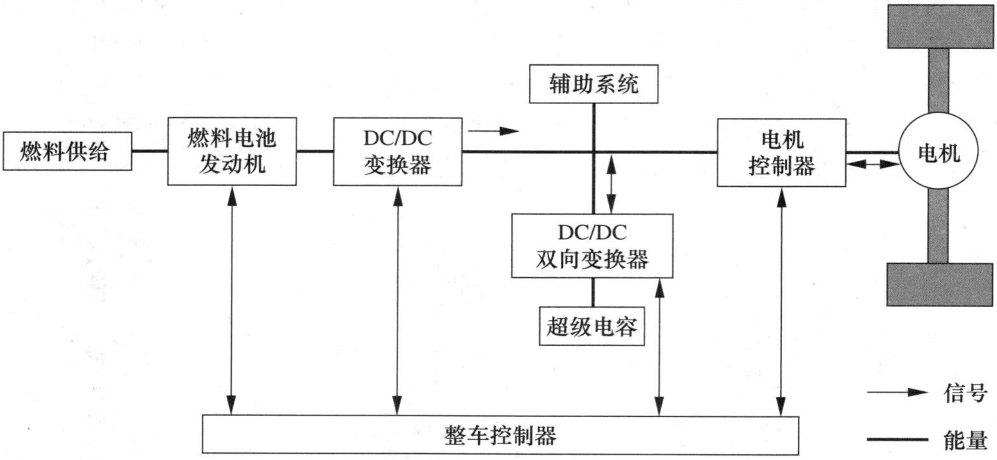

图9-23 FC＋C混合动力系统结构

9.4.3.3 燃料电池＋动力蓄电池＋超级电容

燃料电池＋动力蓄电池＋超级电容(FC＋B＋C)配置模式的混合动力系统结构如图9-24所示。超级电容的能量密度远高于电解电容，功率密度远大于动力蓄电池，适合作为短时间功率输出源。这种混合动力系统形式既有较好的动态响应，也有长时间提供峰值功率的能力，可增加续驶里程，并能够在车辆起动、加速、爬坡时有效改善混合动力车辆的动力性能。但这种形式结构复杂，整车控制的管理策略难度增加。

9.4.4 燃料电池电动汽车能量管理系统

燃料电池电动汽车能量管理系统的主要任务是控制车辆动力系统的能量转换和传输过程，从而达到期望的车辆响应。目标是在不损害车辆性能和部件寿命的前提下，均衡各部件的工作负荷，降低能量损失，提高燃料经济性。

燃料电池电动汽车能量管理系统主要包括功率分配管理、速比控制管理和制动能量回馈管理3部分。功率分配管理是核心，其任务是在给定的功率需求情况下，协调好两个或者两个以上动力源的功率输出比例，使每个动力源的功率输出效率都处在最佳点上，从而增加能量的利用效率和整体的经济性；速比控制管理和制动能量回馈管理的任务是降低驱动终端的功率需求。

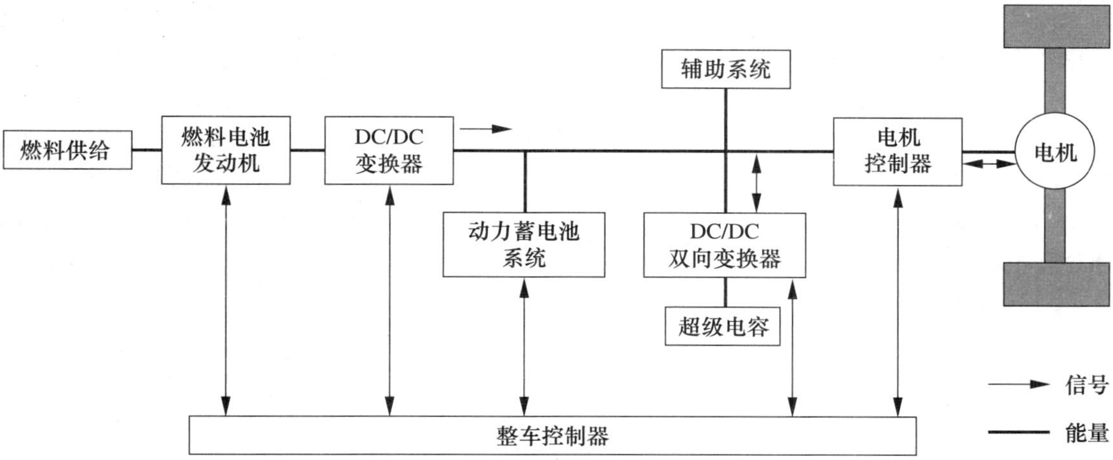

图 9-24　FC+B+C 混合动力系统结构

能量管理的主要过程如下：系统根据车辆的转矩需求和系统的限制条件来确定车轮转矩命令，然后根据转矩命令和燃料电池系统运行状态确定最大的燃料经济性，最后在特定的功率输出情况下，确定动力系统的驱动模式，以及各模式之间的转换机制，从而确定传动系速比。能量管理系统根据当前的车速、动力蓄电池的 SOC 状态，以及驾驶员的转矩需求信号等，决定当前车辆的最佳挡位。在确定了车上所有负荷的功率需求后，根据功率分配管理策略，计算出对燃料电池系统的需求功率，以保证在满足当前动力需求下获得较好的整车能量效率。而当燃料电池混合动力车辆处于制动状态时，转矩需求为负值，此时能量管理系统根据预先制定的制动能量回馈管理策略确定驱动电机的回馈转矩，以达到较佳的能量回馈效率。

图 9-25 所示为某城市客车燃料电池系统的伏安特性曲线和功率-电流曲线，以及对应输出功率的燃料电池系统效率和氢气消耗率曲线。该城市客车的额定功率为 100 kW，最大功率为 130 kW，额定工作点效率为 52.1%。

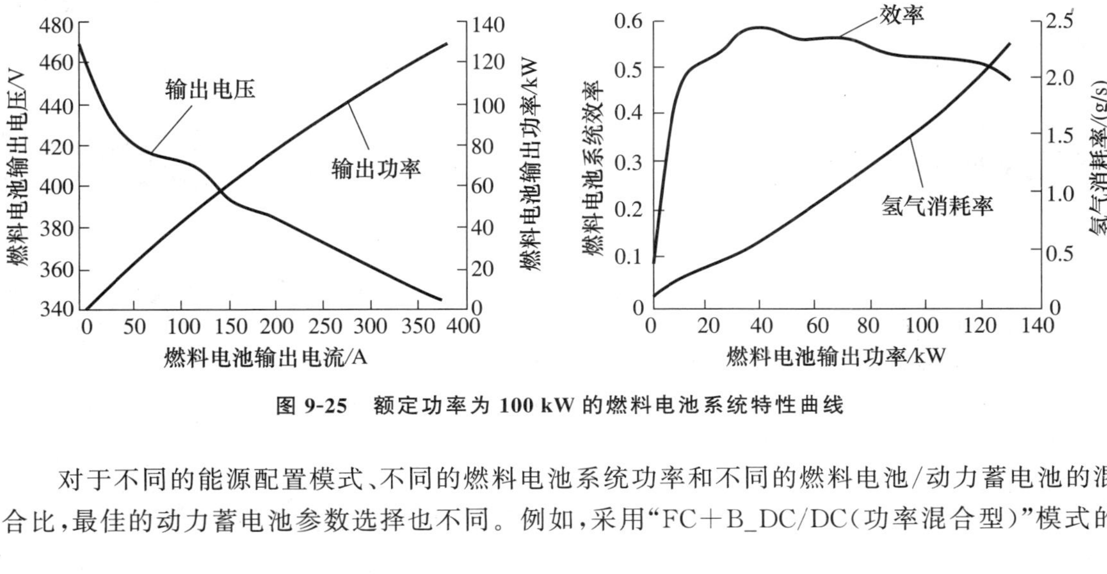

图 9-25　额定功率为 100 kW 的燃料电池系统特性曲线

对于不同的能源配置模式、不同的燃料电池系统功率和不同的燃料电池/动力蓄电池的混合比，最佳的动力蓄电池参数选择也不同。例如，采用“FC+B_DC/DC(功率混合型)”模式的动力源功率分配的控制策略是：当电机需求功率超过 80 kW 时，动力蓄电池开始放电，其放电功率随燃料电池输出功率的增大而增大。当燃料电池输出功率达到上限值 130 kW 时，动力蓄电池也同步达到允许的最大放电功率 50 kW，两个动力源的总输出功率达到极限值 180 kW。图 9-26 为该配置模式在城市道路循环(Urban Dynamometer Driving Schedule, UDDS)工况下的动力源功率分配情况。该模式下，首先需要根据燃料电池的约束条件选择允许动力蓄电池放电的最大功率，并以允许动力蓄电池瞬时最大充放电电流 240 A(3C)为前提，通过蓄电池模型确定工作电压范围，再进一步选取符合要求的动力蓄电池组中串联单体数目。

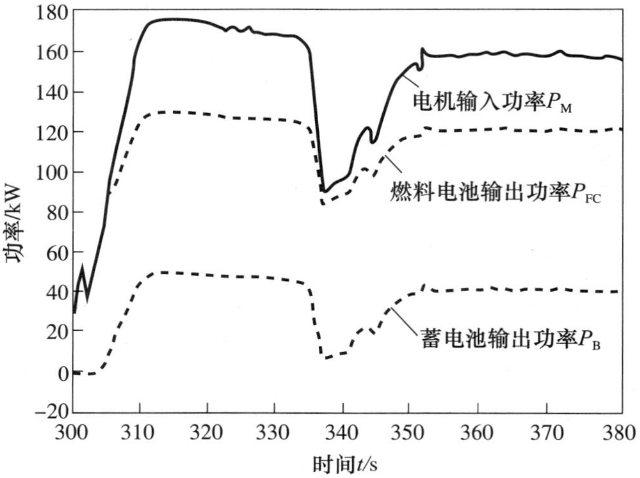

图 9-26 UDDS 工况下的动力源功率分配结果

而当采用“FC_DC/DC＋B(能量混合型)”模式时，首先确定动力蓄电池组的额定电压，因为动力蓄电池直接和动力总线相连，根据动力总线电压确定动力蓄电池的额定电压和蓄电池单体数目，再以满足整车动力性指标为条件，确定动力蓄电池组的容量和功率范围，以动力蓄电池允许的瞬时最大放电电流(3～10C 倍率放电)为依据，初步确定动力蓄电池最低容量，通过对整车燃料经济性、成本、部件寿命以及安全等方面的综合比较，最终确定动力蓄电池组的参数匹配。

复习思考题

1. 简述纯电动汽车电驱动子系统的结构形式及特点。
2. 电动汽车对驱动电机的特性要求是什么？简要分析驱动电机转矩-转速特性。
3. 简述混合动力驱动系统的主要形式和特点。
4. 简要分析混合动力电动汽车能量管理策略。
5. 简述混联式混合动力驱动系统的工作模式及能量流动。
6. 简述燃料电池混合动力系统的主要形式和特点。

参考文献

[1]王辉．多脉冲喷油模式的调制及其对柴油 HCCI 燃烧过程影响的研究：博士论文．天津：天津大学，2005.

[2]雷卫．一种新的 HCCI 柴油机燃油喷雾特性的 PLIF 法测试系统：硕士论文．天津：天津大学，2003.

[3]相吉泽英二，等．采用 MK 燃烧概念开发的小型直喷式柴油机．金秋，译．小型柴油机，1999，28(1)：25-30.

[4]黄豪中．柴油均质压燃(HCCI)发动机燃烧过程数值模拟与实验研究：博士论文．天津：天津大学，2007.

[5]陆金华．柴油机高压共轨电控燃油喷射系统喷射过程模拟与试验研究：硕士论文．南昌：南昌大学，2009.

[6]敏瑞．德尔福柴油机电控高压共轨喷油系统．汽车维修与保养，2007(12)-2008(2).

[7]王琦．高压共轨柴油机最小控制系统研究与设计：硕士论文．镇江：江苏大学，2012.

[8]顾宗林．高压共轨柴油机电控技术的研究：硕士论文．淄博：山东理工大学，2009.

[9]王钧效，房克信，陆家祥，等．柴油机共轨式喷油系统的结构及发展动态．汽车技术，2001：11-19.

[10]范明强．现代轿车柴油机电控高压喷油系统．汽车维修与保养，2011(12)-2012(10).

[11]黄军，王书义．Bosch 公司共轨燃油喷射系统及其发展．车辆与动力技术，2005(1)：58-63.

[12]董尧清．Bosch 公司第三代和第四代电控燃油喷射系统．国外内燃机，2007(2)：44.

[13]郭天佺．高压共轨系统油压滑模变结构控制器的设计：硕士论文．武汉：武汉理工大学，2010.

[14]秦朝举，刘建新，杜慧勇，等．Bosch 公司高压共轨喷油系统的研究现状及发展前景．拖拉机与农用运输车，2006，33(2)：3-5，16.

[15]唐永华，张恬．Bosch 电控高压共轨系统的工作原理和特点．汽车科技，2009(5)：9-13.

[16]陈红．汽油机废气涡轮增压技术的研究及发展前景．内燃机，2008(1)：1-31.

[17]邵丽青，尤嘉勋．我国汽油机涡轮增压技术的应用现状与发展趋势．汽车与配件，2011(45)：18-21.

[18]张众杰，何西常，王威，等．车用涡轮增压技术现状及发展趋势．内燃机与配件，2012(6)：37-40.

[19]赵佳佳．可变喷嘴涡轮增压器电控系统开发：硕士论文．长春：吉林大学，2004.

[20]赵付舟．车用发动机混合涡轮增压系统的研究：博士论文．南京：南京理工大学，2009.

[21]程晓章，孙军．汽车发动机原理．合肥：合肥工业大学出版社，2011.

[22]张志沛．汽车发动机原理．3 版．北京：人民交通出版社，2011.

[23]王建昕,帅石金. 汽车发动机原理. 北京:清华大学出版社,2011.
[24]周龙保. 内燃机学. 3版. 北京:机械工业出版社,2010.
[25]刘圣华,周龙保. 内燃机学. 4版. 北京:机械工业出版社,2017.
[26]林学东,王霆. 车用发动机电子控制技术. 北京:机械工业出版社,2008.
[27]林学东. 发动机原理. 2版. 北京:机械工业出版社,2014.
[28]李淑艳,杨林. 汽车发动机原理与汽车理论. 北京:国家开放大学出版社,人民交通出版社,2019.
[29]Wang Z, Liu H, Song T, et al. Relationship between super-knock and pre-ignition. International Journal of Engine Research,2015,16(2):166-180.
[30]齐运亮. 汽油机超级爆震机理的试验研究:博士论文. 北京:清华大学,2014.
[31]刘辉. 高功率密度汽油机超级爆震的机理与抑制策略研究:博士论文. 北京:清华大学,2016.
[32]赵丹平,吴双群. 现代汽车发动机原理. 北京:北京大学出版社,2010.
[33]吴建华,常绿,韩同群,等. 发动机原理. 2版. 北京:机械工业出版社,2013.
[34]冒晓建,肖文雍,杨林,等. GD-1高压共轨式电控柴油机的怠速控制策略研究. 内燃机学报,2002,20(4):324-328.
[35]杜建华,蒋公见,蒋海牙. 国内外柴油机电控喷油技术的发展现状及前景. 自动化技术与应用,2010,29(8):16-20.
[36]滕飞. 柴油机电控标定系统及其基准MAP图获取方法的研究:硕士论文. 长沙:中南大学,2008.
[37]李莹. 高压共轨柴油机电控系统研究:硕士论文. 淄博:山东理工大学,2008.
[38]王洪荣,张幽彤,王军,等. 高压共轨柴油机喷油量修正及匹配. 山东大学学报,2008,38(2):28-32.
[39]万晓东. 高压共轨柴油机喷油量控制策略及外特性标定研究:硕士论文. 长春:吉林大学,2007.
[40]蒋德明. 内燃机原理. 北京:机械工业出版社,1988.
[41]林继淦. 汽车拖拉机学 发动机原理. 北京:中国农业大学出版社,1998.
[42]董敬,庄志,常思勤. 汽车拖拉机发动机. 3版. 北京:机械工业出版社,2005.
[43]刘铮,王建昕. 汽车发动机原理教程. 北京:清华大学出版社,2001.
[44]蒋德明. 内燃机燃烧与排放学. 西安:西安交通大学出版社,2001.
[45]葛蕴珊. 汽车发动机原理与构造. 北京:中国劳动社会保障出版社,2001.
[46]严兆大. 热能与动力工程测试技术. 北京:机械工业出版社,2007.
[47]徐家龙. 柴油机电控喷油技术. 北京:人民交通出版社,2004.
[48]王长宇,黄英,葛蕴珊,等. 汽车排放法规的发展历程和技术对策. 车辆与动力技术,2000(4):58-62.
[49]张长文. 世界各国汽车排放法规概况. 重型汽车,2005(6):36-38.
[50]冯晋祥. 汽车排放法规及控制技术的研究. 交通标准化,2003(7):24-28.
[51]魏春源,译. BOSCH汽车工程手册. 3版. 北京:北京理工大学出版社,2009.
[52]陆际清,刘峥,庄人隽. 汽车发动机燃料供给与调节. 北京:清华大学出版社,2002.

[53]钱耀义．汽车发动机汽油喷射系统．北京：人民交通出版社，1992.
[54]汽车基础知识及发动机管理系统．北京：德尔福—清华研究所．
[55]杨嘉林．车用汽油发动机燃烧系统的开发．北京：机械工业出版社，2009.
[56]叶伊苏，王伟民，王兆文．基于仿真的缸内直喷汽油机燃烧系统的开发与改进．汽车工程，2011，33(10)：838-844.
[57]叶伊苏，王伟民，陈涛．均质 GDI 汽油机混合气形成的影响因素研究．汽车科技，2014(2)：54-62.
[58]叶伊苏，王伟民．直喷汽油机冷启动工况混合气形成分析//第八届中国 CAE 工程分析技术年会论文集，成都，2012：501-506.
[59]李晶晶．柴油机电控高压共轨燃油喷射系统控制策略及仿真研究：硕士论文．北京：北京交通大学，2011.
[60]张守姣．高压共轨柴油机正时同步及喷油控制策略研究：博士论文．西安：长安大学，2011.
[61]裴海灵．高压共轨喷油控制策略及共轨管优化设计研究：博士论文．长沙：中南大学，2009.
[62]Scott McNeil, Paul Adamovicz, Franz Lieder. Bosch Motronic MED9. 6. 1 EMS Applied on a 3. 6L DOHC 4V V6 Direct Injection Engine. Robert Bosch LLC, SAE 2008-01-0133. DOI：10. 4271/2008-01-0133.
[63]Mustafa Bahattin Çelik, Bülent Özdalyan. Gasoline Direct Injection, Fuel Injection (2010-08-17). http://www. intechopen. com/chapters/11336. DOI：10. 5772/9693.
[64]王庆文，曾小华，等．新能源汽车关键技术．北京：化学工业出版社，2016.
[65]陈全世．先进电动汽车技术．3 版．北京：化学工业出版社，2017.
[66]周苏．燃料电池汽车建模及仿真技术．北京：北京理工大学出版社，2017.
[67]李瑞明．新能源汽车技术．北京：电子工业出版社，2014.
[68]李玉忠，李全民．新能源汽车技术概论．北京：机械工业出版社，2020.
[69]中华人民共和国工业和信息化部．新能源汽车生产企业及产品准入管理规定．2020 年修订版．
[70]中国汽车工程学会．节能与新能源汽车技术路线图 2.0. 北京：机械工业出版社，2020.
[71]电动汽车术语：GB/T 19596—2017.
[72]梅尔达德·爱塞尼，等．现代电动汽车　混合动力电动汽车和燃料电池电动汽车．杨世春，华旸，熊素铭，等，译．北京：机械工业出版社，2019.
[73]杨光明，张仕奇，刘仍贵．新能源汽车结构与原理．北京：化学工业出版社，2019.
[74]Farzad Rajaei Salmasi. Control strategies for hybrid electric vehicles: Evolution, classification, comparison, and future trends. IEEE Transactions on Vehicular Technology, 2007, 56(5): 2393-2404
[75]Wirasingha S G, Emadi A. Classification and Review of Control Strategies for Plug-In Hybrid Electric Vehicles. IEEE Transactions on Vehicular Technology, 2011, 60(1): 111-122
[76]陈全世，仇斌，谢起成，等．燃料电池电动汽车．北京：清华大学出版社，2005.

[77]http://www.cartech8.com/.
[78]http://en.wikipedia.org/wiki/Gasoline_direct_injection.
[79]http://personales.upv.es/~jlpeidro/gdi/gdi.htm.